TRAITÉ

THÉORIQUE ET PRATIQUE

DE

TÉLÉGRAPHIE ÉLECTRIQUE.

PARIS. — IMPRIMERIE DE GAUTHIER-VILLARS,
RUE DE SEINE-SAINT-GERMAIN, 10, PRÈS L'INSTITUT.

TRAITÉ

THÉORIQUE ET PRATIQUE

DE

TÉLÉGRAPHIE ÉLECTRIQUE,

A L'USAGE

DES EMPLOYÉS TÉLÉGRAPHISTES, DES INGÉNIEURS,
DES CONSTRUCTEURS ET DES INVENTEURS,

PAR LE Cte TH. DU MONCEL,

CHEVALIER DE LA LÉGION D'HONNEUR ET DE L'ORDRE DE SAINT-WLADIMIR DE RUSSIE;

Ingénieur électricien de l'Administration des Lignes télégraphiques; Membre de la Société Philo-
mathique, du Comité des Arts économiques de la Société d'Encouragement pour l'Industrie
nationale, de l'Institut des Provinces; Directeur perpétuel de la Société des Sciences naturelles de Cherbourg; Membre des Académies de Caen, de Bordeaux, de Rochefort, de Liége,
de Florence, d'Anvers, de Luxembourg, etc., etc.

Illustré de 156 Figures dans le texte et de 3 Planches.

PARIS,

GAUTHIER-VILLARS, IMPRIMEUR-LIBRAIRE

DU BUREAU DES LONGITUDES, DE L'ÉCOLE IMPÉRIALE POLYTECHNIQUE,

SUCCESSEUR DE MALLET-BACHELIER,

Quai des Augustins, 55.

1864

PRÉFACE.

Le développement immense qu'a pris dans ces dernières années la Télégraphie électrique a rendu cette science non-seulement populaire et attrayante, mais a créé encore autour d'elle un grand nombre d'industries qui, pour être exploitées avantageusement, exigent des connaissances techniques tout à fait approfondies. Un *Traité de Télégraphie* ne doit donc plus être aujourd'hui un simple manuel à l'usage des personnes qui se destinent à la carrière télégraphique, mais bien un répertoire de toutes les connaissances nécessaires pour satisfaire aux besoins de ces industries latérales, et un guide susceptible d'indiquer les conditions qui doivent être remplies pour que les divers éléments qui sont mis à contribution dans l'exploitation des lignes télégraphiques présentent les garanties qu'on est en droit d'exiger. Malheureusement cette partie technique manque dans la plupart des Traités de Télégraphie aujourd'hui publiés, et c'est sans doute à cette absence de documents qu'il faut attribuer les égarements d'une foule d'inventeurs qui dépensent beaucoup de peine, beaucoup d'argent et même de génie, si l'on peut s'exprimer ainsi, pour n'arriver à aucun résultat. Dans les applications électriques en effet, et en particulier dans la Télégraphie électrique, il ne s'agit pas d'avoir des idées ingénieuses et de les combiner habilement : les caprices de l'électricité sont si complexes.

si multipliés, qu'il faut les bien connaître pour en déjouer les effets dans des conditions données, et, faute de cette connaissance, bon nombre d'inventions qui peuvent réussir dans les expériences de cabinet échouent dans la pratique.

Dans l'ouvrage que nous publions aujourd'hui, nous avons cherché précisément à combler la lacune que nous venons de signaler, en groupant ensemble dans une première Partie assez étendue les notions préliminaires et techniques nécessaires à l'exploitation intelligente de la Télégraphie. On y trouvera l'exposé de tous les phénomènes se rapportant à la propagation de l'électricité sur les lignes télégraphiques, à la transmission à travers le sol, aux générateurs électriques et aux circonstances accidentelles qui peuvent réagir sur les transmissions télégraphiques. On y trouvera en même temps des indications nettes et précises sur les meilleures conditions de construction des piles et des organes électriques de la Télégraphie.

Dans une seconde Partie nous traitons de la construction des lignes télégraphiques aériennes, souterraines et sous-marines, et des phénomènes physiques qui s'y manifestent. Tous les travaux entrepris dans ces derniers temps sur la télégraphie sous-marine y sont longuement analysés, et classés d'une manière assez méthodique pour que les effets épars qui ont été signalés puissent être considérés comme les conséquences naturelles des réactions physiques mises en jeu dans les circuits sous-marins.

Une troisième Partie de ce Traité est consacrée aux appareils télégraphiques proprement dits. Ne pouvant les décrire tous, nous avons dû faire choix parmi eux de ceux qui ont fourni les meilleurs résultats. Mais comme historique de la question et pour montrer la filiation des idées dans cette branche si intéressante de la science, nous avons signalé les principes sur lesquels sont fondés la plupart des autres systèmes, renvoyant pour les détails à notre *Exposé des applications de l'électricité*, dans lequel plus de deux cent cinquante appareils télégraphiques se trouvent décrits avec les détails suffisants. Peut-être trouvera-t-on que cette partie historique tient une place un peu grande dans notre travail, mais nous avons pensé que rien ne pouvait mieux faire apprécier une découverte devenue pratique, que de montrer les différentes phases par lesquelles elle a dû passer avant de réunir les conditions voulues pour son application. Avec cette connaissance, en effet, on peut se pénétrer en quelque sorte de l'esprit de l'invention et avoir une idée des causes perturbatrices qui peuvent réagir sur elle.

Enfin, dans une quatrième Partie, nous avons développé le côté pratique de la question, en consacrant un premier chapitre à la disposition et à l'installation des postes télégraphiques, un second à la manipulation et au réglage des appareils, un troisième à la recherche des dérangements, enfin un quatrième aux applications de la télégraphie. Ces applications sont aujourd'hui très-nombreuses et très-intéressantes, et pour qu'on puisse s'en faire une idée, il nous suffira d'énumérer celles qui figurent comme sous-divisions de notre dernier chapitre, et qui se rapportent : 1° *aux services des chemins de fer;* 2° *aux opérations militaires;* 3° *aux services météorologiques et à la prévision du temps;* 4° *aux services sémaphoriques;* 5° *à la détermination des différences de longitude;* 6° *aux annonces d'incendies et d'inondations;* 7° *à la pêche du hareng, etc., etc.*

Comme l'ouvrage que nous publions aujourd'hui est particulièrement destiné aux praticiens, nous avons dû tâcher de ramener tous les calculs à des formules simples, n'exigeant pas pour être comprises une connaissance approfondie des mathématiques transcendantes. Grâce aux combinaisons que nous avons prises, toute personne connaissant seulement les mathématiques élémentaires peut arriver, non-seulement à les comprendre, mais même à les retrouver facilement en cas de besoin.

Enfin, nous avons fait tout notre possible pour mettre entre les mains du public un livre qui pût être utile à l'employé télégraphiste, au constructeur, au savant et même à l'amateur, et nous serons trop heureux si, en apportant ainsi notre pierre à l'édifice si brillamment élevé depuis quelques années, nous pouvons contribuer aux progrès d'un art qui est aujourd'hui une des merveilles de la civilisation.

TH. DU MONCEL.

TABLE DES MATIÈRES.

PREMIÈRE PARTIE.

NOTIONS PRÉLIMINAIRES ET TECHNIQUES.

CHAPITRE PREMIER.

APERÇU DES PHÉNOMÈNES ÉLECTRIQUES.

CHAPITRE II.

PROPAGATION DE L'ÉLECTRICITÉ SUR LES LIGNES TÉLÉGRAPHIQUES.

CHAPITRE III.

DE LA TRANSMISSION ÉLECTRIQUE PAR LE SOL.

CHAPITRE IV.

DES PILES TÉLÉGRAPHIQUES ET DE LEURS LOIS.

CHAPITRE V.

ORGANES ÉLECTRIQUES DE LA TÉLÉGRAPHIE.

CHAPITRE VI.

COURANTS INDUITS SUSCEPTIBLES D'ÊTRE APPLIQUÉS DANS LA TÉLÉGRAPHIE ÉLECTRIQUE.

DEUXIÈME PARTIE.

LIGNES TÉLÉGRAPHIQUES.

CHAPITRE PREMIER.

LIGNES AÉRIENNES.

CHAPITRE II.

LIGNES SOUS-MARINES.

b.

CHAPITRE III.
TÉLÉGRAPHES ÉCRIVANTS.

CHAPITRE IV.
TÉLÉGRAPHES IMPRIMEURS.

CHAPITRE V.

TÉLÉGRAPHES AUTOGRAPHIQUES.

CHAPITRE VI.

ACCESSOIRES TÉLÉGRAPHIQUES.

QUATRIÈME PARTIE.

ORGANISATION PRATIQUE DE LA TÉLÉGRAPHIE ÉLECTRIQUE.

CHAPITRE PREMIER.

DISPOSITION ET INSTALLATION DES POSTES.

CHAPITRE II.

MANIPULATION ET RÉGLAGE DES APPAREILS TÉLÉGRAPHIQUES.

CHAPITRE III.

RECHERCHE DES DÉRANGEMENTS SUR LES LIGNES TÉLÉGRAPHIQUES.

CHAPITRE IV.

APPLICATIONS DE LA TÉLÉGRAPHIE.

NOTES.

FIN DE LA TABLE DES MATIÈRES.

TABLE

DES NOMS D'AUTEURS CITÉS DANS L'OUVRAGE.

E

F

G

H

J

K

L

M

V

W

FIN DE LA TABLE DES NOMS D'AUTEURS.

TRAITÉ

THÉORIQUE ET PRATIQUE

DE

TÉLÉGRAPHIE ÉLECTRIQUE.

PREMIÈRE PARTIE.

NOTIONS PRÉLIMINAIRES ET TECHNIQUES.

S'il est une application des sciences susceptible de profiter avantageusement des propriétés extraordinaires de l'électricité, c'est bien certainement la télégraphie. La possibilité que donne ce fluide d'exercer une action à grande distance, la facilité avec laquelle on le dirige et l'instantanéité de sa transmission sont autant de qualités qui semblent avoir été créées tout exprès pour un art destiné à servir de messager à la pensée. Aussi l'idée d'appliquer l'électricité à la télégraphie n'est pas nouvelle, et la trouve-t-on plusieurs fois exprimée dans des correspondances qui remontent à plus de cent ans.

Nous verrons plus tard comment cette idée, d'abord conçue sur des données vagues et mal définies, est sortie du domaine de la fantaisie et de l'imagination pour entrer dans celui de la réalité, et comment, par une succession nombreuse de conceptions ingénieuses, elle est parvenue à enfanter les merveilles que nous admirons aujourd'hui ; mais pour qu'on puisse bien se rendre compte de tous les effets qui sont en jeu dans cette application si importante de la science, il importe que nous entrions dans quelques détails sur les phénomènes électriques eux-mêmes, sur les lois qui les gouvernent et les moyens de les asservir aux exigences de la télégraphie. Nous allons donc commencer par un exposé rapide des phénomènes électriques.

CHAPITRE PREMIER.

APERÇU DES PHÉNOMÈNES ÉLECTRIQUES.

Nature de l'électricité. — L'électricité est une manifestation physique qui se révèle à nous par des effets particuliers et variés, mais sur la nature de laquelle on n'a encore aucune donnée bien positive. Est-ce une vibration comme la lumière? Est-ce un fluide? Est-ce une force? Rien ne témoigne encore d'une manière parfaitement décisive en faveur de l'une ou de l'autre hypothèse. Ce que l'on sait, *c'est que la présence de la matière pondérable est indispensable à son développement, à sa propagation, et que celle-ci s'opère d'une manière analogue à celle de la chaleur.*

Quoi qu'il en soit, cette manifestation physique peut se produire dans des circonstances bien différentes, et il n'est pas, on peut le dire, une seule action physique, chimique ou mécanique échangée entre les corps de la nature, qui ne puisse l'engendrer à un plus ou moins haut degré.

L'électricité peut se présenter à nous sous deux états bien différents : à l'état *statique* ou de repos, ou à l'état *dynamique* ou de mouvement. Dans le premier cas elle ne manifeste sa présence que par certaines réactions invisibles d'électrisation et certains phénomènes d'attraction qui exigent de la part de la source électrique, pour être sensibles, une certaine faculté expansive à laquelle on a donné le nom de *tension*. Dans le second cas, elle donne lieu à des phénomènes lumineux calorifiques, mécaniques, magnétiques et chimiques qui, pour être appréciables, exigent une certaine durée du mouvement électrique.

Comme la manifestation électrique qui produit les effets les plus énergiques à l'état statique est celle qui résulte du frottement de certaines substances, telles que le verre et les résines, on a improprement désigné l'ensemble des phénomènes développés par ce genre d'électrisation sous le nom de phénomènes d'électricité statique. Mais il est facile de voir qu'une pareille désignation n'a pas sa raison d'être : car ce genre de manifestation électrique peut se présenter, comme tous les autres, à l'état dynamique et à l'état statique, et la seule différence qui peut exister entre tous ces modes de manifestation électrique consiste uniquement dans *le degré plus ou moins grand de la tension électrique, la durée plus ou moins grande du mouvement électrique, et la quantité plus ou moins grande d'électricité développée dans un temps donné.* Nous ne considérerons donc dans les phénomènes que nous aurons à exposer sous le nom de *phénomènes d'électricité statique,* que ceux qui sont réellement en rapport avec l'état de repos du fluide électrique, sans nous préoccuper d'ailleurs de la manière dont il a été produit, et il en sera de même des phénomènes que nous classerons comme *phénomènes d'électricité dynamique.*

Cela nous conduit toutefois à examiner dès à présent comment peut se produire une manifestation électrique, ou, pour parler le langage vulgaire, *un dégagement électrique.*

Manière dont se développe l'électricité. — Pour qu'on puisse bien se pénétrer de la manière dont se développe l'électricité, il faut considérer que *les corps de la nature ont un état d'équilibre électrique particulier, suivant lequel ils se sont constitués primitivement, et qui, étant rompu par suite d'une réaction extérieure, permet au fluide de manifester sa présence.* Or, de même que la chaleur peut se révéler à nous par le chaud ou par le froid, c'est-à-dire par sa présence ou par son absence, de même cette manifestation électrique peut se produire avec le signe + ou avec le signe —, et donner lieu par conséquent à de l'*électricité positive* ou à de l'*électricité négative.*

Dans l'origine, on avait cru que ces deux sortes de manifestations électriques constituaient réellement deux fluides différents auxquels on avait donné le nom de *fluide vitré* et de *fluide résineux,* à cause des corps sur lesquels on les développait. Mais on n'a pas tardé à voir que tous les phénomènes pouvaient s'expliquer aussi bien dans une hypothèse que dans l'autre, et on est revenu généralement à l'hypothèse logique d'un seul fluide, bien qu'à vrai dire on se serve toujours d'expressions qui sembleraient indiquer deux fluides distincts.

Quoi qu'il en soit, il faut toujours admettre comme cause déterminante de la manifestation électrique une *force* capable de rompre l'équilibre électrique des corps, et cette force, que nous appellerons maintenant *force électro-motrice*, peut résulter de bien des actions différentes. *Le contact de deux corps hétérogènes suffit pour la faire naître ; mais elle n'est réellement très-énergique que lorsqu'une action chimique, physique ou mécanique, vient à surexciter l'effet de ce contact.* Alors l'un des corps développe de l'électricité négative, l'autre de l'électricité positive, et la propension que l'un ou l'autre de ces corps peut avoir à dégager telle ou telle électricité dépend de sa nature et de ses rapports physiques avec celui qui réagit sur lui. Ainsi, le verre frotté par un corps quelconque dégage de l'électricité positive, alors que le corps frottant dégage de l'électricité négative ; la résine, au contraire, dégage de l'électricité négative ; un métal plongé dans un liquide acidulé, susceptible de l'attaquer, dégage de l'électricité négative, et le liquide se trouve chargé d'électricité positive. Enfin deux métaux différents, chauffés à leur point de contact, développent également une manifestation électrique dans laquelle l'un des métaux se constitue négativement, l'autre positivement. La pression, le clivage, la capillarité, la lumière, la combustion, l'action vitale, l'acte de la végétation, la réaction, même à distance, des corps entre eux, suivant qu'on les approche ou qu'on les éloigne, sont encore autant de causes qui peuvent développer une force électro-motrice et par suite une manifestation électrique, et *il ne s'agit que de placer ces diverses causes dans les conditions les plus convenables pour favoriser la destruction de l'équilibre électrique dans les corps qui y sont soumis, pour obtenir des générateurs plus ou moins énergiques d'électricité.*

Conductibilité des corps pour l'électricité. — L'électricité, une fois développée sur les corps, peut se trouver à l'état dynamique ou à l'état statique, suivant la nature de ces corps et leurs rapports avec les corps environnants. Un certain nombre de ces corps permet au fluide développé en un quelconque de leurs points de se répandre et de se mouvoir presque instantanément à travers toute leur masse ; d'autres, au contraire, en le confinant dans un espace circonscrit, le maintiennent dans un état forcément statique. De là le nom de *bons conducteurs* donné aux premiers, et de *mauvais conducteurs* donné aux derniers. Toutefois, il ne faudrait pas croire *que ces deux propriétés des corps soient diamétralement opposées;* l'expérience démontre au contraire *qu'elles ne sont que les deux degrés extrêmes d'une seule et même propriété, la conductibilité*, et que les effets si différents que présentent les corps mauvais conducteurs et les corps bons conducteurs ne sont que le résultat *du temps plus ou moins long de la propagation électrique à travers ces corps.*

Parmi les corps conducteurs, les métaux doivent être rangés en première ligne ; viennent ensuite les liquides, puis les corps humides. Parmi les mauvais conducteurs, nous citerons le verre, le soufre, la résine, les bitumes, les soies, les gaz, et certains liquides, tels que les huiles, les alcools, etc., etc.

Sans infirmer en rien la théorie que nous venons d'émettre, on peut toujours déduire, des deux propriétés que nous avons reconnues précédemment, qu'il sera possible de faire suivre au fluide électrique un parcours déterminé ; car on pourra toujours circonscrire un bon conducteur par un mauvais, et maintenir ainsi le fluide entre des barrières qu'il ne pourra franchir. Dans ce cas, le mauvais conducteur joue le rôle d'un *isolant.*

PHÉNOMÈNES DE L'ÉLECTRICITÉ STATIQUE.

Lois des attractions électriques. — Lorsque l'électricité se trouve développée à l'état statique, soit sur un corps mauvais conducteur, soit sur un corps conducteur isolé, et qu'on approche ce corps d'un autre corps électrisé de la même manière, mais disposé de manière à se mouvoir facilement, par exemple, d'une boule métallique B (*fig.* 1), suspendue à un fil de soie, on voit ce dernier corps immédiatement *repoussé*, et cela *avec une force d'autant plus grande qu'il est plus rapproché du premier* C. Si au contraire le corps mobile est électrisé d'une manière différente du corps fixe, c'est-à-dire est chargé d'une électricité contraire à celle de ce dernier, l'effet inverse aura lieu, et une *attraction très-énergique* se manifestera entre les deux corps aussitôt qu'ils se trouveront un peu rapprochés. On a conclu de ce double phénomène

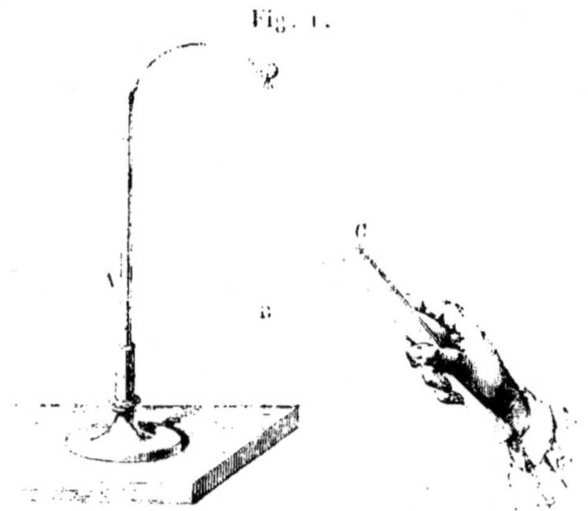

Fig. 1.

cette première loi, que *les électricités de mêmes signes se repoussent*, et que *les électricités de signes contraires s'attirent*.

Distribution de l'électricité entre les corps. — Maintenant si, après avoir répété de nouveau l'expérience précédente avec un corps mobile beaucoup plus petit que le corps fixe, on laisse les deux corps arriver au contact, le corps mobile, après avoir été énergiquement attiré, va se trouver repoussé, et si on recherche la nature de l'électricité dont il se trouve alors chargé, on reconnaît qu'elle est précisément de signe contraire à celle qui le chargeait primitivement. Or, pour qu'il en soit ainsi, il faut que l'autre corps ait absorbé sa première charge électrique et qu'il lui ait cédé en retour son électricité propre. De là cette seconde loi : *que l'électricité qui charge un corps conducteur peut se partager entre plusieurs autres réunis par le contact, et ce partage s'effectue proportionnellement à la grandeur des surfaces.*

Comme le globe terrestre est une surface infiniment grande par rapport à celle des corps sur lesquels on peut matériellement opérer dans la nature, on arrive déjà à conclure de cette dernière loi : *qu'une communication entre la terre et un corps électrisé quelconque suffit pour enlever à celui-ci toute son électricité ;* d'où il suit que le globe terrestre peut être regardé comme *le réservoir commun de l'électricité.*

Recomposition des fluides. — Si, au lieu de prendre deux corps très-différents de dimensions, on les choisit de même grandeur et de même nature, et qu'on les charge d'électricités contraires, le partage qu'ils auront fait de leurs fluides après leur contact aura pour effet de mettre en présence, sur chacun d'eux, les deux électricités. Or, si on analyse l'effet électrique qui survient alors, on voit qu'il a eu pour résultat de ramener les deux corps *à l'état neutre*. On dit alors que les deux fluides *se sont recomposés*, et ceci revient à dire que les corps ont repris leur état d'équilibre électrique, l'un en regagnant l'électricité qu'il avait perdue, l'autre en cédant l'électricité qu'il avait en trop.

Effets de la tension électrique sur les corps. — Lorsque l'électricité est développée à l'état de tension sur un corps conducteur convenablement isolé, elle tend toujours à s'échapper, en raison de la répulsion qu'exercent entre elles les particules électrisées de la même manière, et n'est retenue que par la couche d'air qui enveloppe ce conducteur. Or, de cette tendance à vaincre la résistance qui lui est opposée, il résulte plusieurs conséquences importantes :

1° Le fluide se trouve maintenu accumulé à la surface du corps conducteur ;

2° Quand la forme du conducteur est telle, que la résistance de l'air ne peut suffire à vaincre la tension électrique, par exemple quand il présente une pointe, le fluide s'échappe et donne lieu à ce que l'on appelle une aigrette ;

3° Quand la forme du conducteur, au contraire, est telle, que la charge électrique ne peut s'écouler ni silencieusement, ni en aigrettes, elle réagit à distance sur les corps voisins dont elle cherche à détruire l'équilibre électrique, et quand ceux-ci sont assez rapprochés, elle donne lieu à une décharge avec bruit et déflagration lumineuse qu'on appelle *étincelle électrique*.

Électricité par influence. — Dans cette dernière réaction, que l'on appelle réaction par influence, l'effet exercé sur les corps conducteurs voisins se produit suivant les lois des attractions électriques, et la rupture de l'équilibre électrique de ces corps se fait toujours de manière que le fluide développé en face du corps électrisé soit de signe contraire à celui qui a provoqué la réaction. Mais comme ce nouveau fluide, une fois développé, doit à son tour réagir sur le conducteur primitivement électrisé, il en résulte une nouvelle charge qui, en s'ajoutant à la première, augmente considérablement l'effet électrique primitif. Il y a donc dès lors *accumulation des fluides, et cette accumulation est d'autant plus grande que les fluides repoussés trouvent à s'écouler dans le sol, et que la distance séparant les deux conducteurs est moins grande.* Or, il résulte de cette réaction les conséquences suivantes :

1° Les fluides une fois mis en présence se trouvent en quelque sorte paralysés dans leurs réactions extérieures, et se trouvent maintenus forcément développés à l'état *dissimulé* par l'effet de leur réaction réciproque, après même que la cause qui a provoqué la première charge a cessé d'exister ;

2° Dans ces conditions, l'électrisation des deux corps ne peut disparaître que quand on provoque la réunion des deux fluides attirés par l'interposition d'un corps conducteur ; alors il y a décharge, et cette décharge est d'autant plus forte qu'elle résulte d'une accumulation de fluides.

Condensation. — Si on suppose dans la réaction précédente la couche d'air remplacée par une mince lame de verre,

Fig. 2.

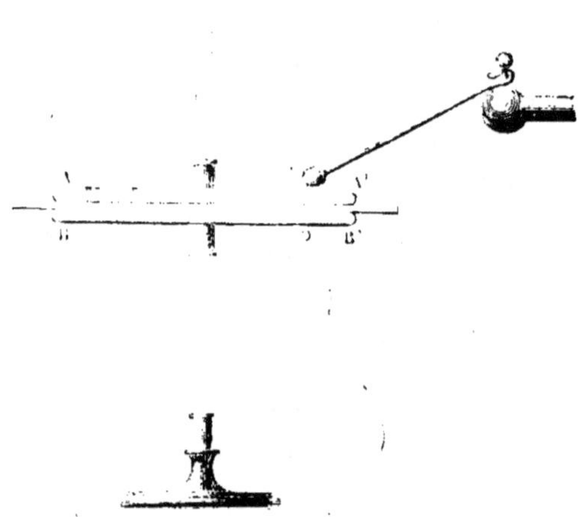

l'accumulation électrique sera beaucoup plus grande, et on obtiendra alors ce que l'on appelle un *condensateur*. Pour

obtenir des condensateurs énergiques, on s'arrange de manière
que les corps conducteurs, séparés par la lame de verre, présentent la plus grande surface possible, et pour cela on colle
simplement des deux côtés de cette lame des feuilles de papier
d'étain; l'une de ces lames métalliques AA' (*fig.* 2), étant mise
en rapport avec une source électrique, détermine l'électrisation de l'autre BB', et il en résulte l'accumulation électrique
dont nous avons parlé. La bouteille de Leyde, que nous représentons (*fig.* 3), n'est autre chose qu'un condensateur de

Fig. 3.

cette espèce dans lequel l'une des lames est remplacée par
des feuilles de clinquant qui remplissent l'intérieur de la bouteille. On a donné à ces lames le nom d'*armures* ou d'*armatures*. Comme ces armatures prennent une charge électrique
d'autant plus grande qu'elles ont une surface plus grande, on
peut réunir par leurs armatures correspondantes une certaine
quantité de bouteilles de Leyde, et on a ce que l'on appelle
une batterie de Leyde, dont les effets peuvent être analogues
à ceux de la foudre.

L'accumulation des fluides dans un condensateur se faisant
des deux côtés de la lame isolante et n'ayant d'autre tendance que de traverser cette lame pour se recomposer, ou,
pour parler le langage de la physique actuelle, pour rétablir
l'équilibre électrique troublé des deux corps, il doit en résulter que les armatures métalliques, une fois la condensation opérée, ne doivent jouer aucun rôle et qu'on peut les
enlever sans troubler l'effet électrique produit. C'est en effet
ce que l'expérience démontre, et on reconnaît de plus qu'elles
ont perdu leur électrisation.

Nous verrons dans la suite de cet ouvrage que tous ces effets peuvent être expliqués par les lois de la propagation électrique à travers les corps mauvais conducteurs, et que ce que nous prenons en ce moment pour une condensation n'est par le fait qu'une simple charge électrique produite dans des conditions particulières où le temps de la propagation joue le principal rôle. Mais pour qu'on puisse comprendre tous ces effets, il faut que l'on connaisse les lois de la propagation électrique, et c'est ce qui fera le sujet du chapitre suivant.

PHÉNOMÈNES DE L'ÉLECTRICITÉ DYNAMIQUE.

Constitution des courants. — L'état dynamique de l'électricité peut être déterminé dans deux circonstances différentes : au moment de la charge d'un corps conducteur et au moment de la décharge. Quand un conducteur est bien isolé, ces deux mouvements électriques, qui peuvent s'effectuer, soit dans le même sens, soit dans un sens contraire, donnent lieu généralement à des effets de même grandeur; mais il n'en est plus de même quand le conducteur est mal isolé, et le flux provenant de la charge est alors souvent plus fort que le flux provenant de la décharge. Quoi qu'il en soit, on a donné le nom de *courants* à ces sortes de manifestations dynamiques de l'électricité, de sorte qu'il peut y avoir des courants de charge et des courants de décharge. Mais c'est plus particulièrement à ces derniers qu'on applique le nom de *courants*.

Quand l'électricité est développée à un haut degré de tension, elle peut provoquer à elle seule une réaction par influence ou s'écouler en terre, et donner lieu par suite à une décharge silencieuse ou accompagnée d'une déflagration lumineuse. Mais quand elle prend naissance avec une très-faible tension, il n'en est plus ainsi, et pour donner lieu, soit à un courant de charge, soit à un courant de décharge, il faut que les deux électricités résultant de la destruction de l'équilibre électrique dans le générateur, *puissent se trouver en présence ou s'écouler en terre, chacune de leur côté, dans une même proportion;* c'est en cela surtout que diffèrent les deux modes de production de l'électricité par la pile et par les machines. Mais toute cette différence ne provient, comme nous l'avons déjà dit, que d'une différence de tension et de quantité. Les effets, sauf leur grandeur, sont toujours les mêmes.

Dans tous les cas, l'ensemble des conducteurs traversés par la décharge prend le nom de *circuit électrique*, et ce nom vient de ce que, dans le cas d'un courant sans tension, le conducteur parcouru par le courant décrit une espèce de cercle pour mettre en présence l'une de l'autre les deux électricités produites par la source.

Sens des courants. — Pour qu'on puisse s'entendre sur la manière dont circulent les courants dans un conducteur, on est convenu de leur donner *un sens*. Mais ce sens est, ainsi que nous le verrons plus tard, de pure convention et ne peut même s'appliquer qu'aux courants de décharge. On est donc convenu de dire qu'*un courant électrique va toujours du corps électrisé positivement au corps électrisé négativement*.

Lois de propagation de l'électricité en mouvement. — Nous avons vu précédemment que l'électricité à l'état statique tend toujours, en raison de sa tension, à se porter à la surface des corps sur lesquels elle se trouve développée; mais à l'état dynamique où cette tension s'exerce, surtout dans le sens de la décharge, il était à supposer que cette tendance ne devait pas exister, *et que tous les points de la masse du conducteur devaient contribuer à la propagation du fluide*. C'est en effet ce que l'expérience a démontré, car il a été reconnu que l'intensité du courant transmis, en admettant, bien entendu, une action continue de la source électrique, était *proportionnelle à la section du conducteur et non à son diamètre, et cette loi a été reconnue vraie aussi bien pour l'électricité de tension des machines que pour l'électricité voltaïque*.

D'un autre côté, comme il ne peut y avoir de conducteur parfait, de même qu'il n'existe pas d'isolateur parfait, il était à supposer que plus la résistance opposée à la transmission électrique (quelque petite d'ailleurs qu'elle pût être) se répéterait de fois sur le parcours du courant, plus l'intensité de ce courant devait se trouver affaiblie. C'est encore ce que l'expérience a démontré en établissant que *l'intensité des courants est en raison inverse de la longueur des conducteurs*.

Telles sont les lois fondamentales des courants électriques.

mais pour être vraies il faut que les courants soient arrivés à un état *de permanence qui n'a pas lieu instantanément*, comme nous le verrons par la suite.

Réactions attractives et répulsives des courants. — De même que les deux électricités à l'état statique exercent entre elles certains effets d'attraction et de répulsion qui ont, ainsi que nous l'avons vu, la plus grande influence sur leurs réactions extérieures, de même les courants réagissent entre eux par attraction et par répulsion, et peuvent produire des réactions extérieures plus ou moins marquées. Ainsi, si on place parallèlement l'un à côté de l'autre deux circuits métalliques libres de se mouvoir sur eux-mêmes, on reconnaîtra *que quand les deux courants marcheront dans le même sens dans les deux circuits, ils s'attireront, tandis qu'ils se repousseront dans le cas contraire.*

Toutefois cette répulsion est plutôt apparente que réelle, car elle ne se produit que par *la tendance qu'ont les courants à se disposer de manière à marcher parallèlement dans le même sens,* et il résulte de cette tendance que quand les circuits sont croisés les uns par rapport aux autres, les *parties du même circuit dans lesquelles les courants s'approchent ou s'éloignent en même temps de leur point commun de croisement s'attirent, tandis que celles dans lesquelles l'un des courants s'éloigne du point de croisement, alors que l'autre s'en approche, se repoussent.*

Effets de l'électricité dynamique. — Comme nous l'avons déjà dit, l'électricité à l'état dynamique peut produire des effets calorifiques, mécaniques, lumineux et chimiques; mais en outre de ces effets, qu'on peut appeler *directs*, il en est d'autres qui jouent un rôle beaucoup plus important et auxquels on peut donner le nom d'effets par influence, car ils s'exercent à distance, comme cela a lieu dans les effets statiques. Nous étudierons séparément ces deux genres d'effets, et nous commencerons par les effets directs.

Effets directs de l'électricité dynamique. — Effets calorifiques. — Par cela même qu'un courant traverse un circuit, il l'échauffe, et cet échauffement est d'autant plus grand que la quantité d'électricité qui le constitue est plus considérable, et que le circuit est plus résistant. Toutefois, pour obtenir des effets de ce genre très-marqués, il faut placer le circuit dans des conditions telles, que le courant passe d'un conducteur de grosse section et de bonne conductibilité à un conducteur de petite section et de mauvaise conductibilité, et assez court pour ne pas trop affaiblir le courant. Un fil de fer fin de 1 ou 2 centimètres de longueur interposé entre deux fils de cuivre partant des pôles d'une pile énergique peut, de cette manière, rougir et fondre instantanément. On a fondé sur ces effets plusieurs systèmes d'instruments rhéométriques pour mesurer l'intensité des courants d'après la quantité de chaleur produite par eux.

Dans ces effets, la partie du circuit qui fournit l'électricité négative est celle qui produit le plus de chaleur.

Effets lumineux. — Lorsque l'électricité en mouvement passe à travers une solution de continuité occupée par un milieu peu conducteur et transparent dont les molécules sont susceptibles d'être déplacées, elle manifeste sa présence par un trait de lumière plus ou moins brillant auquel on donne le nom d'étincelle, et dont l'éclat est dû aux particules matérielles enlevées au conducteur par le courant, et portées à une température excessivement élevée. Plus ces particules sont nombreuses, plus cet éclat est grand, et c'est pour cette raison qu'on emploie des conducteurs de charbon pour produire la lumière électrique. On obtient ce genre de lumière dans les gaz et les liquides; mais c'est surtout dans le vide qu'elle présente les effets les plus beaux et les plus développés. Dans tous les cas il faut, pour la produire, que le courant ait une grande tension.

Effets mécaniques. — Quand l'électricité a une grande tension, elle peut produire, au moment des décharges, des effets mécaniques très-puissants dont on peut avoir une idée par ceux qui sont produits par la foudre; elle perce le verre, elle repousse avec force les corps légers comme le ferait un soufflet, elle projette de tous côtés les débris des corps conducteurs dont elle a provoqué la fusion, enfin elle agite l'air et entraîne les liquides qui peuvent se trouver interposés sur son passage; avec une moindre tension, elle opère des effets de transport très-caractérisés, et ces transports s'effectuent toujours dans le sens du pôle positif au pôle négatif; enfin elle facilite ou ralentit les effets de la capillarité et de l'endosmose.

Effets chimiques. — L'affinité des corps les uns pour les autres étant reliée d'une manière intime aux effets électriques, puisque leur combinaison et leur décomposition est toujours accompagnée d'un dégagement électrique, il était à supposer que l'action d'un courant sur un corps composé rendu conducteur devait entraîner la décomposition de celui-ci. C'est en effet ce que l'expérience démontre, et dans les effets qui se manifestent on reconnaît que certains corps appelés pour cela *électro-négatifs*, tels que l'oxygène et les acides en général ou leurs analogues, se rendent au pôle positif, alors que certains autres appelés *électro-positifs*, tels que l'hydrogène, les bases salifiables et les métaux, se rendent au pôle négatif. Toutefois, avec les courants de haute tension tels que ceux qui résultent des machines, les phénomènes sont un peu plus compliqués, mais nous n'avons pas à nous en occuper en ce moment.

Effets par influence de l'électricité dynamique. — Avant de passer en revue cette classe si intéressante de phénomènes qui constitue actuellement une des principales branches des sciences physiques, l'*électro-magnétisme*, il importe que nous exposions en quelques mots les phénomènes du magnétisme.

Magnétisme. — Tout le monde connaît l'aiguille aimantée et la propriété qu'elle possède d'attirer le fer et de se placer, quand elle est abandonnée à elle-même, dans la direction du méridien magnétique, c'est-à-dire suivant la ligne nord-sud. Cette double propriété, qui fut longtemps la seule manifestation connue des aimants, est la conséquence d'une loi générale qui gouverne les réactions réciproques des aimants entre eux, et, pour qu'on puisse la comprendre, il faut savoir qu'un aimant, par cela même qu'il est aimant, possède vers les extrémités de son plus grand diamètre deux *pôles* ou *centres d'actions magnétiques* dont l'effet sur le fer peut être identique, mais dont les réactions sur les mêmes pôles d'un autre aimant sont diamétralement opposées. *Dans un cas, en effet, une attraction très-marquée est exercée, tandis qu'il y a répulsion dans l'autre.* Pour distinguer cette nature différente des pôles d'un aimant, on leur a donné le nom de *pôle boréal* et de *pôle austral*. Or, en considérant quels sont les pôles qui exercent les uns sur les autres une action attractive et répulsive, on ne tarde pas à reconnaître la loi suivante qui est le principe fondamental du magnétisme :

« Tous les pôles de même nom se repoussent, et tous les pôles de noms contraires s'attirent. »

Cette loi, qui est bien analogue à celle des attractions électriques, a permis d'expliquer l'attraction du fer par les aimants et la direction nord-sud que prend l'aiguille aimantée abandonnée à elle-même. Dans ce dernier cas, en effet, il suffit, pour s'en rendre compte, de supposer le globe terrestre constitué par un vaste aimant ayant ses deux pôles dans le voisinage du pôle arctique et du pôle antarctique. Dans le premier, il suffit d'admettre *une réaction par influence analogue à celle exercée par l'électricité statique sur les corps conducteurs à l'état neutre, mais dans laquelle les fluides magnétiques ne peuvent se déplacer qu'à l'intérieur de chaque molécule.* Nous verrons à l'instant comment la constitution des aimants peut être rapportée aux phénomènes électriques; mais nous dirons seulement pour le moment, que le magnétisme n'est pas une propriété exclusive de certaines substances, que tous les corps de la nature sont plus ou moins magnétiques et qu'ils ne diffèrent sous ce rapport que par les effets qui en résultent et qui peuvent être diamétralement opposés; de là le nom de *corps magnétiques* donné aux uns, et de *corps diamagnétiques* donné aux autres. L'étude de ces phénomènes est certainement une des plus curieuses de la physique moderne, et nous renvoyons le lecteur que cette question intéresse à notre *Étude du magnétisme.*

Effets des courants sur les aimants. — Lorsqu'on place une aiguille aimantée librement suspendue sur son pivot dans le voisinage d'un circuit traversé par un courant électrique, on la voit dévier immédiatement de sa direction pour prendre une certaine position d'équilibre qu'elle conserve jusqu'à ce que le courant ait cessé de traverser le circuit. Si on cherche à analyser les effets qui sont produits dans cette réaction, on ne tarde pas à reconnaître cette loi fondamentale de l'électro-magnétisme : *que les aimants tendent*

toujours à se mettre en croix sur les courants, et que la posi-
*tion de leurs pôles à gauche et à droite de ceux-ci, dépend à
la fois du sens de ces courants et de la position des aimants
au-dessus ou au-dessous de ces derniers.*

Pour qu'on puisse se reconnaître facilement dans ces diverses positions de l'aiguille aimantée à l'égard des courants,

Fig. 4.

on a supposé couché dans le circuit un petit bonhomme ayant
la face contre le circuit et les pieds tournés du côté du pôle
positif : alors la droite et la gauche du circuit sont représentés
par la droite et la gauche de ce petit bonhomme. Avec ces
désignations, la loi précédente peut se formuler ainsi :

1° Lorsque l'aiguille aimantée dirigée dans le sens du méridien magnétique est placée parallèlement au courant et au-
dessus de lui, *son pôle nord au moment de la déviation se
place à la droite du courant et son pôle sud à la gauche.*

2° Lorsque l'aiguille, dans les conditions précédentes, est
placée au-dessous du courant, *le pôle sud se place à la droite
du courant et le pôle nord à la gauche.*

Ces déductions ont permis d'augmenter considérablement
la grandeur des effets produits par les courants, car pour obtenir de la part de ceux-ci une action double, il suffisait de
faire réagir le courant au-dessus et au-dessous de l'aiguille
dans deux directions opposées, et, pour arriver à ce résultat,
il suffisait d'envelopper l'aiguille par le circuit replié sur lui-
même. D'un autre côté, comme la réaction produite par un
fil ainsi enroulé pouvait se répéter pour un deuxième, un
troisième fil, etc., disposé de la même manière, on pouvait,
en repliant un certain nombre de fois le circuit, *multiplier*
indéfiniment l'action électrique, et c'est ainsi qu'ont pris
naissance les *galvanomètres* qui permettent de reconnaître la
présence de courants de l'intensité la plus faible.

Les déviations de l'aiguille aimantée considérées par rapport aux forces mises en jeu dans l'action d'un circuit replié sur lui-même, ont conduit ensuite à la découverte de certains rapports mathématiques qui ont permis la construction de *rhéomètres* d'un usage facile pour la mesure des intensités des courants, et qui ont montré que *ce sont les tangentes des angles de déviation de l'aiguille aimantée, et non les angles eux-mêmes, qui sont proportionnels aux intensités des courants.*

Si les courants exercent une action très-marquée sur les aimants, réciproquement les aimants réagissent très-énergiquement sur les courants; et si ceux-ci sont mobiles, ils peuvent subir des déplacements analogues à ceux de l'aiguille aimantée.

Parmi ces déplacements, il en est un qui est remarquable et qui a permis de créer toute une théorie à l'aide de laquelle tous les phénomènes de l'électro-magnétisme ont pu être expliqués. C'est celui-ci :

Si on enroule un conducteur métallique en spirale et qu'en le laissant libre de pivoter sur le milieu de son axe on le fasse traverser par un courant, *on reconnaît qu'il subit toutes les réactions des aimants comme s'il était un aimant lui-même*

Fig. 5.

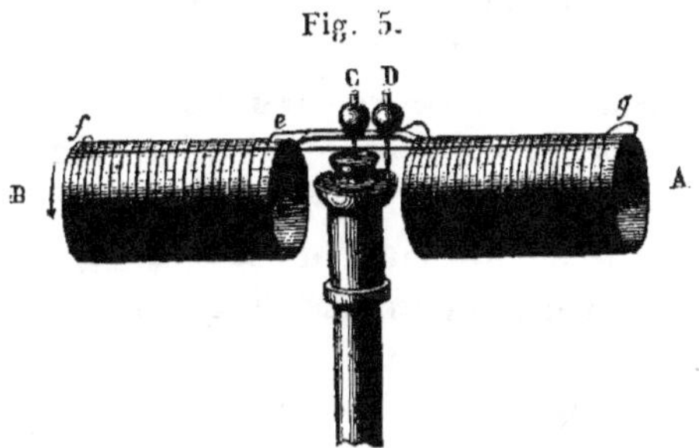

ayant deux pôles à ses deux extrémités; ainsi on le voit se diriger dans le sens du méridien magnétique, on le voit repoussé ou attiré suivant qu'on présente à l'une de ses extrémités l'un ou l'autre des pôles d'un aimant ordinaire; enfin on le voit se mettre en croix sur un autre courant et même attirer le fer. De ces faits à l'hypothèse qu'un aimant est constitué par un courant magnétique circulant en spirale autour de son axe, il n'y a qu'un pas, et c'est ainsi qu'a pris naissance cette magnifique théorie d'Ampère, que rien jusqu'ici n'a pu mettre en défaut.

Cette hypothèse admise, toutes les réactions des aimants sur les courants et des courants sur les aimants s'expliquent de la façon la plus simple. Ainsi l'aiguille aimantée se met en croix sur le courant, parce qu'avant la déviation, les différentes spires du courant magnétique qui sont perpendiculaires à l'axe de l'aiguille croisent le courant électrique et tendent dès lors à se placer de manière à marcher parallèlement avec ce dernier, tout en se dirigeant dans le même sens que lui, ainsi qu'on l'a vu (p. 12). Or cette aiguille ne peut fournir ce résultat qu'en se plaçant en croix sur le courant électrique. D'un autre côté, la position des pôles de l'aimant à gauche ou à droite du courant varie suivant que celui-ci est en dessus ou en dessous de l'aimant, parce que le courant magnétique dans chacune des spires qu'il parcourt est dans un sens différent au-dessus et au-dessous de cet aimant.

Les réactions réciproques des aimants entre eux s'expliquent d'une manière analogue. Ainsi les pôles de noms contraires de deux aimants s'attirent, parce que les courants magnétiques de ces aimants marchent dans le même sens; les pôles de mêmes noms se repoussent par la raison inverse.

Effets des courants sur les corps magnétiques non aimantés. — Électro-aimants. — Puisqu'un circuit isolé enroulé en spirale constitue un aimant au moment du passage du courant, il doit réagir sur un morceau de fer qu'on introduirait à l'intérieur de la spirale, de la même manière que le ferait un aimant creux qu'on remplirait avec un cylindre de fer. Comme celui-ci se trouve alors aimanté, l'aimantation doit se produire également dans l'autre cas, si toutefois l'analogie que nous avons reconnue est exacte. L'expérience démontre effectivement que l'aimantation a lieu, mais avec une énergie si grande, qu'elle est hors de toute proportion avec celle de l'aimant constitué par la spirale. Il y a donc dans ce fait une certaine différence de réaction entre les aimants électriques et les aimants magnétiques qui pourrait peut-être s'expliquer en admettant certains effets de condensation magnétique dont nous aurons occasion de parler plus

tard, mais qui n'intéresse pas assez le sujet que nous traitons
pour que nous en parlions ici davantage. Quoi qu'il en soit,
cette découverte, due à MM. Ampère et Arago, est bien certainement une des plus belles du siècle, car elle a permis *de
créer à distance une force relativement considérable qui peut
naître ou disparaître à volonté à un moment donné* et à
laquelle on a pu appliquer les ressources de la mécanique
pour enfanter des prodiges. Ce sont les aimants ainsi créés

Fig. 6.

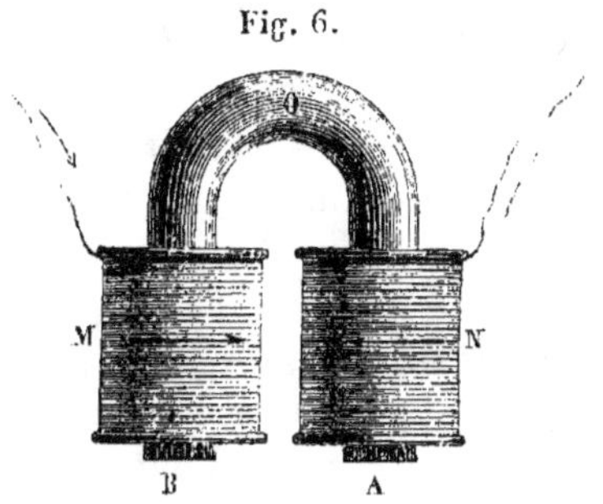

auxquels on a donné le nom d'*électro-aimants* ou d'*aimants
temporaires*, et les spirales elles-mêmes ont été appelées *solé-
noïdes* ou *hélices magnétisantes*. Nous verrons plus tard les
lois qui gouvernent ces sortes de réactions, mais nous pouvons toujours dire dès à présent que, de même que l'action
d'un courant sur l'aiguille aimantée se trouve considérablement augmentée par la multiplicité des révolutions que le
courant accomplit sur lui-même, de même la force des électro-
aimants gagne à la multiplicité des spires de l'hélice magnétisante.

Il est facile de comprendre que si au morceau de fer placé
dans l'hélice magnétisante on substitue un morceau d'acier
trempé, celui-ci s'aimantera comme le fer; mais, au lieu de
devenir inerte après la disparition du courant, il conservera
son aimantation, et c'est le moyen d'obtenir le plus efficacement des aimants très-énergiques, surtout si on dispose l'appareil de manière que la trempe de l'acier s'effectue sous
l'influence de l'action du courant.

D'après la théorie d'Ampère, l'aimantation des corps magnétiques sous l'influence des courants viendrait de ce que dans

ces corps existerait une foule de petits courants magnétiques moléculaires dirigés dans tous les sens, dont les effets se trouveraient neutralisés par leurs réactions réciproques et contraires, mais qui ne demanderaient pour constituer un courant magnétique définitif qu'à être séparés et régularisés. Or le rôle de l'aimantation serait, en vertu de la propriété qu'ont les courants de tendre à se diriger dans le même sens, de redresser tous ces éléments de courants et d'en faire une série de courants *moléculaires parallèles qui suivraient la même direction que celle du courant soit électrique, soit magnétique, qui aurait provoqué l'aimantation.* Une force à laquelle on a donné le nom de *coercitive* servirait d'isolateur, et, suivant que cette force serait plus ou moins développée, l'effet de la réaction serait maintenu d'une manière durable ou momentanée.

Puisque le courant magnétique créé dans le fer ou l'acier soumis à l'action d'une hélice magnétisante s'est constitué de manière à marcher parallèlement dans le même sens que le courant électrique, il doit en résulter d'abord que les pôles de l'aimant électrique formé par l'hélice et ceux de l'aimant magnétique qui leur correspondent doivent être de mêmes noms, et en second lieu, qu'en laissant libre à l'intérieur de l'hélice le morceau de fer ou d'acier qui subit l'aimantation, il doit se produire, en raison de l'attraction des courants parallèles, une impulsion de ce fer à l'intérieur de l'hélice, laquelle impulsion doit se continuer jusqu'à ce que les extrémités de ce fer soient symétriquement placées par rapport à celles de l'hélice. C'est encore ce que l'expérience démontre, et on a appliqué ce principe dans une foule d'appareils électriques.

Effets des courants sur les corps conducteurs non magnétiques. — Effets d'induction. — Les courants doués d'une certaine tension peuvent agir extérieurement sur les corps isolés non magnétiques de deux manières différentes, par *influence,* à la manière de l'électricité statique, et *par induction,* c'est-à-dire comme courants tendant à provoquer la création d'autres courants, ainsi qu'on l'a vu précédemment.

La première réaction n'a rien de particulier et s'effectue

d'après les lois qui ont été exposées page 7 ; seulement elle se produit toujours avant que le courant ait atteint son état définitif d'intensité, et elle détermine sur les câbles sous-marins de curieux effets dont nous nous occuperons spécialement plus tard. La seconde est beaucoup plus complexe, et la théorie n'en est pas encore aujourd'hui bien déterminée ; ce que l'on sait, c'est que si on place parallèlement l'un à côté de l'autre deux longs conducteurs AB, CD (*fig.* 7) faisant partie de deux circuits distincts, l'un occupé par un galvanomètre G, l'autre par une pile P, il se déterminera entre ces deux circuits, et par suite du rapprochement et de l'éloignement des deux conducteurs, une réaction dite *par induction* qui aura pour effet de développer dans le circuit occupé par le galvanomètre G *deux courants instantanés de sens contraire* qui se

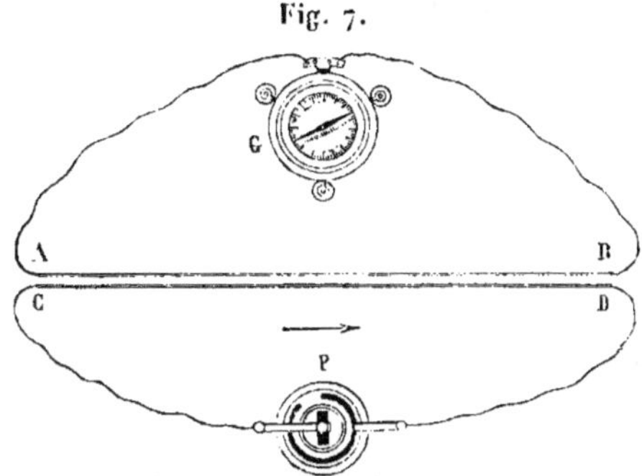

Fig. 7.

manifesteront, l'un au moment où l'on approchera le conducteur CD de AB, l'autre au moment où on l'éloignera. Le même effet pourra encore être obtenu si, au lieu d'approcher ou d'éloigner le conducteur CD, on le laisse très-voisin du conducteur AB et on opère successivement une fermeture et une ouverture du courant voltaïque à travers le circuit correspondant à CD. Ces deux courants instantanés sont ce que l'on appelle *des courants induits*, et si l'on recherche leur direction par rapport à celle du courant qui leur a donné naissance et qui est appelé pour cela *courant inducteur*, on reconnaît que le premier, celui qui prend naissance au moment du passage du courant inducteur, est dirigé en sens contraire de celui-ci, tandis que le second est dirigé dans le même sens.

De là les noms de *courant inverse* ou *de fermeture* donné au premier et de *courant direct* ou *d'ouverture* donné au second. Ces courants ont des propriétés particulières dont nous parlerons avec détails plus tard, mais pour le moment il nous suffira de dire qu'ils sont d'autant plus énergiques, sous le rapport de la tension, que le *fil induit* présente une longueur plus grande à l'action du courant inducteur, qu'il est mieux isolé, et que la distance séparant les deux conducteurs est moins grande. C'est pourquoi, quand on veut faire usage des courants induits, on enroule en hélice le fil destiné à les recevoir, ainsi que le conducteur du courant inducteur lui-même, et on superpose l'une sur l'autre les deux hélices en ayant soin que l'hélice inductrice soit à l'intérieur de l'hélice induite, comme on le voit *fig.* 8.

Le courant magnétique des aimants réagissant dans ses effets sur les courants électriques comme s'il était un courant

Fig. 8.

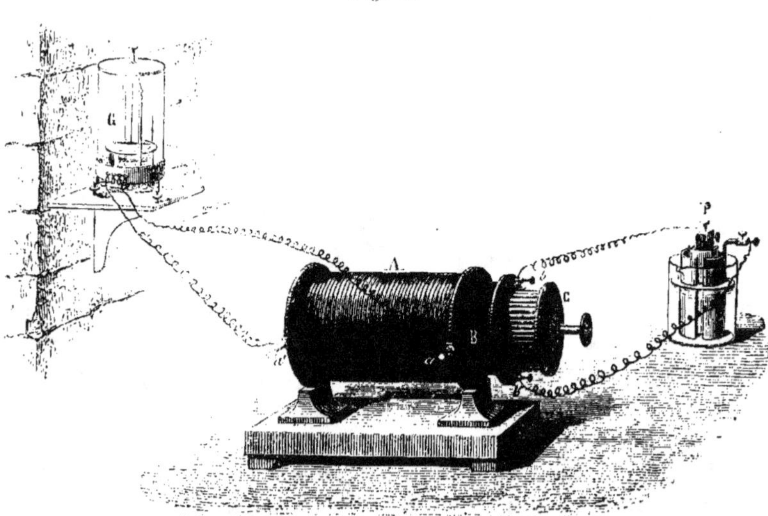

électrique lui-même, il était à supposer qu'il devait produire sur les corps conducteurs non magnétiques placés dans son voisinage des effets d'induction analogues à ceux que nous venons de constater; c'est en effet ce qui a lieu, et, chose assez curieuse, cette réaction est même beaucoup plus énergique que celle provoquée par les courants électriques. Comme le courant magnétique circule normalement à l'axe de l'aimant, la disposition des appareils d'induction fondée sur l'emploi des aimants est excessivement simple, car les aimants représentent à eux seuls l'hélice inductrice des appareils d'induction électrique, et il ne s'agit par conséquent, pour faire naître de cette manière des courants induits, que d'approcher et d'éloigner alternativement ces aimants de l'intérieur d'une simple hélice de fil isolé. Nous verrons plus tard comment, à l'aide de certaines dispositions mécaniques, on est parvenu à faire de ces courants des courants continus susceptibles d'être employés dans les applications électriques; nous ajouterons seulement, pour le moment, qu'en raison de l'action plus énergique du magnétisme, on a voulu réunir dans les appareils d'induction électrique les deux sortes d'effets, et pour cela on a muni l'hélice inductrice d'un faisceau de fils de fer. Ce faisceau, que l'on voit en C (*fig.* 8), en s'aimantant sous l'influence du courant inducteur, réagit en effet concurremment avec ce dernier pour renforcer considérablement l'induction.

Si l'énergie des courants induits, sous le rapport de la tension, dépend beaucoup de la longueur du fil induit et de son bon isolement, l'énergie de ces courants, sous le rapport de l'intensité, dépend essentiellement de la grosseur de ce fil. On peut donc, par le choix du fil de l'hélice induite, faire prédominer telle ou telle de ces deux qualités dans les courants induits.

Les effets de l'induction ne se bornent pas à la création des courants induits dont nous venons de parler; ils se produisent dans la plupart des actions électriques et varient suivant la nature et la forme des corps sur lesquels ils s'exercent.

Quand l'action des courants et des aimants se porte sur des plaques métalliques, les effets sont excessivement complexes et dépendent d'une foule de circonstances particulières qu'il nous est impossible de signaler ici; nous dirons seulement que cette action est assez puissante pour paralyser complétement les effets d'induction que nous avons analysés précédemment, lorsqu'on interpose entre les deux hélices un cylindre métallique.

Les courants d'induction provenant de l'influence des aimants et des courants ne sont pas les seuls qui se manifestent dans les réactions électriques ; les courants induits eux-mêmes peuvent en créer d'autres d'un ordre inférieur, et ces courants sont tous inverses les uns aux autres.

Quand les courants inducteurs se compliquent de certains phénomènes qui changent les conditions physiques de la décharge, comme cela a lieu avec l'électricité dégagée par les machines électriques et sur les circuits télégraphiques un peu longs, les courants induits inverses subissent des variations très-considérables, non-seulement dans leur intensité, mais encore dans leur direction. Cela vient souvent du changement d'intensité du courant inducteur pendant le temps de sa fermeture, et de la distribution différente des fluides aux divers points du circuit inducteur.

En effet, quand l'intensité du courant inducteur change pendant le temps de sa fermeture, il se produit, au lieu d'un seul courant inverse instantané, *une succession de courants qui sont directs ou inverses, suivant que cette intensité va en diminuant ou en augmentant, et qui sont en quelque sorte l'expression de l'extinction ou de la naissance du courant différentiel qui a pour effet de constituer le courant inducteur en moins ou en plus.*

POLARISATION ÉLECTRIQUE.

Lorsqu'un courant électrique passe à travers un liquide et que les lames qui plongent dans ce liquide sont suffisamment grandes et inattaquables, l'intensité du courant diminue rapidement et ferait croire à un affaiblissement considérable de la source électrique. Il n'en est pourtant rien, et, en analysant de plus près le phénomène, on ne tarde pas à s'assurer qu'il provient de la réaction d'un courant secondaire qui tend à se former sous l'influence du courant de la source, et qui, étant de sens contraire à ce dernier, en diminue forcément l'énergie. On peut s'en convaincre facilement en retirant la source du circuit après quelques instants de circulation du courant, et en substituant à cette source un galvanomètre ; on voit immédiatement celui-ci dévier, et la déviation s'effectue précisément en sens inverse de ce qu'elle avait été avec le courant primitif. Plus l'action électrique se prolonge, plus ce courant secondaire acquiert d'énergie, et, en reproduisant cet effet sur un certain nombre de conducteurs liquides, on finit par obtenir un courant de polarisation très-énergique.

Il est aujourd'hui démontré que les effets de polarisation dépendent de la nature des lames métalliques employées, du poli de leur surface, de leurs dimensions, de la nature des gaz et substances transportées; enfin de l'intensité et de la tension du courant électrique qui les font naître. Ainsi, avec des lames d'or, la polarisation par l'hydrogène est plus forte qu'avec des lames de platine, d'argent, de mercure, de cuivre et de zinc, Des lames polies polarisent davantage que des lames rugueuses, et la force électro-motrice due à cette polarisation est en quelque sorte proportionnelle à la surface des lames, à l'intensité du courant excitateur et à la durée d'action de celui-ci, du moins jusqu'à une certaine limite, après laquelle elle n'augmente plus que d'une manière très-peu sensible. On voit en effet que cette force électro-motrice, qui peut parvenir aisément à atteindre celle de deux éléments de pile à acide nitrique, reste à peu près stationnaire après que la tension du courant excitateur a atteint celle de sept ou huit éléments de Bunsen.

Quelle est la cause du courant de polarisation? Telle est la question sur laquelle on n'est pas complétement d'accord. La plupart des physiciens l'attribuent à un dépôt ou à une condensation de gaz qui se formerait sur les deux lames de communication ou *électrodes* et qui tendrait à constituer un générateur gazeux dans lequel le courant irait de l'hydrogène à l'oxygène à travers le liquide, et par suite de la lame positive à la lame négative extérieurement au liquide. Pour le démontrer, ils plongent pendant quelques instants dans ces deux gaz deux électrodes de platine ne donnant lieu à aucun signe électrique, et, aussitôt qu'ils les immergent dans de l'eau distillée, le phénomène précédent se manifeste; ils montrent même que ce phénomène peut se produire par l'action d'une seule lame impressionnée par l'un des deux gaz. Dans la décomposition d'un liquide où l'oxygène et l'hydrogène se rendent aux deux électrodes, on serait, d'après ce qui précède, tenté d'attribuer à la double action de ces gaz le courant secondaire qui en résulte, et de faire à chacune de ces deux actions une part égale; pourtant certains physiciens assurent que l'hydrogène exerce une action prépondérante; d'autres disent que c'est l'oxygène. **M.** Planté a cherché à les mettre d'accord, en faisant voir qu'avec des électrodes attaquables le courant secondaire ne provient pas de l'adhérence ou de la présence de couches gazeuses autour des électrodes, mais de l'action chimique produite par ces gaz, oxydation d'une part, réduction ou conservation de l'état métallique par l'hydrogène d'autre part. Suivant lui, ce serait l'action de l'oxygène à l'électrode positive qui déterminerait généralement la réaction, et plus l'oxyde formé serait électro-négatif, par rapport au métal, plus le courant secondaire aurait d'énergie. Il croit d'ailleurs que l'action de l'hydrogène sur l'électrode négative est beaucoup moindre que celle qu'on lui attribue, et que souvent on la confond avec la réaction chimique opérée par ce gaz au sein du liquide.

GÉNÉRATEURS D'ÉLECTRICITÉ.

Jusqu'à présent, nous avons parlé des phénomènes électriques sans tenir compte de la source qui les produisait, ayant admis en principe que toutes les manifestations électriques, quant à leur nature propre, ne différaient que par la tension, la quantité et la durée d'action. Nous avions également admis qu'il existait une foule de manières de faire naître ces manifestations électriques, et que, pour les obtenir plus ou moins énergiques, il ne s'agissait que de se placer dans des conditions convenables. Quelles sont ces conditions? Quelles sont les sources électriques les plus applicables? Telle est la question qui nous reste à examiner.

Machines électriques. — Pour obtenir l'électricité de tension dans les conditions les plus avantageuses, il faut avoir recours au frottement ou à l'induction, et les machines les plus perfectionnées qu'on puisse employer sont les *machines électriques à plateau de verre ou de caoutchouc*, les *machines hydro-électriques d'Armstrong*, et les *appareils d'induction électrique de Ruhmkorff*.

Une machine électrique à plateau de verre se compose,

comme on le voit *fig.* 9, d'un disque de verre **AA′** monté sur un axe horizontal, et qui tourne entre deux montants en bois **EE′** sur lesquels sont appliqués quatre coussins. Des conducteurs métalliques **HK**, **H′K′**, isolés sur des tiges de verre

Fig. 9.

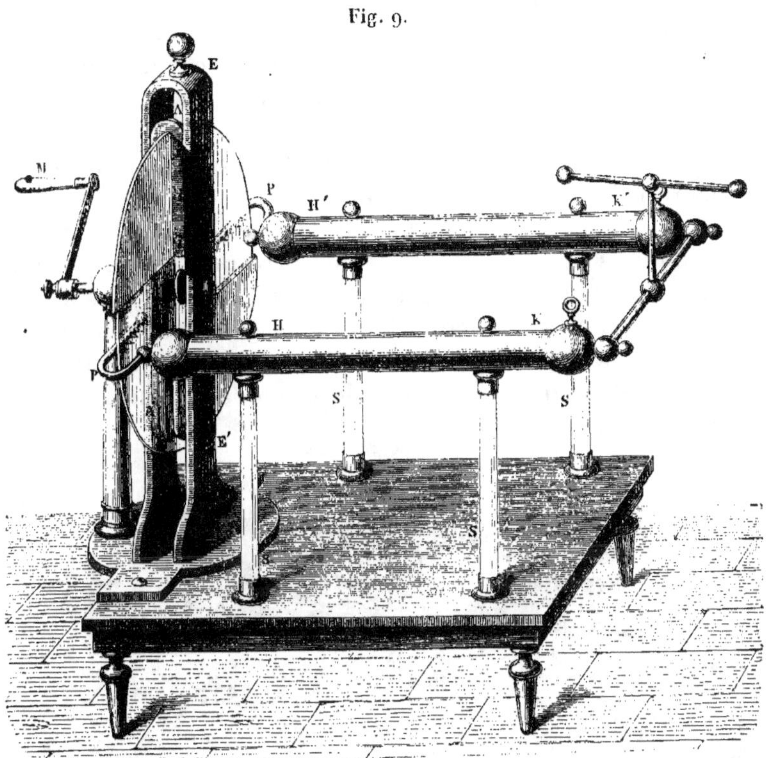

SSSS, et terminés par des tiges recourbées garnies de pointes **PP** appelées *mâchoires*, sont placés à portée du plateau de verre, et de manière à pouvoir être influencés par l'électricité dégagée sur lui. Enfin une chaîne métallique établit la communication des coussins avec le sol, et les coussins eux-mêmes, disposés pour être le plus conducteurs possible, sont recouverts, soit d'un amalgame au mercure composé d'étain, de bismuth et de mercure, soit d'or mussif préalablement bien lavé.

Quand on tourne le disque de verre à l'aide de la manivelle **M**, le plateau se charge d'électricité positive, et l'électricité négative qui couvre les coussins s'écoule en terre. Sous l'influence de cette électricité positive, l'équilibre électrique des conducteurs se trouve détruit, l'électricité négative est attirée vers les mâchoires PP et, trouvant par les pointes qui les garnissent un écoulement facile, elle abandonne le conducteur pour neutraliser l'électricité positive du plateau. Il ne reste plus alors sur les conducteurs que l'électricité repoussée, c'est-à-dire l'électricité positive, qui se trouve distribuée sur toute leur surface.

Plusieurs physiciens, entre autres Nairne et Van Marum, ont construit des machines électriques dans lesquelles les deux électricités peuvent être recueillies; avec ce système les coussins doivent être isolés et doivent correspondre à un conducteur également isolé, de dimensions au moins égales à celles du conducteur influencé. Alors l'un des conducteurs fournit de l'électricité positive, l'autre de l'électricité négative. La *fig.* 10 ci-dessous représente une machine de Nairne.

Fig. 10.

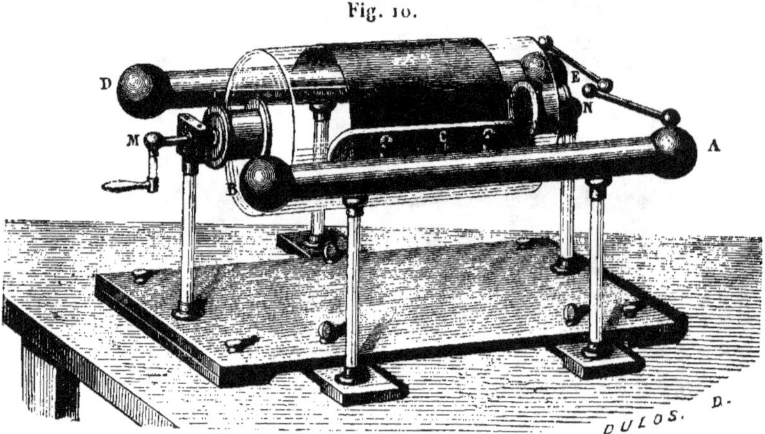

La machine hydro-électrique d'Armstrong, que nous représentons *fig.* 11 ci-contre, est fondée sur l'énorme frottement produit par de la vapeur d'eau s'échappant sous une forte pression à travers des ouvertures étroites d'une forme particulière. Si la chaudière où se produit la vapeur est convenablement isolée, et si on reçoit les jets de vapeur sur un peigne métallique B porté par un conducteur également isolé, on obtient

sur la chaudière une forte charge d'électricité négative, et sur
la tige du peigne une forte charge d'électricité positive.

Fig. 11.

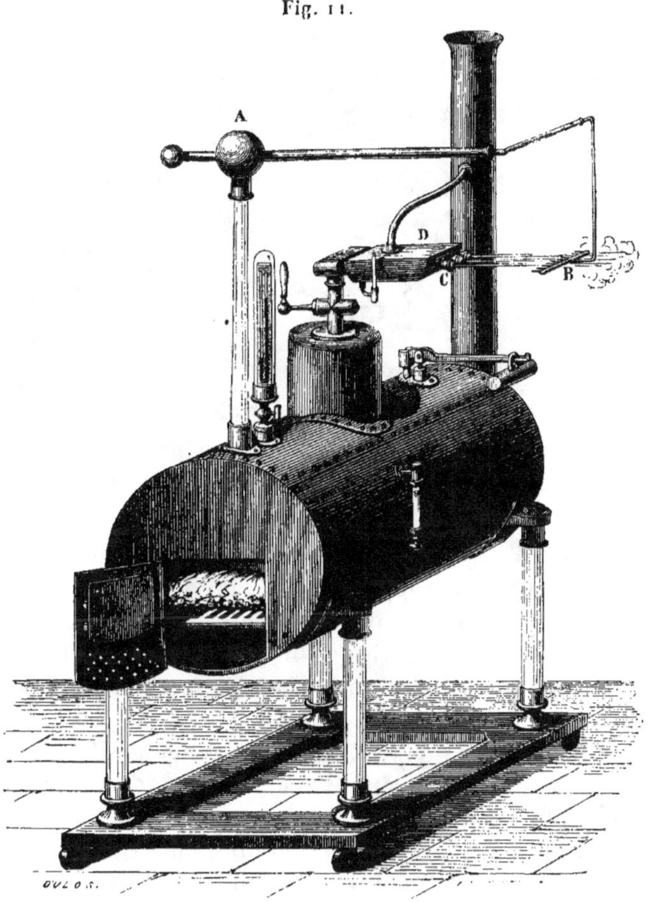

La machine de Ruhmkorff n'est qu'une bobine d'induction
très-perfectionnée dont le fil est isolé avec le plus grand soin
et qui peut actuellement fournir, sous une influence électrique relativement assez faible, des étincelles de 45 centimètres de longueur. Nous parlerons plus tard de ce genre de
machines (*). (*Voir* la *fig.* 12.)

(*) *Voir* ma Notice sur l'appareil d'induction électrique de Ruhmkorff

Fig. 12.

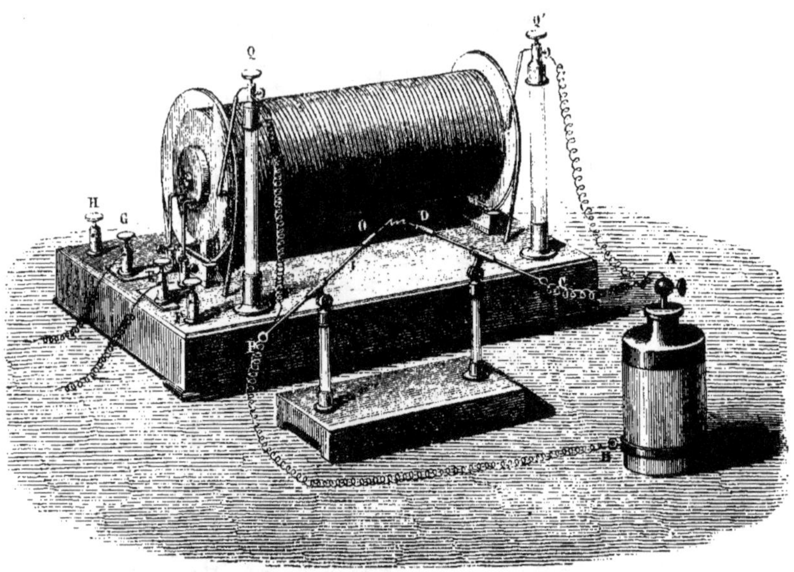

Générateurs électro-chimiques. — Lorsqu'on veut obtenir des effets se rapportant à l'état dynamique de l'électricité, et que ces effets n'exigent pas une grande tension de la part de la source électrique, on peut employer un petit appareil peu coûteux, très-varié dans sa forme et sa composition (pour s'appliquer suivant les différents cas), et bien connu sous le nom de *pile*. Comme cet appareil joue le plus grand rôle dans la télégraphie électrique, nous allons nous y arrêter quelques instants.

Pile. — Une pile est un générateur d'électricité dans lequel le développement électrique est surtout le résultat d'une action chimique plus ou moins énergique, et dont les éléments constituants, appelés à se combiner chimiquement, sont disposés de la manière la plus favorable pour transmettre au dehors, sur deux appendices métalliques appelés *pôles*, la double charge électrique incessamment dégagée. C'est donc en quelque sorte une machine électrique fournissant sur deux conducteurs distincts, comme la machine de Nairne, les deux électricités, et la seule différence qui existe entre ces deux générateurs, c'est que, dans cette dernière machine, les deux électricités sont dégagées par l'effet du frottement, tandis que dans la pile elles proviennent d'une réaction chimique.

Le nom de *piles*, qui a été donné aux générateurs électriques fondés sur les réactions chimiques, vient de ce que, dans l'origine, cet appareil, découvert par Volta, était composé d'une série de disques de cuivre et de disques de zinc accou-

Fig. 13.

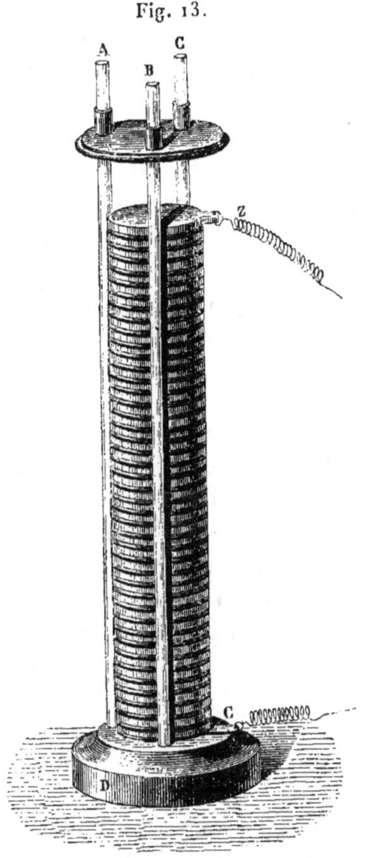

plés ensemble deux par deux et empilés les uns sur les autres après avoir été séparés, couple par couple, par une rondelle de drap humide. Ils formaient effectivement alors une véritable *pile* qu'on plaçait entre trois colonnes de verre pour la soutenir, et dont chacun des couples constituait ce que Volta appelait un des *éléments*.

D'après cette origine, le mot *pile* implique l'idée d'un générateur composé de plusieurs éléments. Mais, par extension, on a donné ce nom à une pile composée d'un seul élément; de sorte que, appliqué comme il l'est aujourd'hui, il ne peut faire présumer l'objet qu'il désigne.

Quoi qu'il en soit, la découverte de la pile est certainement une des plus belles qui aient été faites dans les sciences physiques ; car elle a mis entre nos mains une source puissante d'électricité qui développe ce fluide d'une manière continue sans qu'on ait à s'en occuper, dont on peut augmenter l'énergie à volonté, d'après des lois connues, et qui, en raison de son peu de tension, n'exige pas un isolement parfait des conducteurs appelés à en transmettre les effets.

La théorie que Volta s'était faite du développement électrique dans sa pile n'est pas celle qui est admise de nos jours. Par suite d'expériences qu'il regardait comme concluantes, il admettait que *du contact seul* de corps hétérogènes conducteurs devait résulter la création d'une force particulière à laquelle il donna le nom de force électro-motrice, et qui avait pour effet de constituer d'une manière constante l'un des deux corps en contact dans un état électrique positif, l'autre dans un état électrique négatif; de telle sorte que, dans sa pile, il ne considérait le rôle rempli par les rondelles de drap humide que comme une action de simple conductibilité qui permettait aux effets électriques produits par chaque élément individuel de s'accumuler aux deux extrémités de sa pile. Cette théorie fut longtemps adoptée, et c'est elle qui a servi de base aux magnifiques recherches d'Ohm, dont nous parlerons plus tard. Mais quand le développement électrique, par l'effet des réactions chimiques, fut parfaitement démontré, on put se convaincre que toutes les expériences de Volta pouvaient être interprétées d'une autre manière qu'il ne l'avait fait, et elle fut, sinon complétement abandonnée, du moins notablement modifiée, comme nous allons le voir.

D'après la nouvelle théorie, la véritable cause du dégagement électrique dans la pile serait l'oxydation du zinc sous l'influence du liquide mis en contact avec ce métal, et le cuivre n'aurait d'autre rôle à remplir que celui d'un simple conducteur destiné à partager l'état électrique du liquide, et à le communiquer au circuit extérieur de manière à provoquer à travers celui-ci, mis d'ailleurs en contact avec le zinc, la décharge constituant le courant. Si la cause initiale qui provoque le dégagement électrique n'était pas persistante, les deux électricités ainsi en présence se combineraient directement aussitôt après avoir été développées, sans passer par le circuit; mais comme la réaction chimique est continue, le dégagement électrique se maintient, même quand les fluides ne trouvent pas une issue pour se recomposer en dehors de la pile; seulement, comme on le conçoit aisément, la réaction chimique est alors beaucoup moins énergique, car les fluides tendent à exercer leur action en sens inverse de cette réaction. C'est ce qui arrive quand le circuit de la pile n'est pas fermé. Quand, au contraire, les deux lames polaires sont réunies par un conducteur métallique, la recomposition des fluides séparés peut s'effectuer librement, et le courant qui en résulte, en appelant l'oxygène sur le métal électro-positif (le zinc) et l'hydrogène sur la lame électro-négative, surexcite la réaction chimique, et par suite le courant devient plus intense.

On peut facilement se convaincre de cette différence d'action électrique avec une pile composée d'une lame de zinc et d'une lame de platine plongées dans de l'eau acidulée, pile à laquelle on donne le nom de *pile de Smée*. Quand le circuit n'est pas fermé, on n'aperçoit aucun dégagement de gaz à travers le liquide; mais aussitôt que les deux éléments polaires sont réunis, l'action chimique se développe avec énergie.

Cette expérience est surtout remarquable quand on emploie du zinc chimiquement pur. Dans ces conditions, ce métal, simplement en contact avec l'eau acidulée, n'est jamais attaqué, et il faut qu'il constitue avec le liquide un couple voltaïque dont le circuit soit fermé, pour que l'action chimique devienne visible. Or, il résulte de cet effet une conséquence remarquable, c'est que si le développement électrique produit dans la pile est dû en très-grande partie à l'action chimique qui s'y manifeste, celle-ci ne peut être considérée comme la *cause initiale* de ce développement, et pour trouver cette cause initiale qui peut être très faible, il est vrai, il devient nécessaire de revenir à la théorie de Volta, et d'admettre que du *contact physique du zinc et de l'eau acidulée résulte le développement d'une force électro-motrice qui, en raison de la prédisposition que possède l'oxygène de l'eau acidulée à s'unir au zinc, a pour résultat de constituer l'un des deux corps dans un état électro-négatif, l'autre dans un état électro-positif.*

Ces désignations d'état électro-positif et d'état électro-négatif ont toutefois besoin d'être précisées, car souvent elles sont l'occasion de quiproquo regrettables en raison des désignations affectées aux deux pôles de la pile. Généralement on croit que l'élément électro-positif de la pile est représenté par le conducteur qui fournit le pôle positif, et que l'élément électro-négatif est représenté par le zinc. Mais il est facile de voir qu'il n'en est pas ainsi; car les lames métalliques d'une pile représentent par le fait les deux lames de communication d'un circuit semi-métallique, semi-liquide, traversé par un courant. Or, si le zinc est pôle négatif par rapport au circuit extérieur, il est pôle positif par rapport au courant traversant le liquide, et la preuve, c'est que l'oxygène s'y précipite. Eu égard à la pile, il représentera donc l'élément électro-positif, mais il sera constitué lui-même dans un état électro-négatif. Par les mêmes raisons, le conducteur fournissant le pôle positif sera constitué dans un état électro-positif, mais représentera l'élément électro-négatif de la pile. Nous verrons plus tard qu'à cause même de ce rôle de communicateur de courant aux liquides qui la composent, les lames métalliques d'une pile sont sujettes à des effets énergiques de polarisation qui troublent considérablement la réaction électrique produite, et qu'on est parvenu, du reste, à atténuer beaucoup par certaines combinaisons que nous indiquerons dans le chapitre IV.

INSTRUMENTS D'EXPÉRIMENTATION.

Les appareils indispensables que l'on doit avoir entre les mains, quand on s'occupe de recherches et d'applications électriques, sont les instruments d'expérimentation à l'aide desquels on peut reconnaître la présence des courants même les plus faibles, et qui permettent de mesurer soit leur intensité, soit la résistance des différents conducteurs entrant dans la composition d'un circuit. Ces instruments ont été combinés de bien des manières différentes; mais de toutes ces combinaisons nous ne nous occuperons que de celles qui sont le plus généralement employées en télégraphie, et qui sont connues sous les noms de *galvanomètres, boussoles des sinus* et *des tangentes, rhéostat, galvanomètres différentiels* et *pont de Wheatstone.*

APPAREILS POUR LES MESURES DES INTENSITÉS.

Nous avons vu, p. 16 et 17, sur quels principes reposent les galvanomètres et les rhéomètres, et comment on a été conduit à la disposition qu'on leur a donnée; il nous reste maintenant à les décrire dans leurs détails de construction.

Les galvanomètres comme les rhéomètres doivent être variés dans leur construction, suivant le degré de sensibilité qu'ils doivent avoir pour les usages auxquels on les destine et suivant la résistance du circuit sur lequel on les interpose.

Si l'on a seulement pour but de s'assurer qu'un courant électrique d'une certaine intensité traverse un circuit, on peut se servir d'une simple aiguille aimantée portée sur un pivot, ou d'une petite boussole que l'on place sur un ruban de cuivre (faisant partie du circuit), de façon que l'aiguille, dans son orientation N.-S., soit parallèle au conducteur. On vend même des boussoles disposées à cet effet, qui sont très-commodes. Mais quand on a besoin d'un appareil accusant des courants moins énergiques, on forme alors un multiplicateur en enroulant un fil recouvert de soie autour d'un cadre en bois, de manière que ce fil se replie trente ou quarante fois sur lui-même; on suspend au milieu du cadre, à l'aide d'un fil de soie ou sur une pointe, une aiguille aimantée; on adapte au-dessus de cette aiguille une autre aiguille de cuivre, et celle-ci indique, sur un cadran divisé, la plus ou moins grande déviation de l'aiguille aimantée.

Pour éviter le soin d'orienter ces boussoles, on a imaginé un système de galvanomètre à orient fixe, dans lequel la force directrice de l'aiguille aimantée, au lieu de dépendre de l'action du magnétisme terrestre, dépend de la position d'un petit

3.

barreau aimanté faisant partie de l'appareil. Comme ce petit barreau est fixé dans le sens même des fils de la boussole, l'aiguille aimantée reste toujours dans une direction convenable pour subir l'effet du courant. Ce petit appareil est maintenant adopté pour les lignes télégraphiques françaises.

Quand on emploie un fil pour la suspension de l'aiguille aimantée, une ouverture longitudinale doit être ménagée à la partie supérieure du cadre du galvanomètre, ou bien on place l'un à côté de l'autre deux cadres galvanométriques sur lesquels on distribue les trente ou quarante tours de fil jugés suffisants pour la sensibilité de l'appareil.

Boussole des sinus. — Les meilleurs systèmes de rhéomètres, pour mesurer l'intensité des courants électriques, sont les boussoles des sinus et des tangentes, dont le principe a été indiqué, en 1824, par M. de La Rive, et qui ont reçu de M. Pouillet la forme sous laquelle elles sont adoptées aujourd'hui pour les expériences de cabinet.

La boussole des sinus se compose : 1° d'un cercle métallique vertical GH (*fig.* 14), creusé sur sa circonférence d'une gorge

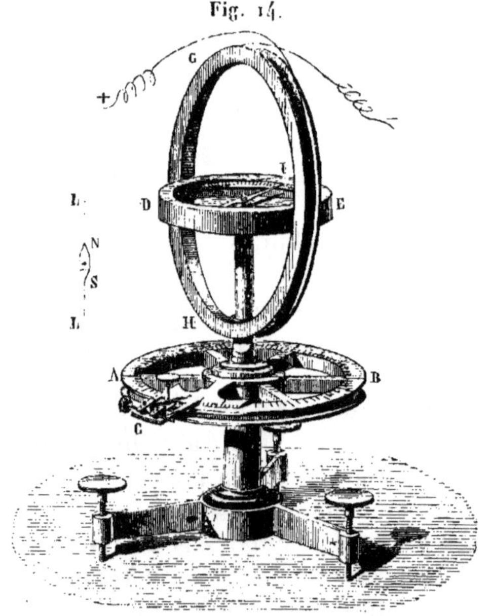

Fig. 14.

assez profonde et coupée à sa partie inférieure par une bande d'ivoire, afin de pouvoir servir au besoin de conducteur simple ou de cadre de multiplicateur quand on enroule dans sa gorge un fil métallique isolé; 2° d'une aiguille aimantée I, posée sur un pivot au milieu du cercle ED, et qui reçoit l'influence du multiplicateur; 3° d'un cercle divisé AB, maintenu dans une position parfaitement horizontale, et dont l'alidade mobile C porte le multiplicateur GH et son aiguille. Un système de niveaux et de vis calantes permet d'établir rigoureusement l'horizontalité de ce cercle AB.

Quand on fait usage de cet instrument, le cercle GH doit être placé dans le plan du méridien magnétique; alors l'appareil est au zéro, et l'aiguille aimantée se trouve placée dans le plan même du cercle GH. Mais si on vient à faire passer un courant, soit à travers le cercle de cuivre GH, soit à travers le fil qui s'y trouve enroulé, l'aiguille est déviée jusqu'à ce que la force magnétique qui la sollicite ait équilibré la force directrice du courant. Alors on fait tourner le système GH au moyen de l'alidade C qui le porte, jusqu'à ce que le cercle GH soit ramené de nouveau dans le plan de l'aiguille. On y parvient à l'aide de lunettes qui permettent de viser sur les extrémités d'une aiguille de cuivre fixée à angle droit sur l'aiguille aimantée. Dans ce cas l'intensité du courant est proportionnelle au sinus de l'angle mesuré sur le cercle AB par le mouvement de l'alidade C.

On comprend facilement que la sensibilité de l'appareil dépendant uniquement du nombre de circonvolutions du fil conducteur sur le cercle, on peut obtenir, par l'enroulement de plusieurs fils susceptibles d'être joints ensemble ou disjoints, des instruments applicables à des intensités de courants assez différentes.

Boussole des sinus de M. Breguet. — La boussole des sinus, telle que nous venons de la décrire et malgré le multiplicateur qu'elle porte, ne peut jamais être employée que pour la mesure de courants assez intenses, tels que ceux qui sont employés dans les expériences de cabinet auxquelles se livrent généralement les physiciens. Mais quand ces courants sont très-faibles et qu'ils se trouvent amoindris par leur passage à travers de fortes résistances, comme cela a lieu sur les lignes télégraphiques, cet appareil ne peut être d'aucun se-

cours ; et pour le rendre alors applicable, il est nécessaire de
lui adapter un multiplicateur galvanométrique. C'est précisément ce qu'a fait M. Breguet dans la boussole qu'il a imaginée
et que nous représentons ci-dessous (*fig.* 15).

Cette boussole n'est rien autre chose, comme on le voit,
qu'un simple multiplicateur C fixé sur un cercle gradué horizontal OO, et dont l'aiguille est suspendue à un fil de cocon.
Cette aiguille porte, placée en croix sur elle, une longue tige

Fig. 15.

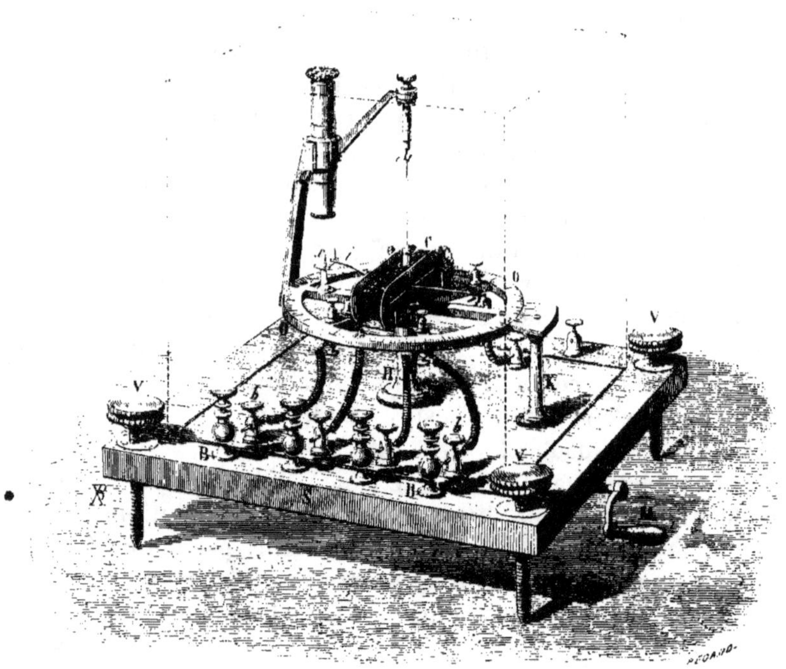

de verre ou d'aluminium, dont une des extrémités i oscille
entre deux pointes placées sur un petit support en ivoire x
muni d'une ligne de repère. Le cercle horizontal lui-même
peut, au moyen d'un engrenage et d'une manivelle M placée
en dehors de l'appareil, tourner autour de son axe et se mouvoir devant un vernier fixe K sur lequel on peut lire facilement les arcs décrits par la boussole. Enfin une lunette munie d'un réticule permet d'apprécier exactement quand la

tige *i* de l'aiguille est à zéro, et le tout est recouvert d'une cage en verre qu'il n'est pas besoin de retirer pour faire les expériences.

On comprend facilement les nombreux avantages de cette disposition. D'abord le mouvement du cercle peut se produire facilement et sans secousse sur un arc très-étendu, et cela pendant qu'on a l'œil à la lunette. D'un autre côté, celle-ci permet d'apprécier avec un très-grand degré de précision la position d'équilibre de l'aiguille; et enfin l'agitation de l'air dans le voisinage de l'instrument ne peut exercer aucune influence fâcheuse sur les indications, grâce à la cage de verre qui recouvre le tout. Le multiplicateur peut, d'ailleurs, être multiple et être disposé pour plusieurs degrés de sensibilité de l'appareil; il peut même être combiné de manière à servir de galvanomètre différentiel.

Boussole des sinus des postes télégraphiques. — La boussole des sinus des postes télégraphiques, que nous représentons (*fig.* 16) ci-dessous, n'est qu'un diminutif de celle que nous venons de décrire. Elle a d'ailleurs la même dispo--

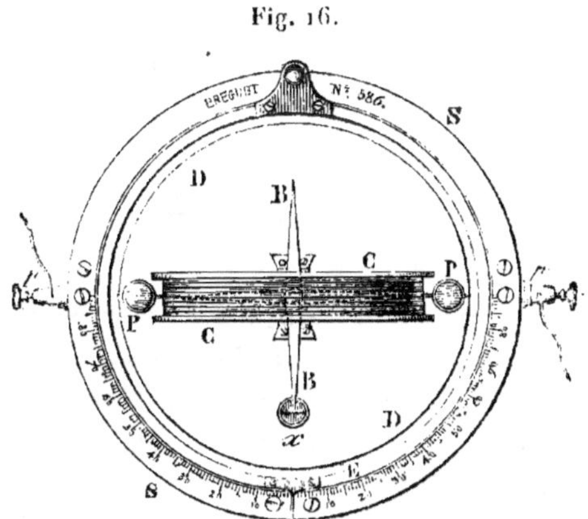

Fig. 16.

sition, sauf que l'aiguille aimantée oscille sur un pivot, et que le cercle DD, au lieu de tourner par l'intermédiaire d'un engrenage, est mis en mouvement à la main à l'aide d'une petite poignée. Ces boussoles ont ordinairement vingt-quatre tours de fil enroulé sur leur multiplicateur.

Boussole des tangentes. — La boussole des sinus, que

nous avons décrite précédemment; p. 36, peut aussi servir de boussole des tangentes en adaptant à la boussole une aiguille aimantée très-courte, afin que la distance de ses pôles au conducteur du courant soit sensiblement la même dans toutes les positions. C'est pour cette raison qu'on donne en général un très-grand développement au cercle GH (*fig.* 14) dans les véritables boussoles des tangentes.

Pour faire usage de ce système de rhéomètre, on place, comme précédemment, le cercle vertical GH dans le plan du méridien magnétique; mais, au lieu de le déplacer quand l'aiguille est déviée sous l'influence du courant, on se contente de noter le degré de cette déviation; alors les intensités électriques sont entre elles comme les tangentes trigonométriques des angles de déviation.

En raison de l'exiguïté de l'aiguille aimantée dans cet instrument, il devient nécessaire d'employer pour sa suspension des fils sans torsion; l'instrument devient alors beaucoup plus sensible.

Bien qu'il soit admis que, dans la boussole des tangentes les intensités sont proportionnelles aux tangentes des angles de déviation, il n'en est pourtant pas tout à fait ainsi, et, pour être exact, il faut faire subir aux nombres fournis une correction qui, suivant M. Despretz, serait donnée par la formule

$$I = (1 + 3\theta^2)\, \mathrm{tang}\, \alpha - \frac{15\,\theta^2}{8}\, \sin 2\alpha,$$

I représentant l'intensité du courant, α la déviation, θ le rapport entre la demi-distance des pôles de l'aiguille et le rayon du cercle du courant. Pour éviter cette correction, M. Gaugain a donné à la boussole des tangentes la disposition suivante : au lieu d'enrouler le conducteur dans la gorge cylindrique du cercle GH, il l'enroule sur la surface d'un tronc de cône très-étroit, ayant pour base le cercle GH lui-même, et place l'aiguille excentriquement par rapport à ce cercle, à une distance du plan de celui-ci égale au quart de son rayon. L'expérience et le calcul montrent qu'alors les intensités des courants sont exactement proportionnelles aux tangentes des angles de déviation de l'aiguille.

Galvanomètre de Nobili. — Quand il s'agit de constater la présence de très-faibles courants électriques, les instruments dont nous venons de parler ne présenteraient pas une sensibilité assez grande, car l'action directrice exercée par le magnétisme terrestre sur les aiguilles ou barreaux aimantés qui les constituent, exige, pour être vaincue, une force déjà assez énergique. Dans ce cas on est obligé d'avoir recours à des instruments plus délicats, et ce sont ces intruments que l'on désigne plus spécialement sous le nom de *galvanomètres*.

Pour amoindrir la résistance apportée à l'action du courant par le magnétisme terrestre, M. Nobili a imaginé de substituer à la simple aiguille aimantée des boussoles un système appelé *astatique*, composé de deux aiguilles placées parallèlement l'une au–dessous de l'autre, et disposées de manière à présenter des pôles inverses d'un même côté. Avec un pareil système, en effet, l'action du globe s'exerçant d'une manière opposée sur les aiguilles se trouve à peu près détruite, et le serait complétement si les aiguilles étaient identiquement dans les mêmes conditions, ce qui ne peut avoir lieu. Du reste, la faible action directrice qui se trouve alors exercée peut être utilisée à ramener toujours le système astatique au repère.

Pour rendre le courant électrique susceptible d'exercer sur un pareil système un effet efficace, il a suffi à M. Nobili de placer ce système de manière que l'une des aiguilles fût à l'intérieur du cadre du multiplicateur, et la seconde au-dessus. Avec cette disposition, en effet, les réactions du multiplicateur devaient s'exercer sur les deux aiguilles dans le même sens, et le système compensateur se trouvait par cela même ajouter encore à la sensibilité de l'appareil. Tel est le principe du galvanomètre de Nobili, instrument parfait qui a déjà révélé bien des phénomènes électriques dont on ne connaissait pas l'existence.

Les *fig.* 17 et 18 représentent un galvanomètre de ce genre : CD est le multiplicateur dont les deux bouts du fil aboutissent à deux boutons d'attache ; ce multiplicateur est fixé sur une planche circulaire qui, dans certains appareils, peut tourner sur elle-même et être fixée au moyen d'une vis de pression E, afin d'orienter facilement le système astatique. B est un support de cuivre auquel est suspendu, par un fil de cocon AB, le système astatique. Le cadran indicateur des déviations se voit aisément sur la *fig.* 17, ainsi que le cylindre de verre qui

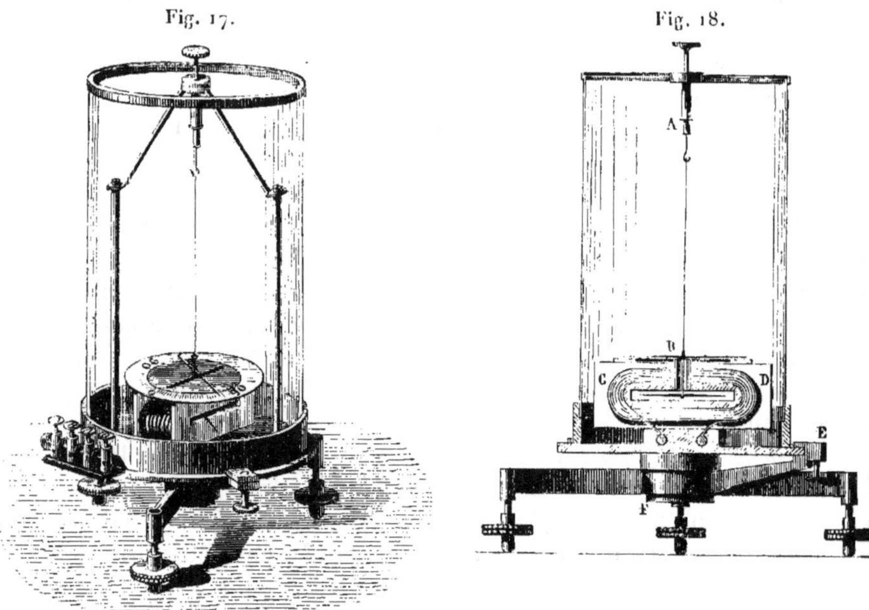

Fig. 17.   Fig. 18.

enveloppe l'appareil. Enfin, les trois vis calantes qui servent de pieds à l'appareil permettent de mettre l'appareil de niveau et de centrer l'aiguille.

La longueur et la grosseur du fil enroulé sur le multiplicateur doit dépendre du degré de sensibilité que l'on veut donner à l'appareil, et de la nature de la source électrique que l'on veut apprécier. Pour les courants dont la source présente peu de résistance intérieure, tels que les courants des piles thermo-électriques, il faut que le fil du galvanomètre soit un peu gros et court. Pour les courants produits par une source électrique dont la résistance intérieure est considérable, il faut au contraire que le fil du multiplicateur soit long et fin. Comme ce dernier cas est le plus ordinaire, il vaut en général mieux avoir un galvanomètre à fil fin, ou, mieux encore, un galvanomètre à plusieurs fils, afin qu'on puisse, suivant les cas, les réunir en tension ou en quantité. On a construit des galvanomètres qui ont jusqu'à 30 000 tours de fil enroulé sur le multiplicateur. Mais, en général, les bons galvanomètres doivent avoir au moins 2000 à 3000 tours.

Quand on veut se servir de ces appareils pour étudier les effets des décharges électriques ou les courants d'induction de l'appareil de Ruhmkorff, il est nécessaire d'isoler les fils, non-seulement avec de la soie, mais encore en les enduisant de vernis à la gomme laque.

Galvanomètre différentiel. — Si on enroule sur le cadre du multiplicateur d'un galvanomètre ordinaire deux fils ayant exactement la même longueur et la même grosseur, et que l'on fasse passer à travers ces deux fils deux courants différents de sens opposé, il arrivera qu'avec des courants égaux l'aiguille du galvanomètre ne sera pas troublée dans sa position d'équilibre, tandis qu'elle déviera sous l'action d'un courant différentiel, quand les deux courants seront d'inégale intensité. On obtient ainsi ce que l'on appelle un *galvanomètre différentiel*. Cet instrument est précieux en ce qu'il permet d'égaliser les intensités de deux courants et par suite les résistances de deux circuits. Aussi l'emploie-t-on fréquemment pour la mesure des résistances des circuits. Dans ce cas on fait aboutir au même générateur d'électricité le circuit à mesurer et le circuit occupé par l'instrument mesureur, et on rend de cette manière les mesures tout à fait indépendantes des variations du générateur électrique.

La construction des galvanomètres différentiels est très-délicate quand on exige d'eux une grande sensibilité, car il est impossible de rencontrer deux fils fins un peu longs, exactement de la même résistance. Pour compenser les différences, on est obligé d'allonger plus ou moins le fil de l'un des deux multiplicateurs, mais on n'y parvient encore par ce moyen que très-imparfaitement, car l'action sur l'aiguille n'est jamais la même dans les deux cas, et avec des courants très-différents de tension les différences apparaissent de nouveau. Du reste cet appareil est si sensible, que dans la pratique on peut se contenter d'un petit nombre de tours de spires au multiplicateur, bien que pour être dans les meilleures conditions il faille que la résistance du fil galvanométrique soit égale à celle du circuit.

Précautions à prendre dans l'usage des galva-

nomètres. — Une précaution que l'on doit prendre à l'égard de tous les galvanomètres en général, c'est de ne pas agir sur eux avec un courant trop fort pour l'instrument, car l'action d'un semblable courant risque de modifier le magnétisme des aiguilles, soit en en diminuant l'intensité, soit même en le renversant. On altère aussi beaucoup la sensibilité du galvanomètre, et on risque plus tard de faire erreur, soit sur la force, soit sur le sens des courants que l'on veut apprécier. Il est donc important d'avoir à sa disposition un certain nombre de galvanomètres de divers degrés de sensibilité, afin de se servir de l'un ou de l'autre suivant les cas.

Malgré cette précaution, il arrive encore que l'axe magnétique de l'aiguille du galvanomètre se trouve quelquefois dérangé par l'action d'un courant électrique, même très-faible, quand cette action est longtemps prolongée. C'est pourquoi il est essentiel de ne pas maintenir trop longtemps un galvanomètre en action.

Il est encore d'autres causes d'irrégularité dans les indications du galvanomètre qui tiennent à des réactions échangées entre le cuivre du fil galvanométrique et les aiguilles aimantées. Ces réactions tendent à créer pour le système astatique deux positions d'équilibre à gauche et à droite du zéro du cadran qui empêchent souvent l'aiguille indicatrice de se maintenir au point de repère. Mais en employant dans la construction de ces instruments des métaux très-purs, on peut éviter en partie ce défaut.

APPAREILS POUR LA MESURE DES RÉSISTANCES.

Rhéostat. — Le rhéostat imaginé par M. Wheatstone est un instrument à l'aide duquel on peut mesurer avec exactitude des résistances très-différentes, depuis les plus petites jusqu'aux plus grandes, et qu'on peut du reste appliquer à une foule d'autres déterminations dans le détail duquel nous ne pouvons entrer en ce moment.

Cet appareil se compose de deux cylindres G, C (*fig.* 19), l'un métallique, l'autre en bois ou en caoutchouc durci, exactement de même diamètre, et sur lesquels peut s'enrouler et se dérouler alternativement un fil de laiton GC très-fin, de résistance préalablement connue. Pour que les spires que forme le fil en s'enroulant sur le cylindre de bois G soient bien séparés les unes des autres, ce cylindre est creusé dans toute sa longueur d'une fine rainure hélicoïdale qui forme comme un

Fig. 19.

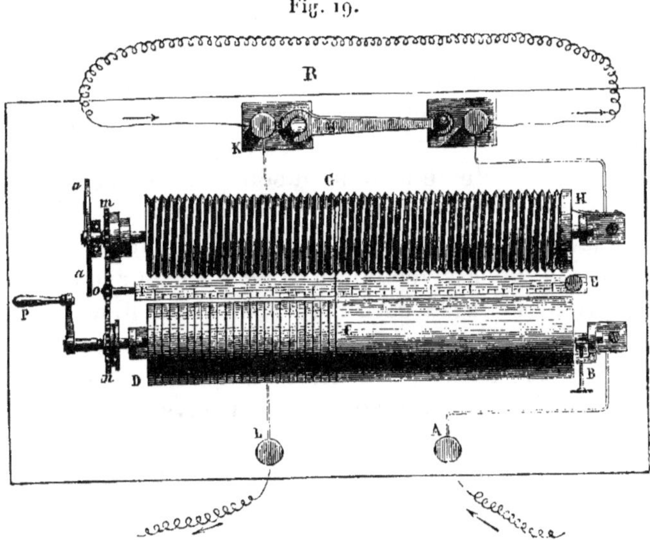

pas de vis autour de lui. Un compteur placé à l'extrémité de l'instrument au bout de ces cylindres, ou une règle graduée EF permet de compter, non-seulement le nombre de tours accomplis par les cylindres depuis le point de départ du fil, mais encore les fractions de tours. Enfin l'appareil est disposé de manière que, quand on tourne l'un des cylindres, l'autre tourne en même temps, et cela de façon à laisser défiler le fil d'un côté à mesure qu'il s'enroule de l'autre côté. Pour qu'un rhéostat soit dans de bonnes conditions, il faut que le fil se maintienne toujours tendu entre les cylindres.

Comme complément de cet instrument, il faut que l'on ait à sa disposition : 1° un jeu de bobines de résistance étalonnées sur la même unité que le fil du rhéostat; 2° un galvanomètre différentiel ou une boussole des sinus. Avec ces accessoires le jeu de cet appareil devient facile à comprendre.

Supposons qu'on veuille déterminer par la méthode du galvanomètre différentiel la résistance d'un fil : on fera aboutir les deux extrémités de ce fil aux deux pôles d'une pile en interposant sur le circuit ainsi formé un des fils du galvanomètre différentiel, puis de ces mêmes pôles on fera partir un second circuit dans lequel seront interposés le fil du rhéostat et le second fil du galvanomètre différentiel. On aura soin de disposer les communications de manière que les deux courants traversant le galvanomètre marchent en sens contraire. Si le rhéostat est disposé de manière que tout le fil de laiton soit enroulé sur le cylindre de cuivre, le circuit auquel il correspond ne présente pas de résistance appréciable, et l'aiguille du galvanomètre dévie fortement sous l'influence du courant qui traverse le cylindre, car le second courant est affaibli par son passage à travers la résistance qu'il s'agit de mesurer; mais si on enroule successivement le fil de laiton sur le cylindre de bois, le premier courant est obligé de suivre ce fil dans ses différentes révolutions autour du cylindre isolant, et il arrive un moment, précisément quand les résistances des deux circuits sont devenues égales, où il finit par se trouver aussi affaibli que son voisin. Or ce moment est indiqué quand l'aiguille du galvanomètre est revenue à zéro. Alors on arrête le rhéostat, et il ne s'agit plus pour connaître la résistance inconnue que de lire sur le compteur le nombre de tours et de fractions de tours qui est marqué.

Ordinairement le fil des rhéostats représente une résistance de 15 à 16 kilomètres de fil télégraphique de 4 millimètres de diamètre ; mais quand les résistances à mesurer sont plus considérables, on est obligé d'interposer des bobines étalonnées dans le circuit du rhéostat, et le rhéostat sert alors à parfaire les différences.

Cette méthode de mesurer les résistances s'appelle méthode par différence ; mais il en est une autre à laquelle on donne le nom de méthode par substitution, qui a également ses avantages, et qui ne met à contribution qu'une boussole des sinus ou un simple galvanomètre. Pour opérer avec cette dernière méthode on interpose le galvanomètre dans le circuit à mesurer et on note la déviation, puis on substitue à ce circuit celui du rhéostat dont on augmente la résistance jusqu'à ce que la déviation du galvanomètre atteigne le même degré que la première fois. Cette augmentation de résistance indique précisément celle que l'on cherche. L'inconvénient de cette méthode est que les variations d'intensité de la pile peuvent affecter les mesures que l'on détermine.

Dans les rhéostats perfectionnés le fil de laiton pousse, un peu avant son entier déroulement, un butoir qui arrête les cylindres au moment où le fil arrive à son point de départ. On évite ainsi les ruptures de ce fil, qui sont d'autant plus préjudiciables que chaque fil nouveau doit être préalablement étalonné. D'un autre côté, pour assurer une bonne communication entre le fil en question et le circuit extérieur, les axes des cylindres auxquels sont soudées les deux extrémités de ce fil sont munis de disques en fer qui plongent dans de petites auges remplies de mercure. De cette manière les communications se font par le mercure.

Pont de Wheatstone. — Cet appareil, aujourd'hui fréquemment employé pour la mesure des résistances, se composait, dans l'origine, d'un losange métallique ADCB (*fig.* 20), dont les deux lames AB, CB se trouvaient interrompues

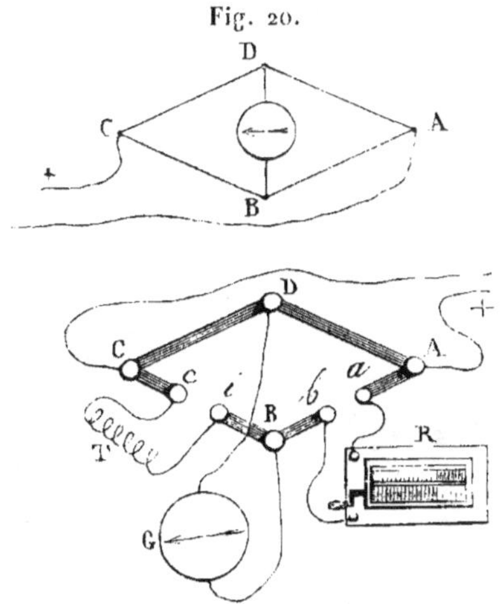

en *ab*, *ci*. Des bornes d'attache étaient placées aux points A, D, B, C, *a*, *b*, *c*, *i*, et communiquaient les unes, A et C, à une forte pile, les autres, D et B, à un galvanomètre G, et les quatre autres avec la résistance inconnue T et un rhéostat R. Avec une semblable disposition, il s'établit une double dérivation à travers le galvanomètre G, et, pour que celui-ci reste à zéro, il suffit que la résistance interposée sur le côté AB du losange soit égale à la résistance T introduite sur la branche CB. Par conséquent, si cette dernière est inconnue, elle se trouve indiquée par celle qu'il faut développer sur le rhéostat pour ramener à zéro le galvanomètre.

Toutefois, il est facile de voir qu'avec cet arrangement le courant pourrait passer presque entièrement par les branches AD, DC du losange, si les résistances R et T étaient un peu considérables. Or, pour rendre cet appareil applicable à la mesure de grandes résistances, M. Siemens a cherché à rendre variable la résistance de ces branches AD, DC, en y interposant des séries de bobines susceptibles d'être introduites en plus ou moins grand nombre dans le circuit, à l'aide d'un commutateur. Il dispose, à cet effet, les appareils comme on le voit *fig.* 21.

A est un commutateur à chevilles communiquant avec trois bobines de résistance représentant 10, 100 et 1000 de ses unités. B est un second commutateur exactement semblable au précédent, et ces deux commutateurs communiquent,

Fig. 21.

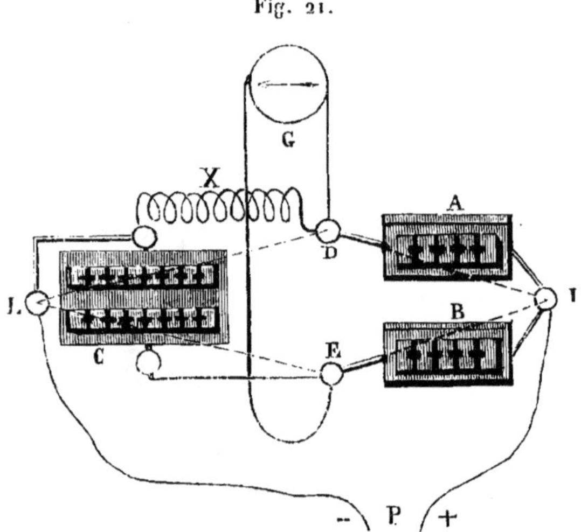

d'un côté, avec le pôle + de la pile P ; de l'autre, avec la résistance inconnue X, le galvanomètre G et un rhéostat, muni de son commutateur à bobines de résistance C. Le galvanomètre G a d'ailleurs un multiplicateur de 22 600 tours et présente une résistance de 700 kilomètres de fil télégraphique. Pour déterminer la valeur de la résistance X, il suffit de calculer la résistance développée sur le rhéostat pour ramener à zéro le galvanomètre G, et de faire entrer cette donnée dans l'équation $\dfrac{CD}{CB} = \dfrac{AD}{AB}$, CD et AD représentant les résistances connues, CB représentant la résistance inconnue, enfin AB la résistance du rhéostat.

M. Siemens prétend qu'avec cette méthode on peut mesurer des résistances depuis 0,01 jusqu'à 1 000 000 d'unités, avec le même degré d'exactitude.

DÉFINITIONS IMPORTANTES.

Avant d'entrer dans les détails techniques de la science électrique qui sont indispensables à connaître dans l'usage de la télégraphie, il importe de bien s'entendre sur les expressions employées pour la désignation des différentes actions mises en jeu dans les manifestations électriques. Ces expressions sont loin de présenter la même interprétation pour les différents physiciens, et il en résulte une confusion déplorable qui a jusqu'à présent contribué à embrouiller considérablement la question.

Par le mot *force électro-motrice* nous entendons *la force qui produit le phénomène de mouvement électrique appelé courant*. Les partisans de la théorie électro-chimique repoussent, il est vrai, cette expression, parce qu'elle se rattache à la théorie de Volta, qu'ils ne veulent pas admettre. Mais quelle que soit la théorie que l'on se fasse, cette expression est parfaitement convenable ; car, puisqu'un courant électrique est un phénomène de mouvement, et que tout mouvement est l'effet d'une force, il est parfaitement certain que, dans tout circuit parcouru par un courant, il y a une force mise en jeu, et cette force peut, par conséquent, être appelée *force électro-motrice*.

La *tension* d'un courant qu'Ohm appelle le plus souvent *force électroscopique, manifestation électroscopique, pouvoir, énergie, état électrique*, est *la propriété du fluide électrique*

4

en vertu de laquelle celui-ci tend à réagir extérieurement et à produire les effets propres à l'électricité statique. C'est, si l'on pouvait se permettre cette comparaison, la force expansive à laquelle obéirait un courant d'eau coulant à travers un tuyau, si on venait à pratiquer à travers les parois de celui-ci de petits trous; l'eau rejaillirait alors à travers ces petits trous avec une force d'autant plus grande que la pression exercée sur le liquide serait elle-même plus grande : or cette impulsion de l'eau représente précisément une action analogue à la tension électrique. Suivant **M.** Becquerel, cette tension serait constituée par la petite quantité d'électricité maintenue libre quand les pôles de la pile ne sont pas réunis, et qui échappe à la recomposition pendant le temps que s'effectue le dégagement électrique.

L'intensité électrique représente la grandeur de l'effet produit par la force électro-motrice, c'est-à-dire la force du courant; elle est par conséquent toujours en rapport avec *la quantité d'électricité* qui circule dans le conducteur, et elle doit dépendre à la fois de la valeur de la force électro-motrice et de la résistance qui est opposée par le conducteur au mouvement des fluides.

CHAPITRE II.

PROPAGATION DE L'ÉLECTRICITÉ SUR LES LIGNES TÉLÉGRAPHIQUES.

Théorie d'Ohm. — Jusqu'à l'année 1825, les idées qu'on s'était faites sur le mode de propagation de l'électricité étaient vagues et indéterminées. En raison de sa vitesse énorme de transmission, on voulait retrouver dans ce fluide quelques analogies avec la lumière, et dans cet ordre d'idées on allait chercher des indications, des données, là où il n'y avait rien à trouver, du moins en ce qui concernait les lois de la propagation de cet agent si particulier. Ce ne fut qu'en 1825 que la vérité commença à se faire jour et à se montrer sous son véritable aspect.

A cette époque, en effet, Ohm, mathématicien allemand, frappé de l'idée que le mode de propagation de l'électricité pouvait bien être le même que celui de la chaleur, appliqua à cet agent physique les formules que Fourrier et Poisson avaient déduites des lois de la transmission de la chaleur, et parvint à poser d'une manière tout à fait nette et précise les belles lois des courants électriques qui portent son nom, et que l'expérience n'a fait que confirmer de plus en plus. Mais pour établir tout un échafaudage de calculs sur une pareille hypothèse, dans un temps où les idées des physiciens étaient tournées dans une tout autre direction, il fallait être plutôt philosophe que physicien, et c'est justement parce qu'Ohm était surtout mathématicien qu'il put établir, sans idée préconçue et sans prévention, son admirable théorie. Toutefois ses travaux n'eurent pas, dans le monde savant, le succès qu'il en attendait, et furent au contraire pour lui le sujet d'une persécution qui le poursuivit jusque dans sa position de professeur. Ce ne fut que dix ans plus tard, et surtout quand M. Pouillet parvint aux mêmes lois par l'expérimentation, qu'on commença à revenir sur le jugement qu'on avait porté contre Ohm, et à apprécier le mérite de sa découverte. Cependant, tout en adoptant les formules de l'illustre mathématicien, les physiciens, jusqu'à l'année 1860, n'avaient pas voulu admettre l'assimilation qu'Ohm avait faite du mode de propagation de l'électricité à celui de la chaleur, et, grâce à ce parti pris de leur part, ils sont arrivés à des résultats tellement discordants sur la vitesse de propagation de l'électricité, qu'il fallait admettre, ou que les expériences faites pour mesurer cette vitesse avaient été mal conduites, ou que les idées que l'on se faisait généralement sur la propagation de l'électricité étaient fausses.

Vers la fin de l'année 1859, M. Gaugain, habile physicien, qui depuis quelque temps s'occupait de vérifier les lois d'Ohm, au point de vue de la transmission de l'électricité à travers les mauvais conducteurs, rechercha les causes de ce désaccord, et trouva bientôt le mot de l'énigme. Il s'assura en effet que l'électricité, loin de se propager comme une onde, c'est-à-dire à la manière du son ou de la lumière, devait au contraire se transmettre, ainsi qu'Ohm l'avait admis, à la manière de la chaleur dans une barre métallique que l'on chauffe par un bout et que l'on refroidit par l'autre. Dans ce cas, la chaleur et le froid se communiquent de proche en proche à partir des deux extrémités de la barre, et, à mesure que ce double mouvement calorifique et réfrigérant se propage vers le milieu de cette barre, les parties primitivement chauffées et refroidies acquièrent et perdent une quantité de chaleur de plus en plus grande, jusqu'à ce que, les deux mouvements calorifiques s'étant rencontrés, les différents points de cette barre perdent d'un côté autant de chaleur qu'ils en gagnent de l'autre. Alors seulement l'équilibre calorifique est établi, et la distribution de la chaleur, sur toutes les parties de la barre, reste toujours la même. C'est ce que les physiciens ont appelé *l'état calorifique permanent*. Mais avant qu'une barre métallique arrive à cet état, il faut un temps plus ou moins long suivant son degré de conductibilité calorifique, et ce temps, pendant lequel chacun des points des corps chauffés change sans cesse de température, constitue une *période variable* qui, si l'assimilation de la propagation de la chaleur avec la propagation de

l'électricité est vraie, doit exister dans les premiers moments
de la transmission d'un courant ; car, dans cette hypothèse,
un courant électrique n'est que le résultat de l'équilibre qui
tend à s'établir d'une extrémité à l'autre du circuit, entre
deux états électriques différents constitués par l'action de la
pile, et représentant, par conséquent, les deux températures
différentes de la barre chauffée. Sans doute cette période,
variable en raison de la subtilité du fluide électrique, devra
être excessivement courte ; mais, pour des circuits d'une
grande longueur et pour des transmissions lentes à travers de
mauvais conducteurs, elle pourra être appréciable, et c'est
en effet ce que l'expérience démontra à M. Gaugain. Dès
lors, il rechercha les lois de la transmission du courant pendant cette période variable, et il constata, entre autres lois,
que le temps nécessaire pour qu'un courant atteigne son état
permanent dans un circuit, c'est-à-dire toute l'intensité qu'il
est susceptible d'acquérir, est proportionnel au carré de la
longueur de ce circuit. Ce résultat avait été non-seulement
prévu par Ohm, mais encore formulé mathématiquement
par lui dans l'équation représentant la tension des différents
points du circuit dans la période variable de l'intensité des
courants.

Ainsi, Ohm, qui n'était pas physicien, avait découvert, par
la force du raisonnement, un phénomène que les physiciens
ne devaient découvrir que trente-quatre ans plus tard. Nous
verrons à l'instant les lois des courants dans ces deux périodes
de la propagation électrique, mais il est essentiel auparavant
que nous examinions la distribution de l'électricité dans les
circuits.

**Distribution de l'électricité dans les circuits vol-
taïques.** — Bien que la théorie d'Ohm pût fournir quelques indications sur la distribution de l'électricité dans les
circuits, il était à désirer que des expériences nettes et précises pussent fixer les idées à cet égard d'une manière définitive ; car certains phénomènes physiques, en rapport avec la
propagation des courants qui peuvent être insensibles sur de
petits circuits, deviennent très-manifestes sur de longs circuits tels que ceux des lignes télégraphiques. Ces expériences
ont été entreprises sur une grande échelle par M. Wheatstone.

et il en est résulté des conséquences fort importantes qui peuvent être formulées de la manière suivante :

1° Si on met en communication un fil isolé avec l'un ou l'autre des pôles d'une pile, ce fil *pourra se charger de l'électricité dégagée à ce pôle, mais à la condition* sine qua non *que l'autre pôle pourra écouler une charge d'électricité de signe contraire équivalente, soit en terre, soit sur un second conducteur de même résistance que le premier, mis en rapport avec ce second pôle.* Il y a donc une solidarité complète dans le mouvement des deux fluides dégagés dans la pile.

2° Quand un conducteur isolé est relié à l'un des pôles d'une pile dans les conditions voulues pour qu'il puisse être chargé par l'électricité dégagée à ce pôle, *il se produit dans le premier moment un courant de charge qui manifeste d'abord ses effets près de la pile et qui disparaît aussitôt que le flux électrique, après être parvenu jusqu'à l'extrémité du fil, a acquis le même degré de tension en tous les points du conducteur.*

3° Quand un conducteur ainsi chargé est séparé de la pile et se trouve mis en communication avec la terre par l'une ou par l'autre de ses extrémités, *un courant de décharge également éphémère se produit, et sa direction, quoique étant la même à travers le fil de communication avec le sol, peut être, à travers le long conducteur, dans le même sens que le courant de charge ou en sens contraire, suivant que c'est l'extrémité isolée ou l'extrémité reliée à la pile qui fournit la voie à l'écoulement électrique.* Dans le premier cas, le premier effet du courant se manifeste à l'extrémité du circuit ; dans le second cas, ce premier effet s'effectue près de la pile.

4° Dans un circuit métallique complet, une moitié du conducteur est chargée d'électricité positive, l'autre d'électricité négative, avec des tensions régulièrement décroissantes depuis les pôles de la pile jusqu'au milieu du circuit.

5° Lorsqu'on ferme un circuit métallique homogène près de l'un des pôles de la pile, le mouvement électrique s'effectue d'abord d'une manière double et simultanée à partir des deux pôles de cette pile, et n'arrive que plus tard au milieu du circuit. Ainsi, quatre galvanomètres étant interposés dans un circuit, deux dans le voisinage des pôles de la pile et les deux autres dans le voisinage du milieu du circuit, une fermeture de courant opérée près du pôle positif, par exemple, aura pour effet de faire dévier immédiatement les deux premiers galvanomètres près de la pile, et les deux autres ne dévieront qu'après. Ce phénomène est la conséquence de ce que les deux pôles de la pile n'étant pas dans l'origine en rapport avec deux conducteurs de même longueur, *le circuit ne peut se charger qu'au moment même où il se trouve complété par sa double liaison avec la pile*. Dès lors la charge communiquée par chacun des deux pôles s'effectue en même temps sur chaque moitié du circuit et commence naturellement à partir des pôles eux-mêmes.

6° Quand la fermeture du circuit, au lieu de se faire près de la pile, est effectuée au milieu du circuit, le contraire a lieu précisément parce que les deux moitiés disjointes du circuit, ayant pu se charger préventivement, fournissent vers le milieu du circuit et dans les premiers moments de sa fermeture les premières recompositions électriques fournissant la décharge ou le courant.

7° Lorsqu'un fil isolé par l'un de ses bouts est mis en communication avec l'un des pôles d'une pile dont l'autre pôle communique à la terre, il se charge, ainsi qu'on l'a vu précédemment, jusqu'à ce que la tension électrique soit devenue uniforme en tous ses points. Dans ce cas la charge devrait être à l'état statique et ne plus manifester la présence d'aucun courant. Sur de longs fils il n'en est pourtant pas ainsi, car la dispersion régulière et continuelle de cette charge provoque un petit courant permanent de décharge *dont l'intensité mesurée près de la pile est sensiblement proportionnelle à la longueur du fil, mais qui est en raison inverse de la distance de l'appareil rhéométrique à la pile, quand on la mesure en différents points de la longueur de ce fil.*

De la solidarité des deux fluides dégagés dans la pile résulte une conséquence fort importante sur laquelle plusieurs physiciens de mérite ont commis souvent des erreurs inqualifiables, bien que pourtant j'aie longuement discuté cette question dans un Mémoire présenté à l'Institut en 1851. C'est que le fluide positif dégagé par une pile ne peut jamais se combiner avec le fluide négatif dégagé par une autre pile semblable,

de manière à donner lieu à un courant. Si on fait l'expérience
en réunissant par un fil les deux pôles contraires de deux
piles différentes n'ayant d'ailleurs aucune communication
entre elles, on reconnaît qu'il ne se manifeste aucune action.

D'après ce que nous venons de dire de la propagation d'un
courant issu d'une pile, on serait en droit de conclure que les
courants n'ont pas de direction déterminée dans leur mouvement, puisque les deux flux électriques marchent à la rencontre
l'un de l'autre ; mais si l'on considère que le galvanomètre
qui accuse la présence de ces courants doit se trouver impressionné d'une manière tout opposée, suivant que c'est le flux
d'électricité positive ou le flux d'électricité négative qui agit
sur lui, on s'assurera que l'effet produit par l'électricité positive se trouve maintenu par l'électricité négative précisément
en raison de la marche contraire des deux courants et de l'effet
diamétralement opposé qui se trouve exercé dans les deux
cas ; il s'ensuit donc que, par rapport au galvanomètre, le courant a un sens déterminé qui fait dévier à gauche ou à droite,
sur toute l'étendue du circuit, l'aiguille aimantée ; et ce sens
dépend de la manière dont les pôles de la pile se trouvent
mis en rapport avec les extrémités du circuit qui doit agir sur
cette aiguille. On est convenu de dire que le courant voltaïque
marche du pôle positif de la pile au pôle négatif ; mais c'est,
comme nous l'avons déjà dit, une expression de pure convention.

LOIS DES COURANTS ÉLECTRIQUES DANS L'ÉTAT PERMANENT

DES TENSIONS.

Pour établir nettement le principe de sa théorie, Ohm représente graphiquement l'état des tensions d'un circuit voltaïque aux différents points du conducteur. En conséquence
il représente ce circuit par un anneau métallique qu'il coupe
en deux, suivant la section où s'est développée la force électro-motrice, et qu'il développe de manière à former une ligne
droite. Il en résulte, d'après le principe qui a servi de base à
sa théorie, que les deux extrémités de cette droite auront, au
moment de la manifestation électrique, une tension diffé-

rente qui pourra être représentée graphiquement par deux droites perpendiculaires à l'anneau développé, et *dont la différence de longueur représentera la force électro-motrice.*

Ces deux droites, qui peuvent être situées soit d'un même côté de la ligne représentant l'anneau développé, si les tensions sont de même nature, soit au-dessus et au-dessous de la même droite, si ces tensions sont de signes contraires, comme dans les circuits voltaïques, où l'on admet une tension positive et une tension négative, pourraient, étant jointes par une ligne, indiquer l'état des tensions aux différents points du circuit; mais dans l'état où se présente généralement l'expérience, la différence de ces droites, qui représente, d'après Ohm, la force électro-motrice, et qui, dans le cas de deux tensions contraires, est exprimée par leur somme, peut être seule connue, de sorte que la position de cette ligne de jonction ne peut être déterminée qu'autant qu'on connaît la tension d'un des points de l'anneau. Si ce point ne présente pas de traces de tension électrique, parce qu'il perdra d'un côté autant d'électricité qu'il en gagnera de l'autre, il représentera alors l'intersection avec l'anneau développé de la ligne de jonction des deux droites mesurant les tensions extrêmes. Dans l'hypothèse d'une tension positive et d'une tension négative égales, ce point du circuit sans tension se trouve, comme on le comprend aisément, au milieu de la ligne représentant l'anneau développé. Toutefois, pour la simplification des calculs, Ohm n'admet généralement qu'une seule tension, de sorte qu'alors le point sans tension se trouve à l'extrémité négative du circuit.

En étudiant ce que deviennent les droites représentant les tensions électriques quand le flux passe d'un conducteur à un autre de section et de conductibilité différentes; en calculant géométriquement la valeur de ces lignes et en déterminant les inclinaisons des lignes représentant la distribution des tensions dans un circuit hétérogène ou homogène, Ohm est arrivé à conclure :

1° *Que la grandeur du flux électrique transmis d'un point du circuit à un autre, grandeur qui constitue l'intensité du courant, est proportionnelle (quand le conducteur reliant ces deux points reste le même) à la différence de tension de ces points (ou à la force électro-motrice) et à un certain coefficient dépendant de la nature et de la structure des corps, et représentant leur conductibilité ;*

2° Que, dans des circuits homogènes, constitués par des conducteurs de même grosseur et de même conductibilité, l'intensité électrique est inversement proportionnelle à la longueur des circuits ;

3° Que, dans des circuits constitués par des conducteurs de même longueur, de même conductibilité, mais de grosseur différente, l'intensité électrique est proportionnelle à l'aire de la section de ces conducteurs ;

4° Que, dans des circuits composés de conducteurs de différente conductibilité et de différentes dimensions, l'intensité électrique est la même en tous les points du circuit ;

5° Que, pour que ces lois puissent être reconnues par l'expérience, il faut que les différentes résistances qui entrent dans la composition des circuits soient converties en une seule et même résistance, d'après les lois précédentes, résistance qui constitue alors ce qu'Ohm appelle le circuit réduit, et qui peut être représentée par la formule

$$\frac{l}{sc} + \frac{l'}{s'c'} + \frac{l''}{s''c''} + \dots ;$$

l, l', l'' représentant les longueurs de ces différentes résistances, s, s', s'' les aires de leur section, c, c', c'' leur pouvoir conducteur.

Ces différentes lois ont été vérifiées par l'expérience, non-seulement dès l'origine par MM. Ohm et Fechener, mais encore par M. Pouillet, dont les remarquables travaux sur cette question sont un de ses plus beaux titres de gloire, enfin par MM. de La Rive, Despretz, Becquerel, Wheatstone, etc.

Quant à la loi des conductibilités, comme elle est une propriété de la matière qui varie d'une manière fixe d'un corps à l'autre, les physiciens l'ont traduite par des chiffres ou coefficients de conductibilité qui, étant établis une fois pour toutes, permettent de déterminer facilement la valeur réduite d'un circuit, connaissant sa longueur et sa section. Les coefficients les plus exacts qui aient été calculés jusqu'à présent sont ceux de **M.** Edmond Becquerel que nous donnons ci-dessous, et qui se rapportent à celui de l'argent représenté par 100.

<table>
<tr><td>Argent.............</td><td>100</td><td rowspan="16">Ces chiffres ont été déterminés avec des fils recuits à 600 degrés et maintenus à une température égale à zéro.</td></tr>
<tr><td>Cuivre pur.........</td><td>de 94,01 à 89,14</td></tr>
<tr><td>Cuivre du commerce·</td><td>de 91,95 à 86,70</td></tr>
<tr><td>Fer pur............</td><td>de 12,25 à 12,94</td></tr>
<tr><td>Fer du commerce....</td><td>de 12,94 à 10,04</td></tr>
<tr><td>Or pur.............</td><td>65,46</td></tr>
<tr><td>Aluminium.........</td><td>44,69</td></tr>
<tr><td>Cadmium..........</td><td>24,56</td></tr>
<tr><td>Zinc.............</td><td>24,16</td></tr>
<tr><td>Étain............</td><td>13,66</td></tr>
<tr><td>Palladium.........</td><td>11,73</td></tr>
<tr><td>Cobalt..........</td><td>10,67</td></tr>
<tr><td>Nickel.........</td><td>10,37</td></tr>
<tr><td>Platine..........</td><td>10,16</td></tr>
<tr><td>Plomb.........</td><td>8,25</td></tr>
<tr><td>Mercure..........</td><td>1,6121</td></tr>
</table>

La conductibilité des métaux varie, du reste, suivant leur état moléculaire, et surtout leur température. Ainsi, les métaux recuits sont plus conducteurs que les métaux écrouis, et moins est élevée leur température, plus est grande leur conductibilité. D'après **M.** Edm. Becquerel, les coefficients d'augmentation de résistance des différents métaux pour chaque degré d'élévation de la température à laquelle ils peuvent être soumis serait :

Pour le mercure..................	0,001040
» le platine....................	0,001861
» l'or.......................	0,003397
» le zinc......................	0,003675
» l'argent....................	0,004022
» le cadmium..................	0,004040
» le cuivre....................	0,004097
» le plomb....................	0,004349
» le fer......................	0,004726
» l'étain du commerce........	0,005042
» l'étain pur.................	0,006188

Avec ces coefficients, que nous pouvons représenter individuellement par a, la formule donnant la résistance R' d'un fil à une température donnée t est représentée par

$$R' = R(1 + at),$$

R désignant la résistance de ce fil à zéro.

J'ai eu occasion, dans mes expériences sur la ligne télégraphique d'essai que j'avais à ma disposition à l'administration des lignes télégraphiques, de vérifier pour le fer l'un de ces coefficients; je l'ai trouvé de 0,004545, chiffre bien voisin de celui de M. Becquerel, si l'on considère que le fer du commerce n'est jamais bien pur et que la couche de zinc qui se trouve déposée sur les fils télégraphiques doit nécessairement diminuer la valeur du coefficient réel. Comme les expériences que j'ai faites sont au nombre de 600 avec des échantillons différents, et qu'elles ont porté sur des longueurs de 7 kilomètres, on peut considérer *le chiffre 0,004545 comme le coefficient pratique de l'augmentation de résistance du fil de fer de nos lignes télégraphiques pour 1° d'élévation de température.* D'un autre côté, comme il est difficile de connaître la résistance d'un circuit à 0°, le moyen le plus simple pour calculer la résistance d'une ligne L à une température donnée T' est de calculer d'abord sa résistance à une température quelconque T, et de lui ajouter ou retrancher la résistance ρ résultant de la différence des températures T, T' au moyen de la formule

$$\rho = (T - T') L . 0,004545.$$

En opérant ainsi, on trouve qu'une ligne télégraphique de 100 lieues peut varier de résistance, de l'été à l'hiver (en admettant comme températures extrêmes — 10° et + 30°), de plus de 7 kilomètres (*).

Quant aux effets de l'écrouissage sur les métaux, ils sont assez variables, et dépendent de l'état de malléabilité des métaux. Suivant M. Edm. Becquerel, le rapport de conductibilité de fils sortant de la filière et des mêmes fils recuits à une tem-

---

(*) *Voir* mon *Exposé des applications de l'électricité*, t. V, p. 120 **et suiv., et** mon Mémoire sur cette question dans les *Annales télégraphiques*, t. V, p. 39.

pérature de 600° serait :

Pour les fils d'argent..........		1,0701
»	de cuivre pur.....	1,0264
»	d'or pur..........	1,0166
»	de platine........	1,0130
»	de fer............	1,0101

Les liquides ont-ils une conductibilité propre ou uniquement une conductibilité électrolytique par voie de décompositions et recompositions successives? Cette question a été agitée de nos jours et différemment résolue : toujours est-il qu'ils peuvent servir de véhicule aux transmissions électriques, et à ce point de vue les recherches des physiciens sont unanimes pour reconnaître que, contrairement aux métaux, les liquides ont leur conductibilité grandement augmentée par suite de l'élévation de leur température. Pour les dissolutions salines qui constituent les meilleurs conducteurs liquides, cette augmentation de conductibilité est telle, qu'en passant de 0° à 100°, elles peuvent acquérir une conductibilité environ trois fois et demie plus forte.

Suivant M. Edm. Becquerel, les chiffres représentant les conductibilités des principales solutions employées dans les applications électriques seraient, par rapport à l'argent pur, représentés par 100 000 000 :

Argent pur   100 000 000   à une température de 0°.

Eau acidulée avec de l'acide sulfurique au dixième.....................	76,34	
Acide azotique à 36°............	105,41	Ces déterminations ont été faites à une température voisine de 20°.
Solution saturée de sulfate de cuivre.....................	7,25	
Solution acidulée au centième...	10,79	
Solution concentrée de sel marin.	42,24	
Solution saturée de sulfate de zinc.	7,79	

Pour calculer la résistance d'un circuit liquide à une température donnée, M. Edm. Becquerel emploie la formule
$$R' = \frac{R}{1 + \alpha t},$$
qui est la contre-partie de celle que nous

avons déjà donnée pour les métaux, et dans laquelle le coefficient α serait :

> Pour la solution de sulfate de cuivre...　0,0286
> Pour la solution de sulfate de zinc.....　0,0223
> Pour l'acide azotique................　0,0263

Du reste, un fait remarquable à constater, c'est que le pouvoir conducteur des corps pour l'électricité est à peu près dans les mêmes rapports que leur pouvoir conducteur par rapport à la chaleur.

Suivant **M. Wartmann**, la pression exercerait une certaine influence sur la conductibilité des métaux, et celle-ci diminuerait à mesure que cette pression augmenterait. Ce fait a besoin d'être confirmé; toujours est-il que cette influence est si petite, qu'elle ne peut avoir d'importance qu'au point de vue théorique.

Lorsque les conducteurs ont une assez médiocre conductibilité, comme cela a lieu avec les liquides, les corps humides interposés dans un circuit, etc., leur mode de communication avec le circuit métallique doit être fait d'une manière particulière; car il est facile de comprendre que, pour arriver à faire partager aux différentes molécules qui entrent dans toute l'étendue de leur section transversale l'électrisation que celles-ci doivent avoir pour propager le courant avec toute l'intensité dont ces conducteurs imparfaits sont susceptibles, il faut éviter la résistance qui est fournie dans le sens perpendiculaire à la longueur du conducteur, et qui, dans ce cas, est très-considérable ; or, pour cela, il est nécessaire d'employer *des lames métalliques présentant le plus de surface possible, et, dans ce cas, l'accroissement d'intensité que l'on obtient est proportionnel à la surface des plaques de communication.*

Si plusieurs conducteurs sont présentés à la source électrique, il est naturel d'admettre que la décharge électrique ou le courant devra passer à travers ces différents conducteurs avec une intensité d'autant plus forte que les résistances opposées par ces conducteurs seront moindres, et d'après des lois bien déterminées qui devront être reliées à la force électro-motrice de la source et aux lois précédentes.

Nous verrons plus tard quelles sont ces lois; il nous suffira de dire, quant à présent, que des courants ainsi divisés sont désignés sous le nom de *courants dérivés* ou de *dérivations du courant*.

Toutes les expériences qui ont été faites pour la vérification des différentes lois des courants électriques n'ont été exécutées que sur des corps bons conducteurs et avec l'électricité dynamique des piles. Or, il était important de savoir si ces lois étaient applicables à l'électricité des machines et aux transmissions lentes à travers les corps médiocrement conducteurs. C'est ce qu'a fait M. Gaugain dans une série de travaux qu'il a communiqués successivement à l'Académie des Sciences.

Un premier point devait d'abord être établi d'une manière positive : c'était celui de savoir si l'électricité fournie par les machines électriques, qui se tient exclusivement, à l'état statique, à la surface des conducteurs sur lesquels elle a été accumulée, peut, à l'état de mouvement, traverser la masse même de ces corps comme le fait l'électricité dynamique fournie par les piles (*). M. Gaugain, par des expériences très-intéressantes, a démontré qu'il en était ainsi, et par conséquent que la loi d'Ohm et de Pouillet, relative aux sections, était aussi bien applicable à l'électricité de tension en mouvement qu'aux courants voltaïques. Il a pu même constater *que le flux électrique qui traverse l'unité de surface a la même valeur dans toute l'étendue d'une même section pratiquée parallèlement à la surface du cylindre conducteur.*

M. Gaugain a recherché ensuite si les lois de la conductibilité, par rapport à la longueur des conducteurs, se vérifieraient dans le genre de transmission électrique dont nous parlons, et ses conclusions ont été pour l'affirmative. Ainsi, il a reconnu que si deux conducteurs, maintenus à des tensions différentes T et t, sont mis en communication par un corps de longueur l qui n'est conducteur que par la légère couche d'humidité qui se dépose à sa surface, le flux d'électricité qui

---

(*) Cette propriété résulte de la loi même de la proportionnalité de l'intensité électrique aux sections des conducteurs.

se propage le long de ce conducteur (quand les tensions sont arrivées à l'état permanent) est en raison directe de la différence $(T - t)$ et en raison inverse de la longueur l.

La tension considérable de l'électricité qu'il employait lui permettant d'apprécier facilement la différence des tensions du fluide pendant sa décharge lente, M. Gaugain a voulu s'assurer si le flux électrique était proportionnel à la tension de la source. Il a reconnu que, conformément aux lois d'Ohm, cette proportionnalité existait bien, et même que le décroissement de cette tension était uniforme.

Quant à la loi des sections, M. Gaugain a trouvé qu'elle se compliquait d'un élément nouveau dont l'électricité de tension pouvait seule révéler l'existence, et qui joue, comme on le verra plus tard, un rôle important dans les phénomènes que présente la transmission électrique dans l'état variable des tensions. Cet élément nouveau est ce que M. Gaugain appelle *la charge dynamique*.

Imaginons qu'un mauvais conducteur de forme cylindrique, tel qu'un fil de coton, ait été mis en communication d'une part avec le sol, de l'autre avec une source constante d'électricité, et supposons qu'on ait laissé passer l'électricité pendant un temps assez long pour que la distribution des tensions soit parvenue à l'état permanent; si l'on supprime brusquement les communications établies avec le sol et avec la source, et qu'on mesure la quantité d'électricité qui reste sur le conducteur isolé, on constate une charge électrique qui représente précisément *la charge dynamique*. Or, voici les phénomènes généraux que présente cette charge dynamique :

1° Deux conducteurs de même nature et de même longueur, mais de formes différentes, peuvent prendre des charges dynamiques très-différentes, bien qu'ils transmettent des flux d'électricité rigoureusement égaux lorsque l'état permanent est établi;

2° Si l'on fait varier la section d'un conducteur sans modifier sa surface extérieure, le flux transmis dans l'état permanent des tensions varie comme la section, mais la charge dynamique est absolument invariable;

3° La charge dynamique que prend un conducteur cylin-

drique mis en communication avec une source d'électricité
déterminée, est toujours la moitié de la charge statique que
prendrait ce même conducteur, s'il était isolé et mis en communication avec la même source.

Pour toutes ces recherches, M. Gaugain a opéré sur des
fils de coton bien homogènes et non tordus et sur des colonnes d'huile grasse renfermées dans des cylindres de gomme
laque. Avec de pareils conducteurs le flux électrique se propage si lentement, qu'on peut en suivre en quelque sorte la
marche, à l'aide d'un électroscope, sur une longueur de quelques mètres seulement, et c'est grâce à cette lenteur de transmission que M. Gaugain a pu étudier les lois de la propagation électrique dans l'état variable des tensions, comme nous
le verrons à l'instant.

LOIS DES COURANTS ÉLECTRIQUES DANS L'ÉTAT VARIABLE DES TENSIONS.

En étudiant la distribution des tensions électriques dans
un circuit pendant la période variable, c'est-à-dire à l'époque
où l'état électrique n'a pas encore eu le temps de s'établir
d'une manière permanente, Ohm avait été conduit à une formule assez complexe, il est vrai, mais de laquelle il résultait
cette conséquence fort remarquable : *que le temps nécessaire à l'établissement permanent des tensions est proportionnel aux carrés des longueurs des circuits.* Cette loi était,
comme nous l'avons déjà dit, demeurée inaperçue, et ceux qui
la connaissaient ne voulaient pas l'admettre. Il s'agissait d'ailleurs de la vérifier expérimentalement, et ce n'était pas chose
aisée, puisque la durée de cette période variable, dans les circuits dont les savants disposent ordinairement, est pour ainsi
dire instantanée. Il fallait donc, pour qu'on pût obtenir des
résultats quelque peu probants, qu'on opérât sur des circuits
télégraphiques d'une très-grande longueur ou sur des circuits
disposés de manière à conduire très-lentement l'électricité.
Des fils de coton tendus sur des supports isolants, lesquels fils
ne sont conducteurs que par la légère couche humide qui se
dépose à leur surface, sont dans ce dernier cas, et c'est ce
moyen qu'a employé M. Gaugain dans les recherches dont

nous avons parlé précédemment ; l'autre système d'expérimentation a été mis en usage par **M. Guillemin**, et tous deux sont arrivés à des déductions de la plus haute importance, non-seulement au point de vue scientifique, mais même sous le rapport de la pratique télégraphique. En définitive, les lois des courants dans la période variable peuvent se résumer ainsi qu'il suit :

1° Lorsque les dimensions du conducteur sont supposées constantes et que la tension de la source est invariable, la durée de la propagation varie en raison inverse de la conductibilité ;

2° Quand la conductibilité et la section sont invariables ainsi que la tension de la source, la durée de la propagation *est directement proportionnelle au carré de la longueur du conducteur* ;

3° Lorsque la tension de la source est constante, que la nature et la longueur du conducteur restent les mêmes, ainsi que la surface extérieure, et que, par suite de cette dernière condition, le coefficient de charge (*) est lui-même invariable, la durée de la propagation est en raison inverse de la section ;

4° Lorsque la forme de la section varie de manière à changer le coefficient de charge, que d'ailleurs la grandeur de cette section, la longueur du conducteur et sa conductibilité sont invariables, ainsi que la tension de la source, la durée de la propagation est directement proportionnelle au coefficient de charge ;

(*) **M. Gaugain** appelle *coefficient de charge* la quantité d'électricité qui constituerait dans l'état statique la charge du conducteur considéré, si ce conducteur avait pour longueur l'unité de longueur, s'il était isolé et s'il était mis en communication par l'une de ses extrémités avec une source dont la tension fût égale à l'unité de tension. Ce coefficient de charge dépend exclusivement de la grandeur et de la forme de la section et doit être déterminé dans chaque cas particulier par l'expérience, bien qu'à la rigueur il pourrait être calculé à l'aide de la théorie de Poisson. Cette détermination expérimentale n'offre d'ailleurs aucune difficulté. Il suffit de prendre un échantillon de chaque conducteur de la longueur d'un mètre par exemple, de le placer sur un support isolant, de le charger en mettant son extrémité en communication avec une source constante, puis de la séparer de la source et de jauger ensuite la charge communiquée, en la faisant passer dans un électroscope à décharges, au moyen duquel on constate les charges par le nombre des battements des paillettes.

5° *La durée de la propagation est indépendante de la tension de la source;* ce qui revient à dire que la tension qui correspond au bout d'un temps donné à un point déterminé du conducteur est proportionnelle à la tension de la source.

En définitive, ces propositions peuvent se résumer de la manière suivante :

La durée de la propagation est inversement proportionnelle à la conductibilité des corps parcourus par le courant ; directement proportionnelle au carré de sa longueur ; inversement proportionnelle à l'aire de sa section ; directement proportionnelle au coefficient de charge et indépendante de la tension de la source.

Or, ces lois peuvent toutes être comprises dans la formule suivante :

$$T = \frac{qcl^2}{k\omega},$$

En désignant :
Par T, la durée de la propagation ;
Par k, la conductibilité ;
Par l, la longueur du conducteur ;
Par ω, l'aire de la section ;
Par c, le coefficient de charge ;
Et par q, un coefficient constant.

En déterminant les coefficients de charge pour plusieurs échantillons de fils des diamètres usités pour les communications télégraphiques, M. Gaugain est arrivé aux résultats suivants :

Diamètre des fils.	Coefficients de charge.
1^{mm}	100
2	113
3	125
4	133
5	141

Et l'on peut voir que ces coefficients de charge croissent beaucoup moins vite que les diamètres. Or, en partant des nombres ci-dessus, on trouve que les durées de propagation sont proportionnelles aux nombres qui suivent :

Diamètre des fils.....	1	2	3	4	5
Durée de propagation.	100	28.2	13.9	8.3	5,6

Ce qui prouve que l'*on augmente considérablement la rapidité de la transmission en augmentant le diamètre des fils conducteurs.*

Les lois précédentes supposent un circuit parfaitement isolé ; or les circuits télégraphiques sont loin de remplir cette condition, et il était très-important de savoir si, par suite de cette mauvaise isolation, les lois en question ne seraient pas modifiées. Les expériences de M. Guillemin, faites sur des circuits télégraphiques de 520 et 570 kilomètres, sont venues éclairer complétement cette question.

Il est en effet résulté de ces expériences :

1° Que la durée de la période variable, au lieu d'être proportionnelle au carré de la longueur, croît un peu moins rapidement que cette quantité, mais plus vite cependant que la simple longueur du circuit ;

2° Que cette durée, au lieu d'être indépendante de la tension de la source, diminue quand le nombre des éléments de la pile augmente, mais dans une proportion beaucoup moins rapide que le nombre des éléments ; elle est toutefois indépendante de la grandeur de ceux-ci.

En même temps M. Guillemin a constaté les résultats suivants :

1° A l'extrémité du fil en communication avec la terre, le courant, d'abord d'une intensité très-faible, augmente peu à peu et atteint bientôt, en suivant une marche croissante, une intensité qu'il ne dépasse plus quand on continue d'augmenter le temps des émissions de courant, et cette intensité constitue celle de la période permanente.

2° A l'extrémité du fil en communication avec la pile, l'intensité du courant suit une marche inverse et décroissante à mesure que la durée des émissions de courant augmente ; puis au bout d'un certain temps l'intensité reste constante et *plus grande* que celle que l'on obtient à l'autre extrémité du fil (*).

3° Malgré cette différence, le temps nécessaire à l'établissement de l'état permanent est le même dans les deux cas. (Il

---

(*) Cette intensité plus grande vient des dérivations du courant qui s'opèrent tout le long de la ligne (*voir* p. 99).

est de vingt-quatre millièmes de seconde dans un circuit de 520 kilomètres.)

4° Cette durée, en dehors de l'influence de la longueur et de la tension de la pile, dépend encore de l'état d'isolement du circuit. Si le fil est bien isolé, elle est moins grande que dans le cas contraire.

5° Le sens d'une charge électrique qui traverse le circuit avant l'émission d'un courant augmente ou diminue la durée de la propagation suivant que cette première charge est dans le même sens ou en sens contraire du courant envoyé.

Pour expliquer le désaccord qui existait entre les expériences de M. Guillemin et les siennes, désaccord qui ne pouvait provenir que du défaut d'isolement du circuit sur lequel M. Guillemin avait opéré, M. Gaugain a entrepris de nouvelles recherches, desquelles il est résulté que les effets produits par suite du mauvais isolement du circuit, *non-seulement font varier les lois qu'il avait formulées, mais encore peuvent conduire à des conclusions diamétralement opposées, suivant que l'on considère la durée de la propagation comme absolue ou relative.*

Par les mots *durée de la propagation absolue*, M. Gaugain entend le temps nécessaire pour obtenir en un point donné du circuit une tension dont la valeur absolue est donnée, et par les mots *durée de la propagation relative* le temps nécessaire pour obtenir en un point donné une fraction déterminée de la tension limite qui appartient au même point.

Quand on fait abstraction de l'influence de l'air, les mêmes lois s'appliquent, à une seule exception près, à la durée de la propagation absolue et à la durée de la propagation relative ; mais les perturbations qui résultent de l'action de l'air ou des dérivations régulières échelonnées en différents points du circuit ne sont pas de même signe pour l'une et l'autre de ces durées de propagation. Or, voici les résultats auxquels l'expérience et le calcul ont conduit M. Gaugain.

1° Les causes perturbatrices provenant de l'action de l'air et des dérivations ont pour effet d'*augmenter la durée de la propagation absolue et de diminuer la durée de la propagation relative.*

2° Ces mêmes causes font *que la durée de la propagation*

absolue croît plus vite que le carré de la longueur du circuit, et que la durée de la propagation relative croît moins vite que le carré de cette longueur.

Ces conséquences expliquent facilement le désaccord dont nous parlions à l'instant.

Vitesse de l'électricité. — Il est maintenant facile de se rendre compte des différences qui existent entre les différents chiffres qui ont été donnés pour représenter la vitesse de l'électricité. Elles tiennent précisément à ce que l'hypothèse qui a servi de base aux physiciens pour l'étude de la propagation de l'électricité n'est pas exacte. Si, au lieu d'assimiler cette propagation à celle du son ou de la lumière, on l'eût assimilée à celle de la chaleur, comme l'avait fait Ohm dans l'origine, on aurait pu voir immédiatement que le temps de la transmission électrique ne peut être déterminé qu'autant qu'on introduit, comme donnée du problème, le degré de force que doit avoir le courant en un point déterminé du circuit. En ne tenant pas compte de cette circonstance, le chiffre de la vitesse de la propagation électrique dépend uniquement de la sensibilité des appareils employés ou du mode d'expérimentation, et ne peut être regardé que comme mesurant une époque plus ou moins longue de la période variable, époque qu'on ne saurait même déterminer d'une manière absolue. Voilà pourquoi M. Pouillet a trouvé que la vitesse de l'électricité devait être dix mille fois plus grande que celle de la lumière, alors que MM. Fizeau et Gounelle l'avaient trouvée de 100 000 kilomètres par seconde dans un fil de fer de 4 millimètres, et MM. Mitchell et Walker, de 40 000 kilomètres seulement.

En définitive, il résulte de tout ce que nous venons de dire qu'il n'y aurait pas de vitesse proprement dite de l'électricité, mais bien un temps de fluctuations électriques, pendant lequel l'intensité du courant augmenterait à une extrémité du circuit, alors qu'elle diminuerait à l'autre extrémité, et qui atteindrait sa limite extrême lorsque le courant, étant arrivé à son maximum, se trouverait avoir la même intensité en tous les points du circuit parcouru par lui. Ce temps dépendrait de plusieurs circonstances, mais surtout de la longueur du circuit, et, au lieu d'être proportionnel à la simple longueur de celui-ci, comme on serait porté à le croire, il serait proportionnel au carré de cette longueur. Enfin la force du courant accusée par les instruments dépendant du moment de la période variable auquel on expérimente et de la sensibilité des appareils, on comprend pourquoi les physiciens, qui n'ont fait en définitive que mesurer diverses époques de cette période variable, se sont trouvés en désaccord et ont assigné des vitesses différentes à l'électricité.

M. Marié-Davy cependant, tout en admettant les conséquences qui précèdent, et qu'il avait prévues lui-même, croit qu'il existe néanmoins un coefficient de vitesse qui résulte du fait même de la propagation de l'électricité dans des conducteurs de forme définie.

Courants de retour. — De même qu'il faut un certain temps pour charger un circuit d'une certaine longueur, de même il faut un certain temps pour le décharger. Or, si après avoir interrompu la communication du circuit avec la pile on l'établit instantanément avec la terre, la portion de la charge qui n'a pas eu le temps de se combiner à l'autre extrémité du circuit se divise en deux, et une partie revient sur elle-même pour fournir à la station de départ un courant appelé courant de retour, qui n'est autre qu'un courant de décharge. Ces courants, qui se manifestent fréquemment sur les lignes télégraphiques un peu longues, jouent un grand rôle dans les transmissions à travers les câbles sous-marins, comme on le verra dans la suite.

CHAPITRE III.

DE LA TRANSMISSION ÉLECTRIQUE PAR LE SOL.

Historique de la question. — Les premières recherches sur les transmissions électriques par le sol remontent à l'année 1747. A cette époque, le Dr Watson, qui, par des expériences préalables sur la Tamise, avait reconnu le pouvoir conducteur des liquides, s'imagina de faire entrer la terre pour moitié dans un circuit parcouru par une décharge électrique, et s'assura que dans un circuit ainsi composé comme dans un circuit entièrement métallique, la transmission électrique était instantanée. Les expériences qu'il entreprit à cet égard furent faites successivement avec des fils de 45 mètres, de 1609 mètres et de 3218 mètres de longueur, et toujours la réussite fut complète. Ces expériences furent ensuite répétées par MM. Franklin, de Luc, Lemonnier et l'abbé Nollet, mais elles n'ajoutèrent rien à la découverte du savant Anglais.

Après la découverte de la pile de Volta, plusieurs savants, entre autres MM. Erman, Basse (de Berlin) et Aldini, cherchèrent à répéter en 1803, avec les courants voltaïques, les expériences que Watson avait faites avec des décharges d'électricité statique; ils reconnurent que le phénomène de la propagation du courant s'opérait de la même manière, mais sous certaines conditions. M. Feschner prétendit même que l'on pouvait utiliser cette propriété de transmission du sol dans la télégraphie électrique. Il est vrai qu'à cette époque la question de la télégraphie était loin d'être résolue. Mais une chose curieuse à constater, c'est que tous ceux qui se sont occupés, dans le commencement du siècle actuel, de réaliser cette belle idée, ne cherchèrent pas à appliquer à leur système cette propriété si importante de la transmission électrique par le sol, qui était pourtant découverte depuis longtemps. Ce ne fut qu'en 1838 que M. Steinheil, physicien allemand, eut l'idée d'en tirer parti pour un télégraphe électrique qu'il avait imaginé. Les expériences furent faites à Munich, sur un circuit de 1 lieue ¼ d'Allemagne; et elles lui montrèrent qu'effectivement la terre pouvait transmettre avantageusement un courant voltaïque et être employée dans les transmissions télégraphiques, si le fil conducteur, qu'il appelait *fil d'aller*, se terminait à son extrémité libre par une plaque enterrée dans le sol et que la pile fût elle-même en rapport avec la terre de la même manière. D'autres expériences lui prouvèrent ensuite que cette faculté de transmission de la terre était d'autant plus grande que les plaques avaient elles-mêmes plus de surface, et que le terrain était plus humide. Cette découverte était une véritable révélation, car elle permettait d'épargner sur toutes les lignes télégraphiques le *fil de retour*, et de réduire de moitié leur dépense d'installation. Aussi, tous les physiciens se mirent-ils à l'œuvre pour étudier les conséquences qui pouvaient résulter de cette question nouvelle. MM. Wheatstone et Cooke firent, en 1841, des essais qui eurent pour résultat d'établir que *la terre agissant comme un vaste réservoir d'électricité, ou, sous quelques rapports, comme un excellent conducteur, la résistance d'un circuit dans lequel elle se trouve introduite se trouve grandement diminuée ;* de sorte qu'avec son intermédiaire une pile peut agir à une bien plus grande distance avec un fil conducteur de plus petit diamètre.

Ce fait était déjà d'une grande importance, car il prouvait que la terre, loin d'être un plus mauvais conducteur que le fil métallique, favorise, au contraire, la marche du courant, surtout quand la longueur du circuit est considérable.

Rôle de la terre dans les transmissions électriques à travers le sol. — Quel rôle joue la terre dans les transmissions électriques à travers le sol?... C'est une question qui a été fort agitée et qui divise encore les savants. Agit-elle comme un simple conducteur, ou bien ne joue-t-elle simplement que le rôle d'un absorbant comme on l'avait toujours admis pour l'électricité statique? Telles sont les deux opinions qui sont en présence. Ceux qui veulent soutenir la première disent que bien que la terre en elle-même soit un mauvais conducteur, elle supplée à cette mauvaise conductibilité par l'immensité de sa section, et que, d'ailleurs, les cours d'eau qui sillonnent le globe en tous sens sont d'admirables véhicules qui peuvent faire parcourir au fluide un chemin immense sans l'affaiblir, toujours en raison de leur section relativement très-considérable. Toute cette théorie peut du reste être résumée dans le voyage en zigzags et quasi fantastique qu'un illustre physicien fait faire à un modeste courant télégraphique pour aller de Paris à Berlin. Ceux qui soutiennent la seconde hypothèse, et c'est aujourd'hui le plus grand nombre, demandent aux premiers comment tant de courants envoyés de tant d'endroits différents peuvent arriver à destination sans se confondre, sans s'affaiblir ou se renforcer, lorsqu'on sait qu'un même conducteur métallique ne peut servir de véhicule à deux courants sans que les intensités de l'un ou de l'autre se trouvent altérées dans des sens différents. D'ailleurs, pourquoi admettre que la terre puisse servir de réservoir commun ou d'absorbant à l'électricité des machines, alors qu'on lui refuse cette qualité pour l'électricité de la pile qui ne peut cependant pas être d'une espèce différente? Toutes ces raisons ainsi posées ne sont, nous devons le dire, d'un côté comme de l'autre, que des inductions plus ou moins spécieuses qui n'ont rien de bien positif; mais voici une expérience de M. Wheatstone en faveur de la dernière hypothèse, qui semble ne devoir laisser aucun doute.

Si de l'un des pôles d'une batterie voltaïque P (*fig.* 22) on fait partir un long fil de 177 kilomètres de longueur qui vienne

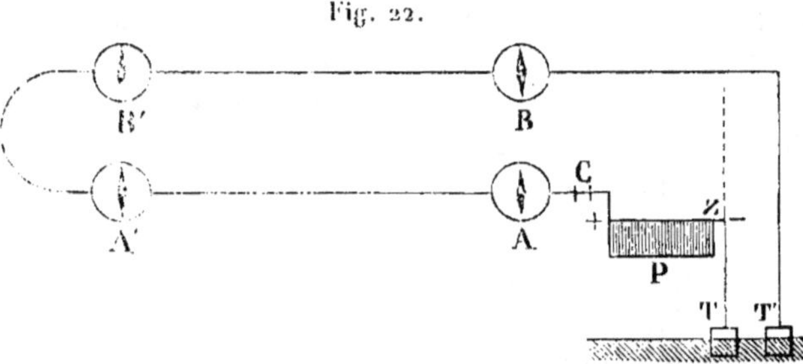
Fig. 22.

ensuite rejoindre l'autre pôle en Z, et que quatre galvanomètres A et B, B′ et A′ soient interposés dans le circuit, les deux premiers près de la pile, les deux autres dans le voisinage du milieu du circuit, il arrivera, si on opère la fermeture de ce circuit en C, que les galvanomètres A et B dévieront les premiers, et les galvanomètres A′ et B′ les derniers. Nous en avons expliqué les raisons p. 54. Mais si, au lieu de faire communiquer directement B avec la pile par le conducteur ZB, on fait communiquer Z et B avec la terre à l'aide de deux plaques différentes T, T′, les effets changeront complétement : le galvanomètre A déviera d'abord, puis A′, puis B′, puis B. Il est certain que si la terre entre les plaques T, T′ jouait le rôle de simple conducteur, les choses devraient se passer comme dans la première expérience, car on ne peut invoquer dans ce cas que la résistance du sol, en rallongeant le circuit, place le galvanomètre B au milieu de celui-ci, puisque cette résistance s'efface complétement devant celle du circuit métallique, ainsi que l'expérience le prouve; force est donc d'admettre que la terre ne remplit pas le même rôle que le conducteur BZ. Or, il s'agit maintenant de savoir si la théorie de l'absorption rend compte des phénomènes.

D'après ce que l'on a vu p. 54, on sait que quand un conducteur est mis en rapport avec l'un des pôles d'une pile dont l'autre pôle communique à la terre, il se charge successivement : en conséquence, le galvanomètre A déviera d'abord, puis le galvanomètre A′, puis B′, puis B. Pour que ce courant de charge devienne un courant permanent, que faudra-t-il? Que cette charge s'écoule au fur et à mesure de sa production; or, c'est précisément le rôle que remplit la terre. Mais, dira-t-on, pourquoi faut-il pour qu'il y ait courant dans ce cas que la pile soit elle-même en communication avec la terre?... C'est précisément pour absorber l'électricité contraire à celle qui doit charger le conducteur, absorption sans laquelle celui-ci ne pourrait jamais se charger, ainsi qu'on l'a vu par les expériences rapportées p. 54. Ainsi, quoi qu'on fasse, tout s'explique, tout est simple avec la théorie de l'absorption; au contraire tout est complexe, tout est contradictoire avec la théorie de la conductibilité; d'ailleurs, quant aux résultats produits, quelle différence peut-il y avoir entre un courant résultant de l'absorption par la terre et un courant résultant de la recomposition des deux fluides au milieu du circuit? Ne sont-ce pas les mêmes actions qui sont en jeu? le même fluide qui circule? les mêmes résistances qui sont à vaincre ?

Voici du reste encore une autre expérience tout aussi décisive due à M. Caselli.

Si on réunit aux deux pôles d'une pile P (*fig.* 23) les deux extrémités d'un long circuit télégraphique interrompu en A, et qu'on introduise en B et C deux galvanomètres sensibles, ces deux galvanomètres dévieront sous l'influence des dérivations à

Fig. 23.

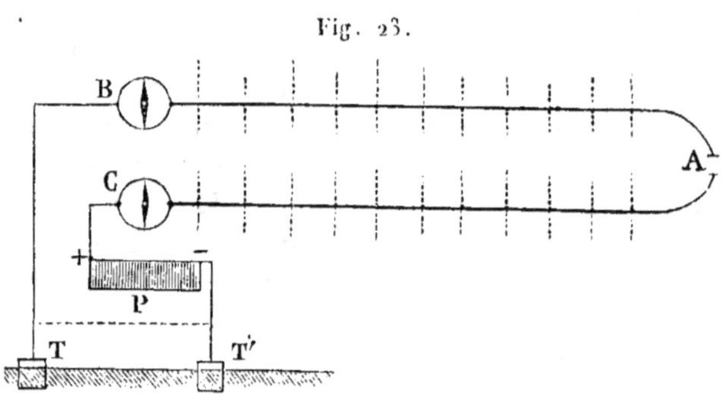

la terre qui se feront tout le long du circuit; mais si, au lieu de compléter le circuit par le conducteur indiqué en pointillé sur la figure, on termine le conducteur AB par une plaque T mise en rapport avec le sol, et que la pile elle-même communique également au sol par une plaque T', on observera que le galvanomètre C déviera seul, et que le galvanomètre B n'indiquera plus la présence d'aucun courant, comme il l'avait fait primitivement. Pour qu'il en soit ainsi, il faut d'une part que la terre entre les plaques T et T' ne se comporte pas comme le conducteur indiqué en pointillé sur la figure, et joue en quelque sorte entre le conducteur AB et le pôle négatif de la pile le rôle de *solution de continuité*, d'autre part que les courants qui, dans le premier cas, ont fait dévier à la fois les deux galvanomètres B et C *aient été la conséquence de l'absorption continue par le sol des charges électriques successivement et séparément transmises aux deux fils AB et AC par chacun des deux pôles de la pile.* En effet, si le courant entre les fils AB et AC n'avait fait que *se dériver*, les deux galvanomètres B et C auraient dû dévier quelle qu'ait été la liaison du fil AB avec la pile, et quel qu'ait été le rôle de la terre entre les plaques T et T'. Cette expérience fournit donc deux preuves au lieu d'une de la non-conductibilité du sol dans les transmissions télégraphiques.

En faveur de l'hypothèse contraire, M. Matteucci a opposé certaines expériences faites par lui, *desquelles il résulte que la résistance de la terre varie avec la longueur du circuit :* mais cette variation de résistance, qu'il est, du reste, très-difficile de préciser exactement, en raison des effets de la polarisation électrique, ne prouve absolument rien en faveur de la conductibilité de la terre, car, par suite de cette polarisation électrique, la résistance du sol exprimée par la différence entre la résistance totale du circuit et la résistance du fil métallique augmentée de celle de la pile, *croît avec la longueur du circuit métallique*, ainsi que nous allons le voir à l'instant. Il n'est donc réellement aucune raison sérieuse qui puisse militer en faveur de l'hypothèse de la conductibilité de la terre, et nous sommes étonné qu'il y ait encore des physiciens distingués à soutenir cette vieille hypothèse.

Quoi qu'il en soit de ces théories, il n'en est pas moins certain que l'interposition de la terre dans un circuit est d'autant plus avantageuse que la résistance du sol, étant un chiffre constant pour une petite distance comme pour une grande (quand toutefois les conditions de communication avec le sol restent les mêmes), s'efface devant la résistance d'une longue ligne, et diminue ainsi de près de moitié la résistance du circuit que le courant aurait à parcourir sans cette disposition : nous allons voir maintenant les particularités que présente ce genre de transmission.

Effets de la communication d'un circuit télégraphique avec le sol par rapport aux courants qui le parcourent. — Un circuit télégraphique se composant d'une partie métallique bonne conductrice et d'une partie médiocrement conductrice plus ou moins humide (le sol) mise en relation avec la première par l'intermédiaire de plaques métalliques plus ou moins grandes, il était à supposer que les effets produits dans les circuits mi-partie métalliques, mi-partie liquides, devaient se retrouver à un degré plus ou moins marqué sur les circuits télégraphiques et donner lieu à certaines perturbations qu'il était important de connaître dans l'intérêt du service télégraphique. J'ai entrepris à cet égard de nombreuses expériences qui m'ont conduit à des résultats assez curieux.

J'ai d'abord reconnu que, par le fait même de l'emploi d'un métal oxydable pour les lames de communication avec le sol, il se produit à travers un circuit télégraphique un courant naturel provenant d'une réaction analogue à celle qui se passe dans une pile, et dans laquelle l'une des lames se constitue négativement et l'autre positivement. Pour qu'il en soit ainsi, il suffit que les terrains dans lesquels ces lames sont enterrées soient différemment humides, et alors le courant qui prend naissance est dirigé (à travers le circuit métallique) de la plaque enterrée dans le terrain le plus sec à la plaque enterrée dans le terrain le plus humide. Il est d'autant plus fort que la différence d'humidité des terrains est plus grande, que la surface de la plaque électro-positive est plus attaquable et que la plaque électro-négative est plus grande.

Ces courants, pour un circuit métallique de 1735 mètres, ont pu atteindre une intensité représentée par 9°17' de la boussole des sinus de **M. Bréguet**, dont le multiplicateur n'avait que 30 tours, ce qui leur supposait une force électro-motrice représentée par 1005, alors que celle d'un élément de Daniell était représentée avec la même boussole par 5670.

J'ai, en second lieu, reconnu que, *par suite de la polarisation des plaques enterrées*, les courants transmis à travers les circuits télégraphiques sont loin d'avoir la fixité qu'ils ont dans les circuits complétement métalliques et donnent lieu à divers effets qui peuvent être résumés ainsi qu'il suit :

1° Quand les plaques de communication du circuit avec le sol sont d'inégale surface, par exemple quand on emploie à l'une des stations une conduite d'eau ou de gaz et à l'autre une plaque métallique immergée dans un puits, *la résistance du circuit est beaucoup plus grande quand la grande plaque est positive que quand l'inverse a lieu*. La différence de résistance d'un circuit de 5 205 mètres de longueur, complété par le sol, a pu varier de 202 tours de rhéostat à 231 tours, c'est-à-dire de 6 938 à 7 935 mètres (en fil de fer de 3 millimètres), et pour un circuit de 1 735 mètres de 96 tours à 120 tours, c'est-à-dire de 3 297 mètres à 4 122 mètres.

2° Quand la grande plaque est positive, la résistance du

circuit augmente sensiblement avec la prolongation de la fermeture du courant, tandis qu'elle reste sensiblement constante dans le cas contraire.

3° Les différences de résistance du circuit avec la disposition différente des pôles de la pile, par rapport aux plaques de communication avec le sol, *augmentent avec la longueur du circuit métallique*, mais seulement quand la grande plaque est positive. Ces différences avec des circuits de 1735 mètres et de 5205 mètres ont été 742 mètres et 878 mètres.

4° Avec des plaques de communication de mêmes dimensions, l'augmentation de résistance du circuit, avec la prolongation de la fermeture du courant, s'effectue toujours à peu près de la même manière, quel que soit le sens du courant par rapport à ces plaques (les effets étant symétriques de part et d'autre).

5° La résistance du sol est d'autant plus grande que les plaques de communication sont plus petites.

6° La résistance du circuit est d'autant moindre que les plaques sont enterrées dans un terrain plus humide (*).

Théoriquement parlant, on devrait tenir compte des différents effets dont nous venons de parler dans l'établissement des lignes télégraphiques, mais comme l'action des courants n'est jamais très-prolongée sur ces lignes et que les différences de résistances dont nous avons parlé s'effacent complétement devant la résistance des lignes un peu longues, ils n'exercent par le fait qu'une très-minime influence. Toujours est-il qu'il résulte des expériences que nous avons rapportées, que la résistance de la terre, ou plutôt la résistance à la pénétration du courant dans le sol, *n'est pas nulle*, comme beaucoup de personnes semblent le croire, et que dans de très-bonnes conditions, c'est-à-dire en prenant comme plaques de communication des conduites d'eau, elle peut atteindre 3876 mètres de fil télégraphique de 4 millimètres, avec un circuit métallique de 11900 mètres et une pile de 20 éléments Daniell. On peut donc toujours conclure que, dans les conditions ordinaires, il n'est pas avantageux d'employer le sol comme complément d'un circuit quand celui-ci ne dépasse pas 4 à 5 kilo-

---

(*) *Voir* mon Mémoire *sur les transmissions électriques à travers le sol*, dans le tome III des *Annales télégraphiques*, p. 465.

mètres. Avec deux plaques de fer de 60 décimètres carrés de surface cette résistance a pu atteindre 7 167 mètres.

Bien que l'emploi de plaques métalliques soit essentiel pour les transmissions des courants à travers le sol, on peut cependant obtenir sans cela des contacts à la terre, sinon très-bons, du moins suffisants, pour les transmissions télégraphiques. Ainsi, par exemple, on peut employer à cet effet les rails des chemins de fer ; malgré les pièces de bois qui les soutiennent et qui sembleraient devoir les isoler, la communication est néanmoins assez bonne. Du reste, avec des courants ayant une tension suffisante, on peut obtenir des transmissions sur un circuit télégraphique dont le fil est brisé et dont un bout touche seulement à terre. C'est même un moyen de reconnaître approximativement en quel point de la ligne a eu lieu cette rupture.

Conductibilité propre de la terre. — Bien que tous les faits fournis par l'expérience démontrent que la terre, dans les transmissions électriques, joue le rôle d'un absorbant, il est impossible cependant de ne pas admettre que, dans certains cas, elle doit remplir le rôle d'un simple conducteur ; car, en définitive, elle représente un corps humide, et si une rivière, un terrain marécageux se trouvent placés sur le parcours du courant, ce genre de conductibilité doit évidemment exercer un certain effet dans la transmission électrique. Toutefois, cet effet ne peut être bien sensible passé 300 ou 400 mètres, car l'expérience démontre que le corps de l'homme, qui est certainement un corps humide dans des conditions de conductibilité plus favorables que la terre, présente entre les deux mains une résistance de près de 400 kilomètres de fil télégraphique de 4 millimètres de diamètre ; mais en admettant même l'intervention d'une rivière, il est facile de voir que la résistance qui serait fournie par le liquide, en la rapportant exclusivement à sa conductibilité propre, serait environ 38 fois supérieure à celle de la ligne entière, si cette ligne avait seulement 10 kilomètres, et en admettant des plaques de communication avec le liquide de 1 mètre de surface, encore faudrait-il supposer à l'eau une conductibilité égale à celle de la solution de sulfate de cuivre. Il est donc permis de considérer comme nulle dans les transmissions té-

légraphiques la conductibilité de la terre, et si la qualité plus
ou moins humide du sol dans le voisinage des plaques enterrées exerce une certaine action sur la résistance qu'il présente, c'est uniquement parce qu'elle favorise plus ou moins
l'écoulement du fluide en terre. M. Guillemin a du reste fait
une série d'expériences qui mettent ce fait hors de doute.

Courants telluriques. — On comprend aisément, d'a-
près ce que nous avons dit précédemment, que si les plaques
de communication d'un circuit télégraphique avec le sol sont
constituées avec des métaux différents, l'un étant essentiellement électro-négatif par rapport à l'autre, l'effet que nous
avons signalé relativement aux plaques oxydables enterrées
dans des terrains différemment humides devra se manifester
au plus haut degré et donner lieu à un courant relativement
assez énergique. On a donné à ces courants le nom de courants *telluriques*, bien qu'à vrai dire ils ne soient autre chose
que des courants issus d'une espèce de pile à la Bagration
constituée par le sol en présence des deux plaques enterrées.
C'est au professeur Kemp, d'Édimbourg, que l'on doit les premières recherches qui ont été faites à ce sujet. Ce savant
imagina en effet en 1828 de plonger dans la mer, à un demi-
mille de distance l'une de l'autre, deux grandes plaques, zinc
et cuivre, qu'il réunit par un fil suffisamment isolé sur le rivage. En interposant au milieu de ce fil un galvanomètre, il
put s'assurer qu'un courant assez énergique le parcourait dans
sa longueur. Peu de temps après, MM. Fox, de Falmouth, et
Reich, de Fribourg, répétèrent ces expériences en substituant
la terre à l'eau de mer, et ils obtinrent les mêmes effets. Depuis
cette époque, plusieurs physiciens firent de nouvelles expériences dans le but de tirer parti de ces courants pour la télégraphie électrique, et parmi eux nous citerons MM. Bain, Palagi, Hogé et Pigott; mais celui qui est arrivé aux résultats les
plus importants est M. Palagi qui, en 1857, au moyen d'un
chapelet de lames de charbon et d'un chapelet de lames de
zinc immergées dans la Seine à Paris et à Rouen, put faire
fonctionner un télégraphe entre ces deux villes. Nous étudierons plus tard ces systèmes télégraphiques; mais nous dirons
seulement, pour terminer ce chapitre, qu'en outre de ces courants dits telluriques il en est d'autres qui peuvent affecter

les circuits isolés mis en rapport avec la terre, et qui, étant la conséquence d'une action chimique ou physique particulière, par laquelle différentes parties du sol se trouvent constituées dans des états électriques différents, peuvent se produire avec des plaques de communication inattaquables. Ces courants, qui ont été étudiés avec beaucoup de soin par M. Becquerel (*), peuvent naître dans une foule de circonstances, mais ils sont beaucoup moins énergiques que les autres.

Pour expliquer la production des courants précédents dans l'hypothèse de la non-conductibilité de la terre, il suffit de considérer : 1° que dans le cas ·de métaux attaquables la plaque électro-positive qui détermine le courant fournit au circuit l'électricité négative, et celle-ci s'écoule en terre par la plaque électro-négative, tandis que l'électricité positive qui charge le sol autour de la première plaque se trouve immédiatement absorbée ; 2° que dans le cas de métaux inattaquables les plaques ne jouent d'autre rôle que celui de communicateurs et de déchargeurs électriques.

(*) M. Becquerel a démontré que, même avec des lames inoxydables, des courants peuvent naître dans un circuit isolé qui les relie entre elles : 1° si les terrains où sont enterrées les plaques sont à des températures différentes, et alors le courant qui se forme est un courant thermo-électrique ; 2° si l'action de l'eau sur les matières qui entrent dans la composition de ces terrains est différente et constitue ceux-ci dans des états électriques différents ; 3° si les plaques sont plongées, l'une dans l'eau, l'autre en terre. En plaçant une plaque dans un glacier, l'autre en terre, M. Becquerel a obtenu un courant d'une énergie considérable. Il en a été de même avec une plaque plongée dans la mer, l'autre plaque étant enterrée à quelque distance du rivage.

CHAPITRE IV.

DES PILES TÉLÉGRAPHIQUES ET DE LEURS LOIS.

HISTORIQUE DES DIFFÉRENTES TRANSFORMATIONS DE LA PILE.

Tout le monde connaît les différentes circonstances qui amenèrent la découverte de la pile de Volta; mais ce qui est beaucoup moins connu, c'est la manière dont cette pile s'est trouvée successivement tranformée pour former les piles actuelles.

La première modification importante apportée à la pile de Volta fut introduite par Wollaston. Ce savant ayant remarqué

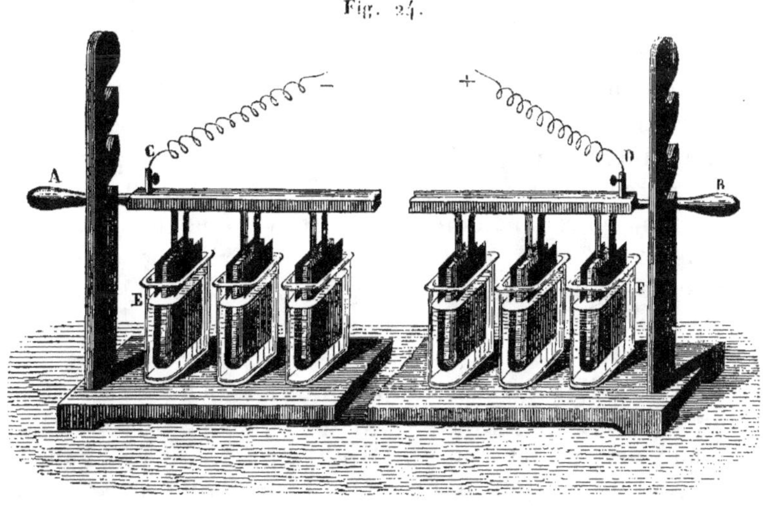

Fig. 24.

que la force de cette pile dépendait de l'énergie de la solution acide mouillant les zincs, imagina de remplacer les rondelles de drap imbibées d'eau acidulée par des auges remplies d'une solution fortement acide ; et, pour que les zincs et les cuivres des différents éléments pussent se correspondre d'une manière distincte d'un élément à l'autre, il isola par des cales de bois les lames de cuivre des lames de zinc. C'est ainsi que fut construite la pile à auges dite de Wollaston, qui fut généralement adoptée, sous une forme ou sous une autre, dans toutes les expériences d'électricité jusqu'en 1838 (voir *fig.* 24).

Si la pile de Wollaston avait sur la pile de Volta l'avantage de fournir une bien *plus grande quantité d'électricité*, elle avait de nombreux inconvénients ; le courant qui en résultait avait relativement peu de tension et n'était très-intense *que pendant quelques instants*. Au bout d'un quart d'heure il tombait tout à coup, et une expérience un peu précise devenait impossible dans de pareilles conditions. Frappé de ces inconvénients, M. Becquerel, en 1826, chercha à rendre cette pile plus constante en mettant à profit certaines indications que lui avait fournies l'étude de phénomènes nouvellement constatés et désignés depuis sous le nom de phénomènes de *polarisation électrique*. S'étant assuré en effet que le dégagement électrique dans la pile était principalement dû à l'action chimique développée au contact de l'eau acidulée et du zinc, et que le dépôt sur l'électrode négative des bulles d'hydrogène provenant de la décomposition de l'eau avait pour effet la création d'un courant contraire à celui de la pile, qui devenait de plus en plus intense à mesure que ce dépôt devenait plus abondant, ou, ce qui revient au même, que le circuit de la pile était fermé plus longtemps, il chercha à empêcher ce dépôt en faisant en sorte que l'hydrogène fût absorbé à son état naissant et entrât dans une nouvelle combinaison susceptible de fournir une action électrique dans le même sens que la première. Il y parvint en composant chaque élément de la pile de deux liquides séparés par une cloison poreuse et d'une nature telle, que l'un pût être réduit sous l'influence de l'hydrogène dégagé par l'autre. Il put résoudre le problème de deux manières, soit en prenant pour liquides excitateurs l'eau acidulée et une dissolution de sulfate de cuivre, en ayant soin de plonger la lame de zinc dans l'eau acidulée et la lame de cuivre dans la dissolution de sulfate; soit en prenant une solution de potasse et de l'acide nitrique, et en employant, pour recueillir la polarité des deux liquides, deux lames de platine. Telle fut l'origine des piles à deux liquides, qui ont résolu d'une manière si remarquable le problème de la constance des courants voltaïques.

Quelques années plus tard, en 1836, M. Daniell, physicien anglais, qui s'occupait du même sujet que M. Becquerel, se trouva conduit, par des considérations autres que celles qui avaient guidé ce dernier savant, à construire une pile à sulfate de cuivre identiquement semblable, en principe, à celle de M. Becquerel, mais d'une disposition plus commode. Il n'eut pas de peine à la faire adopter, car la solution du problème des piles à courant constant était impatiemment attendue, et ce qui nous étonne le plus, c'est que l'emploi de cette pile n'ait pas été fait plus tôt, puisque, de 1829 à 1836, M. Becquerel s'en servait constamment dans ses beaux travaux sur l'électricité.

Bien que la pile de Daniell présentât d'immenses avantages sur la pile de Wollaston, elle avait l'inconvénient de ne pouvoir fournir une grande quantité d'électricité. Sous ce rapport le problème n'était qu'imparfaitement résolu. Une expérience faite par M. Grove, en 1839, ne tarda pas à faire avancer considérablement la question. Ayant placé dans un verre rempli d'acide chlorhydrique une tête de pipe remplie d'acide nitrique, et ayant plongé dans les deux liquides deux lames d'or réunies par un fil métallique, afin de s'assurer si la formation d'eau régale qui devait se faire à travers les pores de la tête de pipe n'entraînerait pas la création d'un courant électrique énergique, il constata, à son grand étonnement, non-seulement qu'un courant d'une extrême énergie prenait naissance dans cette circonstance, mais encore que la lame d'or plongée dans l'acide chlorhydrique se trouvait dissoute, et cela par l'action du chlore. De cette expérience il conclut que, sous l'influence du courant voltaïque, l'acide chlorhydrique était décomposé, que l'hydrogène était absorbé par l'acide nitrique, qu'il désoxydait, et que le chlore attaquait d'autant plus vigoureusement la lame d'or, que la décomposition chimique de l'acide chlorhydrique était surexcitée par l'action de l'acide nitrique.

Les conséquences de cette découverte étaient faciles à deviner : puisqu'un métal aussi inattaquable que l'or était dissous sous l'influence d'une désoxydation de l'acide nitrique, il suffisait, pour obtenir le plus grand dégagement électrique possible, de trouver un métal facilement attaquable par une solution susceptible d'abandonner avec facilité de l'hydrogène : or, le zinc et l'eau acidulée sont précisément dans ce cas, et il suffisait de les substituer à l'acide chlorhydrique et à l'or, dans l'expérience précédente, pour avoir une pile la plus énergique possible. C'est, en effet, ce que fit M. Grove, et c'est ainsi que fut créée la pile qui porte le nom de ce physicien, et qui, malgré tous les perfectionnements imaginés depuis vingt ans, a toujours été presque exclusivement employée dans toutes les recherches qui exigent une certaine intensité électrique.

Dans l'origine, la pile de M. Grove se composait d'un cylindre de platine plongeant dans de l'acide nitrique concentré, et au centre de ce cylindre de platine se trouvait un vase poreux rempli d'eau acidulée, dans lequel plongeait une lame de zinc amalgamé ; mais M. Grove ne tarda pas à reconnaître que le charbon pouvait être substitué plus économiquement au platine, et pour l'adapter plus facilement à son appareil, il renversa la disposition précédente et lui donna la forme des piles qu'on vend aujourd'hui à tort sous le nom de piles de Bunsen ou d'Archereau. On comprendra facilement cette méprise lorsqu'on saura que M. Grove n'ayant jamais fait connaître dans ses Mémoires la nouvelle disposition dont nous parlons, M. Bunsen publia, en 1844 pour la première fois, un nouveau système de pile dans lequel le platine de la pile de Grove se trouvait remplacé par du charbon moulé en cylindre. Comme ces piles étaient beaucoup plus économiques, elles furent immédiatement adoptées partout, et on les appela dès lors *piles de Bunsen ;* mais, comme nous l'avons dit, c'est à tort qu'on les a ainsi baptisées, puisqu'en 1840 on vendait, chez un opticien de Charing-Cross, des piles de Grove, à charbon, plus perfectionnées même que ne l'étaient, en 1844, les piles de Bunsen. D'ailleurs, un Mémoire de M. Cooper, inséré dans les *Transactions philosophiques* de la Société royale de Londres, en 1840, fait mention de ces piles.

Les effets avantageux produits par les piles de Grove ont provoqué une foule de perfectionnements faits en vue, soit de leur emploi plus économique, soit de leur meilleure monture,

soit de l'accroissement de leur énergie et de la facilité de
leur chargement. Mais aucun d'eux n'a détrôné jusqu'à présent la pile primitive. Cependant, si l'emploi de l'électricité
se répandait, si de fortes industries pouvaient naître des produits obtenus par la voie électrique, en un mot, si on avait
à dépenser une grande quantité d'électricité, plusieurs des
systèmes dont nous parlons pourraient être avantageusement
employés : ainsi, avec la pile de **M. Doat**, les produits chimiques décomposés par la pile peuvent être facilement révi-
vifiés ; avec le système de **M. de Douhet**, les résidus de sulfate
de zinc peuvent fournir du zinc à bon marché ; avec d'autres
procédés on peut obtenir comme résidus du blanc de zinc,
du sulfate de cuivre ou de fer, du stannate de soude, du jaune
de chrome, du blanc de plomb, du nitrate de plomb, de
l'acide élaïdique, etc., toutes substances susceptibles d'être
utilisées dans les arts. Mais jusqu'à présent les applications
électriques sont trop restreintes pour qu'on veuille se préoccuper de cette question économique, et, comme nous le disions, on préfère s'en tenir à la pile primitive.

La pile de Daniell a subi autant de perfectionnements que
la pile de Grove ; mais, bien qu'elle ait été employée pendant
longtemps presque exclusivement pour les applications de-
mandant peu d'intensité électrique, elle est en ce moment
employée concurremment avec une nouvelle pile d'un système
analogue imaginée par **M. Marié-Davy**, et dans laquelle le sulfate de mercure se trouve substitué au sulfate de cuivre.
Comme forme, cette dernière pile est exactement semblable
à celle de Bunsen, sauf qu'au lieu d'acide nitrique on emploie une pâte de sulfate de mercure ; mais comme action
elle se rapporte aux piles de Daniell. On l'emploie avec avantage depuis plusieurs années sur les lignes télégraphiques
et pour les sonneries domestiques. Cependant, comme le
sulfate de mercure est une substance assez chère et assez dangereuse, on a cherché à lui substituer du sulfate de plomb
et du chlorure de plomb. Mais les résultats obtenus n'ont pas
été assez satisfaisants pour qu'on ait cru devoir adopter cette
substitution.

Parmi les perfectionnements apportés aux piles de Daniell,
nous citerons ceux de MM. Callaud, Meidenger, Minotto et

Siemens, au moyen desquels on supprime le vase poreux ;
celui de **M. Denis**, par lequel on empêche les incrustations du
vase poreux et la précipitation du cuivre sur le zinc ; celui de
MM. Parelle et Vérité, au moyen duquel les éléments peuvent
se maintenir chargés pendant un temps assez long ; enfin, celui de **M. Robert-Houdin**, qui semble être le plus perfectionné
de tous.

Malgré les avantages que présentent les piles à deux liquides, on n'a pas oublié les piles à un seul liquide. Le premier perfectionnement qui leur a été apporté est celui de
M. Smée, qui a rendu constante la polarisation des lames de
l'élément de Wollaston, en substituant à la lame de cuivre
une lame de platine à surface rugueuse. Plus tard, **M. Poggendorff** a cherché à obtenir le même effet en employant un liquide
ne dégageant que très-peu de gaz. C'est ainsi qu'il a construit
sa pile à bichromate de potasse, dont on a fait beaucoup de
bruit dans ces derniers temps, à cause d'une certaine modification introduite par un industriel, **M. Grenet**, et au
moyen de laquelle on peut augmenter dans des proportions
assez grandes (dans les premiers moments de l'action de
la pile) l'énergie du courant qui en résulte. Il est certain que,
eu égard au volume de l'appareil, aucune pile ne fournit, dans
un instant donné, une aussi grande quantité d'électricité. Mais
cette intensité électrique est bien vite affaiblie, en sorte que
cette pile ne peut avoir que des usages très-restreints.

La pile à sulfate de mercure a pu être aussi disposée de
manière à fonctionner avec un seul liquide, c'est-à-dire avec
la seule dissolution de sulfate de mercure, mais il faut que
l'on emploie alors du sulfate de bioxyde de mercure. Dans ces
conditions, deux petits éléments de 4 centimètres carrés de
surface chacun peuvent fournir un courant assez énergique
pour faire marcher un appareil d'induction et fournir même,
par l'intermédiaire de cet appareil, des étincelles à distance ;
on emploie avec avantage cette pile dans les appareils électro-
médicaux, qui sont devenus dès lors très-portatifs.

Les chaînes électro-médicales de **M. Pulvermacher** sont encore des piles à un seul liquide très-perfectionnées et qui, pour
leurs petites dimensions, donnent des effets très-puissants.

Enfin, la mixture galvanique de **MM. Breton** frères, dans

laquelle les éléments zinc et cuivre sont réduits à l'état de mixture par un mélange pulvérulent de ces métaux avec de la sciure de bois et une solution de chlorure de calcium, a l'avantage de constituer, pour le corps humain, une pile inséchable qui n'a jamais besoin d'être entretenue et dont l'action est assez énergique.

Les effets avantageux fournis par la pile de Smée ont donné l'idée des piles à sable, qui sont souvent employées en Angleterre pour la télégraphie : ce sont des piles à auges, dans lesquelles les éléments cuivre et zinc, au lieu de plonger dans de l'eau acidulée, sont enfouis dans du sable humecté d'eau acidulée ou d'une dissolution de chlorhydrate d'ammoniaque. Les effets nuisibles de la polarisation des lames se trouvent alors grandement diminués par l'intervention du sable, qui empêche les bulles d'hydrogène de s'attacher aux lames métalliques. Ces piles, comme les autres, ont reçu des perfectionnements que nous avons longuement décrits dans notre exposé des applications de l'électricité, et sur lequels nous n'insisterons pas ici, car cela nous entraînerait beaucoup trop loin.

FORMULES D'OHM.

Les formules de Fourrier et de Poisson avaient été, comme nous l'avons vu, le point de départ d'Ohm pour les calculs qu'il voulait appliquer à la propagation de l'électricité dans les circuits. Or, ces formules l'ont conduit à l'expression très-simple

$$I = \frac{E}{R},$$

pour représenter l'intensité I d'un courant émanant d'une source électrique ayant pour force électro-motrice E et parcourant un circuit de résistance R. Mais si on ne voulait pas se reporter aux considérations par lesquelles Ohm est arrivé à déterminer sa formule, on s'y trouverait naturellement conduit par le raisonnement suivant : Le courant se manifestant sous l'influence de la force électro-motrice qui a constitué les éléments polaires dans deux états électriques différents + et —. il doit nécessairement en résulter que plus la résistance qui sera opposée au mouvement électrique constituant le courant sera considérable, moins l'intensité de ce dernier sera grande. S'il n'existait pas de circuit matériel entre les deux éléments dont l'équilibre électrique a été détruit, et qui sont la cause initiale du dégagement électrique, l'intensité du courant serait égale à la force électro-motrice elle-même; mais, comme il ne peut en être ainsi, cette intensité se trouve diminuée dans le rapport de la résistance que le circuit oppose au mouvement électrique déterminé par la force électro-motrice. Par conséquent, si R représente cette résistance, $\frac{E}{R}$ devra représenter l'intensité du courant.

Il est vrai qu'avec cette théorie on s'explique difficilement comment une résistance R, qui doit être estimée en unités de longueur, peut être mise en rapport avec une quantité E, estimée en unités d'un ordre tout différent, et rien ne précise si la diminution de la quantité E doit être opérée par division ou par soustraction; dès lors, la formule perd son caractère de valeur absolue que la théorie d'Ohm lui a donnée en faisant de ces deux quantités E et R des dérivées de grandeurs géométriques parfaitement comparables. Quoi qu'il en soit, il n'en est pas moins vrai qu'à première vue, cette dernière manière d'envisager la question rend plus facilement compte de l'établissement de la formule

$$(1) \qquad 1 = \frac{E}{R},$$

que nous devrons considérer désormais comme la base de toutes les lois des courants électriques.

Si, en partant de la dernière théorie que nous venons d'exposer, on examine ce que devient la valeur de 1 quand un circuit extérieur r sera établi entre les deux pôles de la pile, on comprendra aisément que la résistance de ce nouveau conducteur s'ajoutant à celle du circuit de la pile, la résistance totale sera représentée par R + r, et la formule deviendra

$$(2) \qquad 1 = \frac{E}{R + r}.$$

Sans doute, en réduisant la résistance r en fonction de R, on pourrait ramener cette dernière formule à la première ; mais comme les valeurs de R sont des quantités qui peuvent être déterminées une fois pour toutes pour chaque espèce de pile, et qui peuvent être regardées théoriquement comme invariables, il vaut mieux distinguer l'une de l'autre ces deux parties du circuit dans la formule qui représente l'intensité du courant.

Il s'agit de savoir maintenant ce que deviendra cette formule quand on réunira ensemble plusieurs éléments.

1° Si on opère cette réunion de telle manière, que le pôle négatif du premier élément soit uni au pôle positif du second, le pôle négatif du second au pôle positif du troisième, etc., on aura une batterie dans laquelle le courant de chaque élément traversera tous les autres éléments plus le circuit extérieur, de telle sorte que si on désigne par R la résistance de chaque élément, n le nombre de ces éléments, l'intensité du courant produit par chacun d'eux sera représentée par

$$I = \frac{E}{R + (nR - R) + r} = \frac{E}{nR + r},$$

et pour un nombre n d'éléments cette intensité sera

$$(3) \quad I = \frac{E}{nR + r} + \frac{E}{nR + r} + \frac{E}{nR + r} \cdots \quad \text{ou} \quad \frac{nE}{nR + r}.$$

Cette disposition de la pile est dite *disposition en tension*, et cette désignation est bien justifiée, car elle permet au courant de vaincre un circuit plus résistant, ou, si l'on veut, *elle rend la résistance de ce circuit beaucoup moins grande*. On peut s'en convaincre facilement en divisant par n les deux termes de la dernière expression que nous avons obtenue et qui devient

$$(4) \qquad\qquad I = \frac{E}{R + \dfrac{r}{n}}.$$

2° Si on réunit les différents éléments d'une pile par les pôles semblables, ce qui revient à faire de ces différents éléments *un seul élément* de grandeur beaucoup plus considérable, *la force électro-motrice* E, *d'après la théorie et l'expé-*

rience, n'aura pas changé, mais les surfaces conductrices de la pile étant agrandies, la résistance R aura diminué proportionnellement à cette augmentation. Si donc on a n éléments, la formule donnant l'intensité du courant sera

$$(5) \qquad I = \frac{E}{\dfrac{R}{n} + r} = \frac{nE}{R + nr}.$$

Dans ce cas, la tension de la pile ne sera pas augmentée, puisque la résistance extérieure du circuit reste la même, mais la valeur de I sera cependant augmentée par suite de la moindre valeur de R. Cette disposition de la pile est dite *disposition en quantité.*

La discussion de ces formules montre plusieurs conséquences importantes que l'expérience confirme.

D'abord, si dans les deux équations (3) et (5) on fait $r = 0$ ou tellement petit, qu'il puisse être négligé par rapport à nR, elles deviennent :

1° Pour la pile en quantité

$$I = \frac{nE}{R};$$

2° Pour la pile en tension

$$I = \frac{E}{R}.$$

Ce qui montre que dans le premier cas l'intensité du courant croît proportionnellement au nombre des éléments, et que dans le second cette intensité reste la même, quel que soit le nombre des éléments, c'est-à-dire celle d'un seul élément.

Si dans les mêmes formules (3) et (5) on fait croître la résistance r proportionnellement aux éléments de la pile, elles deviennent : la première

$$I = \frac{E}{R + r},$$

la seconde

$$I = \frac{nE}{R + n^2 r};$$

d'où il résulte qu'avec la pile en tension l'intensité reste toujours la même, c'est-à-dire celle d'un élément, tandis que cette même valeur décroît presque proportionnellement à la résistance qu'on ajoute quand la pile est disposée en quantité.

Enfin, si dans les formules (3) et (5) la valeur de r devient tellement considérable, que la valeur $n\,\mathrm{R}$ puisse être négligée (ce qui suppose à R une valeur très-petite), ces formules deviennent

$$I = \frac{n\,\mathrm{E}}{r} \quad \text{et} \quad I = \frac{\mathrm{E}}{r},$$

et alors l'intensité du courant devient dans le premier cas proportionnelle au nombre des éléments de la pile réunis en tension, et dans le second cas elle se trouve réduite à celle d'un seul élément.

Les conclusions pratiques de ces formules sont : 1º que quand la résistance du circuit est considérable, il est préférable de réunir les éléments de la pile en tension; 2º que quand elle est peu considérable, il faut les réunir en quantité.

Détermination de la meilleure disposition et du nombre d'éléments à donner à une pile dans des circonstances données, pour obtenir un effet donné. — Les conditions favorables de groupement des éléments de pile ne consistent pas seulement à les réunir en quantité ou en tension suivant les valeurs plus ou moins grandes de r; on peut les disposer en *séries*, c'est-à-dire par groupes composés chacun de plusieurs éléments réunis en quantité, et composer ainsi avec une pile d'un certain nombre d'éléments à petite surface une pile d'un moins grand nombre d'éléments, il est vrai, mais de dimensions plus grandes, et telles qu'on peut les désirer. Quels sont les cas où ce système doit être employé de préférence aux deux autres? C'est ce que nous allons chercher à établir en partant des formules précédentes.

Soit b un certain nombre d'éléments groupés en quantité et ne formant conséquemment qu'un seul élément; l'intensité du courant fourni sera, d'après la formule (5), représentée par

$$I = \frac{b\,\mathrm{E}}{\mathrm{R} + br} :$$

or, si on groupe en tension un nombre a de ces éléments

multiples, l'intensité totale sera

$$(6) \qquad I = \frac{ab\,E}{a\,R + br} \quad \text{ou} \quad \frac{n\,E}{a\,R + br}.$$

Or, il est facile de voir que les limites de résistance du circuit extérieur r auxquelles ce mode de groupement cesse de présenter des avantages réels sont atteintes lorsque la résistance r est égale d'un côté à la moitié de la résistance totale de la pile, c'est-à-dire à $\dfrac{n\,R}{2}$, et de l'autre à la moitié de la résistance intérieure d'un seul élément, c'est-à-dire à $\dfrac{R}{2}$; mais entre ces deux limites, le groupement de la pile peut être fait avantageusement par éléments triples, quadruples, quintuples, etc., quand r est inférieur à $\dfrac{n\,R}{3}$, à $\dfrac{n\,R}{4}$, à $\dfrac{n\,R}{5}$, etc., et supérieur à $\dfrac{R}{3}$, à $\dfrac{R}{4}$, à $\dfrac{R}{5}$, etc. (*).

La formule précédente (6) permet, du reste, de reconnaître facilement quelle est la disposition la plus avantageuse qu'on peut donner à une pile soit pour obtenir un effet donné dans des conditions données, soit pour tirer le meilleur parti d'un nombre donné n d'éléments dans des conditions données. Pour obtenir ce résultat, il suffit d'observer que le maximum de la valeur de I dans la formule (6) est atteint lorsque $a\,R = br$, ainsi que le démontre le calcul différentiel. Or, de cette équation ainsi que de l'équation $n = a \times b$, on déduit

$$(7) \qquad a = \sqrt{\frac{nr}{R}},$$

(*) Cette proposition se démontre en égalant successivement la formule (6) aux formules (3) et (5) : on trouve alors pour valeurs limites de r,

$$R\,a \quad \text{et} \quad \frac{R}{b}, \quad \text{ou} \quad \frac{n\,R}{b} \quad \text{et} \quad \frac{R}{b}.$$

De telle sorte qu'en faisant b successivement égal à 2, 3, 4, 5, etc., on trouve que les valeurs correspondantes de r sont

$$\frac{n\,R}{2} \quad \text{et} \quad \frac{R}{2}, \quad \frac{n\,R}{3} \quad \text{et} \quad \frac{R}{3}, \quad \frac{n\,R}{4} \quad \text{et} \quad \frac{R}{4}, \dots$$

(*Voir* mon étude des *Lois des courants* de la page 63 à la page 71.)

et

$$(8) \qquad b = \sqrt{\dfrac{n\mathrm{R}}{r}},$$

qui indiquent : 1° en combien de groupes en tension doivent être répartis les n éléments de la pile pour correspondre le plus avantageusement possible à la résistance r; 2° le nombre d'éléments qui doivent composer chaque groupe.

D'un autre côté, comme la formule générale (6) devient dans l'hypothèse $a\mathrm{R} = br$,

$$\mathrm{I} = \dfrac{n\mathrm{E}}{2\,a\mathrm{R}} \quad \text{ou} \quad \mathrm{I} = \dfrac{n\mathrm{E}}{2\,br},$$

on en conclut

$$(9) \qquad a = \dfrac{2\,\mathrm{I}\,r}{\mathrm{E}},$$

et

$$(10) \qquad b = \dfrac{2\,\mathrm{I}\mathrm{R}}{\mathrm{E}},$$

formules qui permettent de connaître le nombre d'éléments d'une pile et sa meilleure disposition pour obtenir une intensité donnée, le circuit extérieur seul étant donné. Il faut toutefois, pour que ces deux dernières formules soient employées avantageusement, que la résistance du circuit extérieur r soit inférieure à $n\mathrm{R}$, car ce n'est que dans le cas où b a une valeur supérieure à 1 que le maximum est atteint avec $a\mathrm{R} = br$.

CIRCUITS DÉRIVÉS.

Si, au lieu d'un seul circuit de résistance r, on fait partir des pôles d'une pile un second circuit d'une résistance différente, le courant se partagera entre les deux circuits, et son intensité dans chacun d'eux dépendra de leur résistance réciproque. Dans ce cas, les formules que nous avons étudiées se compliqueront de plusieurs éléments nouveaux.

Appelons a la résistance de l'un des circuits dérivés, b la résistance de l'autre circuit également dérivé, et cherchons à déterminer la résistance totale des deux circuits en fonction des résistances a et b.

Pour cela, imaginons pour un instant que les deux conducteurs de résistance a et de résistance b soient de même lon-

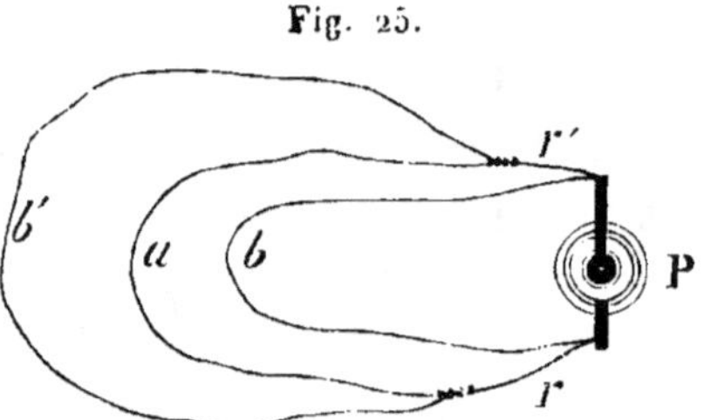

Fig. 25.

gueur l, mais de section différente s, s'; d'après ce que l'on a vu page 58, la résistance de l'un sera représentée par $\dfrac{l}{s}$ et la résistance de l'autre par $\dfrac{l}{s'}$, expressions desquelles on pourra tirer les valeurs de s et s' qui seront

$$s = \frac{l}{a}, \quad s' = \frac{l}{b}.$$

La résistance totale des deux circuits pouvant être représentée par un fil unique de longueur l, mais d'une section égale à la somme des sections s et s', pourra avoir pour expression

$$\frac{l}{s + s'} \quad \text{ou} \quad \frac{l}{\dfrac{l}{a} + \dfrac{l}{b}},$$

d'où l'on tire

$$(11) \qquad \frac{l}{\dfrac{l(a+b)}{ab}} \quad \text{ou} \quad \frac{ab}{a+b}.$$

Si on substitue cette valeur de la résistance extérieure à r dans la formule (3), on obtient

$$(12) \qquad I = \frac{n\,E}{n\,R + \dfrac{ab}{a+b}} = \frac{n\,E(a+b)}{n\,R(a+b) + ab},$$

expression qui donne la valeur de l'intensité du courant au point de bifurcation des dérivations.

Pour obtenir cette même valeur dans chaque dérivation, il suffira de se rappeler que si nous représentons par r la résistance totale des dérivations a et b, on aura entre elle et ces dérivations les proportions

$$I : I' :: a : r \quad \text{et} \quad I : I'' :: b : r,$$

d'où

$$I' = \frac{Ir}{a} \quad \text{et} \quad I'' = \frac{Ir}{b}.$$

Si on remplace dans ces deux équations I et r par les valeurs que nous avons obtenues précédemment, on aura

$$(13) \quad I' = \frac{\dfrac{nE(a+b)}{nR(a+b)+ab} \times \dfrac{ab}{a+b}}{a} = \frac{nEb}{nR(a+b)+ab},$$

$$(14) \quad I'' = \frac{\dfrac{nE(a+b)}{nR(a+b)+ab} \times \dfrac{ab}{a+b}}{b} = \frac{nEa}{nR(a+b)+ab}.$$

Si au lieu de deux dérivations du courant on en avait eu trois, les formules précédentes seraient devenues

$$(15) \quad I = \frac{nE(ab+ac+bc)}{nR(ab+ac+bc)+abc},$$

$$(16) \quad I' = \frac{nEbc}{nR(ab+ac+bc)+abc},$$

$$(17) \quad I'' = \frac{nEac}{nR(ab+ac+bc)+abc},$$

$$(18) \quad I''' = \frac{nEab}{nR(ab+ac+bc)+abc};$$

car au lieu d'introduire dans la formule (3) pour valeur de r $\dfrac{ab}{a+b}$, on aurait eu à introduire la quantité $\dfrac{abc}{bc+ac+ab}$.

Si les dérivations, au lieu d'être établies à partir des pôles de la pile, étaient placées en un point quelconque du circuit simple, on ramènerait les calculs aux formules précédentes en faisant entrer dans la résistance de la pile les parties r, r' (*fig.* 25) du circuit simple qui leur sont communes, de sorte que la formule (12) deviendrait alors

$$(19) \qquad \frac{n\,\mathrm{E}(a+b)}{(n\,\mathrm{R}+r+r')(a+b)+ab}.$$

Telles sont les formules fondamentales des courants dérivés, qui ne sauraient être douteuses puisqu'elles tiennent compte de tous les éléments qui sont en jeu dans un circuit, savoir : la force électro-motrice, la résistance de la pile, le nombre d'éléments qui la composent, et la résistance des dérivations du circuit. Nous verrons plus tard les déductions pratiques qu'on peut en tirer dans quelques cas, mais nous pouvons déjà conclure, d'une manière générale : 1° que, quand les dérivations sont égales dans deux circuits dérivés, les intensités du courant sont égales dans chacun d'eux ; 2° que si l'une des dérivations est excessivement petite par rapport à l'autre, le courant passe presque entièrement par cette petite dérivation sans fournir de courant appréciable dans l'autre ; 3° que, si on considère la résistance de la pile comme nulle, on peut dériver un nombre quelconque de circuits égaux sans que l'intensité électrique soit diminuée dans chacun d'eux en particulier. Cette dernière déduction, qui est le résultat de ce que, dans les formules (13), (14), (15), (16), (17) et (18), les quantités $n\,\mathrm{R}(a+b)$, $n\,\mathrm{R}(ab+ac+bc)$ se trouvent alors détruites, a été souvent mal interprétée, et a fait croire à bon nombre d'inventeurs qu'on pourrait dériver indéfiniment le courant d'une pile, pourvu que les dérivations fussent prises à partir de ses pôles ; mais il faudrait pour cela que la valeur de R fût nulle, ce qui est matériellement impossible : il résulte toutefois de cette déduction que les dérivations, à partir de la source, peuvent être faites d'une manière d'autant plus avantageuse que cette valeur R est plus petite. Quant aux deux premières déductions, elles résultent des formules (12), (13), (14), qui deviennent

$$1° \quad \frac{n\,\mathrm{E}\,a}{n\,\mathrm{R}\,a} = \frac{\mathrm{E}}{\mathrm{R}} \quad \text{et} \quad I' = \frac{n\,\mathrm{E}\,a}{n\,\mathrm{R}\,a} = \frac{\mathrm{E}}{\mathrm{R}}; \quad 2° \quad I'' = 0.$$

Si nous considérons maintenant deux dérivations égales faites à partir des pôles mêmes d'une pile, et que nous cherchions l'expression de la valeur de l'intensité du courant dans

chacune des dérivations, on trouvera que les formules (13)
et (14) se réduisent à

$$\frac{n\,\mathrm{E}\,a}{n\,\mathrm{R}\,(a+a)+a^{2}} \quad \text{ou à} \quad \frac{n\,\mathrm{E}}{2\,n\,\mathrm{R}+a};$$

avec trois dérivations elles deviennent

$$\frac{n\,\mathrm{E}}{3\,n\,\mathrm{R}+a},$$

avec quatre dérivations

$$\frac{n\,\mathrm{E}}{4\,n\,\mathrm{R}+a}\cdots$$

Or, on peut déduire de ces formules, qui ne diffèrent de la
formule ordinaire que par la quantité R qui se trouve multipliée par 2, 3, 4, etc., que les dérivations affectent surtout la
résistance de la pile. Par conséquent, plus cette résistance
sera considérable, plus l'action des dérivations sera nuisible.

Enfin, si, dans la formule (19), nous considérons que l'intensité du courant dans les parties r, r' du circuit qui précèdent la
dérivation est représentée par $\dfrac{n\,\mathrm{E}\,(a+b)}{(n\,\mathrm{R}+r+r')\,(a+b)+ab}$,
alors que l'intensité dans la dérivation a est représentée par
$\dfrac{n\,\mathrm{E}\,b}{(n\,\mathrm{R}+r+r')\,(a+b)+ab}$, on comprendra aisément que, dans
un circuit mal isolé, comme celui des lignes télégraphiques,
deux appareils placés aux deux extrémités de la ligne fonc-
tionneront avec des intensités bien différentes, quoique étant
interposés en apparence dans un même circuit. Toutefois l'intensité du courant dans l'appareil le plus éloigné de la pile
variera, suivant le point de la ligne où la dérivation sera
placée ; et pour nous rendre compte de l'effet produit par
cette position de la dérivation, nous appellerons x et x' les
deux parties de la ligne à partir de cette dérivation, a la résistance de la ligne, et y la résistance de la dérivation elle-
même. Nous admettrons ici que le sol complète le circuit
a et la dérivation y. D'après la formule (11), la résistance totale du circuit sera représentée par

$$x + \frac{y\,x'}{y+x'},$$

et comme $x + x' = a$, cette résistance peut être exprimée par

$$x + \frac{y(a - x)}{y + (a - x)}.$$

Si la résistance de la pile est comprise dans la partie x du circuit a, et que E représente la force électro-motrice totale de la pile, l'intensité du courant près de la pile sera

$$\frac{E}{x + \dfrac{y(a - x)}{y + (a - x)}},$$

et, pour le courant circulant dans la partie x',

$$(20) \qquad \frac{Ey}{x(a - x) + ay}.$$

Or, dans cette expression, le produit $x(a - x)$, qui atteint sa plus grande valeur $\frac{a^2}{4}$ lorsque $x = \frac{a}{2}$, fait voir que le cas le plus défavorable pour la transmission est celui pour lequel la résistance du circuit est égale des deux côtés de la dérivation, ou, en d'autres termes, quand cette dérivation se trouve au milieu du circuit. Toutefois, comme dans les appareils télégraphiques il existe un électro-aimant qui a une grande résistance, il arrive que les dérivations les plus nuisibles sont celles qui ont lieu dans le voisinage de celui des appareils qui est le plus éloigné de la pile.

D'un autre côté, en faisant $x = 0$ ou $x = a$, ce qui suppose la dérivation faite très-près de la pile ou à l'extrémité du circuit opposé à la pile, la formule précédente donne $I = \frac{E}{a}$, expression qui est précisément celle des circuits simples, et qui montre que, dans ce cas, la dérivation n'exerce pas d'effet nuisible.

Dérivations sur les circuits télégraphiques. — Les déductions qui précèdent vont nous permettre de poser quelques formules qui nous donneront le moyen de calculer approximativement les intensités des courants passant à travers une ligne télégraphique, soumise, comme on le sait, à de nombreuses dérivations, soit par suite de la conductibilité de l'air plus ou moins humide qui l'entoure, soit par la légère couche humide qui se dépose sur les poteaux et les supports qui la soutiennent.

Appelons l le circuit de la ligne, d le nombre des dérivations, a la résistance de chaque dérivation. En raison de l'immensité de cette dernière résistance, on pourra considérer toutes les dérivations faites sur le parcours de la ligne égales entre elles, c'est-à-dire égales à a : par conséquent, leur résistance totale sera égale à

$$\frac{a \times a \times a \times a}{a \times a \times a + a \times a \times a + a \times a \times a + a \times a \times a} \cdots,$$

ou à

$$\frac{a^d}{d a^{d-1}} \quad \text{ou à} \quad \frac{a}{d}.$$

Or, en combinant cette résistance totale avec celle de la ligne que nous considérons comme une deuxième dérivation de résistance l, on aura, dans le cas le plus favorable, c'est-à-dire en supposant toutes les dérivations appliquées près de la pile,

$$(21) \qquad I = \frac{n E \dfrac{a}{d}}{n R \left(l + \dfrac{a}{d}\right) + l \times \dfrac{a}{d}},$$

et, dans le cas le plus défavorable, c'est-à-dire en supposant toutes les dérivations appliquées au milieu du circuit,

$$(22) \qquad I' = \frac{n E \dfrac{a}{d}}{\left(n R + \dfrac{l}{2}\right) \left(\dfrac{a}{d} + \dfrac{l}{2}\right) + \dfrac{a}{d} \times \dfrac{l}{2}}.$$

Dans ces deux équations, la valeur de a est, il est vrai, inconnue, mais on peut la déterminer au moyen de l'expérience en envoyant le courant de la pile de ligne à travers le fil télégraphique isolé à son extrémité, et de la formule $a = \dfrac{nd\,(E - IR)}{I}$, qui dérive de l'équation $I = \dfrac{n E}{n R + \dfrac{a}{d}}$, dans laquelle I se trouve alors connu.

Dès lors l'intensité que l'on cherche à calculer au moyen des formules (21) et (22) est fournie par la moyenne des deux valeurs I et I'.

De ces mêmes équations (21) et (22) l'on déduit également :

$$1° \quad n = \frac{IIa}{aE - RI(a + ld)}, \qquad 2° \quad n' = \frac{(4a + ld)II}{4Ea - 2IR(2a + ld)},$$

qui montrent que l'on n'est pas toujours maître d'obtenir une intensité donnée sur un circuit télégraphique, quand bien même on augmenterait indéfiniment la force de la pile. En effet, les limites extrêmes des valeurs de n (dans le cas où toutes les valeurs $IIad,\ldots$, sont connues) sont atteintes quand

$$1° \quad aE = RI(a + ld), \qquad 2° \quad 4aE = 2IR(2a + ld);$$

c'est-à-dire, en supposant les poteaux télégraphiques éloignés de 75 mètres les uns des autres, quand

$$1° \quad l = \sqrt{\frac{a(E - RI)}{RI}} \times 75, \qquad 2° \quad l' = \sqrt{\frac{2a(E - RI)}{RI}} \times 75,$$

d'où l'on conclut que la longueur d'une ligne télégraphique sur laquelle on peut obtenir une intensité électrique donnée est très-limitée, et peut être plus ou moins grande suivant les valeurs relatives de a, de I et de d. Plus les valeurs de I et de d sont considérables, plus cette longueur est petite ; au contraire, plus la valeur de a est grande, plus cette longueur est considérable.

Du reste, il est facile de voir que la valeur minima de la quantité a pour correspondre à une intensité donnée avec un nombre indéfini d'éléments de la pile est donnée par l'équation (*)

$$a = \frac{3RIld}{4(E - RI)}.$$

L'expérience montre que la perte d'électricité sur les lignes

---

(*) *Voir* mon *Étude des Lois des courants*, p. 119, et le tome V de mon *Exposé des Applications de l'électricité*, p. 127. *Voir* aussi les **Mémoires** de MM. **Blavier** et du Colombier sur cette question dans les *Annales télégraphiques*, t. I, p. 220, et t. IV, p. 609.

les mieux isolées et par les temps humides est d'environ $\frac{1}{10}$, c'est-à-dire de 2° pour une intensité de 20°. D'après ce chiffre, la valeur de a pourrait être estimée à environ un milliard et demi de mètres de fil télégraphique de 4 millimètres; c'est aussi la valeur qui a été déterminée expérimentalement par M. Varley, et il en résulterait que la force électro-magnétique d'un électro-aimant de 200 kilomètres de résistance interposé sur une ligne de 400 kilomètres pourrait être diminuée dans le rapport de 70 à 40, c'est-à-dire de près de moitié. Dans ces conditions, la plus grande longueur du circuit à laquelle on pourrait fournir l'intensité 0,320 nécessaire pour faire fonctionner les appareils serait de 1664 kilomètres ou 413 lieues, avec un fil de 4 millimètres de diamètre, et encore faudrait-il que la pile fût composée d'un nombre infini d'éléments.

<h3 style="text-align:center">DÉTERMINATION DES CONSTANTES VOLTAÏQUES.</h3>

Les qualités d'une pile dépendent, d'après ce que l'on a vu précédemment, des valeurs de sa force électro-motrice et de sa résistance intérieure, valeurs qu'Ohm a supposées invariables pour une même espèce de pile, et auxquelles il a donné pour cela le nom de *constantes*. Nous verrons plus tard que ces constantes, par suite de réactions secondaires, n'ont pas par le fait toute la constance qui leur a été supposée; mais les variations qu'elles subissent sont peu marquées, et l'on peut toujours conclure que de la détermination des valeurs qui les représentent, résulte la possibilité de comparer entre elles les forces des différentes piles et d'apprécier les différents cas dans lesquels telles ou telles de ces piles peuvent être employées avec avantage. On comprend, d'après cela, que cette étude a dû faire l'objet de la préoccupation des physiciens, et plusieurs méthodes de détermination de ces constantes ont été proposées. Ne pouvant ici les décrire toutes, nous nous bornerons à celle d'Ohm, qui est la plus simple et celle à laquelle on tend à revenir de plus en plus.

Pour que les valeurs des constantes voltaïques E et R puissent entrer dans les formules que nous avons discutées précédemment, il faut nécessairement qu'elles dérivent les unes des autres et soient estimées en fonction de la même unité : jusqu'à présent on n'est pas d'accord sur cette unité, et chaque physicien a la sienne. Nous discuterons plus tard cette grave question; mais pour obtenir les valeurs relatives de R, de E et de I, peu importe l'unité, puisque, d'après la théorie d'Ohm, leurs rapports devraient être constants. Voyons donc comment les formules d'Ohm peuvent donner le moyen de déterminer directement ces valeurs en fonction les unes des autres.

Supposons que l'on introduise dans le circuit d'un élément de pile un instrument susceptible de mesurer des intensités de courants, et que, dans deux expériences successives, on ajoute à la résistance de ce circuit deux résistances connues r, r', l'intensité I, exprimée par l'instrument mesureur, sera forcément différente dans les deux cas, et on aura, d'après les formules,

$$I = \frac{E}{R + r} \quad \text{et} \quad I' = \frac{E}{R + r'};$$

or, en cherchant la valeur de R au moyen de ces deux équations, on arrive à l'expression

$$(23) \qquad R = \frac{I'r' - Ir}{I - I'},$$

qui représente la résistance de la pile et dans laquelle toutes les quantités sont connues.

En déterminant de la même manière la valeur de E, on arrive à la formule

$$(24) \qquad E = \frac{II'(r' - r)}{I - I'},$$

qui donne également la valeur de la force électro-motrice au moyen des quantités données par l'expérience.

On pourrait, en faisant intervenir dans les calculs l'une ou l'autre des quantités E ou R, arriver à une détermination plus simple, car les formules précédentes se réduisent, dans ce cas, à

$$(25) \qquad E = I(R + r).$$

$$(26) \qquad R = \frac{E}{I} - r.$$

Si une détermination est exacte, on doit retrouver les mêmes nombres par ces différentes méthodes.

Pour fixer les idées, nous allons prendre un exemple.

Soit P une pile de Daniell ordinaire de moyen modèle don t

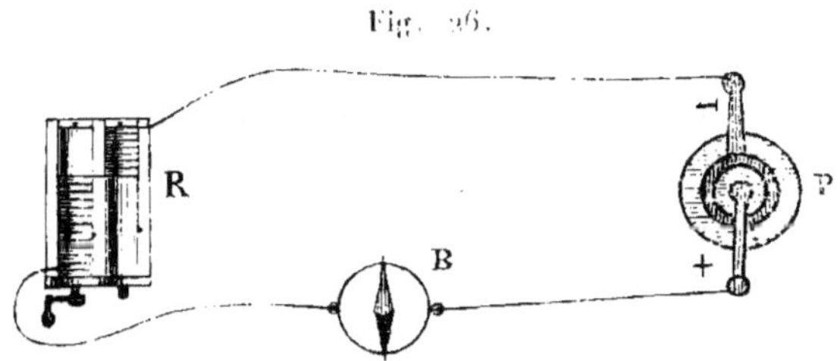

Fig. 26.

le vase poreux a 12 centimètres sur 5ᶜ,4 de dimensions, et dont le zinc a 9 centimètres sur 7.

Soit B une boussole des sinus très-sensible et R un rhéostat.

Après avoir bien orienté la boussole des sinus et avoir placé son cercle multiplicateur dans le plan du méridien magnétique, le zéro du cercle indicateur correspondant au zéro du vernier, on développe sur le rhéostat une certaine résistance que l'on estime par le nombre de tours accomplis par les cylindres de l'instrument, puis on ferme le circuit. La boussole des sinus dévie, et on estime l'intensité du courant par l'arc qu'on fait décrire au cercle multiplicateur de cette boussole pour ramener dans le plan de celui-ci l'aiguille déviée par le courant. On note exactement cet arc, non-seulement en degrés, mais encore en minutes, puis on procède à une nouvelle expérience dans laquelle on fait varier la résistance du rhéostat. On obtient alors une autre intensité que l'on note comme nous venons de l'indiquer. Ces deux résistances différentes, développées par le rhéostat, donneront les valeurs r, r', et les sinus des deux arcs fournis par la boussole donneront les valeurs I, I'.

Soit $r = 200$ tours de rhéostat,

Soit $r' = 250$ »

Soit I $= 28°18'$,

Soit I' $= 22°42'$.

On convertira d'abord les résistances r, r', estimées en tours de rhéostat, en fonction de l'unité de résistance adoptée, soit en fil télégraphique de 4 millimètres de diamètre. Cela sera facile quand on aura déterminé une fois pour toutes la valeur d'un tour de rhéostat. Supposons que cette valeur soit $58^m,4$: on aura

$$r = 11680, \quad r' = 14600;$$

on ajoutera alors à ces résistances celles du fil de la boussole et des conducteurs que nous supposerons être 149 mètres; de sorte que les valeurs définitives de r et r' seront

$$11829 \quad \text{et} \quad 14749.$$

Cela fait, on cherchera dans la table des sinus naturels les valeurs en sinus des arcs $28^o 18'$ et $22^o 42'$ que l'on trouvera être $0,47409$, $0,38591$, et en substituant ces divers nombres aux quantités I, I', r, r' dans les formules précédentes, on aura :

1° Pour la formule $R = \dfrac{I'r' - Ir}{I - I'}$,

$$R = \frac{0,38591 \times 14749 - 0,47409 \times 11829}{0,47409 - 0,38591} = 950;$$

2° Pour la formule $E = \dfrac{II'(r' - r)}{I - I'}$,

$$E = \frac{0,47409 \times 0,38591\,(14749 - 11829)}{0,47409 - 0,38591} = 6058,42;$$

3° Pour la formule $E = I(R + r)$,

$$E = 0,47409\,(950 + 11829) = 6058,39;$$

4° Pour la formule $E = I'(R' + r')$,

$$E = 0,38591\,(950 + 14749) = 6058,40;$$

5° Pour la formule $R = \dfrac{E}{I'} - r'$,

$$R = \frac{6058,40}{0,38591} - 14749 = 950.$$

On voit que les quantités représentant les valeurs de E et

de R obtenues par ces différentes formules sont à peu près identiques, et les très-petites différences qu'on remarque tiennent aux variations de résistance des circuits qui, ainsi qu'on le verra bientôt, altèrent un peu la valeur des constantes.

Que représentent matériellement ces valeurs? Telle est la question qui nous reste maintenant à éclaircir. Pour peu que l'on considère les formules exprimant ces valeurs, il est facile de voir que la quantité R seule est donnée en unités d'un ordre déterminé et de même espèce que celles qui ont servi aux évaluations de r et de r', car c'est la seule qui contienne des quantités homogènes. La valeur de E, au contraire, est toujours fournie par des quantités hétérogènes et n'est qu'un nombre abstrait qui n'a de valeur que par son rapport avec la quantité R, lequel rapport exprime la valeur de I.

D'après cela il est facile de comprendre que si l'unité de mesure des quantités r et r' change, non-seulement la valeur de R devra changer, mais aussi celle de E, car le facteur $(r' - r)$, qui multiplie $\dfrac{I I'}{I - I'}$ pour fournir cette valeur, se trouve ainsi augmenter ou diminuer sans que les valeurs I, I' changent.

Quant à la valeur de I, elle n'est, comme on l'a vu, que l'expression d'un rapport entre E et R; mais cette expression doit correspondre toujours aux chiffres fournis par les instruments mesureurs des intensités, puisque c'est par l'emploi de ces chiffres que les valeurs E et R ont été elles-mêmes déterminées. Toutefois, comme les indications de ces instruments dépendent de leur construction, il est essentiel, pour qu'on puisse comparer entre elles ces valeurs, que les formules dont nous avons parlé soient affectées par un coefficient de relation qui les dégage des réactions étrangères. Ces réactions étrangères, avec les boussoles rhéométriques, viennent surtout de la manière dont le circuit agit sur l'appareil. Si ce circuit ne fait qu'une seule révolution autour de l'aiguille indicatrice, la formule d'Ohm $I = \dfrac{E}{R + r}$ n'a pas besoin de correction; mais si, au lieu d'un tour, il en fait plusieurs, cette formule ne peut subsister telle qu'elle est, sans quoi l'accroissement d'intensité dû à la multiplicité de ces tours pourrait se trouver faussement attribuée à la force électro-motrice de la pile, ce qui conduirait à des déterminations fausses. Or, pour savoir ce que devient, dans ce dernier cas, la formule d'Ohm, il suffit de considérer que si la formule $I = \dfrac{E}{R + \rho}$ indique l'intensité d'un courant pour une seule révolution du circuit, cette intensité sera pour un nombre t de révolutions $\dfrac{tE}{R + t\rho}$; et si, pour plus de simplicité, on désigne $t\rho$ par ρ, on aura, avec un circuit extérieur r,

$$(27) \qquad I = \frac{tE}{R + \rho + r}.$$

En faisant varier r, on aura deux équations qui donneront :

$$(28) \quad \left\{ \begin{aligned} E &= \frac{I'(r' - r)}{t(I - I')}, \\ R &= \frac{I't(r' + \rho) - It(r + \rho)}{tI - tI'}, \end{aligned} \right.$$

qui montrent déjà que la valeur de E est seule dépendante de la quantité t, puisque, dans la formule donnant la valeur de R, cette quantité disparaît, et que les différences qui peuvent résulter de l'intervention de la quantité ρ sont tellement petites eu égard aux quantités r, r', auxquelles elles sont adjointes, qu'elles peuvent être négligées.

Comment obtenir la valeur du facteur t? Telle est la question qui nous reste à résoudre. Avec les boussoles à multiplicateurs, la valeur de ce coefficient ne dépendant pas seulement du nombre des tours de ce multiplicateur, mais encore de la distance moyenne de ces tours à l'aiguille, elle devrait être, par le fait, représentée par $\dfrac{t}{d^2}$, ainsi que cela résulte des lois des attractions électro-magnétiques; de sorte qu'en tenant compte de ces deux quantités elle pourrait être calculée mathématiquement. Mais comme il est une foule d'autres circonstances qui peuvent influer sur la sensibilité des appareils, il vaut mieux la calculer par l'expérience, ce qui est facile, puisqu'il suffit pour cela de prendre le rapport des intensités fournies par les deux instruments, en employant la même résistance extérieure r et la même pile. Si de l'équation (27) on tire en effet la valeur de t, on a

$$t = \frac{I(R + \rho + r)}{E},$$

et, pour un autre instrument servant de point de comparaison,

$$t' = \frac{I'(R + \rho' + r)}{E};$$

d'où, en négligeant la petite différence qui peut exister entre ρ et ρ' et qui s'efface devant r,

$$t = \frac{I}{I'}.$$

Variations des constantes voltaïques. — Il y a déjà longtemps (en 1846), M. Jacobi, à la suite d'expériences nombreuses, avait démontré que les valeurs de la force électro-motrice et de la résistance d'une pile, calculées d'après les formules d'Ohm, varient suivant la résistance du circuit. Depuis, MM. Despretz, de La Rive, Poggendorff ont reconnu le même effet et ont cherché à l'expliquer par la polarisation électrique. Enfin, dernièrement, MM. Marié-Davy et Becquerel ont trouvé que beaucoup d'autres causes sont encore en jeu pour changer la valeur de ces constantes. J'ai entrepris moi-même de nombreuses recherches sur ce sujet (*), et, grâce à ce concours de travaux, bien des points obscurs, bien des résultats contradictoires ont pu se trouver expliqués et même être prévus.

L'une des plus importantes conclusions auxquelles on est arrivé, c'est que, par suite des effets de la polarisation des éléments métalliques des couples dont Ohm n'a pas tenu compte dans sa théorie, la formule $I = \dfrac{E}{R + r}$ se trouve transformée

---

(*) *Voir* mon Mémoire sur les constantes voltaïques dans les *Mémoires de la Société des Sciences naturelles de Cherbourg*, t. VIII, le Mémoire de M. Jacobi dans mon *Étude des lois des courants,* p. 32, et les Mémoires de M. Marié-Davy (*Comptes rendus,* années 1861 et 1862).

en $I = \dfrac{E - e}{R + r}$, e désignant la force électro-motrice du courant
de polarisation, r la résistance du circuit extérieur.

Or, de cette formule on peut déduire déjà, ainsi que je l'ai
démontré dans mon Mémoire sur les constantes voltaïques, que
ces constantes doivent varier : 1° suivant la résistance du circuit extérieur; 2° suivant la durée de la fermeture du courant;
3° suivant l'état plus ou moins neuf de la pile; 4° suivant qu'elle
est agitée ou en repos, faits que l'expérience met en évidence.

Que la force électro-motrice augmente à mesure que la résistance du circuit devient plus grande, cela s'explique facilement, puisque la force électro-motrice du courant de polarisation devant diminuer à mesure que cette résistance augmente,
la quantité $(E - e)$ devient par cela même plus grande ; mais
que la résistance de la pile augmente également dans les
mêmes circonstances, cela est plus extraordinaire, et, pour
s'en rendre compte, il est nécessaire de considérer que, par
suite de l'augmentation de la valeur de la force électro-motrice,
les lois de proportionnalité entre les intensités du courant et
les résistances du circuit sont changées, *que ces intensités décroissent dans un rapport plus lent que les résistances du circuit*, et que, si l'on déduit celles-ci de celles-là en employant
les formules d'Ohm, les circuits entiers se trouvent acquérir
un excès de résistance qui ne frappe la résistance R que parce
que, dans les calculs, on en décharge le circuit métallique.

Les autres causes des variations des constantes voltaïques
seraient, suivant M. Marié-Davy, l'aération de l'eau, la plus
ou moins grande quantité de zinc dissous dans le liquide
excitateur, le degré de concentration de la solution acide servant de liquide excitateur, la nature du zinc et son degré
d'amalgamation, la pureté de l'acide, la température des liquides, l'épaisseur des diaphragmes poreux et l'éloignement
respectif des éléments polaires.

**Valeurs numériques des constantes des princi-
pales piles usitées dans la télégraphie électrique.**
— Les valeurs des constantes voltaïques variant pour une
même pile suivant différentes circonstances, ainsi qu'on l'a
vu précédemment, j'ai voulu les déterminer dans les conditions ordinaires où se trouvent placées les piles sur les circuits

télégraphiques, c'est-à-dire avec un circuit très-résistant, avec des piles en plein service et après que les effets les plus énergiques de la polarisation se sont produits. J'ai employé pour cette détermination la méthode d'Ohm dont j'ai parlé précédemment, et j'ai opéré avec une boussole des sinus à multiplicateur de 24 tours, en prenant pour valeur de r et r' des résistances de 11829 et 14749 mètres de fil télégraphique de 4 millimètres de diamètre. J'ai pris soin, avant chaque observation des intensités I et I', de laisser mon circuit fermé pendant 10 minutes et de répéter une seconde fois la première observation, pour que la moyenne de ces deux observations fût dans les mêmes conditions, relativement à la polarisation, que la seconde observation. Chaque détermination comporte donc trois observations faites à 10 minutes d'intervalle et par conséquent sur une fermeture de courant de 30 minutes. Ces expériences ont été faites quotidiennement pendant plus de deux mois sur 20 modèles différents de pile, et les chiffres qui suivent sont les moyennes de toutes les expériences (*).

1° Élément Bunsen (modèle des lignes télégraphiques) avec zinc amalgamé :

Peu de temps après la charge :

$$\text{Valeur de } E = 11123,$$
$$\text{Valeur de } R = \quad 153^m;$$

Au bout de sept heures de fermeture de circuit :

$$\text{Valeur de } E = 9042.$$
$$\text{Valeur de } R = \quad 550^m.$$

2° Élément à sulfate de mercure (mêmes dimensions) :

$$\text{Valeur de } E = 8192,$$
$$\text{Valeur de } R = \quad 382^m.$$

3° Élément Daniell (mêmes dimensions) :

$$\text{Valeur de } E = 5973,$$
$$\text{Valeur de } R = \quad 931^m.$$

4° Élément à sulfate de plomb (mêmes dimensions) :

$$\text{Valeur de } E = 3301.$$
$$\text{Valeur de } R = \quad 702^m.$$

(*) *Voir mon Exposé des applications de l'Électricité*, t. V.

Les résistances R sont, bien entendu, estimées en longueurs de fil télégraphique de 4 millimètres de diamètre, et les dimensions de ces éléments sont :

	Hauteur.	Diamètre.
	m	m
Pour le vase poreux................	0,12	0,054
Pour le zinc.......................	0,09	0,07

Si on compare les forces électro-motrices de ces différentes piles à celle de la pile de Bunsen, qui est la plus forte, on trouve les rapports suivants :

1° Entre la pile de Bunsen et la pile à sulfate de mercure... 1,35

2° Entre la pile de Bunsen et la pile de Daniell.. 1,86

3° Entre la pile de Bunsen et la pile à sulfate de plomb... 3,37

Ces mêmes rapports, trouvés par MM. Ed. Becquerel et Breguet, sont, dans le premier cas, 1,36 et 1,32; dans le second, 1,77 et 1,70; dans le troisième, 3,80 et 3,70. Ils se rapprochent, comme on le voit, beaucoup des miens, et la différence la plus marquée, qui se rapporte à la pile à sulfate de plomb, provient de ce que l'élément qui a été étudié par ces messieurs avait une disposition différente de celui que j'ai expérimenté. Dans l'un, en effet, le sulfate était gâché autour de l'électrode négative qui était en plomb, tandis que dans l'autre cette substance était déposée en pâte molle dans un vase poreux et autour d'une large électrode en cuivre étamé. Les sulfates eux-mêmes avaient une provenance différente : les uns étaient des minerais naturels, tandis que les autres avaient été fabriqués de toutes pièces.

Comparaison de l'intensité des différentes piles. — En partant des formules de maxima, dont nous avons parlé page 94 (*), M. Jacobi est parvenu à comparer la puissance relative des différentes piles. On comprend que cette comparaison n'était possible qu'en les plaçant chacune dans leurs conditions de maximum; car, pour tout autre arrangement que celui qui correspond au maximum d'effet, il n'y a pas de rela-

----

(*) Voir mon *Étude des lois des courants*, p. 78.

tion constante. Or, si l'on considère que dans le cas d'un seul élément la formule de l'intensité maximum $I = \dfrac{n\,E}{2\,a\,R}$ se réduit à $\dfrac{E}{2\,R}$, qui devient pour un autre élément (de nature différente mais de même grandeur) $\dfrac{E'}{2\,R'}$, on comprendra facilement que le rapport des intensités de ces deux piles $\dfrac{I}{I'}$ sera exprimé par la formule

$$\frac{E}{R} \cdot \frac{R'}{E'},$$

ou

(29)
$$\frac{E}{E'} \cdot \frac{R'}{R}.$$

D'après cela, il nous sera facile de calculer les rapports de force des piles dont nous avons donné précédemment les valeurs des constantes; car ils seront, entre la pile de Bunsen et la pile à sulfate de mercure,

$$\frac{11123}{8192} \times \frac{382}{154} \quad \text{ou} \quad 3,35;$$

entre la pile de Bunsen et la pile de Daniell,

$$\frac{11123}{5973} \cdot \frac{931}{154} \quad \text{ou} \quad 11,23;$$

enfin entre la pile de Bunsen et la pile à sulfate de plomb,

$$\frac{11123}{3301} \cdot \frac{702}{154} \quad \text{ou} \quad 15,37.$$

Ainsi l'élément de Bunsen est un peu plus de 11 fois plus énergique que l'élément Daniell, un peu plus de 3 fois plus fort que l'élément à sulfate de mercure, et plus de 15 fois plus puissant que l'élément à sulfate de plomb.

Unité de résistance. — Si l'on considère que les formules d'Ohm ne sont applicables qu'autant que les résistances des circuits sont *réduites* et rapportées à une même unité de mesure, on comprend facilement l'importance qu'il peut y avoir à l'établissement définitif d'une *unité de résistance*, qui, étant adoptée par tous les physiciens et tous les constructeurs, permettrait des études comparatives. Malheureusement jusqu'à présent il est loin d'en être ainsi, et chaque physicien, contrairement aux règles de la logique, se fait un plaisir d'avoir une unité particulière. Les uns prennent pour unité un pied anglais d'un fil de cuivre très-fin et très-pur, d'un diamètre vérifié; les autres préfèrent un fil d'argent de 1 mètre, les autres un fil d'or, etc., et chacun d'apporter à l'appui de son choix des raisonnements plus ou moins spécieux. Qu'est-il résulté de cette confusion? Que les travaux des physiciens, sur cette importante question, sont demeurés sans profit pour les applications électriques. Il est cependant une considération qui devrait dominer toutes les autres : c'est précisément celle du parti qu'on peut tirer des formules d'Ohm dans la pratique. Or, quelle application peut profiter avantageusement de l'emploi de ces formules, si ce n'est la télégraphie électrique? Et ceci étant admis, quelle unité présente plus d'avantages pour la simplification des calculs qu'une longueur déterminée de fil télégraphique? On dira, je le sais, que le fil télégraphique n'est pas homogène ni dans son diamètre ni dans sa conductibilité. Mais où est donc la nécessité d'avoir directement recours à lui? Ne peut-on pas, par une série d'expériences faites sur différentes lignes télégraphiques, mesurer la résistance de 500 ou 1000 mètres de ce fil, prendre la moyenne de toutes ces résistances et former un étalon de 1000 mètres, qu'on pourrait fractionner ensuite et sur lequel on construirait tous les autres, comme on l'a fait pour le mètre. Cet étalon serait déposé à l'administration des lignes télégraphiques ou au Conservatoire des Arts et Métiers, et il serait loisible aux divers constructeurs de venir vérifier leur étalon. Depuis longtemps M. Breguet se sert de cette unité, et les bobines de résistance employées par l'administration des lignes télégraphiques sont évaluées en kilomètres de fil télégraphique. Mais un *étalon type* manque encore aujourd'hui, et les bobines de résistance que l'on vend sont loin de fournir des résistances concordantes, quoique indiquant un nombre donné de kilomètres de fil télégraphique. Cela vient de ce que l'on part d'étalons établis dans des conditions très-différentes, et mesurés par des personnes peu au courant des lois électriques. Ainsi généralement les constructeurs, dans l'établissement de leur étalon, ne tiennent pas compte de la température ni de l'état de l'écrouissage du fer, et pourtant ces éléments font varier dans une proportion considérable la résistance des fils télégraphiques. Il me suffira, pour en donner une idée, de rappeler quelques-uns des chiffres que j'ai obtenus sur la ligne télégraphique d'essai que j'avais à ma disposition à l'administration des lignes télégraphiques. Cette ligne était composée de 20 fils de 3 millimètres de diamètre; 10 de ces fils étaient recuits, les 10 autres étaient écrouis, et ils avaient tous une longueur de 1735 mètres. Le 1er juin 1861, la température étant de 15°,6, la résistance de quatre de ces fils recuits fut trouvée de 200 $\frac{1}{2}$ tours du rhéostat de l'administration, et celle de quatre autres de ces fils non recuits de 215 tours. Le 20 juin, par une température de 31°, les résistances de ces mêmes fils furent trouvées de 213 tours et de 227 tours. D'un autre côté, entre différents échantillons de fil dans le même état de recuit, il peut exister des différences considérables : ainsi, alors que quatre longueurs de fil recuit donnaient 200 $\frac{1}{2}$ tours du rhéostat, quatre autres longueurs de fil également recuit, mais provenant d'un autre fournisseur, donnaient 209 $\frac{1}{2}$ tours. On comprend facilement, d'après cela, que le constructeur qui aura établi son étalon le 20 juin, avec du fil non recuit, aura, pour représenter 6940 mètres de fil télégraphique de 3 millimètres, 227 tours du rhéostat, alors que celui qui aura établi le sien le 1er juin, avec du fil recuit, ne trouvera que 200 $\frac{1}{2}$ tours pour représenter la même longueur de circuit; de telle sorte que les résistances des bobines du premier seront 1,135 fois plus considérables que celles du second. Pour des bobines de 500 kilomètres il pourra donc se produire, sans parler des erreurs d'expérience et d'observation, une différence en plus ou en moins de 67 $\frac{1}{2}$ kilomètres! Est-il possible de compter sur de pareils étalons?

Suivant moi, l'étalon télégraphique devrait être le résultat d'un grand nombre d'expériences, faites à une même température et avec un grand nombre d'échantillons de fils différents. Cette température devrait être, pour la France, la moyenne température annuelle de ce pays, c'est-à-dire 12°, et les expériences devraient être faites dans une salle chauffée à 12°, en prenant toutes les précautions pour que le fil de l'étalon ne soit pas impressionné par des causes étrangères. Pour qu'on puisse se faire une idée de la sensibilité des bobines de résistance, il me suffira de dire que l'application seule des doigts sur le fil peut troubler toutes les mesures prises.

J'ai déjà établi, d'après le principe que je viens d'exposer, un étalon provisoire, qui m'a servi dans les déterminations que j'ai faites des constantes voltaïques; mais les observations que j'ai eu occasion de faire à une température de 12° étant peu nombreuses, et les échantillons de fils étant trop rares, je ne le donne que comme très-provisoire. Plus tard j'espère pouvoir être en mesure d'en déterminer un définitif.

Tous les télégraphistes ne sont pas d'accord sur l'unité qui doit être adoptée et la manière dont l'étalon doit être établi; on tend cependant généralement à adopter l'unité de Siemens, qui représente la résistance d'une colonne de mercure purifié, ayant (à 0°) 1 mètre de longueur et 1 millimètre de section. MM. Pouillet et Marié-Davy avaient depuis longtemps proposé cette unité, mais aucun constructeur n'avait voulu se charger de la construction d'étalons basés sur une semblable unité; M. Siemens seul y est parvenu d'une manière satisfaisante, à ce qu'il paraît, puisque ses étalons sont très-concordants entre eux, ainsi que les bobines de résistance qu'il construit, et pour lesquelles il a créé un atelier spécial. Traduite en longueur de fil télégraphique de 4 millimètres, cette unité représente à peu près 100 mètres.

Si les physiciens et les télégraphistes s'entendent pour prendre cette unité, ce sera un bienfait pour la science, et nous faisons des vœux pour qu'il en soit ainsi, car l'important, avant tout, est de s'entendre. Dans ce cas, les recherches que nous proposions pour la construction d'un étalon en fonction de la résistance du fil télégraphique devraient seulement être dirigées dans le but de déterminer exactement le nombre d'unités Siemens qui correspondent à des longueurs de 1000 mètres des différents fils employés sur les lignes télégraphiques.

Bien que la conductibilité des bobines établies comme étalons de résistance varie peu quand elles sont soigneusement construites, ainsi que l'a vérifié **M.** Jacobi, on ne saurait apporter trop de soin au choix et à la qualité du métal qui doit entrer dans leur construction. D'après le rapport de la commission anglaise chargée de l'étude des câbles sous-marins, ce métal doit réunir les conditions suivantes : 1° une conductibilité ne se modifiant pas quand on le passe au feu pour le recuire; 2° une conductibilité ne variant que faiblement avec la température; 3° une inaltérabilité complète étant exposé à l'air. Ces conditions seraient réunies, suivant la commission, *dans l'alliage d'or et d'argent.*

APPLICATIONS DES FORMULES D'OHM.

Les formules des courants voltaïques que nous avons données précédemment vont nous permettre non-seulement de calculer le nombre d'éléments à donner à une pile et sa meilleure disposition pour obtenir une intensité donnée, mais encore de déterminer la longueur d'un circuit par la simple inspection de l'intensité du courant qui le traverse, et de plus les points d'une ligne où s'est effectuée une rupture, une dérivation ou un mélange.

Dans le premier cas, supposons qu'on veuille connaître le nombre d'éléments de Bunsen nécessaire pour obtenir une intensité représentée par 60 avec un circuit de 600 mètres de fil télégraphique, on aura, pour représenter le nombre de groupes d'éléments qui doivent être réunis en tension,

$$a = \frac{2\mathrm{I}r}{\mathrm{E}} = \frac{2 \times 60 \times 600}{1123} = 6,5$$

soit 6 éléments; et pour représenter le nombre d'éléments réunis en quantité qui doivent composer chaque groupe,

$$b = \frac{2\mathrm{I}\mathrm{R}}{\mathrm{E}} = \frac{2 \times 60 \times 154}{1123} = 1,7$$

soit 2 éléments. De sorte que le nombre total des éléments $a \times b$ sera 12. Ce nombre est un peu trop fort pour correspondre exactement à l'intensité 40°, car $b = 1,7$. Mais comme 1 élément ne peut se fractionner, nous prenons naturellement le nombre 2 qui en est le plus rapproché, et l'on peut voir d'ailleurs que la différence entre l'intensité donnée et l'intensité calculée n'est pas très-considérable. En effet, substituant les valeurs de n, de a et de b dans la formule (6), on trouve

$$I = \frac{12 \times 1112,3}{6 \times 154 + 2 \times 600} = 62,8.$$

Dans le cas où les circuits sont très-résistants, ou si peu résistants, que les éléments de la pile doivent être tous disposés en tension ou en quantité, le nombre n de ces éléments, pour obtenir une intensité donnée, est indiqué par les équations

$$n = \frac{Ir}{E - IR}, \qquad n = \frac{RI}{E - Ir},$$

la première se rapportant au circuit le plus résistant. Ces équations, qui sont déduites des formules (3) et (5), montrent en même temps qu'on n'est pas toujours maître d'obtenir une intensité donnée, car il faut pour cela que IR ou Ir puisse se retrancher de E.

En appliquant la première de ces deux formules à l'exemple que nous avons choisi précédemment, on aurait eu pour valeur de n, 19 éléments; par conséquent, on aurait pris 7 éléments en plus du nombre déterminé précédemment, sans obtenir pour cela un plus grand effet. En revanche, en employant la formule $a = \frac{2Ir}{E}$ dans le cas d'un circuit de 200 kilomètres de résistance, on aurait eu pour valeur de n, 30 éléments, tandis qu'avec la formule $n = \frac{Ir}{E - IR}$ cette valeur serait de 16 seulement.

Pour déterminer la longueur d'un circuit par la seule inspection de l'intensité du courant traversant ce circuit, il suffit de déduire la valeur de r des formules (3) et (6) qui donnent dans un cas

$$r = \frac{nE - IR}{nI};$$

dans l'autre

$$r = \frac{nE - aRI}{bI}.$$

Cette détermination peut avoir son application dans les usages télégraphiques lors de la rupture accidentelle des fils de ligne, pour reconnaître approximativement le point de la ligne où le fil s'est cassé. Dans ce cas, en effet, le bout du fil rompu communique soit avec le sol, soit avec l'un des fils qui suivent parallèlement la même ligne ; or, en faisant passer le courant de la pile de ligne à travers le circuit ainsi complété, on peut déterminer la valeur de I, et comme les facteurs n, E et R sont connus, r peut être déterminé. Toutefois, en raison des variations de la valeur de ces derniers facteurs, il est peut-être préférable de déterminer une première fois la valeur de I avec une résistance r connue exactement, car on peut poser alors

$$\frac{I}{I'} = \frac{\dfrac{n\,E}{n\,R + r}}{\dfrac{n\,E}{n\,R + x}} \quad \text{ou} \quad \frac{I}{I'} = \frac{n\,E\,(n\,R + x)}{n\,E\,(n\,R + r)},$$

d'où

$$x = \frac{I(n\,R + r) - n\,R\,I'}{I'}.$$

M. Blavier, dans son *Cours de Télégraphie électrique*, indique encore deux autres méthodes pour cette détermination ; mais nous ne parlerons que de l'une d'elles, que l'on peut employer avec avantage quand la déviation de la boussole des sinus est trop considérable.

Au lieu de conserver le même nombre d'éléments n que dans les expériences journalières sur l'état des lignes, et pour lequel on a

$$I = \frac{n\,E}{n\,R + r},$$

on diminue leur nombre jusqu'à ce qu'on obtienne avec le nouveau circuit la même intensité I du courant. Soit n' le nombre d'éléments nécessaires, on a

$$I = \frac{n'\,E}{n'\,R + x};$$

et en égalisant les valeurs correspondant à 1 dans les deux expériences, on en déduit

$$x = \frac{n'}{n}\, r.$$

Ces principes sont plutôt théoriques que pratiques, car la manière dont la communication est établie entre le sol et le fil rompu est excessivement variable. Ce fil peut, en effet, traîner à terre sur une longueur plus ou moins grande, et partant le circuit est plus ou moins conducteur. En admettant que la communication avec le sol soit parfaite, on détermine la distance x à laquelle a lieu le dérangement au moyen de l'une des formules précédentes. Mais il arrive le plus souvent que l'on trouve un nombre trop fort qui peut même, sous certaines conditions, représenter une longueur plus grande que celle de la ligne entière.

Pour obtenir approximativement cette valeur de x, il est donc nécessaire d'avoir recours à une opération secondaire, et cette opération consiste à faire l'expérience en double, c'est-à-dire aux deux stations dont la liaison télégraphique se trouve interrompue. C'est entre les deux points ainsi déterminés de chaque côté que doit exister le point de rupture.

Des moyens analogues permettent de reconnaître quand les fils télégraphiques ont une communication accidentelle avec le sol sans être rompus, et en quel point se trouve cette communication. Soient y la résistance de la dérivation qui établit la communication, x la distance de cette dérivation à l'un des postes télégraphiques B, x' la distance de la même dérivation à l'autre poste A. On fait d'abord isoler la ligne au poste B, et on envoie le courant du poste A : il passe entièrement par la dérivation; et en appelant p la résistance de ce circuit, on a

$$p = x + y.$$

Au poste B, on fait la même expérience, le fil étant isolé en A; et en appelant q le nouveau circuit parcouru par le courant de B, on a

$$q = x' + y,$$

et si a représente la longueur totale, on a comme troisième équation,

$$x + x' = a.$$

De ces équations on tire

$$x = p - q + a - x, \quad \text{d'où} \quad x = \frac{p - q + a}{2};$$

$$x' = q - p + a - x', \quad \text{d'où} \quad x' = \frac{q - p + a}{2};$$

$$y = p - a + q - y, \quad \text{d'où} \quad y = \frac{p + q - a}{2}.$$

Or, comme a est connu, que p et q peuvent être déterminés comme nous l'avons indiqué plus haut, les valeurs de x, x', y peuvent facilement être obtenues.

« Quand deux fils d'une même ligne sont mélangés, on peut, en général, dit **M. Blavier**, considérer la communication qui s'établit entre les fils comme parfaite. Pour trouver le lieu du mélange, on fait isoler les deux fils à l'extrémité de la ligne et l'on envoie le courant par l'un des deux ; il revient par l'autre, et en établissant une communication avec la terre, la résistance du circuit est égale à deux fois la longueur du fil qui représente la distance à laquelle a lieu le dérangement.

» Si p représente cette résistance et x la distance à laquelle se trouve le mélange, $x = \frac{p}{2}$; à l'autre poste on fait la même expérience, et la somme des deux longueurs ainsi trouvées doit être égale à a.

» Lorsque cette somme est plus petite que a, il faut en conclure qu'il y a plusieurs mélanges sur la ligne ; quand, au contraire, elle est supérieure, il en résulte que la communication entre les deux fils n'est pas parfaite. En désignant par y la résistance qu'elle oppose au courant, les formules se trouvent ainsi modifiées :

$$p = 2x + y;$$

q étant le nombre trouvé au deuxième poste, on a

$$q = 2(a - x) + y.$$

d'où l'on déduit

$$q - 2a + 2x = p - 2x,$$

d'où

$$x = \frac{p - q + 2a}{4},$$

et

$$r = \frac{4q - 8a + 2p - 2q + 4a}{4} = \frac{2q - 4a + 2p}{4},$$

ou

$$r = \frac{p + q - 2a}{2}.$$

CONSIDÉRATIONS GÉNÉRALES SUR LES PILES TÉLÉGRAPHIQUES.

Qualités d'une pile pour être employée dans les services télégraphiques. — Les lignes télégraphiques constituant des circuits relativement très-résistants et étant desservies par des employés généralement peu soigneux, les qualités d'une pile télégraphique doivent être surtout, *une force électro-motrice relativement assez grande, une grande constance, et une disposition telle, qu'elle puisse rester chargée pendant longtemps et être manipulée facilement.* Jusqu'à présent on n'a pas tenu compte de la résistance intérieure de ces sortes de générateurs, se fondant sur cette considération que cette résistance s'efface généralement devant celle du circuit, et dans cette conviction on a réduit considérablement les dimensions des éléments. Mais n'a-t-on pas été trop loin dans cette voie? C'est ce que nous allons examiner.

Si l'atmosphère était toujours parfaitement sereine, que les dérivations par l'air et les poteaux n'existassent pas, les considérations invoquées seraient parfaitement concluantes; car il est certain que la résistance d'une pile de Daniell de 60 éléments, établie sur un circuit de 500 kilomètres, n'augmente la résistance du circuit total que dans la proportion de 1 à 1,1117, c'est-à-dire d'un dixième environ. Or, que cette augmentation soit d'un dixième ou d'un vingtième, peu importe, puisqu'on doit avoir un excès de force électrique bien supérieur à celui nécessaire au fonctionnement des appareils pour prévenir toutes les éventualités. Mais si l'on considère que la plupart du temps les lignes télégraphiques sont sujettes à de nombreuses dérivations, *et que l'effet de ces dérivations est d'autant plus préjudiciable que la pile est plus résistante,* ainsi qu'on l'a vu page 99, on reconnaît que la question change complétement de face, et qu'il faut réellement faire entrer cette résistance en ligne de compte. Cette considération est d'une bien autre importance encore pour les lignes sous-marines, ainsi qu'on le verra plus tard. Pour qu'on puisse se faire une idée de cette influence sur les lignes télégraphiques, il nous suffira de montrer que les formules (21) et (22) peuvent se mettre sous la forme

$$I = \frac{n\,E}{n\,R\left(1 + \dfrac{ld}{a}\right) + l}, \qquad I' = \frac{n\,E}{n\,R\left(1 + \dfrac{ld}{2a}\right) + \dfrac{dl^2}{4a} + l}.$$

Or on voit que la résistance de la pile nR étant multipliée par la quantité $\left(1 + \dfrac{ld}{a}\right)$ dans un cas, par $\left(1 + \dfrac{ld}{2a}\right)$ dans l'autre, devient une quantité qui ne peut plus être négligée, et qui devra l'être d'autant moins que R sera plus grand, n plus considérable et a plus petit.

On peut donc conclure de ce raisonnement que l'on devra chercher autant que possible à diminuer la résistance des piles dans la télégraphie, soit en prévenant les effets de la polarisation, soit en rapprochant l'une de l'autre les lames métalliques des couples, soit en agrandissant leur surface, soit en rendant les liquides interposés meilleurs conducteurs, soit en diminuant l'épaisseur des vases poreux et en augmentant leur porosité, soit en les accouplant en séries d'après les lois exposées page 93. Sous ce rapport, les piles employées par la Compagnie anglaise internationale sont dans d'excellentes conditions.

Si l'on recherche parmi les piles connues celles qui réunissent le mieux les conditions que nous venons d'énoncer, on trouvera que, sous le rapport de la force électro-motrice et de la moindre résistance, ce sont les piles de Bunsen qui ont l'avantage; mais les autres conditions ne sont nullement remplies, car elles s'usent très-promptement, sont très-dispendieuses, ont besoin d'être rechargées souvent, et produisent des émanations malsaines et désagréables. Aussi, après avoir été essayées pendant quelque temps, ont-elles été généralement abandonnées, et il n'y a plus guère qu'en Amérique qu'elles sont encore en usage.

Les piles à acide sulfurique et à eau, employées dans certains bureaux de la Belgique, ont une grande force électro-motrice, mais elles se polarisent assez énergiquement et ont une résistance intérieure considérable ; elles exigent d'ailleurs une manipulation assez fréquente.

Les piles à sulfate de mercure ont également une grande force électro-motrice, et, dans certaines conditions, une résistance intérieure assez faible ; elles peuvent rester longtemps chargées et sont d'une constance assez grande ; elles sont donc éminemment propres aux services télégraphiques. Malheureusement elles sont assez dispendieuses, à cause du prix élevé du sulfate de mercure, et sont d'une manipulation dangereuse. Elles sont employées en France dans quelques bureaux importants.

Les piles de Daniell ont une force électro-motrice à peu près moitié moins grande que celle des piles de Bunsen, et une résistance intérieure très-considérable ; mais elles sont d'une constance si grande, d'une manipulation si facile, et si peu dispendieuses dans leur entretien, qu'elles ont été adoptées généralement partout dans la télégraphie électrique sous une forme ou sous une autre.

Enfin, les piles à sable en usage sur quelques lignes anglaises ont une si grande résistance, que le courant fourni par elles en est très-affaibli ; elles s'épuisent d'ailleurs assez promptement et n'ont pas une grande constance. En revanche elles sont d'un transport facile et pourraient être utilisées avantageusement pour les télégraphes militaires et les télégraphes des locomotives.

En résumé, de toutes les piles connues jusqu'à présent, ce sont les piles de Daniell et à sulfate de mercure qui réunissent le plus de conditions avantageuses pour la télégraphie, du moins en ce qui concerne les transmissions sur les lignes.

L'emploi des piles dans la télégraphie ne se borne pas aux transmissions à travers les lignes ; elles peuvent encore être utilisées, comme on le verra plus tard, au service de certains appareils interposés dans des circuits très-courts et qui demandent à la pile des conditions différentes de celles que nous avons exposées précédemment. Dans ces circonstances les piles sont dites *piles locales*. Les autres sont appelées *piles de ligne*.

Les piles locales n'ayant à vaincre qu'une faible résistance doivent se composer d'éléments plus grands que ceux des piles de ligne, et ces éléments doivent être moins nombreux. Cependant, comme le courant d'une pile s'use d'autant plus vite que le circuit extérieur est moins résistant, il est une limite à la grandeur et au nombre de ces éléments qui ne doit pas être franchie, si l'on veut que la charge se maintienne un temps suffisant; dans ce cas, il ne faut donc pas considérer la question tant au point de vue du maximum de l'intensité électrique que peut fournir une pile pour obtenir un effet donné, qu'au point de vue de la manipulation.

Dans un temps, et cela a lieu encore dans certains pays, on employait comme piles locales des télégraphes Morse à pointe sèche, des piles de Bunsen; mais, depuis les perfectionnements apportés à ces appareils, ce sont des éléments Daniell qui sont affectés à ce service.

Groupement des piles dans les usages télégraphiques. — Nous avons vu, page 93, que les piles pouvaient être groupées de trois manières, en tension, en quantité et en séries, et nous avons démontré que le choix de ces divers modes de groupement doit dépendre du rapport de la résistance du circuit extérieur à celle de la pile. Nous avons reconnu toutefois que, quand cette résistance du circuit extérieur dépasse *la moitié de la résistance de la pile*, les éléments doivent toujours être disposés en tension.

Comme en télégraphie le courant électrique doit passer à travers des électro-aimants de résistance toujours assez grande et que les circuits sont toujours par eux-mêmes assez résistants, il est facile de comprendre que les piles de ligne devront toujours être disposées en tension. Le doute seul pourrait exister pour les piles locales destinées à faire fonctionner les appareils des stations. Cependant, si l'on considère que la résistance des électro-aimants de ces appareils représente au moins 5 à 6 kilomètres, et que la moitié de la résistance d'une pile locale ne dépasse guère cette résistance de 5 à 6 kilomètres, on arrive à la conclusion que les piles employées dans la télégraphie doivent toujours être disposées en tension, à moins que, par suite de réactions secondaires, comme cela a lieu dans la télégraphie sous-marine, on trouve des avantages marqués à grouper les éléments en séries.

Installation des piles dans les postes. — Le point important pour le bon fonctionnement d'une pile est, comme on l'a vu, son isolement parfait du sol et l'isolement individuel des divers éléments qui la composent. Pour obtenir ce résultat, on renferme généralement les éléments dans une boîte à couvercle dont les pieds sont en verre, et dont le fond est occupé par une espèce de grille en bois disposée de façon à fournir une série de solutions de continuité, dans le cas où les liquides viendraient à se répandre autour des vases extérieurs, soit par endosmose, soit par toute autre cause. Enfin on doit faire en sorte que la pile soit toujours à une température supérieure à zéro.

Quand on veut obtenir une pile d'un nombre d'éléments moindre que celui dont la pile entière est composée, on fait plonger une lame de cuivre mise en rapport avec le circuit dans celui des vases poreux qui délimite, à partir du pôle zinc, le nombre d'éléments voulu pour composer la pile dont on a besoin.

On admet généralement en France qu'une pile de 30 éléments Daniell suffit pour faire fonctionner les appareils à 100 kilomètres de distance, qu'une pile de 50 peut réagir convenablement à 200 kilomètres, et qu'une pile de 70 éléments peut desservir une ligne de 400 kilomètres.

PILES DE BUNSEN.

Dans l'historique que nous avons fait précédemment des divers perfectionnements de la pile, nous avons vu comment la pile de Wollaston était devenue successivement la pile de Daniell, la pile de Grove et la pile de Bunsen. Nous avons vu ensuite comment M. Archereau, en renversant la disposition de la pile de Bunsen pour obtenir une plus grande surface d'oxydation, et en substituant le charbon de cornue au charbon préparé, avait sans s'en douter remis en honneur les piles de M. Grove. Il nous reste maintenant à étudier la manière la plus avantageuse de construire ces piles.

Dans les piles ordinaires le charbon n'est nullement tra-

vaillé : c'est une espèce de parallélipipède qu'on a scié dans
un morceau de charbon de cornue et qui est uni à la lame métallique servant d'appendice polaire au moyen de pinces en
cuivre. Les zincs consistent dans des morceaux rectangulaires

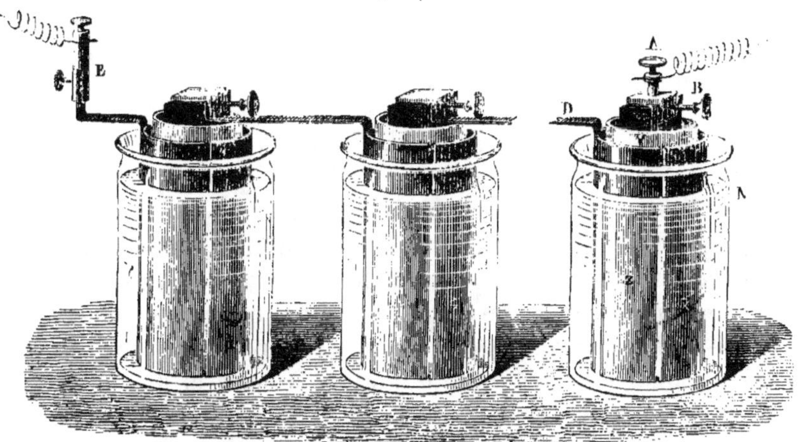

de zinc en planche qu'on a roulés sur un gabarit, et sur lesquels est fixée la lame polaire négative qui doit être en cuivre
rouge. La manière de fixer cette lame n'est pas indifférente :
il est important qu'elle ne soit pas simplement soudée, car
elle ne tiendrait pas sous l'influence des émanations acides
qui se dégagent de cette pile ; il faut qu'elle soit fixée sur le
métal, convenablement décapé en cet endroit, au moyen d'un
rivet de fer ou de cuivre ; encore faut-il que cette opération se fasse avant que le zinc soit amalgamé, car une fois
combiné au mercure ce métal devient si cassant, que les coups
de marteau pourraient le mettre en morceaux quand il est
mince. Du reste, il faut bien se garder d'employer du zinc
mince, car l'économie qu'on pourrait faire sur la matière serait
bien vite dépassée par le prix de la main-d'œuvre et son usure
plus prompte. C'est ordinairement du zinc de 3 à 4 millimètres
d'épaisseur qui est le plus convenable pour ce genre d'emploi.

   Les vases dans lesquels se trouve versée l'eau acidulée
doivent être choisis de préférence en grès ; le verre est trop
fragile et la faïence se trouve bientôt fendue par l'action prolongée de l'acide et surtout par les cristaux de sulfate de zinc

qui la pénètrent; enfin, les vases poreux doivent être suffisamment grands pour que l'acide azotique qu'ils contiennent ne s'affaiblisse pas trop promptement.

Des piles ainsi construites peuvent durer assez longtemps, surtout si les zincs sont épais et bien amalgamés. Il faut, par exemple, avoir soin de retirer ceux-ci de leurs acides ainsi que les charbons aussitôt que la pile ne fonctionne plus, et avoir soin de bien laver les zincs.

L'affaiblissement d'une pile de Bunsen vient surtout de l'épuisement de la solution acide servant de liquide excitateur et de sa sursaturation de sulfate de zinc; en renouvelant donc l'eau acidulée on peut maintenir pendant longtemps l'action de cette pile. Quand l'acide azotique est trop hydraté, c'est-à-dire contient trop d'eau, on peut lui donner une nouvelle vigueur en y mêlant une certaine quantité d'acide sulfurique concentré. Celui-ci, qui est très-hygrométrique, s'empare alors de l'eau en excès dans l'acide azotique et permet à celui-ci de continuer ses fonctions de dépolarisateur. Le zinc lui-même peut d'ailleurs être brûlé moins vite, si on a soin de l'amalgamer fréquemment, et cette opération peut s'effectuer d'elle-même si on ajoute au liquide excitateur, c'est-à-dire à l'eau acidulée, une petite quantité de nitrate de bioxyde de mercure.

On a proposé plusieurs méthodes pour amalgamer les zincs; mais la plus simple et la plus expéditive est celle de M. Berjot, qui consiste à les immerger dans un liquide composé de nitrate de bioxyde de mercure et d'acide chlorhydrique. Une immersion de quelques secondes suffit pour l'amalgamation complète d'un zinc, quelque sale qu'il soit à sa surface; et avec un litre de ce liquide, qui ne coûte pas plus de 2 francs, on peut amalgamer plus de 150 zincs. Voici du reste la préparation de ce liquide :

On fait dissoudre à chaud 200 grammes de mercure dans 1000 grammes d'eau régale (acide nitrique 1, acide chlorhydrique 3); la dissolution du mercure étant terminée, on y ajoute 1000 grammes d'acide chlorhydrique.

L'élément Bunsen, bien qu'il se trouve toujours dépolarisé par l'action de l'acide azotique, est loin d'être constant. Au bout de quelques heures de service il peut devenir plus faible qu'un élément Daniell. Ainsi les valeurs de sa force électro-motrice et de sa résistance étant, peu d'instants après sa charge,

$$E = 11123 \quad \text{et} \quad R = 154^{m},$$

sont devenues, au bout de 7 heures de fermeture de circuit sans résistance interposée,

$$E = 9042, \quad R = 550,$$

et au bout de 19 heures,

$$E = 5251, \quad R = 2068.$$

Le repos a diminué, il est vrai, cette dernière valeur de R, mais il n'a pas augmenté la force électro-motrice. Pour qu'on puisse voir avec quelle rapidité cet élément se polarise, il nous suffira de dire que la valeur de R, étant déterminée par la méthode du galvanomètre différentiel, a été trouvée de 324 mètres pour une fermeture du circuit de 10 minutes, 284 mètres pour une fermeture du circuit de 5 minutes, 161 mètres pour une fermeture de 1 minute, et moins de 34 mètres pour une fermeture de 7 secondes.

Du reste, la force électro-motrice de la pile de Bunsen ne résulte pas de l'action seule de l'eau acidulée sur le zinc, la réaction des deux liquides l'un sur l'autre développe également une force électro-motrice qui entre dans la force électro-motrice du couple pour plus de $\frac{1}{6}$. Dans la pile de Daniell, le même effet se produit, mais en sens inverse, et la force électro-motrice du couple se trouve diminuée, par suite de cette réaction, de $\frac{1}{13}$.

L'un des inconvénients les plus désagréables de la pile de Bunsen est la production constante de vapeurs nitreuses qui en rendent l'usage impossible dans les appartements habités. On a bien cherché à prévenir cet effet, soit en fermant hermétiquement les vases contenant l'acide nitrique, soit en faisant absorber ces vapeurs par certains corps tels que l'acide oléique, qui se trouve ainsi transformé en acide élaïdique (*), soit en substituant à l'acide nitrique d'autres liquides dépolarisants tels qu'une solution de bichromate de potasse mélangée avec une

---

(*) *Voir* mon *Exposé*, t. V, p. 55.

solution de chlorate de potasse et de l'acide sulfurique saturé de peroxyde de manganèse (*); mais tous ces moyens n'ont réussi que très-imparfaitement.

Le point important pour qu'une pile de Bunsen fonctionne bien, est que le contact de la lame polaire positive avec le charbon soit le plus parfait possible. Il faut donc au moment de chaque expérience avoir soin de bien décaper cette lame métallique avant que de la placer sur le charbon. Malgré cette précaution, l'acide azotique, qui pénètre par capillarité et endosmose dans tous les pores du charbon, finit toujours, quand une batterie reste quelque temps chargée, par oxyder les points de contact des lames en question et diminuer par suite l'intensité du courant produit. Pour éviter cet inconvénient, j'ai imaginé de pratiquer à l'extrémité des charbons de petites cavités dans lesquelles sont versées quelques gouttes de mercure, et les zincs se trouvent unis à ces charbons par des fils de fer plongeant dans ces cavités.

Mieux sont isolés les éléments de pile, plus est grande leur tension; cela est si vrai, qu'en soutenant sur des supports en verre 500 petits éléments à acide nitrique, M. Gassiot est parvenu à obtenir des étincelles à distance à l'air libre et à produire dans le vide tous les effets qui sont fournis par la machine d'induction de Ruhmkorff. Il est donc essentiel, pour qu'une pile soit dans de très-bonnes conditions de fonctionnement, que les éléments soient disposés sur une surface très-sèche (la plus isolante possible), soutenue au-dessus du sol au moyen de supports isolants. Par la même raison il faut éviter de laisser déborder les liquides qui remplissent les différents éléments et d'en verser quelques gouttes à côté; bien des piles ont souvent manqué par suite de ce simple défaut de précaution.

Les piles de Bunsen ont été, comme nous l'avons déjà dit, modifiées de mille façons différentes, tantôt au point de vue d'une charge facile, tantôt au point de vue économique de la production de l'électricité, tantôt au point de vue de leur accroissement d'énergie. On trouvera les descriptions de toutes ces modifications dans notre *Exposé des applications de l'é-*

(*) *Voir* mon *Exposé*, t. V, p. 183.

lectricité, t. I, IV et V ; nous ne parlerons aujourd'hui que d'un seul de ces perfectionnements, parce qu'il a été appliqué d'une manière avantageuse aux grandes machines d'induction établies par notre habile constructeur M. Ruhmkorff, et qu'il a été reproduit dans la construction des piles de Daniell, employées en Angleterre pour la télégraphie électrique ; il avait du reste été combiné depuis longtemps, dans d'autres conditions, il est vrai, par MM. Jedlick et Csapo.

Afin d'obtenir une pile qui, sous le plus petit volume possible, pût donner une grande quantité d'électricité, condition qui était à remplir pour la mise en action de ses grands appareils d'induction, M. Ruhmkorff a employé des éléments plats disposés de manière à fournir à l'action du liquide excitateur une grande surface de zinc et à la conduction du courant dans la pile une grande surface de charbon. La *fig.* 28 ci-dessous représente un de ces éléments. La lame de zinc ZZ est

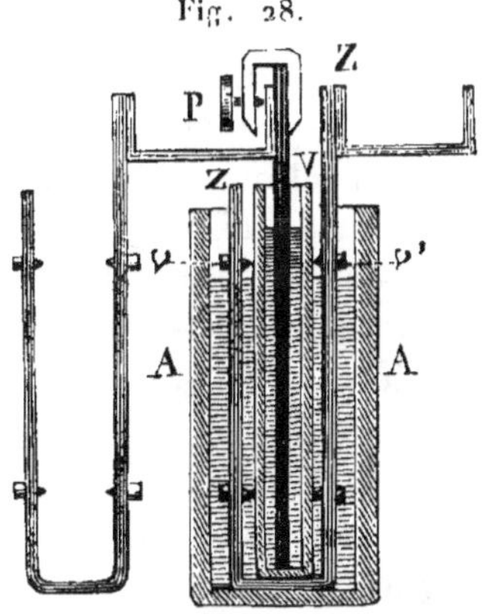

Fig. 28.

repliée sur elle-même de manière à laisser vide un espace d'environ 4 centimètres, dans lequel on introduit le vase poreux V dont les dimensions sont : hauteur, 20 centimètres ; largeur, 17 centimètres ; épaisseur, 28 millimètres. Ce vase est maintenu à distance convenable du zinc à l'aide de petites vis calantes v, v', v'', etc., et est construit en terre rouge anglaise qui jouit d'une grande porosité et d'une certaine conductibilité relative.

La lame négative est une grande lame de charbon très-mince ayant 23 centimètres de hauteur sur 16 centimètres de largeur et 8 millimètres d'épaisseur; elle est reliée directement à la patte de cuivre formant l'appendice négatif de l'élément suivant, par une pince P. Enfin le tout est plongé dans un vase rectangulaire en porcelaine AA ayant 21 centimètres de hauteur sur 19 centimètres de largeur et 7 centimètres d'épaisseur, dans lequel est versée l'eau acidulée. On comprend qu'avec une semblable disposition, qui se rapproche du reste de celle des piles de Wollaston, la résistance intérieure de chaque couple est considérablement réduite, et que le courant engendré se trouve notablement renforcé sous le rapport de la quantité.

Le seul inconvénient de cette pile, c'est que les vases poreux, après avoir servi, se détériorent au bout de quelque temps et finissent par se piquer et se percer sous l'influence des cristallisations de sulfate de zinc qui se forment à l'intérieur des pores. Il faudrait, pour éviter cet inconvénient, avoir soin de les plonger dans l'eau aussitôt après les avoir employés, et les y laisser tout le temps qu'on ne s'en sert pas.

Cinq éléments de cette nouvelle pile suffisent pour faire produire à la nouvelle machine d'induction de Ruhmkorff des étincelles de 45 centimètres de longueur.

La dépense d'entretien d'un élément de Bunsen de moyenne grandeur, faisant partie d'une batterie suffisamment puissante pour produire la lumière électrique, a été estimée par heure :

	fr
En zinc, à......................	0,0127
En acide sulfurique, à.............	0,0044
En acide nitrique, à............:......	0,0243
En totalité à...	0,0414

Soit 5 centimes par heure environ (*). Quand un élément ne fait pas partie d'une batterie, il dépense moins, car l'action électrolytique étant beaucoup moins énergique en raison de la

---

(*) Ces prix sont établis dans l'hypothèse que le kilogramme d'acide azotique revient à 0fr,56, le kilogramme de zinc à 0fr,80, et le kilogramme d'acide sulfurique à 0fr,18. (*Voir* le Mémoire de M. Ed. Becquerel dans notre *Exposé*, t. IV, p. 473.)

moindre intensité du courant, les réactions chimiques sont beaucoup moins énergiques. Toutefois, comme les prix des acides et du zinc ne sont pas estimés aux prix du détail, la dépense d'un élément est par le fait beaucoup plus grande que nous ne venons de l'indiquer.

PILES DE DANIELL.

La pile de Daniell consistait, dans l'origine, dans un vase de verre renfermant la dissolution saturée de sulfate de cuivre, et dans lequel plongeaient : 1° un cylindre de cuivre muni, à sa partie supérieure, d'une espèce de petite gouttière percée de trous, destinée à recevoir des cristaux de sulfate ; 2° un vase poreux contenant de l'eau salée ou légèrement acidulée et une lame de zinc amalgamé. Ces éléments étaient généralement de grandes dimensions, afin de diminuer la résistance du couple et de lui donner plus de quantité.

L'application qu'on fit de ces éléments à la télégraphie fit simplifier cette disposition ; la solution de sulfate de cuivre, au lieu d'occuper le vase extérieur, fut versée dans le vase poreux ; le cylindre de cuivre fut remplacé par un cylindre de zinc, et une petite lame de cuivre, soudée au cylindre de zinc de l'élément suivant, occupa dans le vase poreux la place de l'ancienne lame de zinc ; afin de soutenir les cristaux de sulfate de cuivre, destinés à entretenir la solution, une petite capsule percée de trous fut soudée sur la lame de cuivre constituant le pôle positif de la pile ; enfin, de l'eau pure fut substituée à l'eau acidulée et à l'eau salée qu'on employait primitivement et qui ne servait d'ailleurs qu'à mettre la pile en état de fonctionner immédiatement. Les dimensions de ces éléments, dans leur application à la télégraphie, sont, comme nous l'avons vu p. 112, très-exiguës. Le cylindre de zinc n'a que 9 centimètres de hauteur sur 7 de diamètre, et le vase poreux n'a que 12 centimètres de haut sur 54 millimètres de diamètre. Quoique cette pile ait été employée avec succès sur nos lignes télégraphiques, une foule d'inventeurs en ont varié, comme nous l'avons vu, la forme et la disposition ; mais ces perfectionnements n'ont pas encore réussi à détrôner la pile que nous venons de décrire. Il en est un pourtant qui devrait être accueilli avec empressement et qui a été appliqué aux piles de Daniell employées en Angleterre : ce serait de substituer à la simple lame de cuivre plongeant dans la solution de sulfate de cuivre un cylindre de cuivre du diamètre le plus grand possible. De cette manière la résistance des éléments se trouverait réduite considérablement, et nous avons vu que c'était une des conditions importantes à réaliser dans les piles destinées à la télégraphie. Afin d'obtenir cette réduction de résistance dans toute sa plénitude, M. Varley a disposé les piles de ligne (destinées au service des lignes de la Compagnie internationale) à la manière de celles de Bunsen, que nous avons représentées p. 131, c'est-à-dire avec des vases poreux oblongs et très-aplatis, en terre rouge très-poreuse et avec des lames zinc et cuivre très-rapprochées les unes des autres. Ces piles, que nous reproduisons *fig.* 29, ont produit les meilleurs résultats.

Fig. 29

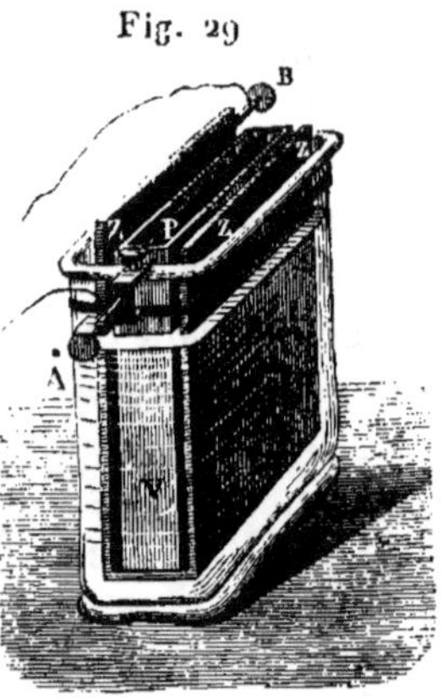

On a fait toutefois aux vases très-poreux des objections qui ne laissent pas que d'être fondées. Ainsi on dit, et l'expérience, du reste, le prouve, que la solution de sulfate, en filtrant trop facilement à travers le vase poreux, forme sur le zinc des dépôts de cuivre qui non-seulement constituent une dépense de sulfate en pure perte, mais tendent à développer sur le zinc une force électro-motrice contraire à celle qui est produite par l'oxydation du zinc. Sous ce rapport il est certain qu'une trop grande perméabilité des vases poreux est nuisible, et cela d'autant plus que ce dépôt, étant fortement polarisé en sens contraire du zinc, tend à dériver une partie du courant à l'intérieur de la pile. Mais M. Denys, de Nancy, est parvenu à conjurer ce défaut en substituant au sulfate de cuivre un mélange d'eau acidulée à 4 pour 100 et d'oxyde noir de cuivre (80 ou 100 grammes). Dans ce cas il n'y a que très-peu de sulfate de cuivre de formé à la fois, et il n'y a pas de réduction directe en dehors de celle qui résulte du courant; on a de plus l'avantage qu'il ne se forme pas de dépôts de cuivre réduit dans la pâte du vase poreux, et que la surface du zinc reste beaucoup plus nette. La fabrication de l'oxyde noir de cuivre est d'ailleurs, suivant M. Denys, extrêmement facile (*).

Les inconvénients ordinaires des piles de Daniell sont, d'une part, les incrustations de cuivre dans les vases poreux ; d'autre part, les efflorescences de sulfate de zinc qui grimpent le long des parois des vases de verre contenant le liquide excitateur, et qui, en se déversant au-dessus de ces vases, établissent par endosmose une communication liquide entre les divers éléments, au grand détriment, bien entendu, du courant produit.

Le premier inconvénient n'a seulement de sérieux que l'action destructive qui en résulte et qui fait que ces vases, au bout d'un an de service et même de moins, se désagrégent et se fendent ; car, sous le rapport électrique, on gagne plutôt à cette incrustation, puisque, ainsi que je l'ai démontré, la résistance de ces vases est grandement diminuée. Toutefois, il est un moyen assez simple d'éviter les incrustations, c'est d'empêcher le contact des lames électro-négatives avec les parois des vases poreux ; ce moyen, indiqué par M. Smée, a été essayé par M. Froment et lui a parfaitement réussi; nous avons vu d'ailleurs qu'avec le système de M. Denys on pouvait l'éviter.

Quant au second inconvénient, il est plus difficile à conjurer; on a bien proposé de recouvrir d'huile les surfaces liquides, afin d'éviter l'évaporation des liquides et d'empêcher ainsi la formation du dépôt sur la circonférence de contact du

---

(*) *Voir* mon *Exposé*, t. V, p. 485.

liquide avec les parois du vase extérieur; mais ce moyen exige beaucoup de précautions pour qu'il fournisse des effets avantageux, et le meilleur système, suivant M. Froment, serait de tremper les bords des vases dans de la cire jaune fondue avec de la graisse, après les avoir préalablement lavés avec de l'essence de térébenthine. On pourrait également y parvenir, suivant certains constructeurs, en fermant hermétiquement ces vases, comme le fait M. Robert-Houdin dans les piles ingénieuses qu'il applique à l'horlogerie électrique, et que nous représentons *fig*. 30.

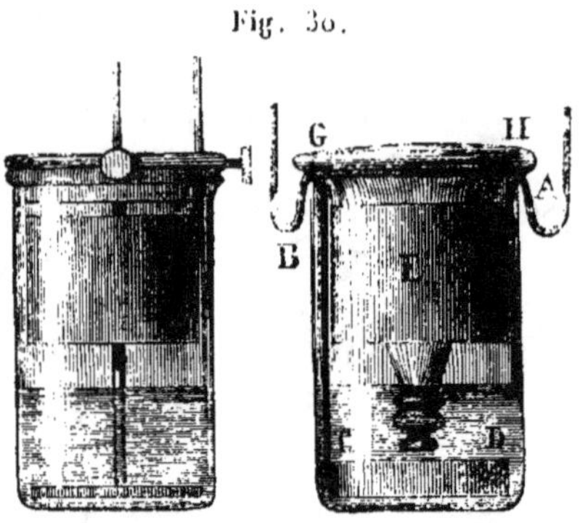

Quant aux conditions de bon fonctionnement de la pile de Daniell, la plus importante, selon moi, est de maintenir la solution de sulfate également saturée, et c'est à cet effet qu'a été adaptée la capsule trouée soudée à la lame électro-négative. La solution de sulfate de cuivre, en effet, étant plus lourde que l'eau, tend toujours à occuper le fond du vase poreux, et l'on comprend aisément que si les cristaux de sulfate sont déposés au fond de ce vase, la partie inférieure de la solution se trouve toujours saturée de ce sel, alors que la partie supérieure en est plus ou moins dépourvue. Dans ce cas, l'acide du sulfate, ne filtrant à travers le vase poreux que sur une très-petite surface, ne peut suffire à aiguiser convenablement le liquide excitateur et, en même temps, la solution se trouve beaucoup plus résistante en dessus qu'en dessous. Il en résulte nécessairement que la force électro-motrice de la pile est affaiblie et que sa résistance est augmentée, comme on peut en avoir la preuve par les expériences suivantes.

En prenant un élément dans les conditions que nous venons d'indiquer, les constantes de cet élément ont été trouvées (*):

$$\text{Pour la force électro-motrice}\dots\dots \quad 4155$$
$$\text{Pour la résistance du couple}\dots\dots \quad 1309^m$$

En agitant la solution de sulfate de cuivre ces constantes sont devenues :

$$\text{Force électro-motrice}\dots\dots \quad 5566$$
$$\text{Résistance du couple}\dots\dots \quad 795^m$$

Or ces valeurs, avec l'instrument que nous avons employé pour ces expériences, étaient, pour un élément bien chargé,

$$\text{Force électro-motrice}\dots\dots \quad 5671$$
$$\text{Résistance du couple}\dots\dots \quad 756^m$$

Quand la solution de sulfate de cuivre est bien saturée, l'agitation de la pile produit l'effet contraire.

L'effet des solutions l'une sur l'autre est, dans cette pile, bien différent suivant que le circuit qui lui correspond est fermé ou ouvert; dans le premier cas, il y a transport par le courant du liquide excitateur dans le vase poreux, et le niveau de la solution de sulfate s'élève. Dans le second cas, le contraire a lieu. Le R. P. Secchi a imaginé une disposition pour éviter les inconvénients de cet exhaussement. Quant au rétablissement du niveau de la solution quand elle est abaissée, il est toujours facile à l'aide d'une petite seringue.

Suivant M. Bergon, l'entretien d'une pile Daniell du modèle employé sur les lignes télégraphiques n'est pas dispendieux; chaque élément ne consomme pas en moyenne 1 kilogramme de sulfate de cuivre, soit 90 centimes; les zincs durent de deux à trois ans, mais les vases poreux doivent être renouvelés deux fois dans l'année; le prix d'un élément peut être établi de la manière suivante :

$$\begin{aligned}
&\text{Vase extérieur de verre}\dots\dots &0{,}30 \;^{fr}\\
&\text{Vase poreux}\dots\dots\dots &0{,}17\\
&\text{Zinc et lame soudés ensemble}\dots &0{,}90\\
&\hspace{5cm}\overline{\text{Total}\dots\dots \quad 1{,}37}
\end{aligned}$$

(*) Ces constantes ont été estimées en longueur de fil télégraphique de 4 millimètres.

J'ai étudié pendant longtemps la constance des éléments Daniell et j'ai reconnu qu'un élément chargé avec 100 grammes de sulfate de cuivre et expérimenté à quatorze reprises différentes pendant deux mois a fourni, pour valeurs de E et de R, des nombres qui ont varié pour R de 850 à 1190 mètres, et pour E de 5950 à 6290. Une fermeture de vingt heures du circuit, produite par la réunion des deux pôles, n'a pas changé d'une manière sensible la valeur de ces constantes.

Bien que cette pile se polarise peu, elle se ressent cependant des effets de ce phénomène physique; ainsi sa force électro-motrice et sa résistance intérieure augmentent avec la longueur de la résistance du circuit extérieur et le temps de fermeture du courant.

La disposition de la pile de Daniell a été, comme nous l'avons dit, extrêmement variée; les plus importantes modifications sont celles de MM. Parelle, Breguet, Callaud, Meidenger, Robert-Houdin, Siemens, Minotto, Buff, Vérité, etc. On trouvera la description détaillée de toutes ces piles dans mon *Exposé des applications de l'électricité.*

PILES DE M. MARIÉ-DAVY.

La pile de Daniell est, comme on l'a vu, celle de toutes les piles dont le courant a le plus de constance, mais elle a l'inconvénient d'être peu énergique et de fournir des courants sans quantité. La dissolution de sulfate de cuivre qui remplit le vase poreux finit toujours par traverser celui-ci, et, en se déposant sur le zinc, diminue la force électro-motrice de la pile, occasionne des dépenses inutiles de matière et oblige de faire de fréquents nettoyages. D'un autre côté, le cuivre, en se vivifiant, bouche les pores des vases poreux, et finit par les fendre et les rendre impropres à continuer le service. M. Marié-Davy a cherché si, parmi les sels susceptibles d'être réduits par l'hydrogène, il ne s'en trouverait pas un qui pût fournir une réaction à l'abri de ces inconvénients et qui pût développer une force électro-motrice supérieure à celle provoquée par le sulfate de cuivre. Le sulfate de protoxyde de mercure lui parut réunir toutes les conditions voulues pour obtenir ces résultats. En effet, ce sel peut être réduit par l'hydrogène plus facilement que le sulfate de cuivre, et, comme il est insoluble, sa filtration à travers les pores du vase poreux n'était pas à craindre. D'ailleurs, cette filtration pût-elle exister, elle ne pouvait avoir de conséquences fâcheuses, puisqu'il ne pouvait en résulter qu'une amalgamation du zinc, amalgamation ayant pour effet de constituer ce métal dans un état encore plus électro-positif, ainsi que cela résulte des expériences de M. Regnault. L'expérience a confirmé toutes ces prévisions, et c'est ainsi que M. Marié-Davy s'est trouvé conduit à la pile qui porte son nom et qu'il a disposée du reste de plusieurs manières, suivant les usages auxquels on veut la soumettre.

Cette pile n'est autre chose qu'une pile de Daniell, dans laquelle le sulfate de mercure est substitué au sulfate de cuivre, et c'est un prisme de charbon qui remplace la tige de cuivre. Elle se compose donc d'un vase extérieur en faïence ou en verre, d'un cylindre de zinc plongeant dans de l'eau pure, d'un vase poreux à l'intérieur du cylindre de zinc, et, au sein du vase poreux, d'un prisme de charbon entouré d'un mélange pâteux de sulfate de mercure et d'eau.

La préparation de la pâte de sulfate de mercure n'offre d'ailleurs aucune difficulté. On délaye dans de l'eau le sel que l'on a préalablement bien pulvérisé; on laisse reposer, on décante, et il reste une masse pâteuse blanche légèrement jaunâtre qui constitue la matière en question. On prend ensuite le charbon que l'on tient à la main, bien au milieu du vase poreux, et on remplit complétement les vides avec de la pâte de sulfate, en s'aidant d'une petite spatule en bois. On verse ensuite la liqueur décantée dans le vase de verre qu'on achève de remplir avec de l'eau pure.

La force électro-motrice de cet élément dans de bonnes conditions est, comme on l'a vu, intermédiaire entre celle de la pile de Daniell et celle de la pile de Bunsen; c'est-à-dire que la force électro-motrice de cette dernière pile est 1,35 plus forte que celle de la pile à sulfate de mercure, tandis que celle-ci a une force électro-motrice 1,40 plus forte que celle de la pile de Daniell. Ces rapports sont à peu près ceux trouvés par MM. Becquerel et Breguet. Mais pour la valeur des résistances du couple, les chiffres que nous avons donnés sont complétement différents. Cela vient sans doute de la différence de porosité des vases poreux employés dans les expériences et de la réaction plus ou moins énergique du mercure réduit sur les charbons. Cette réaction est tellement sensible, que la résistance d'un couple, mesurée par la méthode du galvanomètre différentiel, qui était 481 mètres au bout de 7 secondes de fermeture du circuit, a été portée successivement à 606 mètres au bout de 15 secondes, à 787 mètres après $\frac{1}{2}$ minute, à 1064 mètres après 1 minute, à 1363 mètres après 2 minutes, à 1657 mètres après 3 minutes, à 1861 mètres après 4 minutes. Quand le sulfate de mercure est peu réduit et les charbons peu poreux, ces effets sont beaucoup moins apparents, et j'ai pu alors constater une résistance uniforme de 431 mètres pour une fermeture de circuit de 10 minutes. Cette pile, avec des précautions convenables et des vases poreux perméables, est donc par le fait moins résistante qu'une pile de Daniell, et, comme la force électro-motrice est un tiers plus forte, elle peut lui être opposée avec avantage (*).

« L'expérience a d'ailleurs démontré, dit M. Bergon, que 38 éléments de cette nouvelle pile, sur une ligne télégraphique de 500 kilomètres, à service de jour et de nuit, ont fourni la même intensité que 60 éléments Daniell et ont pu, sans frais d'entretien, faire fonctionner les appareils pendant 3 mois 27 jours. Leurs dimensions étaient pourtant plus faibles que celles des éléments Daniell dont les effets, dans les mêmes circonstances, ne se sont maintenus que 2 mois et 23 jours. »

Les seuls inconvénients de la pile Marié-Davy sont le prix élevé du sulfate de mercure et les dangers que présente sa manipulation ; mais ces inconvénients sont bien compensés par la plus grande durée de sa charge, sa plus grande force électro-motrice, qui permet de réaliser un effet donné avec moins d'éléments, et par la conservation indéfinie des vases poreux.

(*) Cette moindre valeur de la résistance de cette pile tient sans doute à ce que le prisme de charbon présente à la transmission électrique une surface conductrice plus grande que la simple tige de cuivre des piles de Daniell, et à ce que la distance moyenne des deux lames polaires dans la pile est plus grande dans cette dernière ; le liquide d'ailleurs qui humecte le sulfate de mercure est toujours fortement acidulé quand la pile fonctionne depuis quelques jours.

D'ailleurs, le mercure qui est réduit et qu'on retrouve à l'état métallique au fond des vases poreux peut être utilisé.

Ces piles ont été employées pendant quelque temps pour les sonneries électriques. Un seul élément pouvait suffire pour faire fonctionner pendant longtemps une sonnerie de cette espèce. Mais le danger de confier à des personnes inexpérimentées l'entretien d'une pile basée sur l'emploi de substances aussi dangereuses dut faire renoncer à son emploi, et on en est revenu à la pile de Daniell. Toutefois on continue à l'employer concurremment avec la pile de Daniell, à l'administration des lignes télégraphiques françaises.

Quand il s'agit de produire une action énergique de courte durée, la pile à sulfate de mercure peut être disposée d'une manière extrêmement simple et atteindre des dimensions pour ainsi dire microscopiques. Aussi cette pile a-t-elle été utilisée avec le plus grand succès dans les appareils électro-médicaux qui, grâce à elle et à d'heureuses dispositions apportées à ces appareils par MM. Ruhmkorff et Gaiffe, ont pu être contenus dans de petites boîtes de $0^m,18$ de longueur sur $0^m,09$ de largeur et $0^m,035$ d'épaisseur. La disposition que M. Gaiffe a donnée à cette pile est des plus simples et des plus commodes; c'est une petite auge en gutta-percha de $0^m,075$ de longueur sur $0^m,037$ de largeur et $0^m,02$ de profondeur, divisée en deux compartiments carrés au fond desquels se trouvent fixées à plat deux plaques de charbon C, C' (*fig.* 31). Des fils

Fig. 31.

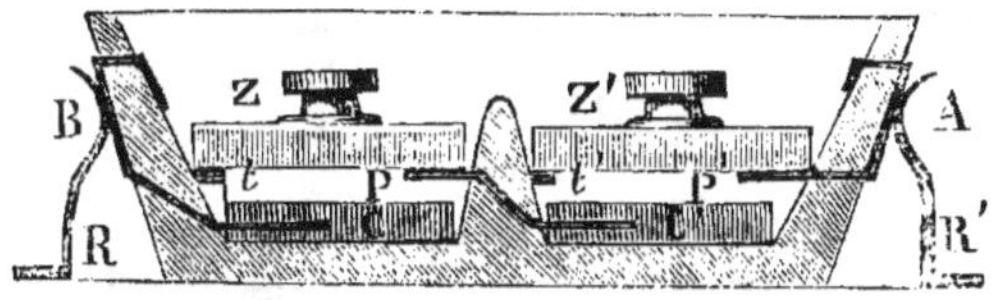

de platine AP', C'P, CB, insérés dans le corps même de la gutta-percha, relient les deux éléments et constituent en A et B les deux appendices polaires de la pile. Pour cela, les fils AP', C'P font saillie en P et P', et c'est sur eux et sur de petits taquets t et t' que les zincs viennent se poser quand la pile est chargée; le fil C'P est d'ailleurs fixé en C' dans le charbon C' et le fil CB communique pareillement avec le charbon C; de telle sorte que les parties des fils AP″, CB qui ressortent en dehors de la caisse de gutta-percha peuvent transporter les deux pôles de la pile sur deux ressorts R et R′ entre lesquels celle-ci se trouve introduite quand on veut s'en servir.

Pour charger cette pile, il suffit de jeter sur les lames de charbon une pincée de sulfate de bioxyde de mercure qu'on arrose d'une quantité d'eau suffisante pour dépasser les fils P et P′, et il ne s'agit plus que de poser les zincs Z, Z′ sur ces fils et sur les taquets t et $t′$ pour mettre l'appareil en marche.

Le courant que cette pile fournit peut durer suffisamment intense pendant trois quarts d'heure, mais au bout de ce temps il s'affaiblit rapidement et finit par être à peine appréciable. Le sel est devenu alors complétement jaune, et les zincs se sont trouvés recouverts d'un dépôt de mercure, ce qui en rend l'usure pour ainsi dire insignifiante. La différence qui existe entre cette pile et celle que nous avons décrite précédemment, c'est que l'une a un diaphragme poreux, tandis que l'autre n'en a pas et que le sel employé dans cette dernière, dont la formule est SO^3HGO, est soluble, ou plutôt se partage en un sel acide qui se dissout, et en turbith qui se précipite.

L'expérience a démontré qu'on avait tout avantage à employer pour les piles à sulfate insoluble des diaphragmes les plus poreux possible. Les cas de non-réussite de cette pile ont toujours eu pour cause un défaut de porosité de ces vases.

Rôle de l'amalgamation du zinc dans les piles. —On sait que le zinc amalgamé, quoique s'oxydant moins vite dans une pile que le zinc ordinaire, développe pourtant une force électro-motrice plus grande. A quelle cause doit-on attribuer ce phénomène qui paraît un peu en désaccord avec la théorie électro-chimique? Telle est la question qui préoccupe, depuis bientôt vingt ans, les physiciens, bien que bon nombre d'explications plus ou moins satisfaisantes en aient été données. Nous avons démontré, dans le premier volume de notre *Exposé*, que l'un des principaux effets du mercure dans son amalgamation avec le zinc était la destruction d'une infinité de couples locaux résultant de l'intervention de métaux étrangers dans la composition de ce métal. **Mais,** d'après les recherches de M. Regnault, il paraîtrait que l'effet principal de cette amalgamation serait d'augmenter l'état élec-tro-positif du métal lui-même. Le zinc pur amalgamé fournit en effet les mêmes résultats avantageux que le zinc du com-merce amalgamé, et, dans ce cas, il est évident que les couples locaux n'existent pas. Il restait à expliquer comment l'amalgamation peut produire un accroissement du pouvoir électro-positif du zinc, et c'est ce à quoi M. Regnault est par-venu en étudiant le rôle de l'amalgamation sur les différents métaux. Ses recherches l'ont conduit aux conclusions sui-vantes :

1° Toutes les fois qu'un métal est amalgamé, sa position dans l'échelle des affinités subit une modification ;

2° La résultante peut être de sens contraire, même pour des métaux voisins, car elle dépend à la fois de la fonction chimique du métal et *de sa chaleur latente de fusion ;*

3° Lorsqu'il se produit un abaissement de température pendant la combinaison du métal avec le mercure, et que, partant, la chaleur de constitution de l'amalgame est plus grande que celle du métal, ce dernier s'élève dans l'ordre des affinités positives ;

4° Dans le cas où l'ensemble des phénomènes est inverse, c'est-à-dire quand il y a dégagement de chaleur pendant la formation de l'amalgame, le métal amalgamé devient électro-négatif par rapport au métal libre.

Or, c'est parce que le zinc en se liquéfiant dans le mercure fixe plus de chaleur qu'il n'en perd en se combinant avec lui, en un mot, parce qu'il provoque un abaissement de tempéra-ture, qu'il devient plus électro-positif. Le cadmium, métal bien voisin du zinc, produisant par son amalgame un effet diamétralement opposé, devient au contraire électro-négatif par rapport à ce qu'il était dans son état de pureté.

Enfin le fer amalgamé, se trouvant dans les mêmes condi-tions que le zinc, s'élève comme lui dans l'ordre des affinités positives.

Pourquoi le zinc amalgamé est-il moins attaqué que le zinc non amalgamé? Telle est la question que M. d'Alméida a cherché à éclaircir. Les uns ont voulu expliquer cet effet par une homogénéité donnée à la surface du zinc par suite de l'amalgamation ; les autres, par la présence d'une couche d'hydrogène sur cette surface. M. d'Alméida fait voir que la première de ces deux explications n'est pas exacte, car, si le zinc devient, par l'amalgamation, moins oxydable, l'aluminium le devient au contraire davantage. Quant à la seconde, il croit qu'elle est la seule admissible, et montre à l'appui de son opinion que l'amalgamation d'un métal quelconque a toujours pour effet de fixer l'hydrogène. Ainsi une pile zinc et cuivre, dont le cuivre est amalgamé, finit par ne plus fonctionner au bout de quelques instants par suite des bulles d'hydrogène qui s'y accumulent. Une électrode négative amalgamée dans un électrolyte donne lieu à une polarisation beaucoup plus grande.

M. d'Alméida croit que cet effet tient uniquement à ce que l'amalgame a pour effet de rendre unies et polies les surfaces métalliques avec lesquelles le mercure est combiné, et, comme preuve, il montre que quand la lame négative d'une pile est construite avec un métal quelconque, parfaitement poli, les bulles d'hydrogène se déposent en grande quantité sur cette lame, et réagissent comme si celle-ci était amalgamée. Il croit même que c'est à cette propriété que le zinc pur doit de ne pas être attaqué facilement par l'eau acidulée, ce liquide ayant pour effet de rendre sa surface très-polie.

Cette propriété des surfaces polies et des amalgames avait, du reste, été déjà reconnue par M. Smée qui l'attribue à un phénomène d'adhérence hétérogène. « Une surface polie détermine, dit M. Smée, l'adhérence d'un corps avec assez de force pour contre-balancer la tendance du fluide gazeux à s'élever vers la surface du liquide. Cette force doit avoir une grande énergie si l'on considère la différence de pesanteur spécifique de l'hydrogène et de l'eau. En rendant la surface rugueuse, à l'aide d'un gros papier de verre, on empêche, jusqu'à un certain point, cette adhérence. »

CHAPITRE V.

ORGANES ÉLECTRIQUES DE LA TÉLÉGRAPHIE ÉLECTRIQUE.

Pour obtenir une réaction à distance susceptible de fournir une indication télégraphique, il ne suffit pas seulement d'avoir une pile et un circuit, il faut que le courant envoyé à travers ce circuit ait un interprète pour annoncer sa présence ou son absence, ou réaliser tel effet qui sera en rapport avec l'émission qui aura été produite. C'est de cette espèce d'interprète, de cet intermédiaire destiné à réaliser matériellement les effets provoqués électriquement que nous allons nous occuper dans ce nouveau chapitre.

A proprement parler, toute réaction extérieure des courants peut être utilisée dans le but de fournir des signaux télégraphiques ; ainsi les attractions et répulsions provoquées par l'électricité statique, les décompositions électro-chimiques, les réactions électro-magnétiques qui permettent à une aiguille aimantée de se mettre en croix sur un courant, ou à un morceau de fer de s'aimanter sous l'influence de ce même courant, sont autant d'effets qui peuvent être appliqués comme organes électriques de la télégraphie électrique, et qui ont tous donné naissance à des systèmes télégraphiques plus ou moins ingénieux, plus ou moins parfaits, dont nous avons longuement parlé dans notre *Exposé des applications de l'électricité* et dont nous aurons occasion de parler plus tard. Mais parmi ces effets nous n'étudierons que ceux qui réunissent les conditions voulues pour une bonne application, et en tête de ces effets nous placerons ceux qui ont pour résultat la création d'un aimant temporaire ou d'un électro-aimant.

Lorsque Ampère et Arago firent la découverte de cette magnifique propriété des courants de pouvoir aimanter et désaimanter à volonté un morceau de fer, ils étaient loin de soupçonner les innombrables applications qui pourraient en résulter plus tard. Les lois qui président au développement de cette action étaient encore à naître, et les effets observés ne permettaient guère de présager tout le parti qu'on pourrait en tirer, surtout pour la télégraphie, puisqu'à cette époque les électro-aimants n'étaient constitués que par une hélice de gros fil enroulée grossièrement autour d'une tige de fer. Avec un pareil système, on ne pouvait naturellement produire aucune force sur des circuits un peu longs. Aussi, quand Ampère conçut le télégraphe électro-magnétique qui fut la base de la télégraphie électrique aujourd'hui en usage, ne pensa-t-il nullement à l'emploi des électro-aimants et eut-il recours aux aiguilles aimantées dont l'action paraissait alors infiniment plus sensible. Cette même idée présida encore longtemps aux inventions qui suivirent celle d'Ampère, et c'est Morse qui semble être le premier qui ait mis l'électro-aimant en honneur dans les systèmes télégraphiques. Il est vrai qu'à l'époque où Morse fit cette innovation, les lois des électro-aimants étaient encore inconnues aussi bien que les relais, et cette idée était alors plutôt une erreur qu'un progrès réalisé. Nous verrons plus tard, dans l'historique que nous ferons de la télégraphie électrique, à quelle circonstance particulière l'invention du savant Américain dut sa réussite. Mais quand on put s'assurer qu'avec une disposition convenable, un électro-aimant pouvait acquérir une force considérable, que cette force pouvait se produire à distance dans telles conditions que l'on pouvait désirer; enfin, quand on put saisir le lien qui reliait les lois des électro-aimants à celles des courants, on put croire que le grand levier qu'Archimède cherchait pour soulever le monde était trouvé pour la télégraphie électrique. C'est seulement alors qu'elle passa dans le domaine de la mécanique et qu'elle put faire les pas de géant que nous lui voyons faire depuis vingt ans. On comprend d'après ce préambule combien la question des électro-aimants devra nous intéresser et avec quel soin nous devrons étudier les lois qui les gouvernent.

DISTRIBUTION DU MAGNÉTISME DANS LES ÉLECTRO-AIMANTS ET LEURS ARMATURES.

Un électro-aimant se compose de trois parties : du *noyau magnétique* ou cylindre de fer destiné à être magnétisé, de l'*hélice magnétisante* constituée par un fil isolé enroulé sur une espèce de bobine ordinairement en cuivre ou en bois, et d'une *armature de fer* ou pièce de fer, le plus souvent de forme prismatique, placée devant l'extrémité du noyau magnétique. Les extrémités de ce noyau sont appelées vulgairement *pôles* de l'électro-aimant.

Quand le noyau magnétique est constitué par une tige cylindrique droite, l'électro-aimant est appelé *électro-aimant droit,* et le plus souvent il ne réagit que par un seul de ses pôles ; mais si cette tige est recourbée en forme de fer à cheval et que les deux extrémités puissent réagir sur la même armature comme dans la *fig.* 32, il est dit *en fer à cheval* ou à

Fig. 32.

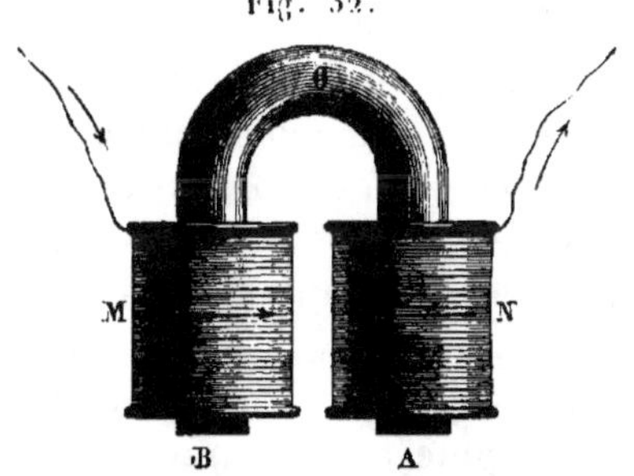

deux branches. Un pareil électro-aimant peut du reste être constitué par plusieurs pièces réunies l'une à l'autre ; ainsi deux noyaux de fer réunis par une traverse de même métal et portant chacune une bobine peuvent constituer des électro-aimants à deux branches, et c'est même la forme qu'ils ont ordinairement. La pièce de jonction qui réunit les deux branches s'appelle alors *culasse* de l'électro-aimant. Ces formes ont, du reste, été très-variées, et, ne pouvant ici les décrire toutes, nous parlerons seulement de celles qui sont le plus employées (*).

(*) *Voir* mon *Exposé des applications de l'électricité*, t. I, p. 203, et mon *Étude de l'électro-magnétisme, etc.*

10.

Lorsqu'à l'électro-aimant que nous venons de décrire il manque une bobine sur l'une des deux branches de fer, il est dit *boiteux*. Ce genre d'électro-aimant, que j'ai beaucoup étudié et le premier employé dans les applications électriques, a beaucoup d'avantages dont nous parlerons plus tard et une force beaucoup plus considérable qu'on ne semblerait le croire à première vue. La *fig.* 33 représente des électro-aimants de ce genre.

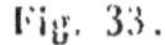

Fig. 33.

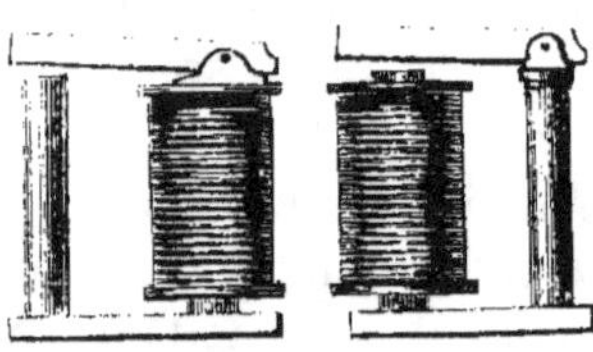

Lorsqu'on prolonge la culasse d'un électro-aimant à deux branches et qu'on y rive une troisième, une quatrième ou une cinquième branche, etc., l'électro-aimant est dit *à pôles multiples*. Ce genre d'électro-aimant a des propriétés particulières et peut être employé quelquefois avantageusement.

Eu égard aux réactions échangées entre les électro-aimants et leurs armatures, ces sortes d'organes électro-magnétiques peuvent être rangés en deux catégories bien distinctes : les électro-aimants à réactions simples et les électro-aimants dónt les réactions sont combinées avec celles d'aimants persistants. La plupart des électro-aimants droits ou à deux branches employés dans la télégraphie appartiennent à la première catégorie. A la seconde se rapportent une foule de combinaisons ingénieuses dont les plus importantes sont celles du R. P. Cecchi (de Florence), de M. Siemens, de MM. Dujardin et Delafollye, de M. Glœsener, etc. Nous en parlerons plus tard.

Généralement la distribution du magnétisme dans les différentes parties constituant un système magnétique est faussement interprétée; cela vient de ce que la théorie du magnétisme telle qu'on la professe encore aujourd'hui est incomplète et qu'on confond perpétuellement l'action des aimants agissant comme courants avec celle de ces mêmes aimants agissant comme induisants. A ce dernier point de vue, qui est le seul que nous ayons à considérer dans les phénomènes aux-

quels sont dues des réactions électro-magnétiques, les effets
doivent être considérés comme se rapportant exactement à
ceux de l'électricité statique, et par conséquent on doit y retrouver des actions analogues à celles des condensateurs. Dans
mon *Étude du magnétisme,* j'entre dans de nombreux détails
pour montrer la manière de concilier théoriquement tous les
phénomènes, mais, ne pouvant en parler ici, je renvoie le lecteur à cet ouvrage.

Quand on présente une armature épaisse à l'action de l'un
des pôles d'un électro-aimant droit, le fluide attiré n'occupe
pas, comme on l'admet généralement, la moitié de l'armature
la plus voisine de ce pôle, abandonnant l'autre moitié au fluide
repoussé, c'est-à-dire au fluide de même nom que celui du
pôle électro-magnétique. Ce fluide attiré n'occupe dans l'armature *qu'une petite calotte sphérique au-dessus du pôle induisant, laquelle calotte diminue de grandeur à mesure que
la distance entre l'armature et l'aimant devient moins grande,
et se trouve réduite à rien quand l'armature arrive au contact
de l'aimant.* Dans ce cas, le fluide attiré se trouve complète-
ment *dissimulé* à la surface de jonction des deux pièces magnétiques, et *le fluide repoussé occupe toute la surface extérieure de l'armature.* De cette manière, celle-ci ne semble
être *qu'un épanouissement de l'extrémité polaire de l'électro-
aimant,* comme le démontre le fantôme magnétique de ce
système représenté *fig.* 34. Le même effet se produit avec
l'électricité statique, bien qu'on professe précisément le contraire (*).

De la réaction précédente résulte un déplacement de la ligne
neutre A′B′ (*fig.* 34) de l'aimant inducteur NS. Ce déplacement, qui reporte A′B′ en AB, est peu sensible à la vérité,
mais il suffit pour montrer que l'aimant NS subit la réaction
de l'effet qu'il a créé, et cette réaction se traduit matériellement

---

(*) Si on approche de l'extrémité d'un conducteur isolé un corps électrisé,
l'électricité attirée, au lieu d'occuper la moitié de ce conducteur la plus voisine
de ce corps, n'occupe qu'une petite surface extrèmement minime, et le fluide repoussé occupe la presque totalité de la périphérie du conducteur influencé.
M. Melloni avant de mourir avait voulu rectifier le jugement des physiciens à
cet égard, mais il n'a pas été écouté.

par un accroissement d'énergie des extrémités polaires, ainsi
qu'on le verra à l'instant.

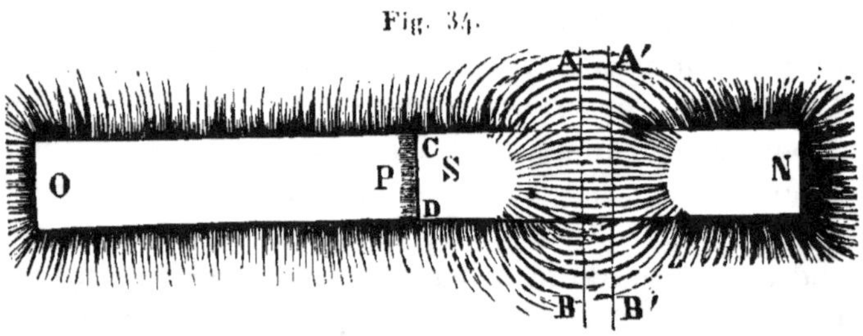

Fig. 34.

La force attractive est-elle inhérente à l'aimant ou à l'électro-aimant, ou bien n'existe-t-elle qu'au moment où elle se
trouve excitée par la présence d'un corps magnétique sur lequel elle peut s'exercer? Telle est la question sur laquelle
les physiciens sont loin d'être d'accord, et cela vient précisément de cette confusion de deux effets différents dont nous
avons parlé précédemment. Pour qu'on puisse comprendre aisément ces deux effets, assimilons un aimant à un corps électrisé. Si celui-ci est convenablement isolé et dans des conditions telles, que le fluide reste à l'état statique, aucun signe
n'indiquera qu'il est électrisé ; mais si on approche de lui des
boules de sureau, on verra celles-ci immédiatement attirées,
et cette réaction a été la conséquence de ce que sous son influence deux fluides de noms contraires se sont trouvés développés en face l'un de l'autre, se sont surexcités et, par suite
de leur réaction mutuelle, ont déterminé l'entraînement du
corps mobile ; évidemment dans ce cas il n'y avait pas eu de
force préexistante. Dans le magnétisme il en est de même.
L'aimant livré à lui-même sans surexcitation extérieure est
bien un aimant, c'est-à-dire un corps traversé par un courant
magnétique circulant en hélice autour de son axe comme le
courant électrique dans le solénoïde d'Ampère ; mais ses forces
polaires n'existent pas, et la preuve c'est que, d'après les expériences de M. Müller, c'est dans le voisinage de la partie
médiane d'un barreau aimanté, c'est-à-dire suivant la section
de la ligne neutre, qu'un aimant est le plus fortement aimanté
et produit les réactions d'induction les plus énergiques. Suivant moi, l'attraction magnétique n'est rien autre chose qu'une

action semblable à l'attraction exercée entre les deux électricités accumulées des deux côtés de la lame isolante d'un condensateur, et la seule différence qu'il peut y avoir, c'est que la lame isolante en question est remplacée dans les aimants par la force coercitive (*).

Qu'il y ait des lignes de force magnétique suivant lesquelles l'action des aimants s'exerce plus énergiquement que suivant d'autres directions, ainsi que cela résulte des expériences de M. Faraday, cela doit être et cela se comprend dès lors que l'on regarde un aimant comme constitué par un solénoïde; mais ce fait ne détruit en aucune façon la théorie précédente, ainsi que nous l'avons démontré dans notre *Étude du magnétisme*.

Avec les électro-aimants à deux branches, les effets que nous avons analysés précédemment se répétant d'une manière double, il en résulte, qu'à distance, les deux extrémités d'une armature se trouvent polarisées en sens contraire des pôles de l'électro-aimant qui leur correspondent, tandis qu'au contact elles sont polarisées dans le même sens; mais la plus grande partie de la périphérie de cette armature dans les deux cas ne peut avoir des propriétés magnétiques bien marquées, en raison de la tendance que possède chaque pôle de l'électro-aimant à polariser cette périphérie dans un sens différent.

CONDITIONS DE FORCE DES ÉLECTRO-AIMANTS PAR RAPPORT AUX RÉACTIONS EXTÉRIEURES QUI PEUVENT LES STIMULER.

En dehors des lois des électro-aimants, lois qui sont en rapport avec celles des courants et qui peuvent se traduire mathématiquement à l'aide des formules d'Ohm, il existe, par suite des réactions de l'aimant agissant comme induisant, une foule de moyens de faire varier la force des électro-aimants, et ces moyens peuvent être mis à profit pour rendre ceux-ci plus puissants.

L'un de ces moyens, reconnu pour la première fois par Descartes, et susceptible d'être appliqué avec un grand avantage

---

(*) *Voir* l'expérience au moyen de laquelle je démontre cette théorie dans le chapitre VI.

(1) [illegible]

aux électro-aimants droits, consiste à placer *sur celui des pôles qui ne doit pas attirer l'armature une masse de fer doux* CA (*fig.* 35). *La force de l'autre pôle se trouve alors grandement*

Fig. 35.

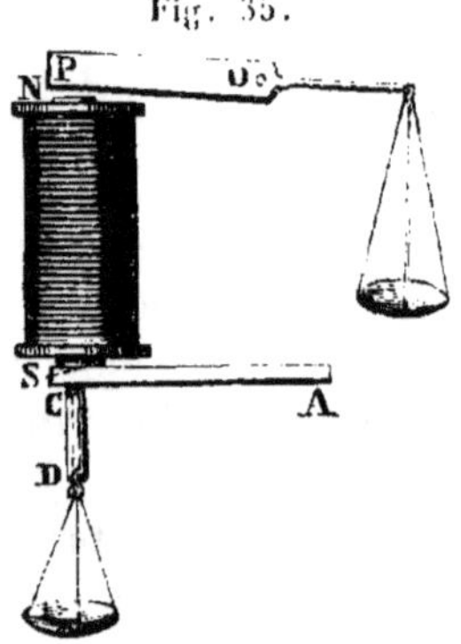

surexcitée, et cette surexcitation, ainsi que je l'ai démontré, *est d'autant plus grande que la surface de la masse de fer ainsi ajoutée est plus développée. Cette augmentation de force, toutefois, a une limite, après laquelle il y a changement de signe dans l'effet obtenu si on continue à augmenter la masse additionnelle* (ainsi que l'a reconnu M. Nicklès). J'ai démontré que cette augmentation de force ne provient pas du développement plus considérable que prend alors le noyau magnétisé, mais bien de la surexcitation produite par les actions réflexes échangées entre le pôle inactif et la masse de fer appliquée sur lui, ainsi qu'on l'a vu précédemment. Cet effet de surexcitation peut d'ailleurs être obtenu, à un moindre degré, il est vrai, avec la masse de fer additionnelle placée à distance du pôle inactif.

Si la force du pôle opposé à celui qui est muni de la masse de fer gagne à cette disposition, en revanche la force de ce dernier pôle ainsi épanoui *est considérablement affaiblie, et cela d'autant plus qu'elle s'exerce plus loin de la surface de contact des deux masses magnétiques.* Toutefois cette diminution de force est loin de correspondre à l'augmentation d'énergie du pôle opposé, ce qui prouve qu'il y a autre chose dans ce phénomène qu'un simple déplacement de polarités.

Un fait assez remarquable et qui a son importance dans les

applications électriques aussi bien que pour la théorie des différentes réactions électro-magnétiques, *c'est que si on surexcite le pôle affaibli du système précédent avec le pôle contraire d'un second aimant de même puissance que le premier, on obtient immédiatement le maximum de force, quelle que soit la grandeur de la masse de fer additionnelle.*

Il résulte de ces différentes réactions :

1° Que si l'action de la masse de fer additionnelle sur le pôle inactif d'un électro-aimant droit a pour effet de surexciter la force de l'autre pôle, l'armature placée devant celui-ci a également pour effet, tout en stimulant ce pôle, de renforcer le premier qui devient par cela même d'autant plus puissant que l'armature est plus rapprochée : dans ce cas, les actions réflexes sont doubles et même quadruples ;

2° Que la force relativement considérable des électro-aimants boiteux tient surtout à la réaction de la culasse et de la branche sans bobine qui jouent le rôle de la masse de fer additionnelle dans les systèmes magnétiques précédents;

3° Que si on accumule dans le voisinage de l'un des pôles A (*fig.* 36) d'un électro-aimant droit toutes les spires qu'une hé-

Fig. 36.

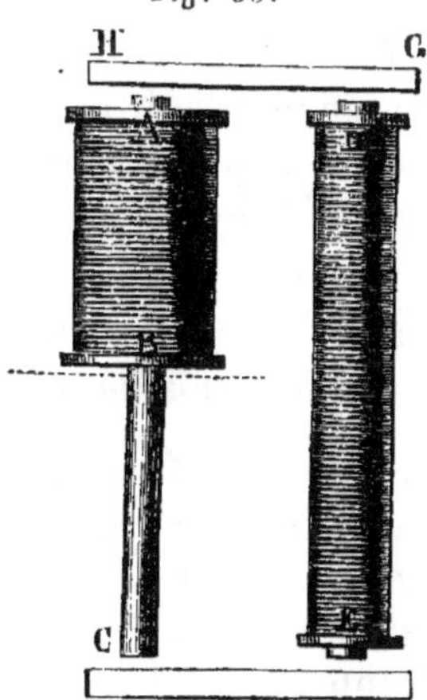

lice magnétisante donnée est susceptible de fournir, la force de ce pôle est plus grande que si on répartit les spires de cette hélice sur toute la longueur du noyau de fer, quand bien même le nombre de ces spires serait beaucoup plus grand dans ce dernier cas que dans le premier : cela résulte de ce que dans le premier cas une partie du noyau de fer dépassant la bobine joue le rôle de la masse de fer additionnelle des précédentes expériences, tandis que dans le dernier cas cette surexcitation ne peut avoir lieu;

4° Que la force d'un électro-aimant à deux branches, dont les bobines restent les mêmes et dont on fait varier seulement la longueur des noyaux magnétiques, fournit toujours la même force attractive, et cela parce que chaque partie du noyau magnétique enveloppé par une bobine joue le rôle d'un électro-aimant droit dont la force se trouve surexcitée par la culasse de fer et toute la masse magnétique qui lui est adhérente : or, que cette masse soit petite ou grande, la surexcitation sera toujours portée à son maximum, puisque chacun des deux électro-aimants joue par rapport à l'autre le rôle d'excitateur au maximum de la masse additionnelle.

Un second moyen de stimuler la force des électro-aimants est de polariser préventivement l'armature de fer qui doit être attirée, par l'action au contact ou à distance d'un aimant persistant ou au moyen d'une hélice magnétisante enroulée directement sur l'armature. Une armature dans ces conditions est attirée avec beaucoup plus d'énergie que si elle était constituée avec de l'acier trempé aimanté. L'inconvénient de ce système, quand il doit être simplement substitué au système ordinaire, est de fournir un magnétisme rémanent considérable (dû au magnétisme persistant de l'aimant).

CONDITIONS DE FORCE DES ÉLECTRO-AIMANTS PAR RAPPORT A LA FORME ET A LA DISPOSITION DE LEURS ARMATURES.

La manière dont se présente l'armature d'un électro-aimant devant les pôles qui sont appelés à produire l'attraction exerce une grande influence sur l'effet définitif qui est produit. J'ai fait à cet égard de nombreuses expériences qui ont conduit aux conclusions suivantes :

1° La force attractive des électro-aimants, quels qu'ils soient, est d'autant plus grande que la surface de leur armature qui reçoit le plus directement l'influence magnétique est plus développée, et que la masse de fer exposée à cette influence est mieux mise en rapport avec l'énergie magnétique de l'électro-aimant.

2° Il résulte de là que l'attraction des électro-aimants à deux branches est plus forte *à distance* avec des armatures prismatiques *disposées à plat* devant les pôles de l'électro-aimant, qu'avec des armatures *disposées sur champ, tandis que l'inverse a lieu quand l'attraction s'effectue au contact.* Pour l'attraction à distance les effets produits peuvent être entre eux dans le rapport de 59 à 92.

3° La disposition électro-magnétique dans laquelle les armatures se meuvent *angulairement* par rapport à la ligne des pôles de l'électro-aimant, c'est-à-dire sont articulées par l'une de leurs extrémités dans le voisinage de l'un des pôles de l'électro-aimant, comme on le voit *fig.* 37, est beaucoup plus

Fig. 37.

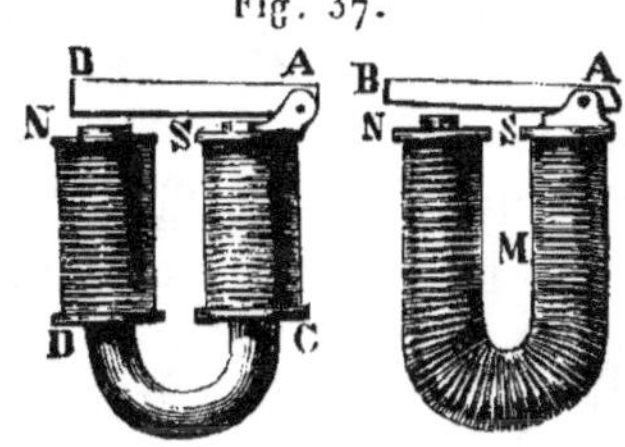

favorable que celle dans laquelle les armatures se meuvent *parallèlement* à cette même ligne, ce qui les suppose adaptées en croix à l'extrémité d'un levier basculant, comme on le voit *fig.* 38. Cet avantage est surtout manifeste pour les électro-

Fig. 38.

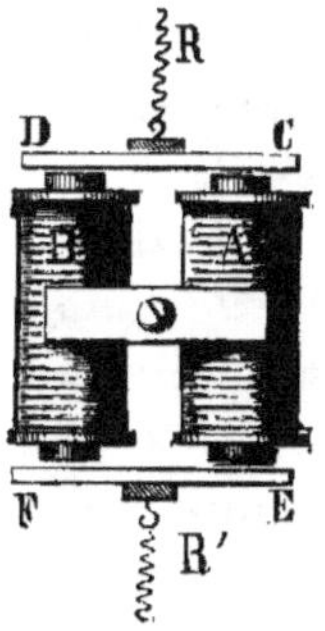

aimants boiteux, dont la force peut varier dans le rapport de 125 à 64.

4° Les armatures prismatiques sont attirées avec d'autant plus de force que *leur surface est plus grande*, mais *la forme* de ces surfaces a une immense influence sur cette attraction à cause de la distance moyenne de tous les points.qui subissent l'influence de l'électro-aimant, laquelle.distance peut varier considérablement suivant cette forme. Ainsi *une armature cylindrique, de même surface qu'une armature prismatique, est attirée avec beaucoup moins de force que cette dernière*, et le rapport de ces forces peut être comme celui des nombres 85 et 44.

5° Par suite d'une réaction analogue à celle qui précède, *l'attraction latérale* des électro-aimants dont les noyaux ressortent un peu des bobines est infiniment *moins énergique que l'attraction normale*, c'est-à-dire que celle qui est exercée dans le sens des axes de ces noyaux; le rapport de ces forces est comme celui des nombres 33 et 18.

6° Les armatures constituées par des *aimants persistants* ne facilitent l'attraction que quand elles sont disposées de manière à se mouvoir parallèlement à la ligne des pôles de l'électro-aimant. Dans les autres cas l'inverse a lieu.

7° La force attractive résultant de la fermeture momentanée d'un courant est toujours, pour une même distance d'écartement de l'armature, plus grande que celle provenant de l'action continue du même courant qu'on chercherait à vaincre en augmentant la force antagoniste. Ce fait doit être rapporté à des effets de force vive et aux effets de polarisation de la pile. Le rapport des forces attractives dans les deux cas est comme celui des nombres 136 et 95.

8° Lorsque la force attractive d'un électro-aimant *se divise entre plusieurs armatures*, la force attractive totale est augmentée, mais la *force individuelle de chacune d'elles est d'autant plus affaiblie que leur nombre est plus grand.*

9° La force attractive d'un électro-aimant et d'une armature qui n'ont pas encore servi est plus considérable, pour une force électrique donnée, que celle du même électro-aimant et de la même armature qui ont subi préventivement une forte aimantation; et, pour obtenir de ce même électro-aimant et de cette même armature une force à peu près égale à celle qu'ils produisaient primitivement, il faut renverser le sens du ourant; encore cette plus grande puissance n'existe-t-elle que pour la première fermeture du courant.

10° L'attraction à distance des électro-aimants se trouve affaiblie quand, par une cause quelconque, une première fermeture de courant n'a pas été suivie d'une attraction complète de l'armature; cela tient, ainsi que la réaction précédente, aux effets du magnétisme rémanent.

CONDITIONS DE FORCE DES ÉLECTRO-AIMANTS PAR RAPPORT A LA DISPOSITION DE L'HÉLICE MAGNÉTISANTE ET A CELLE DES NOYAUX DE FER QU'ELLE ENTOURE.

La question des conditions de force des électro-aimants par rapport au courant inducteur est de la dernière importance pour tous ceux qui s'occupent des applications mécaniques de l'électricité; c'est d'elle, en effet, que dépend la détermination de la longueur et de la grosseur à donner au fil de l'hélice magnétisante; aussi, en raison de son importance, a-t-elle été l'objet spécial de l'étude des savants les plus distingués, tels que MM. Lenz, Jacobi, Poggendorff, Dub, Müller, etc. Il est résulté de tous leurs travaux la détermination d'un certain nombre de lois qui peuvent être résumées ainsi qu'il suit :

1° Pour des hélices constituées par le même nombre de tours de spires, l'attraction produite par les électro-aimants est *comme le carré des intensités des courants*, et, à égalité de courants, cette attraction est *comme le carré du nombre de tours de spires de l'hélice;* d'où il résulte que l'attraction, considérée par rapport à ces deux éléments, est proportionnelle *au carré du courant multiplié par le carré du nombre de tours de spires*. Cette loi est la conséquence de ce que l'action magnétique, exercée par l'armature sur le noyau magnétisé par l'hélice, est supposée égale à celle de ce noyau lui-même, car l'expérience prouve seulement que l'énergie magnétique de l'électro-aimant isolé croît proportionnellement au nombre de tours de spires de l'hélice et à l'intensité du courant. Cette hypothèse d'égalité d'action, entre la force primitive et celle qui n'est en définitive que le résultat d'une action réflexe, est peut-être un peu exagérée, mais les résul-

tats fournis par l'expérience ne sont pas assez éloignés de
ceux qui résultent de cette hypothèse pour qu'on doive changer l'énoncé de la loi qui a été formulée précédemment, et
qui a pour résultat de donner pour expression de la force F
d'un électro-aimant la formule

$$(29) \qquad F = I^2 \times t^2.$$

2° *Le maximum de force dont un électro-aimant est susceptible est obtenu lorsque la résistance de son hélice magnétisante est égale à celle du circuit extérieur dans lequel elle
est interposée, augmentée de la résistance de la pile.* Cette
déduction résulte précisément de la loi précédente; car si on
admet que le nombre de tours des spires t reste invariable et
que la résistance de l'hélice soit exprimée par ce nombre lui-
même (ce qui suppose l'unité de résistance représentée par un
seul tour de spire), on obtient pour valeur de F, en faisant
intervenir la formule d'Ohm (3) et en représentant la variable $n\mathrm{R} + r$ par R.

$$F = \frac{n^2 E^2 t}{(R + t)^2}.$$

Alors cette expression devient susceptible d'un maximum, car
elle a pour dérivée

$$\frac{n^2 E^2}{(R + t)^2} - \frac{2 n^2 E^2 t}{(R + t)^3},$$

ou

$$\frac{n^2 E^2 (R + t - 2t)}{(R + t)^3} \qquad \text{ou} \qquad \frac{n^2 E^2 (R - t)}{(R + t)^3};$$

et pour que cette expression soit zéro, c'est-à-dire pour le
maximum, il faut que $R = t$ ou que la résistance de l'hélice
magnétisante soit égale à celle du circuit.

3° La force propre des électro-aimants pour un courant invariable est proportionnelle aux racines carrées des diamètres
des noyaux magnétisés, d'où il résulte que l'attraction exercée
est proportionnelle aux diamètres de ces noyaux.

4° Lorsque l'hélice magnétisante doit entourer le fer de
l'électro-aimant dans toute sa longueur, *la force de celui-ci
est d'autant plus grande qu'il est plus long,* jusqu'à une certaine limite cependant. Toutefois, cette augmentation de force
pour une même longueur de fil de l'hélice est beaucoup moins

rapide que l'accroissement en longueur des noyaux eux-
mêmes; pour des électro-aimants droits, l'expérience montre
qu'elle suit sensiblement une progression arithmétique alors
que la longueur des noyaux suit une progression géométrique.

5° Les électro-aimants dont *le noyau de fer est creux ont
beaucoup moins de force* que les électro-aimants dont le
noyau est plein, et leur rapport de force, dans les conditions
ordinaires des électro-aimants employés en télégraphie, est
comme celui des nombres 25 et 38. *Toutefois on peut obtenir
avec un noyau creux autant de force qu'avec un noyau plein,
si on munit l'extrémité polaire, destinée dans celui-là à fournir l'attraction, d'un disque ou bouchon de fer, lequel peut
d'ailleurs être très-mince.*

6° Les conditions les plus avantageuses pour le placement
de plusieurs électro-aimants dans un circuit dépendent du
chiffre de la résistance de la pile, du nombre d'éléments qui
la constituent et de la résistance du circuit; elles peuvent, du
reste, être facilement indiquées par les formules d'Ohm. On
peut toujours conclure, d'une manière générale, qu'avec les
piles à faible résistance, comme les piles de Bunsen, Smée, etc.,
les bifurcations du courant à partir de la source sont préfé-
rables quand toutefois la résistance des électro-aimants et du
circuit est considérable, tandis que le contraire a lieu avec des
piles résistantes, pourvu que la résistance du circuit extérieur
ne soit pas trop grande.

Les expériences suivantes, faites avec un même électro-
aimant dont les bobines ont varié de 75 kilomètres de résistance à 200 et qui a été interposé sur un circuit variant de
0 à 370 kilomètres, suffisent pour montrer les conséquences
des lois précédentes. Dans ces expériences, le courant traversant le circuit provenait de 20 éléments Daniell mal chargés
et presque usés, et l'attraction avait lieu avec une distance
d'écartement de l'armature de 1 millimètre. On a obtenu :

1° Avec la bobine de 75 kilomètres :

Le circuit ayant 0 kilomètre de résistance....... 80,0 ^{gr}
Le circuit ayant 100 kilomètres de résistance.... 15,0
Le circuit ayant 200 kilomètres de résistance.... 5,5
Le circuit ayant 370 kilomètres de résistance.... 0,0

2° Avec la bobine de 200 kilomètres :

Le circuit ayant o kilomètre de résistance.......	58,o
Le circuit ayant 100 kilomètres de résistance....	25,o
Le circuit ayant 200 kilomètres de résistance....	14,o
Le circuit ayant 370 kilomètres de résistance.....	6,o

Ces chiffres montrent, conformément aux déductions que nous avons données, que les bobines très-résistantes qui ont beaucoup moins d'énergie que les bobines peu résistantes sur des circuits très-courts, et cela parce que le maximum de la résistance utile est dépassé, conservent leur puissance beaucoup plus longtemps que ces dernières à mesure que le circuit s'allonge; ils montrent encore que les forces électro-magnétiques, ainsi que je l'ai dit précédemment, décroissent en réalité moins rapidement que les carrés des intensités du courant, surtout lorsque les résistances du circuit sont très-grandes. Cela provient de ce que l'action réflexe exercée par l'armature ne peut être aussi puissante que l'action initiale, et aussi de ce que le circuit, en augmentant de résistance, rend la force électro-motrice de la pile de plus en plus grande. Quoi qu'il en soit, les lois précédemment énoncées sont tellement simples et représentent si bien tous les phénomènes, qu'il serait dommage de les compliquer pour obtenir un peu plus d'exactitude numérique; on ne peut d'ailleurs avoir la prétention, dans les calculs se rapportant à l'électricité, d'arriver à la précision mathématique.

RÉACTIONS CONTRAIRES PRODUITES AU SEIN DES ÉLECTRO-AIMANTS.

Magnétisme rémanent. — Théoriquement parlant, un électro-aimant à travers lequel un courant a cessé de passer devrait abandonner instantanément et complétement son aimantation. Mais par le fait il est loin d'en être ainsi, et, avec des attractions au contact, ce magnétisme restant ou *rémanent* est si considérable, qu'il faut quelquefois une force assez grande pour vaincre la résistance qu'il occasionne. On croit généralement que cet effet provient uniquement d'une aimantation réelle qu'acquerraient sous l'influence du courant certaines particules impures du fer entrant dans la construction des électro-aimants, et de là les recherches qui ont été faites pour obtenir des fers excessivement purs; mais il est loin d'en être ainsi. Sans doute le magnétisme rémanent tel que nous venons de le définir existe, mais ses effets sont très-minimes relativement à ceux qu'on voudrait supprimer et qu'on attribue à tort à la même cause. On peut distinguer facilement les deux effets en faisant passer un courant énergique à travers un électro-aimant muni de son armature, et en arrachant plusieurs fois de suite cette armature, une fois le courant interrompu. Le premier arrachement exige une certaine force, quelquefois même une force très-considérable, tandis que les autres s'effectuent avec plus ou moins de facilité. Or, c'est l'aimantation qui subsiste après le premier arrachement qui constitue le magnétisme rémanent. Avec les fers très-purs, comme ceux que M. Froment a obtenus dans le temps, et ceux de M. Cailletet, l'adhérence de l'armature à l'électro-aimant, après ce premier arrachement, est pour ainsi dire nulle; mais avec les fers impurs ou durs comme les fers de Suède, elle est assez considérable, surtout, avec des électro-aimants de grandes dimensions, et pour la faire disparaître il ne s'agit que de préparer le fer de manière qu'il soit très-pur. Quant à l'autre réaction, elle n'est que le résultat de la condensation magnétique dont nous avons parlé p. 151 et qui a pour effet de maintenir en présence l'un de l'autre les fluides développés, après même que la cause aimantante qui les a stimulés a cessé d'agir. Cette réaction, qui après un premier arrachement de l'armature disparaît instantanément, ne peut, comme on le comprend aisément, être combattue que par des moyens purement physiques, et nous verrons plus tard ceux qui ont été proposés pour arriver à ce but. Quant à présent, nous nous bornerons à examiner la manière dont se comporte cette réaction contraire dans les différentes conditions des électro-aimants. Les nombreuses expériences que j'ai faites à ce sujet m'ont démontré :

1° Que le magnétisme rémanent *croît avec l'intensité du courant, mais dans un rapport moins rapide que l'accroissement de cette intensité*, d'où il résulte qu'il est *relativement* d'autant plus considérable par rapport à la force attractive correspondante, que celle-ci elle-même est moins grande;

2° Qu'il croît avec le nombre de spires de l'hélice magnétisante dans un rapport également beaucoup moins rapide que ce nombre;

3° Que le magnétisme rémanent, lorsque l'armature de l'électro-aimant est au contact des pôles de celui-ci, peut rester développé, pour ainsi dire, indéfiniment et conserver la même énergie (*), mais qu'il en est tout autrement quand ce magnétisme doit réagir à distance. Dans ce dernier cas, il peut avoir une puissance assez considérable au premier instant de son action, mais cette puissance diminue excessivement promptement et peut devenir nulle au bout d'une ou de deux secondes à un tiers de millimètre. Dans tous les cas, la décroissance du magnétisme rémanent avec la distance à laquelle il exerce son action est infiniment plus rapide que la force attractive.

Avec une épaisseur de papier de 0,086 de millimètre et des forces attractives (au contact) de 1100 à 1500 grammes, cette force du magnétisme rémanent varie entre 17 et 25 grammes, tandis qu'au contact elle peut atteindre 310 grammes et même davantage.

Il résulte de ces effets une conséquence très-importante, c'est que le magnétisme rémanent, qui peut paraître sans inconvénients fâcheux quand il manifeste son influence à des intervalles de temps assez distancés, peut exercer une réaction très-préjudiciable quand il se manifeste entre un électro-aimant et une armature vibrant avec une certaine vitesse; alors non-seulement son action se fait sentir à une distance considérable, mais, variant suivant l'intensité du courant transmis, il nécessite un réglage continuel du ressort antagoniste, et ce réglage est un des grands inconvénients des appareils télégraphiques: nous verrons plus tard comment, grâce à certaines combinaisons électro-magnétiques, on a pu faire disparaître cet inconvénient. Il nous suffit, quant à présent, de le signaler pour montrer que l'écartement qu'on peut donner à une armature ne supprime nullement les effets du magnétisme rémanent, quand les vibrations de celle-ci doivent être rapides.

Avec la disposition des électro-aimants dans laquelle les

(*) J'ai pu conserver pendant plusieurs mois, des années même, des systèmes électro-magnétiques ainsi disposés, sans que la force du magnétisme condensé ait été sensiblement affaiblie.

armatures se meuvent angulairement, la force antagoniste,
n'ayant par le fait à vaincre que le magnétisme d'un pôle
seulement, peut être infiniment moins grande qu'avec la disposition contraire, et c'est encore un avantage de plus à ajouter
à ceux dont nous avons déjà parlé en faveur de cette disposition. La différence de la force antagoniste nécessaire pour
vaincre le magnétisme rémanent avec ces deux dispositions
peut atteindre en effet jusqu'à 130 grammes, l'une de ces
forces étant représentée par 310 grammes et l'autre par 180.

Le magnétisme rémanent et le magnétisme condensé n'augmentent avec la masse des électro-aimants et de leurs armatures que parce que la force attractive est plus considérable et
que les particules aciérées qui entrent dans le fer sont en plus
grande quantité ; toutefois il paraîtrait, d'après M. de la Rive,
que la longueur des branches d'un électro-aimant exercerait
une certaine influence et que les électro-aimants à longues
branches seraient sous ce rapport dans de plus mauvaises
conditions que les électro-aimants à branches courtes.

On s'est préoccupé depuis longtemps, comme je l'ai déjà dit,
des moyens de faire disparaître le magnétisme rémanent dans
les réactions des électro-aimants, mais on n'y est que très-médiocrement parvenu tant qu'on ne s'est appliqué à combattre
cette action que dans l'hypothèse d'une aimantation permanente des particules impures du fer. Parmi les moyens qui ont
été proposés, nous citerons celui de M. Moll, qui consiste à
renverser alternativement un grand nombre de fois le sens du
courant à travers l'hélice magnétisante, et qui est fondé sur ce
qu'un aimant persistant qui subit cette opération perd considérablement de sa force ; celui de M. Siemens, qui consiste à
n'employer pour noyaux magnétiques que des canons de fer
fendus longitudinalement pour couper le courant magnétique ;
celui de M. Beetz, qui substitue aux noyaux de fer plein des
faisceaux de fil de fer ; celui de M. Cailletet, qui consiste à
n'employer comme fer d'électro-aimants que la partie centrale
d'une masse de fer préparée à une température assez élevée
pour que cette partie centrale, préservée de l'action des gaz de
la combustion, puisse prendre la forme cristalline. Tous ces
moyens n'ont eu pour effet que de détruire plus ou moins le

magnétisme rémanent proprement dit, mais non la condensation magnétique.

Réactions d'induction. — Le magnétisme rémanent n'est pas la seule réaction contraire qui existe dans les électro-aimants, il en est d'autres qui sont la conséquence de l'action électrique elle-même. Ainsi, lorsqu'on ferme le courant à travers l'hélice magnétisante d'un électro-aimant, il se détermine, sous l'influence du noyau magnétique qui se trouve alors aimanté, et par suite de la réaction des spires de l'hélice conductrice les unes sur les autres, un courant d'induction qui se trouve dirigé en sens contraire du courant de la pile et qui tend non-seulement à affaiblir celui-ci dans le premier moment de l'action de l'électro-aimant, mais encore à augmenter l'énergie de l'étincelle électrique et à prolonger la durée de la période variable de la propagation du courant, trois défauts extrêmement fâcheux dans les applications électriques.

Ces défauts, sur les lignes télégraphiques, ne laissent pas que d'avoir une certaine importance; car, d'après les expériences faites par M. Brisson, le courant induit provenant de l'aimantation des électro-aimants des appareils télégraphiques est quelquefois assez fort pour faire fonctionner à lui seul un récepteur télégraphique; et d'après les expériences de M. Marié-Davy, la durée de la période variable de la propagation électrique peut, dans le fil d'une bobine de 714 spires, être 17 fois plus longue que dans le même fil déroulé. Ces effets expliquent pourquoi sur les longues lignes télégraphiques, par les temps les plus secs et les plus favorables, on ne peut dépasser une certaine vitesse de transmission, comme on le verra plus tard.

On a essayé à diverses reprises plusieurs moyens pour la destruction de ce courant d'induction créé au sein des électro-aimants, soit en faisant en sorte de dériver le courant inducteur au lieu de l'interrompre, soit en condensant le courant induit au moyen du condensateur de M. Fizeau, soit en faisant des commutateurs d'un genre particulier ne produisant ni fermetures ni interruptions brusques du courant. Tous ces moyens, que j'ai longuement décrits dans mon *Exposé des applications de l'électricité*, n'ont que médiocrement réussi.

Outre les courants d'induction qui naissent au sein du circuit inducteur et qui exercent les réactions contraires dont nous venons de parler, il en est d'autres qui en condensant les fluides magnétiques peuvent rendre plus difficile la désaimantation. Ces courants naissent dans l'enveloppe même qui compose le corps de la bobine magnétisante. Si cette enveloppe est métallique, ces courants acquièrent une assez grande intensité. Si au contraire cette enveloppe est en bois, en carton ou en verre, cette action contraire se trouve réduite à son minimum et n'exerce que très-peu d'effet, ainsi que l'a constaté M. Becquerel. Cette influence doit être surtout prise en considération dans les appareils où l'on veut produire un grand nombre d'alternatives d'aimantation, et elle joue un rôle beaucoup plus important qu'on n'est porté à le croire généralement. On a, du reste, cherché à l'éviter dans les bobines métalliques en y pratiquant des entailles, et ce moyen a bien réussi, à ce qu'il paraît.

LOIS DE LA DÉCROISSANCE DE LA FORCE ATTRACTIVE AVEC LA DISTANCE.

Depuis l'origine des connaissances magnétiques, les savants se sont efforcés de déterminer la loi suivant laquelle décroît la force magnétique avec la distance, et ils sont arrivés à des résultats bien différents les uns des autres. Cependant on admet généralement avec Coulomb que les attractions magnétiques sont en raison inverse du carré des distances qui séparent les armatures des aimants. Cette loi, quoique vraie au point de vue des réactions dynamiques des aimants, ne l'est plus au point de vue des réactions statiques dont nous avons parlé, et il en résulte que suivant que ces réactions sont plus ou moins développées par suite de la disposition et de la nature des armatures, elles masquent plus ou moins la loi des carrés, qui ne se retrouve qu'après une certaine limite (un millimètre environ pour de faibles électro-aimants). Quoi qu'il en soit, ce qui est positif, c'est que dans le voisinage du contact des pièces magnétiques, la décroissance de la force attractive diminue dans une progression qui dépasse souvent la troisième et même la quatrième puissance de la distance.

Du reste, la diminution plus ou moins rapide de la force attractive avec la distance d'écartement de l'armature dépend beaucoup du nombre d'éléments de la pile et du nombre de spires de l'hélice. En général, cette diminution est d'autant moins rapide, que le nombre des éléments de la pile employée est plus considérable et que les spires de l'hélice magnétisante sont plus nombreuses; cet effet vient sans doute de l'augmentation de la force électro-motrice de la pile par suite de l'accroissement de résistance du circuit, laquelle augmentation se fait d'autant mieux sentir, que dans l'expression

$$(30) \qquad \frac{n^2 E^2 t^2}{(n R + r + \rho)^2 . d^2 },$$

qui représente la force électro-magnétique suivant la distance à laquelle s'exerce l'attraction (*), les quantités E et t se trouvent multipliées par elles-mêmes.

La moyenne des nombreuses expériences que j'ai faites pour déterminer ces lois de décroissance de la force attractive m'ont fourni les chiffres suivants pour exprimer les rapports des forces à 2, 3 et 4 millimètres :

$$2,1 \qquad 1,9 \qquad 1,5.$$

Or, ceux qui correspondent aux carrés des distances sont

$$2,2 \qquad 1,8 \qquad 1,6;$$

à partir de 1 millimètre jusqu'à 4, la loi des carrés est donc sensiblement vraie.

LOIS DE LA VITESSE D'AIMANTATION ET DE DÉSAIMANTATION ET DE LA VITESSE DE CHUTE DES ARMATURES.

Si les courants électriques mettent dans les circuits télégraphiques un certain temps à s'établir dans leurs conditions définitives, le magnétisme est également loin d'atteindre instantanément son maximum d'effet dans les corps soumis à

(*) Dans cette formule, ρ représente la résistance de l'électro-aimant, d la distance à laquelle s'exerce l'attraction.

l'action magnétisante, et cela d'autant plus que le courant qui produit cette action, non-seulement n'atteint pas immédiatement toute sa force, mais se trouve affaibli dans les premiers moments de son action par des courants induits contraires. Le temps de la saturation maximum d'un électro-aimant est en effet souvent très-long et.dépend principalement de l'intensité de l'action magnétisante, de la composition et de la grandeur de la masse magnétique et de la nature du fer. On a utilisé cette propriété des corps magnétiques dans plusieurs applications électriques et notamment dans les télégraphes imprimeurs. Avec des électro-aimants de moyenne grandeur et ayant des forces représentées par une attraction (à 2 millimètres de distance) de 950, 450 et 80 grammes, ces temps d'aimantation maximum ont été $0^s,049$, $0^s,068$, $0^s,124$. Mais avec des forces beaucoup plus faibles, ils ont pu atteindre jusqu'à une minute et plus. Du reste, ces temps sont inversement proportionnels aux forces attractives, ainsi que je l'ai reconnu à la suite de nombreuses expériences faites à l'aide de mon chronographe électro-chimique. D'un autre côté, plus la masse de fer est compacte et considérable, plus encore le magnétisme met de temps à atteindre son degré de saturation maximum.

L'aimantation et la désaimantation se comportent-elles de la même manière?... Telle est la question qui restait à résoudre et qui a été élucidée dernièrement avec talent par MM. Ryke et Beetz. Il est résulté de leurs savantes recherches :

1° Que la désaimantation s'opère beaucoup plus rapidement que l'aimantation ;

2° Que cette différence est surtout remarquable quand le noyau magnétisé est composé d'un faisceau de fils de fer fins ; car alors la désaimantation est sensiblement instantanée, tandis que l'aimantation s'effectue dans les mêmes conditions que si le noyau magnétisé eût été en fer plein ;

3° Que lorsque le fer doux dépasse de beaucoup l'hélice, la durée du développement du magnétisme dépend en grande partie de la vitesse avec laquelle s'opère la polarisation magnétique dans le sens longitudinal, et cette vitesse est à son minimum quand le fer doux est composé de disques de tôle superposés ou de limaille de fer.

Quant aux vitesses de chute des armatures, j'ai reconnu que, comme les temps de saturation maximum, elles sont proportionnelles aux forces attractives. Avec des électro-aimants de petites dimensions ayant des forces de 170, 90 et 24 grammes, ces vitesses de chute, pour une distance de 1, 2, 4 millimètres, ont été $0^s,007$, $0^s,012$, $0^s,048$, tandis que les temps de relèvement des armatures sous l'influence de leur ressort antagoniste ont été $0^s,036$, $0^s,048$, $0^s,074$.

Dans le jeu d'un électro-aimant, la promptitude du mouvement de l'armature dépend de deux choses : d'abord de la force attractive, comme nous venons de le voir ; mais surtout de la masse plus ou moins grande de cette armature dont la force d'inertie exige un certain temps pour être vaincue : plus cette masse est petite, plus l'armature tend à vibrer facilement, mais plus aussi la force attractive diminue et tend à augmenter le temps de sa course. Il est donc entre ces deux conditions contraires un terme moyen qu'il faut chercher à obtenir quand on veut obtenir des appareils marchant avec une grande vitesse, et ce terme moyen doit, bien entendu, dépendre de l'effet qu'on a à produire et de la grandeur de la course qui doit être effectuée par l'armature. Comme cette course est généralement très-petite dans les appareils télégraphiques, il faut autant que possible employer des armatures très-légères et à plus forte raison des supports d'armatures des dimensions les plus exiguës possible.

La disposition des piles peut aussi avoir une certaine influence sur les mouvements plus ou moins prompts des armatures. Ainsi l'expérience a démontré à **M. Hipp** qu'une pile composée de douze éléments faisait produire à un télégraphe Morse 26 signaux par minute, alors qu'une pile composée d'un seul élément, donnant pourtant la même intensité électrique à la boussole, n'en faisait produire que 16 dans le même laps de temps. Cette action différente, ainsi que **M. Beetz** l'a démontré, provient du courant induit qui se produit au moment de l'aimantation et qui, en agissant en sens inverse du courant transmis, tend, comme nous l'avons déjà dit, dans le premier moment de l'action de l'électro-aimant, à neutraliser la force attractive de celui-ci. Or, ce courant contraire est d'autant moins énergique que le circuit est plus résistant, et le circuit d'une pile composée de plusieurs éléments est plus résistant que celui d'une pile composée d'un seul élément. Par suite du même raisonnement, on comprendra que le second courant induit qui naît au moment de l'ouverture du circuit, par suite de la désaimantation de l'électro-aimant, et qui tend à continuer l'action de celui-ci, exercera une action d'autant moins forte, que le circuit sera plus résistant ou que la pile se composera d'un plus grand nombre d'éléments. Toutefois, il n'y a pas lieu de se préoccuper de ces effets sur les circuits télégraphiques, car des différences de résistance de ce genre s'effacent alors complétement.

MOYENS DE CALCULER LA LONGUEUR DU FIL D'UN ÉLECTRO-AIMANT ET LE NOMBRE DE SES TOURS DE SPIRES POUR OBTENIR UN EFFET DONNÉ.

Le nombre de tours d'une hélice magnétisante étant nécessaire à connaître pour qu'on puisse calculer la force électromagnétique d'un électro-aimant au moyen des formules que nous avons posées précédemment, il s'agissait de trouver le moyen d'obtenir directement ces valeurs par l'inspection seule des bobines portant cette hélice et la grosseur du fil enroulé.

Or, pour résoudre ce double problème, il suffit de considérer qu'en appelant l la longueur de la bobine sur laquelle est enroulée l'hélice magnétisante, d le diamètre du fil enroulé muni de sa couverture de soie, $\frac{l}{d}$ représentera le nombre de spires de chaque couche ; de sorte que, pour estimer le nombre total des couches, on n'aura qu'à retrancher du rayon du cercle déterminé par la dernière couche le rayon du cercle déterminé par la première, et qu'à diviser par d la différence. Soient donc R le rayon du plus grand cercle, r le rayon du plus petit ; le nombre de couches sera

$$\frac{R - r}{d},$$

et par conséquent le nombre total des spires sera

$$\frac{R - r}{d} \times \frac{l}{d} \quad \text{ou} \quad \frac{(R - r)l}{d^2}.$$

Si l'on considère maintenant que la longueur moyenne de chaque spire peut être représentée par la longueur de celles de ces spires qui occupent le milieu de l'épaisseur $(R - r)$, lesquelles ont chacune pour mesure $r + \dfrac{R - r}{2} \times 2\pi$ ou $\pi(r + R)$, on arrive à conclure que la longueur totale L de l'hélice aura pour expression

$$(31) \qquad L = \frac{(R - r)\,l}{d^2} \times \pi(r + R) = \frac{\pi\,l\,(R^2 - r^2)}{d^2},$$

d'où l'on tire

$$(32) \qquad R = \sqrt{\frac{L\,d^2}{\pi\,l} + r^2}.$$

Comme L est d'ailleurs égal à $n(R + r)\pi$, on peut tirer la valeur de n de cette équation, qui devient

$$n = \frac{L}{\pi\,(r + R)},$$

et en remplaçant R par sa valeur, on a en définitive

$$(33) \qquad n = \frac{L}{\pi\left(r + \sqrt{\dfrac{L\,d^2}{\pi\,l} + r^2}\right)}.$$

Ces formules peuvent facilement indiquer les longueurs de fil et le nombre de tours de spires en rapport avec ces longueurs pour correspondre à une bobine de dimensions données.

Supposons, en effet, que ces dimensions soient $l = 0^m,120$, $r = 0^m,006$, et $(R - r)$ que nous appellerons $a = 0^m,012$; la formule $n = \dfrac{L}{(r + R)\,\pi}$, qui deviendra dans ce cas

$$n = \frac{L}{(2r + a)\,\pi},$$

donnera le nombre de tours de spires, L étant connu, et cette valeur elle-même pourra être déterminée par la formule

$$L = \frac{\pi l (R^2 - r^2)}{d^2},$$

dans laquelle toutes les quantités sont connues, et qui peut devenir

$$L = \frac{\pi l (2 ra + a^2)}{d^2}.$$

En appliquant à ces formules les données numériques que nous avons posées, on voit que, pour un fil n° 16 de $0^{mm},55$ de diamètre total,

$$L = \frac{3,14 \times 0,12 (0,018^2 - 0,006^2)}{0,00055^2} = 358^m,738;$$

et si l'on convertit en longueur de fil télégraphique de 4 millimètres cette quantité qui est exprimée en unités de fil n° 16, on obtient 5978 mètres comme véritable valeur de L. Maintenant le nombre des spires sera

$$n = \frac{358,7}{(2 \times 0,006 + 0,012) \times 3,14} = 4760.$$

De même qu'on peut déterminer la valeur des longueurs correspondantes aux différents numéros de fil pour obtenir des bobines d'une même dimension, de même on peut calculer la résistance que doit fournir tel ou tel numéro de fil, pour correspondre à des bobines devant avoir un même nombre de tours de spires. Il suffira pour cela de considérer que des équations

$$n = \frac{(R - r) l}{d^2}, \quad n' = \frac{(R' - r) l}{d'^2},$$

on tire

$$\frac{n}{n'} = \frac{(R - r) d'^2}{(R' - r) d^2},$$

et pour que $n = n'$, il faut que

$$(R' - r) = \frac{(R - r) d'^2}{d^2}.$$

Or, si à la place de $(R' - r)$, dans cette équation, nous mettons sa valeur tirée de l'une des formules que nous avons données précédemment, on arrive à l'équation

$$-r + \sqrt{\frac{L'd'^2}{\pi l} + r^2} = \frac{(R - r)\,d^2}{d'^2},$$

de laquelle on tire

$$(34) \qquad L' = \frac{\left\{ \left[\dfrac{(R - r)\,d'^2}{d^2} + r \right]^2 - r^2 \right\} \pi l}{d'^2}.$$

En appliquant à des déterminations numériques cette dernière formule, dans laquelle la quantité n doit rester constante, et y appliquant également la formule donnant cette même valeur L, la quantité R devant rester constante, on parvient à disposer le tableau que nous donnons p. 173, qui peut être d'un grand secours dans les applications électriques.

Dans ce tableau, j'ai pris $r = 0^m,006$ (pour le demi-diamètre du canon de la bobine), $a = 0^m,012$ (pour l'épaisseur des différentes couches de spires de l'hélice magnétisante), $l = 0^m,12$ (pour longueur totale des deux bobines); ce sont les dimensions généralement admises pour les appareils télégraphiques et auxquelles il faut se conformer autant que possible. D'un autre côté, j'ai pris pour valeur de la quantité πl, $0,3768$, et pour le rapport de conductibilité du fer au cuivre, le nombre 6. Ce chiffre est un peu plus faible que celui dont nous avons parlé p. 59, mais il ne faut pas perdre de vue que les cuivres du commerce sont loin d'être purs et que ce chiffre 6 est plus rapproché de la vérité que le chiffre 8. Enfin j'ai pris pour diamètre des différents fils employés dans la télégraphie les nombres suivants :

	mm			mm
Fil n° P	0,58	occupant un espace de	.....	0,77
Fil n° 12	0,49	» »	.....	0,65
Fil n° 16	0,40	» »	.....	0,55
Fil n° 20	0,35	» »	.....	0,48
Fil n° 24	0,27	» »	.....	0,40
Fil n° 28	0,22	» »	.....	0,33
Fil n° 32	0,14	» »	.....	0,23

| NUMÉROS des différents fils. | LONGUEURS DE FIL donnant aux bobines un diamètre de 0,036 | | LONGUEURS DE FIL fournissant le même nombre de spires d'un numéro à l'autre | | NOMBRES de tours de spires | CARRÉS des diamètres des fils recouverts | RAPPORTS des carrés des diamètres des fils recouverts | ÉPAISSEURS des couches de fil a et a' ou | RAPPORTS des sections des fils (le fil télégraphique pris pour unité) |
	en fil télégraphique L	en fil de cuivre L	en fil télégraphique L'	en fil de cuivre L'	n	d^2	$\dfrac{d'^2}{d^2}$	$(R - r)$	u
Fil n° 32..	278980	2051,39	......	......	27221	0,0000000529	......	0,0120000	816
Fil n° 32..	......	......	100686	740,34	13223	....	0,4858	0,0058296	
Fil n° 28..	54780	996,50	......	......	13223	0,0000001089	......	0,0120000	330
Fil n° 28..	.....	......	31343	569,90	8999,605	....	0,6806	0,0081672	
Fil n° 24..	24756	678,24	....	......	9000	0,0000001600	......	0,0120000	219
Fil n° 24..	.....	......	14563	399,00	6249,51	....	0,6944	0,0083328	
Fil n° 20..	10205	471,00	.....	......	6250	0,0000002304	......	0,0120000	130
Fil n° 20..	.....	......	6845	315,95	4759,92	....	0,7616	0,0091392	
Fil n° 16..	5979	358,74	....	......	4760	0,0000003025	......	0,0120000	100
Fil n° 16..	....	......	3672	220,33	3407,78	....	0,7159	0,0085908	
Fil n° 12..	2825	256,85	....	......	3408	0,0000004225	......	0,0120000	66
Fil n° 12..	....	......	1723	156.73	2428,76	....	0,7126	0,0085512	
Fil n° P...	1433	183,03	....	......	2429	0,0000005929	......	0,0120000	47

Les formules qui précèdent vont nous permettre de déterminer les limites des résistances entre lesquelles on a avantage à prendre tel ou tel numéro de fil, résistances que nous désignerons désormais sous le nom de *résistances limites*.

Supposons, pour fixer les idées, que nous ayons à enrouler sur un électro-aimant une longueur de fil représentant 184 000 mètres de fil télégraphique. Ce nombre étant compris entre 278 980 et 54 780, nous disons à priori que c'est au fil n° 32 qu'il faut avoir recours, parce que 184 000 est plus près de 278 980 que de 54 780; mais si, au lieu de 184 000, on eût eu 100 000, la question ne serait pas aussi simple, et pour la résoudre il faudrait connaître les deux limites de résistances auxquelles les bobines enroulées avec les fils de ces deux numéros voisins conserveraient les dimensions les plus rapprochées.

Le problème se réduit, en définitive, à chercher une résistance pour laquelle deux bobines, construites avec des fils d'un numéro différent, peuvent avoir des diamètres les moins différents possible et présenter des nombres de spires les plus égaux possible.

Pour y arriver, nous considérerons que les formules représentant la valeur de R et celle de n entraînent les proportions

$$\frac{R^2}{R'^2} = \frac{L d^2 + \pi l r^2}{L' d'^2 + \pi l r^2} \quad \text{et} \quad \frac{n}{n'} = \frac{d^2}{d'^2}.$$

Il en résulte qu'on pourra égaliser les valeurs n, n', R, R' en combinant d^2 et d'^2 de manière à fournir une moyenne $\left(\dfrac{d'^2 + d^2}{2}\right)$, car on aura alors, pour une même valeur de L :

$$\frac{R^2}{R'^2} = \frac{L(d^2 + d'^2) + 2\pi l r^2}{L(d^2 + d'^2) + 2\pi l r^2} = 1, \quad \text{et} \quad \frac{n}{n'} = \frac{d^2 + d'^2}{d^2 + d'^2} = 1,$$

d'où

$$R = R', \quad \text{et} \quad n = n'.$$

Cette moyenne étant calculée, il suffira de l'introduire dans la formule $L = \dfrac{(R^2 - r^2)\pi l}{d^2}$, en conservant à R sa valeur ordinaire, pour obtenir la longueur du fil intermédiaire entre d et d', capable de fournir une bobine de la grosseur voulue.

Pour convertir cette longueur en fil télégraphique, il suffira de prendre la moyenne des sections des deux fils d et d' non recouverts, dont nous avons donné les diamètres p. 172, de prendre le rapport entre cette section moyenne et celle du fil télégraphique, et de multiplier par ce rapport la longueur déterminée.

Étant en possession de cette longueur, qui représentera la résistance limite, on peut connaître immédiatement celle qui lui correspondra en fil d'un numéro différent, en employant les procédés ordinaires de conversion, et on peut dès lors déterminer les valeurs correspondantes de n et de R, comme nous l'avons vu précédemment.

On trouve ainsi :

1° *Que la résistance limite entre le fil* n° 32 *et le fil* n° 28 *est :*

En fil télégraphique. . . . .   105861 mètres.
En fil n° 32. . . . . ·   778,38
En fil n° 28.   1924,74
Avec une valeur de R égale, pour le fil n° 32, à.   0,01204
         »   pour le fil n° 28, à.   0,0243
Et avec un nombre de spires égal, pour le fil n° 32, à. .   13733 spires,
         »   pour le fil n° 28, à. .   20230

2° *Que la résistance limite entre le fil* n° 28 *et le fil* n° 24 *est :*

En fil télégraphique. . . . .   35526 mètres,
En fil n° 28.   645,90
En fil n° 24.   973,32
Avec une valeur de R égale, pour le fil n° 28, à.   0,01492
         »   pour le fil n° 24, à.   0,02119
Et avec un nombre de spires égal, pour le fil n° 28, à. .   9832 spires,
         »   pour le fil n° 24, à. .   11400

3° *Que la résistance limite entre le fil* n° 24 *et le fil* n° 20 *est :*

En fil télégraphique. . . . .   15167 mètres,
En fil n° 24. . . . .   415.50
En fil n° 20.   700,02
Avec une valeur de R égale, pour le fil n° 24, à.   0,01457
         »   pour le fil n° 20, à.   0,02154
Et avec un nombre de spires égal, pour le fil n° 24, à. .   6433 spires,
         »   pour le fil n° 20, à. .   8095

4° *Que la résistance limite entre le fil* n° 20 *et le fil* n° 16 *est :*

En fil télégraphique.....................................   7692 mètres,
En fil n° 20...   355,02
En fil n° 16...   416,52
Avec une valeur de R égale, pour le fil n° 20, à.......   0,01590
       »   pour le fil n° 16, à.......   0,01924
Et avec un nombre de spires égal, pour le fil n° 20, à..   5162 spires,
       »   pour le fil n° 16, à..   5255

5° *Que la résistance limite entre le fil* n° 16 *et le fil* n° 12 *est :*

En fil télégraphique.....................................   3991 mètres,
En fil n° 16...   239,46
En fil n° 12...   362,82
Avec une valeur de R égale, pour le fil n° 16, à.......   0,01510
       »   pour le fil n° 12, à.......   0,02104
Et avec un nombre de spires égal, pour le fil n° 16, à..   3614 spires,
       »   pour le fil n° 12, à..   4273

6° *Que la résistance limite entre le fil* n° 12 *et le fil* n° P *est :*

En fil télégraphique.....................................   1795 mètres,
En fil n° 12...   163,20
En fil n° P...   229,23
Avec une valeur de R égale, pour le fil n° 12, à.......   0,01479
       »   pour le fil n° P, à.......   0,01992
Et avec un nombre de spires égal, pour le fil n° 12, à..   2499 spires,
       »   pour le fil n° P, à...   2816

APPLICATIONS DES LOIS DES ÉLECTRO-AIMANTS EN TÉLÉGRAPHIE.

Les lois que nous avons formulées précédemment vont nous permettre de résoudre bien des problèmes qui intéressent au plus haut point la télégraphie électrique et la plupart des applications de l'électricité.

Problème I. — Supposons d'abord qu'on veuille déterminer la grosseur et la longueur du fil d'un électro-aimant, pour fournir le plus avantageusement possible une force donnée sur une ligne de longueur également donnée, et qu'on veuille savoir en même temps quel est le nombre d'éléments de la pile nécessaire pour fournir le plus économiquement possible cette force donnée. C'est le problème le plus général que puisse présenter la télégraphie électrique.

Admettons que la ligne donnée ait 100 kilomètres de longueur et soit construite en fil de 4 millimètres de diamètre, et supposons que la force donnée soit 15 grammes à 1 millimètre de distance. C'est celle qui est absolument nécessaire pour faire fonctionner un télégraphe à cadran du système Breguet. Nous ferons les raisonnements suivants.

D'après ce qui a été dit, p. 158, le maximum de force, dont un électro-aimant est susceptible, est obtenu quand la résistance utile que présente son hélice magnétisante est égale à celle du circuit extérieur. Conséquemment si on néglige la résistance de la pile devant celle du circuit, ce que l'on fait généralement en télégraphie, la résistance que devra présenter l'hélice magnétisante de l'électro-aimant cherché sera 100 kilomètres. Cette résistance étant au-dessous de celle déterminée pour limite entre les fils n°s 32 et 28, ce sera au fil n° 28 qu'on devra avoir recours. Par conséquent la grosseur du fil se trouvera déjà déterminée; la longueur de ce fil et le nombre de tours de spires seront ensuite fournis par la formule (33) et les calculs ordinaires de conversion qui donneront pour L 1818 mètres, et pour n 19559.

Le nombre des spires se trouvant ainsi déterminé, la force électro-magnétique donnée devra être représentée par la formule $I^2 t^2$, dans laquelle t seulement est connu; mais pour déterminer I en fonction des quantités qui figurent dans les formules des piles, il suffira de faire une expérience préalable avec une pile et un électro-aimant quelconques et de savoir quelle est la force en grammes qui est déterminée pour un écartement de l'armature de 1 millimètre. Supposons qu'un électro-aimant ayant une résistance de 75 kilomètres et étant animé par une pile de 20 éléments de Daniell ait fourni, sans résistance de circuit, 80 grammes. L'intensité I correspondante à cette force sera fournie par la formule

$$I = \frac{20 \times 5973}{20 \times 931 + 75\,000} = 1,27,$$

et comme les forces attractives des électro-aimants sont proportionnelles aux carrés des intensités du courant multipliées par les carrés des nombres de tours de spires, on pourra poser

$$80^{gr} : 15^{gr} :: \overline{1,27 \times t'^2} : \overline{x^2 \times 19559} ;$$

d'où

$$x = \sqrt{\dfrac{\overline{1,27 \cdot t'^2 \times 15}^2}{\overline{80 \times 19559}^2}},$$

t pouvant être déterminé comme on a déterminé t', cette valeur de x devient $0,45$.

Maintenant, pour connaître le nombre d'éléments de la pile, il suffit d'appliquer à cette valeur de I la formule $n = \dfrac{Ir}{E - IR}$, tirée de la formule $I = \dfrac{nE}{nR + r}$ et qui devient, dans le cas qui nous occupe,

$$n = \dfrac{0,45 \times 200\,000}{5973 - 0,45 \times 931} = 16,20.$$

Le nombre d'éléments de la pile nécessaire pour fournir la force de 15 grammes sur un circuit de 100 kilomètres sera donc 16, la grosseur du fil de l'électro-aimant $0^{mm},22$, sa longueur 1818 mètres, et le diamètre des bobines 47 millimètres (*).

Comme la force d'un électro-aimant dépend principalement du nombre des spires de l'hélice magnétisante, c'est sur ce nombre qu'il faut se baser pour l'enroulement des bobines, et cela est facile puisque les rouets destinés à cet enroulement sont munis d'un compteur. Il va sans dire que chaque bobine ne doit avoir que la moitié du nombre de spires déterminé par la méthode précédente, puisque dans les formules les deux bobines sont censées n'en faire qu'une.

Maintenant nous devons faire observer que les chiffres précédents supposent un circuit parfaitement isolé. Or une ligne

---

(*) En répétant le même calcul pour l'électro-aimant ayant une résistance de 75 kilomètres, on trouve que pour obtenir la force 15 grammes dont nous avons parlé, il faut 18 éléments à la pile. Or l'expérience faite avec l'électro-aimant en question a montré que cette force de 15 grammes était obtenue sur un circuit de 100 kilomètres avec 20 éléments Daniell; mais ces éléments étaient très-mal chargés et la pile un peu usée. On peut donc considérer les résultats que nous avons donnés comme suffisamment exacts dans la pratique.

télégraphique est loin d'être dans ces conditions. Pour obtenir alors le nombre des éléments de la pile, il faut partir de la formule des courants dérivés (*voir* p. 102) pris, pour plus de sûreté, dans leurs plus mauvaises conditions; avec un électro-aimant interposé dans le circuit, cette formule devient (*)

$$n = \frac{[4a + d(t + l)](t + l)\,\mathrm{I}}{4\,\mathrm{E}a - 2\,\mathrm{I}\mathrm{R}[2a + (t + l)\,d]},$$

et, dans le cas qui nous occupe, on a $n = 18$ environ.

Problème II. — On a, je suppose, quatre appareils à faire fonctionner simultanément avec une pile de 10 éléments de Daniell sans circuit extérieur appréciable, on veut que chacun des électro-aimants de ces appareils ait une force de 25 grammes, et on désire savoir : 1° quelle est la disposition du circuit la meilleure à adopter dans ce cas; 2° quel numéro du fil il faut enrouler sur l'électro-aimant et quelle doit être sa longueur.

On commencera d'abord par voir si dans un circuit simple où seraient intercalés tous ces électro-aimants, la longueur du fil voulu pour obtenir le nombre de spires nécessaires à la production de la force donnée ne serait pas trop considérable, eu égard aux dimensions que la bobine doit avoir, pour être dans de bonnes conditions. Pour cela on partira de ce fait que la résistance totale du circuit extérieur doit être égale à $n\mathrm{R}$, par conséquent à 9310 mètres (de fil télégraphique). Chaque électro-aimant devra donc présenter une résistance de 2327 mètres du même fil, et le circuit entier une résistance de 18620 mètres.

Avec le circuit total l'intensité du courant étant représentée par 3,2, la force de chaque électro-aimant sera exprimée par $\overline{3,2}^{\,2} \times t^2$, expression dans laquelle la quantité t est, il est vrai, inconnue, mais que l'on sait devoir être fournie par une résistance de 2327 mètres. Or l'expérience préalable de l'électro-aimant de 75 kilomètres de résistance, dont nous avons parlé précédemment, va pouvoir nous servir pour cette détermi-

---

(*) *Voir* mon *Exposé des applications de l'Électricité*, t. V, p. 132; *t* représente ici la résistance de l'électro-aimant.

nation; car nous savons que cette force, représentée par $\overline{1,27}^2 \times \overline{16239}^2$, a fourni 80 grammes, et par conséquent la valeur de t peut être déduite de la formule

$$ t = \sqrt{\frac{\overline{1,27}^2 \times \overline{16239}^2 \times 25}{80 \times \overline{3,2}^2}}, $$

qui donne 3602 spires.

En cherchant dans les tables des résistances limites que nous avons données p. 173, à quel numéro de fil correspond ce nombre de spires pour fournir la résistance 2327 que chaque électro-aimant doit avoir, nous voyons que c'est au fil n° 12 qu'il faut avoir recours; car entre les n°s 16 et 12 qui, pour que l'électro-aimant ait des dimensions convenables, fournissent le nombre de spires le plus rapproché de 3602, c'est le n° 12 qui présente la résistance la plus rapprochée de 2327. La quantité n ne pouvant pas changer, puisque c'est surtout de cette quantité que dépend la force attractive, c'est sur elle qu'on devra baser définitivement la résistance de l'électro-aimant, c'est-à-dire la longueur du fil n° 12 qui a été choisi, et cette longueur sera déterminée par la formule $L = n\pi(R+r)$, dans laquelle R est donné par l'expression $\dfrac{nd^2 + rl}{l}$. En effectuant les calculs on trouve pour longueur du fil n° 12 à enrouler, 279 mètres, ce qui donne à la bobine un diamètre de $0^m,0375$, et ce qui porte la résistance du circuit entier de 18620 mètres de fil télégraphique à 21591.

Dans l'exemple que nous avons choisi, on a évidemment avantage à interposer les électro-aimants sur le même circuit; mais si le nombre des dérivations eût été plus considérable et si on eût employé une pile moins résistante que la pile de Daniell, il n'en aurait plus été ainsi, et alors il aurait fallu avoir recours au système par dérivations.

Dans ce cas, le calcul relatif à la longueur et à la grosseur de l'hélice s'effectue de la manière suivante:

On calcule d'abord la résistance que doit avoir chaque électro-aimant pour le placer dans les conditions de maximum, et on voit que dans l'exemple précédent cette résistance doit être égale à $4n$R. L'intensité électrique à travers chaque électro-aimant sera donc représentée par 0,802 et sa force par $\overline{0,802}^2 \times t^2$. Or t pourra se trouver déterminé de la même manière que précédemment, et par suite le numéro définitif du fil de l'hélice, ainsi que sa longueur, se trouveront connus. En effectuant les calculs, on voit que la résistance de l'électro-aimant devant être environ 37 240 mètres, et l'hélice devant présenter 14 378 spires, le fil qui devra être choisi sera le n° 24; mais la grosseur de l'électro-aimant dépassera alors les limites que nous avons assignées, car il atteindra un diamètre de 0,05034, c'est-à-dire de plus de 5 centimètres, et la longueur du fil sera de 1408 mètres; ce qui portera la résistance entière de chaque circuit, de 74480 mètres de fil télégraphique à 88486 mètres. On voit, d'après cela, qu'on n'a nul avantage dans l'exemple que nous avons choisi à placer les appareils sur des dérivations.

Problème III. — Deux électro-aimants ayant 2200 mètres de résistance ou un seul, peuvent être appliqués à un appareil; ils fonctionnent d'ailleurs dans un circuit sans résistance extérieure sous l'influence d'une seule pile de Daniell de 8 éléments : on demande si l'effet le plus avantageux sera fourni par l'action simultanée des deux électro-aimants ou par l'action d'un seul.

Le problème est très-simple à résoudre ; mais la solution est curieuse par la conclusion à laquelle elle conduit. On comprend d'abord facilement que le problème se réduit à une question de comparaison de forces. Or, pour connaître ces forces, il faut calculer les intensités du courant avec les deux dispositions électro-magnétiques. En appliquant les formules d'Ohm aux deux cas, on trouve :

1° Que dans le cas d'un électro-aimant seul, l'intensité du courant est représentée par 4,95 ;

2° Que, dans le cas où les deux électro-aimants (qui d'ailleurs sont semblables) sont intercalés sur deux dérivations issues des pôles mêmes de la pile, cette intensité est représentée par 2,79.

Les forces de ces deux électro-aimants seront donc entre elles comme les carrés des deux quantités 4,95 et 2,79. Maintenant, si celle de l'électro-aimant placé dans le circuit simple est 200 grammes, la force de chacun des deux autres sera donnée par la formule

$$\frac{\overline{2,79}^2 \times 200}{\overline{4,95}^2},$$

soit 64 grammes.

Or, si on additionne la force des deux électro-aimants interposés, on *trouve une force totale de 128 grammes, alors que la force d'un seul électro-aimant était 200 grammes;* on perd donc à la bifurcation, et malgré l'action combinée de deux électro-aimants, 72 grammes de force attractive. L'expérience a fourni exactement le même résultat; ainsi la force trouvée pour chacun des électro-aimants interposés dans les dérivations était 70 grammes.

Cet effet montre que, dans beaucoup d'applications électriques, on a tort de diviser le courant et d'employer trop d'électro-aimants. Le calcul devrait toujours présider à toutes ces dispositions, et presque jamais on ne s'en occupe. Voilà pourquoi on fait grand bruit d'une foule d'anomalies étranges qui ne sont des anomalies que pour ceux qui ne connaissent pas les lois de l'électricité.

On pourrait multiplier à l'infini les problèmes du genre de ceux que nous venons de poser; mais, comme ils n'apprendraient rien qui ne puisse se déduire des formules que nous avons posées, nous nous en tiendrons là pour le moment.

Résistances types des électro-aimants télégraphiques. — Pour éviter tous les calculs que nous venons d'exposer et surtout ne pas compliquer la nomenclature du matériel télégraphique, on a ramené à l'administration des lignes télégraphiques françaises toutes les résistances des électro-aimants à trois types que l'on emploie suivant les circonstances de leur application, et que l'on désigne sous le nom d'*électro-aimants à grande résistance,* d'*électro-aimants à moyenne résistance,* et d'*électro-aimants à petite résistance.* Les premiers ont une résistance d'environ 200 kilomètres, les seconds une résistance de 60 kilomètres, et les troisièmes une résistance de 5 ou 6 kilomètres seulement. Ces derniers ne sont employés qu'avec des courants de piles locales.

DES FORCES ANTAGONISTES OPPOSÉES A L'ACTION DES ÉLECTRO-AIMANTS.

Pour obtenir, de la part d'un aimant temporaire, un effet mécanique quelconque, il faut nécessairement qu'il y ait un mouvement accompli, soit par l'électro-aimant, l'armature étant fixe, soit par celle-ci devenue mobile, l'électro-aimant étant fixe. C'est donc l'attraction à distance qui doit être utilisée à la production de cet effet mécanique, et pour que celui-ci puisse être renouvelé, il faut nécessairement l'intervention d'*une force antagoniste* qui puisse rappeler l'armature à son point de départ quand l'électro-aimant est devenu inactif. Comment peut-on obtenir dans de bonnes conditions cette force antagoniste? c'est ce que nous allons examiner.

Une force antagoniste peut être produite de différentes manières, soit par des ressorts, soit par le simple effet de la pesanteur, soit par des réactions électro-magnétiques.

Le moyen le plus ordinaire est l'emploi de ressorts à boudin en cuivre jaune, que l'on attache d'un côté à l'armature et que l'on fixe du côté opposé à un fil qui s'enroule sur un petit treuil. En tournant ce petit treuil soit d'un côté, soit de l'autre, on tend ou on détend le ressort. Ce moyen peut être employé dans presque tous les cas; cependant, comme les ressorts présentent une grande élasticité, il vaut mieux, quand l'appareil doit éprouver une certaine trépidation, avoir recours aux effets de la pesanteur, qui ne présentent jamais cet inconvénient.

Pour obtenir que la pesanteur agisse comme force antagoniste, rien de plus facile. Vous prolongez l'armature au delà des points de son articulation, ou bien vous y adaptez un bras de levier plus ou moins long, et vous faites courir sur ce bras de levier un contre-poids assez fort pour équilibrer le poids de l'armature. Que l'électro-aimant agisse de bas en haut ou de haut en bas, ce moyen peut toujours convenir, et l'on règle, en avançant ou en reculant le contre-poids, qui est muni à cet effet d'une vis de pression, la force antagoniste que l'on juge nécessaire.

Enfin, comme troisième moyen, on peut employer des lames

de ressort **R, R'** (*fig.* 39) que l'on place, soit sous l'armature au point où elle doit être soulevée, soit au-dessus de cette armature ou d'une pièce qui en dépend, avec une tige de liaison doublement articulée, ou simplement un fil de soie. On règle

Fig. 39.

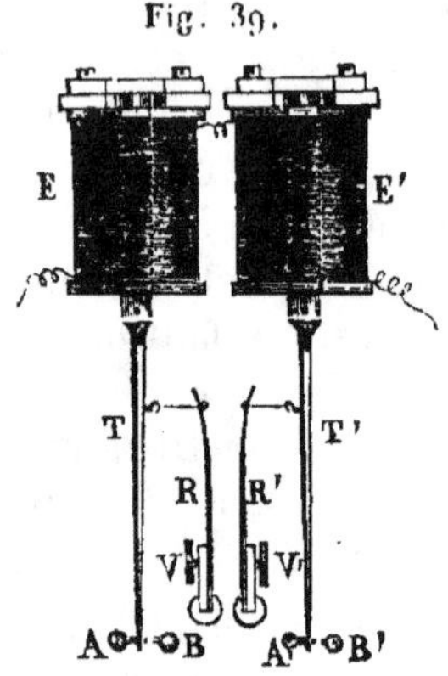

ces ressorts par des vis de rappel **V, V'**, qui en diminuent ou en augmentent la tension. Dans certaines applications où l'on a besoin d'un effet antagoniste de longue durée, par exemple dans l'horlogerie électrique de précision, ce système de ressorts antagonistes est préférable aux ressorts à boudin. Ceux-ci, en effet, au bout d'un certain temps, perdent de leur élasticité, et l'on est obligée de les tendre de nouveau. Avec les ressorts d'acier, cet inconvénient n'existe plus. Jusqu'à présent, néanmoins, on n'a généralement fait usage de ces derniers ressorts que dans le cas assez rare où l'on veut seulement détacher l'armature de l'électro-aimant, par exemple, dans les appareils où l'armature n'intervient que pour maintenir une détente.

On peut employer encore, avec beaucoup d'avantages, les ressorts d'acier quand il s'agit de produire un effet antagoniste à un mouvement circulaire, par exemple, quand on veut rappeler à sa position primitive une armature qui aura décrit un arc de cercle. Alors on emploie les spirales de l'horlogerie, c'est-à-dire de petites lames de ressort roulées en spirale que l'on fixe d'un côté à l'armature ou sur son pivot, et de l'autre sur une partie rigide ; il devient ensuite facile, avec des boutons à raquettes, de régler la force de ce ressort comme on le fait du reste pour le spiral des balanciers de montre.

Ce genre de ressorts a été employé par M. Weare pour ses horloges électriques à balancier circulaire marchant sous l'influence de piles sèches, et par M. Bain dans ses cadres galvanométriques à inflexion. (Voir *fig.* 48.)

Dans tous les systèmes que nous venons de décrire, la force antagoniste s'exerce toujours au préjudice de la force attractive. Or, comme cette force ne laisse pas que de devoir être assez considérable, surtout quand on emploie des armatures aimantées, on a cherché à l'obtenir par des moyens purement physiques. Ces moyens consistent dans deux électro-aimants opposés l'un à l'autre comme dans la *fig.* 40, et entre les pôles desquels on place l'armature qui doit déterminer l'effet mécanique. Si cette armature est en fer doux, on fait passer alternativement le courant dans ces deux électro-aimants; et comme, en raison du magnétisme rémanent, cette armature reste dans le voisinage des pôles de l'électro-aimant qui l'a attirée, on obtient toujours par ce moyen des vibrations suffisamment définies pour les effets mécaniques dont on a besoin; il faut seulement alors un commutateur un peu plus compliqué que quand on emploie des ressorts antagonistes.

Avec des armatures aimantées, ce système est d'une importance beaucoup plus grande, car les deux électro-aimants étant opposés par leurs pôles contraires, ils peuvent réagir simultanément sur l'armature, l'un par répulsion, l'autre par

Fig. 40.

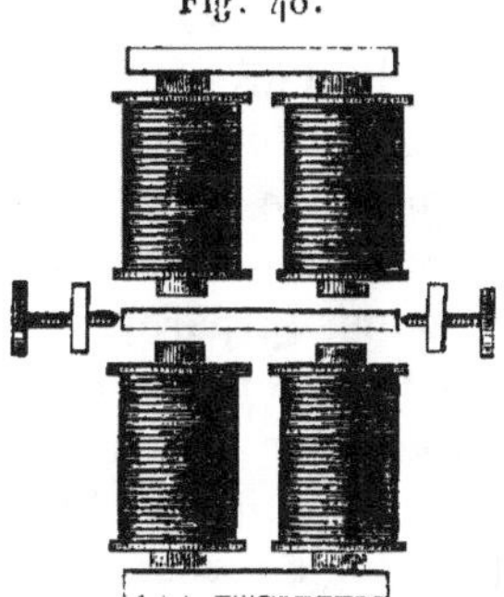

attraction; et comme la grosseur du fil des hélices magnétisantes peut être calculée pour que ces deux hélices réunies ne constituent que la résistance voulue pour correspondre au maximum de force en rapport avec la pile employée, on gagne à la fois de la force et par la masse magnétique et par l'action double. Un simple commutateur à renversement de pôles supplée alors à la force antagoniste, puisqu'en inversant le courant, celui des deux électro-aimants qui avait d'abord attiré repousse ensuite, et réciproquement. Un autre avantage immense de ce système, c'est d'éviter le règlement de la force antagoniste suivant la force du courant, après toutefois que la distance à laquelle l'armature se trouve des pôles de l'électro-aimant, pôles sur lesquels elle pourrait réagir par son magnétisme propre, a été réglée d'avance. Ce système a été fréquemment employé par M. Glœsener (qui en est l'inventeur) et par M. Breguet pour l'horlogerie électrique. Dans ce genre d'application électrique, en effet, l'usage de ce système est indispensable, en raison des courants accidentels atmosphériques qui exercent toujours un effet contraire sur les fils conducteurs des circuits.

DISPOSITIONS DIVERSES DES ÉLECTRO-AIMANTS.

Parmi les combinaisons les plus importantes qui ont été faites des électro-aimants, nous citerons les électro-aimants tubulaires de M. Fabre-Delagrange, les électro-aimants circulaires de M. Nicklès, les systèmes électro-magnétiques de MM. Cecchi, de La Follye, Siemens, Glœsener, Maroni, Hughes, etc.

Les électro-aimants tubulaires consistent dans un électro-aimant droit dont l'un des pôles est rivé à un disque de fer du diamètre de la bobine. Ce disque, étant soudé à un cylindre de fer, forme comme le fond d'un vase cylindrique qui enveloppe la bobine. Dans un pareil électro-aimant, l'un des pôles est constitué par l'extrémité du noyau central et l'autre pôle par le bord circulaire de l'enveloppe cylindrique de fer qui doit se trouver à la même hauteur. Ces électro-aimants sont très-puissants ; mais, en raison de la grande masse de fer que nécessite leur disposition, ils conservent une assez grande quantité de magnétisme rémanent, ce qui est très-nuisible pour la télégraphie.

Les électro-aimants circulaires de M. Nicklès ont pour but

de permettre à une roue de fer roulant sur une barre du même
métal de contracter avec celle-ci une adhérence aussi énergique que celle qui résulte d'un électro-aimant à deux branches. Par le fait, ce système magnétique n'est autre chose
qu'un électro-aimant tubulaire double, c'est-à-dire un électro-
aimant droit assez court dont les deux extrémités portent des
rondelles et des cylindres de fer enveloppant complétement
l'hélice. Seulement, chacun de ces cylindres n'occupe qu'une
moitié de la longueur de la bobine, et encore doivent-ils être
séparés l'un de l'autre par un intervalle de quelques millimètres, afin que leur action extérieure ne soit pas neutralisée.
On comprend qu'avec cette disposition chacune des enveloppes cylindriques constitue un pôle de l'électro-aimant, de
sorte que si on fait rouler le double cylindre sur une barre de
fer de manière que celle-ci appuie toujours sur les deux cy-

Fig. 41.

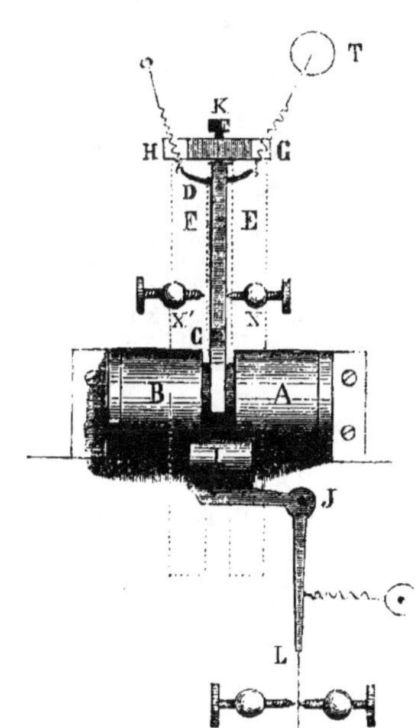

lindres à la fois, on obtient une sorte d'aimant circulaire qui
aura d'autant plus de force qu'il réagira par ses deux pôles à la

fois. Ce système, avec la disposition que nous représentons *fig.* 41, a été appliqué à un système particulier de relais, par M. Varley.

Le système électro-magnétique du R. P. Cecchi, que nous représentons, vu en élévation et en plan, *fig.* 42 ci-dessous, se compose essentiellement d'un électro-aimant droit **M** dont les deux pôles sont terminés par deux lames de fer doux **C** et **D**,

Fig. 42.

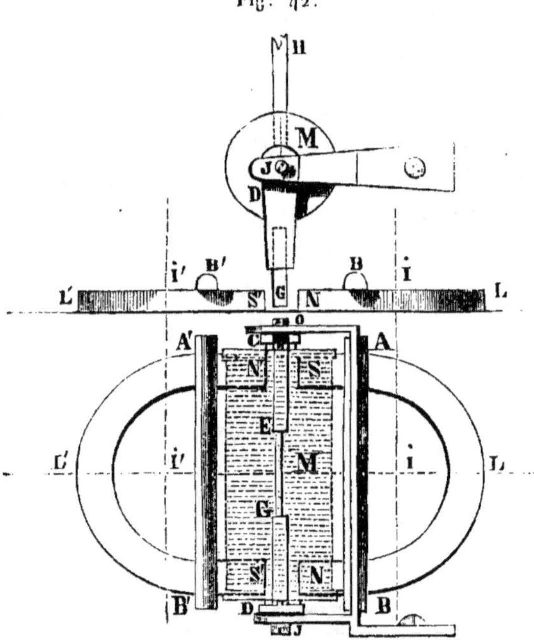

évasées à leur partie inférieure de manière à constituer deux palettes **GD, EC.** Ces deux palettes sont placées entre les pôles opposés de deux aimants persistants en fer à cheval **SLN, N′L′S′** sur lesquels appuient deux armatures **AB, A′B′.** Enfin, l'électro-aimant droit lui-même peut pivoter, suivant son axe, sur deux pointes de vis **J** et **O,** de manière à permettre aux palettes **GD, EC,** d'osciller entre les pôles des aimants persistants.

Avec cette disposition on comprend facilement qu'il suffit de renverser alternativement le courant passant à travers l'électro-aimant droit **M,** pour que les palettes **GD, EC,** se trouvant polarisées alternativement dans deux sens différents, accom-

plissent un mouvement de va-et-vient qui peut être utilisé
mécaniquement; et pour que l'action des aimants permanents
soit toujours mise en rapport avec celle de l'électro-aimant,
il suffit d'approcher ou d'éloigner des pôles NS, N'S' les deux
armatures AB, A'B'.

L'avantage de ce système est de ne pas nécessiter de ressort
antagoniste et d'être mis en action sous une influence attractive et une influence répulsive agissant simultanément dans le
même sens, ce qui augmente beaucoup l'effet électrique.

Le système de M. de La Follye ou plutôt les systèmes de
M. de La Follye sont basés sur une réaction analogue; seulement l'armature, au lieu d'entraîner dans son mouvement oscillatoire la bobine, oscille librement à l'intérieur du canon
de cuivre sur lequel est enroulé le fil et qui se trouve à cet
effet un peu aplati. Plusieurs de ces systèmes permettent la
suppression du ressort de rappel sans nécessiter le renversement du courant. Nous en représentons ci-dessous (*fig.* 43
et 44) deux exemples.

ABCD (*fig.* 44) est un électro-aimant boiteux dont la palette **A**
représente le noyau magnétisé, **B** la branche sans bobine. Évi-

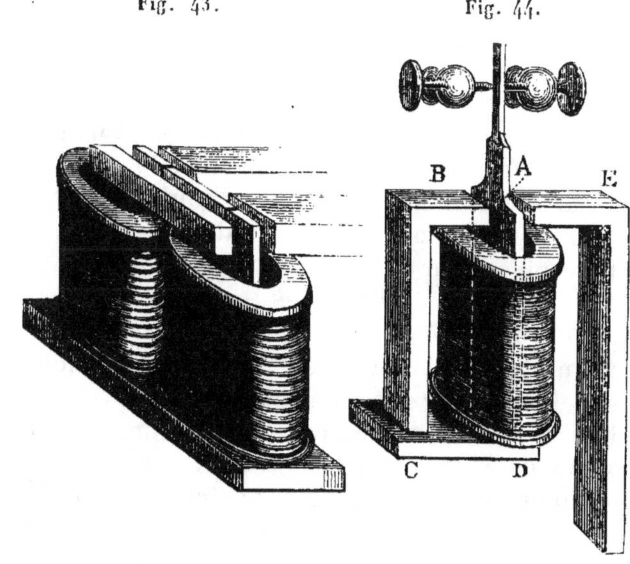

Fig. 43.   Fig. 44.

demment cette branche, quand le courant passe, tend à atti-

rer vers elle la palette A; mais quand le courant est interrompu,
cette dernière peut se trouver attirée par l'action d'un aimant
permanent E qui la ramène à sa position initiale. Le second
système, représenté *fig.* 43, est la combinaison en double du
système précédent; seulement c'est une traverse horizontale
de fer qui remplit le rôle de la branche sans bobine du système précédent.

La *fig.* 45 ci-dessous représente une autre des dispositions
de M. de La Follye, modifiée par M. Dujardin, et s'appliquant
aux courants renversés. Dans ce système les bobines restent
cylindriques, et le noyau magnétisé, qui est lui-même consti-

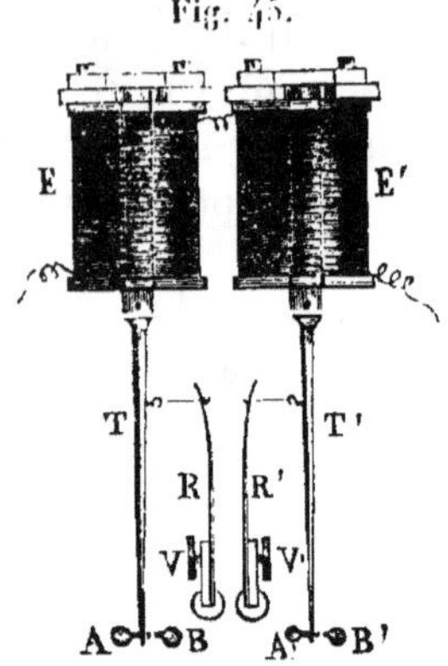
Fig. 45.

tué par un tube de fer, se termine à l'un de ses bouts par une
longue tige de fer qui en stimule considérablement la force
d'après le principe énoncé page 152, et qui réagit en même
temps sur les pièces mécaniques destinées à être mises en
jeu. Ce tube pivote sur celle de ses extrémités qui porte la
tige dont nous venons de parler, et son autre extrémité oscille entre les deux pôles d'un aimant en fer à cheval placé
verticalement, lequel, ayant ses extrémités polaires munies de
semelles mobiles de fer conduites par des vis de réglage, peut
réagir plus ou moins énergiquement sur le noyau mobile.

Le système de M. Siemens, aujourd'hui très-employé, consiste dans un électro-aimant à deux branches AB (*fig.* 46) sur
la culasse duquel est adapté, par l'une de ses extrémités polaires, un fort aimant recourbé NS qui polarise par son extrémité libre l'armature EF de l'électro-aimant placée alors entre

les deux pôles de celui-ci. Ces deux pôles sont, comme dans le système précédent, munis de semelles mobiles de fer, afin de pouvoir en régler l'action, et suivant que le courant passe dans un sens ou dans l'autre, l'armature oscille à droite ou à

Fig. 46.

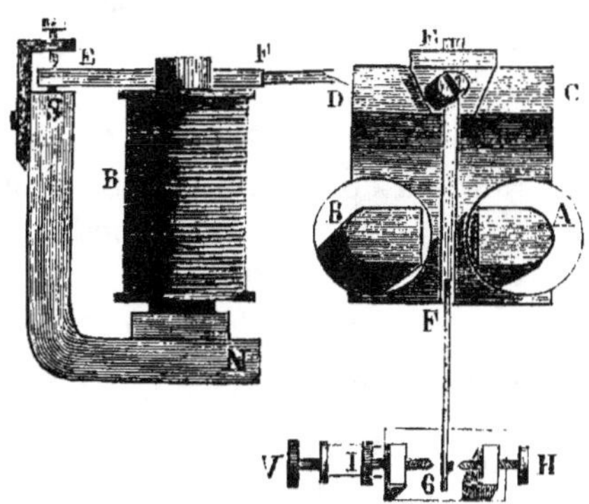

gauche. En réglant convenablement, à l'aide de la vis V, la position de l'armature par rapport aux deux pôles de l'électro-aimant, on peut faire en sorte, comme dans le système de M. de La Follye, que l'un des pôles rappelle toujours l'armature à sa position initiale au moment de l'interruption du courant, et par suite l'appareil peut fonctionner avec des courants non renversés, sans nécessiter de ressorts antagonistes.

Quand on veut obtenir un effet de déclanchement électrique énergique sous l'influence d'une émission de courant, le système électro-magnétique employé par M. Hughes dans son télégraphe imprimeur peut présenter de très-grands avantages. Dans ce système, que nous représentons *fig.* 47, les deux

Fig. 47.

branches d'un fort aimant persistant en fer à cheval portent à leur extrémité deux semelles de fer sur lesquelles sont fixés deux noyaux de fer doux munis de bobines. Une armature aimantée est appuyée en temps ordinaire sur ces deux noyaux, et une armature de fer doux appliquée sur les deux branches de l'aimant permet d'en régler la force. Par leur contact avec les pôles de l'aimant, les noyaux de fer se trouvent fortement aimantés, et si l'armature est convenablement disposée, elle reste appliquée sur eux en temps ordinaire; mais si on envoie, à travers les bobines enveloppant les noyaux, un courant de sens contraire au courant magnétique développé dans ceux-ci, l'armature se détache et détermine l'action mécanique voulue.

AUTRES MOYENS D'OBTENIR DES EFFETS D'ATTRACTION TEMPORAIRE.

Toutes les réactions magnétiques des courants peuvent être utilisées dans un but mécanique ayant pour cause un mouvement d'attraction temporaire. Ainsi les réactions réciproques des courants parallèles ou angulaires, les réactions des courants sur les aimants pourraient au besoin être substituées à celles des électro-aimants; mais comme elles nécessitent une force électrique considérable, comme leur effet est moins énergique, c'est toujours aux électro-aimants qu'on donne la préférence.

Pourtant, dans certaines circonstances, on emploie avec avantage les réactions réciproques des courants parallèles dans les bobines magnétiques, et la réaction des courants sur les aimants persistants dans les cadres galvanométriques infléchis ou rigides. Nous ne nous occuperons que de ces deux systèmes, qui, jusqu'à présent, sont les seuls qui aient été employés dans les applications de l'électricité.

Bobines magnétiques. — Si on fait entrer environ au tiers d'une hélice magnétisante ou d'une bobine de cuivre recouverte de cette hélice un cylindre de fer, celui-ci devient un aimant et, par conséquent, se trouve sillonné par un courant magnétique qui est parallèle au courant électrique et qui, de plus, est dirigé dans le même sens, comme le prouve la similitude des pôles de l'hélice et du fer introduit. Les deux courants étant parallèles et leur action étant multipliée par la quantité considérable de spires de l'hélice magnétisante, il s'opère entre les deux courants une attraction qui a pour effet de faire entrer le cylindre de fer doux dans la bobine, jusqu'à ce que ses deux extrémités soient symétriquement placées par rapport à celles de la bobine. C'est cette action qui, dans quelques machines, entre autres dans un de mes moteurs électriques, a été utilisée comme force attractive ; elle a l'avantage de fournir une grande course à la pièce mobile et de ne pas la soumettre aux caprices du magnétisme rémanent.

C'est quand le cylindre de fer est arrivé au milieu de l'hélice magnétisante que la force est la plus grande ; mais on peut l'augmenter aux deux extrémités en y adaptant des rondelles de fer que l'on fixe sur les rondelles de cuivre de la bobine. De cette manière, il se joint à la réaction dynamique des courants celle du cylindre mobile, devenu électro-aimant, sur les rondelles de fer à l'état neutre vers lesquelles il se dirige. En terminant le cylindre, du côté opposé à celui où il doit s'enfoncer dans la bobine magnétique, par un épaulement, on a l'avantage de le faire agir par attraction normale sur la rondelle de fer de ce côté de la bobine, ce qui est un avantage.

C'est dans ces sortes d'appareils d'attraction que les réactions statiques, dont nous avons parlé page 161, doivent être évitées avec le plus de soin, car elles suffiraient à elles seules pour détruire complétement l'effet dynamique exercé. Ainsi, avec une bobine de fer, ou même avec une bobine de cuivre enroulée de fil de fer, la seule réaction statique échangée entre le cylindre mobile et le fer du canon ou le fil, suffit pour paralyser complétement le courant magnétique créé dans le cylindre, et, par suite, le mouvement de celui-ci.

Pour augmenter la puissance d'attraction de l'hélice magnétisante, MM. Marianini ont proposé de la recouvrir d'une chemise de fer doux. Aucun effet magnétisant n'est à la vérité produit sur cette chemise par l'hélice ; mais la réaction statique échangée entre elle et le cylindre mobile, réaction qui tend à paralyser la marche du courant voltaïque, se trouve détruite par une réaction du même genre qui s'opère en sens inverse avec la chemise de fer, et il en résulte naturellement que l'action dynamique se trouve renforcée.

Cadres galvanométriques. — Les télégraphes anglais

à aiguilles marchent sous l'influence des réactions d'un multiplicateur ou cadre galvanométrique sur un barreau aimanté, disposé comme l'aiguille d'un galvanomètre ; ce système n'est donc autre chose que le galvanomètre réduit à sa plus simple expression ; seulement, comme il ne s'agit pas alors de constater une quantité excessivement faible d'électricité, mais bien de pouvoir obtenir une indication certaine avec une force électrique très-appréciable, toutes les conditions du problème se sont trouvées réduites à des conditions de force de la part du multiplicateur ; c'est pourquoi on a donné à celui-ci des dimensions considérables, et on l'a fait réagir sur un barreau aimanté au lieu d'une aiguille. De plus, afin que ces réactions fussent nettes et précises, on a fait pivoter le barreau entre deux supports fixés à l'intérieur du cadre galvanométrique. Ordinairement ces appareils galvanométriques sont disposés verticalement pour éviter l'action du magnétisme terrestre dans le sens de la déclinaison, laquelle action serait nuisible au fonctionnement de l'appareil.

Dans plusieurs appareils qu'il a fait construire, M. Bain a donné aux cadres galvanométriques employés comme détente une position précisément inverse. Ainsi, le barreau aimanté, au lieu d'être mobile, est fixe, et c'est le cadre galvanométrique qui s'incline dans un sens ou dans un autre, suivant le sens du courant qui le traverse. A cet effet, il pivote sur deux pointes fixées sur l'aimant fixe, comme on le voit *fig.* 48.

Fig. 48.

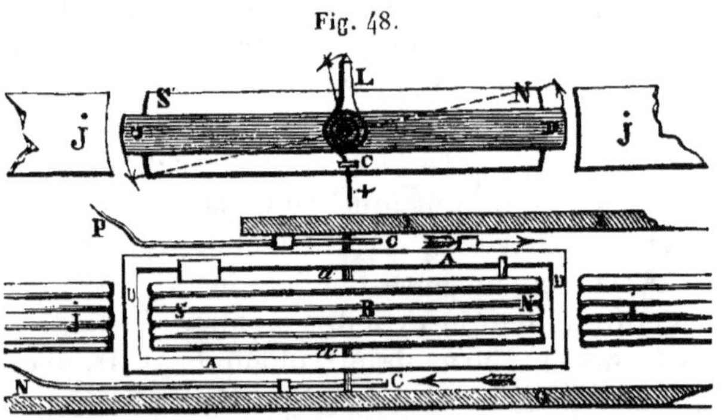

Pour augmenter la force de ce système, M. Bain a substitué, au simple barreau aimanté des cadres galvanométriques ordinaires, un faisceau d'aimants NS dont il a pu renforcer l'action par l'addition de deux autres faisceaux JJ placés dans leur prolongement en dehors du cadre galvanométrique UD.

On conçoit que, disposé de cette manière, le cadre galvanométrique est moins lourd à se mouvoir que le système magnétique, et c'est pourquoi M. Bain a ainsi renversé le système galvanométrique ordinaire. Remarquons toutefois, qu'en raison de sa masse, ce système ne peut convenir à des mouvements prompts. Aussi l'inventeur, en l'employant, n'a-t-il voulu, comme je le disais en commençant, qu'obtenir de la force.

ORGANES ÉLECTRO-CHIMIQUES.

Parmi les actions chimiques susceptibles d'être appliquées en télégraphie électrique, celles ayant pour résultat la production de traces colorées sous l'influence du passage du courant ont été particulièrement recherchées et ont fourni les meilleurs résultats.

Les composés chimiques susceptibles de fournir ce genre de réaction sont nombreux et peuvent se diviser en deux catégories : 1° ceux qui, sous l'action électrique, se dédoublent pour former avec le métal des électrodes métalliques qui leur communiquent l'électrisation, des composés fortement colorés ; 2° ceux dont la décomposition suffit pour produire cette coloration. Parmi les corps appartenant à la première catégorie, le cyanoferrure de potassium est celui qui a fourni jusqu'ici les meilleurs résultats, et parmi ceux de la seconde catégorie qui ont le mieux réussi, nous mettrons en première ligne l'azotate de manganèse.

Pour appliquer ces systèmes à la télégraphie électrique, on imprègne des bandes ou feuilles de papier de ces substances, préalablement dissoutes, et après les avoir mises, encore humides, en contact avec une lame métallique inoxydable qui leur communique une électrisation négative, on fait réagir sur elles, soit une aiguille de fer ou de cuivre, soit une aiguille de platine mise en rapport avec le pôle positif de la pile. Voici alors la réaction qui se produit au moment du contact de cette aiguille avec le papier.

Dans le premier système, c'est-à-dire avec le cyanoferrure

de potassium, le courant, en traversant la feuille de papier précisément au-dessous de la pointe de fer ou de cuivre qui appuie sur elle, provoque en cet endroit une décomposition du cyanure dans laquelle le cyanogène, se combinant avec le métal de l'aiguille, forme un cyanure double de fer (bleu de Prusse) ou de cuivre, dont la présence se révèle par une trace *bleue* ou *brune*. Comme le cyanure de potassium se décompose avec la plus grande facilité, il arrive que si l'aiguille se déplace, la trace à laquelle elle donne lieu se déplace avec elle et se continue tant que le circuit reste fermé ; mais quand une interruption du courant survient, elle cesse immédiatement, et telle est la promptitude de l'action électrique dans cette réaction électro-chimique, que 1500 signaux ont pu être échangés par ce moyen dans une minute de temps. C'est à **M. Bain**, mécanicien anglais, qu'on doit cette belle application électro-chimique.

Pour que la transmission électrique à travers une bande ainsi préparée se fasse d'une manière certaine, et que les traces soient nettes et bien colorées, il faut certaines conditions particulières sans lesquelles il est impossible d'obtenir de bons résultats. Il faut d'abord que les feuilles de papier restent trempées très-longtemps dans la solution cyanurée (12 heures au moins) et qu'avant leur emploi elles soient parfaitement essuyées ; il faut même qu'elles soient assez desséchées superficiellement pour qu'en les pressant contre du papier buvard elles ne puissent pas lui communiquer d'humidité. Le peu de réussite des essais d'impression électro-chimique qui ont été faits, a tenu souvent à ce défaut de soin, et cela se comprend aisément, puisque le papier humide superficiellement permet à la matière colorée qui se forme de se délayer et de s'étendre au préjudice, bien entendu, de la netteté des traces fournies. Pour conserver à ces feuilles le degré d'humidité qui leur convient, il faut en superposer un certain nombre et ajouter à la solution cyanurée de l'azotate d'ammoniaque, substance énormément hygrométrique, et qui joue en même temps un rôle très-utile dans l'action chimique. Le choix du papier lui-même n'est pas indifférent. Celui qui produit les meilleurs résultats est le papier de chiffon travaillé à la forme et bien collé. Un pareil papier peut rester presque indéfiniment dans l'eau sans devenir plucheux, ce qui est un grand avantage. Enfin, il faut que les pointes métalliques soient assez fines.

Dans le second système électro-chimique avec l'azotate de manganèse, ce corps, décomposé sous l'influence du courant, laisse libre l'oxyde de manganèse qui est de couleur brune et qui se montre sous l'aiguille de platine, si celle-ci est positive. Il se dégage en même temps sous cette pointe des vapeurs nitreuses.

Une chose assez curieuse dans ces sortes de réactions, c'est que si on superpose, comme nous l'avons indiqué plus haut, plusieurs feuilles de papier préparé, une seule de ces feuilles, c'est-à-dire celle qui est en contact direct avec la pointe métallique, reçoit les marques électro-chimiques. Ce qui prouve que ce n'est qu'au contact des électrodes que le corps décomposé est mis en liberté.

Comme dans le mode de transmission électrique par voie humide l'énergie du courant dépend beaucoup de la largeur des électrodes, on comprend que les bifurcations du courant peuvent s'obtenir facilement; car alors les pointes de fer en rapport avec le courant constituent, prises collectivement, une électrode de surface plus grande.

CHAPITRE VI.

COURANTS INDUITS SUSCEPTIBLES D'ÊTRE APPLIQUÉS DANS LA TÉLÉGRAPHIE ÉLECTRIQUE.

Les courants induits, en raison de la grande tension qu'ils possèdent, tension qui leur permet de vaincre de grandes résistances, sont des courants éminemment propres à la télégraphie, et on l'avait si bien compris dès l'origine de cette science, que le premier télégraphe électrique qui ait fonctionné sur une grande échelle, celui de **M. Steinheil**, était animé par des courants de cette espèce. Depuis, ce système de générateur électrique avait été abandonné en raison des fonctions complexes qu'on demandait aux télégraphes et qui exigeaient une intensité électrique supérieure à celle que les courants induits pouvaient fournir ; mais dans ces derniers temps on semble être revenu à un autre ordre d'idées, et aujourd'hui les courants induits sont de nouveau mis à l'ordre du jour. Nous croyons donc devoir entrer dans quelques détails à leur sujet, d'autant plus que l'on se fait généralement une idée assez fausse de leur origine et de leurs propriétés au point de vue qui nous occupe.

CONDITIONS DE DÉVELOPPEMENT DES COURANTS INDUITS.

Si l'on considère que l'aimantation d'un corps magnétique placé à l'intérieur d'une hélice constituant un circuit fermé a pour effet immédiat la création d'un courant induit de sens inverse au courant magnétique, et que sa désaimantation entraîne la création d'un courant contraire, c'est-à-dire dans le même sens que ce courant magnétique, on arrive immédiatement à cette conclusion : que toute cause extérieure qui aura pour effet de surexciter ou d'affaiblir la force d'un corps magnétique déjà aimanté devra donner naissance à des courants induits, qui seront d'autant plus énergiques que cette surexcitation et cet affaiblissement seront plus grands. Par conséquent, si on applique à un système magnétique disposé de manière à recueillir des courants induits *tous les moyens d'excitation magnétique dont nous avons parlé dans le chapitre précédent, p. 151, on pourra, non-seulement agrandir les effets de l'induction proprement dite, mais en créer de nouveaux qui pourront même dépasser ces derniers dans des circonstances données.*

J'ai fait, du reste, construire pour l'analyse de ces effets un petit appareil dont je vais donner une description rapide, et qui permet de bien préciser les conditions de développement de tous les courants induits dont on peut avoir à faire usage dans la télégraphie électrique (*).

Sur une planche-support XY (*fig.* 49) sont fixés à demeure deux systèmes d'électro-aimants droits AB, CD, portant chacun deux bobines séparées par un intervalle d'environ 3 centimètres. Les bobines A et C sont recouvertes de gros fil, les bo-

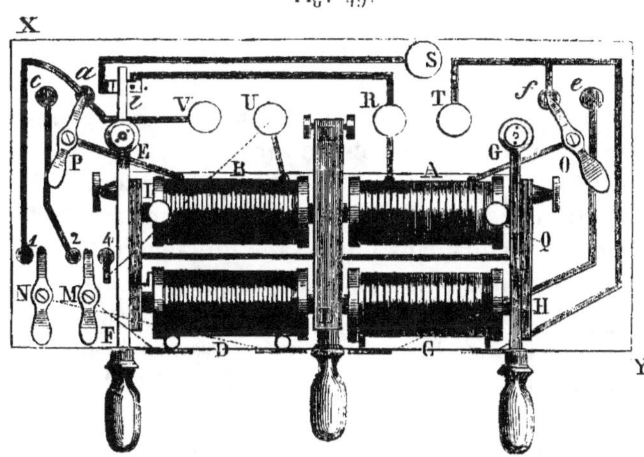

Fig. 49.

bines B et D de fil fin (le n° 16). L'électro-aimant CD est fixé sur la planche XY par l'intermédiaire d'une planchette montée à charnières sur le bord de cette planche XY, et peut par con-

---

(*) *Voir* mon Mémoire sur les courants induits, et ma Notice sur l'appareil de Ruhmkorff, 4° édit.

séquent s'abattre complétement en dehors de celle-ci ; de
cette manière il peut être retiré complétement de l'appareil.
Les fils des bobines A et C aboutissent à un commutateur O
qui, étant tourné sur la goutte *f* ou la goutte *e*, fait circuler
le courant (dont les points d'attache sont en R et en T) à travers la bobine A seulement ou à travers les deux à la fois. Les
fils des bobines B et D sont disposés d'une autre manière.
Les extrémités de la bobine B aboutissent l'une (l'extrémité
intérieure) au bouton d'attache U du galvanomètre, l'autre au
commutateur P qui peut relier directement cette extrémité
avec le second bouton d'attache V ou avec la seconde bobine D, par l'intermédiaire d'un commutateur MN. A cet effet,
les extrémités de cette dernière bobine aboutissent, par l'intermédiaire des charnières de la planchette sur laquelle elle est
montée, à deux manettes à frottement M et N qui, étant placées convenablement sur les gouttes 1, 2, 4, peuvent relier les
bobines B et D soit en quantité, soit en tension (*). En même
temps le commutateur P permet d'isoler complétement la
bobine B.

En face des pôles Q, H, I, J des deux électro-aimants se
trouvent des armatures de fer doux GH, EF, articulées soit
directement, soit par l'intermédiaire d'un levier de cuivre, à
des axes pivots G, E, et dont on peut faire varier la masse par
l'addition de nouvelles pièces de fer qu'on boulonne dessus.
Une troisième armature KL, également articulée, mais dans
un sens différent des autres, peut s'appliquer sur le fer des
deux électro-aimants dans l'intervalle qui sépare les bobines.
Enfin, un conjoncteur *i*, composé de deux ressorts verticaux
mis en rapport avec le circuit des bobines A et C, est disposé
de manière à fermer le courant à travers ces bobines quand
l'armature EF est poussée contre les pôles I et J des électro-
aimants.

Voici maintenant comment on se sert de cet instrument :

Première expérience. — On isole l'électro-aimant AB de CD

(*) Les bobines sont disposées en tension quand les deux fils ne font qu'une
seule longueur. Elles sont au contraire en quantité quand ces deux fils forment
un double conducteur.

en renversant celui-ci, on place le commutateur O sur la goutte f et le commutateur P sur la goutte x; puis, après avoir relié le galvanomètre aux bornes U, V, et éloigné toutes les armatures, on ferme le courant voltaïque sur la borne T. — Sous l'influence de ce courant, le barreau QI s'aimante et un courant d'induction de simple aimantation se manifeste dans le sens inverse au courant magnétique. Il est peu intense (26 degrés du galvanomètre)(*) aussi bien que celui qui résulte de la simple désaimantation, par suite de l'ouverture du courant en T. Il faut alors que les manettes M et N soient dans la position qu'elles ont sur la figure.

Deuxième expérience. — La disposition précédente reste la même ; seulement on approche l'armature GH du pôle Q. Alors, au moment de la fermeture du courant voltaïque en T, le courant induit, qui a pris naissance dans les circonstances précédentes, se trouve renforcé (47 degrés du galvanomètre).

Troisième expérience. — On laisse le courant fermé avec l'appareil disposé comme dans la première expérience, puis on approche brusquement l'armature GH du pôle Q ; un courant de surexcitation prend alors naissance, et on peut en avoir la preuve par le sens de la déviation du galvanomètre qui est alors la même que dans le cas de l'aimantation du barreau QI. Cette déviation toutefois est assez faible (15 degrés du galvanomètre). En éloignant l'armature, on obtient, bien entendu, un courant en sens inverse du premier.

Quatrième expérience. — L'appareil restant, disposé comme dans la troisième expérience, et le courant restant fermé à travers la bobine A, on abaisse l'armature EF ; aussitôt un courant induit de double surexcitation magnétique prend naissance, et ce courant est d'environ 19 degrés du galvanomètre. Si on abaisse à la fois les deux armatures, ce circuit atteint 37 degrés.

Cinquième expérience. — Les choses restant comme précédemment, on remplace l'armature EF par une deuxième armature moitié moins longue. Alors le courant induit se trouve

---

(*) Pour un élément de Bunsen peu chargé.

diminué de 37 à 17 degrés. Il en aurait été de même si on eût diminué la masse de l'armature GH, ce que l'on conçoit d'ailleurs facilement, puisque, d'après les lois des électro-aimants, leur force augmente avec la masse et surtout avec la surface des substances magnétiques mises en jeu. On peut, du reste, mettre ce fait hors de doute en plaçant la pièce additionnelle de fer de l'armature GH tantôt parallèlement contre cette armature, tantôt perpendiculairement et en croix avec elle ; il faut seulement faire un certain nombre d'expériences, dix au moins. Or, en prenant la moyenne des déviations correspondantes à ces deux dispositions de l'armature, on trouve que quand la pièce additionnelle est en croix, c'est-à-dire quand l'armature présente extérieurement une plus grande surface magnétique, le courant produit est plus fort que quand, en conservant la même masse, cette armature est moins développée en surface. La moyenne d'un très-grand nombre d'expériences faites avec un soin particulier m'a donné 51°,8 pour l'armature avec la moindre surface, et 59°,1 pour l'armature avec la plus grande surface. Ce résultat est, du reste, conforme aux effets que nous avons déjà étudiés dans le chapitre précédent.

Sixième expérience. — On laisse les deux armatures GH et EF appuyées contre les pôles Q et I, et on abaisse l'armature KL. Immédiatement un courant de désaimantation de 11 degrés du galvanomètre se manifeste, et ce courant est, bien entendu, inverse à celui qui était résulté du rapprochement des armatures GH et EF. On peut se convaincre, d'ailleurs, de la désaimantation en plaçant l'armature EF à distance suffisante du pôle I, pour ne pas être attirée, l'armature KL étant abaissée. Au moment où on relève cette dernière armature, la première est attirée.

Septième expérience. — On laisse les armatures GH et EF appuyées sur les pôles Q et I, puis on ferme et on ouvre alternativement le courant voltaïque en T ; on obtient alors des courants d'aimantation renforcée qui sont beaucoup plus intenses que ceux jusque-là étudiés (68 degrés du galvanomètre), parce que le magnétisme de l'électro-aimant induisant est doublement surexcité.

Huitième expérience. — On relève l'électro-aimant CD, et on place les commutateurs O et P sur les gouttes *e* et *c*, puis on place la manette M sur la goutte 2, et la manette N sur la goutte 1 ; les deux bobines se trouvent alors réunies en tension, et on obtient des courants de simple aimantation en rapport avec ce système de groupement. La déviation du galvanomètre est environ 40 degrés. On replace ensuite le commutateur P sur la goutte *a*, et la manette M sur la goutte 4, et alors les deux bobines sont réunies en quantité. Les courants que l'on observe fournissent une déviation de 45 degrés.

Neuvième expérience. — On répète la même expérience avec les armatures GH et EF abaissées sur les pôles Q, H, I, J ; on se trouve alors exactement dans les conditions de la machine de Clarke, et l'aiguille du galvanomètre fait dans ce cas deux tours et demi du cadran avec les bobines disposées en quantité, un tour un quart avec les bobines disposées en tension. Cette même expérience peut être répétée avec les deux armatures abaissées successivement.

Dixième expérience. — On laisse le courant fermé à travers les bobines A et C, et on maintient appuyée l'armature GH, tandis qu'on approche et qu'on éloigne l'armature EF des pôles I et J. On se trouve alors exactement dans les conditions de la machine de M. Dujardin, et les courants peuvent être en quantité ou en tension suivant la disposition des commutateurs ; l'aiguille du galvanomètre fait encore dans ce cas environ deux tours du cadran avec les bobines en quantité, un tour avec les bobines en tension.

Onzième expérience. — En laissant les deux armatures GH et EF abattues sur les pôles QH, et IJ, et en abaissant l'armature KL, on obtient des courants de désaimantation assez énergiques (35 degrés du galvanomètre).

Douzième expérience. — On place le commutateur O sur la goutte *e*, on maintient le second commutateur sur la goutte *c*, et on place les manettes M et N sur les gouttes 2 et 1, puis on retire l'armature EF pour la remplacer par une armature moitié moins longue ; enfin on éloigne l'armature GH des pôles Q et II, et on fait aboutir, par la borne S, l'un des pôles de la pile (celui en rapport avec la borne R) au conjoncteur *i*, mis en action par le levier EF, au moment où l'armature portée par ce levier s'approche du pôle I. Par cette disposition, on réunit les deux sortes d'inductions, comme cela a lieu dans la machine de M. Gaiffe ; seulement, au lieu de réagir sur de doubles bobines, on agit sur des bobines simples, sans surexcitation secondaire. La déviation est alors 47 degrés ; elle serait 11 degrés sans cette combinaison dans un cas, et 26 degrés dans l'autre. Dans cette réaction, la bobine D joue le rôle de la bobine induite, à la manière de la machine de Clarke, et la bobine B joue le rôle de la bobine placée à demeure sur l'aimant fixe dans la machine de Dujardin ; il suffit donc d'approcher et d'éloigner le levier EF pour obtenir réunies les deux sortes d'inductions. Pour pouvoir apprécier si cette réunion présente plus d'avantages qu'un seul genre d'induction exercé sur un fil de même longueur, il faudrait que la bobine B fût changée et remplacée par une autre ayant une hélice de longueur double.

On peut encore réunir les deux inductions en remplaçant dans l'expérience précédente la petite armature par la grande EF, et en maintenant abaissée l'armature GII ; les déviations du galvanomètre atteignent alors leur maximum , et l'aiguille peut faire jusqu'à *sept tours du cadran.*

Cette dernière expérience permet de constater un fait qui démontre clairement l'existence de la condensation magnétique dont nous avons parlé page 161. Ainsi, si après avoir fait une première fois l'expérience précédente on cherche à la répéter sans toucher au système électro-magnétique, on trouve *que le courant induit obtenu la première fois est beaucoup plus intense que celui obtenu ultérieurement, et ne peut retrouver sa première énergie qu'après le détachement complet des armatures GII et EF.* On constate en même temps qu'au moment où on détache ces armatures, fût-ce même au bout de plusieurs mois, *un courant énergique de désaimantation est produit.* Ces effets ne peuvent s'expliquer qu'autant qu'on admet une condensation des fluides magnétiques aux points de contact des armatures avec les noyaux magnétisés, condensation qui confisque à son profit une partie du magnétisme libre susceptible de fournir l'induction et qui, étant détruite par l'effet du détachement de l'armature, permet aux fluides condensés de devenir libres à leur tour en accusant cette mise en liberté par un courant de désaimantation.

Treizième expérience. — On retire des bobines A et B le barreau de fer doux qui s'y trouve fixé par des vis de pression, et on le remplace par un barreau aimanté ; on retrouve alors tous les effets que nous avons étudiés, mais cette fois sous l'influence du magnétisme seulement. Ainsi, en entrant l'aimant dans la bobine B, le galvanomètre dévie d'environ 20 degrés. — En maintenant le barreau aimanté à l'intérieur des bobines A et B et laissant l'armature GH appuyée sur le pôle Q du barreau, on obtient une déviation de 5 à 6 degrés lorsqu'on approche l'armature EF du pôle I. Tous ces effets sont sans doute très-peu intenses, en raison de la faiblesse magnétique du barreau aimanté ; mais avec le double système et deux barreaux aimantés, les effets sont plus énergiques et presque comparables à ceux que nous avons consignés.

Au point de vue physiologique, cet appareil permet de constater des effets très-curieux ; mais ces effets étant complétement en dehors du sujet que nous traitons, nous renverrons ceux que cette question pourrait intéresser à notre Mémoire sur les courants induits.

PROPRIÉTÉS DES COURANTS INDUITS.

Les courants induits, comme nous l'avons dit, sont de deux sortes : *les courants induits inverses* et *les courants induits directs*. Or, il s'agissait de connaître leurs propriétés respectives pour savoir dans quels cas on doit employer de préférence l'un ou l'autre.

Avec la disposition ordinaire des bobines d'induction l'expérience a toujours démontré que les deux courants avaient exactement la même intensité et par conséquent étaient égaux sous le rapport de la quantité, mais que l'un, le courant direct ou de désaimantation, ayant une tension bien supérieure à l'autre, pouvait manifester son effet à une beaucoup plus grande distance. On a reconnu, en outre, que les courants directs atteignaient beaucoup plus promptement leur période d'intensité permanente que les courants inverses et infiniment plus promptement que les courants voltaïques. D'après cela, on voit que ce sont les courants directs qui sont spécialement applicables à la télégraphie; et, en effet, M. Hipp a reconnu que l'aimantation d'un électro-aimant interposé sur un circuit télégraphique était six fois plus grande avec le courant direct qu'avec le courant inverse.

Les courants induits peuvent du reste, comme ceux des piles, se transformer en courants de tension ou en courants de quantité, non-seulement par le mode de liaison des bobines induites, ainsi qu'on l'a vu précédemment, mais encore par le degré d'isolation du fil, sa grosseur, sa longueur, et la composition du noyau magnétique déterminant l'induction. Avec un fil très-fin, très-long, et isolé avec toutes les précautions qu'on prend pour l'électricité des machines à plateau de verre, M. Ruhmkorff est parvenu à faire produire à une machine d'induction des étincelles de 45 centimètres de longueur, et M. Joseph Van Malderem, avec du fil très-gros réparti convenablement sur plusieurs bobines soumises à l'action d'un certain nombre d'aimants, a pu faire produire à une machine d'induction de moyenne grandeur une magnifique lumière électrique qui ne différait en rien de celle fournie par la pile. Il est même parvenu à faire rougir un fil de fer de $\frac{3}{10}$ de millimètre de diamètre sur 4 mètres de longueur.

La composition du noyau magnétique montre surtout son influence, quand l'aimantation qui lui est communiquée provient de l'action d'un courant voltaïque. Dans ce cas, la tension du courant induit gagne beaucoup à ce que le noyau magnétique soit composé d'un faisceau de fils de fer. Cet effet vient sans doute de ce qu'avec cette disposition, la démagnétisation s'effectue plus rapidement qu'avec des noyaux massifs de fer, ainsi qu'on l'a vu page 167.

La tension et l'intensité des courants induits, quand ils doivent agir d'une manière continue, dépendent beaucoup de la succession plus ou moins rapide des alternatives d'aimantation et de désaimantation qui leur donnent naissance. Si cette succession est rapide, l'intensité est augmentée; si, au contraire, elle est lente, c'est la tension qui en bénéficie, et cela parce que le noyau magnétique pouvant atteindre son maximum d'aimantation peut réagir plus énergiquement.

Quand les courants induits ont une grande tension et peuvent produire des étincelles à distance, *le courant direct seul peut passer à travers la solution de continuité et donne alors lieu dans cette solution de continuité à deux flux électriques qui ont des caractères très-différents.* L'un de ces flux, qui est représenté par un jet de feu d'une blancheur éblouissante, a la tension et toutes les propriétés de l'électricité des machines à plateau de verre; l'autre, qui apparaît sous la forme d'une atmosphère lumineuse enveloppant le trait de feu, a toutes les propriétés de l'électricité de quantité.

Toutefois ce double flux est plutôt apparent que réel et provient de ce qu'une partie de la décharge, en éclatant à distance, ouvre la voie à l'autre partie qui se trouve dès lors conduite à travers l'air échauffé à l'état de courant continu. Les effets auxquels donne lieu cette non-homogénéité de l'étincelle d'induction, que j'ai le premier découverte en 1854, sont excessivement variés et curieux et ont été de ma part l'objet de nombreuses recherches. Mais nous n'en parlerons pas davantage, car elles n'intéressent en aucune façon le sujet que nous traitons (*). Nous nous contenterons de dire que, pour leur application à la télégraphie électrique, les courants induits ne doivent pas avoir une très-grande tension, d'abord parce que les lignes ne seraient jamais assez bien isolées pour les conduire sans grande perte, et en second lieu parce que, appliqués sur des câbles sous-marins ou des conduites souterraines, ils compromettraient gravement leur isolation en perforant la couche isolante. Dans ce cas il vaut mieux transformer cet excès de tension en quantité, et pour cela il ne s'agit que d'employer du fil plus gros pour les bobines induites.

MACHINES D'INDUCTION.

Pour obtenir avec les courants induits, qui sont instantanés, des effets analogues à ceux des courants continus, il fallait dis-

---

(*) *Voir* ma Notice sur l'appareil de Ruhmkorff, 4ᵉ édit., et mon Mémoire sur la non-homogénéité de l'étincelle d'induction

poser les appareils destinés à les produire de manière à fournir une succession de courants assez rapide pour que les interruptions pussent se trouver dissimulées. Les machines destinées à réaliser cet effet portent le nom de *machines d'induction*.

Ces machines, depuis la découverte de Faraday, ont été très-variées dans leur disposition ; mais elles peuvent se rapporter à quatre types principaux basés sur les différentes réactions que nous avons exposées précédemment. Ce sont: 1° les machines fondées sur l'aimantation temporaire du fer doux ; 2° les machines fondées sur la surexcitation magnétique des aimants permanents ; 3° les machines dans lesquelles les deux genres de réactions précédentes sont réunies ; 4° les appareils d'induction voltaïque.

Ne pouvant décrire ici tous les appareils qui ont été imaginés, nous nous bornerons à donner un spécimen de chacun des types dont nous venons de parler (*).

1° **Machines fondées sur l'aimantation temporaire du fer doux.** — Pixii, constructeur français, paraît être le premier qui ait construit une machine d'induction fournissant des courants induits prolongés résultant d'aimantations successives communiquées à un barreau de fer doux. Pour obtenir ce résultat, il faisait tourner au-dessous d'un électro-aimant un fort aimant permanent en fer à cheval dont les pôles, en s'approchant et en s'éloignant alternativement de ceux de l'électro-aimant, remplissaient le rôle d'un barreau aimanté qu'on aurait enfoncé et retiré de l'hélice induite ; un commutateur, gouverné par l'axe de rotation de l'aimant, permettait en outre de redresser les courants de manière à les fournir toujours dans un même sens. Cette machine, du reste assez volumineuse, fut installée en 1832 à la Sorbonne pour le cours d'Ampère.

La machine américaine de Saxton vint après, et ses dispositions, plus simples et mieux comprises, purent permettre de réduire considérablement les dimensions de ces sortes de machines. C'est cette disposition qui a été adoptée dans les machines vulgairement désignées sous le nom de ma-

---

(*) *Voir* mon *Exposé des Applications de l'électricité*, t. I, p. 352.

chines de Clarke, bien que M. Clarke n'en ait jamais été l'inventeur.

La *fig.* 5o ci-dessous représente cette machine perfectionnée.

EE est un fort aimant en fer à cheval appuyé contre une planchette GG', ML un électro-aimant dont les bobines constituent les hélices d'induction et qui est supporté par un axe horizontal O pivotant sur deux coussinets en dehors de la plan-

Fig. 5o.

chette GG'. Cet axe porte d'un côté le commutateur sur lequel appuient les trois ressorts A, B, C, de l'autre une roue sur laquelle vient engrener une chaîne à la Vaucanson que fait tourner une roue de grand diamètre. Un manche M, adapté à l'un des rayons de cette dernière roue, sert à la mettre en mouvement. Sous l'influence du mouvement communiqué à cette roue, l'électro-aimant tourne avec une certaine vitesse, et les branches, en passant devant les pôles de l'aimant, four-

14

nissent la série d'aimantations et de désaimantations nécessaires à la production d'un courant continu.

Les *fig.* 51 et 52 représentent les détails du commutateur.

Sur la base de la machine est fixé un parallélipipède de
bois D garni sur ses deux faces de deux lames métalliques *a* et *b*,
sur lesquelles s'implantent les lames de ressorts A, B, C qui appuient sur l'axe O, et les fils qui recueillent et transmettent les

Fig. 51.

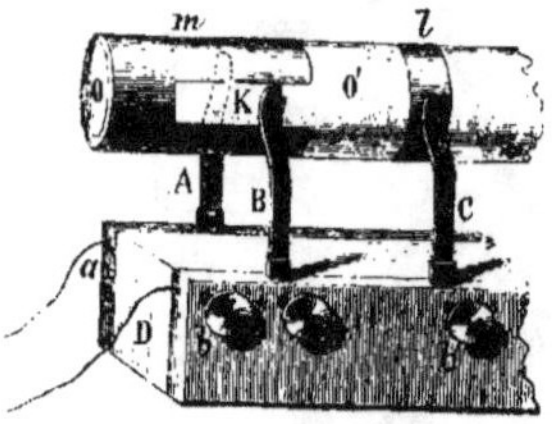

Fig. 52.

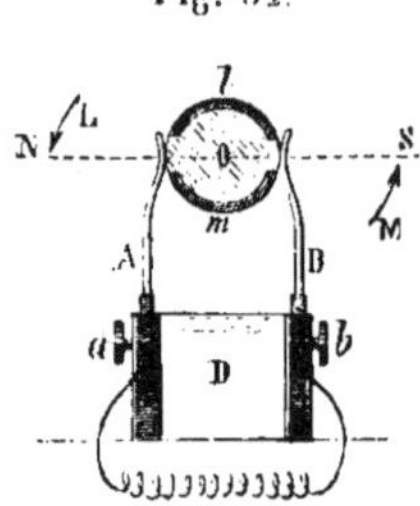

courants sont engagés et serrés par des vis en *a* et en *b*. L'axe O
est terminé par une pièce spéciale *lm* (*fig.* 52) composée de
deux demi-anneaux *l* et *m* isolés l'un de l'autre et de l'axe
par de l'ivoire et communiquant, le premier *l* à la bobine L,
l'autre *m* à M. Avec cette disposition, admettons que le mouvement de la bobine se fasse dans le sens des flèches : pendant
qu'elles s'approchent des deux pôles N et S de l'aimant fixe, les
languettes A et B pressent sur *m* et sur *l* et transmettent le
courant dans un certain sens. Au moment où les deux bobines
atteignent et dépassent la ligne des pôles, le courant change
de signe, il est vrai, mais les languettes ont traversé la ligne
d'interruption de *l* et de *m* et changent de ressorts frotteurs ;
d'où il suit que le courant conserve toujours la même direction dans le circuit extérieur qui joint *a* et *b*. Le troisième ressort C (*fig.* 51) réagit sur un interrupteur spécial pour donner
plus d'énergie aux commotions lorsqu'on emploie cet appareil
pour obtenir des effets physiologiques.

On a construit sur ce principe, en Angleterre et en France,
de très-grandes machines qui, comme je l'ai déjà dit, produisent des effets formidables. Si le problème de l'éclairage électrique peut être résolu, ce sera bien certainement au moyen

d'appareils de ce genre, car le courant qui se trouve ainsi produit est d'une régularité parfaite, et une lumière égale à 2000 bougies ne revient pas par ce moyen à plus de 30 centimes l'heure (*).

2° **Machines fondées sur la surexcitation magnétique des aimants permanents.** — Ces machines, imaginées il y a une vingtaine d'années par M. Dujardin, de Lille, sont en quelque sorte, quant à leur disposition, l'inverse des machines précédentes. Les bobines d'induction, au lieu d'être fixées sur le fer doux qui doit subir les alternatives d'aimantation et de désaimantation, sont placées sur les pôles de l'aimant fixe, et le développement électrique est alors produit par les renforcements et affaiblissements successifs du magnétisme de l'aimant, que provoque le passage momentané de l'armature devant ses pôles. Depuis longtemps ces machines, dont la construction est très-simple, sont très-employées dans les applications électriques ; mais ce qui est très-extraordinaire, c'est que la plupart des constructeurs qui les combinent et des physiciens qui les décrivent, ignorent encore complétement le principe sur lequel elles sont fondées. Cela tient évidemment à l'ignorance dans laquelle on est généralement des conditions de force des aimants, question que ces messieurs regardent comme indigne de leur attention, bien qu'elle soit la base de toutes les applications électriques.

C'est à cette catégorie de machines d'induction qu'appartiennent les machines de MM. Breton, Duchenne, Page, etc., aujourd'hui si répandues comme appareils électro-médicaux.

La *fig.* 53 (p. 212) représente un de ces appareils.

C est l'aimant fixe qui doit fournir l'induction ; A et B les bobines d'induction, qui sont établies d'une manière fixe sur la planche servant de support à l'appareil, EF l'armature qui, en tournant devant les pôles de l'aimant C, doit surexciter son pouvoir magnétique. Cette armature, portée par un axe FK, est mise en mouvement par l'engrenage que l'on distingue sur la figure ; et un commutateur K, placé à l'extrémité de l'axe FK, permet de redresser les courants venant des

---

(*) *Voir* mon *Exposé des applications de l'Électricité*, t. I, IV et V.

14.

bobines A et B. Enfin, une manivelle D permet, pour la graduation de l'intensité du courant, d'éloigner ou de rappro-

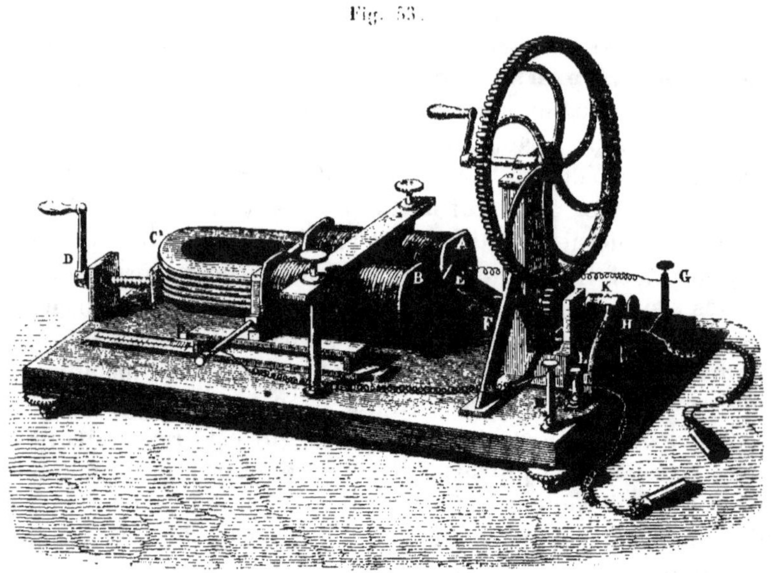

Fig. 53.

cher de l'armature EF les deux pôles de l'aimant, et la quantité dont celui-ci avance ou recule est indiquée par une règle
divisée P.

Dans les machines de M. Duchenne, de Boulogne, on peut
régler encore l'énergie des courants induits à l'aide de deux
cylindres de cuivre dont on recouvre plus ou moins les hélices A et B : le minimum d'action du courant est obtenu
quand ces hélices sont complétement enveloppées par ces cylindres. Ce genre de graduation, imaginé par M. Dove, est
très-efficace et peut encore exercer le même effet quand, au
lieu de placer les tubes extérieurement à l'hélice, on les place
intérieurement.

**3° Machines d'induction dans lesquelles les deux
genres de réactions précédentes sont réunies.** — Si
l'on considère que le fer à cheval sur lequel sont placées les
bobines d'induction dans la machine de Clarke joue, par rapport à l'aimant fixe, le rôle d'une simple armature, tandis qu'il
réagit sur le fil qui le recouvre comme un véritable aimant

dont le magnétisme se trouve alternativement surexcité et détruit, on concevra facilement qu'en remplaçant, dans les machines que nous venons d'étudier, l'armature de fer doux par un électro-aimant de Clarke, on devra obtenir deux sources d'électricité d'induction au lieu d'une, et ces sources pourront donner lieu à un courant définitif plus intense.

M. Nollet paraît être le premier qui ait eu l'idée de cette combinaison des deux systèmes d'induction ; mais c'est M. Gaiffe qui l'a exécutée jusqu'à présent de la manière la plus satisfaisante. Ce constructeur est parvenu, en effet, à produire des courants induits aussi énergiques que ceux d'une machine de Clarke ordinaire avec un appareil qui est renfermé dans une boîte de 7 centimètres de largeur et de hauteur sur 12 centimètres de longueur.

La *fig.* 54 ci-dessous représente un de ces appareils.

Fig. 54.

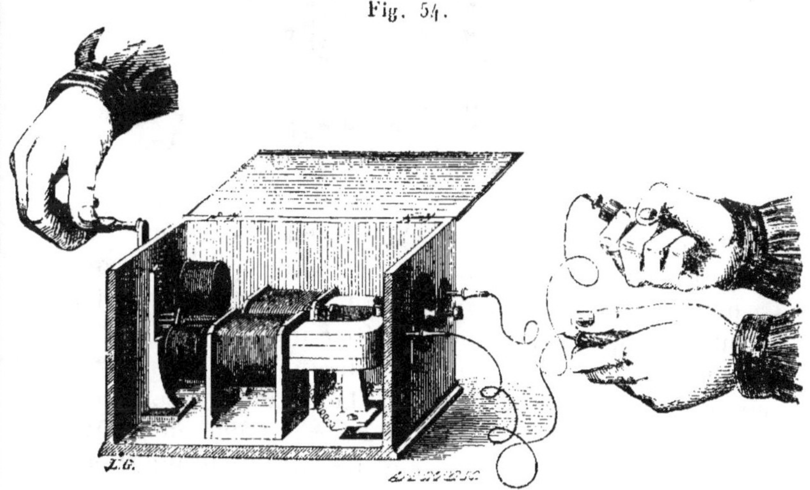

L'expérience a démontré que la grosseur du fil la plus convenable pour cet appareil, au point de vue de ses réactions physiologiques, était le n° 28 pour les bobines de l'armature et le n° 24 pour les bobines de l'aimant. Ces bobines sont d'ailleurs enroulées en tension les unes par rapport aux autres.

4° Appareils d'induction voltaïque. — Un appareil d'induction voltaïque se compose de quatre éléments : 1° d'une

spirale en gros fil à travers laquelle circule un courant voltaïque ; 2° d'une spirale de fil fin qui enveloppe la première
ou s'enroule en même temps qu'elle sur la bobine, et dans
laquelle prend naissance le courant induit ; 3° d'un faisceau

Fig. 55.

magnétique de fer doux que l'on introduit à volonté à l'intérieur de la première spirale ; 4° d'un interrupteur de courant.
La première spirale est dite spirale ou hélice inductrice, la
seconde est appelée spirale ou hélice induite.

Pour obtenir des courants d'induction, il n'est pas nécessaire d'introduire à l'intérieur de l'hélice inductrice le faisceau
magnétique, la réaction seule du courant voltaïque suffit pour
les faire naître ; mais le courant induit atteint une bien plus
grande énergie quand le faisceau magnétique réagit de concert
avec le courant.

Bien que nous ayons désigné sous le nom d'hélice induite
la seconde spirale qui enveloppe l'hélice inductrice, cette dernière se trouve également induite, comme le prouvent le développement considérable de l'étincelle à l'interrupteur et l'accroissement de tension du courant voltaïque. Le courant
résultant de cette induction a été appelé, par les physiciens,
extra-courant, et constitue ce que M. Duchenne appelle

dans son traitement électro-médical *le courant de premier ordre*.

M. Masson est un des premiers qui ait perfectionné les appareils d'induction voltaïque. Voulant obtenir de cette source d'électricité des effets électriques continus, il pensa, en 1836, à employer comme interrupteur du courant inducteur, une roue métallique sur les dents de laquelle il faisait frotter une lame de ressort. Cette roue était mise en rapport avec le fil du circuit inducteur, tandis que le ressort frotteur était en relation avec l'un des pôles de la pile, et comme l'autre pôle de cette pile correspondait directement avec le circuit inducteur, les fermetures et les interruptions du courant voltaïque se succédaient à des intervalles d'autant plus rapprochés que le ressort était tourné plus vite. M. Masson put constater alors que les courants créés avaient une tension considérable, et que les effets physiologiques qu'ils exerçaient pouvaient être appliqués utilement à la médecine. Plusieurs perfectionnements, entre autres la substitution des interrupteurs mécaniques à la roue dentée, furent ensuite successivement apportés aux appareils d'induction, de sorte que ceux-ci constituèrent bientôt une des applications les plus importantes de la science électrique.

Les premiers interrupteurs mécaniques qui furent adaptés aux appareils d'induction étaient mis en mouvement par un mécanisme d'horlogerie ; mais ce système, en outre de l'élévation du prix qu'il occasionnait dans l'achat de l'appareil, était susceptible de nombreux dérangements et nécessitait de fréquentes réparations ; il fallait, d'ailleurs, remonter à des intervalles très-rapprochés le mécanisme, et c'était un soin assujettissant qu'il était absolument nécessaire d'éviter. On a donc dû rechercher un système plus continu et plus régulier, et le rhéotome de Neef est venu fort à propos pour résoudre la question. Quel est celui qui le premier a apporté à ces instruments cet heureux perfectionnement? Il serait difficile de le préciser, car plusieurs instruments ainsi disposés ont été construits presque en même temps par plusieurs constructeurs; pourtant il paraîtrait que ce serait M. Neef qui aurait la priorité.

Ces appareils ont été tellement variés dans leurs formes,

qu'il serait même impossible d'en donner la nomenclature ; le plus important est celui auquel on a donné le nom de machine de Ruhmkorff, et qui a une telle tension, qu'il peut fournir, comme nous l'avons déjà dit, des étincelles de 45 centimètres de longueur.

Quand on veut augmenter l'énergie des appareils d'induction sous le rapport de la quantité, il suffit de surexciter le magnétisme du noyau de fer au moyen de deux morceaux de fer que l'on adapte à ses deux extrémités ; on peut, suivant M. Cecchi, arriver de cette manière à tripler l'intensité du courant induit.

Au contraire, quand on veut augmenter la tension, on fait en sorte de détruire l'extra-courant dans l'hélice inductrice en mettant les deux extrémités de cette hélice en rapport avec les deux lames d'un condensateur très-développé ayant une surface isolante très-mince.

Nous n'insisterons pas davantage sur ce genre d'appareils, car nous serions entraîné bien loin du but que nous nous sommes proposé ; on pourra, d'ailleurs, connaître tous les phénomènes qu'ils produisent dans ma Notice sur l'appareil d'induction de Ruhmkorff.

DEUXIÈME PARTIE.

LIGNES TÉLÉGRAPHIQUES.

CHAPITRE PREMIER.

LIGNES AÉRIENNES.

D'après M. Jacobi, il paraîtrait que ce serait au baron Schilling, de Saint-Pétersbourg, qu'il faudrait rapporter la première idée de la construction des lignes télégraphiques aériennes telles qu'elles sont établies aujourd'hui.

« Sa Majesté l'Empereur de Russie, dit M. Jacobi, ayant examiné avec le plus haut intérêt le télégraphe électrique que M. Schilling avait établi en 1834 à l'amirauté de Saint-Pétersbourg, exprima le désir d'avoir une communication électro-télégraphique entre Saint-Pétersbourg et Péterhoff. De tous les hauts dignitaires qui l'entouraient alors, Sa Majesté fut le seul qui entrevit l'avenir de ce que les autres ne considéraient que comme un jouet.

» Comme c'est l'usage, une Commission fut nommée *ad hoc*, à laquelle Schilling soumit ses idées sur l'exécution de ce projet. Avec une certaine naïveté qui tenait alors de l'ignorance complète dans laquelle on était encore sur l'effet de l'isolation des conducteurs télégraphiques, Schilling crut suffisant de prendre un fil de cuivre seulement recouvert de soie vernie et entrelacé dans un câble bien goudronné, pour avoir un conduit sous-marin qu'il pensait placer au fond du golfe. Mais, pressentant les difficultés d'une telle entreprise, il *proposa de placer plutôt son conducteur sur des perches plantées sur le chemin de Péterhoff.* Cette sage proposition ne fut reçue de la part de la Commission qu'avec des huées décourageantes. Un

des membres de la Commission lui dit même en ma présence :
« Votre proposition est une folie, vos fils dans l'air sont vrai-
» ment *ridicules*. » Aujourd'hui *cette folie* a pris des dimensions gigantesques, les réseaux de ces fils ridicules couvrent
presque entièrement notre globe. Il y a bien des personnes
qui n'ont aucune idée du développement progressif des choses
qu'elles imaginent venues au monde comme Minerve toute
cuirassée du cerveau de Jupiter; pour elles il suffit que les
choses existent; elles ne tiennent aucun compte de leur passé,
elles n'ont aucune foi dans leur avenir. »

Malgré la défiance avec laquelle on a accueilli dès leur naissance les lignes aériennes, elles n'ont pas tardé néanmoins à se
répandre, d'abord comme lignes provisoires ou d'essai, ensuite comme lignes définitives. Quand on eut reconnu que les
sujets d'inquiétudes qu'on avait conçus n'étaient pas fondés,
on étudia alors sérieusement la question au point de vue pratique, et la pose d'une ligne télégraphique devint une question d'art du ressort de l'ingénieur, ayant ses règles et ses
principes.

Un ligne télégraphique aérienne se compose de trois parties
essentielles : 1° du *conducteur télégraphique;* 2° des *poteaux
souteneurs des fils;* 3° des *isolateurs.*

Des conducteurs. — Dans l'origine on employait pour
fils conducteurs des lignes télégraphiques des fils de cuivre,
que l'on prenait d'assez petit diamètre pour ne pas charger les
poteaux destinés à les soutenir, et qui étaient alors de petite
dimension. Mais on n'a pas tardé à les abandonner à cause
de l'allongement démesuré qu'ils gardaient, de leur amincis-
sement rapide et d'une espèce de trempe particulière qu'ils
prenaient sous l'influence électrique et de l'humidité, et qui
les rendait excessivement cassants. On leur substitua alors des
fils de fer; mais, comme pour rendre ces fils suffisamment
conducteurs il fallait les prendre d'un diamètre beaucoup plus
gros, on a dû en conséquence augmenter les dimensions des
poteaux et disposer ceux-ci de manière à ce qu'ils pussent résister aux pressions plus considérables exercées sur eux.

Le fil de fer de 4 millimètres de diamètre fut d'abord adopté,
et pendant longtemps les lignes françaises furent ainsi instal-
lées. Mais, par suite de la multiplicité des fils sur les poteaux,

multiplicité qui pouvait compromettre la solidité de ces derniers, on dut revenir à un numéro de fil plus fin, et, pour le rendre plus maniable et plus conducteur, on le fit recuire ; les poteaux purent être alors éloignés davantage les uns des autres et les fils moins tendus. On obtint ainsi comme avantage, au point de vue physique, une diminution dans le nombre des pertes produites le long de la ligne. En revanche, les lignes devinrent moins solides, plus résistantes, relativement à la transmission électrique et dans des conditions infiniment moins bonnes sous le rapport de la vitesse de la propagation électrique ; car, ainsi qu'on l'a vu page 67, les durées de la propagation croissent à mesure que les diamètres des fils diminuent, dans une progression excessivement rapide et qui se trouve exagérée encore par suite de l'intervention des électro-aimants des appareils télégraphiques. Il paraît toutefois que ces inconvénients l'ont emporté sur les avantages qu'on prévoyait ; car l'administration, après dix-huit mois d'essais, en est revenue au fil de 4 millimètres, et même au fil de 5 millimètres sur les grandes lignes, ne conservant les fils de 3 millimètres que pour les traversées des villes et les jonctions. Ainsi, en France, comme du reste en Angleterre, on emploie aujourd'hui pour les lignes télégraphiques trois échantillons de fil de fer ; mais, quels qu'ils soient, on a jugé indispensable pour leur conservation de les galvaniser, c'est-à-dire d'appliquer à leur surface une couche de zinc. Cette couverture offre effectivement de grands avantages ; mais elle peut se trouver malheureusement altérée dans certaines circonstances, notamment par la fumée émanant du charbon de terre. Dans ce cas, l'humidité accélère beaucoup sa destruction, car elle constitue alors entre le fer et le zinc, comme l'a fait observer M. Loir, un système galvanoplastique.

L'un des avantages du fer dans son application aux lignes télégraphiques est de pouvoir s'allonger et revenir, à raison de son élasticité, à sa longueur primitive, quand la force qui a produit cet allongement ne dépasse pas sa limite d'élasticité. C'est une propriété que ne possède pas le cuivre, et c'est une des raisons qui ont contribué au rejet de ce dernier métal.

Le poids de 1 kilomètre de fil de fer de 4 millimètres est de 100 kilogrammes, et pour qu'il soit d'une bonne qualité il doit résister à une tension de 480 kilogrammes. Le poids du fil de fer de 3 millimètres est de 60 kilogrammes par kilomètre et doit résister à une tension de 370 kilogrammes.

On a cherché, à diverses époques, à mieux isoler les fils télégraphiques, soit en les recouvrant d'enveloppes imperméables et isolantes, soit en les recouvrant de plusieurs couches de peinture ; mais comme ces fils doivent être suspendus, et que, précisément aux points de suspension, par lesquels se font principalement les pertes, cette enveloppe doit être infailliblement détruite en raison des frottements qui s'y trouvent exercés, on n'a pas donné suite à cette idée.

Poteaux télégraphiques.— Les poteaux télégraphiques que tout le monde connaît, et qui accompagnent aujourd'hui en France toutes nos principales voies de communication, sont généralement constitués par des brins de sapin et injectés d'une substance conservatrice d'après le procédé Boucherie. Ces poteaux sont de trois longueurs différentes, pour être appropriés suivant les besoins. Sur les lignes d'un ou de deux fils, ce sont des poteaux de 6 mètres qui sont employés ; pour les lignes de trois, quatre et cinq fils, on prend des poteaux de 7^m,50, et pour les croisement de lignes, les traversées de ville ou de village, on a recours à des poteaux d'une longueur moyenne de 10 mètres.

Les poteaux de 6 mètres ont généralement 12 centimètres de diamètre à 1 mètre au-dessus de la base, 8 centimètres au sommet ; ceux de 8 mètres, 18 centimètres à la base et 10 centimètres au sommet ; enfin ceux de 10 mètres, 22 centimètres à la base, 10 centimètres au sommet. Ces dimensions peuvent paraître un peu fortes relativement au poids, comparativement faible, que ces poteaux doivent soutenir; mais il faut remarquer que leur diamètre doit être tel, qu'ils puissent résister à l'action du vent, aux oscillations des fils, et à une foule de causes accidentelles qui mettent leur solidité à l'épreuve.

Les poteaux télégraphiques n'étaient éloignés les uns des autres, dans l'origine (pour le fil de 4 millimètres), que de 50 mètres en moyenne sur un parcours rectiligne; mais on a reconnu qu'on pouvait pousser sans inconvénient cet espacement à 75 mètres. Avec des poteaux plus élevés que ceux dont nous avons parlé, ou à travers des ravins escarpés, les portées des fils télégraphiques peuvent sans inconvénients dépasser de beaucoup ces limites. En revanche, dans les courbes, elles doivent être plus restreintes.

Généralement les poteaux s'altèrent à partir du sommet, parce que c'est lui qui se trouve le plus exposé aux variations atmosphériques et qui reçoit la pluie dans le sens des fibres du bois. Pour éviter cet inconvénient, on recouvre souvent le sommet d'une ardoise ou d'une petite planchette en bois ou bien on la taille en pyramide, en ayant soin de la recouvrir de peinture.

Quand le procédé Boucherie est bien appliqué, cette altération du bois est grandement diminuée ; car le sulfate de cuivre injecté doit se substituer complétement à la séve, précipiter les autres substances solubles que contient le bois, et même se combiner en partie avec la matière du bois de manière à minéraliser en quelque sorte celui-ci. Mais il arrive rarement qu'on puisse obtenir ce résultat, et pour reconnaître la bonne qualité d'une injection, il faut procéder de la manière suivante : on scie un morceau du poteau, et après avoir soumis la sciure qui en résulte à plusieurs lavages successifs on recherche la quantité de sulfate que l'eau a enlevée. Une analyse chimique, faite sur la sciure elle-même, montre ensuite la véritable quantité qui s'est incorporée au bois (*). Tous les bois, et même les différentes parties d'un même poteau n'absorbent pas également le sulfate de cuivre. En général, la partie centrale ou le cœur du poteau en est plus ou moins dépourvue et la base en contient moins que le sommet. Pour qu'un bois soit injecté convenablement, il faut qu'il ait absorbé le sulfate de cuivre dans la proportion de $5^k,5o$ par mètre cube.

Le procédé d'injection du sulfate de cuivre s'opère de deux manières différentes : par filtration ou capillarité, ou sous l'influence d'une pression extérieure. Dans la premier cas, le bois

---

(*) Quand on ne veut avoir qu'une idée approximative de la quantité de sulfate infiltrée dans le bois, on peut employer un système beaucoup plus simple. Il suffit, en effet, pour cela de promener sur les différentes parties de la section du bois un pinceau trempé dans une solution de cyanoferrure de potassium ; il se forme alors sous l'influence du sel de cuivre des taches d'un brun très-caractérisé, qui sont d'autant plus foncées que le sulfate de cuivre est en plus grande quantité dans les parties du bois ainsi humectées.

doit être coupé au moment du mouvement ascendant de la séve et soumis encore vert à l'injection; dans l'autre cas, au contraire, il doit être parfaitement sec. Ce dernier procédé, employé dans les chantiers d'Ivry, est dit *à vase clos*. Le premier n'est autre que celui de Boucherie dans toute sa simplicité. En principe, le procédé à vase clos consiste à introduire le poteau dans un long tube de fonte rempli jusqu'à une certaine hauteur de la solution saturée de sulfate, à faire d'abord le vide dans ce tube au moyen de la vapeur pour faire évacuer tous les gaz contenus dans les bois et à fournir ensuite une pression hydraulique considérable à l'aide d'un système de pompe foulante analogue à la presse hydraulique. Ce procédé, d'abord imaginé par M. Bréant, a été perfectionné, ou du moins disposé d'une manière différente par M. Bethell, en Angleterre, MM. Legé et Fleury-Péronnet, au Mans (*).

Avec le procédé Boucherie les poteaux sont rangés les uns à côté des autres sur un chantier et maintenus inclinés de manière à présenter leur sommet contre terre et leur base à un mètre au-dessus du sol; des couvercles de bois de chêne et des rondelles de caoutchouc appliquées contre la base fraîchement sciée de ces poteaux, laissent passer seulement un petit ajutage correspondant à l'aubier des poteaux, et sur lequel s'emmanchent des tubes de caoutchouc destinés à le relier avec le tube de distribution de la solution de sulfate de cuivre. Ce tube est en plomb et correspond à un réservoir rempli de ce liquide placé à 7 ou 8 mètres de hauteur. Une pompe foulante, correspondante à divers tonneaux dans lesquels la solution est préparée, permet d'entretenir toujours ce réservoir convenablement rempli. Le liquide, ainsi soumis à la base des poteaux à une pression de 7 à 8 mètres, pénètre avec une grande force dans le bois, et l'on voit, au moment même où l'on établit la communication avec le réservoir, la séve sortir par l'autre extrémité. L'injection d'un poteau télégraphique de 8 mètres dure en moyenne trois jours par ce procédé.

Les poteaux une fois préparés ainsi que nous venons de le dire doivent être complétement séchés avant d'être employés,

---

(*) *Voir* un article intéressant de M. Gauthier-Villars sur ce sujet dans les *Annales télégraphiques*, t. II, p. 257.

sans cela une partie des liquides injectés s'écoulerait en terre et entraînerait le sel.

D'après M. Varley, les poteaux en bois injecté ne seraient dans de bonnes conditions de conservation, qu'autant qu'ils ne seraient pas en contact avec du fer ou certaines substances pouvant former des sulfates de fer. Ce sel, suivant M. Varley, détruirait promptement les poteaux, et, pour en éviter la formation, il serait nécessaire de galvaniser toutes les pièces de fer qui doivent toucher ces poteaux. Par la même raison, on doit apporter la plus scrupuleuse attention à la pureté du sulfate de cuivre qu'on emploie, et qui contient souvent du sulfate de fer.

D'un autre côté, M. Blerzy prétend que, quand les poteaux doivent être enterrés dans de la maçonnerie, on doit éviter d'employer de la chaux pour les mortiers, attendu que, sous l'influence des eaux pluviales, il se forme du sulfate de chaux aux dépens du sulfate de cuivre, et les matières albumineuses du bois devenant libres entrent en fermentation, ce qui entraîne forcément la pourriture du bois. Il croit, en conséquence, que l'on ne doit employer pour ces maçonneries que des ciments ou des mortiers hydrauliques dans lesquels la chaux forme avec les silicates un composé inaltérable à l'humidité.

On a proposé, et même on a commencé à mettre en pratique dans certains pays des poteaux en fer, ou moitié bois et moitié fer. Ces poteaux ont généralement la forme de trépieds et auraient, au dire de certains ingénieurs, de très-grands avantages : d'abord celui de la durée, en second lieu celui de rendre les mélanges sur les lignes moins fréquents et moins préjudiciables, enfin celui de neutraliser les réactions atmosphériques. Les essais qui ont été faits de ces poteaux ne sont pas encore assez nombreux et assez décisifs pour qu'on puisse leur accorder une grande confiance ; mais il est facile de comprendre qu'avec de si bons conducteurs, les dérivations à la terre doivent être plus préjudiciables qu'avec les poteaux en bois, à moins d'éloigner considérablement les crochets des isolateurs.

Dans les villes et dans les villages il n'est pas toujours possible de planter des poteaux, leur effet est d'ailleurs disgracieux. On fixe alors les fils à d'autres supports dont la forme est variable selon l'état des lieux.

Lorsque la ligne doit passer devant des croisées, on pose les appareils de suspension contre des consoles formées de deux tiges en fer scellées dans la pierre à la chaux ou au soufre, à 0^m,25 de profondeur : une double volute en fer ou en fonte, munie d'un petit bras à scellement, est placée au-dessous de la tige inférieure. Le *potelet* tient par des écrous aux deux grandes tiges dont l'écartement dépend du nombre de fils à placer. Toutes les fois que les fils ne sont pas dans le même plan vertical des deux côtés de la console, on doit la soutenir par un arc-boutant pour l'empêcher de se déverser.

D'après M. Blavier, quand il n'est pas nécessaire d'éloigner les fils des bâtiments, on fixe simplement, par de forts boulons en fer, une planchette contre le mur sur lequel on veut avoir un point d'appui.

Pour faire passer les fils au-dessus des maisons, on applique contre une des façades un potelet retenu par deux brides et qui dépasse le toit de la longueur convenable.

Enfin, dans certains cas, on est obligé d'employer des colonnes en fonte dont la hauteur est la même que celle des poteaux. Ces colonnes n'offrent pas une grande résistance dans le sens perpendiculaire à leur longueur; lorsque les fils ne sont pas en ligne droite, il est nécessaire de les maintenir par des fils ou des tiges de fer.

Des isolateurs. — Au premier abord, quand on considère qu'une planche de bois sur laquelle on applique des conducteurs métalliques peut, avec des courants voltaïques, servir d'isolateur à ces conducteurs, on pourrait croire qu'il suffirait, pour isoler convenablement le fil d'une ligne télégraphique, de placer des crochets de fer sur les poteaux en bois et de suspendre le fil sur ces crochets; mais, pour peu qu'on réfléchisse sur cette question, on ne tarde pas à reconnaître qu'un pareil isolement serait détestable; car, d'un côté, le bois qui est, il est vrai, à peu près isolant pour l'électricité sans tension lorsque la surface de contact des conducteurs est très-minime, peut acquérir une certaine conductibilité quand cette surface est suffisamment grande, et ce serait précisément le cas des lignes télégraphiques ainsi construites; en effet, en admettant que les crochets fussent enfoncés seulement de 8 centimètres dans le bois, la surface de contact du fer avec les poteaux serait de près de 3 mètres carrés ($2^m,56$) pour une ligne de 100 kilomètres. D'un autre côté, la solution de sulfate de cuivre, en augmentant la conductibilité du bois, rendrait la déperdition encore plus grande. Mais la principale cause de non-réussite d'une ligne ainsi disposée serait la couche humide qui, en temps de pluie ou de brouillard, se dépose toujours sur les poteaux et constituerait alors entre le fil télégraphique et le sol un conducteur non interrompu.

Si on se rappelle que pour qu'une ligne de 400 kilomètres de longueur soit dans l'impossibilité de transmettre l'intensité électrique nécessaire pour le fonctionnement des appareils (la pile fût-elle composée d'un nombre infini d'éléments), il suffit que chaque dérivation soit inférieure à 83 000 kilomètres (ainsi que cela résulte de la formule des courants dérivés que nous avons posée page 102), on comprendra facilement qu'il ne faudra pas un temps bien humide pour fournir, avec la disposition précédente, cette résistance minima d'isolation, puisque la résistance d'un filet d'eau saturée de sulfate de cuivre ayant 1 millimètre de section sur une longueur égale à celle d'un poteau télégraphique serait à elle seule de 220 000 kilomètres. Le problème à résoudre dans l'isolation des lignes télégraphiques était donc de trouver un système de support isolateur qui fût séparé du poteau destiné à le soutenir par une substance très-isolante et qui pût fournir en même temps une solution de continuité suffisante entre le fil et la couche humide déposée sur le poteau. Ce problème a été résolu de différentes manières.

La plus simple consiste dans une cloche en porcelaine munie de deux oreilles et portant un crochet de fer scellé au soufre ou au plâtre à sa partie supérieure, comme on le voit dans la *fig.* 56, qui représente la perspective et la coupe des deux derniers modèles adoptés en France. Deux trous pratiqués dans les deux oreilles permettent, au moyen de fortes vis en fer galvanisé, de fixer ce support sur le poteau. Avec ce système, le pied du crochet ne peut jamais être mouillé par la pluie, et les vapeurs ne peuvent s'y condenser que dans une faible proportion ; il y a donc dès lors discontinuité dans le conducteur humide dont nous avons parlé. D'un autre côté, la porcelaine, se trouvant interposée entre le bois et le fil, empêche

toute communication électrique entre la ligne et les poteaux.
Pour rendre plus résistante la couche humide qui résulte de la

Fig. 56.

condensation des vapeurs à l'intérieur de la cloche on a proposé plusieurs modèles à doubles rebords, mais ils n'ont pas encore été agréés par l'administration française.

En Suisse, et dans une grande partie de l'Allemagne et de l'Angleterre, les supports sont en verre et ont la forme de champignons, comme on le voit *fig.* 57. Avec ce système le fil s'entortille autour d'un bouton adapté à la partie supérieure du champignon ou glisse à l'intérieur d'une rainure pratiquée dans ce bouton. Le champignon est fixé sur le poteau à l'aide d'une tige en fer qui s'y trouve scellée et qui est droite ou recourbée à angle droit, suivant que le support est placé au sommet du poteau ou sur le côté. Ce système est excellent, et se trouve employé en France comme support

Fig. 57.

d'arrêt. A cet effet, le champignon porte deux aspérités contre lesquelles le bout du fil vient buter. Cette disposition a de plus l'avantage de permettre d'écarter autant qu'on le veut les fils du poteau.

Ces deux systèmes d'isolateurs ont été très-variés dans leurs formes et surtout dans leur mode d'attache au poteau. Chaque pays a ses modèles, et ces modèles ont été plus ou moins justifiés par les habitudes locales, les ressources du pays, relativement à la production des matières isolantes, les influences climatériques et les idées plus ou moins systématiques des ingénieurs chargés de la construction des lignes.

En Angleterre, les supports à champignon ont été considérablement perfectionnés par M. Varley : au lieu de n'avoir qu'une seule cloche ils sont composés de deux cloches, placées l'une dans l'autre, comme on le voit dans la *fig.* 58, et réunies par un scellement au soufre et au plâtre. Ces cloches sont en grès bien cuit et supportées par une tige de fer fixée sur un croisillon de bois adapté au poteau comme dans la *fig.* 59. Souvent

15.

ces tiges de fer sont recouvertes d'un enduit de caoutchouc
durci qui augmente encore la résistance de l'isolateur. D'après
M. Varley, ces supports isolent jusqu'à dix fois plus que les
supports ordinaires, et cette supériorité devrait être attribuée,

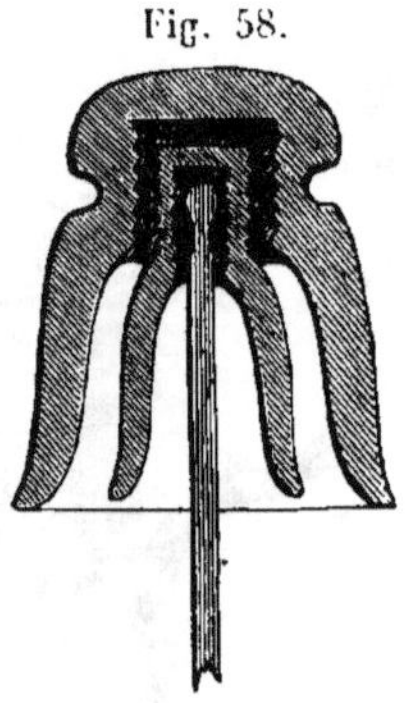

Fig. 58.

selon lui, non-seulement à la résistance plus considérable qu'acquiert alors la couche conductrice, mais encore à ce que les
cloches ainsi constituées de deux parties distinctes sont mieux
cuites et dans des conditions d'isolation meilleures. M. Varley
a, du reste, entrepris sur ces sortes d'isolateurs une série d'expériences très-intéressantes, desquelles il résulte que les
poussières déposées sur les supports, surtout les poussières
carbonées qui existent dans le voisinage des villes manufactu-
rières, diminuent l'isolement dans une proportion qui peut
atteindre de 1 à 200 ; c'est pourquoi il regarde comme une
précaution très-importante de faire laver de temps en temps
tous les supports des lignes télégraphiques avec de l'huile de
pétrole.

La disposition adoptée par M. Varley pour ses isolateurs lui
permet d'en placer un bien plus grand nombre sur les mêmes
poteaux qu'avec le système suivi en France; car on peut en
disposer de cette manière jusqu'à six dans le sens horizontal au
lieu de deux. Elle lui permet, de plus, d'éviter les mélanges,
qui sont bien plus préjudiciables que les dérivations. Pour
cela on fixe sur toute la longueur de ces poteaux un fil mis en
communication avec la terre, et auquel sont soudés de petits
fils reliés aux deux branches des croisillons de bois suppor-
tant les isolateurs, comme on le voit *fig.* 59. Avec ce système,

les dérivations, au lieu d'aller d'un support à l'autre, s'écoulent directement en terre. Sans doute on perd à cette disposition l'isolement fourni par le poteau; mais, comme cet isolement est environ 200 fois moindre que celui de l'isolateur, ce

Fig. 59.

désavantage est peu sérieux, surtout quand on le compare à celui qui résulte des mélanges. L'expérience a du reste démontré à **M.** Varley que ce système a fourni sur les lignes anglaises, qui sont, comme on le sait, les plus exposées à l'humidité, d'excellents résultats. Enfin, pour atténuer les effets des orages, **M.** Varley termine en pointe le fil dont nous venons de parler, de manière à former à l'extrémité des poteaux un véritable paratonnerre.

D'après les expériences faites par **M.** Varley la résistance d'un poteau ainsi disposé, et muni des isolateurs à double cloche dont nous avons parlé, serait, par les temps les plus humides, 1 200 000 milles de fil de fer de 4 millimètres; c'est-à-dire environ un milliard et demi de mètres du même fil.

En Prusse et en Hollande on emploie aussi des isolateurs à double cloche, mais la cloche extérieure est en fonte. Ce système a l'avantage d'une grande solidité, mais son pouvoir isolant est évidemment moins parfait que celui des isolateurs de **M.** Varley, puisqu'une moitié de la matière qui entre dans ces nouveaux isolateurs est bonne conductrice. Ils sont, de plus, très-dispendieux et très-lourds.

Le pays qui a le plus de luxe sous le rapport des supports isolateurs est la Sardaigne. Dans ce pays les poteaux, qui sont pour ainsi dire menuisés, portent à leur partie supérieure deux tringles de bois sur lesquelles sont liés les supports, et qui sont séparées des poteaux par deux fortes rondelles de verre ; il est vrai que ces tringles étant fixées au poteau par des vis en fer rendent complétement inutiles ces rondelles. Les supports eux-mêmes sont en cloche et n'ont pas d'oreilles, et les poteaux se terminent supérieurement par une espèce de petit toit conique en fonte surmonté d'une tige de paratonnerre en communication avec le sol. Cette disposition des poteaux est, comme on le comprendra aisément, très-dispendieuse, et l'expérience n'a pas démontré qu'elle fût plus favorable que celle que nous employons en France (*).

Lorsque le fil doit exercer sur la suspension une traction un peu considérable, on remplace les cloches, dont les crochets

Fig. 60.

pourraient se tordre ou se desceller, par des cloches d'arrêt ou par des pièces en porcelaine percées d'un trou en dos d'âne,

---

(*) *Voir* la description de ces différents systèmes de supports dans le *Cours de Télégraphie électrique* de M. Blavier, p. 276.

et que l'on fixe comme les autres à l'aide de deux vis ; ces
supports, que nous représentons *fig.* 60, isolent beaucoup
moins bien que ceux dont nous avons parlé et sont d'un usage
peu commode, car le fil doit être passé dans le trou avant la
pose. On ne les place que dans les angles un peu aigus ; encore sont-ils aujourd'hui à peu près abandonnés.

Quand on veut arrêter le fil sur les isolateurs, comme plusieurs ingénieurs l'ont proposé, on peut employer avec avantage le support que nous représentons ci-dessous (*fig.* 61), et
qui est construit par MM. de Bourcy, Banville et Signe. C'est

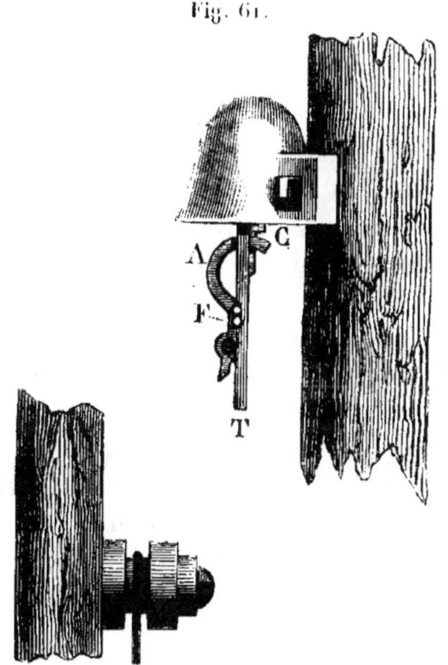

Fig. 61.

Fig. 60.

une espèce de pièce à charnière A qui, passant à travers la
tige T du support, se trouve goupillée en C et peut maintenir
dans le trou cannelé F le fil de la ligne comme s'il était pris dans
la mâchoire d'un étau. En même temps l'espace laissé vide à
la partie supérieure du crochet permet de laisser glisser ce fil,
comme dans le système ordinaire, dans le cas où l'on ne voudrait pas le fixer sur tous les poteaux.

En Amérique on fait usage, dans le même but, d'un crochet
beaucoup plus simple qui a la forme d'une ancre. En faisant

passer le fil entre les deux branches de cette ancre et la tige, comme dans la *fig.* 63, le fil est obligé de se recourber brus-

Fig. 63.

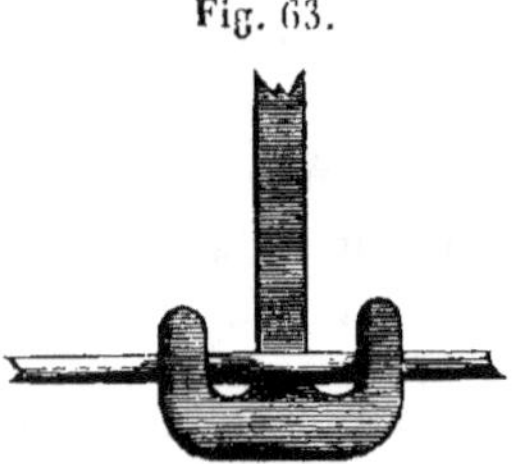

quement dans des sens contraires, et le frottement qui en résulte, joint à la tension de la ligne, suffit pour arrêter celle-ci à chaque support.

Pour arrêter les fils d'une manière invariable, on emploie des poulies en porcelaine de la forme indiquée *fig.* 62, que l'on fixe à plat sur le poteau par une forte vis en fer galvanisé. On enroule plusieurs fois le fil autour de la portion évidée en le serrant fortement et en tordant l'extrémité libre sur la partie tendue.

On avait, dans un temps, pour augmenter la résistance électrique des isolateurs précédents, émaillé les crochets de fer qu'ils portaient ; mais l'expérience a montré que l'usure des fils et du crochet lui-même était beaucoup plus grande avec cette disposition, parce que l'émail se réduisant en poudre sous l'influence du frottement du fil, formait comme une espèce de poudre d'émeri qui rendait l'action détériorante du frottement beaucoup plus complète. Aussi, ce système a été immédiatement abandonné.

CONSTRUCTION DES LIGNES AÉRIENNES.

Tracé. — Le tracé des lignes télégraphiques doit être aussi direct que possible. La ligne droite satisfait mieux que toute autre aux conditions de stabilité et d'économie qu'il faut remplir.

« Le tracé, dit M. Blerzy, comporte trois opérations distinctes : l'étude de la direction générale de la ligne, la détermination des points forcés que la nature des lieux indique comme emplacements naturels de quelques poteaux, et enfin le piquetage dans l'intervalle de ces points.

» L'étude générale faite sur le terrain et avec l'aide d'une carte à grande échelle (par exemple, pour la France, la carte d'état-major à l'échelle de $\frac{1}{80.000}$), a pour objet l'examen de la route à suivre, s'il en existe plusieurs entre les villes à réunir, et du régime des eaux dans les pays à traverser. La crue des rivières, l'inondation des prairies, ou simplement même l'abondance des eaux dans les fossés, peuvent rendre défectueuse en hiver une ligne tracée pendant la belle saison. Toutes les autres difficultés que présente la nature des terrains peuvent être aisément surmontées. En pays de montagnes, on a souvent intérêt à abandonner complétement les routes, car elles sont sinueuses et longues par rapport à la distance à parcourir. Dans ce cas, il est bon de s'en tenir à une distance suffisante pour ne pas être exposé à les traverser fréquemment ; mais, dans les parcours à travers champs, une troisième condition vient s'ajouter à celles de solidité et d'économie, c'est la facilité de surveillance que l'on ne doit jamais oublier. S'il n'est pas indispensable que le surveillant puisse toujours circuler au pied des fils, il est utile, au moins, qu'il puisse aisément, et surtout à toute époque de l'année, arriver au pied de chaque support.

» Après avoir examiné le terrain sous ces divers aspects, le constructeur peut procéder à la détermination des points forcés. Ce sont les bornes kilométriques sur les routes kilométrées et les chemins de fer ; les traverses des chemins transversaux près desquelles il est bon de placer un poteau pour augmenter l'exhaussement du fil ; les courbes des routes, car, leur rayon étant généralement très-faible, il faut reporter l'angle sur deux ou trois poteaux convenablement consolidés et dont la position est déterminée sous la condition que l'effort est réparti uniformément entre chacun d'eux. On place des jalons en ces derniers points, et le reste du piquetage est relativement très-facile. On peut de cette manière évaluer approximativement, sans travaux ultérieurs, le nombre de poteaux nécessaires pour la construction d'une ligne et faire un devis en connaissance de cause.

» Le piquetage entre les points déjà déterminés peut être

fait au moment même de la plantation. L'espacement normal des poteaux varie suivant le nombre des fils de la ligne, qui doit être déterminé à l'avance, et l'on doit se rapprocher de cet espacement normal autant que le permettent la disposition des lieux et la distance à franchir entre deux points de repère consécutifs. Si le tracé, dans ces intervalles, est rectiligne, il faut veiller à ce que l'alignement soit parfait; si le tracé est curviligne, il faut rester dans la limite de l'écartement tangentiel dont il sera question plus loin, et chercher à répartir également la courbe entre les divers poteaux. De plus longs détails seraient superflus. Il suffira de rappeler qu'un tracé est nécessairement mauvais s'il présente des angles brusques et si plusieurs supports consécutifs sont à une faible distance les uns des autres. »

Plantation des poteaux. — La plantation des poteaux est une opération assez délicate et pour laquelle il faut une certaine habitude ; il faut que le trou soit le plus petit possible afin que la terre présente une certaine résistance, et pour cela on est obligé de le faire étroit et allongé; il faut, en un mot, qu'il n'ait que la grandeur nécessaire pour qu'un homme puisse manœuvrer ses outils. Enfin, on doit disposer le trou de manière que sa moindre largeur soit dans le sens où s'opère la traction, et avoir soin de fouler fortement la terre autour du poteau à mesure qu'on l'enterre. Les poteaux de 6 mètres et de 6^m,5o doivent être plantés, comme on l'a vu, à une profondeur de 1^m,5o ; mais les poteaux de 8 à 1o mètres doivent atteindre une profondeur de 2 mètres. Toutefois, quand ils doivent être enterrés dans un terrain pierreux ou dans un rocher, une profondeur de 5o à 6o centimètres peut suffire, mais alors ils doivent être scellés au plâtre ou au ciment. Il en est de même quand on les plante au milieu d'un massif de maçonnerie.

Tension des fils. — Les fils télégraphiques devant être tendus suffisamment pour que la courbe décrite par eux ne soit pas trop exagérée, et cette opération ne pouvant être faite convenablement qu'à l'aide de tendeurs mécaniques placés à demeure, plusieurs des poteaux de la ligne doivent être affectés au soutien de ces tendeurs et doivent en conséquence être choisis parmi les plus gros brins. Sur une ligne bien or-

ganisée, ces poteaux des tendeurs doivent être distants les uns
des autres de 1500 mètres environ.

Les tendeurs employés sur les lignes françaises ont la forme
que nous représentons ci-dessous (*fig.* 64). Ce sont deux treuils
en fer galvanisé adaptés à l'extrémité de bras également en
fer et portant un encliquetage. Dans le premier modèle que

Fig. 64.

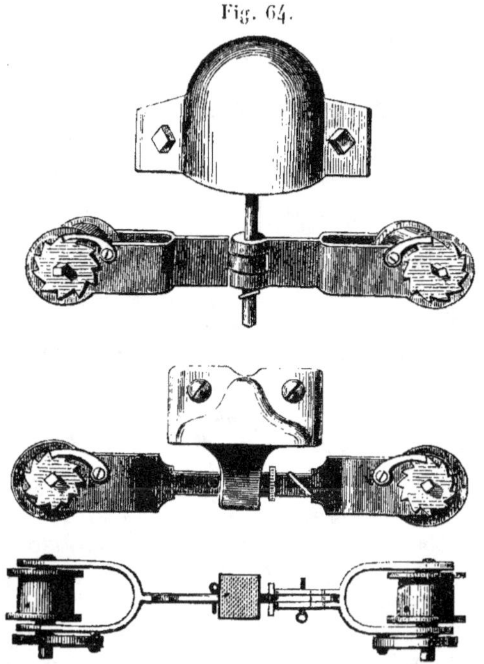

nous avons dessiné, ces bras sont articulés, à charnière, sur
une même tige métallique qui leur sert de support et qui est
soutenue elle-même par un isolateur en cloche. Cette disposition a l'immense avantage que, quand la ligne doit faire un
coude, la traction s'effectue toujours normalement à l'axe des
treuils et par conséquent dans le sens des bras qui les soutiennent. Pour obtenir la tension du fil, on en fait passer le
bout dans deux trous pratiqués à travers le treuil correspondant, et on l'enroule sur ce treuil en faisant tourner le rochet
à l'aide d'une clef. Enfin, un petit fil soudé ou entortillé sur
les deux fils arrêtés assure la continuité métallique de la
ligne. La tension qui doit être exercée sur les fils dépend de

leur grosseur et ne doit pas dépasser, avec le fil de 4 millimètres, 70, 80 ou 90 kilogrammes, suivant la température à laquelle on opère ; 40, 50 ou 60 kilogrammes avec le fil de 3 millimètres. Avec ces tensions, la flèche de la courbe décrite par ces fils a les longueurs suivantes :

1° Avec le fil de 4 millimètres,

Pour un écartement, entre les poteaux,	Avec une tension		
	de 70 kilog.	de 80 kilog.	de 90 kilog.
de 50 mètres.....	0,44	0,39	0,34
de 75 »	1,00	0,88	0,79
de 100 »	1,80	1,56	1,38
de 200 »	7,10	6,20	5,50
de 300 »	16,00	14,00	12,50
de 1000 »	186,00	161,00	142,00

2° Avec le fil de 3 millimètres :

Pour un écartement, entre les poteaux,	Avec une tension		
	de 40 kilog.	de 50 kilog.	de 60 kilog.
de 50 mètres.....	0,46	0,37	0,30
de 75 »	1,05	0,84	0,70
de 100 »	1,87	1,50	1,24
de 200 »	7,50	6,00	5,00
de 300 »	17,00	13,00	10,60
de 1000 »	204,00	154,00	127,00

Ces chiffres ne se rapportent aux tensions que nous avons admises que dans la partie basse de la courbe. Dans les parties voisines des points d'attache, ces tensions sont plus considérables, et, pour en connaître le chiffre, il faut ajouter autant de kilogrammes qu'il y a de fois 10 mètres contenus dans la longueur de la flèche (pour le fil de 4 millimètres) et qu'il y a de fois 16 mètres (pour le fil de 3 millimètres). Lorsque la distance d'écartement des poteaux ne dépasse pas 150 mètres, on peut regarder comme sensiblement la même la tension exercée aux différents points de la courbe. Mais, avec des écartements beaucoup plus grands, il n'en est pas ainsi, et il devient nécessaire d'en tenir compte dans la tension limite que nous avons posée. Ainsi, dans les grandes portées, quand le fil traverse une vallée profonde ou réunit deux édifices élevés, si on maintenait la tension aux chiffres que nous avons fixés, on courrait risque de dépasser la limite de la ténacité du fil près des supports, surtout lorsque la ligne viendrait à se raccourcir sous l'influence du froid. Dans ce cas, il vaut mieux diminuer la tension et augmenter la longueur de la flèche.

En raison des variations de longueur que les changements de température font éprouver aux fils, il est nécessaire de préciser la température à laquelle la tension limite doit être appliquée, et encore faut-il faire entrer en ligne de compte ce fait que, quand la distance entre les poteaux est petite, le raccourcissement du fil, par suite de l'abaissement de la température, diminue la flèche dans une proportion plus grande que quand elle est considérable, et par conséquent rend l'augmentation de tension plus sensible. Quand on opère à une température de 20 degrés, les tensions maxima ne doivent pas dépasser 70 kilogrammes pour le fil de 4 millimètres et 40 pour le fil de 3. À 10 ou 11 degrés, qui est la température moyenne d'une grande partie de la France, les tensions maxima doivent être de 80 et 50, et pour les températures froides 90 et 60.

Comme la tension exercée par les fils sur les tendeurs est toujours considérable, surtout lorsqu'ils sont nombreux, il est essentiel, pour que les poteaux tendeurs puissent résister ou tout au moins ne s'infléchissent pas, que l'on puisse tendre en même temps et successivement les fils placés des deux côtés; ils s'arc-boutent alors l'un et l'autre et évitent au poteau une surcharge qui, bien que passagère, pourrait lui être préjudiciable. Pour une ligne de 10 fils, en effet, cette surcharge ne serait pas moindre de 700 kilogrammes.

D'après les expériences et les calculs de M. Trottin, un poteau de 6 mètres, enterré à une profondeur de $1^m,50$, ne doit pas être soumis à une force supérieure à $26^k,38$, appliquée horizontalement à son sommet; un poteau de $7^m,50$, enterré de la même manière, ne doit pas supporter une force supérieure à $39^k,58$, appliquée également horizontalement à son sommet; enfin un poteau de $9^m,50$, enterré à une profondeur de 2 mètres, ne doit pas supporter une force supérieure à 47 kilogrammes, appliquée horizontalement à son sommet. Aucun des poteaux ayant les dimensions que nous venons d'indiquer ne pourrait donc résister à la tension d'un seul fil attaché à son sommet et tendu avec une force de 70 kilogrammes, si on ne prenait pas les précautions dont nous avons parlé.

Quand on veut accroître la force de résistance des poteaux, soit pour la traction des fils, soit pour leur soutien dans les angles, on emploie le système des *haubans*, des *poteaux jumelés* ou des *poteaux à contre-fiches*.

Les haubans sont des fils de fer ou des cordes de fer fortement tendus qu'on fixe d'un côté au poteau et de l'autre à un bâtiment voisin. A défaut de point d'appui, on enfonce en terre un fort piquet et on y attache l'extrémité du hauban. L'effet des haubans est de tirer le poteau en sens contraire des fils avec une force égale à la somme de leurs tensions, et, pour que cet effet soit le plus efficace, il faut que le point d'application du hauban sur le poteau soit le plus haut possible.

Les poteaux jumelés sont deux poteaux accouplés, inclinés légèrement l'un sur l'autre et réunis par des brides et des boulons. Deux poteaux ainsi accouplés offrent, dans la direction de l'accouplement, une résistance égale à cinq fois environ celle que présenterait chacun d'eux pris séparément.

Les poteaux à contre-fiches sont des poteaux soutenus dans le sens opposé à la traction exercée sur eux par des pièces de bois placées en arcs-boutants et mortaisées dans le poteau lui-même. Quoique très-solides, ces sortes de poteaux sont peu employés à cause du disgracieux effet qu'ils produisent.

Depuis quelques années, certains ingénieurs, pour éviter les tendeurs et l'usure des fils sur les crochets des supports, et en même temps pour obtenir une réparation facile en cas de rupture de ces fils, ont proposé d'arrêter ceux-ci sur chacun de leurs supports, et, à cet effet, plusieurs systèmes d'isolateurs à arrêt ont été proposés. Nous avons représenté, *fig.* 63, p. 232, l'un des plus ingénieux. Toutefois, on n'est pas d'accord sur l'importance de cette substitution, qui, selon quelques télégraphistes, aurait pour effet d'incliner un grand nombre de poteaux par suite des tractions inégales qu'ils auraient à supporter à la suite des changements de température.

Si l'on considère que, quand deux forces de traction s'exercent angulairement sur un support, elles se recomposent en donnant lieu à une résultante qui est d'autant plus grande que l'angle sur lequel elles se rencontrent est plus aigu, on comprendra aisément qu'il est un angle limite que les fils télégraphiques ne peuvent dépasser sans compromettre la solidité des poteaux et qui doit dépendre de la tension des fils. de leur nombre et de la hauteur de ces poteaux.

En prenant pour point de départ les poids de 70 kilogrammes et 40 kilogrammes que nous avons fixés précédemment pour limites des tensions des fils de 4 millimètres et de 3 millimètres, et pour résistance maxima des poteaux les chiffres que nous avons donnés p. 237, M. Trottin a calculé que les angles limites étaient :

1º Pour les poteaux de 6 mètres,

	Pour le fil de 4 millimètres.	Pour le fil de 3 millimètres.
	° ′	° ′
Avec 1 fil	157.54	140.10
2 fils	168.44	159.56
3 fils	172.20	166.20
4 fils	174.06	169.32
5 fils	175.10	171.24
6 fils	175.52	172.40

2º Pour les poteaux de 7ᵐ,50 :

Avec 1 fil	146.34	118.30
2 fils	162.54	149.22
3 fils	168.16	158.32
4 fils	170.54	163.48
5 fils	172.32	166.38
6 fils	173.34	168.30

3º Pour les poteaux de 9ᵐ,50 :

Avec 1 fil	139.38	104.18
2 fils	159.18	142.46
3 fils	165.42	154.26
4 fils	168.52	160.08
5 fils	170.46	163.32
6 fils	172	165.50

« D'après ces données, dit M. Blavier, on peut calculer la

distance à laquelle doivent être placés les poteaux dans les courbes suivant leur rayon. Les nombres suivants sont admis en France pour une ligne ayant 4 fils et construite sur des terrains de nature ordinaire, avec des poteaux de force moyenne :

Rayons supérieurs à 2000^{m}...	Distance des poteaux	de 80 à 60^{m}
» de 2000 à 1500...	»	de 60 à 55
» de 1500 à 1000...	»	de 55 à 45
» de 1000 à 800...	»	de 45 à 40
» de 800 à 600...	»	de 40 à 35
» de 600 à 400...	»	de 35 à 30
» de 400 à 250...	»	de 30 à 25
» de 250 à 100...	»	de 25 à 20 »

En Angleterre on n'emploie pas de tendeurs à demeure, on n'en fait usage que temporairement pour tendre les fils. Ceux-ci, une fois posés et aboutés, on retire le tendeur, qui sert à une autre opération. M. Varley prétend que le système de tendeurs fixes a l'inconvénient d'établir de mauvais contacts entre les fils qui y sont fixés et de provoquer de fortes dérivations ; suivant lui, il est très-difficile d'isoler convenablement ces sortes d'appareils qui entraînent, d'ailleurs, une dépense considérable et inutile.

Pose des fils. — Lorsque les poteaux sont plantés d'après le tracé qui a été arrêté par l'ingénieur, on procède à l'installation des isolateurs. La position de ces isolateurs dépend de l'écartement des poteaux, du degré de tension qui doit être donné aux fils, du nombre de ces fils et de la hauteur des poteaux. Nous verrons bientôt que, pour l'écartement moyen de 75 mètres entre les poteaux, la flèche de la courbe décrite par le fil sous la tension limite étant 1 mètre, il faut que les isolateurs les plus rapprochés du sol soient à une hauteur d'au moins 4 mètres, si l'on veut obtenir au-dessous du fil un espace libre de 3 mètres, distance qu'on peut regarder comme minima. Avec un écartement plus considérable des poteaux, ces isolateurs doivent être élevés encore plus haut ; de sorte qu'on peut considérer 4^{m},50 comme la hauteur réglementaire des isolateurs inférieurs des lignes télégraphiques ordinaires. Ces isolateurs inférieurs étant placés, la position des autres dépend du nombre des fils à soutenir ; mais, dans tous les cas, ils ne peuvent jamais être à une distance plus petite les uns des autres, sur chaque côté du poteau, que 50 centimètres, et on choisit les poteaux en conséquence.

Comme la pose des isolateurs est plus facile à faire quand le poteau est couché que quand il est debout, certains ingénieurs font poser les isolateurs sur les poteaux avant de les planter ; il est vrai qu'avec ce système on casse quelquefois plusieurs de ces isolateurs, mais le dégât, suivant les ingénieurs dont nous parlons, serait bien plus que compensé par l'économie de main-d'œuvre.

Les supports isolateurs une fois placés, la pose des fils se fait de la manière suivante : un premier ouvrier déroule les bottes de fil, soit en faisant rouler les bottes sur le sol, soit en laissant défiler un certain nombre de spires tantôt d'un côté, tantôt de l'autre, pour éviter l'entortillement ; il existe même à cet effet une brouette à déroulement dont malheureusement on ne fait pas un assez fréquent usage. Un second ouvrier étale convenablement le fil et opère la jonction des bouts.

Cette jonction peut s'effectuer de plusieurs manières ; mais la plus employée en France est celle dite par *torsades,* qui peut être exécutée de deux façons différentes et donner lieu aux jointures que nous représentons *fig.* 65, nos 1 et 2. Le

Fig. 65.

premier système (n° 1) avait été presque uniquement employé sur nos lignes télégraphiques jusqu'à l'année dernière ; mais le contact des fils, qui n'est avec ce système bien assuré qu'au point de croisement des fils, n'ayant pas paru suffisant, on a préféré revenir à la torsade n° 2, dont on assure la solidité et la continuité métallique à l'aide de soudure à l'étain. Pour former la première torsade, on place l'une à côté de l'autre, sur une longueur de 15 centimètres environ, les deux extrémités du fil; on les pince vers le milieu de cette longueur avec la mâchoire à tordre que nous représentons *fig.* 67, et avec des béquettes ou une clef particulière on tourne à gauche et à droite de la mâchoire l'extrémité libre de

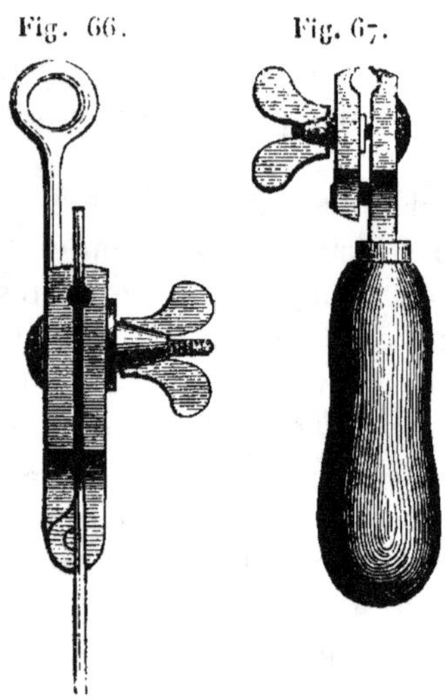

Fig. 66.   Fig. 67.

chaque fil, ce qui forme les deux boudins représentés n° 1, *fig.* 65; on retire alors la mâchoire à tordre et on tire sur les deux fils jusqu'à ce que les deux boudins se soient rapprochés le plus possible. La seconde torsade se fait avec deux mâchoires à tordre qu'on adapte aux deux extrémités juxtaposées des fils et qu'on tourne en sens contraire l'une de l'autre. On emploie encore quelquefois avec succès la méthode dite des *ligatures*, qui consiste à approcher l'une contre l'autre, sur une certaine longueur, les deux extrémités du fil que l'on termine en crochet, et à enrouler sur ces deux portions de fil juxtaposées du fil plus fin, comme on le voit *fig.* 65, n° 3. De cette manière, la traction exercée sur les fils ne peut en opérer la disjonction, car les crochets qu'ils forment font obstacle à l'étirement; ce système est spécialement employé en Angleterre. Enfin, la jonction des fils peut se faire à l'aide de serre-fils; mais avec ce système, les fils ne présentent pas entre eux

une surface de contact suffisante pour assurer pendant longtemps la continuité métallique. Le système le plus perfectionné de ces serre-fils est celui de MM. de Bourcy, Banville
et Signe, que nous représentons ci-dessous (*fig.* 68).

Il consiste dans un manchon métallique AB à l'intérieur duquel glissent deux coins C, C′ placés en sens contraires l'un

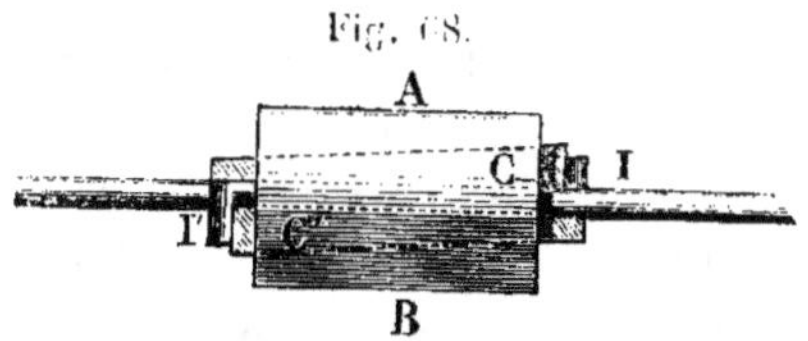

de l'autre, et entre lesquels sont introduits les deux bouts
des fils I, I′, qui sont d'ailleurs recourbés en crochet comme
précédemment. Sous l'influence de la traction exercée sur les
fils, ces coins se trouvent repoussés en sens contraire l'un de
l'autre, et la jonction se trouve d'autant mieux assurée que la
traction est plus forte.

Lorsqu'on a composé une assez grande longueur de fil pour
correspondre à l'intervalle séparant un certain nombre de tendeurs consécutifs, on procède à la pose de ce fil, et pour cela,
après avoir fixé son extrémité libre sur le support d'arrêt qui
termine la ligne, et l'avoir passé sur les crochets des isolateurs,
on le tire sur chaque poteau tendeur, d'abord à la main pour
qu'on puisse le couper en face de ce poteau, puis à l'aide
d'une moufle fixée au pied du poteau lui-même. Cette traction
peut s'opérer de deux manières, suivant le système que l'on
emploie pour adapter le fil au tendeur; mais, dans tous les
cas, cette traction doit être faite à l'aide de *mâchoires à tendre*,
qui ne sont autre chose que des espèces d'étaux à main munis d'un trou pour y placer le crochet de la moufle, comme on
le voit *fig.* 66. Si on ne fixe le fil que d'un seul côté, le poteau doit être alors soutenu par un hauban, et on ne retire
celui-ci que quand le fil de l'autre côté est posé et tendu de
la même manière sur le poteau suivant. Dans ce cas on introduit le bout du fil coupé dans les trous du tendeur, que l'on
serre successivement à mesure qu'on laisse défiler la moufle
et jusqu'à ce que le fil soit arrivé à une hauteur convenable.
Cette hauteur doit être toutefois assez éloignée de la hauteur

définitive que le fil doit avoir, car le règlement de la tension des fils est une opération à part qui ne doit se faire que quand une certaine longueur de la ligne est complétement posée et en opérant successivement et alternativement sur les deux tendeurs de chaque poteau.

Si on veut se passer de hauban, on s'arrange de manière à laisser devant soi une assez grande longueur de fil pour constituer, par son frottement sur les crochets, une résistance assez considérable, alors la traction de la moufle s'exerce sur les bouts disjoints du fil par l'intermédiaire de deux mâchoires à tendre qui les saisissent à une distance de 2 à 3 mètres des extrémités. Quand cette traction est jugée suffisante, on soulève la moufle à la hauteur du tendeur pour fixer les deux bouts sur les deux treuils de celui-ci, que l'on serre comme précédemment; alors on dégage la moufle et on procède à une autre opération. Avec ce système il n'est nécessaire d'employer de haubans que quand, en approchant de l'extrémité de la ligne, la résistance du fil en provision devant soi devient insuffisante pour résister à la traction. Sur les lignes composées de plusieurs fils, la pose d'un seul de ces fils exige les précautions que nous venons d'exposer. Une fois ce fil installé, le poteau se trouve suffisamment arc-bouté pour qu'on puisse tendre successivement les autres fils d'un côté ou de l'autre du poteau, sans se préoccuper d'équilibrer leur tension. Il faut, d'ailleurs, s'arranger de manière à les poser simultanément sur chaque poteau de traction.

Ordinairement on juge de la tension définitive à donner aux fils d'après la longueur de leur flèche de courbure, longueur qui ne doit varier qu'avec l'écartement des poteaux. Un atelier de cinq hommes peut poser 6 à 7 kilomètres de fil par jour.

Quand les lignes doivent avoir plusieurs fils, on s'arrange de manière à placer alternativement des deux côtés des poteaux les supports isolateurs; de cette manière on peut écarter davantage les fils les uns des autres, et on diminue les chances de mélange. Toutefois, lorsque la ligne se recourbe sous un angle aigu, il est préférable de les placer d'un même côté pour qu'en cas de rupture d'un des crochets, le fil correspondant se trouve arrêté contre le poteau et n'embarrasse pas les autres fils.

Quand la ligne doit traverser un souterrain, un tunnel, des caves ou des lieux humides, les fils qui la composent doivent être remplacés en ces endroits par des fils recouverts de gutta-percha et même introduits dans des tuyaux de plomb ou de fonte. Nous verrons bientôt que cette dernière précaution est nécessaire en raison de la facilité avec laquelle la gutta-percha s'altère à l'air et à la suite des alternatives de sécheresse et d'humidité. On doit, du reste, éviter autant que possible de faire passer les fils par des souterrains, car on rencontre toujours là des causes d'accidents et de détérioration, quelques soins qu'on prenne pour leur conservation.

Malgré toutes les précautions qu'on peut apporter à la tension égale d'une ligne, il arrive souvent que les poteaux des tendeurs se trouvent tellement déviés de leur position verticale, qu'il est nécessaire de les redresser. Le système qui a le mieux réussi pour cette opération est celui de M. Abel Guyot, qui consiste à saisir les deux fils fixés à chaque tendeur avec des mâchoires à tendre, à relier ces mâchoires par un fil très-résistant et à appuyer ce fil sur les oreilles de l'isolateur du tendeur correspondant. Quand cette opération est faite pour les différents fils de la ligne, on desserre les tendeurs, et rien dès lors n'est plus facile que de redresser le poteau, puisqu'il ne subit plus aucune traction. Une fois le poteau redressé, on serre de nouveau les tendeurs, on retire les mâchoires à tendre, et la ligne se trouve réinstallée sans que les communications électriques aient été interrompues un seul instant.

Bruits produits sur les lignes télégraphiques. — Il arrive souvent, surtout quand la ligne est exposée au vent et établie sur un terrain pierreux, que les fils télégraphiques produisent des bruits très-accentués, quelquefois même assez intenses pour devenir intolérables dans le voisinage des points où ils se produisent. Ces bruits viennent de *vibrations longitudinales* communiquées aux fils par le vent, quand il vient dans une direction sensiblement tangente à leur surface et parallèle à leur plus grande longueur. Ils sont généralement d'autant plus aigus que les fils sont plus tendus et que les supports sont plus élevés. On a cherché depuis longtemps à faire disparaître cet inconvénient, et les moyens qui ont le mieux réussi sont ceux qu'ont proposés dernièrement MM. Lissajous et Mahon. Suivant M. Froment, le système de M. Lissajous aurait fourni les plus heureux résultats. Ce système consiste dans l'emploi de deux tasseaux en bois de 1 à 2 mètres de long, serrés contre le fil dans le voisinage des poteaux, à l'aide d'une série de vis; cette disposition aurait pour effet d'entraver la propagation des vibrations longitudinales et d'empêcher par cela même la production des sons.

Le système de M. Mahon consiste à remplacer aux points d'attache le fil de fer par un câble en fils de cuivre rouge enfermé dans une gaîne de caoutchouc. Pour amortir davantage la transmission des vibrations, l'extrémité du fil de fer est elle-même enveloppée de caoutchouc et, de plus, complétement séparée du fil de cuivre par une sorte de poulie en bois recouverte de peau. La communication métallique nécessaire au passage du courant électrique est assurée au moyen de deux petits fils de cuivre recouverts de gutta-percha, qui relient le fil de fer au câble de cuivre. Enfin les ligatures de ce petit fil sont recouvertes elles-mêmes de caoutchouc. On voit par là que les vibrations, pour se transmettre du fil de fer au poteau qui le supporte, doivent traverser : une première couche de caoutchouc, la poulie de bois recouverte de peau, une deuxième couche de caoutchouc, le câble de cuivre, une troisième couche de caoutchouc. On conçoit, d'après cela, qu'elles doivent être ainsi considérablement amorties, et qu'en donnant aux diverses parties de ce système des dimensions convenables on puisse parvenir à éteindre le bruit des fils.

Les moyens qu'on emploie ordinairement pour résoudre ce problème consistent : 1° à détendre le fil sur les points de la ligne où l'on veut éteindre le bruit ; 2° à séparer entièrement les fils des points sur lesquels ils sont fixés par une substance peu vibrante comme le caoutchouc ou la gutta-percha ; 3° à employer des supports à sourdine ; ce sont des isolateurs ordinaires dont les trous, destinés au passage des vis de scellement, sont garnis d'un manchon et de rondelles de caoutchouc.

Câbles aériens. — Les principales causes qui rendent la construction des lignes souterraines si difficile étant, comme nous le verrons plus tard, les infiltrations et les décompositions chimiques, on a recherché s'il n'y aurait pas moyen de suspendre dans l'air le câble lui-même au lieu de l'enterrer.

Dans ce cas le problème à résoudre est différent de celui des câbles souterrains. Il faut qu'il soit le plus léger possible, que les matières isolantes du câble soient très-flexibles, qu'elles ne puissent se gercer à l'air, et que la résistance des fils soit assez grande pour soutenir, en temps de neige comme par le vent, le poids du câble et résister à la traction exercée sur lui. Un système de ce genre a été dernièrement installé à Londres par M. Wheatstone, et il fonctionne jusqu'à présent de la manière la plus satisfaisante ; le câble contient 5o fils de cuivre isolés avec du coton imprégné de gomme laque et d'une matière analogue à celle dont les cordonniers se servent pour cirer leurs fils, et le tout muni d'une double couverture isolante forme un fil dont le diamètre n'excède pas 12 millimètres. Ce câble est soutenu, de distance en distance, par deux fils de fer, lesquels sont supportés eux-mêmes par des espèces de potelets en fer en forme de trépied placés sur les toits des maisons. Il parcourt de cette manière les différents quartiers de Londres, et aux points où il se bifurque les fils aboutissent à une boîte en fonte garnie de matière isolante où ils se trouvent fixés au moyen de fortes vis. Pour les faire communiquer les uns avec les autres suivant les besoins, il ne s'agit que de réunir convenablement ces vis à l'aide d'une ligature métallique.

M. de Verdon a aussi proposé, dans le même but, un système de câble dont la partie centrale serait occupée par un fil de fer de 7 millimètres de diamètre, lequel serait entouré de 8 conducteurs composés chacun de 3 fils de cuivre tordus ensemble et isolés par des couches successives de gutta-percha, le tout étant enveloppé de cordelettes et de rubans enduits de goudron et peints à trois couches. Ce câble serait soutenu sur des poteaux à l'aide de haubans en fil de fer qui s'arc-bouteraient en deux points au delà des points de suspension, dans l'intervalle des poteaux.

Il est évident que la question mérite d'être étudiée et expérimentée ; car, si un système du genre de ceux que nous venons de décrire donnait de bons résultats sur des lignes un peu longues, bien des inconvénients des lignes aériennes actuelles n'existeraient pas, et l'entretien serait plus facile.

CHAPITRE II.

LIGNES SOUS-MARINES.

Historique de la question.—C'est encore à M. Wheatstone que revient l'honneur d'avoir conçu le premier l'idée des transmissions télégraphiques par des câbles sous-marins. Dès l'année 1840, en effet, non-seulement il présenta, devant le comité de la Chambre des communes chargé des chemins de fer, un projet ayant pour but de relier télégraphiquement Douvres et Calais par un câble sous-marin, mais il indiqua encore tous les moyens d'exécution qui devaient être mis en œuvre pour réaliser ce projet, et même la manière de construire le câble. Son système, sauf l'emploi de la gutta-percha, dont les propriétés isolantes n'étaient pas encore connues, était même très-analogue à ceux que l'on a suivis depuis.

Toutefois, le projet de M. Wheatstone ne put être réalisé, car à cette époque la télégraphique électrique ne faisait que prendre naissance, et l'on ne se préoccupait en Angleterre que d'établir des réseaux télégraphiques aériens entre les grands centres de commerce et d'industrie. La question n'était pas encore assez mûre pour qu'on songeât à franchir les mers, et ce ne fut qu'en 1849 que ce projet, après avoir été repris par M. Brett, commença à recevoir son exécution. Après une tentative infructueuse, M. Brett parvint néanmoins à le mener à bonne fin en 1851, et c'est ainsi que cet habile ingénieur eut la gloire d'avoir posé la première pierre de la télégraphie sous-marine.

C'est toujours en procédant du petit au grand que les découvertes importantes finissent par réaliser les immenses résultats qu'elles sont appelées à fournir, résultats auxquels on refuserait d'ajouter foi s'ils étaient annoncés tout d'abord sans avoir l'appui de l'expérience. Quand le câble de Douvres à Calais fut posé, on s'occupa d'en établir un plus long, de Douvres à Ostende, puis un autre, de Suffolk à la Haye. Les nécessités de la guerre de Crimée firent entreprendre celui de Varna à Balaclava ; puis on chercha à établir celui de France en Algérie. Dès l'origine, on avait bien parlé de relier télégraphiquement l'Europe à l'Amérique ; mais ce projet parut tellement gigantesque, que personne ne pouvait croire à sa réalisation. Peu à peu, à mesure que les lignes sous-marines se sont multipliées, on s'est familiarisé avec cette idée, on ne la traita plus de rêve fantastique, et il se forma bientôt une compagnie puissante qui commença les études, et qui, après avoir reconnu la possibilité de la solution matérielle du problème, commanda définitivement le câble. On connaît le résultat, d'abord merveilleux, puis ensuite désastreux, de cette gigantesque entreprise. C'est un des exemples les plus frappants des déceptions humaines. Il en est toutefois résulté la démonstration de ce fait, souvent contesté, que la transmission électrique est possible à travers un câble de 3540 kilomètres de longueur continue.

A l'époque de la construction du câble transatlantique, la télégraphie sous-marine était à l'ordre du jour et les plans les plus gigantesques avaient été conçus ; il ne s'agissait rien moins que de relier l'Australie, les Indes, la Chine et le côté ouest de l'Amérique à l'Europe, et de former ainsi un réseau télégraphique enveloppant les différentes parties du monde. De ces différents projets celui reliant l'Europe aux Indes a été seul exécuté ; mais les résultats ne furent guère plus heureux que ceux du câble transatlantique, car, en moins d'un an, la plupart des câbles immergés entre Suez et Kurachée furent mis hors de service sur une longueur de 5630 kilomètres. A partir de ce moment le découragement succéda à l'enthousiasme. Les capitaux se retirèrent, et les câbles sous-marins sont aujourd'hui tellement discrédités, qu'on trouverait difficilement des capitalistes pour la mise à exécution des projets les plus avantageux et les mieux mûris.

Il faut convenir aussi que ce qui s'est passé est bien fait pour motiver ce découragement, car, en dehors des longues lignes de l'Inde et de l'Amérique dont nous venons de parler, on a eu encore à déplorer la perte de beaucoup d'autres, entre autres celle du câble de France en Algérie, celle du câble de Malte à Corfou, etc., etc. En définitive, sur 17 967 kilomètres de câbles qui ont été posés depuis l'origine jusqu'en 1861, 11 180 sont aujourd'hui à peu près hors de service, et une très-petite partie seulement a pu être relevée : 6787 kilomètres fonctionnent encore, mais Dieu sait jusques à quand.

Nous donnons ci-dessous la liste de ces derniers (*),

	Situation.	Longueur. kilom.	Date de l'immersion.
	Câble de Calais à Douvres...............	40	1851
	— du petit Belt (Danemark)........	30	1853
	— de Douvres à Ostende...........	130	1853
	— entre l'Angleterre et la Hollande..	189	1853
	— de l'embouchure du Forth........	8	1853
	— entre l'Angleterre et l'Irlande.... ⎫ — de port Patrick à Donaghadee... ⎭	40	1853
	— à travers la rivière de Tay.......	1,6	1853
	— entre la Corse et la Sardaigne.....	17,6	1854
	— entre l'Angleterre et l'Irlande.... ⎫ — de Holyhead à Howth.......... ⎭	120	1854
	— d'Angleterre à l'île de Wight.....	1,6	1854
	— entre l'Angleterre et l'Irlande.... ⎫ — de port Patrick à Whitehead.... ⎭	41	1854
	— entre la Suède et le Danemark....	21	1854
	— de Varna à Constantinople	275	1855
	— de l'île du prince Édouard à New-Brunswick...................	19	1856
	— entre l'Angleterre et le Hanovre...	450	1858
	— entre l'Angleterre et la Hollande. ⎫ — d'Orfordness à Harlem.......... ⎭	218	1858
	— de Liverpool à Holyhead........	40	1858
	— de Weymouth à Jersey. Guernesey, etc....................	149	1858
	— de Withehaven à l'île de Man.....	58	1858
	— entre l'Angleterre et le Danemark.	560	1859
	— de Boulogne à Folkstone........	38	1859
	— de Singapoor à Batavia..........	880	1859
	— entre la Suède et l'île de Gothland.	102	1859
	— de Transmanie en Australie.......	384	1859
	— du grand Belt (Danemark)........	44	1860
	A reporter......	3856,8	

Mers peu profondes. (bracket spanning the table rows)

(*) Depuis la publication de ce relevé, de nouveaux câbles ont été immergés et fonctionnent jusqu'à présent. Ce sont ceux de Toulon à la Corse, de Dieppe à Newhaven, de Jersey à Coutances, de Malte à Alexandrie.

	Situation.	Longueur. kilom.	Date de l'immersion.
	Report	3856,8	
Mers profondes.	Câble entre la Spezzia et la Corse	176	1854
	— de Terre-Neuve au cap Breton	136	1856
	— des Dardanelles à Chio et Candie, et de Chio à Smyrne	833	1858
	— d'Athènes à Syra et à Chio	278	1859
	— de la Sicile à Malte	112	1859
	— de Barcelone à Mahon	290	1860
	— d'Iviza à Majorque	118	1860
	— de la côte d'Espagne à Iviza	122	1860
	— d'Alger à Minorque	770	1860
	— de Corfou à Otrante	96	1861
	Total	6787,8	

Voici maintenant la liste de ceux qui ne fonctionnent plus :

	Situation.	Longueur. kilom.	Date de l'immersion.
Mers non profondes	Câble d'Holyhead à Howth (1er câble)	120	1852
	— de Varna à Balaclava	570	1855
Mers profondes.	— de Valentia à Terre-Neuve	3540	1858
	— d'Algérie en Sardaigne	200	1857
	— de Sardaigne à Malte et à Corfou	1120	1857
	— de la mer Rouge et de l'Inde	5630	1859
	Total	11180	

A la suite de tous ces désastres, le conseil privé du commerce anglais et la compagnie du télégraphe transatlantique nommèrent un comité d'enquête pour étudier les diverses causes qui avaient amené les déplorables résultats que nous venons d'enregistrer et fournir en même temps des instructions pour la fabrication des câbles à venir. Ce comité, composé de MM. Wheatstone, Douglas Galton, William Fairbairn, Geor P. Bidder, Edwin Clark, Cromwell F. Varley, Latimer Clark, G. Saward, après avoir procédé pendant dix-huit mois à une série d'études et d'enquêtes, a publié l'année dernière son Rapport; et, grâce à ces recherches, qui auraient pourtant dû logiquement précéder les essais qu'on a faits de ces câbles sur une grande échelle, on est aujourd'hui beaucoup mieux fixé sur les conditions de leur construction, sur la manière de les poser et de leur appliquer l'électricité, et sur les phénomènes particuliers auxquels ils donnent lieu. Si l'on avait eu dans l'origine toutes ces connaissances, on aurait été bien certainement plus prudent qu'on ne l'a été. Cette science n'est, du reste, encore aujourd'hui qu'à son début, et il reste encore beaucoup à apprendre avant d'arriver à prévenir toutes les difficultés qui surgissent à chaque pas dans ce genre de transmission télégraphique. Mais, si on ne peut prévoir toutes ces difficultés, on connaît du moins les principaux phénomènes qui sont en jeu, et c'est déjà beaucoup, car un homme averti en vaut deux, dit le proverbe.

CONSTRUCTION DES CABLES SOUS-MARINS.

Un câble sous-marin se compose de trois parties : d'un conducteur, d'une enveloppe isolante et d'une enveloppe protectrice. Nous allons étudier successivement dans quelles conditions doivent se présenter ces différentes parties pour fournir les résultats les plus avantageux.

1° **Du conducteur.** — Le conducteur des câbles sous-marins, que l'on désigne ordinairement, et non sans raison, sous le nom d'*âme du câble*, a été l'objet d'études nombreuses et d'expériences réitérées. Quand on réfléchit que la plus petite interruption dans sa continuité métallique, interruption dont il est même difficile de préciser la place, peut entraîner des dépenses énormes, et même souvent la perte d'un câble, on comprend quel intérêt devait s'attacher à sa disposition dans les meilleures conditions possibles. Pour arriver à ce résultat, il fallait que le système fût combiné de manière : 1° à être garanti le plus possible contre les causes de rupture ; 2° à ne pas compromettre l'enveloppe isolante ; 3° à provoquer le moins possible certaines réactions extérieures ayant pour effet d'entraver la propagation électrique. Ces différentes conditions ont été réalisées dans les *cordes de fils de cuivre* qui constituent actuellement l'âme des câbles sous-marins. On comprend, en effet, qu'avec un pareil système si un défaut existe dans le cuivre et entraîne la rupture d'un des fils, il en existe toujours d'autres à côté pour maintenir la continuité métallique dont nous avons parlé. D'un autre côté, le cuivre pur étant l'un des métaux les plus conducteurs, l'âme du câble peut avoir alors un diamètre assez réduit pour ne pas provoquer d'une manière trop fâcheuse les réactions dont nous avons parlé et que nous étudierons, du reste, plus tard. Cette dernière condition n'étant pas généralement comprise, plusieurs personnes, des ingénieurs même, ont commis à cet égard de graves erreurs, qui pourraient même être qualifiées sévèrement, depuis qu'elles ont été jetées comme un blâme à l'adresse des télégraphistes.

Si les conducteurs en cuivre ont des avantages marqués sur les conducteurs à fil unique, ils ont cependant certains inconvénients, par exemple, d'entraîner quelquefois, lorsqu'un des fils du faisceau vient à se rompre, la perforation de l'enveloppe isolante ; or cette perforation est d'autant plus nuisible dans ce cas, qu'en raison des vides existant entre les différents fils, l'eau une fois introduite peut pénétrer à travers tout le câble comme dans un tube et augmente ainsi considérablement les pertes du courant. On a proposé, pour remédier à cet inconvénient, plusieurs moyens : d'abord d'appliquer sur le fil central de la corde une couche de substance isolante pâteuse comme le *chatterton's composition*, sur laquelle seraient placés les premiers fils extérieurs pendant la torsion, et qui, en filtrant à travers les interstices, constituerait, avec la première enveloppe isolante, un tout solide ; en second lieu, de réunir les différents fils de la corde avec de la soudure ; enfin, d'isoler séparément les différents fils du faisceau et de les abouter en des points différents. Dans ce dernier cas, si l'un d'eux en se rompant perçait l'enveloppe isolante, on pourrait augmenter considérablement la résistance du défaut en dissolvant les bouts du fil cassé au moyen de forts courants positifs envoyés à travers le câble.

Du reste, l'expérience a démontré que les conducteurs à un seul fil pèchent toujours par les joints et par le défaut d'homogénéité du métal, lequel, présentant des parties dures et des parties molles, est sujet à se rompre ou à subir un étirement inégal. Cet étirement même est susceptible parfois de provoquer la déchirure de l'enveloppe isolante , par suite du retrait inégal des deux corps juxtaposés.

Quant au choix du cuivre pour la confection des âmes des câbles, on ne saurait y prendre assez d'attention, car sa qualité peut faire varier la conductibilité du câble dans des proportions considérables. Ainsi certains cuivres, comme ceux de Rio-Tinto, peuvent ne pas être plus conducteurs que le fer. Cela dépend surtout de la quantité d'oxyde de cuivre qui entre dans leur composition et qui peut diminuer leur conductibilité jusqu'à 28 pour 100.

2° **De l'enveloppe isolante.** — Les conditions essentielles que doivent présenter les isolateurs des câbles sous-marins pour fournir des résultats avantageux sont : la ductibilité, l'imperméabilité, l'inaltérabilité, un pouvoir isolant très-marqué, et certaines qualités en rapport avec les réactions physiques qui s'opèrent au sein des lignes sous-marines, et dont nous aurons occasion de parler plus tard. On avait cru longtemps que le caoutchouc et la gutta-percha les possédaient toutes ; mais les nombreux cas d'insuccès qui sont survenus ont fini par démontrer qu'il était loin d'en être ainsi, et que le problème était beaucoup plus difficile qu'on ne le pensait. On s'est mis alors à rechercher des matières isolantes plus parfaites, et plusieurs composés nouveaux ont été proposés. Parmi ces composés nous citerons ceux de MM. L. Wray, Hughes Radcliffe, Godefroy, et un composé connu sous le nom de *chatterton's composition* qui a été très-employé.

Le composé de Wray contient deux parties ou deux parties et demie de caoutchouc, une demie de résine, une de silice ou d'alumine en poudre, et environ un neuvième de gutta-percha. Cette composition est en quelque sorte un verre de caoutchouc qui a l'avantage d'être très-isolant, difficilement fusible, et d'augmenter plutôt de résistance avec la température, ce qui est l'inverse des autres composés. Malheureusement cette matière est détruite par l'eau de mer et ne peut être employée à la surface des câbles.

Le composé de M. Hughes est encore un secret ; c'est une substance visqueuse qu'on croit dériver de la houille, et qui est destinée à être interposée entre les diverses couches de gutta-percha afin de boucher les pores et les fentes de la matière isolante. Son emploi a cela d'avantageux qu'une perte se serait à peine déclarée, qu'elle serait déjà réparée.

Le composé de Radcliffe est une combinaison de gutta-percha avec du carbone pour accroître sa durée ; son pouvoir isolant est à peu près le même que celui de la gutta-percha et diminue avec l'élévation de la température.

Il en est de même du composé de Godefroy, constitué avec de la gutta-percha et des écales de noix de coco broyées.

Quant au composé de Chatterton, qui a été employé concurremment avec la gutta-percha dans les câbles d'Algérie, de Corse, de Rangoon et d'Alexandrie, c'est un mélange de gutta-percha, de goudron, de bois et de résine, en proportions convenables pour donner à la matière une certaine fluidité. Il durcit à froid ; mais une faible élévation de température suffit pour le rendre fluide. Il s'applique à chaud par couches minces entre les couches successives de gutta-percha, et son rôle paraît être le même que celui du composé de Hughes.

Malgré les avantages annoncés de ces différents composés, la Commission anglaise, nommée pour l'examen des questions relatives aux câbles sous-marins, pense que c'est le caoutchouc, et surtout la gutta-percha préparée par les nouveaux procédés, qui doivent être préférés, et qu'on ne doit accepter qu'avec une grande réserve les compositions en question, sur l'efficacité desquelles le temps n'a pas encore prononcé. Suivant elle, le caoutchouc doit être pur, c'est-à-dire constitué uniquement avec de la gomme vierge du Para ; il doit être employé en lanières étroites soudées l'une à l'autre par leurs bords fraîchement coupés (à l'abri du contact de l'air), et le tout, après avoir été passé dans l'eau chaude, doit être enveloppé de caoutchouc vulcanisé et soumis à une haute température pour assurer l'union des surfaces. La gutta-percha doit être également très-pure, déposée en couches minces et nombreuses, et recouverte extérieurement de goudron de Stockholm ; elle doit surtout être préservée du contact de la lumière et recouverte d'eau.

Le caoutchouc mastiqué, suivant la Commission, *brûle et s'oxyde lentement au simple contact de l'air et même dans l'obscurité ;* mais à la lumière, et surtout lorsqu'il est exposé à l'air et à la chaleur solaire, *l'oxydation s'étend avec une fatale rapidité.* Cette substance, ainsi oxydée, présente l'apparence d'une gomme épaisse et se sépare promptement du fil.

La gutta-percha pure peut rester sans s'altérer pendant plusieurs mois à l'air, pourvu qu'elle soit à l'abri de la lumière et ne soit pas soumise à une température trop élevée ; elle peut subsister pendant plusieurs années sous l'eau en bon état, mais les alternatives d'humidité et de sécheresse la détruisent rapidement, surtout quand elle est exposée à la lumière solaire.

La Commission, du reste, conformément à toutes les recherches antérieures, a reconnu que la température exerce un effet sensible sur la faculté isolante de ces substances, et que la pression, en consolidant la matière, perfectionne l'isolement, et cela d'autant plus que la substance est moins isolante. Toutefois, ces corps absorbent toujours une certaine quantité d'eau. Cette quantité est à peu près insignifiante avec de la gutta-percha et de l'eau de mer, mais elle est plus sensible avec le caoutchouc ; dans tous les cas, cette absorption, qui n'a lieu qu'à la surface de l'enveloppe isolante, est d'autant plus grande que la température est plus élevée et que l'eau est moins dense. L'épaisseur de la couche isolante modifie aussi l'absorption dans une plus grande proportion que ne semblerait devoir le comporter l'augmentation de sa surface. Ainsi, quand la couche est épaisse, cette absorption paraît s'arrêter brusquement à un point qui est rapidement dépassé lorsque la couche est mince ; la conductibilité des matières isolantes ne paraît pas, du reste, sensiblement affectée par cette absorption.

En France on admet généralement que le cuivre dont est formé le conducteur des fils ainsi isolés réagit sur le caoutchouc comme réducteur, et que c'est surtout à cette cause qu'il faut rapporter le phénomène de déliquescence dont il a été question précédemment, et, comme preuve à l'appui, on montre que le ramollissement du caoutchouc commence toujours par le centre, c'est-à-dire par la partie en contact avec le cuivre. Les défenseurs du caoutchouc prétendent qu'avec la gomme vierge de Para cet effet n'existe pas, et qu'il ne se montre d'ailleurs que vers les extrémités des fils quand le cuivre et la substance isolante sont simultanément en présence de l'air. Quoi qu'il en soit, ce défaut peut être facilement annihilé en mettant entre le fil de cuivre et l'enveloppe de caoutchouc une couche de gutta-percha ou de *chatterton's composition*.

Le caoutchouc a, du reste, été appliqué sur le conducteur de différentes manières par MM. Siemens, Silver, Hall et Wells, et dernièrement en France par M. Biloret. Le procédé de M. Siemens consiste à coller longitudinalement autour du fil de cuivre deux lanières de cette substance, dont les bords sont coupés et appliqués l'un contre l'autre à l'abri du contact de l'air au moyen d'une machine. Avec le procédé de Silver ces lanières sont enroulées en spirale autour du fil et soudées entre elles à chaud. Enfin, M. Biloret emploie le caoutchouc en fil et l'enroule autour du conducteur comme on le fait pour les fils de coton ou de soie.

3° **Des armatures protectrices.** — La question des armatures protectrices a été et est encore bien controversée. Les uns croient que les matières molles et délicates qui composent l'enveloppe isolante des câbles sous-marins ont besoin, pour ne pas être détériorées, soit pendant l'opération du déroulement à la mer, soit même au fond de la mer par les coquilles perforantes ou par les frottements, d'être protégées par des couvertures solides et résistantes. Les autres, admettant qu'au fond de la mer il n'existe ni courants ni causes accidentelles susceptibles de détériorer les câbles, rejettent toute espèce de couvertures, sauf celles en chanvre ou en ruban goudronné, qui sont nécessaires pour les protéger pendant l'opération de la pose. Ces derniers prétendent que les couvertures métalliques, en alourdissant considérablement le câble, rendent leur pose plus difficile, leur rupture plus aisée, et encombrent inutilement les navires chargés de les transporter.

Nous n'entrerons pas dans ce débat, qui dure encore, et dont nous avons parlé dans les tomes IV et V de notre *Exposé des Applications de l'électricité,* nous nous contenterons d'exposer les conclusions de la Commission anglaise qui sont formulées de la manière suivante :

« La forme de l'enveloppe extérieure doit, dans chaque cas, dépendre des circonstances locales et de la situation dans laquelle doit se trouver le câble. Dans le choix qu'on fait, il faut avoir soin de s'assurer la possibilité de réparer le câble par-

17

tout, excepté dans les profondeurs qui dépassent la limite à laquelle on peut le soulever.

» L'enveloppe doit être telle, qu'elle puisse protéger l'âme contre les avaries qui peuvent résulter du déroulement ou du relèvement (en cas de réparation), contre les attaques des animaux marins et contre le frottement sur un fond rocheux ; elle doit permettre de faire facilement les joints et donner au câble un poids spécifique suffisant pour qu'il s'enfonce régulièrement. De plus, la substance destinée à donner au câble sa force doit être efficacement protégée contre la corrosion, et doit fournir la force nécessaire avec le minimum d'allongement. Enfin cette matière ne doit pas être assez isolante pour masquer les défauts du câble pendant sa fabrication. »

Suivant la Commission, les câbles des mers profondes ne doivent être légers que parce que sans cela ils ne seraient pas transportables et susceptibles d'être relevés ; car pour la pose, *leur plus grand poids serait sans grande influence sur la tension exercée*, attendu que, par suite de leur immersion, cet excès de poids est à peu près compensé par leur plus grand volume. « Il est digne de remarque, dit le Rapport de la Commission, que *presque tous les petits câbles ont joué de malheur*, tandis que l'expérience a toujours démontré *que plus un câble était lourd, plus grande était sa durée*. » Quoi qu'il en soit, la Commission admet comme *de nécessité absolue* que ces câbles soient recouverts d'une enveloppe métallique ; car il a été reconnu, suivant elle, que les revêtements uniquement composés de chanvre goudronné duraient extrêmement peu de temps, et que pour le relèvement d'un câble une couverture résistante était indispensable ; elle croit de plus que les fils de fer ou d'acier qui doivent former cette couverture doivent être préalablement étamés et recouverts de chanvre saturé de goudron ou d'une couche de gutta-percha pour éviter la corrosion. Enfin, elle regarde comme indispensable qu'une couverture épaisse en filin ou en ruban goudronné soit interposée entre l'enveloppe isolante et l'enveloppe protectrice, afin de servir en quelque sorte de coussin, de matelas à cette dernière, et d'empêcher ainsi la déformation de la couche isolante pendant l'opération du recouvrement et de la pose.

Pour éviter l'allongement du câble, la formation de nœuds et une pression trop grande de la matière isolante pendant la pose, la Commission recommande que le pas de l'hélice constituée par les fils de fer ou d'acier de l'enveloppe protectrice soit le plus allongé possible ; elle croit même qu'une disposition qui permettrait à ces fils de se maintenir parallèlement les uns à côté des autres dans le sens de la longueur du câble aurait de réels avantages.

Enfin, suivant la Commission, le câble d'Alger à Toulon aurait été dans de bonnes conditions, particulièrement sous le rapport de son poids spécifique (1,9), par rapport aux profondeurs de 1500 à 2000 brasses auxquelles il devait descendre. Pour les câbles des mers peu profondes, où des frottements sur les rochers et des accidents de toutes sortes peuvent se présenter, il importe avant tout que l'enveloppe extérieure ait une grande solidité, et dans ce cas la question de poids disparaît. Ce sont donc des câbles à fortes armatures de fer qui doivent être alors employés, surtout dans le voisinage des points d'atterrissement. En raison de cette considération, il est facile de comprendre que les câbles dont nous avons parlé précédemment doivent être garnis vers leurs extrémités d'armatures plus fortes que dans le reste de leur longueur.

Depuis le Rapport dont nous venons de parler, de nouveaux accidents sont venus démontrer que la couverture de chanvre goudronné entourant les fils métalliques des armatures, était loin de suffire pour les préserver de l'oxydation et de la corrosion; de sorte que la question est encore tout entière à résoudre. Quelle que soit, du reste, l'enveloppe protectrice que l'on donne aux câbles, on peut, jusqu'à un certain point, empêcher l'introduction des animaux perforants et le dépôt des coquillages (qui sont un si grand obstacle au relèvement des câbles), en recouvrant cette enveloppe d'une couche de peinture mêlée à une substance toxique, telle que celle que M. Jouvin a proposée dernièrement pour la préservation des coques des navires en fer. Cette substance est un mélange de bleu de Prusse et de turbith minéral (sous-sulfate de mercure), lequel mélange fournit, sous l'influence de l'eau de mer, un chlorocyanure de mercure et de sodium qui est un des poisons les plus violents. Ce composé peut, du reste, être joint à du minium sans que ses qualités toxiques soient détruites.

4° **Différentes dispositions des câbles sous-marins.** — La forme des câbles sous-marins immergés jusqu'ici se rapporte plus ou moins, sauf les dimensions, la nature des substances employées et le nombre des conducteurs, aux types que nous représentons ci-contre et qui sont ceux du câble de l'Algérie et du câble de la mer Rouge; mais, en outre de ces dispositions, on en a proposé d'autres qui s'en éloignent considérablement et que nous rangerons dans une catégorie à part. Parmi les premiers nous décrirons seulement ceux de Douvres à Calais, de Valentia à Terre-Neuve, de Port-Vendres à Alger, de Suez aux Indes, qui peuvent à eux seuls montrer les différentes phases par lesquelles ont passé ces sortes de véhicules du fluide électrique (*).

Le câble de Douvres au cap Grinez (Calais), posé en 1851, se composait de quatre fils conducteurs de cuivre isolés chacun avec de la gutta-percha en couche épaisse et tordus en corde : le tout était recouvert d'abord d'une couverture en chanvre goudronné et d'une enveloppe protectrice composée de dix fils de fer de 7 millimètres de diamètre, enroulés en hélice. Le diamètre total du câble était 33 millimètres, celui de chacun des fils de cuivre un peu plus de 1 millimètre, et le diamètre de chaque fil avec sa couche de gutta-percha était de 6 millimètres.

Le câble transatlantique n'avait qu'un seul fil conducteur de 2 millimètres de section, mais ce fil était composé de sept

Fig. 69.

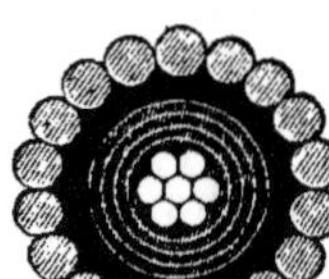

petits fils de cuivre tressés ensemble. La gaîne isolante renfermant ce conducteur se composait d'abord d'un triple fourreau

---

(*) *Voir* un article de M. Van Kerkuyk sur ce sujet dans les *Annales télégraphiques*, t. IV, p. 293.

de gutta-percha, qui portait son diamètre à 9 millimètres, et
d'un autre fourreau très-épais, en étoupe de coton imbibée de
poix, de goudron, d'huile et de suif; l'armature métallique se
composait de dix cordons ou torons formés chacun de sept fils
de fer de très-petit diamètre tordus ensemble.

Le poids de ce câble, par mètre courant, était d'environ
630 grammes, et son diamètre total était de 16 millimètres.
La Commission anglaise attribue son insuccès au choix du modèle qui avait été adopté sans données expérimentales, à sa
fabrication qui n'avait pas été faite avec tout le soin possible,
enfin à ce que le câble, depuis sa fabrication, n'avait pas été
manié avec assez de précaution.

Le câble de la mer Rouge et de l'Inde représenté *fig.* 69 se
composait, comme les précédents, d'une corde de sept fils de
cuivre recouverte d'une envelope formée de deux couches de
gutta-percha, alternant avec deux couches de *chatterton's composition;* le tout était entouré de filasse de chanvre goudronné
et protégé par des fils de fer enroulés à nu en spirale. La Commission anglaise croit que la non-réussite de ce câble, exécuté
pourtant dans de bonnes conditions, est venue du ramollissement de la gutta-percha par le fait seul de la chaleur excessive
des parages où ce câble a été transporté, et du défaut de pro-
tection donnée à l'enveloppe métallique contre la corrosion.

Le câble d'Alger à Port-Vendres, que nous représentons
fig. 70, est composé : 1° d'un conducteur formé d'un faisceau de sept fils de cuivre fins tordus ensemble, ayant un
diamètre moyen de 2 millimètres; 2° de quatre enveloppes

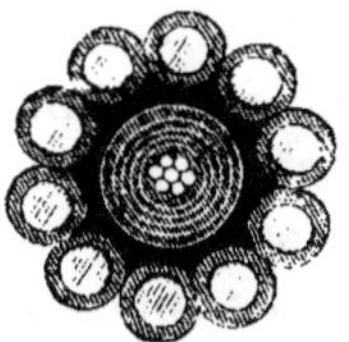

Fig. 70.

de gutta-percha alternées de quatre couches de *chatterton's
composition*, formant, avec le fil conducteur, un diamètre de
9^{mm},25 ; 3° d'un revêtement composé de filin goudronné ;
4° d'une armature extérieure composée de dix fils d'acier de

2 millimètres de diamètre, garnis de chanvre goudronné. Le diamètre total du câble est de 22 millimètres; son poids par mètre, dans l'air, est 620 grammes; dans l'eau, 308. Ce câble et celui de Corse sont ceux qui avaient jusqu'à présent le mieux réussi dans les mers profondes; mais un accident, que l'on croit dû à un foudroiement du fil, est survenu dernièrement au câble d'Algérie et le met actuellement dans l'impossibilité de fonctionner.

Systèmes particuliers de câbles sous-marins. — Pour donner aux câbles des mers profondes toute la solidité désirable sans nécessiter les armatures métalliques dont on entoure ordinairement les câbles sous-marins, M. Allan enveloppe le fil conducteur lui-même, alors composé d'un fil unique de cuivre de 4 millimètres de diamètre, avec un câble de petits fils d'acier enroulés légèrement en hélice autour de lui, et c'est au-dessus de ce petit câble, formé de vingt-cinq fils, chacun de la grosseur d'une aiguille à coudre, que se trouve appliquée l'enveloppe isolante. Celle-ci est composée de quatre couches de gutta-percha, et le tout est enveloppé d'une double couverture en ruban de toile goudronnée, qui sert d'enveloppe protectrice. Le diamètre total est de 17 millimètres.

MM. Siemens et Halske ont cherché aussi à résoudre le problème des câbles légers en employant comme isolateur le caoutchouc et en remplaçant les lourdes armatures de fer par des armatures beaucoup plus légères composées de simples fils d'acier de petit diamètre, disposés rectilignement les uns à côté des autres et enveloppés par des bandes minces de cuivre phosphoré, enroulées en spirale autour du câble. Ces bandes, étant déprimées sur la moitié de leur largeur de manière à ce que les différentes spires s'arc-boutent entre elles, tout en étant à recouvrement les unes sur les autres, forment une gaîne flexible à peu près imperméable à l'eau, qui rend le câble excessivement maniable (voir *fig.* 71). Il résulte de cette disposition : 1° que les dimensions du câble peuvent être considérablement réduites ; 2° qu'il ne peut facilement s'allonger sous les efforts de la traction (les fils de fer étant droits); 3° que la résistance est, relativement à son volume, plus considérable que celle des autres câbles ; 4° que l'armature protectrice ne court pas risque d'être corrodée et détruite ; 5° que

Fig. 71

les animaux perforants ne peuvent avoir accès dans l'enveloppe isolante. En recouvrant l'enveloppe de cuivre d'une couche de peinture composée avec le mélange toxique dont il a été parlé p. 259, on pourrait même rendre le câble susceptible d'être relevé facilement, puisque aucun dépôt de coquillages ne pourrait dès lors s'effectuer.

Dans le système de M. Siemens, l'enveloppe isolante se compose de plusieurs enveloppes de caoutchouc superposées et séparées du fil conducteur par une couche assez mince de *chatterton's composition*. Une autre couche de cette dernière substance et une couche de gutta-percha, superposées aux dernières couches de caoutchouc, complètent l'enveloppe isolante. Cette interposition du *chatterton's composition* a non-seulement pour effet d'empêcher l'action du cuivre sur le caoutchouc, mais encore de fournir entre ces divers corps une complète adhérence. Enfin une double couverture de rubans goudronnés sert d'intermédiaire entre l'enveloppe isolante et l'armature de fer et de cuivre. MM. Siemens et Halske ont construit des câbles de ce modèle de toutes grosseurs, et on a reconnu qu'ils ont l'avantage d'être très-légers, de se conserver parfaitement sous l'eau et d'avoir un isolement parfait.

Dernièrement M. Dunkan a proposé une solution curieuse du problème des câbles légers. Dans ce système, l'armature en fer est remplacée par une armature faite avec des tiges de rotin. Suivant l'auteur, une pareille armature réunit les avantages de la solidité, de la durée et de la légèreté. Il est certain que le rotin a une résistance relati-

vement assez considérable et ne s'altère pas dans l'eau. On
sait, en effet, que les Chinois s'en servent de temps immémorial
pour en faire des cordes de sondage pour leurs puits artésiens
et des câbles pour leurs jonques; mais, en admettant la réalité
de ces avantages, le problème serait-il pour cela résolu? C'est
ce que l'expérience seule pourra dire; car, à force de rechercher la légèreté, on pourrait bien, avec ce système, avoir
dépassé le degré convenable. D'ailleurs les tiges de rotin
pourraient-elles être fournies en quantité suffisante pour
l'établissement d'une ligne un peu longue?

Une foule d'autres systèmes, parmi lesquels nous citerons
ceux de MM. Balestrini, Bardonnault, de Mathys, Harisson, etc.,
ont encore été proposés; mais les avantages qu'ils promettent
étant plus que douteux, nous n'en parlerons pas davantage.

RÉACTIONS PHYSIQUES PRODUITES AU SEIN DES CABLES.

Lors de l'immersion des premiers câbles sous-marins, on
avait bien remarqué que des phénomènes anormaux se ma-
nifestaient dans la propagation du courant qui les traversait,
et entraînaient des conséquences fâcheuses pour les transmissions télégraphiques; mais ces effets n'avaient pas été
analysés, et c'est à M. Faraday que revenait l'honneur de les
bien préciser et de les expliquer.

A la suite d'expériences faites sur un câble sous-marin, de
160 et de 2000 kilomètres de longueur, avec une pile isolée
de 360 couples, M. Faraday put en effet s'assurer que l'électricité qui traverse le conducteur d'un câble sous-marin immergé *réagit par influence à travers l'enveloppe isolante de
celui-ci et joue le rôle d'une véritable bouteille de Leyde* dans
laquelle le verre est représenté par la couverture isolante,
l'armature interne par le fil conducteur isolé, et l'armature
externe par l'eau dans laquelle est immergé le câble, et même
par son revêtement métallique extérieur. Or, il devait résulter
de cette réaction plusieurs conséquences importantes :

1° Il devait se produire des deux côtés de l'enveloppe isolante et sur toute sa longueur une *accumulation de fluides*
d'autant plus grande que la couche isolante *était moins épaisse*
et que le câble *était plus long;*

2° La réaction extérieure *absorbant à son profit le flux électrique dans les premiers moments de sa propagation, la durée de la période variable de l'établissement du courant devait se trouver considérablement allongée*, ou, ce qui revient au même, *la vitesse de transmission de l'électricité devait être retardée ;*

3° Chaque émission du courant à travers le câble, mis en communication avec la terre par son extrémité libre, *devait être suivie d'une décharge secondaire* provenant de la recomposition des électricités accumulées par la condensation et ayant pour effet de prolonger considérablement l'action du courant transmis.

Ces conséquences ont été, en effet, constatées par M. Faraday de la manière la plus positive, dans ses expériences, et, de plus, en disposant son circuit dans certaines conditions particulières, ce savant put observer un phénomène qu'on n'aurait certes guère soupçonné de prime abord, celui de la transformation du flux électrique en ondes successives composées de fluides de noms contraires et se propageant comme les vagues de la mer.

Pour qu'on puisse se faire une idée de ce phénomène, supposons qu'un circuit sous-marin, après avoir été chargé, se trouve brusquement séparé de la pile et mis en contact avec le sol; une partie de l'électricité qui le chargeait, trouvant par cette nouvelle voie un écoulement plus facile, reviendra sur ses pas en donnant lieu à un courant de retour, Or. si en ce moment on coupe cette communication avec le sol et qu'on l'établisse avec le pôle de la pile opposé à celui qui avait produit la première charge, la nouvelle charge transmise se superpose à celle engendrant le courant de retour, et il en résulte un renforcement du courant ou une onde dans la partie du circuit en ce moment occupée par cette dernière. Si maintenant on renouvelle la même manœuvre au moment où cette charge en excès arrive aux deux tiers du circuit, par exemple, une nouvelle onde d'électricité contraire pourra se former dans la première partie du même circuit et continuer sa route à la suite de la première. Dans les longs circuits, tels que celui qui a relié un instant l'Amérique à l'Angleterre, on a pu de cette manière obtenir jusqu'à six ondes successives.

Dans les circuits aériens, le même phénomène doit évidemment se produire ; mais comme, dans ce cas, la propagation électrique est infiniment plus prompte (n'étant pas entravée par la réaction par influence), ils ne sont pas appréciables.

Depuis ces recherches et en raison des nombreux cas d'insuccès des câbles sous-marins immergés, de nouvelles études ont été entreprises tant au point de vue des lois suivant lesquelles se produisent les effets de la condensation qu'à celui de la manière même dont s'effectue cette réaction. Il en est résulté une foule de documents de la plus grande importance, que nous allons maintenant exposer.

Lois de la propagation électrique dans les câbles sous-marins. — Les phénomènes anormaux que présentaient les réactions par influence sur des lignes isolées, avec des substances différentes, ayant fait reconnaître que le phénomène de la condensation se compliquait *de certains effets qui ne pouvaient être que le propre d'une conductibilité particulière des substances isolantes*, on dut reprendre à nouveau toute la théorie des condensateurs qui n'avait jamais été jusque-là appuyée sur des expériences décisives, et qui, d'ailleurs, laissait beaucoup à désirer. On put alors reconnaître *que les lois relatives à la condensation sont précisément les mêmes que celles concernant la propagation du flux électrique à travers les corps conducteurs*, et que la différence qui peut exister théoriquement entre l'action électrique par influence et la conduction est analogue à celle que présente la chaleur propagée par voie de rayonnement et par voie de conductibilité moléculaire. Plusieurs savants, et en particulier MM. Faraday et Wheatstone, ont même été plus loin et ont pensé que le double phénomène de la condensation et de la conductibilité des substances isolantes n'était par le fait *qu'un seul et même phénomène* dont les effets pouvaient se déduire des formules d'Ohm. Cette hypothèse, admise par M. Siemens dès l'année 1857, et mise en équation par lui pour le cas des câbles sous-marins, a été vérifiée expérimentalement, en 1860, par M. Gaugain, qui, de son côté et sans avoir eu connaissance du travail de M. Siemens, arrivait à la même formule.

Pour établir cette formule dans l'hypothèse en question, il s'agissait de calculer la résistance d'un conducteur constitué par une enveloppe cylindrique traversée, suivant son épaisseur, par un flux électrique. Dans ce cas, la section du conducteur est représentée par la surface cylindrique qui enveloppe le conducteur métallique dans toute sa longueur, et cette section, qui va en augmentant depuis la surface intérieure jusqu'à la surface extérieure de l'enveloppe isolante, offre à la transmission électrique une voie d'autant plus facile que le fil isolé est plus long.

En représentant par ρ la résistance à l'induction de l'enveloppe isolante dans le sens du rayon, l sa longueur, λ sa conductibilité spécifique, R le demi-diamètre ou le rayon de l'enveloppe isolante, r le rayon du fil conducteur, MM. Siemens et Gaugain ont été conduits à la relation suivante (*) :

$$(35) \qquad \rho = \frac{1}{2\pi\, l\lambda} \cdot \log \frac{R}{r},$$

$\log \dfrac{R}{r}$ représentant l'indice des logarithmes népériens correspondant aux rapports $\dfrac{R}{r}$.

(*) Voici la manière dont M. Gaugain est parvenu à calculer cette expression :

Concevons un cylindre métallique A (de rayon OA) (*fig.* 72) enveloppé d'un anneau cylindrique AB dont la substance ne conduise que médiocrement, et imaginons que cet anneau soit lui-même enfermé dans un troisième cylindre B (de rayon OB) qui possède comme le cylindre A une conductibilité très-grande. Si

Fig. 72.

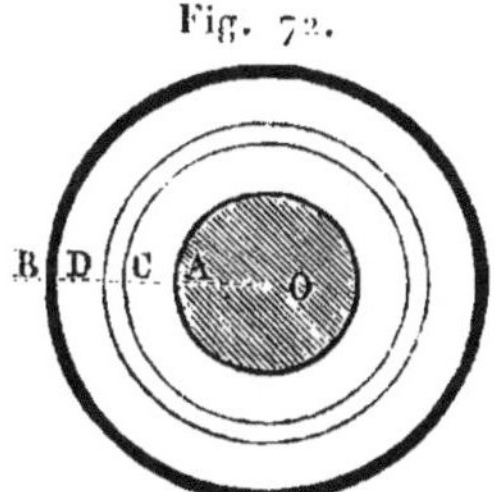

l'on met le cylindre intérieur A en communication avec une source constante d'électricité, et si l'on fait en même temps communiquer le cylindre extérieur B avec la terre, il est clair que l'électricité se propagera du cylindre intérieur au cylindre extérieur et qu'elle marchera dans la direction des rayons.

Comme nous supposons que la conductibilité du cylindre intérieur est de beaucoup supérieure à celle de l'anneau moyen, nous pouvons admettre que la tension est partout la même dans toute l'étendue du cylindre A, bien que ce cy-

Cette hypothèse est maintenant généralement admise et a servi de base à tous les calculs qui ont été faits dans ces derniers temps sur les câbles sous-marins. Elle explique d'ailleurs parfaitement tous les phénomènes et permet de calculer tous

---

lindre ne communique avec la source constante d'électricité que par l'une de ses bases. Par la même raison, la tension peut être considérée comme nulle dans toute l'étendue du cylindre B.

Si nous supposons que les trois cylindres soient coupés par une série de plans équidistants perpendiculaires à l'axe, il est clair que les disques provenant de cette division transmettront dans le même temps des quantités égales d'électricité, du moins si l'on excepte les disques placés dans le voisinage des bases. Par conséquent, lorsque la longueur des cylindres est très-grande par rapport à leur diamètre, de telle sorte qu'on puisse considérer comme négligeables les perturbations qui se produisent dans le voisinage des bases, la résistance totale de l'anneau cylindrique est égale à la fraction $\dfrac{1}{m}$ de la résistance de l'un des disques qui le forment, si le nombre des disques est m : en d'autres termes, la résistance de l'anneau cylindrique est en raison inverse de sa longueur.

Maintenant, considérons l'espace annulaire compris entre les deux cercles très-voisins qui ont pour rayons OC et OD, la résistance de cet espace sera proportionnelle à la différence CD des rayons et inversement proportionnelle au développement de la circonférence OC, puisque l'électricité se propage exclusivement dans la direction des rayons. Si donc nous désignons par x le rayon OC auquel cas CD sera dx, et si nous représentons par l la longueur de l'anneau cylindrique, par λ la conductibilité de la substance qui le forme, par a un coefficient constant dépendant de l'unité adoptée, la résistance de l'anneau compris entre les cercles dont les rayons sont OC et OD aura pour expression

$$\frac{a\,dx}{2\pi\,l\,\lambda\,x}.$$

Mais si nous appelons ρ la résistance de l'anneau compris entre les cercles dont les rayons sont OA et x, la différentielle de cette résistance sera la résistance de l'anneau compris entre les cercles dont les rayons sont x et $x + dx$.

Nous aurons donc

$$d\rho = \frac{a}{2\pi\,l\,\lambda}\;\frac{dx}{x},$$

et par conséquent,

$$\rho = \frac{a}{2\pi\,l\,\lambda}\,\log a + \text{const.},$$

et en posant OA $= r$ et OB $= R$,

$$\rho = \frac{a}{2\pi\,l\,\lambda}\cdot\log\frac{R}{r}\,;$$

ou en faisant $a = 1$,

$$\rho = \frac{1}{2\pi\,l\,\lambda}\cdot\log\frac{R}{r}.$$

les éléments dont on a besoin. En effet, si on veut connaître
l'expression de la charge électrique K d'un fil isolé, il suffira
de considérer que celle-ci, étant en raison inverse de la résistance ρ, sera fournie par la formule précédente renversée, dans
laquelle la quantité λ devra être considérée comme représentant la capacité inductive ; de sorte que l'on aura

$$(36) \qquad K = \frac{2\pi\, l\lambda}{\log\frac{R}{r}},$$

formule qui donne pour valeur de la conductibilité spécifique
de l'isolant, ou sa capacité inductive dans la nouvelle hypothèse,

$$(37) \qquad \lambda = \frac{K\log\frac{R}{r}}{2\pi\, l}.$$

On peut déjà déduire de ces dernières formules que *plus la
conductibilité* λ *de l'isolant est grande, plus est grande la
charge électrique*, ou la condensation qui en est la conséquence ; et c'est en effet ce que l'expérience démontre. Ainsi
la gutta-percha, qui est beaucoup plus conductrice que le
caoutchouc, fournit une charge induite beaucoup plus grande.

Si on réfléchit maintenant que, d'après les formules d'Ohm
que nous avons données page 91, les intensités électriques
correspondantes à des circuits de résistances ρ et ρ′ (*fig.* 73),

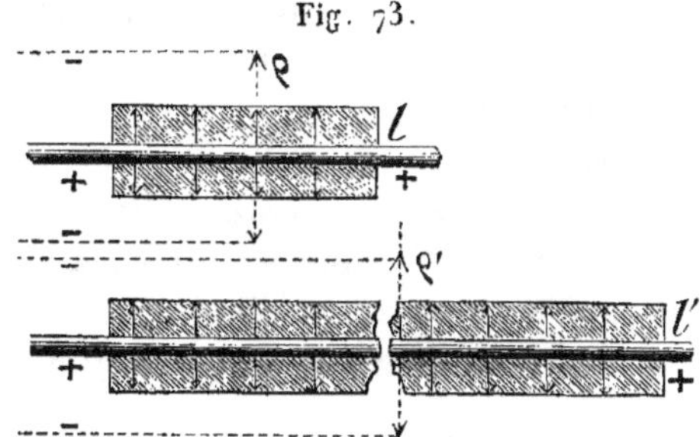

Fig. 73.

et ayant une section en rapport direct avec les longueurs *l* et *l*′,
sont exprimées par

$$\frac{n\,E}{\rho}, \qquad \frac{n'E}{\rho'},$$

on arrive, en substituant à ρ et ρ' leurs valeurs tirées de la formule précédente (35), à la proportion

$$(38) \qquad I : I' :: \frac{ln\,\lambda}{\log \dfrac{R}{r}} : \frac{l'\,n'\,\lambda'}{\log \dfrac{R'}{r'}},$$

de laquelle on peut déduire toutes les lois relatives aux effets de la condensation sur les circuits sous-marins.

Supposons, en effet, que la substance isolante recouvrant deux câbles de longueur différente soit la même et qu'ils aient le même diamètre, la proportion précédente devient

$$I : I' :: nl : n'l'.$$

Ce qui montre que, dans ce cas, l'intensité des courants provenant de la condensation *sera proportionnelle au nombre d'éléments de la pile ou à sa tension* quand les câbles seront de même longueur, *ou à la longueur de ceux-ci, si la pile reste la même.*

Admettons maintenant que les quantités n, l, λ restent les mêmes et que R et r varient, la proportion, en devenant

$$I : I' :: \log \frac{R'}{r'} : \log \frac{R}{r},$$

montre que les intensités du courant en question *sont en raison inverse des logarithmes népériens des rapports des deux rayons de l'enveloppe isolante.*

Maintenant, si on se rappelle que dans un circuit bien isolé, et c'est le cas des câbles sous-marins, *la durée de la période variable de la propagation électrique est indépendante de la tension de la source, proportionnelle au carré de la longueur du circuit et à son coefficient de charge, inversement proportionnelle à l'aire de sa section ou au carré du rayon r du conducteur métallique* (*); si on considère, d'un autre côté, que ce coefficient de charge que l'on peut déduire de l'équation (36)

peut être alors représenté par $\dfrac{\lambda}{\log \dfrac{R}{r}}$ ou par $\dfrac{1}{\log \dfrac{R}{r}}$, en suppo-

---

(*) Voir chap. II, p. 67.

sant les câbles isolés avec la même matière, on arrive à la formule générale

$$t : t' :: \dfrac{l^2}{r^2 \log \dfrac{R}{r}} : \dfrac{l'^2}{r'^2 \log \dfrac{R'}{r'}},$$

qui permet de calculer les temps de charge des câbles sous-marins dans les différents cas qui peuvent se présenter, ayant comme donnée une première expérience faite sur une longueur et un échantillon donnés de câble ; elle permet d'ailleurs de retrouver les lois simples qui gouvernent ces temps de charges, quand on fait successivement $l = l'$, $r = r'$, $\dfrac{R}{r} = \dfrac{R'}{r'}$, lois qui se trouvent exprimées par les rapports suivants :

$$t : t' :: r^2 : r'^2, \quad :: r'^2 : r^2,$$
$$t : t' :: l^2 : l'^2,$$
$$t : t' :: \left(\dfrac{l}{r}\right)^2 : \left(\dfrac{l'}{r'}\right)^2.$$

Ces dernières lois ne sont, bien entendu, applicables qu'aux cas où il n'y a pas formation d'*ondes électriques* au sein des câbles. Quand celles-ci interviennent, la propagation se trouve considérablement compliquée, et il serait alors difficile de préciser nettement les rapports existant entre les différentes quantités qui figurent aux formules précédentes.

Toutes les lois que nous venons d'exposer ont été démontrées directement par l'expérience par plusieurs physiciens, entre autres par MM. Siemens, Wheatstone et Guillemin. La loi seule relative à l'épaisseur de l'enveloppe isolante a été interprétée d'une manière différente par M. Wheatstone qui, en partant de la comparaison des nombres fournis par ses expériences, a conclu à l'énoncé suivant :

« La grandeur de la décharge (le courant résultant de la condensation) pour des fils de diamètres divers et recouverts d'enveloppes formées de même matière, mais ayant des épaisseurs différentes, *est sensiblement proportionnelle à la racine carrée du demi-diamètre du fil et en raison inverse de la racine carrée de l'épaisseur de l'enveloppe isolante.* »

Cette loi, ne résultant d'aucune donnée théorique, est évidemment empirique; mais il peut très-bien se faire qu'elle s'accorde numériquement dans les circonstances où a opéré M. Wheatstone avec celle que nous avons énoncée plus haut. C'est, du reste, ce qui m'est arrivé pour la loi empirique que j'ai formulée page 159, relativement aux forces des électro-aimants de différentes longueurs.

Quant à la loi de la section, MM. Wheatstone et Guillemin l'ont vérifiée en mesurant la décharge produite par plusieurs fils placés parallèlement les uns à côté des autres et isolés entre eux, et en la comparant à celle de ces mêmes fils réunis les uns au bout des autres; ils ont trouvé que l'effet était le même.

Les autres lois auxquelles l'expérience a conduit les savants dont nous venons de parler peuvent être résumées de la manière suivante :

1° La conductibilité du métal, toutes les autres circonstances restant les mêmes, n'a pas d'influence sur le courant résultant de la condensation. Si donc on emploie un mauvais conducteur, la résistance du circuit est augmentée, mais l'induction reste la même.

2° La température agit sur le courant en question, mais seulement dans les limites où elle modifie l'isolement : plus cette température est élevée, plus l'effet de condensation est prononcé; mais les différences sont grandes entre les différentes substances isolantes, comme on le verra à l'instant.

3° La pression exercée sur un fil isolé n'a d'influence qu'en ce qu'elle augmente l'isolation du fil, et en conséquence son action est d'autant plus manifeste que la matière isolante est moins bonne.

4° Une résistance interposée entre la pile et le fil isolé, ou entre le fil et la terre, a une influence très-marquée sur le temps de la charge et de la décharge qui se trouve alors considérablement augmenté. Cette déduction est d'accord avec les indications des formules que nous avons données précédemment; car, dans le cas en question, la longueur du circuit se compose, en appelant ρ cette résistance additionnelle, de $\rho + l$, et la proportion $t : t' :: l^2 : l'^2$ devient alors

$$t : t' :: \rho^2 + 2\rho l + l^2 : \rho'^2 + 2\rho' l' + l'^2.$$

Or on voit que les temps de charge sont augmentés, par suite de cette intervention de ρ, non-seulement comme le carré de cette quantité, mais encore comme le double produit de cette quantité par la longueur du circuit.

5° Le temps de la décharge complète du fil avec un conducteur d'environ 100 lieues est, d'après M. Guillemin, à peu près quadruple du temps de la charge, indépendamment de la condensation, ce qui tient à ce que la décharge s'opère sous une tension sans cesse décroissante, tandis que la charge s'effectue sous une tension constante.

6° La condensation qui résulte de l'action d'un fil isolé et maintenu chargé est beaucoup plus grande que celle qui résulte du même fil mis en communication avec la terre et chargé d'une manière continue. Suivant M. Guillemin la différence est à peu près du double.

7° Lorsqu'on prend la terre comme intermédiaire, tant pour charger que pour décharger le fil isolé, le courant résultant de la charge ou de la décharge est toujours de même intensité.

8° Le fil conducteur ne prend qu'une quantité d'électricité très-faible quand on supprime pendant la charge la communication de l'armature extérieure à la terre.

Bien que les phénomènes de l'induction produite au sein des câbles aient été parfaitement éclairés par les expériences dont nous venons de parler, il restait encore un point à éclaircir, celui de savoir si les substances isolantes ont une capacité inductive indépendante de leur pouvoir conducteur, et à cet égard on n'est pas encore parvenu à s'entendre.

Généralement, on admet l'indépendance de ces deux propriétés ; mais M. Gaugain, à la suite d'expériences très-nombreuses, a reconnu que, par le fait, cette capacité inductive n'est qu'illusoire, et que la plupart des corps diélectriques ne diffèrent sous ce rapport que par le temps plus ou moins long que la charge électrique met à atteindre sa valeur maximum.

Ainsi, le soufre, la gomme laque, qu'on regardait jusqu'ici comme fournissant instantanément les effets maxima de condensation, effets qu'on croyait inférieurs à ceux provoqués par la gutta-percha, mise pendant un certain temps avec une source électrique, ont été reconnus par M. Gaugain exercer une action analogue à celle produite par cette dernière substance, mais après un temps beaucoup plus long. En effet, alors que la gutta-percha, servant d'intermédiaire entre deux lames métalliques dont l'une est sans cesse électrisée, mettra un quart d'heure pour fournir sur l'autre lame une charge maxima d'une valeur A, je suppose, le soufre placé dans les mêmes conditions, et, quoique fournissant instantanément une charge beaucoup plus grande que dans le premier cas, mais inférieure à A, pourra cependant fournir cette charge A au bout de deux ou trois jours. Au point de vue du maximum absolu la *seule différence entre les effets inducteurs de ces deux substances n'est donc par le fait que dans le temps plus ou moins long de la charge définitive.* Mais au point de vue du maximum relatif, l'effet est assez complexe et semblerait annoncer dans certaines substances deux sortes de conductibilités. Nous n'insisterons pas toutefois davantage sur cette question, qui est trop spéculative pour l'ouvrage que nous publions; mais nous ferons remarquer que dans la pratique télégraphique les durées de l'action électrique n'étant jamais longues, le point important est la détermination des rapports $\frac{\lambda}{\lambda'}$ des pouvoirs conducteurs ou des capacités inductrices des différents isolants, après un même temps de charge; peu importe la question théorique. Or cette détermination a été faite par plusieurs physiciens, qui ont obtenu, du reste, des chiffres assez concordants.

D'après **M. Siemens**, la plus petite induction de la gutta-percha étant prise pour unité, celle de l'isolant de **Wray** serait représentée par 0,77, celle du caoutchouc par 0,66, celle de l'isolant de **Hughes** par 1,00, celle de l'isolant de **Radcliffe** par 1,09. Ces chiffres ont été obtenus à l'aide de la formule n° 37, et correspondent à des câbles ayant une enveloppe de 6 millimètres d'épaisseur et un conducteur de 2 millimètres de diamètre. D'après **M. Wheatstone**, ces capacités inductives pour les mêmes substances seraient : 6 pour la gutta-percha, 4,5 pour l'isolant de Wray, 4,5 pour le caoutchouc, 6 pour l'isolant de Hughes, 6,5 pour l'isolant de Radcliffe.

Quant à la résistance réelle de ces différents isolants, et à ses variations avec la température, il nous suffira, pour la faire apprécier, de rapporter quelques-uns des chiffres qu'a obtenus

M. Siemens sur les échantillons dont nous avons déjà parlé et qui ont une épaisseur d'enveloppe isolante de 6 millimètres (*).

SUBSTANCES ISOLANTES.	TEMPÉRATURE en degrés centigrades.	RAPPORT DES RÉSISTANCES de ces isolants, celle du mercure étant prise pour unité.	RÉSISTANCES de l'enveloppe isolante sur une longueur de 1 kilomètre.	
	o		kil.	
Gutta-percha à......	11,11	2.630.000.000.000	35.385.755	
Id. à......	22,22	960.000.000.000	12.838.350	kilomètres de fil télégraphique de 4 millimètres de diamètre
Id. à	33,33	407.000.000.000	5.476.360	
Caoutchouc à.	11,11	48.900.000.000.000	657.969.744	
Isolant de Wray à...	11.11	23.600.000.000.000	317.551.000	
Isolant de Hughes à	11,11	7.860.000.000.000	105.759.554	
Isolant de Radcliff à.	11,11	480.000.000.000	6.458.598	

Les enveloppes de gutta-percha ayant toujours des défauts, c'est-à-dire de petites fissures par lesquelles peuvent suinter les liquides, leur conductibilité est toujours, après l'immersion des câbles, beaucoup plus grande que dans l'origine, et il en résulte certains effets électriques très-curieux que M. du Colombier a été à même de constater d'une façon particulière sur le câble d'Algérie. Ainsi, suivant que le câble immergé *est mis en rapport avec le pôle positif ou le pôle négatif de la pile, la résistance de son enveloppe peut être augmentée ou diminuée dans une proportion énorme et variable avec la tension de la pile.* D'un autre côté, l'intensité électrique au point de jonction du câble avec la pile, au lieu d'aller toujours en diminuant dans le premier moment de la charge, comme cela doit avoir lieu, suit une marche inverse dans les deux cas.

D'après les expériences de M. du Colombier, la résistance d'isolation du câble d'Algérie étant représentée par 30 000 ou 40 000 kilomètres de fil télégraphique, quand la communication du câble avec la pile était opérée au pôle positif, est tombée spontanément, par suite de sa liaison avec le pôle négatif, à 385 kilomètres avec 29 éléments ; à 418 avec 15 éléments ; à 467 avec 10 éléments ; enfin à 510 avec 6 éléments. Ces effets tiennent vraisemblablement à ce que, sous l'in-

---

(*) Les nombres que M. Wheatstone a indiqués précédemment comme mesures des capacités inductives des différents isolants représentent des déviations galvanométriques, conséquemment, pour reconnaître les rapports réciproques de ces capacités inductives, il faut partir des tangentes de ces déviations qui donnent pour la gutta-percha et l'isolant de Hughes 0,1051 ; pour le caoutchouc et l'isolant de Wray 0,0787, et pour l'isolant de Radcliff 0,1139.

18*.

fluence des courants positifs, il se forme, aux défauts de l'enveloppe isolante, une couche d'oxyde qui contribue à augmenter son isolement, tandis qu'avec les courants négatifs le métal reste toujours découvert.

Conclusions pratiques. — Les conclusions pratiques qu'on peut tirer des lois précédentes peuvent se formuler de la manière suivante :

1° *On ne doit employer sur les circuits sous-marins que des piles ayant peu de tension et une résistance très-faible :* d'abord pour diminuer les effets nuisibles de l'induction ; en second lieu pour ne pas provoquer de décharges latérales qui contribueraient beaucoup à altérer l'isolement du câble ; en troisième lieu parce que la résistance fournie par la pile, étant interposée entre la source électrique et le câble, augmente considérablement le temps de la propagation électrique.

2° *Il y a plus d'avantages, sous le rapport de l'induction, à augmenter le diamètre du fil conducteur plutôt que l'épaisseur de l'enveloppe isolante ;* car, tant que l'enveloppe reste la même, la décharge induite augmente seulement comme la racine carrée du diamètre du fil, tandis que la force du courant transmis augmente comme le carré de ce diamètre, et si l'on fait varier l'épaisseur de l'enveloppe isolante, la force du courant transmis reste la même, alors que l'induction ne décroît que comme la racine carrée de l'épaisseur.

3° *Il y a avantage à employer sur les lignes sous-marines des courants alternativement renversés ;* car, outre que ce système empêche les courants de retour d'affaiblir ceux qui sont successivement transmis, il détruit l'effet que produisent à l'autre extrémité de la ligne les décharges provenant de l'écoulement de l'électricité condensée, et détermine, comme on l'a vu, des ondes électriques qui renforcent l'action des courants transmis.

4° Le caoutchouc, au point de vue physique, est la substance la plus convenable pour l'isolation des lignes sous-marines, puisque c'est cette substance qui isole le mieux, fournit la moindre induction, se ramollit le moins à la chaleur, et maintient le mieux le conducteur au milieu de son enveloppe isolante, mais la détérioration facile de cette substance en rend l'usage dangereux, et on ne doit l'employer qu'avec prudence.

5° L'interposition d'un corps médiocrement conducteur, tel

que le coton entre le fil et la couche de caoutchouc, ainsi que cela est pratiqué dans le système de MM. Hall et Wells, augmente également l'induction et diminue l'isolement. L'induction est augmentée parce que le fil de coton, qui est un mauvais isolateur, augmente la surface du conducteur ; et l'isolation est affaiblie, non-seulement parce que la couche isolante est diminuée par suite de l'interposition du coton, mais probablement aussi en raison de la plus grande action inductive. Par les mêmes raisons le coton interposé entre deux lanières de gutta-percha est également désavantageux.

6° L'interposition d'un isolant visqueux entre deux couches de gutta-percha ne peut ni diminuer ni augmenter l'isolation de la ligne. « Si le procédé de M. Hughes possède des avantages, dit M. Wheatstone, ces avantages sont dus à la tendance qu'a le fluide visqueux de remplir les petites cavités qui peuvent exister dans les couches de la gutta-percha. »

7° Le fil de fer ne doit pas être employé comme conducteur dans les câbles sous-marins, parce que, pour conduire le courant aussi bien que le fil de cuivre, il lui faudrait une section huit fois plus grande, et, pour que l'induction restât la même, la couche de gutta-percha devrait être tellement plus épaisse, que le câble serait de dimensions impossibles.

ESSAI DES CABLES SOUS-MARINS.

Avant d'immerger un câble et de l'accepter des mains des constructeurs, il est essentiel qu'on connaisse exactement le degré d'isolation de sa gaîne et le degré de conductibilité de son conducteur. On doit donc le soumettre à des expériences préventives, afin de vérifier si ses conditions d'isolement et de conductibilité ne dépassent pas les chiffres fixés comme limites de tolérance, et en même temps pour servir de points de repère pour des expériences ultérieures.

Pour arriver à ce résultat, on peut employer plusieurs méthodes d'expérimentation ; mais celle qui a été mise en pratique pour l'essai du câble d'Algérie, par M. Siemens, paraît être celle qui donne les résultats les plus certains. Aussi ne parlerons-nous que de celle-là.

Mesure de l'isolement. — Un câble sous-marin devant être immergé à une profondeur toujours considérable et devant, en conséquence, subir une forte pression, on comprend facilement qu'un petit défaut de l'isolateur qui, sous une très-faible pression peut être insignifiant, devient dangereux lorsque l'eau, par suite de sa compression, peut pénétrer au travers. C'est donc sous une pression considérable que l'isolement des câbles doit être essayé, et à cet effet, on les plonge par fractions de 5538 mètres dans un grand cylindre en fer hermétiquement fermé et en communication avec une puissante machine de compression susceptible de fournir une pression de 600 livres par pouce carré ; et comme la conductibilité de la gutta-percha augmente considérablement avec la chaleur, il faut avoir soin de maintenir l'eau à un degré de température un peu élevé, 25 degrés environ.

D'un autre côté, comme il existe toujours dans la gutta-percha et autres substances isolantes des bulles d'air et des soufflures qui, en crevant d'un moment à l'autre, pourraient altérer sensiblement l'isolement du câble, on doit commencer, avant de le soumettre à la pression dont nous avons parlé, par faire le plus complétement possible le vide dans l'appareil afin de déterminer immédiatement la rupture de ces soufflures.

De plus, ces expériences doivent être répétées trois fois : la première sur les fractions de câbles successivement introduites dans l'appareil, comme on l'a vu précédemment ; la seconde sur les différents bouts soudés les uns aux autres à mesure qu'on leur adapte l'enveloppe protectrice ; la troisième sur le câble entier, dans les ateliers, à bord du navire et après l'immersion.

Pour mesurer une résistance, plusieurs méthodes peuvent être employées : 1° celle par dérivation, qui a pour instrument rhéométrique le pont de Wheatstone ; 2° celle par courants différentiels, qui emploie le galvanomètre différentiel ; 3° la méthode par substitution, avec laquelle on fait usage de la boussole des sinus ; 4° la méthode par comparaison. Mais si on considère que pour la mesure de la résistance d'une enveloppe isolante, il ne s'agit plus de centaines de kilomètres de fil télégraphique, mais bien de centaines de billions, on comprendra qu'il n'est pas indifférent alors d'employer telle ou telle méthode, tel ou tel instrument. Celle que **M. Siemens** préfère est la méthode par substitution combinée à la méthode différentielle pour maintenir l'appareil rhéométrique à un degré de sensibilité convenable. Voici, à cet effet, comment il dispose l'expérience :

Il fait communiquer l'une des extrémités du câble au pôle positif d'une forte pile dont l'autre pôle communique avec la terre ou le cylindre de fer dans lequel le câble est immergé ; il interpose dans le circuit une boussole des sinus très-sensible et note la déviation ; alors il ne s'agit, pour rapporter cette déviation au type pris comme unité de comparaison, que de chercher la valeur de la résistance capable de fournir l'intensité observée avec la pile employée, et de rapporter cette valeur à celle de l'unité de comparaison placée dans les mêmes conditions.

Pour arriver à cette détermination il suffit de considérer que les formules d'Ohm $I = \dfrac{n\,E}{n\,R + r}$ et $I = a \sin \rho$ donnent, en négligeant $n\,R$ qui s'efface devant r,

$$a \sin \rho = \frac{n\,E}{r},$$

et pour une résistance r' et un nombre d'éléments n'

$$a \sin \rho' = \frac{n'\,E}{r'}; \quad \text{d'où} \quad \frac{\sin \rho}{\sin \rho'} = \frac{n\,r'}{n'\,r}.$$

Or, si dans cette dernière formule on fait $r' = 1$ et $n' = 1$, on a

$$\frac{\sin \rho}{\sin \rho'} = \frac{n}{r}; \quad \text{d'où} \quad r = \frac{\sin \rho'}{\sin \rho} \cdot n.$$

Dans cette formule l'unité de résistance, en fonction de laquelle r est exprimé, est la résistance qui, avec un seul élément de la pile, donnerait $\sin \rho'$. Or, c'est là ce que **M. Siemens** appelle la constante de l'instrument.

Si l est la longueur du câble essayé, la résistance de l'unité de longueur sera $r'l$, de sorte que la résistance totale sera représentée par

$$\frac{\sin \rho'}{\sin \rho} \cdot nl.$$

Cette formule suppose que la perte d'électricité est constante le long du conducteur, ce qui n'est pas exactement vrai, puisque la tension, par suite de l'isolement imparfait du câble, diminue à mesure qu'on s'éloigne de la pile. Mais pour les câbles bien isolés, elle est sensiblement exacte (*).

La boussole dont M. Siemens a fait usage pour ses expériences présentait une résistance de 716 kilomètres, et les longueurs sur lesquelles il opérait étaient de 1846 à 5538 mètres; la pile se composait d'ailleurs de 75 éléments.

Suivant M. Siemens, la méthode précédente ne peut être appliquée que pour mesurer de grandes résistances peu différentes entre elles. Quand ces résistances varient entre des limites éloignées, comme cela arrive quand on passe successivement d'une petite longueur de câble à une grande, l'appareil rhéométrique devient beaucoup trop sensible en raison de la diminution successive de la résistance de l'isolant (par suite de la plus grande surface qu'il présente au liquide), et il devient nécessaire de corriger cette trop grande sensibilité, dans des conditions bien déterminées, afin de pouvoir en tenir compte plus tard dans les formules. Pour obtenir ce résultat, M. Siemens entoure le multiplicateur de sa boussole d'une hélice additionnelle n'ayant que peu de tours, mais disposée de manière à être parcourue par le courant d'une pile spéciale, d'une grande constance, dirigé en sens contraire de celui qui traverse le multiplicateur. De cette manière, ce dernier courant n'exerce plus sur l'aiguille de la boussole qu'une action différentielle, que l'on peut rendre plus ou moins grande, et même nulle, au moyen de bobines de résistance interposées dans le circuit de l'hélice additionnelle. Quand, après avoir essayé une longueur de câble, on veut en mesurer une nouvelle ajoutée à la première, on commence, avant d'introduire dans le circuit cette nouvelle partie, par équilibrer les deux courants, de manière à maintenir l'aiguille de la boussole à zéro. On introduit alors la partie du câble dont

---

(*) Comme l'usage de la boussole détermine dans l'aimantation des aiguilles et l'état du fil de cuivre certaines variations, on est obligé fréquemment de déterminer la valeur de la constante ρ'. M. Siemens a établi pour cela une disposition de circuit et une formule dont nous avons parlé dans notre *Exposé*, t. V, p. 156.

on veut mesurer la résistance dans le circuit du multiplicateur, et on ramène de nouveau l'aiguille de la boussole à zéro, par un moyen analogue à celui employé pour le galvanomètre différentiel, c'est-à-dire en augmentant convenablement la résistance du circuit de l'hélice extérieure. Connaissant la valeur de cette augmentation de résistance et le rapport d'action des deux hélices sur l'aiguille de la boussole, il est facile de déterminer la résistance de la nouvelle partie de câble interposée dans le circuit.

Supposons, en effet, que W représente la résistance du multiplicateur, W_1 une résistance connue introduite dans le circuit de ce multiplicateur, m le nombre d'éléments de la batterie du circuit traversant le câble, w la résistance de l'hélice extérieure, w_1 la résistance variable introduite dans le circuit de cette hélice, n le nombre d'éléments de la pile locale destinée à réagir sur cette hélice extérieure, enfin k le rapport des actions des deux hélices sur l'aiguille de la boussole; on aura

$$\frac{n}{w + w_1}\, k = \frac{m}{W + W_1}, \quad \text{d'où} \quad k = \frac{m\,(w + w_1)}{n\,(W + W_1)}.$$

Si, au lieu de W_1 on introduit la résistance inconnue du câble et qu'on arrange convenablement les piles et w_1 pour que l'aiguille de la boussole reste à zéro, m deviendra M, n sera N et w_1 sera V, et l'on aura

$$\frac{M}{x + W} = \frac{N}{V + w} \cdot k, \quad \text{d'où} \quad x = \frac{M\,(V + w)}{N \cdot k} - W,$$

ou, en substituant à k sa valeur,

$$x = \frac{M\,n}{N\,m} \cdot \frac{W + W_1}{w + w_1} (V + w) - W.$$

En général, dans la pratique, les résistances des hélices w et W peuvent être négligées; de sorte que la formule se réduit à

$$x = \frac{M}{N} \cdot \frac{V}{k}.$$

De cette manière, la valeur de k est indépendante de la sensibilité de l'aiguille et peut être déterminée une fois pour toutes.

Mesure de la conductibilité de l'âme. — La résistance du conducteur métallique des câbles sous-marins rentrant dans les limites de celles qui peuvent être facilement appréciées, au moyen des étalons de résistance que nous possédons, on peut employer indifféremment l'une des méthodes dont nous avons parlé précédemment. Cependant M. Siemens préfère alors celle du pont de Wheatstone, dont nous avons parlé page 48; quant à moi, j'ai toujours employé avec succès la méthode du galvanomètre différentiel, mais, pour qu'elle réussisse, il faut que la résistance de cet instrument soit bien en rapport avec celle du conducteur.

Pour compléter son travail, M. Siemens, dans les essais qu'il fait, estime toutes les résistances avec les deux sens du courant, et mesure en même temps les charges et les décharges.

Mesure de l'isolement des câbles par la tension électrique. — Comme complément des méthodes d'essai que nous venons d'exposer, on emploie en Angleterre un système de mesure pour l'isolement qui, au dire de M. Varley, a des avantages manifestes, en ce qu'il est indépendant de la longueur des câbles et de l'épaisseur de leur couche isolante. Ce système consiste à mesurer, à l'aide de l'électromètre de Pelletier, la tension d'une charge électrique transmise aux divers tronçons de câbles qu'on a à expérimenter, et à constater combien de temps met cette charge pour avoir sa tension réduite de moitié, par suite de l'isolation imparfaite du câble. Les rapports de ces temps peuvent faire apprécier les différents degrés de l'isolation de ces divers tronçons. Voici comment on procède pour ce genre d'expériences.

On enveloppe l'extrémité immergée du câble enroulé dans le récipient d'essai, d'une forte gaîne de gutta-percha, l'autre extrémité a son fil conducteur relié au pôle négatif d'une pile de quatre ou cinq cents éléments, et en même temps à la boule supérieure de l'électromètre de Pelletier, mis d'ailleurs en rapport avec la terre. Enfin, le pôle positif de la pile communique au sol par le liquide du récipient. Un interrupteur de courant, placé sur le fil négatif de la pile, permet d'établir et de couper, à un moment donné, les communications entre la pile et le câble. On commence d'abord par charger ce dernier en fermant le circuit, puis on l'interrompt brusquement. Sous l'influence de la charge ainsi transmise, l'électromètre dévie, et cette déviation devrait rester constante si l'isolement du câble était parfait ; mais comme il n'en est pas ainsi, elle diminue avec le temps, et pour reconnaître le moment auquel elle est tombée de moitié, il est nécessaire de faire une expérience préalable en mesurant la tension produite par la charge résultant de chaque moitié de la pile. On divise donc celle-ci en deux parties, puis on répète avec chacune d'elles la première expérience ; on note avec soin les déviations produites sur l'électromètre, et la moyenne de ces déviations donne le degré correspondant à la réduction de moitié de la tension primitivement observée. On recommence alors la première expérience avec la pile entière, et, après avoir coupé le circuit, on abandonne l'expérience à elle-même jusqu'à ce que l'électromètre fournisse la déviation correspondante à la moitié de la tension. Le temps écoulé depuis l'ouverture du circuit jusqu'à cet instant donne la mesure de l'isolement du câble.

Les expériences faites par M. Bartolomew, avec les différents isolants dont nous avons parlé, ont fourni les résultats suivants :

Caoutchouc de Silver............	79′00″
Gutta-percha perfectionnée......	11′15″
Isolant de Wray................	50′00″
Isolant de Hughes.............	0′40″
Isolant de Radcliffe..........	0′30″

Ces résultats sont, du reste, d'accord avec ceux que nous avons déjà constatés.

POSE DES CABLES SOUS-MARINS.

Le Rapport de la Commission anglaise s'exprime ainsi relativement au tracé des lignes sous-marines :

« Avant de décider la route que doit suivre un câble sous-marin, il faut se livrer à une étude soigneuse et détaillée *de la nature* et *des inégalités* du fond de la mer, et l'on doit choisir la route pour laquelle on a le moins de chance d'essuyer des avaries, causées par *des actions mécaniques ou chimiques*, et, lorsqu'il est possible, pour laquelle les profondeurs sont telles, qu'elles permettent de relever le câble pour le réparer (c'est-à-dire de 300 à 400 brasses au maximum). Dans une pareille étude, il est de la plus grande importance de tenir compte, à chaque pas, des différences relatives du niveau du fond de la mer et de la profondeur réelle ; et ce serait un grand point si l'on pouvait inventer un instrument permettant de tracer le profil du fond de la mer. La position du câble pourrait être ainsi définie avec la plus grande précision possible, ce qui faciliterait les réparations futures. »

D'un autre côté, les tristes résultats que nous avons enregistrés démontrent surabondamment que le problème qui doit préoccuper désormais les esprits dans le développement du grand réseau appelé à réunir entre eux les différents points du globe est de chercher les directions qui, en satisfaisant aux conditions exposées précédemment, nécessitent le moins de câbles à poser. Dans ce genre d'entreprises, en effet, c'est souvent la ligne la plus longue qui est le plus court chemin, et si tous les millions qui ont été engloutis au fond de la mer par la non-réussite des 11 000 kilomètres de câbles dont nous avons parlé avaient été employés à des lignes semi-terrestres, semi-marines, fût-ce même à travers des pays sauvages et déserts, on serait aujourd'hui plus près qu'on ne l'est de communiquer avec l'Inde, la Chine et l'Amérique.

Quant à l'immersion des câbles, c'est une opération des plus délicates, et souvent des plus difficiles ; car elle exige, non-seulement des navires et tout un matériel *ad hoc*, mais elle se trouve encore soumise à tous les caprices du temps, et peut être compromise par le moindre accident, la moindre imprévoyance. Dans l'origine, le navire ou les navires portant le câble étaient remorqués par un ou plusieurs bateaux à vapeur et pouvaient être, en conséquence, aménagés facilement dans ce but ; mais on n'a pas tardé à reconnaître que l'on ne pouvait jamais être maître d'un défilement convenable du câble tant que le navire qui le portait ne contenait pas lui-même son moteur, et dès lors il a fallu songer à disposer des navires à vapeur tout exprès pour cette opération. Cet aménagement n'est pas chose aisée ; car, pour de longues distances, le câble occupe une place d'autant plus grande qu'il doit être enroulé sur des cylindres du plus grand diamètre possible et disposé de manière à charger également le navire. Il faut, de plus, que l'espace occupé par lui soit complétement libre et à l'abri de la chaleur, que rien sur son parcours ne puisse entraver sa marche quand il descend à la mer, et qu'à mesure qu'il se déroule le navire garde toujours son équilibre. On obtient facilement ce dernier résultat quand les navires sont lestés avec de l'eau, car, à mesure que le câble se déroule, on peut remplacer le poids perdu par un poids d'eau équivalent.

Ordinairement le câble est placé à fond de cale, dans un ou deux compartiments, suivant que sa longueur nécessite un ou deux cylindres. Au sortir de la cale il est reçu par deux fortes roues en fonte à gorge profonde et hélicoïdale, sur chacune desquelles il fait trois tours, pour résister à l'entraînement de la partie mise à l'eau. Ces roues sont d'ailleurs pourvues de puissants freins qui modèrent au besoin leur mouvement ; mais, quelle que soit la lenteur de ce mouvement, le frottement énorme qui se trouve développé par ces freins exige un arrosage perpétuel des parties frottantes qui peut occuper jusqu'à vingt hommes. Dans l'origine, on faisait glisser le câble à l'eau par l'avant du navire ; mais, aujourd'hui, on le laisse défiler par l'arrière, et, pour le rendre libre d'accomplir des déplacements latéraux suivant les mouvements du navire, on garnit le bastingage de la poupe d'une longue pièce de fonte, sur toute la longueur de laquelle il peut glisser sans difficulté. Enfin des compteurs, avec indicateurs fixés sur les roues, marquent à chaque instant la longueur immergée du câble. Inutile de dire que des appareils télégraphiques placés à terre et à bord du navire permettent d'apprécier à tous moments l'état d'isolement de la ligne et fournissent les indications nécessaires sur la marche de l'opération.

Pour obtenir une bonne immersion, il faut que la vitesse de déroulement du câble soit égale à celle du navire, et que celle-ci soit bien uniforme ; mais cette condition est bien difficile à réaliser, surtout dans les mers profondes et par les mauvais temps ; c'est à cela que sont dus souvent les nœuds qui se forment au fond de la mer et qui sont si préjudiciables aux câbles. L'immersion d'un câble ne doit pas être interrompue depuis le commencement de l'opération jusqu'à la fin. Aussi est-il essentiel que le câble ait un grand excès de longueur et qu'il ne puisse arriver d'accidents, ni aux appareils de déroulement, ni aux autres machines du navire, et pour cela, aussi bien que pour obtenir une vitesse suffisante (de quatre ou six nœuds à l'heure) par les plus mauvais temps, il faut que la machine à vapeur du navire ait une puissance bien supérieure à celle que comporte la grandeur de celui-ci. On a proposé, et même on a employé, lors de l'immersion du câble transatlantique, des freins se réglant automatiquement d'après la vitesse même du déroulement; mais on préfère généralement pour les guider une surveillance personnelle. Du reste, quant à la forme de ces différents appareils, elle dépend complétement de la grosseur du câble à poser et de la profondeur à laquelle il doit être immergé; elle doit être, par conséquent, déterminée dans chaque cas par les ingénieurs.

Comme la masse de fer qui entre dans la construction d'un câble réagit sur la boussole du navire, et que cette réaction varie à mesure que le câble se déroule, il est de toute nécessité, dans les immersions où on perd de vue les côtes, de faire éclairer la marche du navire portant le câble par un second bateau à vapeur. Il est vrai que, lors de l'immersion du dernier câble de l'Algérie, le navire éclaireur a été fatal à l'opération ; mais c'est un cas bien rare.

D'après le Rapport de la Commission anglaise, les accidents arrivés pendant l'immersion des câbles sous-marins devraient être principalement attribués à l'emploi de navires n'ayant pas été construits pour cette destination, et d'appareils défectueux pour le déroulement. Aussi la Commission insiste-t-elle pour que cet état de choses cesse, prétendant d'ailleurs qu'un navire construit tout exprès pour l'immersion des câbles pourrait être utilisé facilement pour le commerce ordinaire.

MOYENS DE RECONNAITRE LES POINTS OU SE TROUVENT LES DÉFAUTS DANS LES CABLES SOUS-MARINS IMMERGÉS.

Quand on pose un câble sous-marin, ou même quand il est posé et qu'il se déclare un défaut, ce dont on n'est pas averti instantanément, il importe qu'on puisse déterminer, du moins d'une manière très-rapprochée, le point où ce défaut existe. Voici la méthode employée par **M. Siemens** :

Soit c la résistance du câble, x et y celles des deux bouts du câble de chaque côté du défaut ; z la résistance du défaut lui-même ; $a_i b_i$ les résistances observées aux deux bouts du câble, le premier bout étant isolé ; a et b les mêmes résistances, le second bout étant en communication avec le sol ; ou aura, d'après les lois d'Ohm, les relations suivantes :

$$1^o \quad c = x + y,$$
$$2^o \quad a_i = x + z,$$
$$3^o \quad b_i = y + z,$$
$$4^o \quad a = x + \frac{z\,y}{z + y},$$
$$5^o \quad b = y + \frac{z\,x}{z + x}.$$

Des équations (1), (2), (3) on déduit

$$x = \frac{a_i - b_i}{2} + \frac{c}{2},$$

et les équations (1), (4), (5) conduisent à l'expression

$$x = a \cdot \frac{c - b}{a - b} \left(1 - \sqrt{\frac{b}{a} \cdot \frac{c - a}{c - b}} \right),$$

d'où

$$\frac{x}{y} = \sqrt{\frac{a}{b} \cdot \frac{c - b}{c - a}}.$$

Enfin des équations (1), (2), (4) on déduit cette autre expression

$$x = a - \sqrt{(a_i - a)(c - a)}.$$

Si le câble n'était pas parfaitement isolé avant que la faute fût découverte, les valeurs a et b donneraient le moyen de déterminer une résistance variable ν des premières couches. Cette résistance ν, avec celles des dernières couches

$a_2\ b_2$, pourrait indiquer la place du défaut à l'aide de la formule

$$x = a_i - y\ \sqrt{\frac{a_i - a_2}{b_i - b_2}}.$$

Pendant toutes ces expériences, la force de la pile doit être maintenue constante, de façon que la polarisation reste la même au point où se trouve le défaut. On peut obtenir ce résultat en déterminant d'abord très-approximativement la place de ce défaut et en disposant la pile aux deux stations, de manière à envoyer à travers le défaut un courant d'égale force. Il faut avoir soin toutefois de ne relever les observations que quand la polarisation est arrivée à son maximum.

La dernière formule que nous venons de poser a l'avantage très-grand de permettre sur les vieux câbles défectueux, dont l'état d'isolement a été constaté, la détermination des points où se montrent de nouveaux défauts. Malheureusement on ne peut profiter de cet avantage sur la plupart des câbles qui ont été immergés, parce qu'à l'époque de leur pose on ne se préoccupait guère de les expérimenter: mais les nouveaux câbles, tels que ceux d'Algérie, de Corse, d'Alexandrie, de Rangoon à Singapoore, pourront en bénéficier.

RACCORDEMENT DES CABLES SOUS-MARINS.

Le raccordement, en mer, des bouts de câbles sous-marins est une des opérations les plus difficiles et les plus délicates de la pose de ces organes télégraphiques ; le procédé de soudure ordinaire exige au moins trois heures pour chaque raccordement, et encore est-il loin de donner toujours des résultats satisfaisants. Plusieurs systèmes récemment proposés semblent mieux résoudre la difficulté ; mais nous ne citerons que ceux de MM. Lair et Brière, qui nous paraissent de beaucoup les plus perfectionnés.

Le système de M. C. Lair consiste à introduire dans une boîte en fer AB (*fig.* 74), percée à ses deux bouts A et B de deux trous du diamètre du câble, les extrémités disjointes de celui-ci. Après leur introduction dans la boîte, on redresse les fils de fer de l'armature qui les terminent, et on recourbe

ceux-ci en crochet de manière à les forcer de maintenir,
comme les chatons d'une bague, un anneau légèrement conique formant bouchon à l'intérieur des deux trous de la
boîte ; les conducteurs de cuivre dégarnis de leur enveloppe

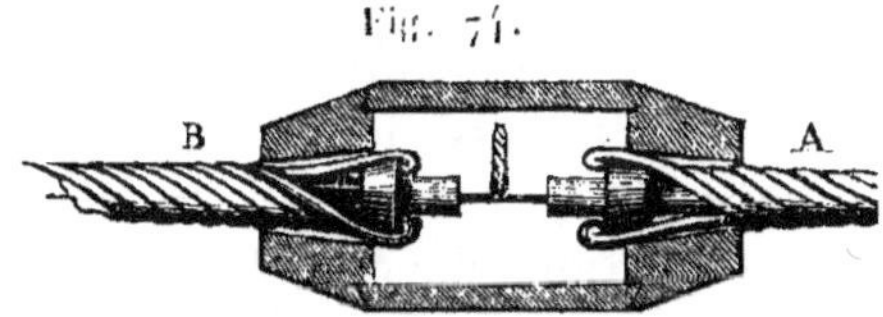

Fig. 74.

sont ensuite amenés au milieu de la boîte pour être tortillés
ensemble et soudés, et il ne reste plus qu'à remplir de gutta-
percha l'intérieur de la boîte, et à visser la couverture de fer
de celle-ci, pour terminer l'opération. On comprend facilement qu'avec cette disposition, la tension exercée sur les
bouts du câble ainsi encastrés n'a d'autre effet que de serrer
davantage l'anneau conique contre les fils de l'armature et de
les tenir plus étroitement reliés à la boîte.

Le système de M. Brière se compose de deux mâchoires
coniques munies de rainures hélicoïdales dans chacune desquelles on engage, en les croisant, les fils de l'armature des
deux tronçons qu'il s'agit de réunir. Dans l'espace vide recouvert par les deux mâchoires prennent place les bouts, préalablement raccordés et recouverts de gutta-percha, de l'âme du
câble. De cette manière, toute la tension est supportée, comme
dans le système précédent, par l'armature extérieure.

Ces deux systèmes ont été essayés à l'administration des
lignes télégraphiques ; le premier, celui de M. Lair, n'a exigé
que 25 minutes de travail pour exécuter un bon raccordement ;
le second a demandé un peu plus de temps (50 minutes); mais
l'un et l'autre ont évidemment un grand avantage sur les systèmes employés ordinairement.

CABLES SOUTERRAINS.

Les lignes souterraines ont été employées dès l'origine de
la télégraphie, car on croyait à cette époque qu'il serait impossible de préserver contre la malveillance des lignes suspendues
en plein air. En Prusse et en Russie tout le réseau télégra-

phique avait même été primitivement ainsi organisé; mais aucun système n'ayant donné de bons résultats, on dut y renoncer définitivement. Aujourd'hui les lignes souterraines ne sont plus employées que dans les villes et dans quelques cas particuliers assez rares; encore ont-elles été, même dans ces attributions limitées, l'objet de tant de déceptions, qu'on cherche à les éviter autant que possible.

Avant l'introduction de la gutta-percha par le docteur Montgommery, les fils souterrains étaient placés dans des rainures pratiquées à l'intérieur de madriers de bois, et ces rainures étaient enduites d'un mélange de plâtre, de poudre de brique, de suif fondu et de poix; il fallait, en outre, que les fils euxmêmes fussent recouverts de coton et imprégnés d'un enduit de suif, de cire et de résine. On pensa ensuite à utiliser, dans ce but, la propriété imperméable du caoutchouc; mais, quoique la réussite eût été d'abord complète, l'oxydation de cette substance la fit bientôt abandonner, et c'est alors qu'on songea à l'emploi de la gutta-percha. Les premiers essais en furent également heureux; mais on ne tarda pas à reconnaître que, plongée en terre, cette substance se décomposait extrêmement promptement, et, dans le but d'empêcher cette décomposition, on chercha à la combiner avec du soufre et à en faire ce que l'on a appelé depuis la gutta-percha vulcanisée. Les résultats de cette nouvelle substance furent assez avantageux. Toutefois elle ne put résoudre complétement le problème, car sa durée en terre, quoique supérieure à celle de la guttapercha naturelle, était encore très-limitée. On pensa alors au bitume, et on crut un moment le problème complétement résolu; car cette substance, à cause de son bon marché, permettait d'employer des fils de fer assez gros, que l'on pouvait réunir en certain nombre dans une même rigole, et que l'on pouvait noyer entièrement dans la matière isolante. Mais les gerçures qui se sont manifestées dans cette substance, et le plus souvent certaines réactions chimiques produites au sein même du sol, durent y faire renoncer pour toujours. Parmi ces réactions chimiques, il en est une qui a réagi de la façon la plus désastreuse : c'est celle résultant de l'action des fuites de gaz. Le gaz d'éclairage est, comme on le sait, un carbure d'hydrogène, et tous les bitumes ont la propriété d'être dissous par

cette substance ; il devait donc en résulter naturellement que
les tubes de bitume placés dans le voisinage de ces fuites de
gaz devaient finir par se ramollir, et permettre aux fils de se
toucher. C'est en effet ce qui est arrivé. On a cherché à remplacer ce mode d'isolement par un système analogue à celui
des câbles sous-marins, en réemployant la gutta-percha, et en
renfermant le faisceau de fils ainsi isolé et recouvert de coton
goudronné, dans des tuyaux de plomb ou des caniveaux de béton. Tous les fils de la rive gauche de la Seine, partant de l'administration centrale des lignes télégraphiques, avaient été ainsi
disposés au nombre de 55 il y a quelques années, et aujour-
d'hui, sur ces 55 fils, il n'y en a que 15 qui peuvent fonctionner.
La plupart avaient leur enveloppe isolante décomposée, et les
tuyaux de plomb eux-mêmes étaient endommagés. Dernièrement, M. Baron a essayé un système qui paraît avoir plus de
chance de durée, pour les fils (au nombre de 91) allant de l'administration des lignes télégraphiques aux différentes gares de
la rive droite de la Seine. Ces fils sont absolument disposés
comme ceux des lignes sous-marines, moins le revêtement en
fil de fer, et sont réunis 7 par 7, de manière à constituer
13 câbles bien isolés et indépendants les uns des autres. Le
tout est introduit dans une large conduite de fonte dont les
joints sont hermétiquement fermés avec du plomb, et qui présente des regards tous les 100 mètres. Tous ces câbles sont
libres à l'intérieur de cette conduite, et on peut aisément les
remplacer par fraction, quand leur isolement fait défaut, sans
qu'on soit obligé de toucher à ceux qui fonctionnent bien.
Pour obtenir ce résultat, M. Baron coupe la ligne des tuyaux
tous les 50 mètres en laissant vide un espace d'environ 50 centimètres qui est recouvert par un manchon de fonte de 1 mètre
de longueur. Ce manchon peut aisément glisser sur les tuyaux
une fois son jointoiement enlevé, et il devient alors facile par
le glissement de deux ou trois de ces manchons, non-seulement de réparer les câbles, mais encore de les sonder pour
reconnaître celui qui doit être remplacé ou réparé. La ligne
souterraine dont nous parlons va d'abord de la rue de Grenelle
à la rue Royale-Saint-Honoré. Elle est complétement enterrée
dans cet intervalle ; mais, en aboutissant rue Royale, au grand
égout collecteur, elle cesse d'être enterrée et se trouve sou-

tenue à la voûte de l'égout jusqu'à Asnières, où elle rejoint la
ligne aérienne de ceinture, qui distribue les communications
aux différentes gares de cette rive (*).

La suite dira si ce système est décidément meilleur que les
autres. En attendant, une foule de personnes proposent des
systèmes de câbles plus ou moins bien raisonnés, dont nous
allons donner une légère idée. C'est ainsi que M. Largefeuille
propose d'employer pour conducteur des fils de cuivre entourés de coton et enduits d'un certain émail isolant analogue
à la glu marine, le tout noyé dans du béton et renfermé dans
des tuyaux de terre cuite ; que M. Manigler veut que les fils
soient simplement tendus dans des tuyaux de fonte enduits
intérieurement de caoutchouc. Suivant M. Lavialle, les fils devraient être disposés dans des caisses en bitume métallisé, et
être maintenus séparés les uns des autres au moyen de cloisons en terre cuite percées de trous et distantes de 10 mètres
les unes des autres. Ils devraient être, en outre, arrêtés tous
les 100 mètres au moyen d'une traverse de sapin injectée
de bitume, à laquelle ils seraient fixés par des cavaliers en
fer doublés d'un tampon de coton. Enfin, leur tension devrait être maintenue au moyen de ressorts à boudin placés au
milieu de l'intervalle de 100 mètres.

Le plus sérieux de tous ces systèmes est celui de M. Jaloureau. On sait que cet industriel est inventeur d'un système de
tuyaux en papier bitumé qui sont d'une solidité extrême, et
tellement imperméables, qu'on les emploie comme conduites
d'eau. Ce sont des tuyaux de cette nature que M. Jaloureau
propose comme enveloppe externe des câbles souterrains.
Voici alors comment il dispose ceux-ci à l'intérieur des tubes :

L'un de ses systèmes consiste à terminer les bouts de chacun des tuyaux, longs de 3 mètres, par des cloisons en porcelaine percées de trous et disposées de telle manière que les
deux bouts de tubes qui doivent se rejoindre s'emboîtent

(*) Depuis que nous avons écrit les lignes qui précèdent, le système de
M. Baron a été appliqué aux fils de la rive gauche de la Seine. Ces fils, au
nombre de 70, vont de la rue de Grenelle à la barrière du Maine, quittent en
cet endroit le tuyau de fonte dans lequel ils ont été introduits pour s'enfoncer
dans les catacombes où ils se trouvent suspendus comme dans le grand égout
collecteur et ressortent de ces souterrains à la porte d'Orléans, à Montrouge.

exactement sur eux, laissant seulement entre eux à découvert
un intervalle de quelques centimètres. Les fils qui doivent
composer le câble sont coupés par bouts de 3 mètres, et sont
tendus à travers les tubes et arrêtés sur les cloisons de manière à laisser ressortir leur bout libre dans l'intervalle vide
dont nous venons de parler. On remplit alors de bitume les
tuyaux ainsi munis de ces fils, et la jonction de tous ces fils
s'opère au fur et à mesure de la pose des tuyaux ; il suffit
pour cela de tordre ensemble les bouts qui se correspondent,
de les souder et de remplir de bitume la gorge demeurée vide,
en ayant soin de faire un joint convenablement solide.

Ce système ayant l'inconvénient de rendre les conducteurs
trop discontinus, M. Jaloureau a combiné un autre système,
qui ressemble assez à celui proposé, il y a quelques années,
par M. Royer de Laval, et dont nous avons parlé dans le quatrième volume de notre exposé. Cette fois, au lieu de noyer
ses fils dans du bitume, M. Jaloureau les prend recouverts
de gutta-percha et les pose dans des cannelures pratiquées
tout autour de longs cylindres de sapin d'un diamètre convenable pour entrer dans les tubes de papier bitumé. De cette
manière, rien ne force à couper les fils, et l'opération peut se
suivre d'une manière continue, en faisant glisser successivement les uns à la suite des autres les différents bouts de tubes.

CHAPITRE III.

INFLUENCES PERTURBATRICES EXERCÉES SUR LES LIGNES TÉLÉGRAPHIQUES.

COURANTS ACCIDENTELS.

Les dérivations qui se produisent sur toute l'étendue du parcours des lignes télégraphiques, et dont nous avons si souvent parlé dans les chapitres précédents, ne sont pas les seuls obstacles que l'on rencontre dans l'exploitation des lignes télégraphiques. Outre les courants telluriques, dont il a été question pages 78 et 81, des courants accidentels dus à diverses causes sillonnent en tout temps ces lignes et sont souvent assez forts pour neutraliser complétement l'action des courants voltaïques que l'on envoie. Jusqu'à présent on n'a guère trouvé de moyens efficaces pour combattre ces effets nuisibles ; mais, si l'on ne peut parvenir à les conjurer entièrement, il est toujours très-important de les connaître, ne serait-ce que pour ne pas imputer à d'autres causes les dérangements que l'on observe, et qui conduiraient, par suite d'une mauvaise interprétation, à détériorer ou tout au moins à dérégler inutilement les appareils télégraphiques. Nous croyons donc devoir consacrer un chapitre entier à l'étude de ces courants.

Les courants accidentels peuvent être classés en trois catégories distinctes : les courants provenant de l'électricité atmosphérique, ou simplement les *courants atmosphériques ;* les courants provenant du magnétisme terrestre, ou *courants terrestres ;* enfin les *courants induits,* résultant de la réaction des fils les uns sur les autres. Nous ne parlons pas des courants telluriques ni des courants de polarisation des plaques enterrées, car ils sont si faibles, que leur présence pourrait être difficilement constatée sur une ligne un peu longue. D'ailleurs nous en avons parlé dans le chapitre III de la première partie de cet ouvrage.

Courants atmosphériques. — L'atmosphère est, comme on le sait, chargée en tout temps d'électricité. Par les temps les plus sereins, cette charge est même très-sensible aux instruments, et varie en tension et en intensité suivant la hauteur à laquelle on s'élève dans l'atmosphère, suivant la température de l'air ambiant et surtout suivant l'état hygrométrique de l'air. Généralement la tension électrique atmosphérique augmente à mesure que les vapeurs s'épaississent dans les régions inférieures de l'atmosphère et acquiert sa valeur maxima le matin et le soir, deux heures environ après le lever et le coucher du soleil; elle augmente d'ailleurs à mesure qu'on s'élève dans l'atmosphère et est plus grande l'hiver que l'été. On comprend, d'après cela, qu'une ligne télégraphique un peu longue, passant à travers des pays de plaines et de montagnes, se trouve par ce seul fait chargée, en des points différents, d'une électricité de tension plus ou moins grande, et en conséquence elle doit être parcourue par des courants allant des points les plus élevés aux points les moins hauts. Par une raison analogue, cette ligne étant forcément placée à ses deux extrémités dans des conditions différentes de température et d'humidité, soit par suite de son orientation du nord au sud, soit par suite de la hauteur différente du soleil à ses deux points extrêmes, devra être sillonnée par des courants du même genre plus ou moins intenses. Or, si l'on considère que ces différents courants peuvent se superposer ou s'entre-détruire, suivant qu'ils cheminent dans le même sens ou en sens contraire, on comprendra déjà facilement que, même par un temps serein, les différentes lignes télégraphiques peuvent être affectées par des courants accidentels de direction et d'intensité très-variables, non-seulement suivant leur altitude et leur orientation, mais même en différents points de leurs parcours, et ces courants pourront être diamétralement opposés la nuit et le jour, comme l'ont observé plusieurs physiciens. Sur certaines lignes télégraphiques, entre autres sur celle de Vienne à Milan, qui traverse les Alpes du Tyrol, l'intensité de ces courants est telle, qu'il est certaines heures de la journée auxquelles il devient impossible de correspondre.

S'il en est déjà ainsi par un temps parfaitement serein, que doit-ce donc être quand des nuages orageux viennent à passer sur une ligne télégraphique? Cette fois les courants qui naissent ne proviennent plus d'une simple différence de tension électrique produite en différents points de la ligne, mais bien d'une action par influence analogue à celle qui charge les conducteurs d'une machine électrique; et comme cette action par influence est variable à mesure que les nuages marchent ou se déchargent, la ligne se trouve alors parcourue par des courants plus ou moins énergiques, d'une plus ou moins grande durée, qui varient de sens non-seulement suivant qu'ils constituent des courants de charge ou de retour, mais encore suivant l'électrisation des nuages qui ont provoqué la réaction par influence.

Souvent la réaction des nuages orageux sur les fils télégraphiques est assez forte pour provoquer, à la sortie des appareils récepteurs, un foudroiement susceptible de fondre les fils des électro-aimants ou de détériorer les appareils eux-mêmes quand, rencontrant dans ces électro-aimants une trop grande résistance, la décharge se porte à gauche ou à droite sur les corps conducteurs avoisinant l'extrémité du fil télégraphique. Pour éviter ce foudroiement, qui pourrait avoir des conséquences funestes pour les employés, on interpose dans le circuit de ligne, avant sa communication avec les appareils, un petit instrument appelé *parafoudre*, fondé sur les propriétés de l'électricité statique, et dont le dispositif a, du reste, été très-varié, comme on le verra plus tard au chapitre des accessoires télégraphiques.

L'action des nuages orageux ne se borne pas à la simple action par influence que nous avons signalée précédemment. Quelquefois la décharge atmosphérique se manifeste entre le fil et le nuage, pour s'écouler de là en terre par les poteaux; souvent même elle saute du fil à la terre, surtout quand il se trouve dans le voisinage des corps très-bons conducteurs, comme des rails de chemin de fer. Dans le premier cas, les supports isolateurs sont brisés, et les poteaux, s'ils ne sont pas renversés, ce qui est du reste rare, portent des traces profondes du passage de l'élément destructeur. Ce cas de foudroiement, toutefois, à moins d'une action directe sur les postes, n'est pas généralement celui qui est le plus dangereux, car il arrive alors trop peu d'électricité à ces postes pour que les effets en soient très-désastreux.

Les lignes souterraines et sous-marines sont également influencées par les orages, mais à un degré bien moindre que les lignes aériennes; car alors l'action par influence s'effectue directement sur la terre ou sur l'eau qui les recouvre, et ne peut guère se manifester énergiquement sur la ligne que par les extrémités mises en rapport avec les fils aériens qui y aboutissent, et encore lorsque ceux-ci sont eux-mêmes influencés. C'est donc surtout en propageant les courants accidentels produits au dehors, que les lignes souterraines et sous-marines subissent la réaction des orages, et on peut en grande partie empêcher cette réaction en coupant alors la communication de ces lignes avec la ligne aérienne. Il est donc essentiel, pour la conservation des lignes souterraines et sous-marines, de placer à leur extrémité un parafoudre muni d'un interrupteur de circuit.

Bien que les effets magnétiques de l'électricité statique soient peu énergiques, le passage des courants électriques atmosphériques a souvent pour effet de désaimanter les aiguilles des boussoles et même de les réaimanter en sens contraire : c'est un des inconvénients que présentent les appareils basés sur l'emploi des aimants.

Courants terrestres.—Si les nuages orageux provoquent sur les lignes télégraphiques des courants accidentels très-énergiques, les aurores boréales en déterminent, sinon d'aussi désastreux, du moins d'aussi intenses, qui rendent souvent les transmissions télégraphiques impossibles. Les nombreuses observations qui ont été faites dans ces derniers temps sur ce genre de phénomène ont démontré jusqu'à l'évidence que ces courants sont reliés de la manière la plus étroite à l'état physique du globe terrestre et ont un rapport intime avec le phénomène des aurores boréales, dont ils semblent être en quelque sorte une dérivation. En effet, ces sortes de courants naissent toutes les fois qu'on observe des perturbations dans les appareils de déclinaison ou d'inclinaison, et quand ces courants prennent une certaine intensité, on est toujours sûr qu'une aurore boréale s'est montrée quelque part.

On comprend, d'après cette origine, que l'intensité des

courants terrestres dans les lignes télégraphiques doit dépendre beaucoup de l'orientation de ces lignes, c'est-à-dire de la position des points où leurs extrémités communiquent avec le sol. On a remarqué effectivement que ces courants acquéraient leur plus grande intensité quand les deux postes extrêmes d'une ligne télégraphique étaient situés sur une ligne allant du nord-est au sud-ouest.

Les courants terrestres sont généralement continus, durent plus ou moins longtemps et changent de sens tantôt avec rapidité, tantôt lentement; ils présentent le plus souvent des périodes de repos suivies d'impulsions rapides, presque toujours en rapport avec les palpitations de l'aurore boréale. Leur intensité est souvent supérieure à celle du courant transmis. Ainsi M. Varley a calculé que leur force électro-motrice pouvait atteindre quelquefois celle d'une pile de Daniell de 140 éléments.

Suivant M. de la Rive, ces courants proviendraient d'un grand courant électrique qui traverserait la couche terrestre du nord à l'équateur, en revenant par les couches élevées de l'atmosphère, et dont les fils télégraphiques détermineraient des dérivations. Ce courant, d'après M. Walker, aurait une direction constante faisant avec le méridien magnétique un angle de 63 degrés vers l'est ou $41\frac{3}{4}$ degrés avec le méridien terrestre; et la direction perpendiculaire ne devrait fournir aucun courant, ce qui constituerait une direction *neutre*. Cette opinion a été contestée par plusieurs savants. Ce qui est positif, c'est que beaucoup d'anomalies peuvent être opposées à cette délimitation de direction, et M. Blavier croit que, dans cette hypothèse même, la conductibilité plus ou moins grande des diverses couches géologiques du sol devrait entrer pour beaucoup dans le phénomène, soit en changeant la direction de la ligne suivant laquelle ces courants devraient se produire théoriquement avec le plus d'énergie, soit en les rendant plus ou moins sensibles à travers les dérivations représentées par les lignes télégraphiques. La preuve, selon lui, c'est que les courants terrestres sont moins sensibles sur les lignes télégraphiques qui longent les côtes maritimes que sur les autres, et en particulier que sur celles qui se trouvent entre deux mers. M. Blavier ne croit pas, du reste, que ces sortes de courants accidentels puissent provenir du prétendu courant allant du nord à l'équateur, sur lequel M. de la Rive base sa théorie des aurores boréales ; il admettrait plutôt qu'ils seraient le résultat d'une induction déterminée par *les variations successives d'intensité du magnétisme terrestre*, variations qui existent toujours au moment où ces courants se produisent, ainsi que l'ont reconnu MM. Varley et Secchi, et qui disparaissent avec la manifestation électrique. Pour nous, qui n'admettons pas la conductibilité propre du sol, nous serions tenté de nous ranger à cette dernière hypothèse, d'autant plus qu'elle explique facilement toutes les variations spontanées de direction et d'intensité des courants terrestres, qui sont inexplicables avec la théorie de M. de la Rive ; seulement nous nous demandons comment des variations aussi lentes que celles que l'on remarque dans le magnétisme terrestre peuvent engendrer des courants continus aussi énergiques. Quoi qu'il en soit, ce qui est certain, c'est que les courants dits *terrestres* ont des caractères particuliers qui les distinguent complétement des courants atmosphériques. Ainsi ils persistent plus ou moins longtemps, et ne se produisent que si le fil est en communication avec la terre aux deux extrémités ; ils ont à un moment donné la même direction sur toute l'étendue d'une même ligne, et leur intensité augmente avec la distance des points extrêmes. De plus, ils se manifestent en même temps sur une grande étendue, ce qui exclut l'hypothèse d'une relation avec les phénomènes météorologiques qui ne sont que locaux.

Courants induits. — Nous avons vu, page 21, que quand deux fils sont placés parallèlement l'un à côté de l'autre, et que l'un d'eux est traversé par un courant, il se produit dans l'autre, au moment des fermetures et interruptions de ce courant, des courants induits d'autant plus énergiques que la distance séparant les deux fils est plus faible. Il était donc à supposer, d'après cela, que les fils des lignes télégraphiques qui sont placés parallèlement entre eux devaient s'influencer plus ou moins et provoquer des courants induits accidentels. L'expérience a en effet démontré que cette réaction existe ; mais à la distance à laquelle ces fils sont ordinairement les uns des autres, elle est si faible, qu'elle n'a aucune influence sur les transmissions télégraphiques. Dans les câbles sous-marins et souterrains il n'en est plus ainsi, et c'est même là un des graves inconvénients des câbles à plusieurs fils conducteurs isolés.

DES PERTES ET DES MÉLANGES SUR LES LIGNES TÉLÉGRAPHIQUES.

Pertes. — Les formules des courants dérivés, que nous avons données page 95, nous ont permis de poser quelques formules applicables aux pertes de courant sur les lignes télégraphiques; toutefois nous avons fait figurer dans ces formules un facteur d, sur lequel nous devons donner quelques éclaircissements.

Nous avons dit que les pertes de courant dues aux dérivations sur les lignes télégraphiques provenaient de l'humidité de l'air et de la couche humide déposée sur les poteaux par les temps de pluie et de brouillard. Pour calculer exactement ces pertes, il faudrait donc connaître exactement la part de chacune de ces deux influences, et c'est un travail qui n'a pas encore été fait d'une manière complétement concluante. Ce que l'on sait, c'est que la plus grande déperdition électrique s'effectue par les supports, et le facteur d, que nous avons fait figurer dans nos formules, représente précisément le nombre des supports échelonnés sur la ligne. Nos formules ne doivent donc être regardées que comme très-approximatives. Toutefois, comme les distances des supports sont généralement uniformes, et que la valeur du facteur a, déterminée par la formule de la page 101, tient compte de toutes les dérivations produites sur la ligne, les résultats de l'application de nos formules peuvent être regardés comme suffisamment exacts dans la pratique. Si l'on tenait à une plus grande exactitude, on se trouverait conduit à des intégrations et à des formules excessivement compliquées qui pécheraient encore sur plus d'un point.

Sans revenir davantage sur les formules en question, nous allons rappeler ici en quelques mots les résultats auxquels elles conduisent, afin de pouvoir établir les déductions pratiques nécessaires pour le service télégraphique. Ces résultats peuvent se formuler ainsi :

1° *Par suite des pertes produites sur tout le parcours d'une ligne télégraphique, l'intensité électrique n'est pas la même aux différents points de cette ligne, et elle est d'autant plus grande qu'on se rapproche davantage du poste où se trouve la pile.*

2.° La longueur d'une ligne télégraphique sur laquelle on peut obtenir une intensité électrique donnée est très-limitée : elle est d'autant plus grande que l'isolation des supports est meilleure, que ceux-ci sont moins nombreux et que l'intensité électrique donnée est plus faible.

3° Les pertes sont d'autant plus sensibles qu'elles s'effectuent plus près du milieu du circuit ou, ce qui revient au même, plus près des postes de réception, à cause de la résistance des appareils télégraphiques.

4° L'influence des dérivations est d'autant plus nuisible que le circuit est plus long et que la force de la pile est moins considérable.

Suivant M. Blavier, on peut admettre qu'avec les récepteurs actuellement en usage la transmission ne peut avoir lieu à une distance supérieure à 200 kilomètres, si les pertes seules le long de la ligne donnent, pour la même distance, un courant de 10 à 12 degrés, mesuré avec une boussole des sinus ayant douze tours de fil, et la pile étant composée de 20 éléments Daniell. Or, avec les nouvelles suspensions, les pertes sur une ligne de 200 kilomètres ne dépassent jamais 5 ou 6 degrés par les temps les plus défavorables (*), et avec un temps sec elles peuvent être regardées comme à peu près nulles.

Dans les stations télégraphiques bien organisées on fait ordinairement des expériences journalières sur l'état des lignes, qui consistent à envoyer, de l'un des postes, à travers la ligne

---

(*) En admettant pour valeur de la résistance de chaque dérivation 1 milliard et demi de mètres de fil télégraphique de 4 millimètres de diamètre, comme nous l'avons indiqué page 103, on trouve, à l'aide de la formule de la page 302, que pour une ligne de 200 kilomètres, les pertes à la terre par les mauvais temps et avec une pile de 20 éléments Daniell doivent fournir une déviation de 5° 56′ (à la boussole des sinus de 12 tours). C'est, comme on le voit, un chiffre bien voisin de celui fourni par l'expérience. Avec une pile de 50 éléments, cette déviation serait 14° 17′. Le courant passant à travers la ligne, ces pertes seraient représentées par 5° 7′ dans un cas, et 11° 19′ dans l'autre.

isolée au poste opposé, le courant d'une pile d'un nombre
d'éléments déterminé, et à noter la déviation produite par la
boussole des sinus. Si on observe un trop grand écart entre les
chiffres représentant ces déviations par des temps à peu près
semblables, on peut conclure à des dérivations accidentelles et
on doit y remédier. Comme complément de ces expériences,
on mesure l'intensité électrique sur le circuit, l'extrémité
isolée de la ligne étant mise en communication avec la terre.

Si la force électro-motrice de la pile employée dans ces différentes expériences était connue, ces chiffres pourraient avoir
une grande importance, car, au moyen de la formule $I = \dfrac{n\,E}{n\,R + \dfrac{a}{d}}$,

on pourrait déterminer exactement la valeur de la résistance a
des supports isolateurs, et on pourrait suivre en quelque sorte
l'état d'isolement de la ligne, non-seulement par les différents
temps, mais encore suivant la durée de son établissement.

Mélanges. — Si l'isolation imparfaite des supports des
lignes télégraphiques constitue des pertes à la terre très-
préjudiciables au service télégraphique, la communication des
fils entre eux, par suite de cette mauvaise isolation, est encore
plus à craindre, car non-seulement elle provoque des pertes
considérables, mais elle détermine encore des mélanges de
courants qui troublent les transmissions électriques à travers
les différents fils. Ces mélanges sont d'autant plus dangereux
que, la résistance de l'isolation entre les différents fils étant
moins grande que celle qui s'oppose aux dérivations à la terre,
ils s'effectuent avec plus de facilité. Nous avons vu (p. 228)
comment M. Varley avait cherché à éviter cet inconvénient en
facilitant la dérivation à la terre; mais ce système est plutôt
un palliatif qu'un remède, et jusqu'ici on n'a pu triompher
complétement de cet obstacle aux transmissions électriques.
Les mélanges peuvent d'ailleurs être produits par d'autres
causes qu'une isolation imparfaite des supports. Des toiles
d'araignée, des branches d'arbre, des chiffons ou autres objets
transportés par le vent et accrochés aux fils télégraphiques,
peuvent les produire avec une désolante facilité.

Pour reconnaitre qu'il y a mélange sur une ligne, on fait
isoler les deux fils voisins que l'on soupçonne être en con-

tact, à la station la plus rapprochée; on envoie le courant par un des fils et on met l'autre en communication avec la terre par l'intermédiaire du galvanomètre. Si le galvanomètre dévie, c'est qu'il y a mélange. Ordinairement les mélanges ne sont sensibles qu'en temps de pluie ; alors on est forcé, pour correspondre, d'interrompre le service de l'un des deux fils.

Les mélanges proviennent quelquefois du contact même des deux fils, lequel contact peut être produit par le vent ou par suite de la rupture d'un poteau ou d'un support. Dans ce cas, la résistance de la dérivation est nulle, et on peut reconnaître en quel point de la ligne a lieu le mélange, au moyen des formules que nous avons données pages 120 et 121.

Effets des courants de retour. — Les récepteurs télégraphiques étant reliés aux fils de ligne par l'intermédiaire des manipulateurs et étant d'ailleurs en rapport direct avec le sol pour la réception, on comprend aisément qu'après chaque émission de courant, les lignes télégraphiques doivent se trouver sillonnées par les courants de retour dont nous avons expliqué l'origine page 71.

Avec des appareils trop sensibles, ces courants pourraient avoir des conséquences fâcheuses, et pour les éviter on est obligé de tendre un peu plus qu'il ne serait nécessaire les ressorts antagonistes; toutefois, par des dispositions particulières que nous étudierons plus tard, on est parvenu à en détourner complétement les effets nuisibles.

TROISIÈME PARTIE.

APPAREILS TÉLÉGRAPHIQUES.

Aperçu historique sur la télégraphie électrique.— Bien que l'établissement des lignes télégraphiques qui sillonnent maintenant le monde en tous sens soit d'une date très-récente, l'idée première de cette magnifique application de l'électricité n'est pas nouvelle ; elle était la conséquence naturelle de la découverte qu'on fit, il y a plus d'un siècle, de l'instantanéité de la transmission électrique. Le document le plus ancien, connu jusqu'à présent, dans lequel cette question se trouve nettement posée et discutée est une lettre écrite par un Écossais dont le nom n'est indiqué que par les initiales C. M., mais que l'on croit être celui de *Charles Marshall*, savant qui, il y a un siècle environ, passait pour forcer *la foudre à parler et à écrire sur les murs.* Quoi qu'il en soit, dans cette lettre, datée de Renfrew le 1er février 1753, le télégraphe électrique est, non-seulement indiqué quant à son principe, mais encore décrit avec les détails les plus minutieux. (*Voir* mon *Exposé des applications de l'électricité*, t. II, p. 1.)

L'histoire de la télégraphie électrique présente trois périodes bien distinctes qui sont en rapport avec les trois grandes découvertes faites successivement dans la science électrique depuis un siècle.

Jusqu'au commencement du xixe siècle, l'électricité statique fournie par les machines à plateau de verre était seule connue, et, en conséquence, la désignation des signaux télégraphiques dut être fondée sur les réactions propres à ce genre de manifestation électrique. Ce furent donc les attractions et les répulsions exercées sur les pendules électriques, l'illumination des carreaux étincelants, l'inflammation des substances détonantes, les commotions même, qui durent constituer les signaux dans ce nouveau mode de transmission de la pensée. Quand la pile fut découverte, on chercha à utiliser pour les télégraphes ses propriétés décomposantes, et c'est ainsi que furent combinés les télégraphes à gaz et autres dont nous parlerons plus tard. Enfin, quand les réactions électro-magnétiques furent connues, on put trouver en elles des éléments de signaux d'une distinction assez facile et d'une transmission assez prompte pour faire présager, dans un avenir peu éloigné, la solution définitive du problème. C'est Ampère qui, en 1821, ouvrit cette nouvelle voie aux investigations des savants ; mais comme les choses simples ne se trouvent souvent qu'après avoir épuisé les combinaisons les plus compliquées, ce ne fut qu'en 1837 que le télégraphe électro-magnétique atteignit un assez grand degré de simplicité pour être expérimenté sur une grande échelle, et ce furent MM. Wheatstone et Steinheil qui eurent cette glorieuse initiative.

Jusqu'en 1837 la plupart des télégraphes électriques qui avaient été imaginés exigeaient autant de fils à la ligne que de signaux à transmettre. Pour les vingt-cinq lettres de notre alphabet il fallait donc vingt-cinq fils, plus un fil de retour afin de compléter ces différents circuits. M. Wheatstone, par une combinaison ingénieuse dont nous parlerons plus loin, put réduire à six le nombre de ces fils, et, au moyen de cinq aiguilles adaptées à son télégraphe, il put obtenir directement la désignation des vingt-cinq lettres de l'alphabet. Il avait même ajouté à son appareil une sonnerie *fonctionnant sous l'influence d'un électro-aimant*, ce qui était une grande nouveauté pour l'époque. (*Voir* le Rapport de M. Quetelet, lu à l'Académie de Bruxelles le 10 février 1838.)

Les premières expériences de M. Wheatstone furent faites entre Londres et Birmingham, et la réussite la plus complète couronna ses efforts. Son télégraphe marcha parfaitement bien, la sonnerie seule fonctionna difficilement. Si nous rappelons ce détail, c'est qu'il fut l'occasion d'une des plus importantes découvertes faites dans la télégraphie électrique, celle des *relais*, sans lesquels bon nombre d'applications électriques ne seraient rien.

À l'époque de l'établissement des premières lignes télégraphiques en Angleterre, les conditions de force des électro-aimants suivant la longueur des circuits n'étaient pas encore connues ; on s'imaginait à tort que moins l'hélice magnétisante dont ces organes électriques sont entourés présentait de résistance, plus leur action devait être énergique, et, en conséquence, ils étaient toujours entourés de gros fil. Or, M. Wheatstone ayant remarqué que des électro-aimants dans de pareilles conditions *étaient moins susceptibles de fournir des réactions à distance que les effets électro-chimiques des courants*, s'imagina d'avoir recours à ces derniers pour obtenir une réaction intermédiaire capable de mettre en jeu l'électro-aimant de sa sonnerie sous l'influence d'une seconde pile placée près d'elle. A cet effet, il fit passer le courant traversant le circuit de ligne à travers une espèce de thermomètre recourbé dont la boule était remplie d'eau acidulée ; le mercure se trouvait dans la branche recourbée du thermomètre, et au-dessus de ce métal, et dans le tube même de l'instrument, qui était ouvert, était adaptée une pointe de platine en rapport avec l'un des pôles d'une pile particulière qu'on appela depuis *pile locale*. Comme le second pôle de cette pile était en rapport avec l'électro-aimant qu'il s'agissait d'animer et le mercure du thermomètre, il suffisait d'une pression exercée sur le liquide pour obtenir la fermeture du circuit de la pile locale, et par suite la manœuvre de l'électro-aimant. Or cette pression pouvait être fournie par un dégagement de gaz résultant de la circulation du courant envoyé à travers la ligne. Tel fut le premier système de relais qu'imagina M. Wheatstone. Mais ce savant ne tarda pas à s'apercevoir qu'il était complétement inadmissible dans la pratique, et ce fut alors qu'il pensa aux relais galvanométriques dont nous parlerons plus tard et qui eurent d'excellents résultats.

Pendant que M. Wheatstone faisait en Angleterre les essais en grand de son télégraphe électrique, M. Steinheil, à Munich, faisait de son côté des expériences sur une longueur de quatre lieues environ avec un télégraphe qu'il avait combiné, et qui pouvait, non-seulement fonctionner avec un *seul circuit, mais encore laisser sur une bande de papier les traces de la dépêche envoyée*. Bien plus même, cet appareil put être mis en jeu *sans pile* au moyen d'une machine magnéto-électrique. Ce furent les différentes expériences que M. Steinheil fit alors, qui l'amenèrent à ce résultat si important dont nous avons déjà parlé, à l'introduction de la terre dans le circuit, découverte qui résolut définitivement le problème de la télégraphie électrique.

Toutes ces découvertes avaient lieu en 1837. Or c'est seulement en 1838 que nous voyons figurer pour la première fois M. Morse parmi les inventeurs de télégraphes électriques. A cette époque, M. Morse était venu pour faire breveter en Europe un système de télégraphe dans lequel un électro-aimant réagissant sur un style pouvait provoquer certaines marques de diverse nature sur une bande de papier entraînée par un mouvement d'horlogerie. C'était, comme on le voit, le même système que celui de M. Steinheil, sauf qu'au lieu d'un électro-aimant M. Steinheil employait un galvanomètre. Mais si ce dernier savant avait employé un galvanomètre, c'était précisément parce qu'il avait reconnu comme M. Wheatstone que les électro-aimants *dans les conditions de leur construction d'alors ne pouvaient fonctionner à distance*. Tel qu'il avait été conçu dans l'origine, et tel qu'il a été breveté en 1838, le système Morse ne pouvait donc pas marcher à une distance quelque peu considérable, et il serait resté sans doute dans l'oubli comme tant d'autres, si M. Morse, dans un voyage qu'il fit en Angleterre, n'eût eu révélation des relais de M. Wheatstone. Cette révélation fut en effet pour lui un éclair de lumière dont il sut habilement tirer profit, car, aussitôt de retour en Amérique, il construisit ses appareils avec des relais, et cette fois ils purent marcher à toute distance.

Nous nous sommes étendu un peu sur cette partie de l'histoire de la télégraphie, car cette question, à cause de l'indemnité de 400 000 francs accordée à M. Morse par les différents gouvernements d'Europe faisant usage de son télégraphe, est une question d'actualité dans laquelle on peut voir une fois de plus que ce ne sont pas les véritables inventeurs qui recueillent le fruit de leurs inventions. La France surtout devait plus à M. Wheatstone qu'à M. Morse, car, si elle a emprunté à ce dernier le principe de son appareil, M. Wheatstone lui a apporté dans l'origine, c'est-à-dire en 1844, ses propres instruments, l'a mise au courant de tous les secrets de la télégraphie électrique, alors inconnus, et a fait lui même les premières expériences sur les lignes de Versailles et d'Orléans, qui ont décidé l'adoption de la télégraphie électrique chez nous, malgré l'épithète qu'on lui donnait de sublime utopie.

Après les essais télégraphiques qui avaient eu lieu en Angleterre, en Amérique et en Allemagne, tous les savants et les mécaniciens les plus habiles des deux mondes se mirent à l'œuvre pour perfectionner les systèmes déjà connus et combiner d'autres applications électriques. Cette question devint la question à l'ordre du jour, et, étant tombée dans le domaine de l'industrie, elle put fournir en peu d'années des résultats qui dépassèrent tout ce que l'imagination aurait pu concevoir. En effet, non-seulement la pensée put se traduire à travers l'espace par des signaux d'une compréhension facile, mais ces signaux purent être des lettres de l'alphabet et se trouver imprimés sur une bande de papier comme s'ils sortaient de chez l'imprimeur. Ils purent même être la reproduction exacte de l'écriture de l'expéditeur, et, chose incroyable, chose qu'il n'est pas donné à l'homme de réaliser dans l'échange ordinaire de ses pensées, des dépêches différentes purent être transmises simultanément d'une station à une autre à travers le même fil, sans se mêler, sans se nuire! Si de pareils résultats confondent par eux seuls l'imagination, que devra-t-on dire quand on considérera qu'ils peuvent être obtenus à travers les mers, à travers les éléments en furie, à travers les glaces, les neiges, et cela d'un bout du monde à l'autre !

Arrivé au point où nous en sommes de l'histoire de la télégraphie électrique, nous ne suivrons plus dans notre travail l'ordre chronologique; je crois qu'il sera plus clair et plus compréhensible pour le lecteur de voir réunis ensemble tous les appareils ayant de l'analogie ou remplissant des fonctions analogues. C'est pourquoi nous répartirons les systèmes télégraphiques jusqu'à présent inventés en cinq catégories : 1º les télégraphes à aiguilles, 2º les télégraphes à cadran, 3º les télégraphes écrivants, 4º les télégraphes imprimeurs, 5º les télégraphes autographiques.

CHAPITRE PREMIER.

TÉLÉGRAPHES A AIGUILLES.

La première idée du télégraphe électro-magnétique appartient, comme nous l'avons dit, à Ampère ; la Note qu'il a publiée dans les *Annales de Chimie et de Physique*, le 2 octobre 1820, ne peut laisser de doute à cet égard (*). Toutefois, entre cette première idée et sa réalisation pratique, cette découverte devait passer par plusieurs phases différentes, et elle ne devint applicable qu'en 1837. Dans l'origine le télégraphe à aiguilles d'Ampère se composait d'autant d'aiguilles aimantées placées sur des pivots que de signaux à transmettre, et des circuits spéciaux composés de deux fils passant au-dessous de ces aiguilles permettaient au courant qui les traversait alternativement de réagir sur l'une ou l'autre d'entre elles en les faisant dévier

(*) Voici le texte de la Note de M. Ampère : « On doit conclure de ces observations que les tensions électriques des extrémités de la pile ne sont pour rien dans les phénomènes dont nous nous occupons, car il n'y a certainement pas de tension dans le reste du circuit, ce qui est encore confirmé par la possibilité de faire mouvoir l'aiguille aimantée à une grande distance de la pile au moyen d'un conducteur très-long dont le milieu se recourbe dans la direction du méridien magnétique au-dessus et au-dessous de l'aiguille. Cette expérience m'a été indiquée par le savant illustre Laplace, auquel les sciences physico-mathématiques doivent surtout les grands progrès qu'elles ont faits de nos jours. Elle a parfaitement réussi. D'après le succès de cette expérience, on pourrait, au moyen d'autant de fils conducteurs et d'aiguilles aimantées qu'il y a de lettres, et en plaçant chaque lettre sur une aiguille différente, établir à l'aide d'une pile placée loin de ces aiguilles et qu'on ferait communiquer alternativement par ses deux extrémités à celles de chaque conducteur, former une *sorte de télégraphe* propre à écrire tous les détails qu'on pourrait transmettre à travers quelques obstacles que ce soit, à la personne chargée d'observer les lettres placées sur les aiguilles. En établissant sur la pile un clavier dont les touches porteraient les mêmes lettres et établiraient la communication par leur abaissement, ce moyen de correspondance pourrait avoir lieu avec assez de facilité et n'exigerait que le temps nécessaire pour toucher d'un côté et lire de l'autre chaque lettre. » (*Annales de Chimie et de Physique*, t. XV, p. **).

de leur position d'équilibre. Pour transmettre une dépêche avec ce système, il ne s'agissait donc que de fermer successivement à la station de départ ceux de ces circuits en rapport avec les signaux désignés. Plus tard, on supprima la moitié des fils des circuits dont nous venons de parler, en prenant un fil unique pour le retour du courant; puis, pour donner plus de sensibilité à l'appareil, on disposa les aiguilles aimantées au-dessus de multiplicateurs, de manière à ce que chacune d'elles pût constituer un galvanomètre. En faisant entrer dans l'interprétation des signaux le sens de la déviation de l'aiguille, sens qui dépend, comme on l'a vu, de la direction du courant dans le circuit, on put encore réduire de moitié le nombre des fils du circuit télégraphique. Enfin M. Wheatstone, par une ingénieuse combinaison de directions simultanées données à deux aiguilles à la fois, parvint à réduire à cinq le nombre des aiguilles aimantées, pour exprimer les vingt-cinq lettres de l'alphabet. C'est ce télégraphe qui n'exigeait que six fils à la ligne qui fut essayé sur la première ligne télégraphique installée en Angleterre; mais la pratique démontra bientôt qu'en faisant intervenir dans l'interprétation des signaux le nombre des battements des aiguilles, on pourrait, avec deux aiguilles seulement, et même au besoin avec une seule, composer un alphabet d'une interprétation assez facile et d'une transmission suffisamment prompte. Tels sont les télégraphes usités encore sur certaines lignes anglaises et de Belgique.

Télégraphe à cinq aiguilles de M. Wheatstone. — Le premier télégraphe de M. Wheatstone, que nous représentons *fig.* 1, *Pl. I*, se composait de cinq galvanomètres représentés par les chiffres 1, 2, 3, 4, 5. Ils étaient placés derrière un cadre vertical en losange sur lequel était tracées, diagonalement entre elles, les vingt principales lettres de l'alphabet, comme on le voit sur la figure. L'un des bouts du fil de chaque galvanomètre correspondait à l'un des six fils de la ligne, et les autres bouts venaient se réunir à un même fil qui complétait ainsi cinq circuits différents. Chacun de ces circuits était en rapport à la station qui transmettait avec un **double interrupteur de courant**, et ces interrupteurs, disposés **comme** on le voit *fig.* 2, *Pl. I*, constituaient le *manipulateur* ou le *transmetteur* du télégraphe.

Pour désigner avec ce système les différentes lettres indiquées sur le cadran, il suffisait de diriger le courant à travers deux des galvanomètres, de manière que les aiguilles dans leur déviation pussent pointer ensemble vers la même lettre. Ainsi, pour désigner la lettre V, il fallait que le courant passât à travers les galvanomètres 1 et 4 dans un sens différent, de manière que le point d'intersection des deux directions des aiguilles se trouvât en V. Pour désigner la lettre F, il aurait fallu que les galvanomètres 2 et 4 fussent actifs. Enfin, la désignation des chiffres dans ce système se faisait par la déviation d'un seul galvanomètre, et à cet effet les 10 chiffres se trouvaient placés sur deux des côtés du cadran, comme on le voit *fig.* 1.

Cette désignation était facile, car chaque galvanomètre pouvait indiquer deux chiffres, suivant la direction du courant. Ainsi le galvanomètre n° 2 pouvait indiquer le chiffre 2 et le chiffre 7, le galvanomètre n° 3 le chiffre 3 et le chiffre 8, etc.

Pour obtenir des inversions déterminées du courant et faire réagir tantôt deux galvanomètres à chaque station, tantôt un seul, il fallait un manipulateur particulier, dans lequel tous les circuits fussent fermés les uns par les autres à l'état normal, et qui n'eût pour fonction que de faire entrer la pile dans l'un ou l'autre de ces circuits, au moment de la correspondance. Voici comment ce manipulateur a été disposé par M. Wheatstone :

Six lames de ressort 6, 1, 2, 3, 4, 5 (*fig.* 2, *Pl. I*), fixées sur une traverse de bois DD et appuyant à l'état normal contre une traverse métallique LL, portaient fixés à l'extrémité de petits ressorts en spirale, des boutons d'ivoire 7, 9, 11, 13, 15, 17, 8, 10, 12, 14, 16, 18. Ces boutons se terminaient inférieurement par un petit cylindre métallique AB (*fig.* 3), évidé vers le milieu, de manière à permettre au bouton un petit mouvement de haut en bas ; au-dessous de ces boutons disposés sur deux rangées, étaient fixées deux pièces métalliques N, P, mises en rapport avec les pôles de la pile. Enfin des boutons d'attache adaptés aux cinq lames de ressort 6, 1, 2, 3, 4, 5, unissaient le manipulateur à son cadran récepteur, et les cadrans eux-mêmes étaient reliés entre eux par les six fils de la ligne.

Pour transmettre un signal quelconque, il fallait que deux

des boutons du manipulateur fussent touchés en même temps, mais il fallait aussi que ces boutons appartinssent isolément à une rangée différente. Les nombres suivants, représentant ces boutons sur la *fig.* 2, indiquent ceux qu'il fallait presser pour signaler les lettres et les chiffres sur le cadran.

LETTRES.

Pour	A — boutons	10 et	17		Pour	M boutons	9 et	12
	B »	10	15			N »	11	14
	D »	12	17			O »	13	16
	E »	10	13			P »	15	18
	F »	12	15			R »	9	14
	G »	14	17			S »	11	16
	H »	10	11			T »	13	18
	I »	12	13			V »	9	16
	K »	14	15			W »	11	18
	L »	16	17			Y »	9	18

CHIFFRES.

Pour	1 — boutons	7 et	10		Pour	6 boutons	8 et	9
	2 »	7	12			7 »	8	11
	3 »	7	14			8 »	8	13
	4 »	7	16			9 »	8	15
	5 »	7	18			10 »	8	17

Pour peu qu'on suive la marche du courant sur les *fig.* 1 et 2 de la *Pl. I*, on comprendra immédiatement comment les boutons du manipulateur ainsi touchés peuvent transmettre le courant à travers les galvanomètres dans le sens qui convient. En effet, si les boutons 13 et 18 par exemple sont touchés, le pôle positif de la pile aboutissant à la traverse NN, le courant ira de N au bouton 13, de celui-ci au ressort n° 3, entrera dans les galvanomètres 3 des deux cadrans, regagnera le ressort 3 du manipulateur de la deuxième station, et par la traverse LL de ce même manipulateur, contre laquelle appuie ce ressort, il ira au ressort n° 5, également en contact avec cette traverse, parviendra aux deux galvanomètres 5 par le fil 5 de la ligne, et reviendra au pôle négatif de la pile par le ressort 5 du premier manipulateur, le bouton 18 et la lame PP. La lettre désignée sera la lettre T.

D'après cette combinaison des courants, on comprend aisément la nécessité dans laquelle a été M. Wheatstone d'adapter à ses boutons un ressort spiral. En effet, s'il se fût contenté de fixer sur les lames 6, 1, 2, 3, 4, 5 les deux boutons interrupteurs, il s'en serait suivi que l'abaissement de l'un ou de l'autre de ces deux boutons aurait provoqué le contact, avec les deux pôles de la pile, du ressort sur lequel ils auraient été fixés. Par l'intermédiaire du ressort spiral, ce double contact n'a pas lieu, et l'on peut cependant, en abaissant l'un ou l'autre des boutons, séparer les lames 6, 1, 2, 3, 4, 5 de la traverse LL, condition indispensable pour le fonctionnement de l'appareil.

Télégraphes à double aiguille de MM. Wheatstone et Cooke. — Malgré les perfectionnements remarquables que M. Wheatstone avait apportés à son premier télégraphe lors de la prise de son brevet en 1840, la Compagnie télégraphique de Londres, à laquelle M. Wheatstone avait vendu son invention, aima mieux conserver le premier système, en lui apportant toutefois certaines simplifications qui furent en partie réalisées par M. Cooke (associé de M. Wheatstone). Au lieu de cinq galvanomètres, on n'en conserva que deux, et, pour obtenir avec les deux aiguilles de ces galvanomètres un nombre suffisant de signaux, on fit intervenir dans l'interprétation de ces signaux le nombre de battements ou de mouvements qu'on pouvait faire accomplir aux deux aiguilles dans leurs différentes positions. Avec ce système, le transmetteur à clavier que nous avons décrit précédemment devenait inutile, et on lui substitua un double commutateur à renversement de pôles.

La *fig.* 6, *Pl. I*, représente une vue perspective de l'extérieur des télégraphes aujourd'hui en usage sur quelques lignes anglaises.

Les aiguilles indicatrices montées sur le même axe que les barreaux aimantés des deux galvanomètres se voient au milieu du cadran carré qui occupe le centre de l'appareil. Ces aiguilles sont aussi aimantées et placées de manière à constituer avec les barreaux aimantés deux systèmes compensés comme dans les galvanomètres de Nobili. Des deux côtés de leur extrémité supérieure se trouvent deux petites chevilles d'ivoire desti-

nées à limiter l'étendue de l'oscillation du barreau aimanté et
à faire mieux apprécier à l'oreille le nombre des battements.
Pour des transmissions électriques rapides, il est important
que la course accomplie par l'aiguille aimantée d'un galvanomètre soit la plus petite possible, car, comme il faut un certain temps pour que cette aiguille revienne à sa position normale, la déviation pourrait rester constante sous l'influence
d'un courant fréquemment interrompu. C'est pourquoi, dans
les télégraphes anglais, les chevilles qui limitent la déviation
des aiguilles ne leur permettent que 5 ou 6 degrés de déviation à partir de la verticale. Les manches des commutateurs se
voient en **M**, **M**, et nous représentons *fig.* 75 leur disposition.

Fig. 75.

CD est un cylindre métallique divisé en deux parties C et D,
isolées l'une de l'autre par un manchon d'ivoire. Ce cylindre
pivote en I sur un coussinet, et les deux parties C et D sont
mises en relation avec les deux pôles de la pile par l'intermédiaire de deux ressorts E et J qui pressent, l'un, E, sur le tou-
rillon du cylindre, l'autre, J, sur le cylindre lui-même.

Des deux côtés du cylindre CD se trouvent quatre ressorts R, S, G, H fixés deux à deux sur les conducteurs X et Y, dont l'un X communique à la terre, et le second Y à la ligne par l'intermédiaire du galvanomètre M du récepteur de l'appareil. Les deux plus longs de ces ressorts G et H appuient en temps ordinaire contre un butoir métallique T qui sert à les relier métalliquement. Les deux autres R et S, dont l'un est seulement visible sur la figure, sont placés à distance de la partie C du cylindre. Enfin, deux dents métalliques A et B, adaptées sur les deux moitiés C et D du cylindre, sont placées de telle sorte que l'une A peut rencontrer les ressorts G et H, et que l'autre B peut rencontrer les ressorts R et S. Or, voici ce qui arrive suivant qu'on fait tourner à gauche ou à droite le cylindre CD.

Quand le cylindre CD est tourné de gauche à droite, le ressort H est soulevé par la dent A et le ressort S par la dent B; alors le courant va de C en S, s'écoule en terre et revient par la ligne et les deux récepteurs au ressort H, puis à la pile par la partie D du cylindre CD.

Quand, au contraire, CD est tourné de droite à gauche, le courant traverse le récepteur des deux appareils en correspondance, s'écoule en terre et revient à la pile par le ressort G et la partie D du cylindre.

Le courant se trouve donc renversé dans les deux cas, et, de plus, la communication du récepteur avec la terre pendant qu'on ne transmet pas est assurée par les ressorts G et H et le butoir T.

L'alarme ou la sonnerie d'appel est renfermée dans la partie supérieure de l'instrument; elle peut être introduite dans le circuit de la ligne, ou retirée à l'aide d'une clef *m* (*fig.* 6, *Pl. I*). Les ressorts TT′ appartiennent au commutateur appelé à réaliser cet effet. Le cadran S fait partie d'un appareil particulier auquel on a donné le nom d'*appareil silencieux*, mais qui n'est en définitive qu'un commutateur destiné à établir la communication directe ou à relier le récepteur avec le côté gauche ou le côté droit de la ligne. Cet appareil, que l'on manœuvre à l'aide de l'aiguille indicatrice du cadran lui-même, se compose d'un cylindre de buis sur lequel appuient, d'un côté et de l'autre de son axe, quatre ressorts. Sur ce cylindre de buis, et suivant sa génératrice, se trouve appliquée une bande de cuivre, en rapport métallique avec le sol, et les ressorts aboutissent, les uns, ceux de droite, aux fils de la station de droite, les autres aux fils de la station de gauche, en introduisant toutefois, dans les deux cas, les galvanomètres de l'appareil dans les circuits ainsi complétés. Cette disposition, en confinant les signaux dans la moitié des fils, a l'avantage de laisser l'autre moitié à la disposition des autres stations.

Quand ce commutateur est dans une position déterminée, ce dont on est prévenu par l'index du cadran S qui indique alors *silence*, les deux fils des stations de droite et de gauche se trouvent réunis par l'intermédiaire des deux lames de cuivre dépendant du commutateur. Alors le courant ne passe plus par les galvanomètres de l'appareil, et la communication électrique se trouve établie d'une manière directe entre les deux stations extrêmes. Quand, au contraire, le commutateur est tourné d'un côté ou de l'autre de la division du cadran S indiquant sa position normale, la communication directe est établie entre l'appareil et l'une ou l'autre des stations. Enfin, quand le commutateur est dans sa position normale, les galvanomètres de l'appareil sont introduits dans le circuit de la ligne.

En outre des appareils précédents, les télégraphes anglais possèdent un système commutateur auquel on a donné le nom de *touches sonnantes*, et qui sert à régler le jeu des sonneries aux diverses stations échelonnées sur la ligne, afin qu'elles ne marchent pas toutes en même temps. Ce commutateur est représenté *fig.* 7, *Pl. I.*

M. Walker, directeur du service télégraphique du *South-eastern railway*, a été conduit par l'expérience à ajouter à l'appareil que nous venons de décrire quelques petits accessoires assez insignifiants, il est vrai, au point de vue théorique, mais fort importants dans la pratique. Ces accessoires sont destinés à rendre mobiles les chevilles d'arrêt, ou les galvanomètres eux-mêmes.

Les chevilles mobiles ont été introduites en vue de permettre la correspondance télégraphique dans les cas où des courants accidentels viendraient à affecter la ligne d'une manière assez énergique pour faire buter en temps normal l'aiguille indicatrice des récepteurs contre l'une ou l'autre des chevilles d'arrêt. Dans ce cas, comme on le comprend aisé-

ment, il devient impossible de transmettre des signaux. Pour
éviter cet inconvénient, M. Walker déplace les chevilles d'arrêt jusqu'à ce que la déviation de l'aiguille produite par les
courants accidentels ne puisse plus les atteindre. De cette
manière, le courant envoyé à travers le récepteur peut réagir
en dépit de la force perturbatrice, pourvu toutefois que la
déviation accidentelle n'ait pas atteint le maximum de la déviation que le courant régulier peut produire. On comprend,
par exemple, que, dans ce cas, le point de repère se trouve
déplacé. Pour rendre le système des deux chevilles facilement
mobile, on découpe dans le cadran une petite rainure circulaire ayant l'axe de l'aiguille indicatrice pour centre, et l'on fait
circuler dans cette rainure les deux chevilles qui sont, à cet
effet, montées sur un disque à poulie placé derrière le cadran.
Ce disque est mis en mouvement par une corde enroulée sur
une petite poulie qui correspond au bouton b (*fig.* 6, *Pl. I*).
Ce bouton, placé entre les deux manivelles, peut réagir à la
fois sur les chevilles des deux aiguilles, de sorte qu'en le tournant d'un côté ou de l'autre on avance ou l'on recule d'autant
les deux systèmes de chevilles d'arrêt.

Les galvanomètres mobiles peuvent être substituées avec
avantage aux chevilles mobiles, dans le cas où les déviations
produites par les courants accidentels sont assez grandes pour
que les contre-poids des aiguilles tendent à les faire osciller autour de leur point d'équilibre, qui ne serait plus alors suivant
la verticale. Dans ce cas, au lieu de déplacer les chevilles d'arrêt, on tourne les supports des multiplicateurs eux-mêmes,
jusqu'à ce que les aiguilles, dans leur déviation accidentelle,
soient revenues suivant la verticale; un système de poulies
analogue au précédent peut produire ce résultat.

Voici maintenant le vocabulaire des signaux télégraphiques
correspondant aux différentes lettres de l'alphabet dans ce système télégraphique :

A. Deux mouvements vers la gauche de l'aiguille de gauche.

B. Trois mouvements vers la gauche de l'aiguille de gauche.

C et le chiffre 1. Deux mouvemens de l'aiguille de gauche:
le premier à gauche, le second à droite.

D et 2. Deux mouvements de l'aiguille de gauche, le premier à droite, le second à gauche.

E et 3. Un seul mouvement de l'aiguille de gauche vers la droite.

F. Deux mouvements à droite de l'aiguille de gauche.

G. Trois mouvements de l'aiguille de gauche vers la droite.

H et 4. Un mouvement vers la gauche de l'aiguille droite.

I. Deux mouvements vers la gauche de l'aiguille droite.

J est omis; on le remplace par G.

K. Trois mouvements vers la gauche de l'aiguille droite.

L et 5. Deux mouvements de l'aiguille droite; le premier à droite, le second à gauche.

M et 6. Deux mouvements de l'aiguille droite; le premier à gauche, le second à droite.

N et 7. Un seul mouvement vers la droite de l'aiguille droite.

O. Deux mouvements vers la droite de l'aiguille droite.

P. Trois mouvements vers la droite de l'aiguille droite.

Q est omis; on lui substitue K.

R et 8. Mouvements parallèles vers la gauche des deux aiguilles.

S. Deux mouvements parallèles vers la droite des deux aiguilles.

T. Trois mouvements parallèles vers la gauche des deux aiguilles.

U et 9. Deux mouvements parallèles des deux aiguilles; le premier à droite, le second à gauche.

V et o. Deux mouvements parallèles des deux aiguilles; le premier à gauche, le second à droite.

W. Un mouvement parallèle des deux aiguilles vers la droite.

X. Deux mouvements parallèles des deux aiguilles vers la droite.

Y. Trois mouvements parallèles des deux aiguilles vers la droite.

Z est omis; on lui substitue S.

Le signe +, appelé *stop*, est le point final par lequel celui qui envoie la dépêche annonce que le mot est fini; il s'indique par un mouvement de l'aiguille gauche vers la gauche. Ce signe sert aussi à celui qui reçoit la dépêche pour indiquer qu'il ne comprend pas. Quand il comprend, il montre la lettre E. Deux fois E signifie oui.

Le télégraphe anglais à aiguilles peut être simplifié et n'avoir qu'une seule aiguille au lieu de deux, seulement les combinaisons alphabétiques sont un peu plus compliquées et peuvent mettre à contribution quatre battements de l'aiguille au lieu de trois.

Modifications apportées au télégraphe à aiguilles de M. Wheatstone, par M. Glœsener. — Pour augmenter la sensibilité des télégraphes à aiguilles, M. Glœsener a imaginé d'adjoindre au multiplicateur du récepteur deux électro-aimants dont l'hélice magnétisante est la continuation du multiplicateur, et de faire réagir ce double organe électro-magnétique sur un système de trois aiguilles aimantées, dont deux se compensent mutuellement. Chacun des deux électro-aimants réagit sur un pôle différent de ces aimants, et leur distance d'attraction ne doit jamais être moindre de 1 centimètre, afin que le magnétisme rémanent et l'influence des aiguilles sur le fer n'empêchent pas le système magnétique de revenir au repère après chaque rupture du courant. Cette distance, du reste, peut, d'après les expériences de M. Glœsener, convenir à de grandes comme à de petites longueurs de circuit et à des forces électriques très-variables. M. Glœsener estime que cette modification au système primitif de M. Wheatstone augmente *du double* la force de l'appareil.

Le manipulateur de ce télégraphe présente aussi une particularité : la manivelle, au lieu de rester fixe du côté où elle a été tournée, est ramenée toujours au repère par l'action d'un fort ressort agissant sur une coche à la manière d'une étoile d'encliquetage. Son commutateur est aussi plus simple que celui des télégraphes anglais. Il consiste simplement dans deux lames de ressort a, b (*fig. 8, Pl. I*), appuyées contre une traverse métallique L, mise en rapport avec le pôle négatif de la pile. L'autre pôle de cette pile correspond à l'axe isolé V du manipulateur, et les deux forts ressorts a et b sont en rapport avec le circuit de la ligne et la terre. Le jeu de ce commutateur s'explique aisément. Quand on incline la bascule A à gauche, la dent n repousse le ressort a, qui vient buter contre l'arrêt r ; alors le courant ira de la bascule au ressort a, entrera dans le circuit de la ligne, et reviendra à la pile par le ressort b et la traverse L ; aussitôt le ressort R, appuyant sur la came m, fera revenir le manipulateur à sa position initiale. Quand, au contraire, on inclinera la bascule A à droite, le courant entrera dans le circuit par le ressort *b*, et reviendra à la pile par le ressort *a* et la traverse L.

En Belgique, on représente la déviation vers la gauche de l'aiguille de ces télégraphes par la lettre *l* et la déviation vers la droite par la lettre *r*. Ces lettres, répétées plusieurs fois, signifient qu'il faut répéter le battement ou l'action du commutateur dans le même sens. Voici l'alphabet adopté en Belgique pour les télégraphes à une ou à deux aiguilles.

ALPHABET A UNE AIGUILLE.

+ = *l*	i = *rrr*	s = *rrl*
a = *ll*	k = *lrl*	t = *rrrl*
b = *lll*	l = *lrlr*	u = *rll*
c = *llll*	m = *r*	v = *rrrl*
d = *lr*	n = *rr*	w = *rll*
e = *llr*	o = *rrr*	x = *lrlr*
f = *lllr*	p = *rrrr*	y = *rlr*
g = *lrr*	q = *lrl*	z = *rrl*
h = *llrr*	r = *rl*	

ALPHABET A DEUX AIGUILLES.

AIGUILLE DE GAUCHE.		AIGUILLE DE DROITE.		MOUVEMENTS PARALLÈLES SIMULTANÉS.		
+ = *l*	d = *lr*	h = *l*	m = *lr*	r = *l*	u = *rl*	x = *rr*
a = *ll*	e = *r*	i = *ll*	n = *r*	s = *ll*	v = *lr*	y = *rrr*
b = *lll*	f = *rr*	k = *lll*	o = *rr*	t = *lll*	w = *r*	z = *s*
c = *rl*	g = *rrr*	l = *rl*	p = *rrr*			

ALPHABET POUR CHIFFRES.

1 = c	6 = m
2 = d	7 = n
3 = e	8 = r
4 = h	9 = u
5 = i	0 = v

La lettre *z* est omise et remplacée par la lettre *s*; la lettre *q*

est également omise et remplacée par *h*. Les chiffres sont représentés par les mêmes mouvements que les lettres; seulement le passage des lettres aux chiffres s'indique par les signes *h* et +, qui sont répétés par la personne qui reçoit, afin
de faire savoir qu'elle a compris; lorsque le télégraphiste veut
repasser des chiffres aux lettres, il donne les signes *m* et +,
qui sont de même répétés par l'autre station.

La personne qui reçoit transmet, après chaque mot reçu, la
lettre *e* quand elle a compris, et le signe + si elle n'a pas compris, et alors le même mot est répété par celui qui transmet.
Par les lettres *r* et *w*, on indique les phrases : *attendez, allez
plus loin.*

M. Glœsener a, du reste, cherché à perfectionner son télégraphe en employant des aiguilles en croix, au lieu d'aiguilles
parallèles. Ce système n'ayant pas été appliqué, nous nous dis-
penserons d'en parler, et nous renverrons le lecteur à la description que nous en avons faite, t. IV, p. 218, de notre *Exposé*.

Télégraphe à aiguille de M. Bain. — Ce télégraphe,
qui a été installé, en 1846, sur la ligne d'Édimbourg à Glascow,
est fondé sur un principe tout à fait différent de ceux que nous
avons jusqu'à présent étudiés. Dans cet appareil, l'organe électro-magnétique consiste dans deux bobines magnétisantes B, B′
(*fig.* 11, *Pl. I*), réagissant sur deux aimants persistants, hémi-
circulaires, enfoncés par leurs extrémités polaires à l'intérieur
de ces bobines. Ces aimants circulaires, fixés sur une traverse
de cuivre AA′ de manière à constituer un cercle, ne sont séparés l'un de l'autre que par un espace de quelques millimètres, et présentent d'un même côté des pôles semblables.
Les extrémités polaires de ces aimants, ainsi que l'intervalle
qui les sépare, ne se distinguent sur la figure que par des
lignes pointillées, parce qu'elles sont, comme je l'ai déjà dit,
enfoncées à l'intérieur des bobines. L'aiguille indicatrice *aa′*,
qui apparaît en dehors de l'instrument, est placée sur l'axe
d'oscillation de la traverse AA′, et perpendiculairement à
elle.

Le manipulateur de ce télégraphe est un simple commutateur à renversement de pôles que l'on manœuvre à l'aide
d'une manivelle M, comme celui de Wheatstone. A cet effet,

cette manivelle porte deux ressorts arqués, isolés l'un de l'autre, qui s'appuient chacun sur un commutateur circulaire composé de plaques de cuivre et d'ivoire. Ces plaques, au nombre de huit, se distinguent aisément sur la figure. Enfin, deux forts ressorts à boudin R et R' ramènent toujours la manivelle M suivant la verticale.

Pour comprendre le jeu de ce télégraphe, il faut savoir : 1° que les plaques extrêmes l et l' du côté gauche du commutateur communiquent avec la pile; 2° que les deux plaques extrêmes du côté droit h, h' correspondent l'une et l'autre aux bobines magnétisantes B, B', et, par leur intermédiaire, au circuit de la ligne; 3° que les plaques i, i' du milieu sont reliées diagonalement avec les plaques l, l'; 4° que les plaques e, e' communiquent ensemble; 5° que les ressorts de la manivelle ont une longueur et une position calculées pour appuyer toujours sur les plaques extrêmes du côté droit, de quelque côté qu'on incline la manivelle.

D'après cela, on conçoit que, si l'on tourne à droite la manivelle, comme l'indique la figure, le courant entre dans les bobines des récepteurs de la station éloignée par la plaque h, les bobines B, B', et revient à la pile par la terre et la plaque h'. Quand, au contraire, on incline à gauche la même manivelle, le courant entre dans le circuit par la terre et revient par le fil de la ligne, les bobines B, B' et la plaque h. Quand la manivelle est dans la position verticale, le circuit de la ligne à travers les bobines B, B' est complet, et, par conséquent, le récepteur de la station peut recevoir les dépêches qui lui sont envoyées. Voici maintenant quelle est la réaction qui s'opère au moment où le courant traverse les bobines magnétiques :

Quand ce courant est dirigé de manière à marcher à travers les spires des hélices dans le même sens que le courant magnétique à travers l'aimant A, il y a attraction de cet aimant à l'intérieur des bobines et répulsion de l'autre. Ces deux aimants sont donc mis en mouvement et tendraient à tourner jusqu'à ce qu'ils aient présenté symétriquement leurs pôles aux deux extrémités des hélices? Mais ceci n'a pas lieu, d'abord parce que le courant transmis n'est pas assez fort, et, en second lieu, parce que l'aiguille indicatrice qui suit le mouvement de ce système a sa course limitée comme dans le télégraphe anglais. Quand le courant change de sens, c'est l'aimant A′ qui est attiré et l'aimant A qui est repoussé.

Ce système télégraphique a été quelque peu modifié dans son application en Autriche par M. Ekling, de Vienne, qui a voulu en faire un télégraphe auditif à deux timbres, comme celui de M. Steinheil. Pour cela, il a fixé sur le prolongement de l'axe de l'aiguille indicatrice un petit levier placé entre deux timbres de sons différents. Lorsque l'aiguille était déviée d'un côté, le timbre correspondant signalait cette déviation, et quand elle était déviée du côté opposé, c'était l'autre timbre qui retentissait. Le même mécanicien a aussi substitué au manipulateur que nous avons décrit un commutateur inverseur à deux touches, que nous avons représenté *fig.* 11 *bis, Pl. I.* Ce commutateur consiste dans deux leviers de bois ou d'ivoire IF, EG, basculant en K et L, et réagissant sur trois doubles ressorts HM, AB, CD, fixés en O, O′, O″ au-dessus de lames métalliques A, B, H, C, D, M incrustées dans la planche. Ces leviers sont maintenus à l'état normal, abaissés sur le ressort HM par l'action de deux contre-poids F, G ; par conséquent, les extrémités I et E sont soulevées en l'air, et les ressorts AB, CD n'appuient pas sur les plaques correspondantes qui communiquent entre elles, et avec le récepteur, comme on le voit sur la figure. Il résulte de cette disposition que quand on appuie le doigt sur la bascule IF, le courant entre dans le circuit de la ligne par la plaque B et revient à la pile par la plaque A, qui communique avec la terre ; tandis que, quand on appuie sur la touche GE, le courant s'écoule en terre par la plaque A et revient par la plaque B ; quand on n'appuie sur aucune des deux touches, le courant se trouve fermé à travers le récepteur de la station par le ressort HM.

Télégraphe à aiguille de M. Henley. — M. Henley, qui s'est occupé spécialement et avec beaucoup de succès des machines magnéto-électriques, est parvenu à les appliquer de la manière la plus avantageuse aux télégraphes à aiguilles. Sans doute il n'est pas le premier qui ait tenté d'employer la magnéto-électricité pour la télégraphie, mais on peut le considérer comme un de ceux qui ont le mieux réussi dans ce genre d'application.

La *fig.* 10, *Pl. I,* représente le manipulateur de ce télégraphe. Il consiste dans un électro-aimant EE' pouvant tourner devant les pôles d'un fort aimant permanent en fer à cheval F. En temps ordinaire, cet électro-aimant, à travers les bobines duquel naît le courant d'induction, se trouve maintenu horizontalement devant l'aimant fixe, position à laquelle un fort ressort à boudin tend toujours à le ramener. Une pédale en ivoire T, qui ressort en dehors de la boîte de l'appareil, permet, au moyen d'une simple pression, d'écarter l'électro-aimant de l'aimant fixe et de développer ainsi un courant direct d'induction à travers le circuit de la ligne. Toutefois, pour donner à ce courant toute l'énergie dont il est capable et en même temps pour permettre de couper le circuit pendant la réception, un interrupteur particulier se trouve adapté à l'appareil. Cet interrupteur se compose d'un petit appendice de platine, fixé sur la traverse C de l'électro-aimant, et d'un ressort métallique maintenu à portée de cet appendice par une petite colonne de cuivre. L'une des extrémités du fil induit aboutit à l'appendice dont nous venons de parler, tandis que la lame de ressort est en rapport avec le circuit de la ligne. Le ressort à boudin en communication avec le sol et les bobines de l'électro-aimant complètent le circuit. A l'état de repos, la lame de ressort et l'appendice sont en contact intime l'un avec l'autre; mais après qu'on a abaissé la touche T, la séparation de ces deux pièces a lieu et le circuit est rompu. Dans cet intervalle de temps, un courant énergique a sillonné la ligne et a fait fonctionner l'appareil récepteur du poste correspondant.

Le récepteur de M. Henley peut être à simple aiguille ou à deux aiguilles ; seulement, dans ce dernier cas, il faut employer deux manipulateurs distincts. Cette aiguille ou ces aiguilles, au lieu de fonctionner sous l'influence d'un multiplicateur galvanométrique, sont soumises à l'action plus caractérisée d'un électro-aimant, action qui est encore renforcée par une disposition particulière que M. Henley a adoptée pour les pôles de ses électro-aimants. La *fig.* 9, *Pl. I*, représente cette disposition, qui consiste dans deux pièces semi-circulaires en fer, AB, CD, fixées par leur milieu sur les pôles G et H de l'électro-aimant. L'aiguille aimantée NS se trouve à l'intérieur du cercle formé par ces deux pièces semi-circulaires, et est soumise à l'action de quatre pôles réagissant dans le même sens. En effet, par leur contact avec les pôles de l'électro-aimant, les pièces **AB**, **CD** partagent l'état magnétique de ces derniers et constituent en **A** et en **B** deux pôles sud, par exemple, et en **C** et **D** deux pôles nord ; sous l'influence du pôle **A**, l'aiguille **NS**, dont le pôle nord est en **N**, sera attirée vers la gauche, et sous l'influence du pôle **C** elle sera repoussée vers la droite, de même qu'elle sera repoussée vers la gauche par le pôle **B**, et attirée vers la droite par le pôle **D**. Toutes ces réactions seront renversées aussitôt que le transmetteur reviendra à sa position normale, car alors un courant inverse sera créé, et ce courant n'aura d'action en raison de son peu de durée, que pour ramener l'aiguille à sa position initiale ; c'est ce qui fait que, dans ces sortes de télégraphes, on ne peut utiliser les mouvements de l'aiguille que dans un seul sens.

L'axe auquel est fixée l'aiguille aimantée porte l'aiguille indicatrice qui répète en dehors de l'appareil les mouvements de la première. Afin de pouvoir amener celle-ci à sa position d'équilibre quand il se manifeste des courants accidentels, une vis sans fin fait tourner l'électro-aimant sur son axe, par l'intermédiaire d'une roue dentée, et on peut changer ainsi la position des pièces semi-circulaires par rapport à l'aiguille.

Les signaux employés pour ce télégraphe sont à peu près ceux du télégraphe Morse. Ils sont gravés sur le cadran de l'appareil. Une double oscillation correspond à un point, un temps d'arrêt correspond à une ligne. Pour produire la double oscillation de l'aiguille, on abaisse la touche du manipulateur et on l'abandonne aussitôt. Le premier courant créé dans les bobines d'induction fait dévier l'aiguille, et le second, qui est de sens contraire, la ramène au repère. Pour faire opérer un temps d'arrêt à cette aiguille, on tient quelque temps abaissée la touche du manipulateur. Bien que le courant d'induction n'existe plus alors, la déviation de l'aiguille subsiste, parce que le magnétisme développé dans l'électro-aimant ne cesse pas instantanément, et que d'ailleurs la réaction de l'aiguille aimantée sur le fer suffit pour la maintenir inclinée. Ce n'est que lorsque la touche se relève que le magnétisme change et que l'aiguille revient au repère.

Ce télégraphe exige peu de force pour agir et l'emporte,

comme je le disais, sur les autres télégraphes magnéto-électriques par la rapidité de sa marche, c'est-à-dire par la quantité de signaux qu'il peut transmettre par minute. La faculté qu'il possède d'émettre presque simultanément des courants de sens contraire peut le rendre susceptible d'application sur les lignes sous-marines et souterraines, au sein desquelles se manifestent, comme nous l'avons vu, plusieurs réactions d'induction qui paralysent souvent la marche des autres télégraphes.

Il est presque inutile d'ajouter que ce télégraphe, comme ceux de M. Wheatstone, est muni de deux chevilles pour limiter les écarts des aiguilles et amortir les oscillations.

CHAPITRE II.

TÉLÉGRAPHES A CADRAN.

Les résultats si satisfaisants auxquels M. Wheatstone était parvenu à l'aide de son premier appareil l'encouragèrent à le perfectionner; il y arriva dans un temps très-court, et, dès l'année 1840, son télégraphe avait atteint son plus grand degré de simplicité; cette fois, un seul fil conducteur pouvait suffire : aucun effet mécanique n'était produit par l'action directe de l'électricité. Le courant n'avait à produire par son passage que l'aimantation d'électro-aimants artificiels; ces électro-aimants attiraient de petits morceaux de fer doux; ces petits morceaux de fer, déplacés par l'effet de l'attraction magnétique, devaient laisser agir des mouvements d'horlogerie par l'intermédiaire d'un échappement, et se trouvaient ramenés à leur place par des ressorts antagonistes aussitôt que l'action attractive cessait. Le mouvement d'horlogerie, ainsi dégagé, faisait avancer, à chaque échappement de dent de la roue régulatrice, un cadran ou une aiguille mobile autour d'un cadran fixe; et comme ce cadran portait autant de lettres ou de signaux qu'il y avait de dents sur la roue d'échappement, chaque mouvement exécuté par l'armature de l'électro-aimant soit dans un sens, soit dans l'autre, faisait arriver l'aiguille devant une lettre différente du cadran. Par le nombre de mouvements imprimés à l'armature de l'électro-aimant, on pouvait donc obtenir la désignation de tel ou tel signal, et, au moyen d'un interrupteur disposé en conséquence, on pouvait même éviter le soin de compter le nombre de fermetures et d'interruptions de courant nécessaires pour la désignation de ce signal; car il suffisait, pour cela, de faire arriver la clef de ce manipulateur devant le signal lui-même qu'on voulait transmettre. En un mot, M. Wheatstone, en 1840, venait de découvrir le télégraphe électro-magnétique à cadran, tel qu'il est encore actuellement employé dans le service des chemins de fer.

Dans le brevet que M. Wheatstone prit à cette époque, pour s'assurer la propriété de cette belle invention, plusieurs dispositions importantes se trouvent spécifiées : 1° d'abord le moyen d'utiliser le mouvement alternatif de l'armature d'un électro-aimant, à mettre directement en mouvement une roue à rochet; 2° le moyen de faire réagir les électro-aimants à grande distance, en les enroulant de fil fin, ce qui n'avait pas été fait jusqu'alors; 3° le moyen de substituer le courant issu des machines magnéto-électriques à celui de la pile pour le fonctionnement des télégraphes électro-magnétiques; 4° le moyen de faire sonner une grosse cloche avec une très-faible force électrique.

Depuis le télégraphe à cadran de M. Wheatstone, et surtout depuis son adoption par les chemins de fer, une foule de systèmes différents ont été proposés. Dans les uns, le mécanisme d'horlogerie a été supprimé, et la force électro-magnétique réagit directement sur le rochet destiné à faire tourner l'aiguille. Ce système, qui n'avait été employé dans l'origine que dans les télégraphes de démonstration, a été, dans ces derniers temps, tellement perfectionné par MM. Wheatstone, Siemens, Henley, Allan et Wylde, qu'il est presque exclusivement employé en Angleterre. Dans d'autres systèmes on a cherché à éviter les inconvénients du réglage au moyen de dispositifs particuliers. De ce nombre sont les télégraphes de MM. Mouilleron, du Moncel, Digney, Glœsener, Lippens, etc. Dans d'autres encore on a substitué au manipulateur à manivelle de l'appareil primitif, des manipulateurs à clavier et à touches. Les appareils les plus perfectionnés de ce genre sont ceux de MM. Froment, Wheatstone, Glœsener, Drescher, Siemens, etc. Enfin, dans un certain nombre, on a cherché à rendre synchroniques et continus les mouvements des deux appareils en correspondance, et le signalement des lettres s'effectue par l'arrêt momentané des aiguilles des deux appareils, qui se produit en même temps aux deux stations sous l'influence de l'abaissement des touches correspondantes à ces lettres. Le premier appareil de ce genre a été imaginé par MM. Siemens et Halske, et a été depuis perfectionné par MM. Drescher, Glœsener, Darlincourt et Lippens, Nous ne parlerons pas de plusieurs systèmes combinés par **MM.** Lengrenay et Bréguet, dans lesquels le mécanisme du récepteur se remonte par le fait même de la manipulation, ou le jeu de l'armature de l'électro-aimant, ni de plusieurs autres dus à **MM.** Glœsener et Regnard, dans lesquels l'aiguille peut avancer à droite et à gauche, ou désigner sur un cadran carré, divisé en compartiments, telle lettre qui s'y trouve inscrite; ces systèmes sont plutôt ingénieux que pratiques, et n'ont en définitive aucune utilité. On en trouvera d'ailleurs la description dans les tomes II, IV et V de notre *Exposé*.

Des différents systèmes de télégraphes à cadran que nous venons d'énumérer, les seuls qui soient mis en pratique sur les lignes télégraphiques sont ceux de **MM.** Bréguet, Siemens, Wheatstone et Lippens. Aussi bornerons-nous à eux la description que nous devons faire de ces sortes d'appareils, nous réservant de rappeler à la fin de ce chapitre les différents dispositifs qu'on leur a ajoutés pour les faire fonctionner sans réglage. Nous dirons toutefois quelques mots du télégraphe de **M.** Froment (bien qu'il n'ait pas été mis en pratique), à cause de son transmetteur, qui est encore un des types les plus parfaits des transmetteurs à clavier qui ont été proposés.

Avant d'entamer la description de ces différents appareils, examinons comment le mouvement attractif produit par un électro-aimant peut donner lieu au mouvement circulaire et saccadé d'une aiguille autour d'un cadran.

La *fig.* 76, page 330, représente le dispositif le plus simple pour arriver à ce but; il constitue même tout le mécanisme du récepteur de **M.** Henley.

C'est une armature aimantée oscillant verticalement sur un pivot O entre les deux pôles d'un électro-aimant. Ces pôles se trouvent entaillés suivant leur ligne axiale pour donner à cette armature un jeu convenable, sans amoindrir l'action magnétique. Telle qu'elle est représentée sur la figure, cette armature est légèrement inclinée vers le pôle de droite et se trouve maintenue dans cette position, la dernière qu'elle ait prise, par l'action du magnétisme rémanent et celle de son magnétisme sur le fer de l'électro-aimant.

Du côté opposé à l'électro-aimant, l'armature O est entaillée de manière à présenter deux crochets, et entre ces crochets

est adaptée une roue à rochet de treize dents, dont la position
est telle que, quand le crochet de droite se trouve au fond

Fig. 76.

d'un intervalle de dents comme sur la figure, le crochet de
gauche est placé un peu au-dessus d'une dent du côté opposé.
Inutile de dire que l'aiguille indicatrice se trouve fixée sur
l'axe même de la roue à rochet.

Cela posé, imaginons que l'armature O, par suite d'une in-
version de courant à travers l'électro-aimant, soit repoussée
vers la gauche : le crochet de gauche de cette armature va se
déplacer vers la droite et, en appuyant sur le plan incliné constituant le dos de la dent du rochet qui se trouve en face de lui,
va faire avancer cette roue d'une demi-dent. Pendant ce temps
le crochet de droite se sera dégagé, et la dent qui se trouvait
au-dessous de lui, ayant avancé également d'une demi-dent,
aura ce que l'on appelle *échappé;* l'aiguille indicatrice, en
suivant ce mouvement, aura alors passé d'une division occupée par une lettre à la division suivante, où se trouve une
autre lettre; et comme les choses peuvent se renouveler de
la même manière pour une oscillation contraire de l'armature,
il arrivera que, pour une oscillation double de celle-ci, c'est-
à-dire pour un seul intervalle de dents, l'aiguille aura avancé
de deux lettres. Pour plusieurs oscillations successives, elle
accomplira donc un mouvement saccadé de rotation qui sera

d'autant plus rapide que les inversions de courant se seront suivies de plus près. On comprend, d'après cela, que les roues à rochet, dans les télégraphes à cadran, n'ont besoin que de treize dents, puisque ces treize dents correspondent aux vingt-cinq lettres de l'alphabet, plus le signal de repère qu'on représente ordinairement par une croix et qui occupe sur le cadran l'extrémité supérieure du diamètre vertical. C'est de cette forme du signal de repère que vient l'expression usitée en télégraphie, *mettre les appareils à la croix*, ce qui veut dire : *mettre les appareils au repère, de manière que leur aiguille soit verticale.*

Dans l'appareil de M. Henley, le mécanisme que nous venons de décrire est pour ainsi dire microscopique; c'est en quelque sorte de l'horlogerie de montre, et dans ces conditions les frottements sont pour ainsi dire nuls; on comprend dès lors que ces appareils puissent fonctionner avec une force électrique excessivement minime. Mais avec des appareils plus grossiers et plus volumineux, tels que ceux qu'on fabriquait au début de la télégraphie, il était loin d'en être ainsi, et le système si simple que nous venons de décrire n'était guère appliqué qu'aux télégraphes de démonstration, dans les cours de physique. On a donc dû à cette époque chercher un moyen qui pût affranchir l'électricité du rôle de moteur, et on a eu recours pour cela, ainsi que nous l'avons vu, à l'action intermédiaire de l'horlogerie. Dans ce cas, la roue à rochet est sans cesse sollicitée à tourner par l'action indirecte d'un ressort, et n'est arrêtée dans son mouvement que par une ancre d'échappement munie de l'armature de l'électro-aimant qui, en oscillant comme on l'a vu précédemment, lui permet d'échapper par intervalles de demi-dents. Dès lors le rôle de l'électricité se borne à produire de simples déclanchements, ce qui ne nécessite que très-peu de force.

Les systèmes d'échappement employés dans les télégraphes à cadran ont été très-variés. Tantôt l'ancre a la forme d'une fourchette et oscille normalement au plan de la roue d'échappement qui se trouve alors munie de treize chevilles d'acier sur chacune de ses faces. Tantôt cette ancre, également en forme de fourchette, est dans le plan de cette roue d'échappement et réagit sur elle aux deux extrémités de son diamètre, comme dans la *fig.* 76; alors cette roue porte des dents de rochet légèrement effilées; tantôt, comme on le voit *fig.* 13. et 14, *Pl. I*, l'ancre d'échappement est constituée par deux petits doigts d'acier *a, c* montés sur un axe *dd* auquel est adapté le levier de l'électro-aimant, et qui, en oscillant devant chacune des dents du rochet normalement au plan de celui-ci, les dégage successivement. Enfin, dans d'autres appareils, l'ancre d'échappement est constituée par un seul doigt qui oscille entre deux roues à rochet montées sur le même axe, et dont les dents s'alternent de l'une à l'autre roue. Ces deux dernières dispositions, qui sont du reste les meilleures, sont employées par M. Bréguet dans les télégraphes qu'il livre aux chemins de fer français, et dont nous allons maintenant donner une description détaillée. Nous représentons encore (*fig.* 22. *Pl. I*), un genre d'échappement particulier employé par M. Drescher, dans lequel les dents de la roue à rochet sont remplacées par une circonférence ondulée latéralement.

Télégraphe à cadran de M. Bréguet. — Ce télégraphe, quant à son principe, n'est, à proprement parler, que celui de M. Wheatstone, mais son installation et surtout la disposition mécanique des pièces qui le constituent ont été si ingénieusement combinées par M. Bréguet, qu'elles en ont fait l'appareil le plus pratique que l'on puisse employer. Aussi tous les constructeurs français se sont-ils empressés d'adopter ce modèle, et il n'y a guère que lui qui soit usité en France en dehors du système Morse.

Récepteur. — La *fig.* 77, page 333, représente la dernière disposition que M. Bréguet a donnée au récepteur de cet appareil. Le mécanisme d'horlogerie destiné à entraîner l'aiguille est fixé en PP sur une platine verticale *cc* en zinc, au devant de laquelle est adapté le cadran. Ce mécanisme d'horlogerie se compose de quatre mobiles, d'un barillet, de trois roues d'engrenage dont les axes sont munis de pignons et d'une double roue à rochet que l'on aperçoit dans une échancrure au bas de la platine PP et sur laquelle réagit l'ancre d'échappement, lequel se réduit à un simple doigt d'acier. L'aiguille indicatrice est, bien entendu, fixée sur l'axe de cette dernière roue.

Le système électro-magnétique se compose d'un électro-

aimant **EE** dont l'armature se voit en **A**, et qui est fixé sur la
planchette de l'appareil au moyen d'une traverse de cuivre

Fig. 77.

serrée par deux vis à écrou. L'armature **A** oscille sur deux vis
v, v', et porte en t, à l'une de ses extrémités, le levier qui
doit réagir sur l'échappement. Celui-ci s'effectue par l'intermédiaire d'une fourchette **X** (*fig.* 78) adaptée à l'axe horizontal aa', sur lequel est fixé le doigt p. Une cheville, adaptée au levier t et introduite entre les branches de cette fourchette **X**, permet en effet aux mouvements de l'armature **A** d'être
répétés par le doigt p, et par conséquent de faire échapper
successivement les deux roues à rochet; deux vis r, r' placées
des deux côtés du levier t permettent d'ailleurs de régler
convenablement l'amplitude de l'oscillation de celui-ci.

Dans ce système télégraphique les mouvements de l'armature **A** résultent d'interruptions successives du courant; par
conséquent les rappels de cette armature s'effectuent au moyen
d'un ressort antagoniste. Dans l'origine, ce ressort était fixé à
un fil de soie qu'on enroulait plus ou moins, quand on vou-

lait le tendre, sur un petit treuil; mais l'expérience ayant
démontré que ce fil de soie se coupait promptement, M. Bré-

Fig. 78.

guet a substitué à ce système le dispositif représenté dans la
partie gauche de la *fig.* 77. Ce dispositif consiste dans un noyau
à rebord excentrique L, contre lequel appuie une longue
goupille faisant partie d'une pièce à pivot sur laquelle est
fixé, par l'intermédiaire d'une tige recourbée *ll'*, le ressort
antagoniste R. Ce dispositif est représenté plus simplement
fig. 20, *Pl. I.* Quand, à l'aide d'une clef, on tourne l'axe portant le noyau L (*fig.* 77), la goupille qui s'y trouve appuyée
glisse sur le rebord excentrique dont nous avons parlé, et,
suivant le sens de la rotation de ce noyau, elle repousse en
avant ou ramène en arrière la tige *ll'*, qui tend ou détend ainsi
le ressort.

Quand, par une circonstance quelconque, l'appareil s'est
trouvé dérangé et que les lettres indiquées au récepteur ne
sont plus d'accord avec les lettres transmises, il est nécessaire,
comme on le comprend aisément, de ramener l'aiguille de ce
récepteur au repère, c'est-à-dire à la croix.

Dans les premiers appareils de M. Bréguet, on obtenait ce

résultat au moyen d'une espèce de petit piston qui ressortait en dehors de la boîte du récepteur et qui permettait à l'opérateur de communiquer à l'armature le nombre d'oscillations voulu pour remettre l'aiguille en position convenable. Ce petit piston avait reçu le nom de *pédale*. Toutefois, comme on perdait beaucoup de temps avec ce système, M. Bréguet a cherché à obtenir d'un seul coup la remise à la croix en faisant réagir directement la pédale sur l'échappement lui-même. A cet effet, l'axe aa' (*fig.* 77 et 78), qui porte le doigt p, est soutenu sur une traverse MK articulée en M, et susceptible, par conséquent, d'être relevée ou abaissée. Cette traverse porte en N une petite rainure qui limite, à l'aide d'une vis, sa course angulaire et se trouve maintenue soulevée en temps ordinaire par un fort ressort à boudin U. Une tige KH appuie d'ailleurs sur l'extrémité K de cette traverse et correspond à la pédale dont nous avons parlé. Enfin, pour compléter le système, un butoir d'arrêt en forme de crochet a, fixé sur la traverse MK, est disposé de telle manière que, quand cette traverse est abaissée par l'action de la pédale, il peut rencontrer une petite cheville fixée sur l'un des rayons de la seconde roue à rochet et arrêter alors l'aiguille indicatrice sur la division qui précède la croix. Le jeu de ce mécanisme se comprend aisément.

Quand on appuie sur la pédale, la traverse MK étant abaissée, le doigt p dégage les roues à rochet, et celles-ci, entraînées par le mouvement d'horlogerie, se mettent immédiatement à tourner ; mais ce mouvement ne dure pas longtemps, car la cheville adaptée au second rochet, en rencontrant le butoir a porté par la traverse MK, les arrête immédiatement, et elles ne recouvrent leur liberté que quand le doigt de l'opérateur, ayant abandonné la pédale, a permis au butoir a de se relever et à la cheville d'arrêt d'échapper. Toutefois, se trouvant alors de nouveau mises en prise avec le doigt p qui s'est également relevé, elles ne peuvent tourner que de l'intervalle d'une demi-dent. Mais cela suffit pour que l'aiguille indicatrice se trouve en cet instant exactement au repère.

La *fig.* 79, page 336, montre la perspective extérieure de l'appareil ; la pédale pour la remise à la croix s'aperçoit à la partie supérieure de la boîte un peu vers la gauche, et à droite

du cadran, on distingue l'axe du mécanisme destiné à tendre
le ressort antagoniste. La clef destinée à faire tourner cet axe

Fig. 79.

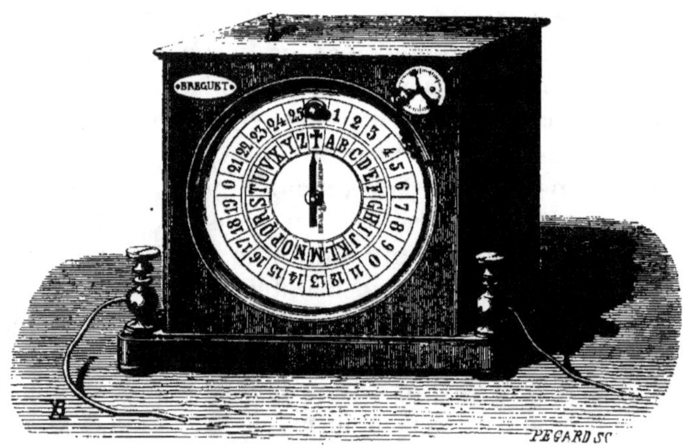

est suspendue à une petite chaînette et est munie d'une aiguille qui, en se mouvant autour d'un petit cadran divisé, permet de reconnaître facilement les différents degrés de tension
qu'on doit donner au ressort. Au-dessus du repère se trouve
le trou pour le remontage du mouvement d'horlogerie.

Manipulateur. — Le manipulateur de l'appareil Bréguet que
nous représentons *fig.* 80, page 337, se compose d'une planche de forme carrée sur laquelle est monté, par l'intermédiaire
de trois colonnes, un plateau circulaire ou cadran en laiton
autour duquel se meut une manivelle qui a la double fonction
de faire réagir l'interrupteur du courant et de servir d'index
aux différentes lettres qu'on veut signaler, lesquelles sont
gravées sur le cadran. A cet effet, cette manivelle porte une
ouverture appelée fenêtre, à travers laquelle se montrent ces
différentes lettres, et c'est quand la lettre désignée apparaît
dans la fenêtre qu'on doit arrêter la manivelle. Pour que cet
arrêt ne soit pas indécis, ce qui amènerait des dérangements
dans le fonctionnement du récepteur, le cadran du manipulateur porte sur la circonférence une série de petites entailles
dans lesquelles peut s'engager, au moment où l'on abaisse la
manivelle, une forte goupille en acier fixée au-dessous de

celle-ci. En ayant soin de faire glisser cette goupille sur le
cadran du manipulateur, un peu avant l'arrivée de la fenêtre
sur la lettre signalée, on est toujours certain que la manivelle
se trouvera arrêtée à temps.

L'interrupteur du courant, auquel M. Bréguet a donné dès
l'origine une disposition tellement parfaite, qu'elle n'a jamais

Fig. 80.

été perfectionnée depuis, est représenté dans le coin gauche
de la *fig.* 80, dont une partie se trouve échancrée pour mieux
en faire comprendre le dispositif. Cet interrupteur se compose
essentiellement d'un levier *ll'* pivotant en *o*, sur lequel réagit
par l'intermédiaire d'une goupille fixée à son extrémité recourbée *l* une gorge sinueuse évidée dans un disque de laiton
que porte l'axe même de la manivelle. Cette gorge sinueuse,
en présentant successivement devant la goupille *l* qui s'y trouve
engagée des parties alternativement creuses et bombées, repousse ou ramène le levier *ll'* et le fait finalement osciller
lorsqu'on tourne la manivelle, sans qu'on ait à craindre aucune

incertitude dans son jeu. Comme cette gorge sinueuse présente treize inflexions, le levier accomplit une demi-oscillation chaque fois que la manivelle passe d'une lettre à l'autre. Il est facile de comprendre qu'avec cette disposition le levier ll' n'a qu'à réagir sur un contact métallique en communication avec le circuit, pour fournir une série d'émissions de courant dont le nombre sera nécessairement en rapport avec la position de la lettre sur le cadran autour duquel se meut la manivelle, et qui devront avoir pour effet de faire avancer l'aiguille du récepteur d'une manière synchrone avec cette manivelle. A cet effet, le levier ll' se termine par un ressort l' placé entre deux vis butoirs p, p', dont l'une p' communique au pôle positif de la pile par le bouton C, et l'autre p au récepteur de la station même où se trouve le manipulateur. Nous en verrons plus tard la nécessité. Comme le disque interrupteur est relié d'ailleurs métalliquement avec la ligne, qui elle-même est en rapport avec le pôle négatif de la pile par le sol et le récepteur correspondant, on comprend que chaque fois que le levier ll' s'approchera de p', il se produira une émission de courant, et que chaque fois qu'il s'en éloignera pour toucher p, une interruption surviendra, et en même temps une liaison métallique sera établie entre la ligne et le récepteur de la station qui parle.

Dans l'appareil Bréguet, les fermetures de courant correspondent aux lettres A C E G I K M O Q S U X Z, les ouvertures, à la croix et aux lettres B D F H J L N P R T V Y. En rapprochant ou en éloignant l'une de l'autre les deux vis p, p', on peut augmenter ou diminuer la durée des contacts ; ce qui n'est pas un des moindres avantages de la disposition du manipulateur Bréguet, car, par un règlement intelligent de ces vis, on peut, suivant les circonstances du circuit, augmenter considérablement la force électrique transmise. Avec un circuit bien isolé, on peut, en effet, plus que doubler l'action électrique en ne laissant au ressort l' que juste le champ nécessaire pour interrompre le circuit.

Comme complément de cet interrupteur, M. Bréguet lui a adapté deux commutateurs destinés à mettre la ligne en rapport, soit avec le récepteur du poste, soit avec la sonnerie, soit avec le second fil de ligne, pour établir une communication directe entre les deux postes situés à gauche et à droite de celui où se trouve placé l'instrument. Chacun de ces interrupteurs se compose d'une manette munie d'une lame de ressort recourbée qui peut s'appliquer sur trois contacts métalliques appelés *gouttes de suif*, lesquels sont en rapport avec ces différents appareils. Nous verrons plus tard, au chapitre de l'organisation des postes télégraphiques, comment les communications électriques se trouvent établies avec ces sortes de télégraphes.

Comme on a pu le voir dans la figure, le cadran du manipulateur Bréguet, comme, du reste, celui du récepteur, porte audessus des différentes lettres de l'alphabet les différents nombres, depuis 1 jusqu'à 25, et l'aiguille du télégraphe peut les désigner aussi bien que les lettres quand un signal particulier prévient que ce sont eux qui sont transmis.

M. Bréguet a fait de ce télégraphe un appareil portatif pour les convois de chemin de fer qui est d'une grande utilité et d'un usage facile ; il peut être contenu, avec sa pile et les différents accessoires qui lui sont nécessaires, dans une boîte de 37 centimètres de hauteur sur 27 de dimensions latérales (*fig.* 81, p. 340).

Nous ne parlerons pas ici de la sonnerie en rapport avec ce système télégraphique, nous réservant d'en parler dans un chapitre spécial consacré aux sonneries en usage dans les différents postes.

Le dernier modèle de télégraphe Bréguet que nous venons de décrire n'étant guère appliqué qu'aux appareils que ce constructeur fournit lui-même, nous avons cru devoir reproduire, *fig.* 17, 18 et 21, *Pl. I*, la disposition qui avait précédé ce dernier modèle, et qui est encore adoptée par la plupart des autres constructeurs français. Cette disposition se comprend d'ailleurs facilement rien que par l'inspection des trois figures dont nous parlons. Ainsi la *fig.* 17 représente le manipulateur ; il ne diffère de celui que nous avons décrit que par les contacts des commutateurs. La *fig.* 18 représente le mécanisme du récepteur ; la roue d'échappement est en *r*, l'électro-aimant en E et la palette réagissant sur l'encliquetage en PL. Dans ce modèle il n'y a qu'une roue d'échappement, et en conséquence l'ancre, au lieu de consister dans un simple doigt, comme pré-

22.

cédemment, est constituée par deux petits appendices formant
fourchette que l'on voit dans de plus grandes dimensions en C,

Fig. 81.

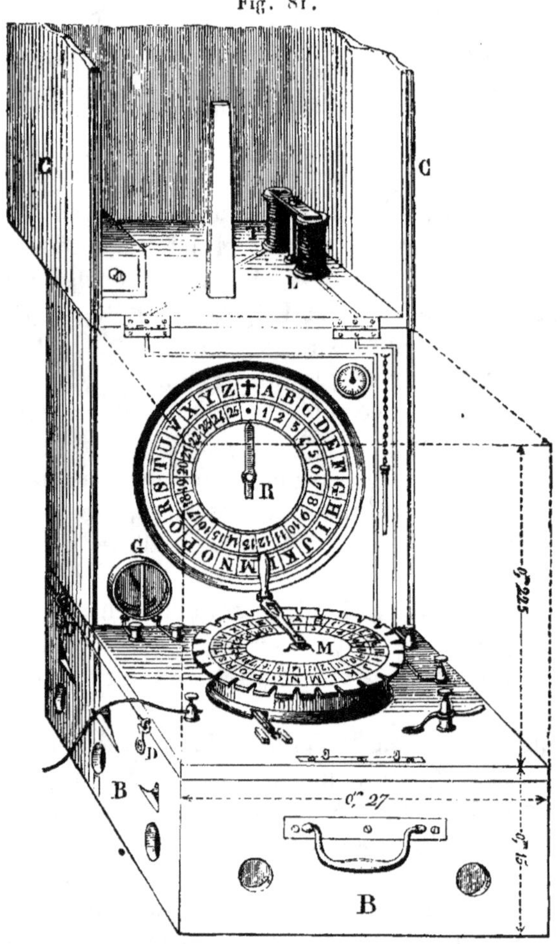

fig. 21. Cette figure représente, du reste, le dispositif mécanique destiné, dans ce modèle, à ramener d'un seul coup l'aiguille au repère. On appuie toujours sur une pédale disposée
en A au-dessus de l'appareil; cette pédale étant reliée à une
équerre EDG pivotant en D repousse, par l'intermédiaire d'un
doigt I, une tige PP munie d'un ressort à boudin R, et cette
tige, appuyant contre l'ancre C, l'écarte de la roue d'échappe-

ment en présentant devant elle un butoir P qui l'arrête un peu avant la remise de l'aiguille à la croix par l'intermédiaire d'une cheville. Quand on retire le doigt de dessus la pédale A, l'ancre C revient à sa place, le butoir d'arrêt s'écarte de la roue d'échappement, et celle-ci, après avoir fait un petit mouvement, revient à sa position normale de départ.

Télégraphe à cadran et à clavier de M. Froment. — L'appareil de M. Froment se distingue principalement par son transmetteur, qui est mécanique et semblable au clavier d'un piano, et par la sûreté du jeu de son récepteur, qui peut marcher sans mouvement d'horlogerie au moyen d'un simple échappement à ancre analogue à celui que nous avons décrit p. 330.

Voici en quelques mots en quoi consiste l'ingénieux transmetteur de M. Froment.

Un axe d'acier horizontal, mû par un mouvement d'horlogerie et commandé par une roue à rochet d'un nombre de dents égal à celui des signes ou lettres qui peuvent être employés, porte, échelonnées les unes à côté des autres et disposées en spirale, des chevilles ou butoirs d'arrêt, dont le nombre et la position sont en correspondance parfaite avec les dents de la roue à rochet. Une grande traverse horizontale, dont le mouvement ne peut s'effectuer que de haut en bas, réagit par l'intermédiaire d'un cliquet sur cette roue à rochet ; mais, comme à l'état de repos cette traverse est repoussée en haut par un ressort antagoniste, l'encliquetage empêche le mouvement d'horlogerie d'entraîner l'axe qui porte les butoirs. C'est sur cette traverse que viennent s'appuyer les différentes touches du clavier. Ces touches, à bascule comme celles d'un piano, sont en outre munies de butoirs susceptibles d'arrêter, quand elles sont abaissées, celles des chevilles de l'axe mobile qui leur correspondent. On conçoit alors que, si un interrupteur est placé sur cet axe mobile ou si même on se sert de la roue à rochet comme d'interrupteur, il suffira d'appuyer le doigt sur l'une ou l'autre des touches pour rendre libre le mouvement d'horlogerie, et pour qu'avant de se trouver arrêté de nouveau, l'axe mobile décrive un arc plus ou moins grand en rapport avec la position de la cheville qui doit venir en prise. Or, comme cet arc correspond à un certain nombre de dents de la roue à rochet, on se trouve avoir obtenu ainsi le nombre d'interruptions du courant en rapport avec le signal transmis.

La *fig.* 23, *Pl. I*, représente le télégraphe de **M. Froment**, tout disposé pour une station. La caisse **AB** contient le mécanisme du transmetteur et le clavier. **EF** est un cadran dont l'aiguille marche mécaniquement en même temps que l'axe du transmetteur fonctionne, et sert à contrôler la marche de ce transmetteur. Enfin **CD** est le récepteur dont la pédale, pour ramener l'aiguille au repère, se voit en **G**.

Télégraphe de M. Siemens. — M. Siemens est l'auteur d'un grand nombre de télégraphes à cadran fort ingénieux, que nous avons longuement décrits dans notre *Exposé des applications de l'électricité;* mais celui de ces télégraphes qui a eu jusqu'ici le plus d'applications est l'appareil que nous représentons *fig.* 82, 83, 84, et qui fonctionne, à plus de 500 kilomètres, sous l'influence de courants induits issus d'une machine magnéto-électrique.

La *fig.* 82 représente le récepteur de cet appareil : **K** est une roue d'échappement à rochet de très-petit diamètre, munie de treize dents, et portant sur son axe l'aiguille indicatrice qui se meut sur un cadran placé derrière la planche sur laquelle est monté le mécanisme; **JIBE** est une fourchette d'échappement oscillant en **G**, et portant deux cliquets à ressort, **I, J**, réagissant sur la roue à rochet et dont le recul se trouve limité par deux vis butoirs, **A, L**; enfin **TTUU** est un système électro-magnétique particulier, du genre de celui que nous avons décrit p. 191, et qui est composé d'un électro-aimant **TT**, sur la culasse duquel se trouve adapté un aimant en fer à cheval **UUU**, que l'on voit à gauche sur la figure. Cet électro-aimant présente ses deux pôles en **OO**, et sur ces pôles sont adaptées deux fortes vis en fer **V** et **Z** qui, étant avancées ou reculées, permettent de régler convenablement l'action attractive de l'électro-aimant par rapport à l'armature **GE**. Voici maintenant le jeu de ce récepteur.

Quand le courant envoyé à travers la ligne passe dans l'électro-aimant **TT**, dans un certain sens, l'armature **GE**, sur laquelle est fixée la fourchette **JBI**, s'incline vers l'un des pôles de l'électro-aimant **TT**; car, étant polarisée par le pôle libre **U** de l'aimant fixe, elle doit être attirée par l'un des pôles de l'électro-

aimant, et en même temps repoussée par l'autre pôle : ce sera,
je suppose, vers V. Sous l'influence de ce mouvement, le cliquet I aura fait avancer d'un cran la roue K ; mais une dent
seulement aura pu sauter, car le butoir A, par sa réaction sur

Fig. 82.

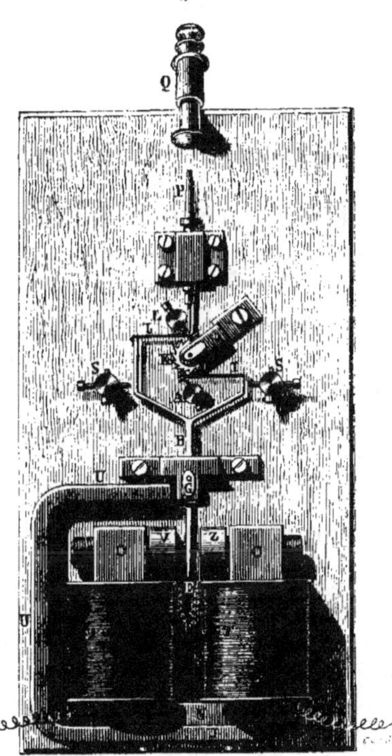

le bec du cliquet, s'opposerait au passage d'une seconde dent.
Quand le courant aura cessé de circuler à travers l'électro-
aimant, l'armature GE restera inclinée du côté où elle a été
attirée, car, le pôle de l'aimant fixe appliqué en N polarisant
alors uniformément les deux pôles de l'électro-aimant, la réaction se trouve maintenue ; mais aussitôt que le courant sera
envoyé en sens contraire, le pôle V, qui avait d'abord attiré,
va exercer maintenant une action répulsive, et le pôle Z atti-
rera à son tour l'armature GE ; de telle sorte que la fourchette
JBI, étant inclinée en sens contraire, fera réagir le cliquet J,
qui fera à son tour avancer d'une dent le rochet. Ainsi, pour

chaque émission du courant dans un sens ou dans l'autre, le rochet **K** saute d'une dent, et pour vingt-six émissions alternatives du courant, l'aiguille dont est munie ce rochet peut occuper sur le cadran les vingt-six positions correspondant aux vingt-six lettres de l'alphabet. Sans doute, au moyen d'un électro-aimant ordinaire, on aurait pu résoudre le problème de la même manière ; mais, comme l'appareil précédemment décrit est destiné à fonctionner avec des courants induits qui *sont instantanés*, il fallait nécessairement une disposition électro-magnétique particulière qui pût maintenir l'effet produit par chaque courant après sa disparition.

Pour obtenir la mise au repère de l'appareil, M. Siemens place sur la roue à rochet une cheville qui, en rencontrant l'extrémité d'une tige à ressort **P**, que l'on abaisse du dehors par l'intermédiaire d'une pédale **Q**, empêche le fonctionnement de la roue **K**, malgré les mouvements de la fourchette **JBI**. En appuyant donc le doigt sur la pédale **Q** pendant qu'on tourne la manivelle du manipulateur, on fait arriver forcément à la croix l'aiguille du récepteur.

La *fig.* 83 représente la coupe du manipulateur. A, A, A,..., sont une série d'aimants droits placés à distance les uns des autres et réunis par leurs pôles de mêmes noms au moyen d'une semelle de fer ; ils sont vus par le bout sur la figure. **BB'** est un cylindre de fer doux sur lequel l'hélice magnétisante est enroulée dans le sens de sa longueur. A cet effet, une large rainure se trouve évidée dans ce cylindre de fer, suivant ses génératrices opposées, de manière à former tout autour de lui comme un cadre de galvanomètre, et c'est dans cette rainure qu'est enroulée l'hélice induite, qui se trouve par précaution recouverte d'une lame de cuivre. Il résulte de cette disposition que le cylindre ne présente en dehors que deux lames de fer séparées par deux lames de cuivre, et les extrémités de ces quatre lames sont solidement réunies par deux viroles de cuivre sur lesquelles sont fixés les pivots constituant l'axe de rotation du cylindre. Cet axe porte en **B** un pignon qui engrène par l'intermédiaire d'une roue de renvoi avec une roue **RR**, dont l'axe correspond à une manivelle qui se meut autour d'un cadran. En **B'** se trouve un anneau muni d'une camme qui, dans les positions du cylindre correspon-

dantes aux émissions de courant, empêche le levier DD de
toucher la pièce E, où aboutit le fil de ligne, et qui est d'ail-

Fig. 83.

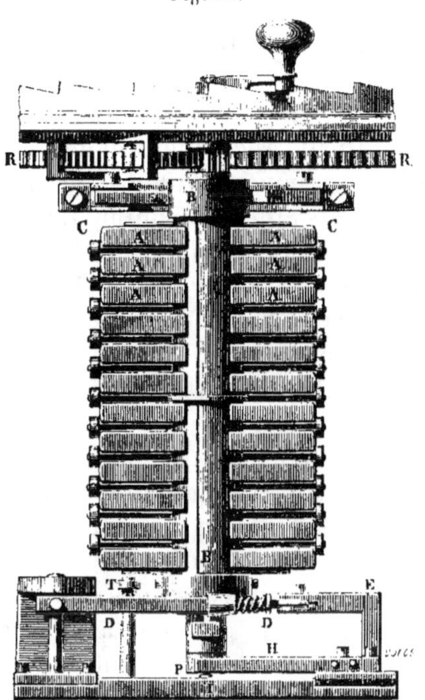

leurs isolée de la plaque I servant de support à l'axe du cylindre BB' par une semelle en caoutchouc durci. Enfin, un
anneau P sur lequel appuient deux ressorts, fixés sur la
pièce E, communique avec l'une des extrémités de l'hélice
magnétisante, tandis que l'autre extrémité de cette hélice
aboutissant à la virole B' se trouve mise en rapport avec la
plaque inférieure I, laquelle communique d'ailleurs avec la
terre.

Le rapport des dents de la roue R avec le pignon B est tel,
que, quand la manivelle avance, sur le cadran autour duquel
elle se meut, de $\frac{1}{26}$ de sa circonférence, c'est-à-dire de l'intervalle d'une lettre à l'autre, le cylindre BB' a fait une demi-révolution sur lui-même. Or, comme pour chaque demi-révolution
de ce cylindre, une des lames de fer dont il est muni s'approche de l'une des séries d'aimants A, A, A, alors que l'autre

lame s'éloigne de l'autre série, et cela d'une manière opposée pour deux demi-révolutions successives, il arrive que deux courants induits de sens contraire prennent naissance pour chaque révolution du cylindre, et, par conséquent, pour chaque intervalle de deux lettres. Il suffit donc de tourner la manivelle autour du cadran et de l'arrêter successivement devant les lettres qu'il s'agit de transmettre pour obtenir la rotation saccadée de l'aiguille du récepteur qui doit désigner les lettres de la dépêche. C'est pour introduire les récepteurs dans le circuit de ligne, alors que les manipulateurs sont au repère, qu'a été adapté le levier interrupteur DD.

Si l'on analyse avec soin la disposition du télégraphe que nous venons de décrire, on voit que tout est combiné de manière que l'action électrique s'effectue dans son maximum de force. Ainsi, les cliquets I, J, exerçant leur action normalement au rayon de la roue à rochet, exigent moins de force, pour produire un effet donné, que quand la rotation du rochet doit s'effectuer par suite du glissement des becs de la fourchette sur le dos des dents de ce rochet, effet dans lequel la force est obligée de se décomposer. D'un autre côté, des lames aimantées, placées à distance les unes des autres, comme dans l'aimant du manipulateur, donnent au faisceau aimanté une plus grande force que des lames réunies au contact; car, quoi qu'on fasse, ces lames ne pouvant jamais rester aimantées à saturation, la réaction réciproque de leurs pôles magnétiques sur leur magnétisme libre s'effectue au détriment de la force magnétique du faisceau.

Dans ses derniers appareils, M. Siemens s'est appliqué à réduire considérablement les dimensions du récepteur, et il a adapté au manipulateur un mécanisme qui empêche la manivelle de rétrograder. La précision de ce mécanisme est telle, qu'il est impossible d'obtenir de la part de cette manivelle un jeu de plus de ½ millimètre. Cet effet est obtenu à l'aide de deux pièces arquées qui appuient sur la circonférence du disque métallique B adapté sur le cylindre BB', et qui forment arc-boutant quand le mouvement du disque s'effectue en sens contraire de son mouvement normal. Ces freins jouent en quelque sorte le rôle d'un encliquetage connu sous le nom d'*encliquetage Dobo*. Enfin, au moyen d'engrenages à dents inclinées, M. Siemens a rendu la manipulation de ce télégraphe relativement assez douce.

La *fig.* 84 représente l'extérieur de cet intéressant appareil.

Fig. 84.

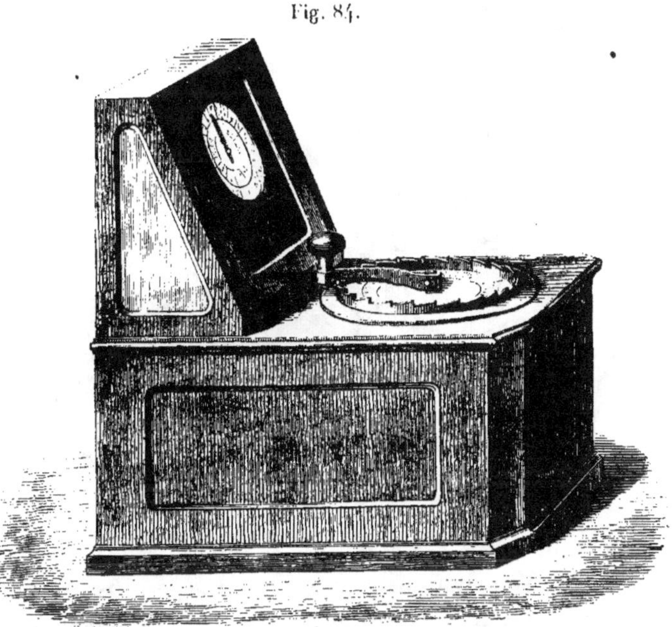

Télégraphe de M. Wheatstone. — Ce télégraphe, aujourd'hui employé pour la télégraphie privée à Londres, et qui dessert les différents fils des câbles aériens, dont nous nous avons parlé p. 246, fonctionne, comme le précédent, sous l'influence de courants induits. Bien qu'il n'offre dans ses éléments rien de réellement nouveau, sauf le système électro-magnétique dont nous dirons quelques mots, il est construit avec une telle précision, une telle simplicité, qu'on peut le tenir à la main, l'agiter dans tous les sens, sans troubler sa marche, qui s'effectue avec une correction réellement surprenante. Le récepteur de ce télégraphe est de la grosseur d'une forte montre ; il ne possède aucun mécanisme d'horlogerie, et l'échappement, au lieu de se faire à l'aide d'une fourchette d'encliquetage, s'effectue avec des cliquets de repos sous l'influence d'un mouvement oscillatoire commu-

niqué à la roue d'échappement elle-même, comme on le
voit *fig.* 85.

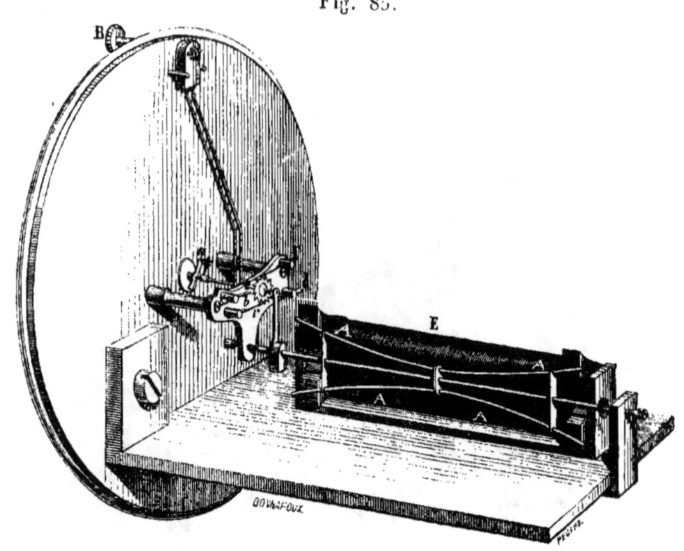

Fig. 85.

Le transmetteur a été combiné de plusieurs manières; mais
celui que **M.** Wheatstone regarde comme le plus pratique est
un appareil à touches combiné à une machine magnéto-électrique à mouvement de rotation continu. Il pense que l'énergie
des courants induits dépendant beaucoup de la manière plus
ou moins brusque dont les noyaux magnétisés se trouvent
rapprochés ou éloignés de l'aimant, la transmission avec un
système dont les courants résultent du fait même de la manipulation (comme le précédent) doit être forcément irrégu-
lière; tandis qu'en créant une source électrique continue par
le mouvement prolongé et régulier de la machine magnéto-
électrique, on se trouve ramené dans les conditions des courants voltaïques ordinaires. Nous représentons, vue en coupe
et en plan (*fig.* 86 et 87), une partie de ce système manipulateur.

Dans cet appareil, chaque touche *g* et *h* porte un levier *ee*, **F**
dont la pointe s'engage dans une échancrure pratiquée sur la
circonférence d'un double disque **B.** Entre les deux pièces
circulaires qui composent ce double disque, se trouve

adaptée une chaîne sans fin qui s'enroule sur une série de petites poulies placées circulairement sur les bords du disque

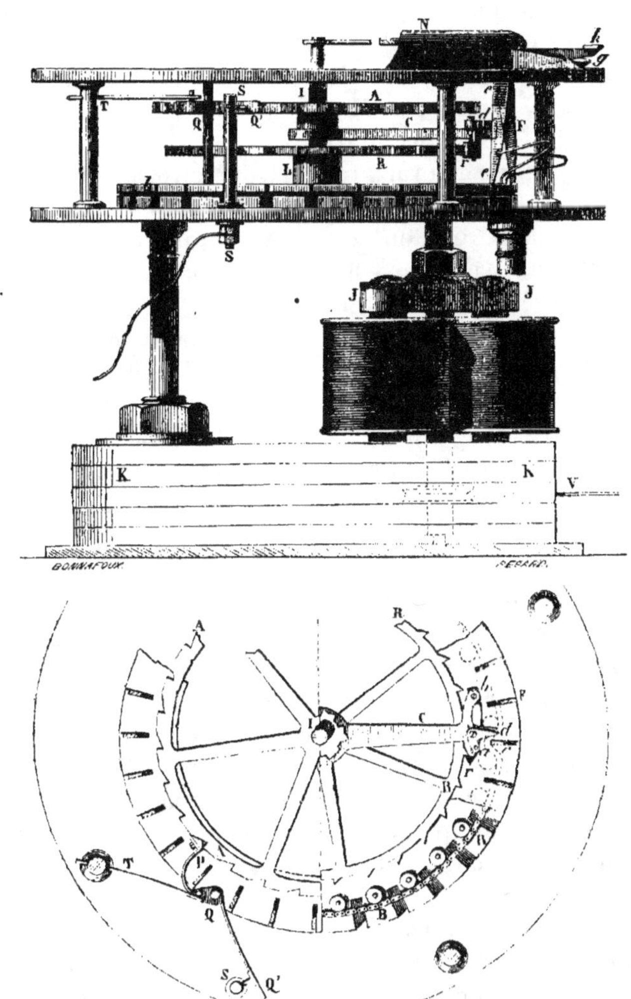

Fig. 86.

Fig. 87.

inférieur, entre les échancrures. Cette chaîne, toutefois, n'est pas complétement tendue, car quand on abaisse l'une des touches *g* de l'appareil, le levier *ee* correspondant, en s'enfonçant dans l'échancrure, doit entraîner cette chaîne avec lui. Or, il résulte de cette disposition que, quand une autre touche s'est abaissée, la première se trouve forcément relevée, car la chaîne, en s'infléchissant de nouveau, repousse le levier *ee* en dehors de l'échancrure. Avec ce système, deux touches ne peuvent donc jamais être abaissées simultanément.

La machine magnéto-électrique, dont la disposition a du reste été variée par M. Wheatstone, se trouve placée à la partie inférieure de l'appareil. K est l'une des branches de l'aimant en fer à cheval et JJ est l'électro-aimant qui subit l'induction. Celui-ci est mis en mouvement par une courroie d'engrenage que l'on voit en V et qui correspond à une large poulie sur laquelle est fixée la manivelle. L'axe de rotation de cet électro-aimant porte à l'intérieur du disque B une roue d'engrenage qui met en mouvement l'axe creux L sur lequel est montée la roue R. L'axe I correspond à une aiguille qui se meut sur un cadran renfermé dans la boîte circulaire N, et sur cet axe sont fixés la roue A et le levier d'embrayage C; la roue A, munie de coches, réagit sur un levier-bascule terminé par un ressort QQ qui constitue l'interrupteur du circuit. Enfin, la roue R, armée de crans pointus, réagit sur le levier C, dans certaines conditions que nous allons analyser.

La disposition du levier C et des pièces qui le terminent se distingue plus aisément dans la *fig.* 87. *br* est une lame de ressort recourbée, terminée par un crochet *r*; *ad* est un levier coudé portant en *a* une goupille réagissant sur le ressort *br* et pouvant repousser le crochet *r* en dehors. En temps ordinaire, la roue R (*fig.* 86) est en prise avec le crochet *r* et entraîne par conséquent le levier C dans son mouvement de rotation. Mais quand ce levier C rencontre la partie *e* d'une touche abaissée, le bras *d* (*fig.* 87) du levier coudé *ad* se trouve repoussé, et par suite le crochet *r* est écarté en dehors; dès lors la roue R peut conserver son mouvement sans entraîner le levier C, la roue A et l'aiguille indicatrice, car une saillie rigide adaptée à l'extrémité du levier C, derrière le bras *d* du levier coudé *ad*, se trouve alors butée contre l'appendice *e* de la touche abaissée. Par ce mécanisme, le mouvement communiqué à la machine magnéto-électrique est donc rendu indépendant de la transmission des signaux.

Supposons maintenant qu'après avoir été averti de la complète transmission de la lettre envoyée par suite de l'arrêt de l'aiguille indicatrice, on ait abaissé une nouvelle touche; la première touche abaissée, celle qui avait motivé l'arrêt du levier C, va se trouver relevée ainsi que nous l'avons déjà vu. En se relevant, elle va dégager le bras *d* du levier coudé *ad* (*fig.* 87) et la dent *r* va se trouver de nouveau en prise avec la roue R; le levier C va donc être de nouveau entraîné jusqu'à un nouvel arrêt, et les choses se passeront de la même manière jusqu'à l'entière transmission de la dépêche.

Pour transmettre une dépêche avec ce système télégraphique, il ne s'agit donc que de tourner avec une main et le plus régulièrement possible la machine magnéto-électrique et d'appuyer de l'autre sur les différentes touches correspondantes aux lettres qu'il s'agit de transmettre. La rotation de la machine magnéto-électrique s'effectue, d'ailleurs, à l'aide d'une manivelle et d'une poulie placée sur le côté de l'appareil, laquelle réagit sur l'électro-aimant JJ par l'intermédiaire d'une courroie ou d'une chaîne.

Dans la *fig.* 86, la machine magnéto-électrique représentée est une machine de Clarke. C'était effectivement une machine de ce genre que M. Wheatstone avait adaptée à ses premiers appareils. Mais pensant qu'avec ce système, les courants successivement produits ne pouvaient atteindre immédiatement leur maximum d'intensité et devaient fournir, comme courant définitif, un courant dont l'intensité pouvait être représentée par une ligne ondulée, condition qui était loin de réaliser l'effet qu'il s'était proposé par la rotation continue de la machine, M. Wheatstone s'est décidé à modifier la machine magnéto-électrique elle-même et l'a combinée de la manière suivante.

D'abord, au lieu d'une machine de Clarke, il a employé une machine dans la disposition de celle que nous avons décrite p. 211. Seulement, au lieu de placer les bobines d'induction sur les extrémités polaires de l'aimant fixe, il les a disposées sur des noyaux de fer adaptés à une semelle de fer recouvrant ces extrémités. De plus, au lieu de n'avoir que deux bobines, il en a employé quatre disposées de manière que les noyaux de fer pussent former les quatre coins d'un carré parfait, comme on le voit *fig.* 88. En employant avec ce système une armature large IJ pivotant en O, et en ayant soin d'enrouler d'une manière inverse le fil des deux bobines fixées sur le même pôle de l'aimant, il put résoudre complétement le pro-

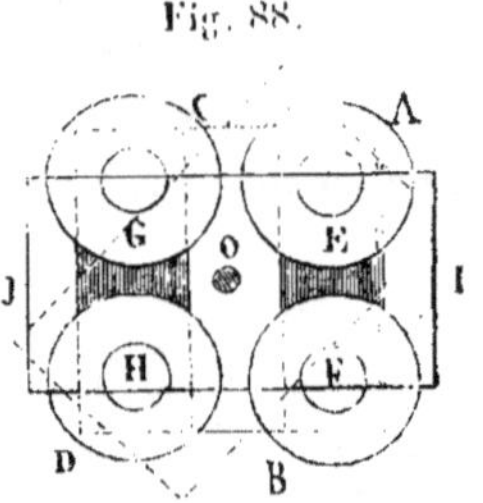

blème. Il résulte, en effet, de cette disposition, que quand l'armature IJ quitte les noyaux magnétisés E et H pour couvrir les noyaux F et G, les courants de désaimantation produits par les premiers commencent à naître alors que les courants d'aimantation produits par les seconds sont presque à leur maximum, et que quand ces derniers sont sur le point d'être annihilés, les premiers sont au contraire à leur maximum. Comme les courants de désaimantation des noyaux E et H sont de même sens que les courants d'aimantation des noyaux F et G, en raison de l'enroulement inverse du fil qui les recouvre, ces courants s'additionnent et maintiennent toujours à peu près constante l'intensité du courant effectif destiné à réagir sur le récepteur.

L'organe électro-magnétique du récepteur dont nous représentons seulement une moitié en AAAA (*fig.* 85), se compose de deux électro-aimants droits de très-petit diamètre, disposés parallèlement l'une à côté de l'autre, les pôles contraires en regard. Ces électro-aimants ont pour armature commune un système magnétique composé de deux petits barreaux aimantés AA, AA, légèrement arqués et fixés entre les pôles des électro-aimants sur un axe commun d'oscillation dont l'un des bouts porte un levier qui réagit sur la roue à rochet du récepteur en servant de pivot à l'axe de celle-ci; cet axe d'ailleurs, terminé en pointe, pivote sur une pièce *a* à laquelle est adaptée l'aiguille indicatrice et qui est mise en mouvement de rotation par l'intermédiaire d'une fourchette et d'un doigt fixé sur l'axe du rochet. Par cette disposition, ce dernier axe peut être déplacé latéralement pour présenter alternativement le rochet aux cliquets *rr*, *bb* sans que la marche rotative de l'aiguille en soit altérée. Avec la disposition électro-magnétique que nous avons décrite, on comprend facilement que le faisceau aimanté, subissant de la part des pôles des électro-aimants, pour chaque émission de courant, huit influences effectives conspirantes dans un même sens, et n'ayant d'ailleurs par lui-même qu'une inertie très-faible, puisque son centre de gravité est très-rapproché de l'axe d'oscillation du système, se trouve dans les meilleures conditions possibles de force et de vitesse.

Quant à la forme extérieure du récepteur, M. Wheatstone l'a souvent variée : tantôt elle représente une espèce de pupitre ou porte-montre, qui peut être séparé du manipulateur ; tantôt elle représente une espèce de petit tonneau suspendu par deux tourillons sur deux colonnes de cuivre, ce qui permet d'incliner plus ou moins le cadran. Ces différentes formes n'ont du reste rien de bien intéressant et peuvent être variées indéfiniment. Le petit bouton B, qui se trouve au haut du cadran de ces télégraphes et qui correspond à la longue fourchette que l'on aperçoit sur la *fig.* 85, est destiné à ramener l'aiguille indicatrice à la croix. En tournant ce bouton de gauche à droite et de droite à gauche, on transmet à cette fourchette un mouvement d'oscillation qui, en réagissant sur l'axe du rochet, reproduit mécaniquement l'effet déterminé par le système électro-magnétique.

TÉLÉGRAPHES A CADRAN SANS RÉGLAGE.

Nous avons vu (p. 162) que le magnétisme rémanent et le magnétisme condensé, en intervenant dans les réactions attractives des électro-aimants, même quand l'armature de ceux-ci se trouve à distance, nécessitent un réglage continuel des appareils télégraphiques, qui non-seulement exige un soin particulier de la part des employés, mais diminue considérablement la force attractive des électro-aimants. Bien que les administrations télégraphiques n'aient pas encore voulu jusqu'à présent attacher d'importance à la suppression de ces effets nuisibles, les avantages de cette suppression sautent tellement aux yeux, que le problème est toujours à l'ordre du

jour parmi les inventeurs et les savants. Les solutions proposées peuvent se diviser en trois catégories : dans l'une nous
rangerons tous les systèmes fondés sur l'envoi d'un contre-
courant d'intensité suffisante pour détruire les effets en question ; à la seconde nous rapporterons les systèmes fondés sur
les transmissions à courants renversés ; enfin, dans la troisième nous rangerons les systèmes dans lesquels le magnétisme d'aimants auxiliaires est appelé à servir de correcteur.

Système à contre-courant de M. Jacobi. — Les effets
nuisibles du magnétisme condensé et du magnétisme rémanent se manifestant au moment de l'ouverture des circuits,
M. Jacobi a pensé qu'on pourrait les détruire plus ou moins
complétement si on introduisait dans ces circuits un élément
capable de fournir, par le fait même de leur interruption,
un courant de faible intensité dirigé en sens contraire du
courant transmis, et variable avec ce dernier. Or, pour fournir un pareil résultat, les courants secondaires de polarisation
réunissaient bien toutes les conditions voulues, et c'est à ce
moyen qu'il a eu recours. Pour cela, il n'avait qu'à introduire
une batterie de polarisation dans le circuit de son électro-
aimant, et à faire en sorte que chaque interruption du courant fût suivie immédiatement d'une fermeture directe du circuit, ayant pour effet de mettre la pile complétement en dehors
de celui-ci. Voici, à cet effet, le dispositif qu'il a adopté.

B (*fig.* 89) est une batterie de platine d'un nombre plus ou

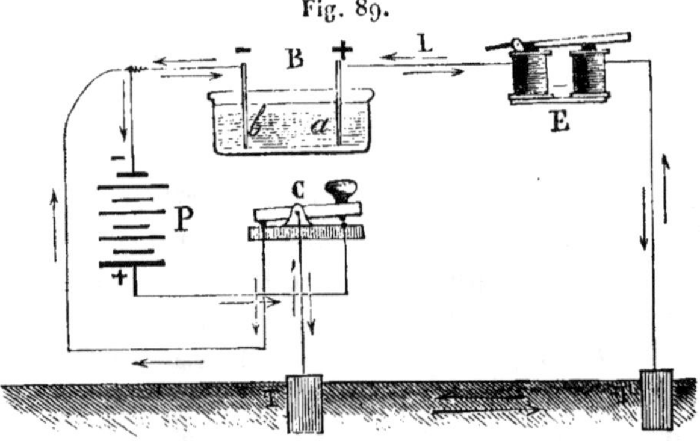

Fig. 89.

moins grand d'éléments, P une pile de ligne, E un appareil télégraphique, C une clef de télégraphe. La batterie B est réunie,

d'un côté à l'appareil télégraphique par le fil de ligne, de l'autre à la pile et à la clef, de manière à correspondre au contact établissant la continuité du circuit à travers l'appareil situé à la station de C. Cette station est d'ailleurs reliée avec le télégraphe E par la terre, et avec la pile P. Or, voici ce qui arrive quand on transmet. Quand on ferme le circuit de la ligne, le courant de la pile P va de C en E, de E en B et de B en P. La plaque a de la batterie se polarise positivement, la plaque b négativement; de sorte qu'au moment de l'interruption du circuit le courant de polarisation va de a en E, de E en C et de C en b, c'est-à-dire en sens contraire du courant primitif. Si l'électro-aimant E a conservé son action attractive, celle-ci se trouve donc détruite par le courant secondaire, et comme le courant de polarisation varie d'intensité avec le courant de la pile, les appareils étant une fois convenablement réglés, les effets nuisibles du magnétisme condensé et rémanent se trouvent toujours combattus par une force qui augmente ou diminue avec eux.

Un élément de la batterie de polarisation de M. Planté a pu détruire à l'aide de cette disposition un magnétisme condensé représenté par 200 grammes d'attraction.

L'inconvénient de ce système est de provoquer quelquefois, quand les appareils ne sont pas bien réglés, plusieurs mouvements insolites de l'armature de l'électro-aimant, provenant de ce qu'après avoir détruit le magnétisme rémanent et avoir fait soulever cette armature, le courant de polarisation provoque par son action propre une nouvelle attraction qui n'est nullement commandée par le courant de ligne. Cet effet se produit fréquemment avec les batteries de plomb en raison de leur grande force électromotrice. Avec les batteries de platine, au contraire, il ne se rencontre presque jamais; mais en revanche il faut, pour obtenir une action efficace, employer un bien plus grand nombre d'éléments, ce qui ne laisse pas que d'augmenter considérablement la résistance du circuit.

Système de M. J. Queval. — Ce système, représenté *fig.* 90, consiste à recouvrir les électro-aimants d'une seconde hélice en rapport avec une pile particulière P de petite intensité et dont le courant, dirigé en sens contraire de celui qui doit animer l'électro-aimant, n'est mis en circulation qu'au moment même où l'armature A, ayant atteint l'extrémité de sa course, est sur le point de toucher le fer de l'électro-aimant.

Fig. 90.

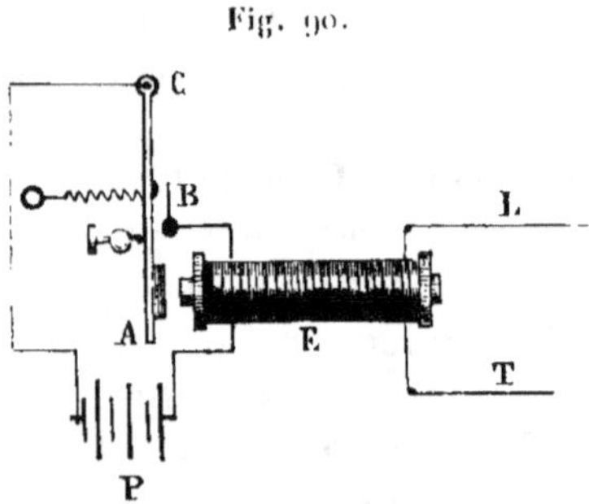

La force attractive qui est alors produite, étant supérieure à la force répulsive que tend à développer la pile accessoire, l'armature est maintenue abaissée; mais quand le courant principal est interrompu, le courant de cette pile accessoire devient prépondérant, et oppose au magnétisme condensé de l'armature un magnétisme de même nom d'où résulte une répulsion qui est précisément concordante avec l'interruption du courant principal et contribue à faire détacher l'armature.

Système à inversement de courants de MM. Glœsener, Bréguet, Digney, etc. — Les systèmes électromagnétiques à armatures aimantées, sur lesquels réagissent des courants alternativement renversés, sont un des moyens les plus efficaces pour éviter les effets du magnétisme rémanent. On comprend, en effet, que ce magnétisme, qui est toujours de même nom que celui qui a provoqué l'attraction, se trouve nécessairement détruit, au moment de chaque émission de courant, par une magnétisation inverse infiniment plus forte. MM. Glœsener et Lippens sont les premiers qui aient employé dans ce but cette disposition électro-magnétique que nous avons du reste représentée *fig.* 40, p. 185. Depuis, ce système a été employé dans de meilleures conditions par MM. Bréguet et Digney, l'un en employant le système électromagnétique du P. Cecchi, que nous avons représenté p. 188, l'autre en employant le système d'électro-aimant de M. Siemens, décrit p. 191.

La substitution de ces systèmes électro-magnétiques aux

électro-aimants ordinaires n'a d'ailleurs occasionné aucun changement dans le mécanisme de ces télégraphes. Les manipulateurs seuls ont dû être disposés de manière à faire fonction de commutateurs à renversement de courants. Le système de MM. Digney est représenté *fig.* 91. Il ne nécessite,

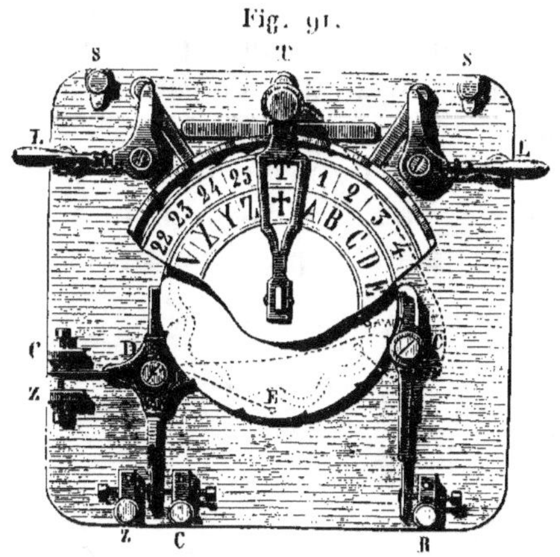

Fig. 91.

site, comme on le voit, en dehors de la disposition ordinaire, qu'un levier additionnel D isolé du métal de l'appareil et communiquant métalliquement avec le fil de terre. Les vis entre lesquelles oscillent ces deux leviers sont en communication avec les pôles de la pile, comme on le voit sur la figure, et un troisième levier oscillant C, appuyant par une de ses extrémités sur la circonférence du disque portant la gorge sinueuse, établit la communication entre la ligne et le récepteur, quand le manipulateur est à la croix. A cet effet, cette circonférence du disque porte de petites entailles qui servent en même temps à empêcher le recul de la manivelle.

Le système de M. Bréguet est aussi simple et ne diffère du précédent qu'en ce que le levier additionnel, au lieu d'être disposé en croix sur le levier ordinaire, est placé dans son prolongement, et en ce que les contacts qui doivent établir la communication de la ligne avec le récepteur, quand le manipulateur est à la croix, sont produits par un ressort spécial placé perpendiculairement au-dessous de celui qui fournit les contacts avec la pile. Ce ressort appuie alors sur une petite plaque placée entre les deux vis d'arrêt de ce dernier.

Système à réactions magnétiques auxiliaires de M. du Moncel. — L'objection principale faite aux systèmes précédents, étant toujours la possibilité supposée de la désaimantation des armatures, désaimantation qui aurait pour effet, si elle était réelle, de mettre les appareils dans l'impossibilité matérielle de fonctionner, puisqu'il n'y aurait plus alors de ressorts antagonistes, j'ai recherché, il y a cinq ans environ, s'il n'y aurait pas moyen, tout en gardant exactement la disposition ordinaire des appareils, de leur adapter un système qui pût détruire les effets du magnétisme rémanent. J'y suis parvenu avec le système électro-magnétique, que nous reproduisons *fig.* 92, lequel a pu permettre à un télégraphe Bré-

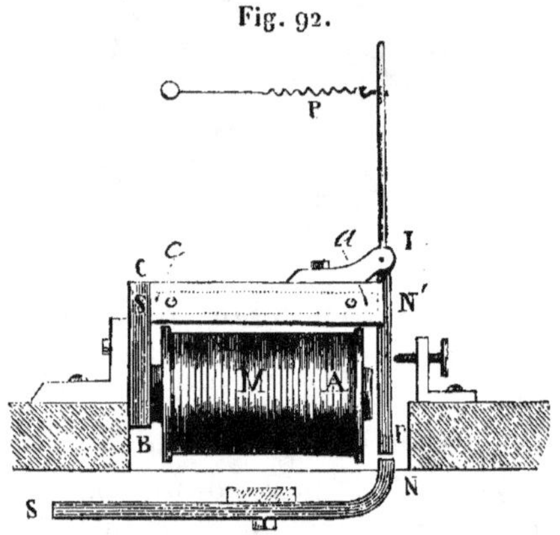

Fig. 92.

guet de fonctionner sans réglage avec un circuit variant en résistance de 0 à 500 kilomètres, et avec une pile variant de 2 à 30 éléments. Le problème était donc complétement résolu, car si les désaimantations si fort à craindre devaient se manifester réellement, on avait toujours entre les mains un télégraphe ordinaire pouvant être réglé à volonté, et qui, loin d'être inférieur aux télégraphes actuels, avait même une énergie plus grande, à cause de la course angulaire de l'armature. Il ne nécessitait d'ailleurs aucun système à renversement de courants.

Voici maintenant en quoi consiste le système en question :

Il se compose essentiellement d'un électro-aimant boiteux M, dont la branche sans bobine *ac* porte un aimant permanent N'S' et dont l'armature IF, articulée en I dans le voisinage du pôle N', se meut devant un des pôles d'un second aimant permanent NS adapté en dehors du système. Ces deux aimants sont disposés de manière que leurs pôles N' et N', placés dans le voisinage de l'armature IF, soient de même nom que celui de l'électro-aimant situé en A. Voici ce qui résulte de cette disposition. Quand le courant cesse de circuler à travers l'électro-aimant, le magnétisme attiré de l'armature est surtout condensé en A, la branche *ac* étant magnétisée très-faiblement et ayant d'ailleurs sa polarité en grande partie neutralisée par la polarité contraire de l'aimant N'S'. Or les aimants NS, N'S', en réagissant l'un sur l'armature, l'autre sur le noyau de fer de l'électro-aimant, tendent à détruire cette condensation. En effet, le pôle S' de l'aimant N'S', étant en contact avec la traverse BC de l'électro-aimant et étant de nom contraire au pôle A, tend, après la cessation du courant, à communiquer sa polarité magnétique à toute la masse de fer de cet électro-aimant, et par conséquent à détruire en A le magnétisme qui s'y trouvait développé; d'un autre côté, l'aimant NS tend à attirer en F le magnétisme de l'armature condensé en A et à lui substituer du magnétisme repoussé. Or il résulte de cette double réaction que l'attraction se trouve changée en répulsion, ainsi que l'expérience le démontre.

Certainement, au premier abord, on pourrait croire qu'une pareille combinaison ne peut réaliser les effets que nous avons annoncés qu'au préjudice de la force attractive ; mais l'expérience montre que ce préjudice est bien minime. Ainsi un électro-aimant boiteux qui, avec la disposition précédente, attirait 130 grammes à 1 millimètre de distance, en attirait, il est vrai, 140 sans cette disposition; mais en revanche le magnétisme condensé, qui exigeait 180 grammes de force antagoniste (au contact du fer) pour que l'armature pût se détacher, n'exigeait plus aucune force antagoniste avec la disposition électro-magnétique que nous avons décrite.

Il est important d'observer que les aimants NS, N'S' doivent avoir leur énergie proportionnée à la force développée dans l'électro-aimant, et cette énergie peut être réglée par l'éloignement ou le rapprochement de l'aimant N'S' de la branche *ac* et par la distance plus ou moins grande séparant l'armature de l'aimant NS.

Il est aussi quelques détails de construction que nous devons indiquer pour placer le système dans les meilleures conditions possibles. Ainsi les branches de l'électro-aimant doivent être longues et d'inégale grosseur ; la branche sans bobine doit être de très-petit diamètre et très-rapprochée de la bobine ; la culasse BC doit être épaisse et l'aimant N'S' doit être fixé sur la branche sans bobine au moyen de vis de cuivre. De petits coins en cuivre, interposés entre les deux extrémités de la branche sans bobine et les deux pôles de l'aimant, permettent de régler le degré de force que ceux-ci doivent exercer. Cet aimant d'ailleurs doit dépasser un peu la branche ac, afin de réagir latéralement sur l'armature. Celle-ci doit être longue et dépasser de beaucoup le pôle A de l'électro-aimant. Elle doit être articulée sur une pièce de cuivre I fixée sur la branche sans bobine, un peu en arrière du pôle. Enfin il est nécessaire que la branche recouverte de la bobine soit d'un assez gros diamètre (de 12 à 13 millimètres pour les électro-aimants à fil fin).

Système à tension variable de M. Mouilleron. — Dans ce système, comme dans le précédent, on a cherché à combattre les inconvénients du réglage sans rien changer aux conditions physiques du fonctionnement des appareils. A cet effet, l'inventeur ajoute au récepteur du télégraphe, qui n'est autre qu'un récepteur Bréguet, un second électro-aimant de très-grande résistance, destiné à réagir directement sur le ressort antagoniste de l'électro-aimant commandant l'échappement, de manière à en régler la tension suivant les conditions de la ligne. Pour arriver à ce résultat, cet électro-aimant, que nous représentons en B (*fig.* 24, *Pl. I*), et qui est introduit dans une dérivation du circuit, commande un petit mécanisme d'horlogerie qui a pour effet de mettre en mouvement deux poulies C, C', sur lesquelles sont fixés les fils de soie des ressorts antagonistes des deux armatures. Si, à la station qui transmet, on fait faire au manipulateur un tour de cadran, l'électro-aimant B dégagera vingt-six fois l'échappement du régulateur, et par conséquent les poulies C, C' auront tourné d'une certaine quantité. En tournant, elles auront serré les deux ressorts antagonistes ; mais si l'un de ces ressorts, celui H, correspondant à l'électro-aimant B, se trouve préalablement tendu beaucoup plus fortement que l'autre, il arrivera un moment où la force antagoniste de ce ressort surpassera la force électro-magnétique de l'électro-aimant B et où, par conséquent, l'échappement ne fonctionnera plus. Cette limite, comme il est facile de le comprendre, dépendra de l'intensité ou de l'énergie du courant. Mais tandis que le ressort H aura paralysé l'action électro-magnétique de l'électro-aimant B, celui du télégraphe, qui est beaucoup moins tendu, laissera parfaitement fonctionner cet appareil, et celui-ci continuera même désormais à bien fonctionner, car l'inertie de l'échappement du régulateur empêche une tension plus grande de ce dernier ressort. Si donc la différence de tension initiale des deux ressorts, ou leur force, a été calculée de manière que le degré de tension du ressort H, correspondant à l'arrêt du régulateur, réponde au degré de tension nécessaire pour le bon fonctionnement du ressort du télégraphe, l'objet du régulateur aura été rempli, car évidemment ce degré de tension dépendra toujours de l'intensité du courant.

Pour faire fonctionner ce système télégraphique, il faut : 1° que tous les soirs, après le service de la correspondance, on prenne soin de détendre les ressorts, ce que l'on fait en tournant les deux poulies sur leur axe au moyen d'une clef ; 2° qu'avant de transmettre on fasse faire plusieurs tours au manipulateur, afin que la tension des deux ressorts arrive au degré suffisant.

Il existe encore plusieurs autres systèmes de télégraphes sans réglage, imaginés par MM. Delafollye, Flouard, Ailhaud, Abel Guyot, etc. On pourra en trouver la description dans notre *Exposé*, t. IV, p. 185, et t. V, p. 459, 460, 461.

Télégraphe mixte à cadran et à aiguilles de MM. Foy et Bréguet. — Désirant conserver les signaux usités dans le service télégraphique déjà établi et le personnel attaché à ce service, l'Administration des télégraphes du Gouvernement français avait voulu dans l'origine établir ses télégraphes électriques dans le système Chappe, qui avait fourni jusque-là de si heureux résultats. Pour atteindre ce but, MM. Foy et Bréguet eurent l'ingénieuse idée d'appliquer le principe du télégraphe à cadran au télégraphe à double aiguille, afin d'obtenir de celles-ci huit positions angulaires différentes qui pussent représenter les diverses inclinaisons que doivent prendre les ailettes terminales des télégraphes aériens pour exprimer les différents signaux du vocabulaire Chappe. De cette manière, ces aiguilles, réunies d'ailleurs par une traverse horizontale, constituaient un véritable télégraphe aérien en miniature. La disposition électro-mécanique d'un pareil télégraphe ne présentait, du reste, rien de difficile, car il suffisait, pour obtenir le résultat demandé, d'adapter à chacune des aiguilles un mécanisme d'horlogerie analogue à celui des télégraphes à cadran, et dont la roue d'échappement, au lieu de porter treize dents, n'en eût que quatre. Tel est effectivement en principe le télégraphe dont nous parlons, et que nous représentons *fig.* 12, 13, 14, *Pl. I.*

La *fig.* 12 représente l'extérieur de l'appareil. Les deux aiguilles, réunies par la traverse horizontale, se voient au milieu du cadre ABCD, et au-dessus d'elles se distinguent deux petits cercles divisés destinés à indiquer le degré de tension des ressorts antagonistes ; les deux clefs propres à opérer cette tension se voient à côté, suspendues à de petites chaînettes de cuivre ; enfin, au-dessous des aiguilles se trouvent les trous des deux barillets des mécanismes d'horlogerie.

La *fig.* 14 montre le mécanisme à quatre mobiles de l'une des deux aiguilles, et le détail de l'échappement est indiqué *fig.* 13 et 14.

Le manipulateur du télégraphe Foy-Bréguet est comme le récepteur composé de deux parties indépendantes et semblables ; chacune d'elles, représentée *fig.* 15, est en rapport avec un des côtés du récepteur par un fil spécial. Ordinairement ce double manipulateur est placé en avant de la boîte de l'appareil.

Comme on le voit sur la *fig.* 15, cet appareil se compose de deux disques D et R, l'un fixe, l'autre mobile, montés sur une colonne, et qui réagissent sur un levier L constituant l'interrupteur. Le disque D, qui est fixe, porte sur la circonférence huit échancrures, dans lesquelles peut être introduite une dent adaptée sous le bras de la manivelle M. A cet effet, celle-ci peut céder à un petit mouvement autour d'un centre placé à l'extrémité de l'axe de rotation, de sorte que l'on peut la tirer à soi pour faire sortir la dent du cran dans lequel elle se trouve engagée pour la remettre dans un autre ; un ressort la pousse continuellement dans ce sens, afin qu'elle ne puisse changer de position qu'à la volonté de l'employé.

A l'aide de ces crans on peut fixer la manivelle dans huit positions différentes, et ces positions correspondent exactement à celles que prend l'aiguille correspondante sur le cadran du récepteur. Voici comment s'opère la transmission.

Le disque R est mobile avec l'axe sur lequel est fixée la manivelle M, et qui tourne dans la douille DR. Sur la face intérieure du disque est creusée une rainure carrée dans laquelle est introduite une forte cheville portée par le levier C, et ce levier C est fixé sur un axe horizontal CC', qui porte en C' une tige L, terminée par une lame du ressort.

Enfin, des deux côtés de cette lame de ressort se trouvent deux dés métalliques isolés KK', l'un en rapport avec la pile, l'autre en rapport avec l'appareil récepteur de la station. Une communication établie entre la colonne du support et le fil de la ligne complète l'interrupteur, qui fonctionne de la manière suivante :

Quand la manivelle est au repos, c'est-à-dire dans une position horizontale, le levier L touche le contact K. Dans cette position, si un courant est envoyé de l'autre station, il vient par le fil de la ligne, entre dans la base de la colonne, passe par l'axe C', suit la tige L, puis sort par K pour aller au récepteur par un fil conducteur. Il y a alors aimantation ; l'aiguille avance d'un pas, et un signal est produit.

Pour cela, il a fallu que l'employé de la station éloignée fît avancer la manivelle M d'un cran ou d'un huitième de tour.

Dans ce mouvement le disque R a fait mouvoir le levier L, lui a fait quitter le contact K pour aller se reporter sur le contact K', qui est relié à la pile. Aussitôt le courant passe de K' en L par la colonne, arrive au fil de la ligne, et l'effet ci-dessus expliqué est produit.

On voit, d'après cela, que le levier L est disposé pour recevoir le courant envoyé tous les deux crans à partir du point de départ.

Dans le bas du récepteur (*fig.* 12), on voit passer deux petites tiges de cuivre : ce sont les *pédales* à l'aide desquelles l'employé a la facilité de corriger les erreurs qui peuvent survenir pendant la transmission. Ces erreurs, comme dans les autres appareils, peuvent être causées, soit par un mauvais état momentané de la ligne, soit par les courants accidentels, soit par l'employé, soit par l'appareil lui-même. Mais la correction est si facile et si rapide, qu'un petit coup de doigt donné à temps sur ces pédales suffit pour réparer l'erreur. Cette correction se fait toujours en faisant avancer l'aiguille, car, d'après la construction du mécanisme, les erreurs ne peuvent exister que dans le sens du retard.

La *fig.* 16, *Pl. I*, représente les différents signaux du télégraphe Foy-Bréguet correspondant aux différentes lettres de l'alphabet. On voit qu'ils sont très-simples et très-nets. En n'employant qu'une seule aiguille, ces signaux deviennent plus compliqués, car ils se font alors en deux temps, et l'on est obligé de figurer successivement les deux angles télégraphiques que contient le signal. Pourtant la vitesse de transmission n'est pas diminuée autant qu'on le croirait, et certains employés parviennent, avec une seule manivelle, aux deux tiers de la vitesse que l'on atteint ordinairement avec deux.

On a beaucoup réclamé, surtout dans le public peu au courant des manœuvres télégraphiques, contre ce sytème. Pourtant il avait de grandes qualités, et, sous le rapport de la vitesse de transmission, aucun des appareils employés depuis ne peut rivaliser avec lui (*). D'ailleurs les deux fils qu'il nécessitait, et qui pouvaient au besoin transmettre isolément, étaient une garantie pour le service continu d'une ligne.

(*) Certains employés ont été jusqu'à faire 240 signaux par minute, ce qui équivaut à 50 mots.

CHAPITRE III.

TÉLÉGRAPHES ÉCRIVANTS.

Les télégraphes écrivants, dont l'appareil Morse est le spécimen le plus connu et le plus frappant, ont sur les télégraphes à aiguilles l'avantage de conserver les traces des dépêches transmises. Il est vrai que ces traces ne sont que des signaux de convention, c'est-à-dire des combinaisons plus ou moins compliquées de lignes et de points qu'il faut une certaine étude pour comprendre et un temps assez long pour transmettre; mais ce système offre pour les chefs de service des lignes télégraphiques un moyen de contrôle tellement infaillible, qu'on a dû passer par-dessus tous les inconvénients qui lui sont inhérents. D'ailleurs, l'appareil est très-simple en lui-même, il n'entraîne pas l'accumulation des erreurs dans la transmission des signaux et n'exige qu'un seul fil à la ligne.

C'est, comme nous l'avons déjà dit, M. Steinheil qu'on peut considérer comme le véritable inventeur des télégraphes écrivants; mais comme son appareil était plutôt un instrument d'expérimentation qu'un appareil pratique, il n'a jamais été mis en usage sur les lignes télégraphiques, et c'est sans doute pour cela que l'invention de ces sortes d'appareils est généralement atttribuée à M. Morse. Toutefois, comme cet appareil est, en quelque sorte, un monument historique de l'art télégraphique, nous croyons devoir en donner une description rapide.

Télégraphe de M. Steinheil. — Le télégraphe de M. Steinheil consistait dans un galvanomètre horizontal AA (*fig.* 4 et 5, *Pl. I*) muni de deux barreaux aimantés DD, portant à leur extrémité une plume chargée d'encre, et au devant de ces barreaux se déroulait une bande de papier EE entraînée par un mouvement d'horlogerie. Deux autres barreaux aimantés N, S, susceptibles d'être éloignés ou rapprochés suivant

l'intensité du courant transmis, pouvaient rappeler les barreaux DD dans leur position normale suivant l'axe du galvanomètre. Quand le courant passait à travers le galvanomètre
dans un certain sens, l'un des barreaux aimantés se trouvait
dévié de sa position et laissait, au moyen de sa plume, une
trace à l'encre sur le papier qu'il venait frapper; pour une
direction contraire du courant, l'autre barreau laissait une
seconde trace à côté de la première, et ces traces pouvant être
combinées, les unes par rapport aux autres, de mille façons
différentes par suite du mouvement du papier, il devenait facile de composer un alphabet conventionnel à l'aide duquel
des signaux pussent être échangés. Pour compléter son télégraphe, M. Steinheil imagina de lui ajouter deux timbres de
sons différents, qui, étant frappés par les barreaux aimantés au
moment de leur déviation, pouvaient faire de cet appareil un
télégraphe auditif.

Comme M. Steinheil employait pour le fonctionnement de son
télégraphe les courants résultant d'une machine magnétique,
l'appareil transmetteur de ce télégraphe consistait dans la machine magnéto-électrique elle-même, qu'il suffisait de tourner dans un sens ou dans l'autre pour changer le sens du
courant. A cet effet, la manivelle des machines ordinaires à
rotation était remplacée par un balancier horizontal analogue
à celui des presses à timbre, et comme ce balancier était manœuvré à la main, on pouvait, en variant la longueur des intervalles de temps entre les transmissions électriques, obtenir
des écartements plus ou moins grands des points sur la bande
de papier, ce qui permettait de simplifier considérablement
le vocabulaire télégraphique.

Dans l'alphabet que M. Steinheil avait choisi, les lettres qui,
dans la langue allemande, sont les plus fréquentes, correspondaient aux signes les plus simples. De plus, M. Steinheil
s'était arrangé de manière à établir une sorte de similitude
entre les lettres latines et les groupes de signes, afin qu'ils
pussent se fixer mieux dans la mémoire. Grâce aux trois modes
de combinaisons dont nous avons parlé, les signaux les plus
compliqués n'exigeaient que quatre points ou quatre sons
distincts.

Si l'on considère que les courants induits, par suite de leur instantanéité, ne pouvaient utiliser à la formation des signaux alphabétiques la différence de longueur des traces laissées par l'instrument, on comprendra facilement comment M. Steinheil s'est trouvé conduit à employer deux plumes au lieu d'une seule qui aurait pu lui suffire avec des courants voltaïques. Or, c'est dans cette disposition alphabétique et dans la substitution d'un électro-aimant au galvanomètre dans le récepteur, que se trouve toute la différence entre le télégraphe de M. Steinheil et celui de M. Morse. Quoi qu'il en soit de l'importance de cette différence, ce dernier télégraphe présentait un perfectionnement réel, incontestable, qui devait tôt ou tard le faire adopter partout.

Télégraphe Morse. — Un télégraphe Morse se compose de quatre éléments distincts : 1° d'un système électromagnétique qui reçoit l'impression électrique transmise à distance; 2° d'une bascule armée d'un style qui traduit par un mouvement mécanique les réactions électriques exercées sur le système magnétique; 3° d'un système mécanique ou mouvement d'horlogerie qui, en déroulant une bande de papier devant le style, permet à celui-ci de laisser une trace durable des différents mouvements qu'il accomplit; 4° enfin, d'un appareil transmetteur réagissant sur le courant électrique.

Dans l'appareil primitif de M. Morse, le système électromagnétique se composait d'un électro-aimant dont les branches étaient placées verticalement les pôles dirigés en haut, et dont les rondelles étaient, pour un motif de précaution sans doute, réunies par des traverses métalliques. Enfin le rapprochement des pôles de cet électro-aimant permettait de rendre l'armature d'un petit volume, condition, comme nous l'avons vu, essentielle pour la célérité de la marche de l'appareil.

La bascule porte-style fixée horizontalement au-dessus de l'électro-aimant se terminait d'un côté par une petite tige cylindrique de fer doux qui constituait l'armature de l'électro-aimant, de l'autre par une pointe émoussée d'acier qui constituait *le style*. Cette bascule, dont les mouvements étaient limités par deux vis butoirs placées des deux côtés de son point d'articulation, était maintenue dans une position fixe par une lame de ressort très-flexible et très-longue, fixée en dehors de l'électro-aimant sur une équerre de cuivre. Cette lame de ressort, appuyant sur une attache adaptée à la bascule du côté du style, tenait lieu des ressorts antagonistes à boudin qu'on a employés depuis.

Le système mécanique destiné à conserver les traces des mouvements du style se composait d'un mécanisme d'horlogerie à trois mobiles dont le mouvement était communiqué à un système de laminoir constitué par deux cylindres parallèles appuyant l'un contre l'autre. Une bande de papier sans fin, enroulée en provision sur une grande roue d'une rotation assez facile, passait entre les deux cylindres du laminoir, et se trouvait par conséquent entraînée lorsque le mécanisme d'horlogerie était dégagé; enfin un troisième cylindre, placé précisément au-dessus du style et portant entaillée perpendiculairement à son axe une petite rainure, forçait la bande de papier à passer devant ce style. Pour que cette bande ne pût se déranger dans son mouvement, ce cylindre se terminait par deux rondelles saillantes.

Avec cette disposition on comprend que quand l'électro-aimant, en devenant actif, attirait la bascule porte-style, celui-ci appuyait contre la bande de papier et y laissait son empreinte. Mais comme en même temps cette bande de papier se trouvait entraînée par le mouvement d'horlogerie, cette empreinte s'allongeait et formait des lignes d'autant plus longues que le courant était resté fermé plus longtemps à travers l'électro-aimant. Quand ce courant venait à cesser, la bascule porte-style se relevait, et son empreinte finissait. Pour une nouvelle fermeture de courant, de nouvelles traces étaient imprimées; et comme on pouvait faire varier la longueur de ces traces par le plus ou moins de temps qu'on maintenait le courant fermé, on pouvait, en combinant entre elles de différentes manières les traces longues et les traces courtes (qui pouvaient être des points), composer un alphabet et un vocabulaire aussi complet que possible.

Comme l'appareil que nous venons de décrire est entièrement sous le contrôle de l'employé qui transmet, puisque dans ce système les dépêches se trouvent imprimées, et qu'au besoin on peut même se passer de la présence d'un employé à la station qui reçoit, M. Morse, dans l'origine, avait pensé à faire déclancher le mécanisme d'hologerie commandant le

mouvement de la bande de papier par l'électro-aimant lui-
même. Pour cela, il avait articulé à la bascule porte-style,
et au-dessous d'elle, une tige métallique AB (*fig.* 93), sou-

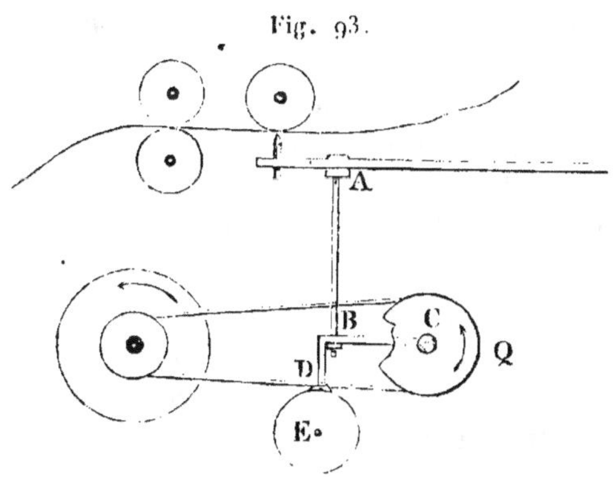

Fig. 93.

tenant un levier coudé de détente CBD. Ce levier était fixé
sur l'axe d'une poulie isolée Q, qui recevait son mouvement
du barillet du mécanisme d'horlogerie au moyen d'une corde
très-faiblement tendue. A l'état normal, ce levier était appuyé
contre la circonférence d'un disque d'arrêt E appartenant à
un dernier mobile du mécanisme moteur, et pouvant facilement en arrêter le mouvement; mais quand il était soulevé, ce
qui avait lieu quand l'électro-aimant devenait actif, ce mécanisme était mis en mouvement et ne s'arrêtait que quelques
instants après que l'électro-aimant était redevenu inerte, car le
levier de la détente CBD étant commandé par la poulie Q reliée au barillet du moteur, et cette poulie ne tournant que
très-lentement, il fallait un certain temps pour que ce levier
pût redescendre à portée du disque d'arrêt E. Par l'intermédiaire de ce mécanisme, la bande de papier se trouvait donc
entraînée dès le commencement de la correspondance et ne
s'arrêtait que quand une interruption du courant suffisamment
prolongée avait permis au levier de détente d'être redescendu
complétement.

Ce mécanisme, peut-être ingénieux pour l'époque, présentait plusieurs inconvénients qui en ont empêché l'adoption:
d'abord, à l'époque où les premiers télégraphes de Morse ont

été construits, les relais n'avaient pas encore été imaginés, et par conséquent la force réagissant sur la bascule porte-style n'était pas suffisante pour vaincre le frottement de la corde sur la poulie du levier de détente, frottement qui devait être assez considérable, puisque cette poulie recevait son mouvement par cette corde. En second lieu, un tel système d'embrayage ne présentait aucune sûreté et exigait un réglage continuel. Nous verrons bientôt que ce problème a été résolu dans de bien meilleures conditions par plusieurs inventeurs, et en particulier par **M. Sortais**. Du reste, on ne semble pas avoir attaché une grande importance à ce système de déclanchement, et dans tous les télégraphes Morse qui sont en ce moment en exploitation dans presque tous les pays, c'est l'employé lui-même qui déclanche le mécanisme moteur après avoir été averti par l'alarme ou simplement le bruit du relais.

Dans le premier système de **M. Morse**, c'est la tige réagissant sur le levier de détente du mécanisme précédent qui faisait fonctionner le marteau de la sonnerie; mais on a depuis adapté à ces sortes d'appareils des sonneries spéciales dont nous parlerons plus tard.

Le transmetteur du télégraphe Morse consistait, dans l'origine, dans un simple ressort terminé par une touche munie d'une pièce métallique, laquelle était placée au-dessus d'une autre pièce également métallique que l'on avait appelée *enclume*. Un des pôles de la pile aboutissait à cette dernière, et le circuit de la ligne correspondait au ressort. Depuis, **M. Morse** a adopté pour ce transmetteur la forme d'une bascule à ressort; c'est un levier articulé sur un petit support de cuivre, et muni de deux fortes vis. Au-dessous de ces vis s'en trouvent deux autres, solidement fixées sur le bâti de l'appareil et tenant lieu, l'une de l'enclume, l'autre de butoir d'arrêt. De cette manière, l'appareil peut être facilement réglé et avoir le jeu nécessaire pour une manipulation prompte et facile. Ainsi disposé, cet interrupteur a été nommé *levier-clef*, ou simplement *clef* du télégraphe Morse.

M. Morse a cherché pendant longtemps les combinaisons de traits et de points les plus simples et les plus faciles pour s'appliquer aux différentes lettres de l'alphabet et aux chif-

fres ; après bien des essais, voici l'alphabet auquel il s'est
arrêté,

A   B   C   D   E   F   G   H   I
J   K   L   M   N   O   P   Q   R
S   T   U   V   W   X   Y   Z   etc

et que la pratique a fait modifier de la manière suivante :

A   B   C   D   E   F   G   H   I   J
K   L   M   N   O   P   Q
R   S   T   U   V   W   X   Y   Z

Après avoir ainsi combiné son alphabet télégraphique,
M. Morse imagina, pour rendre la manipulation de la clef plus
facile, de composer un commutateur alphabétique dans lequel
le nombre et la durée des fermetures et interruptions du courant, représentant les différents signaux, pussent être immédiatement obtenus sans aucune contention d'esprit, et par
la simple friction d'une lame de ressort à travers plusieurs séries de plaques métalliques combinées convenablement. Pour
obtenir ce résultat, il suffisait que les plaques correspondant
aux fermetures longues du courant fussent plus larges que les
autres, et que les espaces séparant ces plaques fussent plus ou
moins étendus, suivant qu'ils devaient représenter des espaces
serrés ou rapprochés. En incrustant dans une planche de bois
ces différentes combinaisons de plaques, on avait donc un
commutateur alphabétique à l'usage des plus ignorants.

En donnant plus d'extension à cette idée, M. Morse imagina
d'entailler de petits morceaux de cuivre de même hauteur, de
manière à leur faire représenter les diverses combinaisons qui
devaient reproduire la désignation de chaque lettre. Ces entailles formaient, sur chacun de ces caractères, des espèces
de dents plus ou moins larges, plus ou moins multipliées,
plus ou moins écartées les unes des autres, suivant qu'elles
devaient fournir un ou plusieurs points, un ou plusieurs
traits, un grand ou un petit intervalle de séparation sur l'appareil récepteur. Tous ces caractères pouvaient être ensuite

groupés, comme une composition d'imprimerie, dans un composteur ; et il suffisait ensuite de faire passer, à l'aide d'une machine, le composteur sous un ressort pour opérer mécaniquement toutes les fermetures et interruptions de courant nécessaires à la transmission de la dépêche.

Enfin, dans un autre système également combiné par M. Morse, le commutateur alphabétique dont nous avons parlé en premier lieu pouvait être disposé sur un cylindre de bois mû par un mouvement d'horlogerie. Alors des touches à ressort, échelonnées le long du cylindre et portant à leur partie inférieure des galets métalliques, pouvaient, étant abaissées, rencontrer les différentes combinaisons de plaques conductrices et produire les réactions électriques voulues.

Tous ces systèmes et plusieurs autres encore sont longuement décrits, et avec figures, dans l'ouvrage de M. Vail sur le télégraphe électrique américain, imprimé en 1847 ; ce qui n'a pas empêché plusieurs personnes d'*imaginer*, dans ces derniers temps, des moyens exactement semblables, et même de se disputer une priorité que ni les uns ni les autres n'étaient en droit de faire valoir. Nous verrons plus tard ceux de ces appareils qui ont fourni les résultats les plus avantageux ; toutefois, aucun d'eux n'est encore entré jusqu'ici dans la pratique télégraphique.

En raison de son adoption par les différents États de l'Europe et d'Amérique, le télégraphe Morse a été celui de tous les télégraphes qui a le plus exercé la sagacité des mécaniciens et des inventeurs. Aujourd'hui plus d'une quarantaine de systèmes perfectionnés ont été mis au jour par MM. Wheatstone, Froment, Mouilleron, Hipp, Digney, Siemens, Gintl, Dujardin, Glœsener, Regnard, Varley, Tremeschini, Thomas John, Bain et Glover, Theyler, Delafollye, Garapon, Achard, Allan, Renoir, Rouvier, Maroni, etc. Les uns ont eu pour but d'obtenir sans relais la marche de l'appareil ; ce sont MM. Hipp, Teyler, Achard, etc. Pour cela ils ont fait en sorte que l'action du style sur la bande de papier fût produite par le mécanisme d'horlogerie destiné à entraîner celle-ci, et alors l'action électro-magnétique se bornait à faire réagir le mouvement d'horlogerie sur le style. (*Voir* mon *Exposé*, t. IV, p. 179-180.) Les autres ont voulu obtenir plus de célérité dans la transmission des dépêches, et, pour y arriver, ils ont disposé l'appareil de manière à fournir un alphabet moins compliqué et exigeant des signaux de moindre durée. Ce problème a été résolu de diverses manières, soit en adaptant à l'appareil deux styles écrivant sur deux lignes parallèles, comme l'ont fait MM. Wheatstone, Regnard, Stœhrer, Glœsener, Renoir, Hipp ; soit en n'employant que des points ou en introduisant dans l'organe traçant un mouvement latéral qui permît d'utiliser, comme éléments de signaux, les positions différentes des traits à l'égard d'une ligne horizontale, comme cela a été pratiqué par MM. Allan et Garapon. (*Voir* notre *Exposé*, t. IV, p. 586, 193 ; t. V, p. 307, 309, 310, 293 ; t. II, p. 101, 98, 103.) D'autres inventeurs encore ont voulu rendre les traces fournies plus facilement visibles en les produisant à l'encre, au crayon ou par des réactions chimiques. Ce sont MM. Thomas John, Digney, Viney, Froment, Bain, Dujardin, Glœsener, Siemens, etc. (*Voir* notre *Exposé*, t. II, p. 96, 115, 116 ; t. IV, p. 168, 172 ; t. V, p. 313.) Quelques autres ont cherché à obtenir de la part de ce système télégraphique et avec les courants induits, les traces longues et courtes qu'on obtient avec les courants voltaïques ; ce sont MM. Siemens et Varley. (*Voir* notre *Exposé*, t. IV, p. 181, et t. V, p. 289.) Enfin, d'autres ont voulu appliquer le système Morse au télégraphe à cadran comme moyen de contrôle et pour réunir dans un même appareil les deux systèmes télégraphiques ; ce sont MM. Tremeschini et Glover. (*Voir* notre *Exposé*, t. IV, p. 174, 178.)

Dans quelques autres systèmes on a voulu aussi remplacer le mouvement d'horlogerie destiné à l'entraînement de la bande de papier par un moteur électro-magnétique. Mais ces systèmes sont tellement défectueux, que nous ne les rappelons ici que pour mémoire.

De tous ces systèmes, celui qui a le mieux réussi dans la pratique est sans contredit celui de MM. Digney. Aussi est-il aujourd'hui presque exclusivement employé dans la plus grande partie de l'Europe, et son usage tend-il à se généraliser de plus en plus. Nous le prendrons donc comme type modèle du télégraphe Morse, et c'est lui qui nous fournira la description détaillée que nous devons faire de ces sortes de télégraphes.

Télégraphe Digney. — Le télégraphe Digney, comme nous l'avons vu plus haut, a, sur le système Morse, l'avantage de fournir les signaux imprimés à l'encre sur la bande de papier, et celui plus grand encore de pouvoir fonctionner sans relais. Ses organes étant solidement établis et les parties délicates qui entrent dans sa construction étant mises à l'abri du contact des mains, dans des compartiments fermés, ou protégées par des couvercles vissés, il peut être confié sans danger à des employés peu soigneux, ce qui n'est pas un petit avantage au point de vue de la pratique.

Récepteur. — Les *fig.* 1 et 2, *Pl. II*, représentent le plan et la coupe du récepteur de cet appareil.

Il se compose, comme on le voit : 1° d'une petite boîte rectangulaire en bronze **AB** dans laquelle est renfermé le mécanisme d'horlogerie destiné à l'entraînement du papier ; 2° d'un système imprimeur et encreur placé sur le côté de la boîte **AB** et complétement en dehors du mécanisme d'horlogerie ; 3° d'un électro-aimant **EE** également placé en dehors du mécanisme d'horlogerie ; 4° d'un rouleau à papier **PP**.

Mécanisme d'horlogerie. — Ce mécanisme est composé de cinq mobiles, d'un barillet **C** muni d'un très-fort ressort que l'on remonte à l'aide d'une clef par le trou **H** (*fig.* 1 et 2), de quatre roues engrenant l'une dans l'autre au moyen de pignons, et d'un volant vertical à ailettes **V**, que nous représentons vu en face (*fig.* 3). Ce volant est mis en mouvement au moyen d'une vis sans fin. Il se compose essentiellement de deux disques munis de contre-poids *aa'* et articulés à une pièce *b*, qui est mobile le long de l'axe du volant, mais qui est maintenue repoussée vers le haut par un ressort à boudin. Deux lames de ressort *ll'*, adaptées à cette pièce et appuyant sur les ailettes par l'intermédiaire de deux goupilles *aa'*, tendent à maintenir abaissées ces deux ailettes ; mais quand le volant tourne, ces lames cèdent bientôt à la force centrifuge qui anime les ailettes, et celles-ci, en s'écartant, les font infléchir. Pour une force médiocre, telle que celle que possède le ressort du barillet vers la fin de sa détente, ce système régulateur pourrait avoir ainsi sa marche suffisamment réglée; mais pour une force plus grande l'écart des ailettes ne pourrait plus être limité, si la pièce *b*, en s'abaissant sous l'influence de la même action, ne refoulait le ressort à boudin qui la sollicite et ne rendait l'action des ressorts *ll'* plus énergique. Ainsi, par le fait, ce système de volant est tempéré par un double régulateur à force centrifuge. Comme le volant en question constitue le dernier mobile du mécanisme d'horlogerie, c'est sur son axe que se trouve placée la cheville de détente de l'appareil que l'on aperçoit du reste en *c*, et que l'on dégage à l'aide du levier articulé *Z* (*fig.* 1 et 2).

Mécanisme entraîneur de la bande de papier. — C'est sur l'axe d'un petit pignon engrenant avec la troisième roue du mécanisme précédent que se trouve adapté le cylindre mobile L (*fig.* 1) du laminoir qui doit provoquer l'entraînement de la bande de papier. L'autre cylindre M est adapté à l'extrémité d'une bascule MD sur l'axe de laquelle se trouve adapté un fort ressort. Une vis W appuyant sur ce ressort permet de régler la pression que le cylindre M doit exercer sur le cylindre L, pour que l'entraînement de la bande de papier soit assuré d'une manière régulière. Pour qu'on puisse facilement introduire la bande de papier entre les deux cylindres M et L du laminoir, un levier IJ, articulé en K et muni d'un manche J, se trouve placé sous la bascule du cylindre M et peut soulever cette bascule au moyen d'une portée I, lorsqu'on repousse vers la gauche le levier IJ. La bande de papier en provision sur le rouleau PP, après avoir été introduite entre les deux cylindres M et L, est ensuite placée derrière un guide à poulie U, afin qu'elle se présente horizontalement devant le mécanisme imprimeur, et glisse sur un support horizontal S, afin que l'employé, en la tirant de haut en bas vers la gauche, puisse facilement lire les signaux qu'elle porte.

La roue PP, sur laquelle est enroulée la bande de papier en provision, se compose de deux joues circulaires adaptées à un axe de gros diamètre au moyen d'un pas de vis. Quand on veut placer le papier, on dévisse une de ces joues et on introduit sur l'axe mis à découvert le rouleau de papier qui a un trou ménagé en conséquence; on revisse ensuite cette joue, et l'appareil se trouve ainsi en état de fonctionner.

Mécanisme imprimeur. — Ce mécanisme se compose essentiellement d'une *molette tournante* N adaptée sur l'axe d'un pignon engrenant avec la roue du troisième mobile et sur laquelle appuie un rouleau en flanelle R imprégné d'encre oléique. La bande de papier passe au-dessous de cette molette, et une lame de ressort T, adaptée au levier QF de l'électro-aimant, peut, au moment des attractions provoquées par celui-ci, approcher et serrer la bande de papier contre la molette, qui laisse alors forcément une trace sur le papier. Cette trace, on le comprend aisément, est d'autant plus longue que l'attraction de l'électro-aimant a duré plus longtemps, puisque la bande de papier se trouve entraînée d'un mouvement uniforme; par conséquent, en variant la durée des attractions, on peut obtenir les traits et les points nécessaires à la composition des lettres de l'alphabet Morse. Pour que ces traces soient nettement arrêtées, le ressort T se recourbe un peu sous la molette, de manière à fournir un angle aigu devant le point où doit s'effectuer la pression du papier.

Comme la pression qui doit être exercée par le ressort T (auquel on a donné le nom de *couteau*) doit être réglée afin de ne pas présenter de résistance inutile au mécanisme entraîneur de la bande de papier et à l'action de l'électro-aimant, une vis de rappel F a été adaptée au levier QF de l'électro-aimant, dans le voisinage du point où le ressort T s'y trouve fixé. Cette vis traverse le levier, et, en appuyant plus ou moins sur le ressort, elle l'éloigne ou le rapproche de la molette N.

Les avantages de la molette tournante dans les télégraphes écrivants sont faciles à comprendre; se trouvant en contact continuel avec un rouleau chargé d'encre, elle présente toujours au papier des points fraîchement et sans cesse imprégnés d'encre, et l'impression n'a pas à craindre de cette manière les inconvénients de l'encrassement et du séchage du liquide encreur, qui avaient fait échouer jusque-là, dans la pratique, tous les systèmes basés sur l'emploi des tire-lignes, pinceaux, etc. De plus, la force nécessaire pour approcher le papier de la molette étant extrêmement minime et le peu de résistance que le couteau rencontre ne se produisant qu'au moment de la plus grande force de l'électro-aimant, il devenait facile de faire fonctionner les appareils sans relais et avec une force électrique relativement très-minime.

L'introduction de la molette tournante dans les télégraphes Morse est due à M. Thomas John. C'est lui, en effet, qui, en 1857, songea à remplacer le style à pointe sèche des télégraphes Morse par un organe de ce genre. Mais la disposition de cette molette à l'extrémité d'un levier mobile, disposition qui nécessitait pour sa rotation un système de poulies très-délicat et très-compliqué, et, d'un autre côté, la manière défectueuse dont s'imprégnait d'encre cet organe traceur, empêchèrent l'emploi de ces sortes d'appareils, et ce ne fut que quand MM. Digney eurent rendu la molette fixe et son encrage facile au moyen du rouleau encreur dont nous avons parlé, que les télégraphes à signaux colorés purent être adoptés définitivement (*).

Comme, avec le système de MM. Digney, on est obligé d'imprégner d'encre assez fréquemment le rouleau encreur, ces inventeurs ont disposé ce rouleau de manière à pouvoir être remplacé facilement par un autre. A cet effet ils ont adapté à l'extrémité de l'axe creux qui le supporte une espèce de petite clanche que l'on voit en G (*fig.* 2), et qui vient s'enclancher dans une petite entaille pratiquée sur le pivot servant d'articulation à cet axe. Un pas de vis adapté à l'axe creux lui-même permet d'ailleurs de changer les points d'application de la surface du rouleau sur la molette. M. Siemens a voulu rendre ce système plus complet en remplaçant le rouleau en question par un tampon de flanelle formant le bouchon d'une bouteille

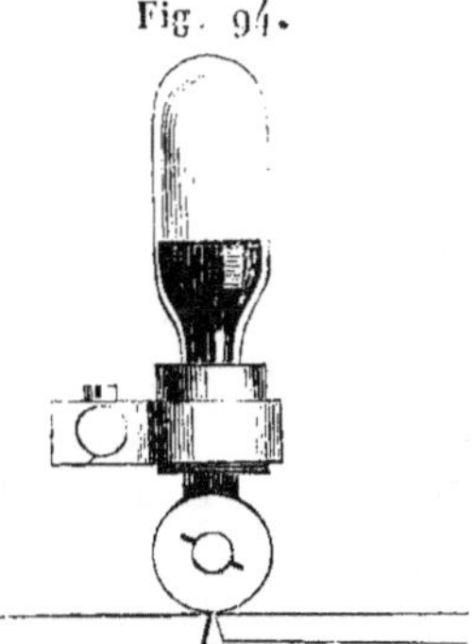

Fig. 94.

d'encre renversée, comme on le voit *fig.* 94. Ce bouchon est

<hr>

(*) Nous devons dire toutefois que, par une disposition ingénieuse que lui a donnée M. Bréguet, le télégraphe Thomas John est devenu, dans ces derniers temps, un très-bon télégraphe qui est employé sur quelques lignes.

toujours imprégné d'un excès d'encre par capillarité, et le communique à la molette. Nous croyons toutefois ce mode de communiquer l'encre moins sûr que celui de MM. Digney, car le frottement produit doit, par suite de la rotation, essuyer une partie de l'encre déposée.

Système électro-magnétique. — Le système électro-magnétique de l'appareil Digney se compose d'un électro-aimant à deux bobines, dont l'armature cylindrique *ii* (*fig. 2, Pl. II*) est portée par le levier QF qui oscille par son extrémité libre entre deux vis butoirs *vv'* adaptées à une colonne O. Cette colonne est séparée en deux tronçons par une bague d'ivoire qui isole l'une de l'autre les deux vis, afin de constituer avec le levier QF un système de relais connu sous le nom de *translateur*, et dont nous verrons plus tard l'usage ; en conséquence, l'une des vis fournit les contacts et l'autre sert de butoir d'arrêt pour régler l'écartement de l'armature de l'électro-aimant ; le ressort antagoniste est d'ailleurs placé en X, et se manœuvre à l'aide de la vis Y.

Dans l'origine, MM. Digney avaient substitué aux pivots qui terminent l'axe d'oscillation du levier QF des couteaux de balance, afin de rendre moindres les effets du frottement ; mais le défaut de fixité de pièces ainsi montées a déterminé ces constructeurs à revenir aux pivots, et même à recouvrir les trous de ces pivots d'une rondelle métallique, afin que les employés ne puissent y toucher, et de les maintenir toujours convenablement huilés. Il en a été de même pour les autres trous de pivots, et c'est ce qui explique l'utilité des rondelles que nous avons figurées sur notre dessin.

Mécanismes accessoires. — Nous verrons plus tard que dans la plupart des bureaux télégraphiques, où les employés doivent se trouver constamment à leur poste, l'appel ne se fait que par les battements du levier de l'armature de l'électro-aimant contre le contact du relais. Il était donc important, avec ce système d'appel, que ces battements pussent produire le plus de bruit possible. Or, comme avec le système Digney les coups résultant de ces battements se trouvent considérablement amortis par la résistance du couteau imprimeur contre la molette, il était important, dans ce but aussi bien que dans celui d'assurer de bons contacts pour la translation, de modilier un peu le système imprimeur, et le moyen qui s'est présenté naturellement à l'esprit a été d'éloigner, après chaque transmission, le couteau de la molette imprimante à l'aide de la vis **F**. Ce moyen d'ailleurs n'avait aucun inconvénient puisque quand les appareils ne transmettent plus, il est inutile que le couteau vienne appuyer contre cette molette.

Au premier abord, la solution du problème paraît simple, et l'on pourrait croire qu'il suffirait, pour l'obtenir, de serrer la vis régulatrice du couteau de manière à éloigner celui-ci de la molette ; alors une seconde vis butoir servirait de repère pour rétablir le couteau dans sa position primitive. Cette manière de résoudre la question avait même été proposée par M. Sortais ; mais il est facile de voir que ce moyen exige du soin, et ne peut être appliqué pendant le temps que l'électro-aimant fonctionne ; il entraîne donc une perte de temps et n'est même pas d'une disposition commode pour les employés. Le problème est plus complexe ; car il arrive souvent, dans les transmissions télégraphiques, que tous les avis envoyés n'ont pas besoin d'être imprimés, et si, pour passer d'un simple avis à l'impression d'une dépêche qui peut suivre immédiatement, il fallait arrêter le jeu de l'armature de l'électro-aimant et régler la vis dont nous avons parlé, non-seulement on perdrait beaucoup de temps, mais on s'exposerait encore à couper la dépêche et à nécessiter sa répétition. Le même défaut peut être reproché au système proposé par MM. Digney, qui consistait à articuler sur le levier **QF** la lame du couteau imprimeur et à l'enclancher dans deux positions différentes au moyen de deux cames appuyant contre un ressort à la manière des lames de canif. En écartant la lame de la molette imprimante, on rendait, il est vrai, le levier portant l'armature de l'électro-aimant parfaitement libre dans ses mouvements, mais l'inconvénient signalé précédemment n'en existait pas moins. Le problème a été résolu définitivement dans les ateliers de l'Administration des lignes télégraphiques, au moyen d'une disposition que nous représentons *fig.* 95 et qui a pour effet de relever la molette imprimante **A** en soulevant verticalement, au moyen d'une excentrique **EF**, une partie de la platine de l'appareil sur laquelle sont montées les différentes pièces qui sont en rapport avec elle. Pour obtenir cet effet, cette partie de la platine glisse dans une double rainure à biseau, et se trouve sollicitée en sens contraire de l'action de l'excentrique au moyen d'un fort ressort. L'excentrique EF étant pourvue d'un manche O, il est aussi facile à l'employé de disposer son ap-

Fig. 95.

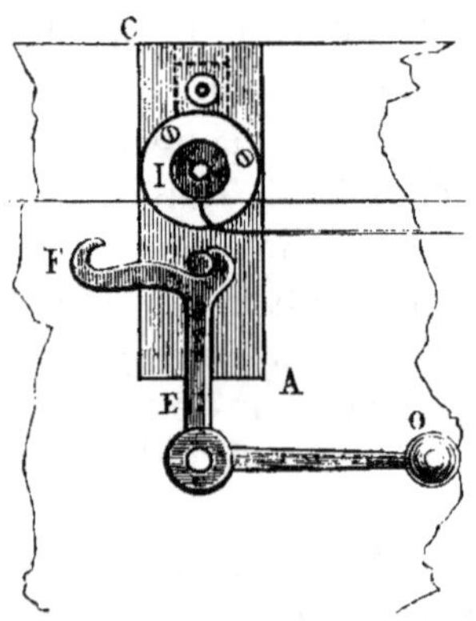

pareil pour l'impression ou la translation que de soulever un des rouleaux du laminoir de la bande de papier ou de déclancher le mouvement de son appareil. Cette disposition est maintenant adaptée aux télégraphes à molette de l'Administration, qui doivent fonctionner en translation.

Dans la *fig.* 1, *Pl. II*, nous avons représenté à l'extrémité Q du levier imprimeur une lame de ressort soutenue dans une position fixe par une petite équerre de cuivre. Cette disposition qui n'existe pas, il est vrai, dans le modèle de l'Administration télégraphique française, est recherchée en Allemagne et en Hollande, parce que, avec ce ressort, les contacts de la translation sont mieux assurés; en revanche les bruits produits par le jeu du levier imprimeur se trouvent encore amoindris; et on ne peut par conséquent s'en servir comme moyen d'appel.

Transmetteur. — Le transmetteur de l'appareil Morse, désigné vulgairement sous le nom de *clef*, n'a rien de particulier dans le système Digney. C'est, comme on le voit (*fig.* 4, *Pl. II*), un levier basculant AB, muni, à l'une de ses extrémités, d'un manche aplati A, et qui, à l'état de repos, appuie par l'intermédiaire d'une vis B (et sous l'action d'un ressort R) sur un contact métallique C; un appendice métallique V, rencontrant un second contact E quand on abaisse la bascule, établit les fermetures et ouvertures de courant destinées à réagir sur l'appareil du poste de réception.

La ligne télégraphique communique au support sur lequel pivote le levier AB, et les deux contacts dont nous avons parlé sont en relation, l'un E avec le pôle positif de la pile de ligne, l'autre C avec le récepteur du poste, afin de mettre cet appareil en état de recevoir les dépêches quand la clef est au repos.

Pour terminer avec le télégraphe Digney, nous ajouterons que ces constructeurs ont établi dans ces derniers temps plusieurs modèles différents de cet appareil, qui sont recherchés particulièrement à l'étranger, et qui ne diffèrent, du reste, de celui que nous avons décrit, que par le système électro-magnétique. Tantôt ce système se compose d'un électro-aimant à quatre bobines et à quatre armatures rayonnant autour d'un axe commun auquel est adapté le levier imprimeur, tantôt il est muni d'un électro-aimant ordinaire dont l'armature est constituée par un petit électro-aimant (*), tantôt les électro-aimants sont munis de deux hélices qu'on peut disposer en quantité ou en tension, de manière à en faire une seule et même hélice de grande résistance ayant un nombre de spires double de celui de l'hélice simple, ou une hélice d'un nombre de spires moitié moins grand et d'une résistance quatre fois moindre, ou une hélice double dont les courants marchant en sens contraire laissent inerte, dans certaines conditions, l'électro-aimant. Cette disposition peut servir dans beaucoup de cas, notamment pour les transmissions simultanées à travers un même fil télégraphique, comme on le verra plus tard.

Télégraphe magnéto-électrique de M. Siemens. — On a utilisé souvent, comme nous l'avons vu, les courants d'induction à la marche des télégraphes à cadran et à aiguilles; mais, pour les appliquer aux télégraphes Morse, une difficulté, dépendant de la nature même de ces courants, était à résoudre. Les courants induits sont en effet instantanés, et, en raison de cette instantanéité, ils ne peuvent produire les alternatives

---

(*) Cette disposition, attribuée à M. Maroni, avait été employée par moi, dès l'année 1853, pour mon télégraphe imprimeur.

d'aimantation longues et brèves constituant les traits et les
points de l'alphabet Morse; il était donc impossible, sans un
artifice particulier, d'employer l'alphabet Morse avec ces sortes
de courants. C'est cette difficulté que MM. Siemens et Halske
ont vaincue dans le télégraphe dont nous parlons.

Pour y arriver, MM. Siemens et Halske ont substitué aux
électro-aimants ordinaires le système électro-magnétique que
nous avons décrit p. 191, et que l'on aperçoit vu en bout en
ABN *fig.* 96. Si l'on a bien saisi la description que nous en

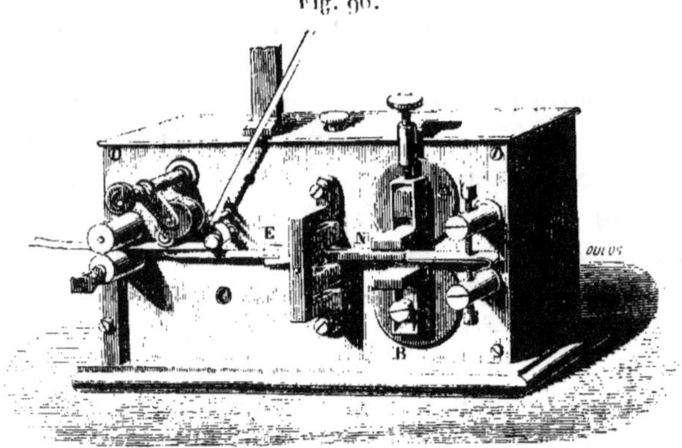

Fig. 96.

avons donnée, on comprendra facilement que les noyaux de
fer de l'électro-aimant AB conservant, après la disparition du
courant, la polarité magnétique que leur communique l'aimant
fixe N, peuvent réagir par attraction sur l'armature EN également aimantée par l'aimant N, dès lors que celle-ci aura dépassé, soit d'un côté, soit de l'autre, le milieu de l'espace
séparant les deux noyaux A et B. Conséquemment, quelle que
soit la position qui aura été donnée à l'armature EN par suite
de l'action passagère du courant sur l'électro-aimant AB, cette
armature la conservera après la disparition du courant, et dès
lors on se trouvera ramené au cas d'un électro-aimant fonctionnant avec des courants voltaïques.

Si l'on en excepte cette disposition électro-magnétique, le
récepteur de M. Siemens est exactement le même que celui de
MM. Digney, que nous avons décrit précédemment, ainsi que
l'on peut le reconnaître par l'inspection de la *fig.* 96; comme
lui, il possède une molette imprimante, un rouleau encreur

et un couteau flexible adapté au levier portant l'armature de
l'électro-aimant. Cette armature, par exemple, au lieu d'être en
croix sur ce levier, en constitue le prolongement et porte elle-
même le pivot sur lequel oscille le levier ; elle se trouve d'ailleurs introduite dans une échancrure faite à l'extrémité libre
de l'aimant fixe qui dépasse, à cet effet, la platine de l'appareil.
L'électro-aimant adapté à cet aimant est placé, comme on le
voit, de côté à l'intérieur de la boîte de l'appareil, et ne présente en dehors que ses deux pôles garnis de semelles de fer,
entre lesquelles oscille l'armature. La position de celle-ci se
trouve d'ailleurs réglée au moyen de deux vis de rappel que
l'on aperçoit sur la partie droite de notre dessin.

Le transmetteur n'est autre que celui du télégraphe magnéto-
électrique à cadran des mêmes auteurs, que nous avons décrit
précédemment, p. 345, et auquel on a enlevé les rouages ; une
forte clef, adaptée sur l'axe de la bobine induite (*), et un fort
ressort réagissant en sens contraire du mouvement communiqué à cette clef, constituent tout l'appareil, qui est d'ailleurs
disposé horizontalement dans une boîte au-dessous du récepteur. Sa manipulation est, du reste, la même que celle de la
clef Morse ordinaire ; elle est seulement plus dure en raison
de la résistance de l'appareil magnéto-électrique. M. Siemens
a destiné ce système aux usages militaires, et il est effectivement dans des conditions excellentes pour ce genre d'application.

TÉLÉGRAPHES A DÉCLANCHEMENT AUTOMATIQUE.

Nous avons vu précédemment que Morse, dès l'origine de
son invention, avait cherché à faire déclancher automatiquement son appareil au moyen d'un dispositif particulier dont
nous avons donné la description p. 369. Ce dispositif toutefois
ne fut pas employé dans la pratique, soit qu'il ne fût pas assez
perfectionné pour qu'on pût compter sur son fonctionnement
régulier, soit, ce qui est plus probable, qu'on n'en reconnût
pas l'utilité. Il y a quatre ans environ, l'Administration télégra-

---

(*) Comme, dans ce système, la bobine d'induction n'a pas besoin de tourner,
elle est terminée à ses deux bouts par deux masses de fer carrées.

phique française, frappée un moment des avantages que pourrait fournir un pareil système, avait mis cette question à l'étude, et une foule d'inventeurs envoyèrent immédiatement des combinaisons plus ou moins ingénieuses, dont plusieurs résolvaient parfaitement le problème. Néanmoins, l'Administration ayant réfléchi davantage sur l'opportunité de la question, et pensant, sans doute, qu'un moyen si facile d'imprimer les dépêches pourrait endormir la vigilance des employés ou provoquer de leur part des absences qu'on ne pourrait pas contrôler, et même exposer à perdre des dépêches, trouva qu'il valait mieux en rester là, et l'essai des systèmes proposés fut ajourné indéfiniment, au grand désappointement de leurs auteurs. Quoiqu'il y ait un peu de vrai dans les craintes de l'Administration, nous ne pouvons admettre que ces motifs soient suffisants pour faire renoncer aux avantages qui peuvent résulter de l'introduction dans les appareils d'un semblable système, et dont le moindre serait de permettre de confier à un même employé le service de plusieurs lignes dans les bureaux de médiocre importance. Il ne faut pas d'ailleurs toujours prévoir le mal, et je ne sais jusqu'à quel point une trop grande défiance a entraîné plus de résultats heureux qu'une trop grande confiance. Quoi qu'il en soit, étant convaincu qu'un jour ou l'autre les systèmes de déclanchement automatique seront introduits dans les appareils écrivants, nous allons décrire celui de ces systèmes qui nous a paru le plus simple et le plus ingénieux, et que son auteur, M. Sortais, a adapté à l'appareil Digney.

Le problème à résoudre, pour obtenir dans de bonnes conditions le déclanchement automatique des télégraphes écrivants, ne laisse pas que d'être assez complexe; il faut, en effet, que le déclanchement puisse s'opérer instantanément sous l'influence même de l'action électro-magnétique qui met en jeu le style écrivant, et il faut, de plus, que ce déclanchement ne se maintienne que pendant le temps que dure la transmission de la dépêche; par conséquent, le mécanisme destiné à le produire doit être susceptible de fournir un enclanchement quelques instants après que l'appareil électro-magnétique a cessé de fonctionner. Enfin, il faut que ce même mécanisme puisse fonctionner avec une force excessivement minime, car il ne doit pas être un obstacle à l'action de l'électro-aimant de l'appareil, qui, dans les récepteurs perfectionnés actuellement en usage, doit fonctionner sans relais, par conséquent avec le courant de ligne.

Ces différentes conditions ont été résolues dans le mécanisme proposé par M. Sortais, que nous représentons *fig.* 97.

Fig. 97.

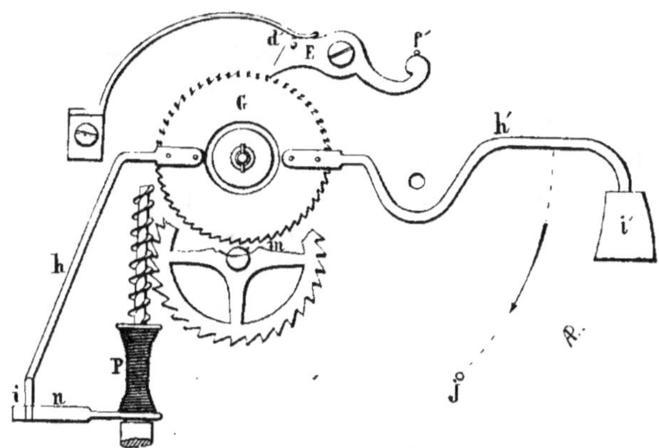

Il consiste essentiellement dans une roue à rochet O portant un levier d'embrayage *h*, et sur laquelle réagit l'un des mobiles du mécanisme d'horlogerie de l'appareil télégraphique. et dans un cliquet de retient E mis en action par le levier de l'électro-aimant imprimeur, par l'intermédiaire de la goupille *d'*. Le levier embrayeur *h* est équilibré par un contrepoids *i'* qui tend à l'entraîner en dehors du volant modérateur sur lequel il doit réagir pour produire l'arrêt du mécanisme ; mais à l'état normal il ne peut céder à ce mouvement à cause du cliquet de retient qui maintient la roue à rochet dans une position déterminée ; alors il butte contre un doigt d'arrêt *n* adapté à l'axe du volant. Le mouvement transmis par le mécanisme d'horlogerie à la roue à rochet s'effectue par l'intermédiaire d'une dent *m* fixée à l'axe de l'avant-dernier mobile, laquelle, à chaque révolution de celui-ci, fait avancer d'un cran le rochet. Or, voici ce qui se passe quand l'appareil est mis en action :

Sous l'influence de l'électro-aimant, le cliquet de retient du rochet se trouve écarté, et comme celui-ci ne se trouve plus soutenu, le levier *h* qu'il porte est entraîné par son contre-poids et le déclanchement est effectué. Si l'action mécanique ne se prolonge pas, le cliquet de retient du rochet se trouve en prise avec lui, et à chaque tour de l'avant-dernier mobile du mécanisme d'horlogerie, le rochet remonte d'une dent; le levier d'embrayage s'abaisse, rencontre bientôt, après un certain nombre d'impulsions du rochet, le doigt *n* de l'axe du volant modérateur, et arrête le mouvement de l'appareil. Maintenant, si plusieurs attractions provoquées par l'électro-aimant se succèdent à des intervalles assez rapprochés, le rochet, sans cesse dégagé de son cliquet de retient, ne peut remonter à la hauteur voulue pour produire l'enclanchement, et le mécanisme continue à marcher malgré les interruptions de l'action magnétique. Ce n'est que quand ces interruptions durent un temps suffisant que l'arrêt a lieu. Le problème se trouve donc ainsi résolu.

Quoique cette disposition paraisse bien simple en elle-même, il était nécessaire cependant, pour assurer le bon fonctionnement de l'appareil, de tenir compte de certaines réactions qui auraient pu entraver sa marche régulière : il fallait faire en sorte : 1° que la dent *m*, appelée à réagir sur le rochet, ne pût jamais être en prise avec cette roue au moment de l'arrêt du mécanisme; 2° que le cliquet de retient pût se dégager de la dent du rochet de la manière la plus douce possible; 3° que l'électro-aimant ne pût réagir sur ce cliquet qu'au moment de sa plus grande force. M. Sortais a satisfait à ces différentes conditions en plaçant le doigt d'arrêt du volant *n* sur un ressort en spirale P fixé sur l'axe de ce volant, en donnant peu de surface frottante au bec du cliquet de retient du rochet, et en ne faisant réagir le levier de l'électro-aimant que vers la fin de sa course.

Avec cette disposition, le déclanchement automatique de l'appareil, qui n'exige pas un gramme de force électro-magnétique pour se produire, peut s'effectuer facilement et l'appareil fonctionner sans relais comme les télégraphes ordinaires.

TÉLÉGRAPHES A TRANSMISSION AUTOMATIQUE.

Au premier abord, quand on considère la vitesse avec laquelle peut vibrer une armature sous l'influence électro-magnétique, vitesse qui est telle, qu'elle peut donner lieu à des sons très-aigus, on est porté à croire que la rapidité de transmission des dépêches dépend uniquement de la promptitude avec laquelle l'interruption du courant est produite, et l'idée des transmetteurs mécaniques naît à l'instant dans l'esprit. Mais pour peu qu'on réfléchisse quelque temps sur cette question, on ne tarde pas à reconnaître que le problème est beaucoup plus complexe qu'il ne paraît l'être tout d'abord, et on arrive à cette conclusion, que non-seulement ces sortes d'appareils doivent avoir une vitesse très-limitée, mais qu'ils ne peuvent présenter d'avantages réels que sur les lignes très-encombrées de dépêches, et cela seulement par la possibilité qu'ils donnent d'utiliser sans perte de temps la ligne télégraphique qu'ils desservent.

Nous avons vu, en effet, qu'avant d'atteindre la force maximum qu'il doit avoir pour faire fonctionner convenablement les appareils télégraphiques, le courant envoyé par le transmetteur doit passer par une période variable dont la durée se trouve considérablement augmentée par l'introduction à l'extrémité du circuit d'une résistance considérable (celle des électro-aimants). De plus, il faut un certain temps pour que la magnétisation se produise, et un temps plus grand encore pour que la désaimantation s'effectue, soit par suite de la condensation magnétique dont nous avons parlé (p. 162) et du magnétisme rémanent, soit surtout par la prolongation du temps de la décharge du fil, qui est, comme on l'a vu, environ quatre fois plus grand que celui de la charge, soit enfin par le temps matériel nécessité pour la vibration. Si on joint à ces causes d'affaiblissement de l'intensité électrique celles qui résultent des courants accidentels, des dérivations et des mélanges qui se manifestent sur les lignes, on arrive à se convaincre que le problème à résoudre dans les transmetteurs télégraphiques n'est pas tant de rechercher la promptitude des émissions produites que de trouver une disposition qui parviendrait à empêcher toutes les réactions contraires que nous venons de signaler. M. Guillemin a fait sur ce sujet des expériences intéressantes qui peuvent jusqu'à un certain point guider les inventeurs dans leurs recherches.

D'abord, il s'est assuré que la vitesse maximum de transmission qu'un transmetteur automatique peut produire dans les meilleures conditions possibles ne peut être tout au plus que *six fois* plus grande que celle avec laquelle les employés télégraphistes transmettent ordinairement sur nos lignes. Cette donnée montre déjà que l'idée d'appliquer aux transmetteurs automatiques un moteur puissant, ainsi que l'avaient proposé certains inventeurs, est une grossière absurdité.

Ces expériences ont de plus démontré :

1° Que sur une ligne de 570 kilomètres, par un beau temps et avec un bon isolement du fil, la transmission ne peut fournir que 36 mots par minute, le fil n'étant pas déchargé à la terre;

2° Que lorsqu'au contraire le fil est continuellement déchargé, le nombre des mots peut atteindre de 60 à 75;

3° Que, par la pluie et avec un mauvais isolement, le fil perdant instantanément sa charge, il n'est pas besoin de décharger la ligne, mais qu'il faut employer alors une pile plus énergique pour obtenir le nombre de mots dont nous avons parlé précédemment, et encore la transmission n'est jamais aussi sûre que dans le premier cas;

4° Qu'en employant pendant la décharge du fil un faible courant de sens contraire à celui qui effectue la transmission, le nombre des mots transmis par minute peut atteindre à peu près 100 avec un bon isolement de la ligne, tandis que dans les mêmes conditions et avec la décharge simple, ce nombre n'est que de 75.

M. Guillemin a remarqué d'ailleurs qu'il n'était pas besoin de décharger la ligne après chaque contact, et que des décharges espacées pouvaient fournir des résultats aussi avantageux.

Ces résultats montrent combien il est essentiel que les appareils télégraphiques soient munis de déchargeurs et font voir que les transmetteurs automatiques doivent être disposés de manière à permettre de varier à volonté le rapport de la durée des contacts aux intervalles de temps qui les séparent.

Si l'on considère maintenant que les transmetteurs automatiques exigent une opération préalable avant la transmission, celle de la composition de la dépêche sur des appareils de rechange, et que cette opération préalable exige toujours plus de temps, quoi qu'on fasse, que la simple expédition de la dépêche avec la clef ordinaire, on comprendra immédiatement que ce système ne peut avoir d'avantages sous le rapport de la célérité de la transmission qu'en ce qu'il permet de faire composer d'avance un certain nombre de dépêches par plusieurs employés, et de ne jamais laisser la ligne inactive. Les transmetteurs automatiques seraient donc une erreur sur des lignes peu chargées de dépêches.

Comme nous l'avons dit au commencement de ce chapitre, l'invention des transmetteurs automatiques remonte à celle du télégraphe Morse lui-même. Les systèmes qui ont été proposés depuis n'en sont que des modifications ou des complications plus ou moins bien entendues. Ceux dont on s'est le plus occupé jusqu'ici ont été présentés par MM. Bain, Wheatstone, Marqfoy, Digney, Siemens, Bréguet, Degors, Baggs, Allan, Mouilleron et Guérin, Renoir, Humaston, etc. Ne pouvant les décrire tous, nous parlerons seulement de ceux qui ont fourni jusqu'ici les résultats les plus avantageux, c'est-à-dire de ceux de MM. Wheatstone, Digney et Siemens.

Transmetteur automatique de M. Wheatstone. — Ce système, comme du reste presque tous ceux de ce genre, comporte, en dehors du récepteur qui peut être un télégraphe Morse ordinaire, deux appareils, un *transmetteur mécanique* et un *compositeur de la dépêche.*

Compositeur de la dépêche. — Cet appareil, que nous représentons vu en plan (*fig.* 99) et en élévation (*fig.* 100), a pour

Fig. 98.

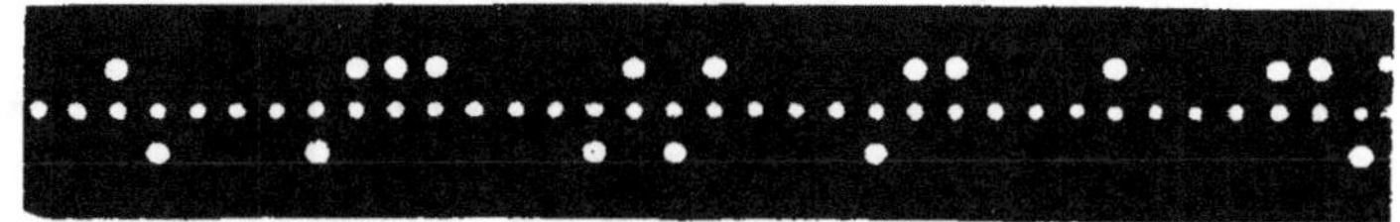

effet de découper sur une bande de papier une série de trous dont le groupement est disposé de manière à reproduire les différentes lettres de la dépêche. Ces trous, que nous avons représentés *fig.* 98, sont, à la vérité, disposés sur trois lignes et ne représentent guère, à première vue, les signaux Morse ; néanmoins, grâce à l'action du transmetteur, ils reproduisent très-nettement ces signaux sans aucun changement. Par suite de sa fonction d'emporte-pièce, M. Wheatstone a donné à cet appareil le nom de *perforateur*.

Fig. 99.

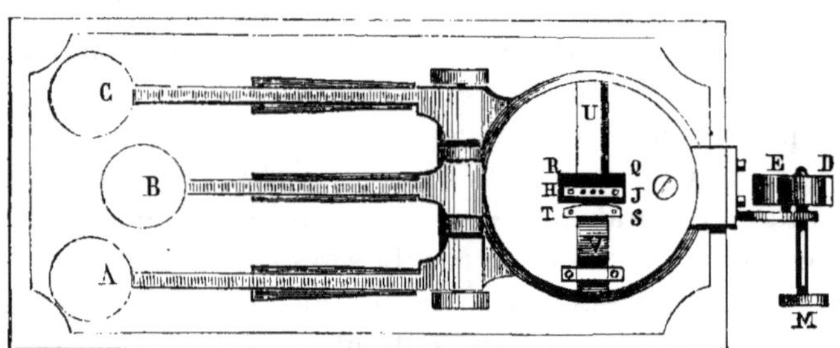

Le perforateur de **M. Wheatstone** est d'une simplicité merveilleuse et de dimensions pour ainsi dire microscopiques : il n'a guère que 18 centimètres environ de longueur sur 8 de largeur. Il se compose essentiellement de trois clefs **A, B, C** (*fig.* 99) placées parallèlement les unes à côté des autres, et dont les extrémités opposées aux touches se contournent de manière à se trouver en **EFD** (*fig.* 100) sur la même ligne droite.

Fig. 100.

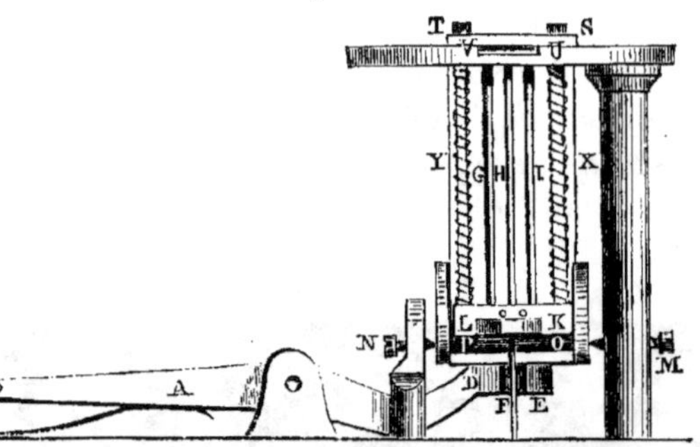

Chacune de ces extrémités soutient le bout d'une aiguille d'acier **G, H, I**, et peut, en réagissant sur une pièce rectangulaire **KLOP** et une traverse **OP**, produire une triple action mécanique que nous allons analyser. Pour qu'on puisse la comprendre, nous dirons tout d'abord que les trois aiguilles d'acier G, H, I sont reliées, par des traverses trouées qui leur servent de guide, à deux montants que l'on aperçoit un peu en X et en Y, et qui font partie d'un système oscillant pivotant autour des vis N et M. Ces deux montants se terminent supérieurement par une traverse d'acier également trouée que l'on distingue en JH (*fig.* 99), mais à travers laquelle les aiguilles G, H, I ne passent pas quand elles sont dans leur position normale. Cette traverse correspond à l'ouverture UV (*fig.* 100), par laquelle on introduit la bande de papier. Pour que le système oscillant dont nous venons de parler puisse être mis en action, il suffit que la traverse OP, qui est en avant des vis M et N, soit un peu soulevée. Alors le système entier des trois aiguilles se trouve incliné et reporté de ST en QR (*fig.* 99); mais il se trouve bientôt ramené à sa position initiale par l'action des ressorts à boudin qui entourent les tiges UK, VL (*fig.* 100), et qui, en repoussant la pièce KLOP, repoussent également la traverse OP par l'intermédiaire de la pièce avancée KL. Nous devons dire, toutefois, que cette pièce KLOP n'est pas seulement destinée à produire cette action; étant reliée par les tiges UK, VL, avec une pièce ST, et appuyant directement sur les trois leviers, chaque mouvement de ceux-ci a pour effet le soulèvement de la pièce ST. Or, cette pièce sert en quelque sorte de presse pour maintenir la bande de papier introduite dans l'ouverture UV et la serrer près des points où doivent être percés les trous. Voici maintenant le jeu de cet appareil.

Au moment où l'on appuie le doigt sur l'une ou l'autre des touches A, B, C, l'aiguille correspondante à la tige touchée est soulevée; elle rencontre le papier qu'elle perfore, et aussitôt la perforation effectuée, la pièce ST est soulevée; le papier se trouve donc libre dans l'ouverture UV et n'est plus maintenu que par l'aiguille qui a passé au travers; mais bientôt le levier touché rencontre la traverse OP, et alors, le système oscillant étant mis en jeu, la bande de papier se trouve entraînée de l'intervalle d'un entre-trou. Quand le levier revient à sa position primitive, l'aiguille, en s'abaissant, se dégage du trou qu'elle a fait; la pièce ST serre de nouveau le papier, et les ressorts à boudin des tiges UK, VL, réagissant sur la traverse OP, ramènent le système oscillant à sa position normale jusqu'à ce qu'une nouvelle impulsion donnée à l'un ou l'autre des trois leviers A, B, C, provoque un nouveau trou.

Un coup sec et ferme donné aux touches de cet appareil suffit pour obtenir les trous en question, quelque promptitude d'ailleurs qu'on mette à cette action ; et telle est la perfection de l'appareil, que les intervalles des trous sont égalisés comme s'ils avaient été déterminés à l'aide d'une machine à diviser.

Dans l'appareil de M. Wheatstone le poinçon de l'aiguille du milieu est affecté aux trous qui servent à l'avancement successif de la bande de papier et correspond par conséquent aux espaces blancs, et les autres poinçons correspondent, l'un aux traits allongés de l'alphabet Morse, l'autre aux traits courts, c'est-à-dire aux points. Rien n'est donc plus facile que de manœuvrer cet appareil, puisque chacune des touches A, B et C a sa destination. Les deux cylindres formant laminoir, que l'on aperçoit en **ED** (*fig.* 99), sont destinés à servir de support et d'organes de repère à la bande de papier imprimée, lorsqu'il s'agit de reproduire une dépêche reçue que l'on doit expédier plus loin. De la main gauche on fait avancer la bande de papier à l'aide du bouton **M**, à mesure que les diverses combinaisons de points qui composent la dépêche se trouvent découpées à l'aide de la main droite.

Transmetteur. — Le principe mécanique du transmetteur de M. Wheatstone, que nous représentons *fig.* 101, est exactement le même que celui de l'appareil précédent, et son jeu n'est autre que celui des aiguilles dans une Jacquart ordinaire. Il se compose de quatre parties : 1° d'un système moteur ayant pour mobiles, une roue mise en mouvement à l'aide de la manivelle **M**, un pignon B et un volant V monté sur l'axe même de ce pignon ; 2° d'un système interrupteur figuré en EE′DD′ ; 3° d'un système traducteur qui sert d'intermédiaire entre la bande de papier percée et le système interrupteur pour faire exprimer électriquement par celui-ci les combinaisons fournies par cette bande de papier ; 4° d'un système pour faire avancer la bande de papier.

Ces deux derniers systèmes, constitués par les trois aiguilles G, K, 1 et le système oscillant **PLONQ**, ne sont,

comme on peut le reconnaître aisément, que la reproduction
du mécanisme perforateur dans lequel le mouvement de bas en
haut des aiguilles et le mouvement de côté du mécanisme oscillant, au lieu d'être produits par des leviers, sont obtenus par
l'intermédiaire d'un axe excentrique adapté à l'axe du pignon B.
A cet effet, le levier OP est terminé en P par une fourchette
placée à cheval sur cet axe excentrique, et les aiguilles G, K, I
sont terminées par des crochets sans cesse appuyés contre cet
axe par l'intermédiaire de ressorts à boudin, comme on le voit

Fig. 101.

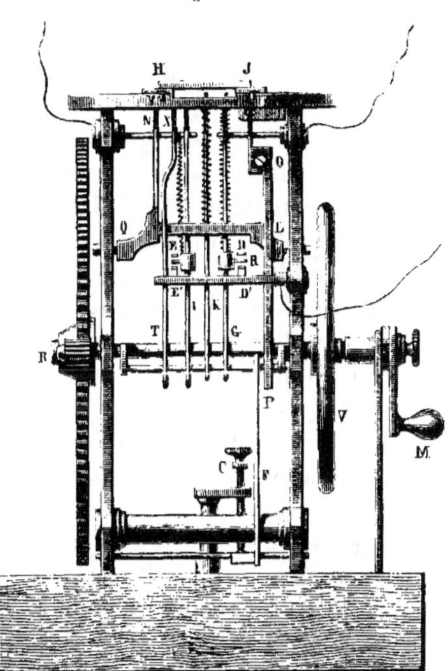

sur la figure. Comme dans le mécanisme perforateur encore, la
pièce JII est soulevée par une tige XT un peu après l'ascension des aiguilles G, K, I, afin de laisser libre la bande de
papier une fois qu'elle a été traversée par ces aiguilles. Enfin,
les aiguilles G, K, I elles-mêmes, conduites par la pièce LQ à
travers laquelle elles passent, se trouvent dirigées devant une
traverse trouée tout à fait semblable à la pièce JII de la *fig.* 99,
et qui est supportée par les tiges OU, NQ du système oscillant.

(Nous avons augmenté sur la figure l'espace entre les aiguilles afin de ne pas embrouiller le dessin.)

C'est au moyen de deux petites goupilles R et S isolées sur des manchons d'ivoire et adaptées aux aiguilles G et I que s'opère la réaction du système traducteur sur le système interrupteur. Ces goupilles, qui sont en communication avec la ligne télégraphique par l'intermédiaire des ressorts à boudin sollicitant les aiguilles G et I, peuvent effectivement, en suivant le mouvement de celles-ci, opérer sur deux ressorts D et E (*) *un contact qui, étant plus prolongé pour le ressort E que pour le ressort* D, permet aux fermetures de courant déterminées par l'aiguille I de reproduire les traits allongés de l'alphabet Morse, alors que celles produites par l'aiguille G ne fournissent que les traits courts. Comme ces fermetures sont alternatives et opérées à travers le même électro-aimant, les traces qui en résultent se trouvent nécessairement reproduites au récepteur sur une même ligne droite. De plus, au moyen de deux nouveaux ressorts D′, E′ mis en relation avec la terre et placés sous les goupilles R et S, la ligne peut se trouver déchargée après chaque émission de courant et être ainsi dans les conditions de maximum de vitesse dont il a été question plus haut. Dans le dernier modèle présenté par M. Wheatstone, ce conjoncteur est, il est vrai, un peu plus compliqué; mais comme les effets réalisés ne diffèrent pas essentiellement de ceux que nous venons d'exposer, nous n'en parlerons pas davantage.

Si l'on a bien saisi cet exposé, on comprendra facilement qu'en introduisant par l'ouverture UV la bande de papier découpée par le perforateur, ainsi qu'on la vu précédemment, cette bande, une fois mise en prise avec les aiguilles G, I, K au moment de leur ascension à travers les trous de la pièce JH, devra être repoussée à chaque tour du pignon B par suite de

---

(*) Ces ressorts, ainsi que les ressorts E′D′, sont vus par le bout sur la *fig.* 101, et se trouvent dégagés de leurs supports et de leur vis de réglage afin d'éviter la confusion. Ces vis de réglage, tout en permettant *de régler la durée des contacts des ressorts* EE′DD′ *avec les goupilles* R, S, donnent encore la possibilité d'établir un rapport convenable (suivant la longueur de la ligne) entre les durées des contacts et les intervalles qui les séparent, rapport essentiel à la célérité des transmissions ainsi qu'on l'a vu p. 388.

l'introduction des aiguilles dans les trous du papier; car l'oscillation de la pièce JH (*fig.* 101) ayant dans cet appareil exactement la même amplitude que dans l'appareil perforateur, les aiguilles G, K, I jouent en quelque sorte, par rapport aux trous du papier, le rôle de cliquets d'impulsion à l'égard d'une crémaillère; mais comme ces aiguilles ne subissent la réaction de l'axe excentrique du pignon B que par l'intermédiaire d'un ressort flexible, il arrive qu'elles ne réagissent sur l'interrupteur qu'alternativement, suivant qu'un trou se présente devant l'une ou l'autre d'entre elles. Ainsi, quand un trou se présente devant l'aiguille G, par exemple, celle-ci passe à travers le papier et la pièce JH; alors la goupille R entre en contact avec le ressort D et un point est marqué au récepteur; la pièce qui serre le papier se trouve ensuite soulevée, et lorsque la bascule OPLQN s'incline, les aiguilles G et K qui ont passé à travers le papier repoussent celui-ci de l'intervalle d'un *entre-trou;* pendant ce temps l'aiguille I, qui n'a pas rencontré de trou en face d'elle, est restée abaissée. Quand aucune des deux aiguilles G et I ne peut se soulever parce qu'elle ne rencontre pas de trous au-dessus d'elles, ce qui suppose un intervalle de lettres, l'aiguille K réagit seule et suffit à l'avancement de la bande de papier. Alors aucun courant n'est envoyé, et pendant ce temps un blanc se produit au récepteur. Enfin, quand le trou de la bande de papier se présente devant l'aiguille I, le contact de la goupille S a lieu avec le ressort E, et une émission du courant est produite comme dans le premier cas, mais elle est plus longue et détermine un trait allongé au récepteur. Le jeu de ce mécanisme est, comme on le voit, celui d'une Jacquart ordinaire.

Le transmetteur que nous venons d'étudier est disposé pour s'adapter aux courants voltaïques; mais il peut également s'appliquer aux courants d'induction en établissant entre la roue motrice et l'axe de rotation des bobines de la machine magnéto-électrique une solidarité de mouvement convenable. Dans les machines magnéto-électriques destinées à cet usage, M. Wheatstone n'emploie pas de commutateur à renversement de pôles; il utilise seulement les courants directs en ayant soin d'éliminer les courants inverses.

Dans le dessin que nous avons reproduit (*fig.* 101), nous

avons figuré en CE un mécanisme dont nous n'avons pas encore parlé. Ce mécanisme constitue l'interrupteur du circuit qui relie la ligne au récepteur du poste. Il se compose d'une tige rigide E adaptée à un bras métallique horizontal, muni d'un ressort de contact qu'on aperçoit vu par le bout sur la figure, et qui appuie contre une vis butoir E quand l'excentrique du pignon B est dans la position horizontale; c'est en quelque sorte un levier coudé articulé qui, étant relié au fil de ligne alors que la vis C communique au récepteur, joue le rôle du contact d'attente dans les manipulateurs ordinaires.

Les expériences faites, il est vrai, dans le cabinet, ont montré qu'avec le système transmetteur que nous venons de décrire, on pouvait transmettre de 350 à 400 lettres Morse par minute. Sans doute, sur une ligne cette vitesse serait loin d'être atteinte; mais en raison de la simplicité de l'appareil et de la sûreté des contacts produits, elle devrait toujours être plus grande qu'avec les autres systèmes de ce genre.

Télégraphe automatique de MM. Digney.—MM. Digney ont rendu leur télégraphe écrivant automatique, en employant un moyen analogue à celui que nous venons de décrire. Comme le système de M. Wheatstone, en effet, le système de MM. Digney comporte trois appareils : un récepteur, un transmetteur, et un perforateur ayant pour effet de découper une bande de papier; mais ces appareils sont combinés d'une façon différente, et la bande de papier, au lieu d'être découpée de manière à ne présenter que des trous ronds, est percée d'entailles carrées de diverses longueurs, de manière à représenter les traits et les points des signaux Morse.

Le perforateur que nous représentons *fig.* 102 (*), se compose de trois leviers, terminés par les touches A, B et C, qui peuvent réagir au moyen de tiges verticales T, R et S, munies de galets, sur une bascule D, qui, en faisant décrire à la pièce IF un arc de cercle, repousse, par l'intermédiaire d'un cliquet H, une ou deux dents du rochet J, suivant que c'est la tige S ou T qui réagit sur elle. Ce mouvement du

---

(*) Par une inadvertance du dessinateur, cette figure est représentée à l'envers.

rochet J est assuré au moyen d'une roue à dents pointues IG
et d'un cliquet d'arrêt I. Les leviers A et B portent en L et

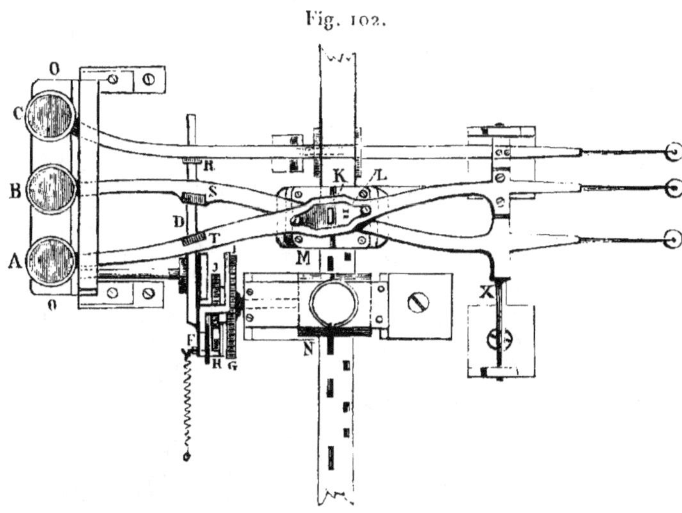

Fig. 102.

en **K** deux emporte-pièce d'acier d'une largeur différente,
destinés, en passant à travers la boîte **M**, à produire la perforation du papier; mais comme ces deux pièces sont forcées
d'être placées l'une derrière l'autre, cette perforation s'effectue
par le fait, comme dans l'appareil Wheatstone, sur deux lignes
différentes, de telle sorte que les trous longs ne sont jamais
placés à côté des trous courts. Cette disposition, du reste, n'a
aucun inconvénient pour la transmission, comme on va le
voir. Un laminoir N, placé devant la boîte de l'emporte-pièce **M**
et monté sur le même axe que la roue à rochet J, détermine
l'avancement du papier après chaque perforation et complète
l'appareil. Toute la complication de cet appareil provient de
ce que les inventeurs ont voulu obtenir d'un seul coup la
découpure des trous longs destinés à fournir les traits des
signaux Morse. Il est résulté, en effet, de ce but à atteindre,
que la quantité dont la bande de papier se trouve entraînée
après chaque perforation doit être plus grande pour les trous
allongés que pour les trous courts, et pour obtenir ce résultat
il a fallu croiser le levier **A** au-dessus du levier **B**, afin que la
tige **T**, appuyant sur la bascule **D**, plus près de son axe d'os-

cillation, pût, avec une même course, produire un échappement de deux dents du rochet J au lieu d'une.

Le troisième levier C n'agit que sur la bascule D pour fournir
les espacements des lettres et des mots. Enfin la plaque OO
sert de point d'appui à la main quand on fait marcher les
leviers A, B, C.

Le transmetteur, qui est adapté sur la platine du récepteur
opposée à celle où est le système imprimeur, consiste essentiellement dans deux tiges oscillantes AB (*fig.* 103 et 104), articu-

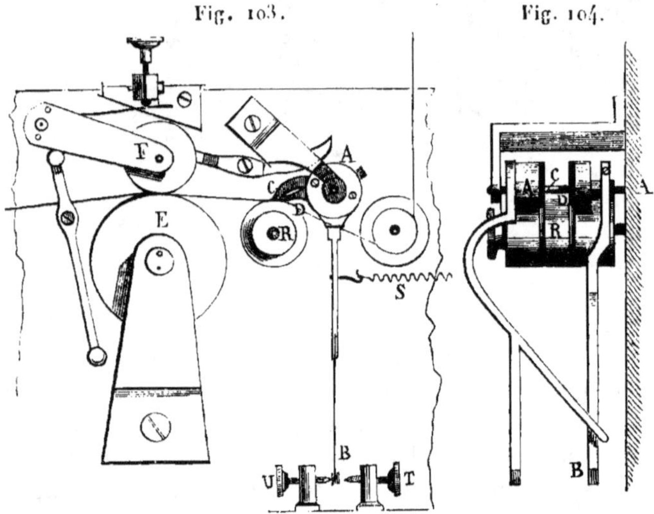

lées en A et portant deux becs C et D, qui appuient dans des
rainures circulaires adaptées à un rouleau R. Ces tiges sont repoussées sans cesse contre deux vis T par les ressorts antagonistes S; mais quand on veut transmettre, la bande de papier
perforée doit être engagée entre les becs C et D et le rouleau R,
de telle sorte que les tiges en question ne peuvent toucher ces
vis T que quand l'un ou l'autre des becs C et D rencontre les
parties trouées de la bande de papier. Comme cette bande est
entraînée d'un mouvement uniforme par un laminoir EF, on
comprend aisément que les contacts des tiges AB avec T seront
d'autant plus longs que les trous de la bande seront eux-mêmes
plus longs; et si l'on admet que ces tiges et les vis T soient
en connexion avec le circuit de la pile de ligne, on comprendra

facilement que les combinaisons obtenues sur la bande de papier pourront être reproduites électriquement à la station de réception, absolument comme si elles étaient transmises avec un manipulateur ordinaire.

La tige qui est reliée au bec C est représentée sur la *fig.* 104 avec un prolongement diagonal dont nous n'avons pas encore expliqué l'usage. Ce prolongement est une espèce de fourchette qui emboîte avec un certain jeu la tige en rapport avec le bec D. Cette disposition a été adoptée pour empêcher un contact permanent entre la ligne et le récepteur du poste expéditeur, contact qui, en s'effectuant par les vis U, aurait pour effet de dériver le courant à travers ce récepteur au lieu de l'envoyer entièrement sur la ligne.

La bascule que l'on aperçoit au-dessus du bec C (*fig.* 103), a pour fonction de soulever les deux becs C et D quand on relève le rouleau F du laminoir pour y introduire la bande perforée. Le support de ce rouleau en s'élevant abaisse la bascule qui, en appuyant sur un appendice métallique adapté au noyau A, renverse ce noyau vers la droite.

Ce système, comme celui de M. Wheatstone, a produit de très-bons résultats, et il est réellement surprenant qu'après les essais qui ont été faits, et qui ont donné une transmission de 35 mots par minute ou 175 lettres, il n'ait pas encore été appliqué. On ne peut ici invoquer le prétexte de la délicatesse des instruments, car le perforateur (qui peut fournir de 7 à 8 mots par minute) peut résister aux poignets les plus énergiques, et le transmetteur fait partie du récepteur Digney, regardé jusqu'ici comme suffisamment solide.

MM. Digney ont, du reste, combiné un perforateur plus simple à deux touches, avec lequel les trous longs sont faits en deux fois, et un transmetteur à un seul style ; mais nous ne voyons aucun avantage à l'emploi de ces derniers appareils, qui exigent de la part de l'employé un plus grand soin et une plus grande habitude.

Télégraphe automatique de M. Siemens. — Si le problème de la reproduction des signaux Morse par un télégraphe fonctionnant avec les courants induits d'une machine magnéto-électrique était difficile à résoudre, celui de la transmission automatique de ces signaux avec les mêmes courants soulevait encore bien d'autres difficultés ; pourtant **M. Siemens**, non-seulement a triomphé de tous ces obstacles, mais est parvenu à créer avec ces éléments un système de télégraphie automatique des plus ingénieux, qui a fait l'admiration des connaisseurs à l'exposition de Londres.

Quant à son principe en lui-même, ce système n'a, il est vrai, rien de bien nouveau. Le transmetteur est une espèce de composteur mobile dans lequel on assemble les unes à la suite des autres les diverses lettres, qui sont découpées d'avance en signaux Morse, et qui, en passant sous un frotteur interrupteur, peuvent fournir les fermetures et ouvertures du circuit nécessaires pour les transmissions. C'est donc, en principe, l'un des moyens proposés dès l'origine par Morse lui-même. Mais si l'on considère qu'avec des courants induits non redressés une fermeture prolongée du courant ne peut exister, et que des courants inverses se succèdent alternativement ; si l'on réfléchit, d'un autre côté, que ces courants ne prennent naissance que pour une certaine position des bobines d'induction par rapport à l'aimant générateur, on comprendra aisément les difficultés du problème, et on verra que pour le résoudre il faut : 1° que les mouvements de la bobine induite soient dans un rapport intime avec la marche des lettres sous l'interrupteur ; 2° que la position de ces lettres sur le composteur soit déterminée par rapport à la course produite ; 3° que les signaux soient découpés de manière à correspondre à des courants instantanés alternativement renversés. Pour qu'on puisse se faire une idée de l'influence de la forme de ces signaux, supposons qu'un caractère ayant la forme représentée *fig.* 105 nécessite, pour faire sa course sous le frotteur interrupteur I (*fig.* 108), quatre tours complets de la vis motrice portant la bobine induite. Ces quatre tours auront produit quatre courants induits inverses et quatre courants induits directs, et comme l'interrupteur I se sera toujours maintenu sur la sommité du caractère, le circuit de ligne aura toujours été fermé, et par conséquent les huit courants auront déterminé sur le récepteur quatre petits traits qui représenteront un **H**, tandis que le caractère, par sa forme, semblerait indiquer un **T**. Si les intervalles compris entre les lignes ponctuées tracées sur la figure représentent les périodes pen-

dant lesquelles les courants induits agissent positivement ou
négativement sur le circuit, et si nous admettons que le courant envoyé au commencement du passage de la lettre ne soit
pas dirigé dans le sens convenable pour la production d'une
marque sur le récepteur, les courants correspondant aux intervalles marqués + produiront les points, et les courants cor-

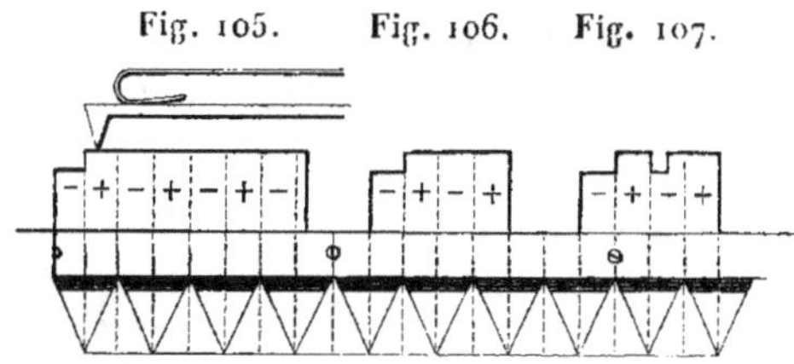

Fig. 105.   Fig. 106.   Fig. 107.

respondant aux intervalles marqués — représenteront les
intervalles blancs. Maintenant nous allons examiner les conséquences qui résultent de la largeur plus ou moins grande
du dernier intervalle +; mais auparavant il est nécessaire que
nous disions que l'électro-aimant du récepteur, construit
comme celui représenté page 191, maintient après la rupture du
circuit son armature dans sa dernière position. Si l'intervalle
dont nous parlons a la largeur des autres, le point marqué
sur le récepteur a d'abord la longueur des points primitifs ;
mais comme l'effet magnétique déterminé se trouve maintenu
au moment de l'ouverture du circuit, ce point se trouve continué après l'abaissement du frotteur I, et au lieu d'un point
sur le récepteur on a un trait. Si, au contraire, l'intervalle +
en question a beaucoup moins de largeur que les autres,
comme dans la *fig.* 105, le courant qui en résulte n'a que juste
le temps d'incliner convenablement l'armature de l'électro-
aimant du récepteur, et la marque est produite sous l'influence
de l'inertie magnétique due à la rupture du circuit; on n'obtient alors qu'un trait court sur le récepteur, et voilà pourquoi
le caractère de la *fig.* 105 transmet l'II.

Par les mêmes raisons, le caractère représenté *fig.* 106 transmet l'A, car le trait provoqué par le courant de la dernière
tranche + est continué par suite de la rupture du circuit et
de l'inertie magnétique de l'électro-aimant du récepteur. Le
caractère de la *fig.* 107 transmet l'M, parce que les deux saillies

fournissent deux traits allongés, à cause des deux ruptures de
circuit qui résultent de l'entaille du caractère. Ce que nous
venons de dire suffit pour montrer que la position des caractères sur le composteur n'est pas indifférente et doit être reliée
intimement au mouvement de la bobine d'induction. Pour
obtenir sans tâtonnements ce résultat, M. Siemens dispose son
appareil de la manière suivante :

Sous le plancher d'une table solidement établie (*fig.* 108),
il fixe son système magnéto-électrique, disposé d'ailleurs

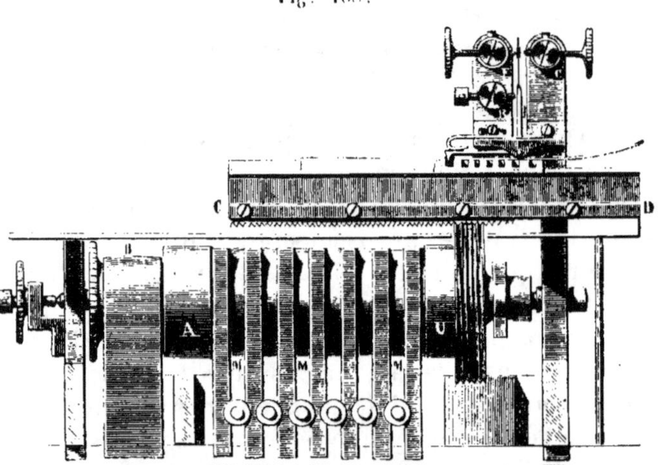

Fig. 108.

comme celui de son télégraphe à cadran; l'axe commandant le
mouvement de la bobine induite AU, et mis en mouvement au
moyen d'une courroie B, d'une bielle et d'une pédale, porte
une large vis sans fin (ayant seulement quelques pas), qui engrène avec une crémaillère à dents pointues CD, fixée sous le
composteur; les dents de cette crémaillère sont tellement
combinées, que la largeur de chacune d'elles correspond exactement à un tour complet accompli par la bobine induite. Le
composteur lui-même est composé d'une espèce de tringle en
bois contre laquelle appuie une lame métallique un peu flexible
qui est sillonnée sur toute sa longueur par une série de raies
quelque peu profondes, lesquelles correspondent exactement

aux sommets des différentes dents de la crémaillère, et par suite aux diverses positions que doit avoir la bobine induite pour fournir un courant n'ayant pas action sur le récepteur. Les caractères découpés d'avance, ainsi qu'on l'a vu, et déposés dans des cases comme des caractères d'imprimerie, doivent être introduits entre la lame dont nous venons de parler et la tringle rigide ; mais comme ils sont tous pourvus du côté droit d'un petit rebord de cuivre, ils ne peuvent être introduits que quand ce rebord a glissé dans l'une ou l'autre des raies dont il a été question plus haut et qui leur assurent une position convenable. Comme tous ces caractères ont une largeur parfaitement calculée, ils peuvent s'adapter les uns contre les autres et s'emboîter en même temps dans les raies de repère ; de sorte qu'ils forment un tout compacte qui ne court pas risque de se déranger sous l'influence du frotteur placé en I. Ces composteurs peuvent d'ailleurs se succéder indéfiniment, sans qu'il soit besoin de rien changer à l'appareil, car ils se trouvent maintenus par des coulisses, et une fois mis en prise avec la vis sans fin de l'axe de la bobine induite, ils sont forcés de continuer leur marche jusqu'au bout.

Le récepteur correspondant à ce système de transmetteur automatique n'est autre chose qu'un récepteur ordinaire auquel a été adapté l'électro-aimant que nous avons déjà vu employer par **MM. Siemens et Digney** pour d'autres télégraphes (*voir* p. 191, 342 et 382). L'expérience a montré que sur une ligne de 200 milles allemands on pouvait facilement transmettre avec ce système 60 mots par minute.

Autres systèmes. — Plusieurs inventeurs, et en particulier MM. Humaston, Renoir et Digney, ont encore combiné d'autres systèmes automatiques dans lesquels le perforateur découpe d'un seul coup l'assemblage de signaux composant les différentes lettres de l'alphabet Morse. Ces perforateurs sont alors à touches ou à clavier, et leur manipulation devient aussi simple que celle des manipulateurs à touches des télégraphes à cadran. Nous avons décrit ces divers systèmes dans notre *Exposé des applications de l'électricité* (t. V, p. 296), toutefois, comme ils sont assez compliqués et trop délicats pour devenir pratiques, nous ne ferons que les signaler ici pour mémoire.

TÉLÉGRAPHES A MANIPULATEUR MÉCANIQUE.

Pour rendre la manœuvre des télégraphes Morse plus facile et plus prompte, plusieurs inventeurs, entre autres MM. Dujardin, Joly, Regnard, Ailhaud, Rizet et Minié, etc., ont cherché à obtenir par une action mécanique produite d'un seul coup les combinaisons de fermetures et d'interruptions de courant nécessaires pour la reproduction des différentes lettres de l'alphabet Morse. De cette manière la manipulation des télégraphes Morse se trouve ramenée à celle d'un télégraphe à cadran à touches. Cette idée, comme nous l'avons vu, avait été non-seulement conçue, mais encore réalisée par M. Morse, et tous les systèmes proposés depuis n'ont guère fait avancer la question. Les plus perfectionnés de ces systèmes sont encore ceux de MM. Dujardin et Ailhaud, dont on pourra trouver la description, ainsi que celle des autres systèmes, dans notre *Exposé*, t. II, IV et V. Cette disposition télégraphique n'ayant pas une importance bien réelle, nous n'en parlerons pas ici davantage.

TÉLÉGRAPHES SOUS-MARINS.

Télégraphe de M. Siemens. — Si l'on considère que les effets de condensation produits sur les lignes sous-marines déterminent à la station de départ, après chaque émission du courant de ligne, un courant de retour très-énergique qui est, comme on l'a vu, de sens contraire au courant transmis, on comprend aisément que plusieurs émissions successives de courant, effectuées dans le même sens, pourront avoir leur effet considérablement diminué par l'action de ces courants contraires. Pour remédier à cet inconvénient, on a cherché à disposer les transmetteurs télégraphiques de manière à décharger la ligne avant de produire les émissions de courant; mais le problème peut être plus simplement résolu en faisant en sorte que les appareils télégraphiques soient mis en action sous l'influence de courants alternativement renversés.

C'est sur ce principe, qui n'est du reste pas nouveau, qu'est fondé le système de M. Siemens. Au premier abord, rien ne

paraît plus simple que la solution du problème, puisqu'on n'a
que l'embarras du choix en fait de systèmes télégraphiques
fondés sur l'emploi de courants renversés. Mais il n'en est
plus de même quand on recherche quelle est la meilleure
manière de produire ces courants renversés dans des conditions données. Avec le système électro-magnétique adopté par
M. Siemens, le calcul et l'expérience montrent en effet que
l'emploi de deux piles pour obtenir ce renversement est grandement préférable à celui d'une seule ; car pour mettre l'appareil dans ses meilleures conditions de sensibilité, il est nécessaire de pouvoir faire prédominer dans une mesure voulue
celui des deux courants renversés qui doit fournir les contacts
sur le relais, ou l'impression avec un récepteur fonctionnant
directement. Or, ce résultat ne peut être obtenu que par l'emploi de deux piles (*). Dès lors, il s'agissait d'établir un manipulateur basé sur cette donnée, et voici comment M. Siemens
a résolu le problème dans l'appareil représenté *fig.* 109.

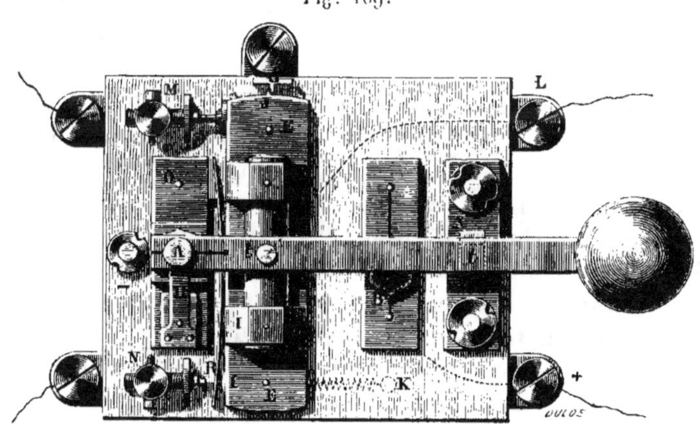

Fig. 109.

Cet appareil n'est qu'une simple clef de Morse, dont le
support EE du levier, au lieu d'être fixé sur la planche, peut
pivoter sur un axe vertical figuré en *t*. Ce support métallique
est sollicité à tourner de gauche à droite par un ressort EK ;

(*) Sur la ligne de Port-Vendres à Alger, l'une des piles avait 10 éléments,
la seconde 7.

mais il se trouve maintenu contre une vis butoir M, qui établit la communication avec le récepteur. A son extrémité A le levier-clef appuie sur un ressort H, muni à son extrémité libre d'une petite pièce de contact interposée entre le levier et un butoir rigide adapté sur une pièce O. Cette pièce elle-même porte une lame de ressort R, qui, étant poussée par un appendice d'ivoire I, peut établir une communication entre O et la pile négative d'une première pile communiquant avec la vis N. Enfin, un butoir rigide, placé en B sous le levier-clef et mis en communication avec le pôle positif d'une seconde pile, est disposé de manière à être rencontré par ce levier toutes les fois qu'il est abaissé. Inutile de dire que le support EE est mis en communication avec la ligne.

Pour transmettre avec cet instrument, l'employé doit attirer d'abord vers sa gauche le levier-clef et le maintenir dans cette position tout le temps de la transmission, qui s'effectue d'ailleurs comme à l'ordinaire. Or, voici alors ce qui se passe suivant que le levier est soulevé ou abaissé.

Il est résulté d'abord du transport de la clef vers la gauche que la communication avec le récepteur du poste est coupée, et que la pièce O, étant mise en contact avec la pile n° 1 (que M. Siemens appelle *pile contraire*), permet l'envoi d'un courant négatif à travers la ligne. Sous cette influence, l'armature du relais s'est portée sur le butoir, qui ne doit pas provoquer l'impression sur le récepteur. Mais quand le levier est abaissé, le contact de A avec O n'existe plus, et c'est le courant positif de la pile n° 2 qui pénètre dans la ligne par le butoir B. Ce courant, en déterminant une action contraire de l'armature du relais, entraîne le fonctionnement du récepteur.

Pour compléter son appareil, M. Siemens a placé sous le levier-clef un butoir X destiné à empêcher son fontionnement quand il ne se trouve pas poussé vers la gauche, et il a adapté au support EE un appendice J qui, en rencontrant un instant un butoir élastique porté par une pièce G, quand on tourne la clef, établit une communication momentanée entre la terre et la ligne, et décharge complétement celle-ci avant la transmission.

Le récepteur représenté *fig.* 110 n'est autre chose que celui de MM. Digney, auquel a été adapté le système électro-

magnétique que nous avons représenté p. 191. Comme
l'appareil ne doit marcher sous l'influence du relais que par

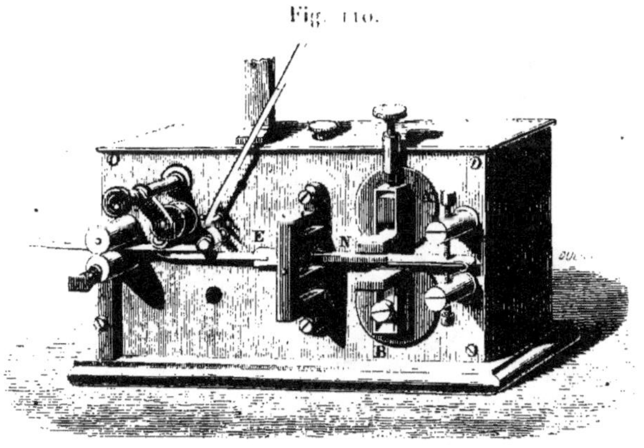

Fig. 110.

l'émission d'un courant dirigé toujours dans le même sens,
l'aimant fixe n'a d'autre fonction que de produire le rappel de
l'armature, laquelle doit toujours être plus rapprochée de
l'une des deux branches de l'électro-aimant que de l'autre.
L'appareil est complété par un système de déclanchement automatique du mécanisme d'horlogerie, qui a en outre la fonction de déterminer le jeu d'un système de translateur basé sur
le principe du manipulateur précédent, et devant, par conséquent, comme lui, décharger la ligne avant chaque transmission de dépêche.

Ce système de déclanchement consiste essentiellement dans
une bascule d'embrayage CD (*fig.* 111), terminée d'un côté par
un ressort arqué BD qui peut embrayer un disque D fixé sur
l'axe du volant, et terminée de l'autre côté par une petite palette A servant d'armature à un petit électro-aimant supplémentaire E introduit dans le circuit de la ligne. Une tige IH,
articulée au premier des deux bras de cette bascule, porte
une petite pièce arquée H en ivoire, qui peut rester librement
suspendue ou être mise en contact avec un disque O adapté
sur l'axe d'un des mobiles du mouvement d'horlogerie, suivant
que l'électro-aimant qui agit sur la bascule est actif ou inerte.

Quand on transmet, ce qui suppose un envoi successif de
courants à de courts intervalles, cette pièce arquée danse con-

tinuellement sur la circonférence du disque placé au-dessous
d'elle sans qu'elle puisse le suivre dans son mouvement, et la

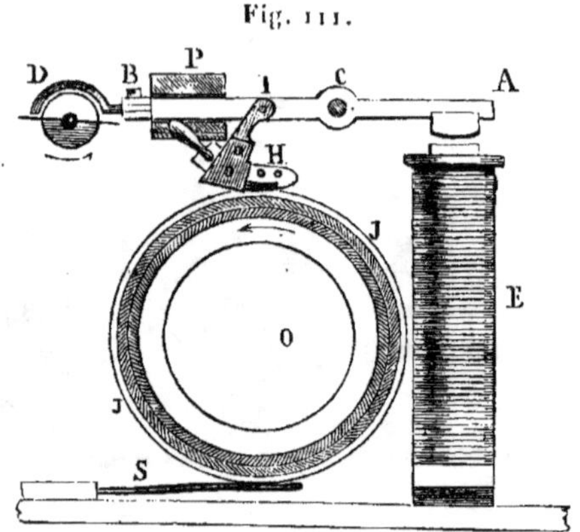

Fig. 111.

bascule DC ne peut jamais descendre assez bas pour embrayer
le disque du volant. Mais quand le circuit reste interrompu
pendant quelques instants, cette pièce arquée s'engrène par
frottement avec le disque O sur lequel elle repose et se trouve
repoussée de côté avec la tige qui la supporte ; celle-ci ne
forme plus alors arc-boutant, et la bascule, devenue libre de
s'abaisser, embraye le mouvement de l'axe du volant.

Voici maintenant comment M. Siemens a appliqué ce mécanisme au jeu du translateur dans l'appareil que nous venons
de décrire. Nous devons dire toutefois que pour comprendre
ce dispositif, on devra se reporter à l'étude que nous avons
faite des translateurs dans le Chapitre VI de cette IIIe partie.

Sur l'axe C il fixe en dehors des platines de l'appareil un long
levier formant bascule et pouvant appuyer, soit d'un côté, soit
de l'autre, sur deux butoirs réglés de manière à correspondre
aux écarts extrêmes du levier CA. L'un de ces butoirs correspond au relais, l'autre au levier imprimeur du récepteur, et la
bascule elle-même est mise en rapport avec le fil de ligne qui
doit fournir la translation. Comme les deux butoirs entre lesquels oscille le levier imprimeur sont mis en rapport, l'un
avec le pôle positif de l'une des piles, l'autre avec le pôle négatif de l'autre pile, on comprend facilement que ce levier
imprimeur pourra fournir des courants alternativement ren-

versés à travers la ligne (qui doit produire la transmission par translation), quand le mécanisme déclancheur sera mis en action. De plus, si une pièce métallique est adaptée sur l'arc H, de manière à rencontrer un peu avant l'arrêt du mécanisme un anneau métallique J fixé sur le tambour O et mis en communication avec la terre, on pourra obtenir, comme avec le manipulateur décrit p. 405, la décharge de la ligne avant la transmission de chaque dépêche.

Ce système télégraphique a été employé sur la ligne sous-marine de Port-Vendres à Alger et sur la ligne de Malte à Alexandrie.

CHAPITRE IV.

TÉLÉGRAPHES IMPRIMEURS.

Les dépêches télégraphiques ayant pu être obtenues au moyen d'une aiguille indiquant successivement sur un cadran les différentes lettres qui les composaient, on s'est demandé naturellement si on ne pourrait pas profiter du petit temps d'arrêt nécessaire à la désignation de ces lettres pour en produire matériellement l'impression sur une bande de papier et fournir ainsi au destinataire une dépêche facilement lisible sortant de l'appareil télégraphique lui-même. Cette idée était la conséquence de l'invention du télégraphe à cadran; aussi la voyons-nous non-seulement conçue, mais encore réalisée dès l'année 1840 par M. Wheatstone. S'il faut en croire M. Vaïl, cette invention remonterait même à l'année 1837, et ce serait à lui qu'il faudrait en rapporter l'honneur. Mais n'ayant pas été à même de vérifier l'exactitude de cette assertion, nous nous contenterons de la signaler en renvoyant le lecteur à l'ouvrage de M. Vaïl publié en 1848, et intitulé *le Télégraphe électro-magnétique américain.*

Comme résultat produit, le télégraphe imprimeur est bien certainement fait pour être un sujet d'étonnement. Pourtant, en principe, rien n'est plus simple qu'un semblable appareil. Supposons, en effet, que l'axe portant l'aiguille indicatrice d'un télégraphe à cadran soit muni d'une roue sur la circonférence de laquelle seront gravées en relief les différentes lettres de l'alphabet. Admettons que, devant un repère fixe qui représentera la croix du télégraphe à cadran, soit placé un petit mécanisme ayant pour effet, à un moment donné et sous une influence électrique provoquée à la station de départ, de presser une bande de papier contre la circonférence de cette roue, on comprendra aisément que, par une manipulation analogue à celle des télégraphes à cadran, on pourra faire arriver facilement telle ou telle lettre qu'on voudra devant le repère et obtenir, par une action subséquente, le jeu du mécanisme imprimeur. Cette réaction subséquente pourra d'ailleurs avoir pour résultat complémentaire de faire avancer la bande de papier après chaque impression, de manière à placer les unes à côté des autres les différentes lettres imprimées.

On comprend, d'après ce simple exposé, que les télégraphes imprimeurs doivent se composer de quatre mécanismes différents : 1° d'un *mécanisme compositeur* destiné à faire arriver devant le repère fixe celui des caractères de la roue gravée ou *roue des types* qui a été désigné ; 2° d'un *système encreur* pour recouvrir d'encre ces différents caractères ; 3° d'un *mécanisme imprimeur* destiné à presser la bande de papier sur laquelle doit être imprimée la dépêche contre le type ou caractère placé devant le repère ; 4° d'un *gouverneur de la bande de papier* propre à la bien diriger et à la faire avancer après chaque impression de lettre d'une quantité suffisante pour que les impressions ne se superposent pas.

La grande difficulté du problème était d'obtenir le fonctionnement de ces divers organes mécaniques avec un même circuit, et c'est principalement par les moyens employés pour vaincre cette difficulté que les différents systèmes qui ont été proposés se distinguent les uns des autres.

Les télégraphes imprimeurs, eu égard à leur mode de fonctionnement, peuvent se diviser en deux catégories bien distinctes : les télégraphes à *mouvements synchroniques* et les télégraphes à *échappement*. Aux premiers se rapportent les appareils de Vaïl, de Siemens, de Theiler, de Donnier, de Hughes, de d'Arlincourt, de Desgoffes, etc. ; aux seconds ceux de MM. Wheatstone, Bain, Brett, House, Bréguet, Digney, Freitel, Mouilleron, Dujardin, Giordano, Thomson, du Moncel, etc. Ne pouvant décrire tous ces appareils, nous parlerons seulement des principaux, nous contentant de renvoyer le lecteur à notre *Exposé des applications électriques* (t. II, IV et V.)

TÉLÉGRAPHES A ÉCHAPPEMENT.

La plupart des appareils appartenant à cette catégorie sont organisés d'une manière analogue quant à la disposition du mécanisme compositeur : c'est toujours un échappement commandé par un électro-aimant qui permet à un mécanisme d'horlogerie d'entraîner sur un arc plus ou moins étendu, en rapport avec le nombre des émissions produites, la roue des types, absolument comme dans un télégraphe à cadran ordinaire. La disposition des pièces, le nombre des rouages et les organes électro-magnétiques varient seuls. Mais il n'en est plus de même du dispositif destiné à faire fonctionner le mécanisme imprimeur au moment de l'arrêt du mécanisme compositeur.

Dans le télégraphe de M. Bain, la fonction de ce mécanisme imprimeur est déterminée par un régulateur à force centrifuge (analogue à ceux des machines à vapeur), sous l'influence d'un temps d'arrêt de la roue des types suffisamment prolongé. Dans l'appareil de M. Brett, cette fonction s'accomplit par l'intermédiaire d'un appareil hydraulique dont les mouvements ascendants s'opèrent avec facilité, et dont les mouvements descendants s'effectuent avec lenteur. Cette lenteur est suffisante pour empêcher le déclanchement du mécanisme imprimeur quand les lettres passent rapidement, mais elle devient impuissante à maintenir ce mécanisme quand la transmission de la lettre s'effectue avec un temps d'arrêt. Dans le système de M. Siemens, c'est la force d'inertie magnétique des gros électro-aimants qui a été utilisée dans ce but. Dans le télégraphe de MM. Freitel et Giordano, le problème a été résolu par la tension inégale des ressorts antagonistes des armatures commandant les deux mécanismes compositeur et imprimeur; alors ce sont deux piles d'inégale puissance qui déterminent la double réaction. Dans le télégraphe que j'ai imaginé en 1853, comme dans ceux de MM. Digney, Mouilleron, Queval, etc., les fonctions du mécanisme compositeur se font sous l'influence du courant dirigé dans un certain sens, tandis que les fonctions du mécanisme imprimeur s'effectuent sous l'influence du même courant dirigé en sens contraire. Enfin, dans les systèmes télégraphiques de **MM. Dujardin** et **Regnard**, le mécanisme compositeur est mis en action sous l'influence d'inversions successives du courant, tandis que l'impression résulte de l'interruption complète de ce dernier (*).

Quant au mécanisme imprimeur lui-même, il se compose d'un piston élastique mis en mouvement, soit directement par l'armature d'un électro-aimant spécial, soit par une excentrique faisant partie d'un second mécanisme d'horlogerie déclanché sous l'influence de l'une des réactions dont nous avons parlé précédemment.

Le mécanisme gouverneur de la bande de papier consiste généralement dans un laminoir entre lequel passe la bande de papier et sur lequel réagit un encliquetage à roue à rochet mis en jeu par le piston imprimeur lui-même au moment de son recul. Les dents du rochet sont alors calculées de manière à faire avancer les cylindres du laminoir d'une quantité suffisante pour que les différentes lettres puissent se juxtaposer convenablement les unes à côté des autres.

Le mécanisme encreur des télégraphes imprimeurs a été disposé de plusieurs manières ; mais le système le plus généralement usité est celui dont nous avons déjà parlé p. 376, au sujet du télégraphe de **MM. Digney**. On a aussi employé le système des bandes de papier plombaginé interposées entre la roue des types et le piston imprimeur.

Parmi les différents systèmes télégraphiques appartenant à la catégorie dont nous parlons, plusieurs ont été essayés avec succès sur les lignes télégraphiques, et même ont été mis pendant quelque temps en exploitation. Ce sont les appareils de **M. House**, de **M. Bain** et de **M. Dujardin**. Ce dernier, particulièrement, a fait pendant trois mois le service entre Lille et Paris, à la satisfaction des employés auxquels il était confié. Toutefois, ces appareils, comme du reste tous ceux du même genre, ne présentaient pas assez d'avantages pour être adoptés d'une manière générale. D'abord leur vitesse de transmission, qui ne dépassait guère 60 à 70 lettres par minute, était

---

(*) *Voir* mon *Exposé des applications de l'électricité*, t. II, de la page 129 à la page 142 ; le tome IV, de la page 256 à la page 277, et le tome V, de la page 364 à la page 428.

beaucoup trop petite : ils exigeaient, de plus, une force électrique relativement très-considérable, et, en raison de leur complication, ils étaient susceptibles de nombreux dérangements, surtout par les temps humides. Pour empêcher les erreurs de s'accumuler, on avait bien fait en sorte de ramener la roue des types au repère après chaque impression de lettres, mais cette mise au repère augmentait encore la lenteur de la transmission.

TÉLÉGRAPHES A MOUVEMENTS SYNCHRONIQUES.

Si l'on considère que, dans les télégraphes imprimeurs décrits précédemment, la plus grande partie de la force électrique est employée à diriger la marche des appareils manipulateur et récepteur, de manière à rendre leurs mouvements solidaires les uns des autres, et par le fait synchroniques entre eux, on se demande naturellement si ce synchronisme de mouvement ne pourrait pas être obtenu plus simplement et surtout plus rapidement sans l'intervention de l'électricité, et si le rôle de ce fluide dans les télégraphes imprimeurs ne devrait pas se borner à faire fonctionner seulement le mécanisme imprimeur, ce qui ne nécessiterait qu'une seule émission de courant. Quand on se reporte à certains appareils d'horlogerie qui peuvent fournir des mouvements uniformes à moins d'un dix-millième de seconde près, il est certain que la solution du problème posé dans les conditions précédentes peut paraître facilement réalisable ; toutefois, une grande question était tout entière à résoudre : comment, après le temps d'arrêt provoqué par l'impression, temps d'arrêt qui peut varier suivant une foule de circonstances différentes, obtenir que les deux mouvements synchroniques puissent se rétablir assez exactement pour que la concordance des lettres ne soit pas troublée aux deux stations ? C'est là, il faut le dire, où était toute la difficulté du problème, et c'est contre cette difficulté que sont venus s'échouer tous les inventeurs jusqu'à M. Hughes.

En principe, rien n'est plus simple que les télégraphes imprimeurs à mouvements synchroniques : vous avez aux deux stations en correspondance deux mécanismes d'horlogerie dont la vitesse est réglée par un moyen ou par un autre, et qui, étant déclanchés en même temps, font tourner les roues des types des deux appareils avec la même vitesse ; des manipulateurs à clavier, en rapport avec ces mécanismes, peuvent avoir pour résultat d'arrêter le mouvement de ceux-ci (au moment de l'abaissement d'une touche) au moyen de détentes électro-magnétiques, et le mouvement de ces détentes peut avoir comme effet secondaire de produire un contact électrique réagissant sur le mécanisme imprimeur, lequel peut d'ailleurs être exactement semblable à celui des appareils que nous avons décrits précédemment. Tel est le principe général des télégraphes imprimeurs à mouvements synchroniques. La plupart des appareils appartenant à cette catégorie ne diffèrent les uns des autres que par les moyens employés pour obtenir le synchronisme des mouvements et la détente du mécanisme imprimeur.

Dans le télégraphe de M. Vaïl, le premier imaginé, le mouvement des roues des types est commandé par un véritable échappement de chronomètre à pendule, dont l'arrêt ou la mise en liberté se fait électriquement au moyen de deux électro-aimants entre lesquels oscille le pendule dont la boule est à cet effet construite en fer. L'impression est déterminée par le courant même qui produit l'arrêt du pendule, et qui, à cet effet, traverse les trois électro-aimants de l'appareil. Dans le télégraphe de M. Theiler, le synchronisme des mouvements est obtenu au moyen d'une ancre d'échappement dont la tige prolongée porte un contre-poids que l'on peut placer plus ou moins loin de son axe d'oscillation, et qui accélère ou ralentit le mouvement ; un double système de détente, commandé par l'électro-aimant imprimeur lui-même et mis en action par un manipulateur à clavier, d'une construction particulière, a pour effet non-seulement d'arrêter et de dégager la roue des types dans les différentes positions correspondantes aux caractères qui doivent être imprimés, mais encore de l'arrêter d'une manière définitive au repère après chaque impression de lettre. Il en résulte que chaque touche abaissée au manipulateur doit produire deux émissions de courant, l'une destinée à dégager le mouvement des appareils, l'autre à produire en temps convenable l'arrêt de la roue des types et à déterminer en même temps l'impression de la lettre. Dans son système M. Donnier, pour obtenir le synchronisme des mouvements de ses appareils, leur adapte un modérateur à ailettes et un volant pesant; il dispose de plus sur l'axe du quatrième mobile un ressort spiral dont la tension est commandée par une roue à rochet sur laquelle réagit, par l'intermédiaire d'un électro-aimant spécial, ce quatrième mobile. Comme le nombre des dents du rochet est calculé de manière que, pour une vitesse uniforme, le ressort conserve la même tension, on conçoit qu'il n'y aura excès de tension de ce ressort que quand les défauts d'uniformité qui pourraient survenir dans la marche des moteurs devront être corrigés. Contrairement aux autres systèmes, l'arrêt de la roue des types s'effectue sous l'influence d'une ouverture du circuit de ligne, ouverture qui, en réagissant sur un circuit de pile locale, détermine en même temps le jeu du mécanisme imprimeur.

Dans le télégraphe de M. Desgoffes, le synchronisme est régularisé par l'action électrique elle-même, qui, à chaque tour des roues des types, doit arrêter ou plutôt modérer la vitesse de celui des deux appareils qui est en avance sur l'autre. Cette réaction s'effectue au moyen d'un double embrayeur que commande dans chaque appareil un électro-aimant spécial, et qui, pour ne pas faire obstacle au mouvement de l'un ou de l'autre de ces appareils, nécessite à chaque tour des roues des types une continuité du circuit traversant les deux électro-aimants précédents. Or, ce circuit, étant complété par un double interrupteur, ne peut être continu que quand les deux roues marchent tout à fait synchroniquement. L'impression s'effectue d'ailleurs sur une fermeture de courant au moyen d'un second électro-aimant, et le manipulateur est disposé de manière que cette fermeture ne puisse se faire au même instant que celles qui déterminent la régularisation du synchronisme.

Nous insistons peu sur ces différents télégraphes, parce que, malgré leurs combinaisons ingénieuses, ils n'ont fourni que des résultats assez médiocres dans les essais qu'on en a faits sur les lignes (*). Mais nous allons maintenant en décrire un qui a résolu complétement le problème.

(*) *Voir* mon *Exposé des applications de l'électricité*, t. II, p. 134, 140, et t. V, p. 382 et 414.

Télégraphe imprimeur de M. Hughes. — Les défauts capitaux des télégraphes imprimeurs étaient surtout leur lenteur de transmission et la nécessité dans laquelle on se trouvait de les ramener au repère après l'impression de chaque lettre, afin d'éviter l'accumulation des erreurs résultant des défauts de transmission. Ces défauts nous paraissaient si graves, que nous avions douté un instant de l'application pratique de ces sortes d'appareils ; mais grâce à une conception hardie du professeur américain Hughes, conception qu'on aurait pu taxer de fantastique si elle n'avait fourni d'aussi bons résultats, et que l'on doit maintenant regarder comme l'expression d'un élan de génie, ces inconvénients ont disparu comme par enchantement, et les télégraphes imprimeurs sont devenus les appareils télégraphiques les plus expéditifs que nous ayons. Grâce à eux, on peut expédier aujourd'hui, dans le même temps, trois fois plus de dépêches que par les télégraphes actuellement en usage, et ces dépêches pourraient être livrées au public telles qu'elles se présentent au sortir de l'appareil. C'est réellement un résultat merveilleux et qu'on n'aurait guère soupçonné il y a quelques années.

Nous disions que le télégraphe Hughes devait son origine à une conception presque fantastique : on va pouvoir en juger Jusqu'à présent, tous ceux qui se sont occupés de télégraphes imprimeurs, et moi-même tout le premier, ont cru que pour produire l'impression d'une lettre il fallait d'abord faire arriver la lettre devant le mécanisme imprimeur, l'arrêter un instant et produire l'impression pendant cet arrêt ; c'est là véritablement ce qui est logique, et toutes les inventions de télégraphes imprimeurs qui ont été faites ont reposé sur cette base. M. Hughes, voyant dans cet arrêt, non-seulement une perte de temps regrettable, mais encore un inconvénient grave pour les systèmes à mouvements synchroniques qui avaient jusque-là fourni les meilleurs résultats, a voulu le supprimer complétement, et pour cela il a cherché à *imprimer les lettres au vol.* Pour concevoir une pareille idée, il fallait être à coup sûr Américain, car il était à supposer que la pression exercée sur une roue des types en mouvement devait, sinon l'arrêter, du moins ralentir suffisamment sa marche pour détruire le synchronisme, et en second lieu on devait

27

s'attendre à ce que l'impression ne pût jamais être assez prompte pour fournir des caractères suffisamment nets et convenablement séparés. Il en a été tout autrement, grâce aux heureuses dispositions prises par M. Hughes.

Afin d'éviter d'abord la destruction du synchronisme, M. Hughes a imaginé de placer sur le même axe que la roue des types une roue dite *correctrice*, ayant pour effet, après chaque impression de lettre, de rétablir la roue des types dans sa véritable position. De cette manière, si un retard était produit par le fait de l'impression, ce retard pouvait être immédiatement corrigé ; en second lieu, pour obtenir une impression excessivement prompte, la roue des types a été fixée sur l'avant-dernier mobile de l'appareil, et la pièce destinée à produire l'impression, étant adaptée au dernier mobile, a pu être disposée de manière à effectuer son effet excentrique dans $\frac{1}{200}$ de seconde, alors que la roue des types n'effectuait sa rotation qu'en une demi-seconde ; ces deux mouvements étant d'ailleurs solidaires, la correction dont nous parlions à l'instant devenait possible. Pour obtenir tous ces effets, il fallait nécessairement un mécanisme d'horlogerie bien puissant, et pour commander un pareil mécanisme une force électrique très-énergique était indispensable. Mais M. Hughes n'a pas été plus embarrassé par cette question que par les autres, et pour obtenir cette force électrique puissante il a fait réagir son appareil avec des électro-aimants dans leur maximum de force, c'est-à-dire avec leur armature au contact des pôles. De cette manière, l'action de ces électro-aimants n'était produite que par l'effet de la destruction de leur magnétisme, et comme l'armature pouvait être ramenée mécaniquement au contact de l'électro-aimant, il centuplait ainsi en quelque sorte l'effet électrique. Aussi ces appareils, tout volumineux qu'ils sont, et quoique commandés par un poids de 5o kilogrammes, ont pu fonctionner sans relais de Paris à Marseille. C'est réellement merveilleux !!!

Dans l'exposé succinct que nous venons de faire de l'invention de M. Hughes, nous n'avons parlé que des principes nouveaux imaginés par lui ; mais son appareil ne serait pas devenu pratique s'il n'avait apporté aux différents mécanismes qui le composent d'importants perfectionnements. Parmi ces perfec-

tionnements, l'un des plus importants se rapporte au mécanisme destiné à rendre aux deux stations la marche des roues
des types complétement synchronique. Nous avons vu (p. 415)
que M. Theiler avait employé pour cela un échappement dont
l'ancre, munie d'un contre-poids mobile, pouvait osciller plus
ou moins vite (suivant l'éloignement plus ou moins grand de
ce contre-poids de l'axe d'oscillation de l'ancre); en réglant
convenablement ces contre-poids, qui faisaient en quelque
sorte l'effet d'un pendule, on pouvait régulariser jusqu'à un
certain point la vitesse des deux mécanismes. M. Hughes a eu
recours à un moyen analogue ; mais ayant besoin d'une bien
plus grande précision, et ses appareils devant marcher beaucoup plus vite que ceux de M. Theiler, tout en produisant des
effets exigeant de la force, il a dû avoir recours à des actions

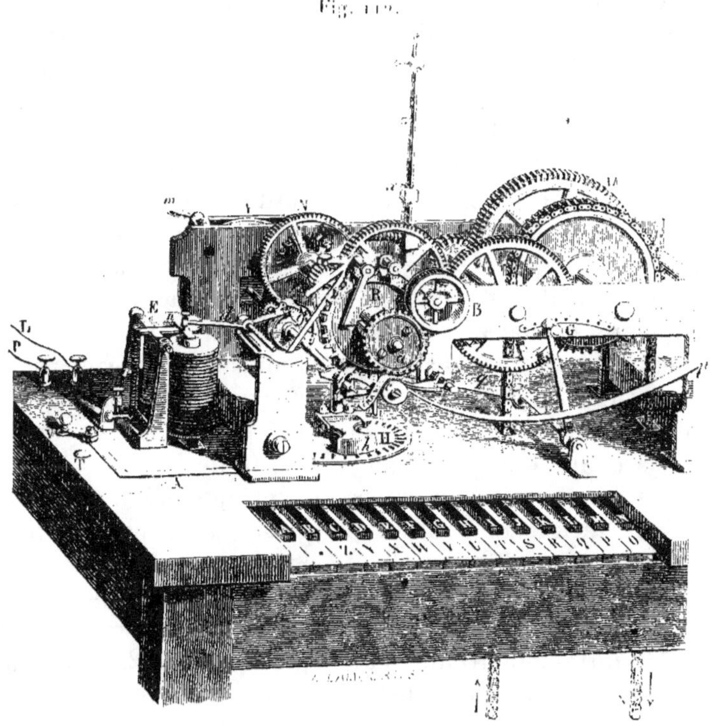

Fig. 112.

plus précises et moins brusques. Pour cela, il a d'abord substitué à la tige rigide de l'ancre d'échappement de Theiler une

lame d'acier vibrante dont la flexion, tout en amortissant les chocs produits par les alternatives de mouvements contraires, avait l'avantage de régulariser beaucoup mieux le mouvement de l'appareil, en faisant de cette tige elle-même un véritable pendule à ressort. En second lieu, pour emmagasiner une certaine quantité de force, il a adapté sur l'axe même portant la roue d'échappement en question un volant assez lourd. Nous représentons (*fig.* 112) une perspective de cet appareil ainsi combiné et tel qu'il a été appliqué dans l'origine sur nos lignes. Toutefois, bien que parfait théoriquement, ce système avait un inconvénient pratique qui a dû faire rechercher d'autres moyens ; il arrivait souvent que les tiges vibrantes de l'échappement se brisaient à force de vibrer, et l'échappement lui-même occasionnait un bruit fort désagréable. Après bien des recherches, M. Hughes, aidé de M. Froment, s'est décidé à substituer à cette lame vibrante un pendule conique à tige flexible faisant fonction de régulateur. Ce système a produit de très-bons effets, surtout depuis un nouveau frein régulateur que M. Hughes lui a adapté dernièrement, et qui fait que le synchronisme devient presque impossible à détruire. Nous étudierons plus tard ce dispositif. En attendant, nous allons donner une description complète de cet ingénieux appareil.

La *fig.* 113 représente le plan du récepteur du nouvel appareil, qui est disposé, comme on le voit, sur une table **AB**, munie d'un clavier **CD**. En comparant cette figure à la précédente, on pourra reconnaître que la plupart des organes essentiels de l'appareil n'ont pas été changés ; de sorte que ces deux figures pourront se compléter l'une par l'autre, et rendront par cela même leur intelligence plus facile.

Les trois premiers mobiles de cet appareil n'ont d'autre effet que de transmettre la force résultant du poids appliqué à la roue **R** (par l'intermédiaire d'une chaîne de Vaucanson) à l'axe a, qui porte cinq organes : 1° la roue des types **T** ; 2° la roue correctrice c, dont nous avons parlé ; 3° une roue à rochet en acier fortement trempé et à dents très-fines d, sur laquelle réagit un encliquetage porté par la roue correctrice ; 4° une roue d'angle e, ayant pour but de communiquer le mouvement à une roue f, faisant partie du mécanisme transmetteur et placée au-dessous des mécanismes précédents ; 5° une roue g, communiquant un mouvement sept fois plus rapide à un axe bb', dont les fonctions sont très-complexes.

Cet axe bb' est d'abord divisé en deux parties que peut réunir en temps convenable et dans des conditions détermi-

Fig. 113.

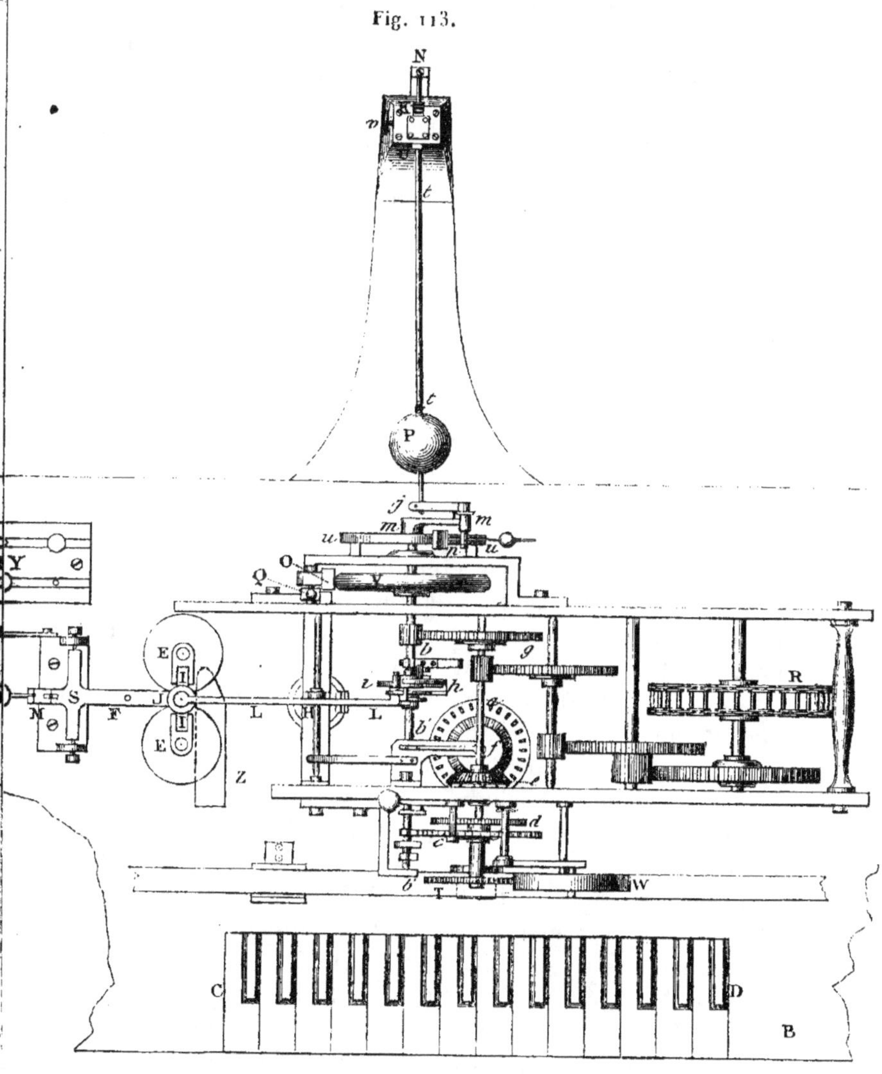

nées une boîte d'engrenage à déclanchement h, dont nous étudierons à l'instant la disposition, et qui a pour effet de ne laisser fonctionner la partie *b'* que sous l'influence d'une répulsion de l'armature H de l'électro-aimant EE. La partie *b* de cet axe porte : 1° une roue à rochet *i* dentée très-finement; 2° le volant régulateur V ; 3° une pièce *j*, destinée à réagir sur le pendule conique P. La partie *b'* porte le système d'encliquetage *h*, et quatre cames dont on verra la disposition *fig.* 116 et 117, lesquelles sont destinées à soulever le mécanisme imprimeur, à faire avancer le papier, à faire fonctionner la roue correctrice et à replacer les appareils au repère. Le tampon encreur est d'ailleurs figuré en W.

Le manipulateur se compose du clavier CD, dont les touches correspondent, par des tiges recourbées convenablement, à des lames verticales passant dans de petits trous et rangées circulairement autour de l'axe de la roue *f*, comme on le voit *fig.* 121, p. 429.

Un interrupteur pour la transmission ou la réception, et un commutateur suisse à quatre trous, pour rendre l'appareil applicable à tous les postes, complète le système.

Telle est la disposition générale de l'appareil. Nous allons maintenant en étudier les divers organes.

Récepteur. — *Mécanisme régulateur du synchronisme.* — Ce mécanisme consiste, comme nous l'avons déjà dit, dans le volant V et un pendule conique horizontal P, dont la vitesse peut se régler à volonté et dont la marche est régularisée par l'amplitude plus ou moins grande du cercle décrit par la boule P. A cet effet, le pendule en question P est fixé à une aiguille de fer qui peut être avancée ou reculée par l'intermédiaire d'une crémaillère KU, sur laquelle elle est fixée, et qu'on manœuvre à l'aide d'une vis de rappel à pignon *v*. Cette aiguille est soutenue sur la tige du pendule par l'intermédiaire de deux coques, et la tige elle-même, en acier trempé, est pincée fortement en N à son extrémité supérieure, alors qu'elle est maintenue un peu infléchie à son extrémité inférieure par un système de ressorts CE, FR, que nous représentons *fig.* 114, et qui constitue le frein régulateur. Ce mécanisme se compose d'abord d'un levier AL, adapté en A sur l'axe du volant et qui tourne avec lui, et, en second lieu, d'un fil d'acier CE enroulé en E sur un pivot à l'extrémité du levier AL. Cette espèce de ressort, qui est d'ailleurs très-fort, se

termine en C par un petit anneau, dans lequel glisse librement
l'extrémité de la tige du pendule, et porte en E une espèce

Fig. 114.

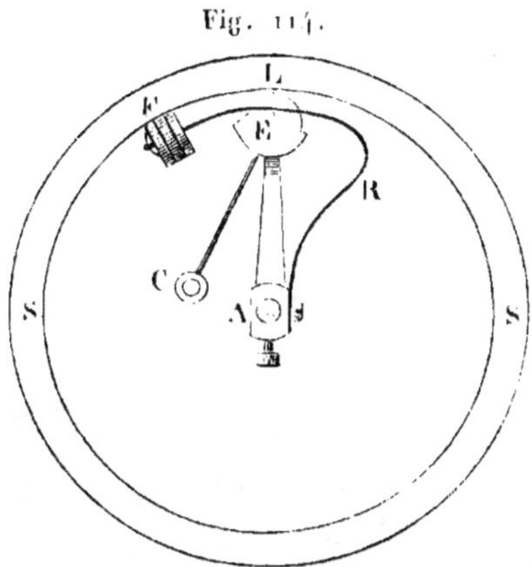

d'excentrique, qui réagit sur le frotteur F par l'intermédiaire
du ressort R. Enfin tout ce système, étant entraîné par l'axe A
du volant, tourne à l'intérieur d'une circonférence de cuivre SS
que l'on aperçoit en *uu* sur la *fig.* 113. Voici le jeu de ce
mécanisme. Quand l'axe A tourne, il entraîne avec lui le levier
AL et, par suite, le pendule conique par l'intermédiaire de la
tige CE. Si la vitesse est convenable, cette tige reste médiocrement écartée du levier AL, un peu moins cependant qu'on
ne le voit sur la figure. Mais si cette vitesse tendait à devenir
plus grande, elle se trouverait immédiatement paralysée, car
la tige du pendule, en s'écartant, ferait réagir la tige CE sur
l'excentrique E, et celle-ci, en appuyant fortement sur le ressort R, provoquerait un frottement tellement dur du frotteur F
sur la circonférence SS, en raison de la petitesse relative du
bras de levier de l'excentrique, que le mouvement serait forcément tempéré (*). Ce système de frein modérateur a produit, comme nous l'avons dit, les meilleurs résultats, et l'ex-

____

(*) Le frein représenté *fig.* 114 n'est pas exactement le même que celui que
nous venons de décrire; c'est le premier modèle qui avait été adopté, et il était
alors placé en dehors de la circonférence SS. Dans ce modèle, la tige à ressort
conduisant le pendule, au lieu de réagir sur le frotteur par l'intermédiaire
d'une excentrique, réagissait directement sur lui à l'aide d'un levier articulé.

périence a démontré que le synchronisme des appareils ainsi disposés ne pouvait que difficilement être dérangé.

Un frotteur O (*fig.* 113), appliqué contre le volant V par l'intermédiaire d'un ressort recourbé, et qu'on manœuvre à l'aide d'un levier vertical Q muni d'un excentrique, permet de débrayer et d'embrayer à volonté le mouvement de l'appareil.

Mécanisme imprimeur. — Nous représentons *fig.* 115 ce mécanisme. La roue des types est en *a*, la roue correctrice

Fig. 115.

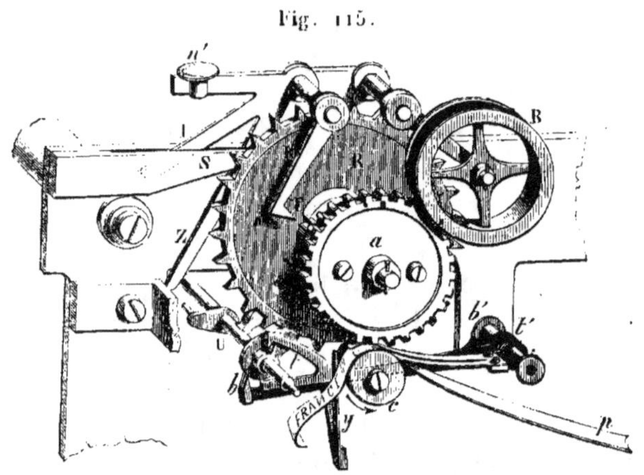

en R, le tampon encreur en B, le rouleau imprimeur en *c* et l'axe aux quatre cames en U. La roue des types n'a rien de particulier ; elle est en acier trempé et fixée sur un axe creux qui porte en même temps la roue correctrice. Cet axe creux est adapté à frottement doux sur l'axe du quatrième mobile *a* (*fig.* 113). La roue correctrice est un peu plus compliquée ; elle porte d'abord antérieurement et en guise d'assiette un disque d'acier F (*fig.* 115), pourvu d'une coche dans laquelle peut s'introduire le bec d'un crochet K quand la pédale *n'* est abaissée. Dans ce cas, la roue des types présente devant le rouleau *c* l'espace blanc. Sur sa face opposée, cette roue correctrice R porte un cliquet d'embrayage muni d'un bec à trois dents qui, en temps ordinaire, appuie sur la circonférence de la roue à rochet *d* (*fig.* 113), montée sur l'axe du quatrième mobile et placée derrière la roue correctrice. Cette disposition a pour effet de faire participer, en temps ordinaire, la roue des types et la roue correctrice au mouvement du moteur. Le cliquet dont nous venons de parler et que l'on voit plus distinctement *fig.* 124, est muni d'une petite goupille qui, quand la pédale n' (*fig.* 115) est abaissée, vient buter contre une pièce d'arrêt S, repoussée de côté par le bras 1 (par l'intermédiaire d'un plan incliné), et qui a pour effet de dégager la roue à rochet d (*fig.* 113) quand on veut remettre les appareils au repère. Celle-ci peut dès lors tourner avec le mécanisme d'horlogerie, sans entraîner ni la roue correctrice, ni la roue des types, qui restent ainsi au repère. Ce dernier effet se produit aussitôt que le crochet K (*fig.* 115) est entré dans la coche F.

Le rouleau imprimeur c se compose d'un cylindre garni d'une enveloppe de caoutchouc et adapté entre deux roues de fer à dents très-fines, destinées à entraîner la bande de papier à mesure que le rouleau tourne. Celui-ci est, en outre, accompagné d'une roue à rochet sur laquelle réagit le cliquet y, et qui a pour fonction de faire avancer le rouleau, et par suite la bande de papier, après chaque impression de lettre. Cette roue ainsi que le rouleau c sont montés sur un axe fixé à un levier articulé tt', dont l'extrémité libre se termine par une fourchette d'encliquetage t. Un autre levier bb', placé parallèlement derrière le précédent, et articulé sur le même axe, porte le cliquet à ressort y, et se termine par un bec b dont nous verrons à l'instant la fonction ; un ressort soulève ce levier en temps ordinaire, et un support rigide limite sa course quand l'employé, pour une raison ou pour une autre, veut faire avancer à la main la bande de papier.

L'axe aux quatre cames, faisant partie du cinquième mobile et que nous représentons (*fig.* 116 et 117), se fait remarquer en A. C'est la pièce la plus importante de l'appareil, car c'est elle qui détermine à la fois l'impression, l'avancement du papier, la correction et le soulèvement de la pédale n' (*fig.* 115 et 116) après la mise au repère. L'impression se fait par l'intermédiaire de la came m, qui, en soulevant le bec de la fourchette t, force le rouleau c de venir appuyer contre la roue des types. Cette action s'effectue, comme nous l'avons vu, en moins de $\frac{1}{200}$ de seconde. L'avancement du papier est produit peu après l'impression par le limaçon n qui, en appuyant sur le bec *b*, fait abaisser le levier *bb'*, et par suite le cliquet *y*, lequel fait tourner d'un cran le rochet du rouleau *c*. La dispo-

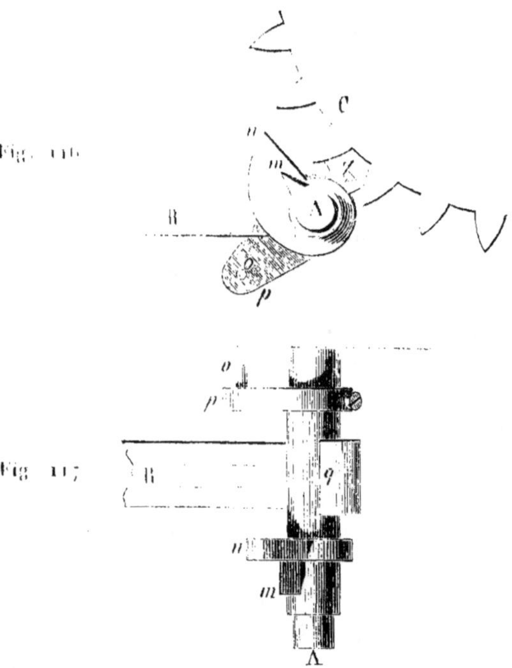

sition en limaçon de cette came a été adoptée pour que l'abaissement du cliquet se fasse doucement et sans soubresauts. La correction s'opère par l'intermédiaire de la came *q*, qui est taillée de manière à faire avancer celle des dents de la roue correctrice devant laquelle elle se présente, si elle est en retard, ou à repousser celle qui est en arrière, si cette dernière est en avance. Enfin le bras *p*, muni d'une goupille *o*, est disposé de manière qu'après l'abaissement complet de la pédale *n'* le levier Z se trouve rencontré par cette goupille, qui l'écarte et replace la pédale *n'* dans sa position primitive. Alors la roue correctrice, ainsi que la roue des types, participe au mouvement de la roue *d* (*fig.* 113), par suite de l'écart de la pièce d'arrêt S (*fig.* 115) et du dégagement du cliquet d'embrayage de la roue correctrice.

Mécanisme déclancheur. — Ce mécanisme, que nous représentons *fig.* 118 et 119, se compose essentiellement d'une roue à rochet *i*, fixée à l'extrémité de l'axe *b*, et sur laquelle appuie un cliquet à trois dents en acier trempé *c*, que maintient

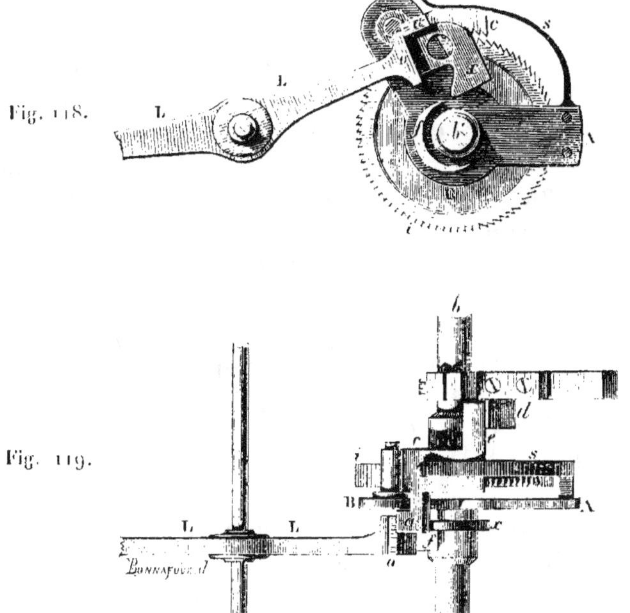

Fig. 118.

Fig. 119.

abaissé un ressort *s*. Ce cliquet est porté, ainsi que le ressort *s*, par une pièce ABC fixée sur l'axe *b'*, et se trouve muni en outre de deux appendices ou butoirs *a*, *e*, destinés au débrayement et à l'embrayement de la roue *i*. L'action du butoir *e* ne s'effectue qu'après un tour complet de la roue *i* et par l'intermédiaire d'un plan incliné *d* qui soulève le cliquet et dégage la roue; alors la bascule LL, que commande l'électro-aimant, se trouve soulevée, et le butoir *a* appuie contre la saillie *o* du levier LL. Dans cette situation, les deux axes *b* et *b'* sont indépendants l'un de l'autre, et la roue *i* peut tourner sans entraîner la pièce ABC et par suite l'axe *b'*; mais si, par l'effet de l'électro-aimant et d'un ressort agissant sur l'axe H (*fig.* 113), le levier LL s'abaisse, le cliquet *c* (*fig.* 118 et 119), qui a échappé au plan incliné *d* et qui n'est plus soutenu que par la partie *x* du levier LL, s'abaisse également, et, en s'appliquant sur la roue *i*, provoque l'entraînement de la pièce **ABC**, qui tourne avec la roue *i* jusqu'à ce que l'appendice *e* ait de nouveau rencontré le plan incliné *d* ; mais alors une excentrique *f*, adaptée à la pièce **ABC**, a soulevé la partie *x* du levier **LL** et a remis celui-ci dans sa position première. Dès lors l'arrêt de l'axe *b'* est assuré jusqu'à un nouvel abaissement du levier **LL**. C'est précisément ce soulèvement du levier **LL**, opéré mécaniquement, qui replace l'armature de l'électro-aimant en contact avec lui. En effet, le levier **LL**, qui bascule en **H** (*fig.* 113) appuie par son extrémité **J**, et par l'intermédiaire d'une vis calante, sur l'armature **H**, qui elle-même est portée par un levier **F** articulé en **S** et sollicité sans cesse à se soulever sous l'effort de deux ressorts antagonistes adaptés en **M**.

Il résulte de la disposition précédente que chaque répulsion de l'armature **H** a pour effet de faire accomplir à l'axe *b'* un tour sur lui-même, et de provoquer par suite le jeu des quatre cames du mécanisme imprimeur dont nous avons parlé précédemment.

Le système électro-magnétique lui-même présente quelques particularités. Ainsi les deux branches de l'électro-aimant **EE**, au lieu d'être réunies par une traverse de fer, sont fixées, comme on le voit *fig.* 120, sur les deux pôles d'un aimant en

Fig. 120.

fer à cheval, dont on peut, du reste, modérer la force à l'aide d'une armature, qu'on retire ou que l'on fait glisser le long des branches de l'aimant. Comme l'appareil fonctionne par répulsion, l'armature **H** est aimantée et n'est séparée, en temps ordinaire, des pôles de l'électro-aimant que par une simple épaisseur de papier, qui empêche la trop grande adhérence des deux pièces magnétisées ; de sorte que pour détacher l'arma-

ture H il suffit d'envoyer un courant dans une direction convenable pour combattre l'action attractive des deux pièces
aimantées.

Manipulateur. — Le manipulateur du télégraphe Hughes se
compose d'un clavier CD (*fig.* 113) et d'un commutateur circulaire autour duquel tourne un frotteur qui est mis en
mouvement par la roue *f*. Ce commutateur, que nous représentons *fig.* 121 et 122, se compose de vingt-huit petits gou-

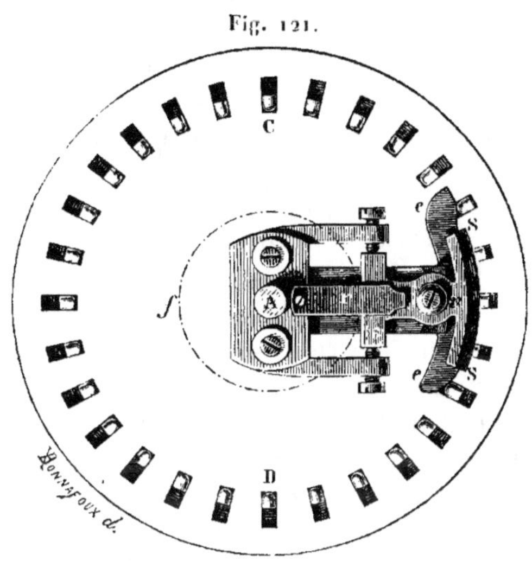

Fig. 121.

jons adaptés à des bascules qui correspondent aux différentes
touches du clavier, et qui peuvent ressortir par des ouvertures disposées circulairement autour de l'axe A de la roue *f*,
quand les touches du clavier se trouvent abaissées. Ces petits
goujons G (*fig.* 122), arrondis par le haut, étant placés au-dessus
des leviers des touches T, et ne se trouvant maintenus que par
des ressorts à boudin, peuvent être facilement repoussés de
côté, vers le bord opposé des ouvertures; nous verrons à
l'instant la nécessité de cette disposition. Quant au frotteur, il
consiste essentiellement dans un rebord circulaire en acier SS,
destiné à produire les contacts, lequel tourne un peu en dehors
du cercle occupé par les goujons, et dans un excentrique *ee*,
qui a pour effet : d'abord de repousser de côté ceux des goujons qui ont été successivement soulevés, afin de les placer

sous le rebord SS; en second lieu, de faire obstacle au soulèvement de ces goujons et d'empêcher par suite leur contact
avec le rebord SS, quand l'abaissement des touches du clavier
n'est pas fait en temps opportun ; enfin, de repousser complétement à l'extrémité du trou le goujon engagé sous le frotteur lorsque celui-ci est passé. Ce dernier effet, qui est produit par un second renflement *e* de l'excentrique, permet au
frotteur de continuer sans inconvénient sa marche quand, par
inadvertance, on n'a pas retiré assez vite le doigt de dessus
la touche abaissée. Inutile de dire que le rebord SS est en
rapport métallique avec le circuit, et que les goujons correspondent à celui des pôles de la pile qui doit fournir le courant dans le sens voulu pour combattre l'action de l'aimant
en fer à cheval.

Le frotteur dont nous venons d'étudier les diverses fonctions n'est pas aussi simple qu'on serait tenté de le croire,
d'après les effets que nous avons analysés. D'abord, l'axe vertical AAP (*fig.* 122) qui le supporte est composé de deux pièces
isolées l'une de l'autre et reliées entre elles par l'intermédiaire
du frotteur lui-même qui, à cet effet, se compose de deux parties : d'une partie fixe adaptée à la partie inférieure de l'axe
vertical, et d'une partie mobile (dans le sens vertical) adaptée
à la partie supérieure du même axe. Ces deux parties du frotteur sont reliées entre elles à l'aide de vis isolées par des manchons d'ivoire. La partie inférieure porte l'excentrique *ee* dont
nous avons parlé précédemment, l'autre le rebord circulaire SS.
Celui-ci, au lieu d'être rigide, est soutenu par une pièce métallique qui pivote sur deux vis, et tend toujours à être abaissé
sur les goujons du manipulateur par une lame de ressort *r* qui
appuie sur cette pièce mobile. Cette pièce, comme celle qui
la soutient, est isolée de la partie inférieure de l'axe vertical;
toutefois, une vis butoir de cuivre *v* qu'elle porte peut, en
s'appuyant sur un petit ressort métallique *i* placé au-dessous
d'elle, établir une communication métallique entre les deux
parties isolées de l'axe. En temps ordinaire, c'est-à-dire quand
l'appareil est disposé pour la réception, cette communication subsiste. Mais aussitôt que l'on transmet, les goujons G,
successivement soulevés, relèvent le rebord SS, et en soulevant le butoir *v* isolent les deux parties de l'axe vertical. Cette

disposition a été introduite pour permettre de couper la dépêche, comme dans les télégraphes ordinaires à cadran, et

Fig. 122.

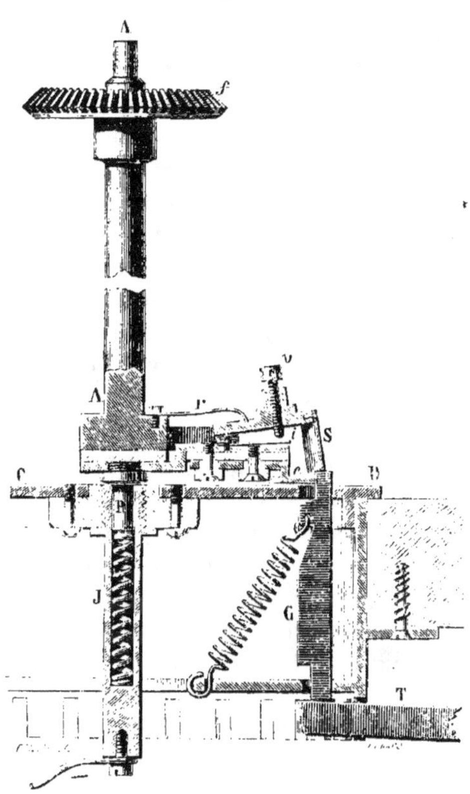

maintenir en même temps le récepteur dans le circuit de la
ligne quand l'appareil ne fonctionne pas.

Jeu de l'appareil. — Pour que les appareils aux deux stations opposées soient toujours dans les mêmes conditions
de synchronisme, il faut que les récepteurs soient interposés
dans le même circuit. Conséquemment la dépêche envoyée
est imprimée à la station de départ comme à la station d'arrivée. Pour établir le synchronisme, on met en mouvement
les appareils aux deux stations en soulevant le frein des volants, et, quand leur vitesse est devenue suffisante pour que la
roue des types fasse deux tours par seconde, on met au blanc

les deux appareils en appuyant aux deux stations sur la pédale n' (*fig.* 115); puis l'un des deux correspondants envoie
un certain nombre de fois une même lettre. Si cette lettre se
reproduit toujours, le synchronisme est suffisant, et il n'y a
rien à changer; mais si, au lieu d'une même lettre, on a des
lettres différentes, les appareils doivent être réglés, et on peut
savoir si le récepteur de la station qui reçoit doit avoir sa
marche accélérée ou retardée, par la nature elle-même des
lettres transmises. En effet si le B est la lettre sur laquelle on
a établi le synchronisme et qu'après deux émissions on reçoive
un C, il est certain que l'appareil de la station qui reçoit est
en retard sur celui de la station qui transmet; au contraire,
si c'est la lettre A qui succède à la lettre B, c'est que l'appareil en question est en avance. Or, pour corriger ces variations, il suffit, comme nous l'avons vu, de reculer ou d'avancer la boule du pendule conique, en tournant la crémaillère
K (*fig.* 113) dans un sens ou dans l'autre.

Les appareils étant ainsi réglés, il suffit, pour transmettre
la dépêche, d'appuyer successivement sur les différentes
touches correspondantes aux lettres qui composent la dépêche. Sous l'influence de l'abaissement de chacune de ces
touches, un contact est produit par le frotteur tournant, et un
courant est envoyé à travers le circuit, d'où résulte : 1° une
répulsion des armatures II des deux appareils; 2° la mise en
mouvement des axes b'; 3° la réaction de la came m (*fig.* 116),
sur le rouleau qui porte le papier, et qui, en s'approchant
de la roue des types, vient imprimer le caractère placé en
ce moment devant lui; 4° la réaction de la came n sur le
cliquet destiné à faire avancer la bande de papier; 5° la réaction de la came q sur la roue correctrice, et enfin la réaction
du bras o sur la pédale n', dans le cas où les appareils ont été
mis au blanc. Quand tous ces effets se sont accomplis, le
courant a été interrompu à travers le circuit, le mécanisme
déclancheur a reporté l'armature II au contact de l'électro-aimant, et tout est disposé pour une nouvelle impression. On
voit, par conséquent, que chaque impression ne nécessite
qu'une seule émission de courant; ce qui est un grand avantage pour la régularité de la marche de ces sortes d'appareils.

Dispositions accessoires. — Comme les deux récepteurs en correspondance sont interposés dans le même circuit et fonctionnent en même temps, il pourrait résulter de l'inégale intensité du courant aux deux extrémités de la ligne (*voir* p. 99) que le récepteur de la station de départ, ne pouvant avoir son électro-aimant réglé comme celui de la station d'arrivée, serait dans l'impossibilité de recevoir, sans un réglage préalable, quand les rôles des deux stations seraient intervertis. Pour éviter cet inconvénient, M. Hughes a adapté à ses appareils un rhéotome disjoncteur qui, à la station de départ, coupe le courant à travers l'électro-aimant du récepteur avant que son maximum d'effet soit produit, et juste au moment où l'électro-aimant a une force suffisante pour déclancher. Pour obtenir ce résultat, le courant qui doit animer le récepteur en question passe par la came de la roue correctrice et une lame de ressort R (*fig.* 116 et 117) sur laquelle elle appuie en temps de repos. Or, la durée de ce contact, au moment de la rotation de la came, est calculée de manière à ne fournir qu'un minimum de force. D'un autre côté, pour que le courant transmis à la station qui reçoit ne perde rien à cette réduction de durée du courant, le circuit est disposé de telle manière, qu'au moment précis où l'électro-aimant du poste expéditeur exerce son action, le courant se trouve transmis intégralement à travers la ligne. La *fig.* 123 représente cette disposition.

E est l'électro-aimant du récepteur Hughes, C son armature, A la bascule agissant sur le déclancheur, D le frotteur du ma-

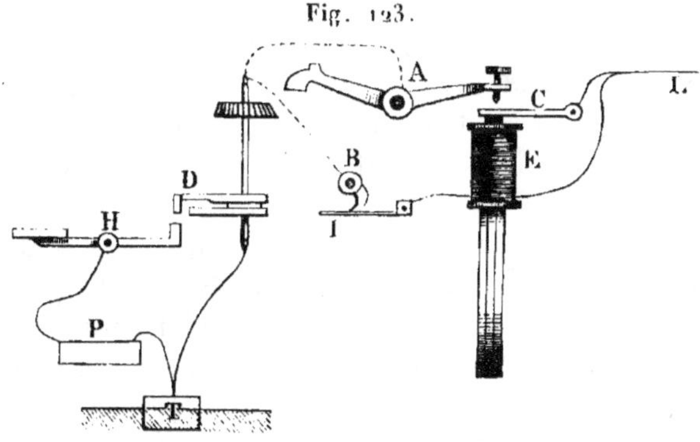

Fig. 123.

nipulateur, H une des touches de ce manipulateur; enfin, B la came réagissant sur la roue correctrice et qui appuie sur le

ressort I destiné à réaliser l'effet précédemment décrit. La
pile est d'ailleurs placée en P et la plaque de terre en T. Les
liaisons électriques étant établies ainsi qu'on le voit sur
la figure, voici ce qui arrive au moment où l'on abaisse la
touche H.

Le courant passe de P en H, de H en D, puis en B, en I,
en E, et de là à travers la ligne pour revenir en T et enfin
en P. Sous cette influence l'armature C se détache de l'électro-aimant E, vient en contact avec la bascule A, et tout en
provoquant le déclanchement du mécanisme imprimeur, ainsi
que la rupture du circuit en I (par suite de la rotation de la
came B), met la ligne en rapport électrique avec la bascule A.
Le courant de la pile P va alors directement de D à la ligne L
par A, et traverse le récepteur du poste correspondant sans
avoir été coupé, c'est-à-dire sans avoir subi l'affaiblissement
qu'il avait éprouvé en traversant l'électro-aimant du poste
expéditeur.

Cette disposition a encore un avantage, c'est d'augmenter
l'énergie du courant transmis au récepteur du poste destinataire, par l'addition du courant induit qui naît dans la bobine
du récepteur expéditeur, à la suite de la réaimantation du
noyau de fer, réaimantation qui résulte du détachement de
l'armature. Ce courant, qui est inverse par rapport au courant magnétique de l'aimant, est par conséquent dans le sens
du courant transmis, puisque celui-ci doit produire la désaimantation.

Dernièrement, M. Hughes a perfectionné considérablement
son appareil en lui donnant la possibilité de fournir non-seulement les chiffres, mais encore les signes de ponctuation et
plusieurs signaux de convention pour les besoins du service
et l'abréviation des dépêches. Ces chiffres et signaux alternent sur la roue des types avec les lettres, et pour fournir
leur impression il suffit de faire tourner la roue de l'intervalle d'une demi-dent, effet qui est produit automatiquement
par l'intermédiaire d'un mécanisme particulier et de la came *q*
placée sur l'axe A (*fig.* 116), quand on appuie sur une touche
particulière du clavier correspondante en position au W. La
fig. 124 donne la disposition de ce mécanisme supplémentaire, aussi remarquable par sa conception ingénieuse que par

sa simplicité, et qui est appliqué sur la roue correctrice elle-même du côté opposé à la roue des types.

Cette fois la roue correctrice, au lieu d'être montée sur l'axe creux de la roue des types, est fixée sur un tube indé-

Fig. 124.

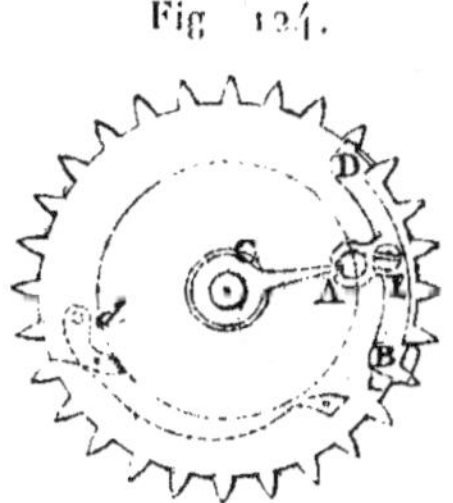

pendant qui enveloppe celui-ci à frottement dur, et l'axe de la roue des types lui-même porte par derrière, c'est-à-dire du côté du rochet d'embrayage, un doigt AC engagé dans une fourchette faisant partie d'une pièce basculante BID. Cette pièce, fixée sur la roue correctrice elle-même et pivotant en I, est disposée de telle sorte, que, quand l'une de ses extrémités B est abaissée de manière à boucher l'intervalle de dents de la roue correctrice correspondant au W de la roue des types, comme cela est indiqué sur la figure, l'autre extrémité D se trouve relevée, et réciproquement. Or, voici ce qui résulte de cette disposition :

Quand on appuie à la station qui transmet sur la touche correspondante au W, qui alors n'est qu'un blanc, aucune impression de lettre n'a lieu, bien entendu, au récepteur, puisque le W est supprimé, mais la came correctrice, en rencontrant l'extrémité B de la bascule BID, la soulève, et la fourchette A, en poussant le doigt AC, fait tourner l'axe de la roue des types de l'intervalle d'un demi-espacement de lettre auquel correspond un chiffre. Toutes les touches abaissées à partir de cet instant ne détermineront donc plus d'impressions de lettres, mais bien celles des chiffres et des signaux intercalés entre les lettres. Ce ne sera que quand on aura pressé la touche du blanc des chiffres que la came correctrice, en repoussant l'extrémité D de la bascule BID, rétablira la roue des types dans sa première position, c'est-à-dire dans celle correspondante aux impressions de lettres.

28.

Voici du reste comment sont disposés les différents caractères et signaux sur ces nouvelles roues des types.

ı A 2 B 3 C 4 D 5 E 6 F 7 G 8 H 9 I o J . K , L : M ˙ N ?

O ! P + Q — R × S ⟍ T = U (V) blanc & X « Y » Z blanc

**Disposition des communications électriques dans l'appareil
Hughes.** — La *fig.* 125 représente la disposition des commu-

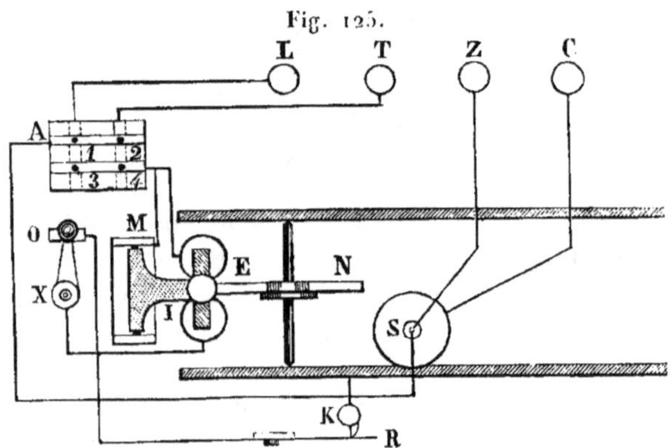

Fig. 125.

nications électriques dans l'appareil que nous venons de décrire.

Le fil de ligne aboutit au bouton d'attache L, le fil de terre
au bouton T et les deux pôles de la pile de ligne aux boutons
Z et C.

Les deux boutons **L** et **T** communiquent avec les deux
lames inférieures du commutateur suisse **A**, et les deux
autres lames sont en rapport, la première avec le support inférieur de la tige verticale du transmetteur **S**, la seconde avec
le support **M** de l'armature de l'électro-aimant **E** et l'une
des extrémités de l'hélice de ce même électro-aimant. L'autre
extrémité de cette hélice aboutit d'ailleurs à l'interrupteur **X**
dont le contact **O** est relié directement avec le ressort **R** sur
lequel appuie la came de la roue correctrice pour fournir l'effet
analysé p. 433. Deux autres fils de communication reliant d'un
côté le bouton **Z** au support inférieur de la tige verticale du
transmetteur **S**, et de l'autre le bouton **C** à la plaque de fonte
sur laquelle sont montées les différentes touches du manipulateur, complètent l'installation de l'appareil.

Pour comprendre la nécessité de ces diverses communications, nous devons dire tout d'abord que, pour conserver à tous les appareils la même disposition, il a fallu les faire réagir sous l'influence d'un courant dirigé toujours dans le même sens; or, pour obtenir ce résultat, il fallait que les communications des piles à la terre fussent différentes d'un poste à l'autre, et cette permutation peut s'effectuer avec les communications que nous avons indiquées en mettant à contribution le commutateur suisse A (*voir* le chap. VI). Quand les chevilles de ce commutateur sont placées sur les trous 3 et 2, la pile du poste a son pôle zinc à la terre, et en effet le bouton Z se trouve relié au bouton T par le fil ZSA, la cheville 2 du commutateur et le fil conduisant de ce commutateur au bouton T. Dans ce cas, la transmission se fait de la manière suivante.

Au moment où l'on abaisse l'une ou l'autre des touches du manipulateur, le courant va au frotteur du transmetteur S qui, se trouvant alors soulevé et par suite isolé de la partie inférieure de l'axe vertical qui le porte, transmet le mouvement électrique au massif, c'est-à-dire au bâti de l'appareil. Par suite de cette action, la came K de la roue correctrice qui est en ce moment en contact avec le ressort R conduit le courant à l'interrupteur X qui le dirige ensuite sur l'électro-aimant E et de là sur la ligne par le commutateur A, la cheville 3 de celui-ci et le bouton L. L'électro-aimant E devient donc actif et réalise l'effet dont nous avons parlé p. 433, par l'intermédiaire du fil qui réunit le support M au commutateur A.

La réception se fait d'une manière analogue. Le courant, cette fois, arrive par la terre puisque la pile de la station correspondante a son pôle cuivre à la terre; il est donc transmis au bouton T, et en passant par le commutateur A il se trouve dirigé sur l'axe vertical du transmetteur S par la cheville 2 et le fil AS. De là il est conduit, comme précédemment, à travers l'électro-aimant E, le commutateur A, et arrive à la ligne par la cheville 3, pour regagner par cette voie la pile de la station correspondante.

Admettons maintenant que les chevilles du commutateur A se trouvent placées sur les trous 1 et 4, ce qui est le cas de la station en correspondance avec celle dont nous venons d'analyser les communications électriques.

Lors de la transmission, le courant passant à travers le transmetteur S se trouve dirigé à la terre après avoir accompli la course que nous avons étudiée précédemment, et cela par l'intermédiaire du commutateur A, puis il est transmis par elle à l'autre station d'où il ressort par le fil de ligne; il revient ensuite à la première station par le bouton L pour regagner la pile par le fil A SZ.

Lors de la réception, le courant transmis par la station correspondante arrivant en L est conduit par le commutateur A à l'axe vertical du transmetteur S, accomplit sa révolution ordinaire à travers l'électro-aimant E et l'interrupteur X, et retourne au sol par le commutateur A, ce qui achève le circuit.

Nous ne parlerons pas de la disposition du système moteur de l'appareil Hughes, qui est établi de manière à pouvoir se remonter avec une pédale et à prévenir quand il a besoin d'être remonté; on le devine facilement, et d'ailleurs c'est un détail mécanique qui n'est pas important à connaître pour l'intelligence de l'appareil.

Malgré ses immenses avantages, le télégraphe Hughes a rencontré dans sa mise en pratique beaucoup d'adversaires et un certain mauvais vouloir de la part des employés. On se plaint souvent que l'appareil se dérange fréquemment, qu'il s'use trop vite, qu'il exige beaucoup de soins pour son réglage, et qu'il est d'une manipulation très-pénible tant à cause du poids très-lourd qu'on est obligé de remonter sans cesse, que par l'occupation continuelle des deux mains. Mais toutes ces plaintes ne sont pas nouvelles; elles se répètent dans tous les services possibles, dès qu'on introduit quelques changements. Que n'a-t-on pas dit contre le télégraphe Morse, quand, grâce à l'heureuse initiative de M. le vicomte de Vougy, il a été appelé en France à remplacer l'ancien système à signaux Chappe? Et pourtant, aujourd'hui, on en est enchanté. D'ailleurs, ne pourrait-il pas se faire que le mécontentement dont nous parlons n'ait pas sa raison d'être dans le fait même de l'application qui a été faite du télégraphe Hughes. En raison de sa transmission très-rapide, cet appareil est et doit être installé sur les lignes les plus surchargées de dépêches. Or, c'est l'employé auquel il est confié qui a toutes les corvées, et naturellement celui-ci ne peut être

que très-médiocrement satisfait. L'objection la plus grave qui
ait été faite jusqu'ici contre cet appareil est la nécessité,
qu'entraîne son emploi, de l'adjonction d'un mécanicien aux
différents postes où il se trouve établi ; mais il est probable
qu'avant peu les causes de détérioration de cet instrument
seront conjurées, et que les employés pourront eux-mêmes
remédier à ses dérangements. Déjà, comme on l'a vu, le règlement du synchronisme et celui des électro-aimants se trouvent
évités par les nouveaux perfectionnements de M. Hughes, et
il n'est réellement maintenant aucun motif pour que cet appareil ne puisse être considéré comme l'un des plus pratiques
de la télégraphie. Ce qui serait à désirer pour le moment présent, ce serait que les télégraphistes fussent assez amateurs du
progrès pour faire taire un instant leurs préventions et ne considérer que les résultats obtenus ; les perfectionnements vien-
dront toujours, et ce n'est pas au début d'une invention qu'on
peut espérer obtenir toutes les commodités pratiques qui sont
la conséquence d'un usage prolongé des choses. Le point important est le résultat obtenu. Or, ce résultat est, comme nous
l'avons dit, tout simplement merveilleux. Ce système vient
du reste d'être adopté par le Conseil des Indes anglaises pour
l'exploitation du long câble du golfe Persique, et il est employé depuis quelque temps en Angleterre par la compagnie du
Royaume-Uni qui en obtient les résultats les plus avantageux
(50 dépêches à l'heure).

TÉLÉGRAPHES IMPRIMEURS A MOUVEMENTS ÉLECTRO-SYNCHRONIQUES.

Plusieurs inventeurs, pensant que si on pouvait parvenir à
déterminer le synchronisme de marche des appareils que nous
venons d'étudier par l'action électrique elle-même, on obtien-
drait des appareils qui auraient leur vitesse de transmission
réglée automatiquement suivant l'état d'isolement de la ligne,
ont cherché à combiner ensemble les systèmes télégraphiques
à échappement et à mouvements synchroniques formant les
deux catégories d'appareils qui ont été passées en revue précédemment.

Le premier système de ce genre a été imaginé par M. Siemens. Mais les effets de mouvement de ses mécanismes étant

produits exclusivement par l'électricité comme dans les sonneries trembleuses, et ces mouvements exigeant une certaine
force en raison des frottements exercés sur les roues des
types, ce système n'avait pu offrir de résultats satisfaisants.
Il exigeait d'ailleurs, pour fournir un mouvement vibratoire
assez accusé et assez précis, l'intermédiaire d'une pièce très-
délicate à laquelle M. Siemens avait donné le nom de *navette* (*) et qui fonctionnait imparfaitement.

Depuis cette invention, plusieurs chercheurs, et en particulier MM. d'Arlincourt, Lippens, Trintignan, Leuduger, Fort-
morel, etc., ont repris le même problème et sont arrivés à des
résultats beaucoup plus satisfaisants en employant un mouvement d'horlogerie pour faciliter l'action électrique. Ne pouvant
décrire tous ces appareils, nous donnerons comme type celui
de M. d'Arlincourt qui est aujourd'hui employé au chemin de
fer de l'Ouest entre Paris et Rouen, et dont on est, à ce qu'il
paraît, satisfait.

Télégraphe de M. d'Arlincourt. — Dans ce système, le manipulateur, le récepteur et le mécanisme imprimeur sont réunis dans le même instrument et sont tous dé-
pendants les uns des autres. Le manipulateur, qui est un
transmetteur circulaire à touches, est superposé au récepteur
et fonctionne sous l'influence du mécanisme d'horlogerie qui
met en action ce dernier, et le mécanisme imprimeur, ayant un
mouvement d'horlogerie à part, est disposé de manière à présenter les organes imprimeurs en dehors de l'appareil sur un
plan vertical, comme dans le système Morse.

La pièce importante de cet appareil est un axe vertical SP
(*fig.* 126), qui constitue le cinquième mobile du premier
mécanisme d'horlogerie, et qui porte : 1° un doigt horizontal O sur lequel réagissent les différentes touches du manipulateur pour en provoquer l'arrêt; 2° une roue d'angle L,
destinée à transmettre le mouvement du mécanisme d'horlogerie à un arbre horizontal X (*fig.* 127), sur lequel sont adaptées la roue d'échappement J et la roue des types V; 3° un
commutateur composé de deux roues dentées A et B (*fig.* 126)
et d'un disque intermédiaire également denté (mais en sens

(*) *Voir* mon *Exposé*, t. II, p. 70.

inverse des roues A et B), sur lesquels appuient trois leviers frotteurs D, E, G. Ce commutateur a pour fonction de fournir

Fig. 126.

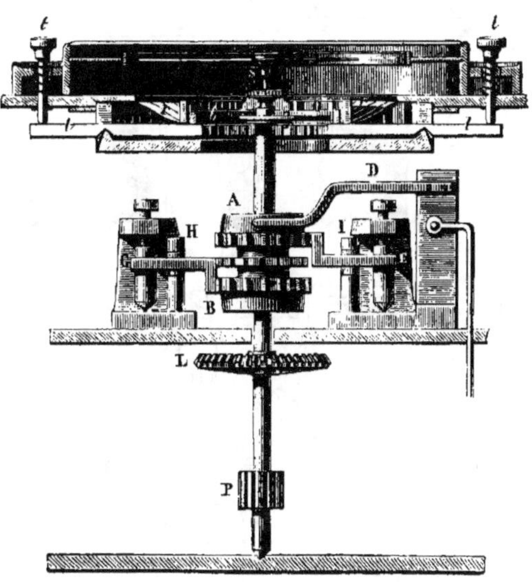

en temps opportun les émissions de courant à travers la ligne, de dériver un autre courant à travers l'électro-aimant du récepteur de l'appareil, et de décharger la ligne.

Le jeu de cet axe est commandé, bien entendu, par la roue d'échappement J (*fig.* 127), dont nous avons parlé précédemment, et le jeu de cette roue est lui-même commandé par un électro-aimant M, disposé d'après mon système (*voir* p. 358), et dont l'hélice est en communication, d'un côté avec la terre, d'autre part avec un système de double levier basculant N, que nous appellerons *bascule de déclanchement*, lequel est mis en rapport électrique avec le commutateur dont il a été question par l'intermédiaire de deux petites colonnes, moitié cuivre, moitié ivoire, H et I. Cette bascule se compose de deux tiges métalliques légèrement arquées, montées sur un axe horizontal commun, et terminées à leurs extrémités par des lames de ressort qui sont convergentes d'un côté et divergentes de l'autre côté. Ces dernières appuient contre les colonnes, moitié cuivre, moitié ivoire, H et I, dont il vient d'être question, et les autres contre une colonne unique U, également moitié cuivre, moitié ivoire, dont la partie métallique

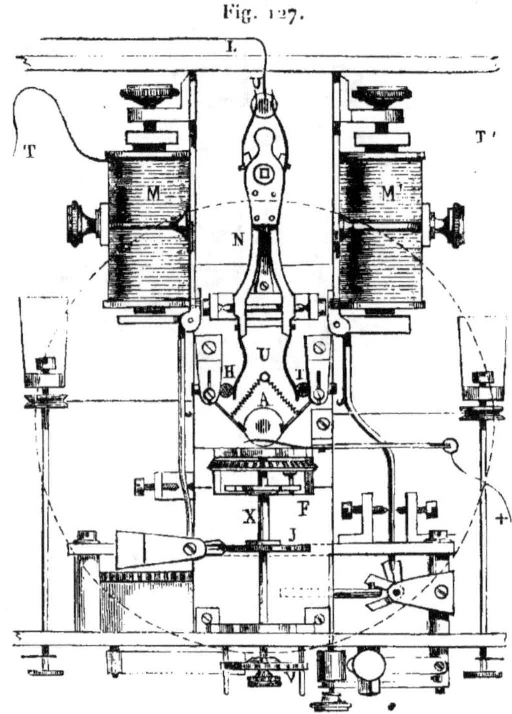

Fig. 127.

isolée communique avec la ligne. Enfin une plaque en ivoire réunit les deux tiges métalliques de la bascule de manière à former une large touche sur laquelle peut agir un piston pour faire basculer le système.

La pile de ligne est disposée de manière à fournir deux courants, d'abord un courant de pile de ligne qui résulte de tous ses éléments réunis (je suppose un nombre de 35), et en second lieu un autre courant provenant d'une partie de ces mêmes éléments (de 10, par exemple). Le premier courant aboutira au ressort D du commutateur (*fig.* 126), le second à la roue B par l'axe qui la porte. On remarquera que les dents des deux roues A et B, qui se correspondent d'ailleurs exactement, et qui ne diffèrent que par leur épaisseur, plus grande dans la roue B que dans la roue A, font saillie par rapport à la circon-

férence du disque intermédiaire; de sorte que quand les leviers frotteurs E, G appuient sur les dents des roues A et B,
ils ne peuvent rencontrer, par leur extrémité recourbée, le
disque en question, d'autant plus que les dents de celui-ci
alternent avec celles des roues A et B; mais ceci a précisément lieu quand ils se trouvent dans un intervalle de dents.

Or, voici ce qui résultera de l'abaissement de la bascule
de déclanchement dont nous avons parlé : les ressorts diver-
gents toucheront la partie métallique des colonnes H, I, et,
les ressorts G et E appuyant sur les dents des roues A et B,
le courant de ligne sera transmis à travers la ligne par le
levier de droite de la bascule, tandis que le courant dérivé
sera transmis à l'électro-aimant M de l'appareil par le levier de
gauche. Cet électro-aimant étant actif déterminera un échappement qui fera tourner le commutateur, et permettra aux
frotteurs E, G de s'abaisser et de se mettre en contact avec le
disque intermédiaire. Dès lors le courant sera coupé à la fois
à travers la ligne et l'électro-aimant, et une communication
sera établie entre la terre et la ligne par le disque et l'électro-aimant M, lequel se trouvera ainsi complétement démagné-
tisé par le courant de décharge. Sous l'influence de cette démagnétisation, les dents du commutateur se trouveront mises
de nouveau en contact avec les frotteurs E et G, et les effets
précédents se renouvelleront de la même manière, tant que
la bascule de déclanchement restera abaissée. Par suite de
ces réactions, les roues des types des deux appareils se
trouveront donc mises en mouvement continu, et leur arrêt
dépendra uniquement du relèvement de la bascule de déclanchement, qui coupera les deux courants à travers le
commutateur. Maintenant, on comprendra facilement qu'on
pourra arrêter les deux appareils en agissant à la station même
qui reçoit, et pour cela il suffira d'envoyer sur la ligne un
courant continu. Il résultera, en effet, de cette émission que
quand le commutateur de l'appareil du poste expéditionnaire
sera placé de manière à fournir la décharge de la ligne, ce
qui a lieu, comme nous l'avons vu, après chaque émission
de courant, le courant envoyé de la station qui reçoit passera
à travers l'électro-aimant commandant le jeu de ce commutateur, précisément quand il devrait être interrompu. Dès

lors celui-ci ne pourra plus réagir, et les appareils seront arrêtés.

Le mécanisme imprimeur n'a rien de particulier quant à son principe, mais la disposition des divers organes qui sont en jeu diffère un peu de celle qui est habituellement employée. Cette différence existe surtout dans le système d'encliquetage du laminoir destiné à entraîner la bande de papier et le système d'excentrique appelé à produire l'impression, lequel se compose d'une roue à trois cames. Cette roue est montée sur l'axe du troisième mobile du second mécanisme d'horlogerie, dont le jeu est commandé par une fourchette d'encliquetage et un disque muni de trois systèmes de chevilles d'arrêt. Cette fourchette elle-même est mise en action par un électro-aimant M′ (*fig.* 127), qui fonctionne sous l'influence d'une pile locale dont le courant est fermé et interrompu par le levier de l'électro-aimant M du récepteur. Quand ces ouvertures et fermetures de courant sont très-rapprochées, comme cela arrive quand la bascule de déclanchement du récepteur est abaissée, l'aimantation de l'électro-aimant imprimeur n'a pas le temps de se faire et aucune impression n'est produite; mais quand l'interruption du courant au récepteur dure un temps convenable, le mécanisme imprimeur est déclanché et les choses se passent comme dans les autres télégraphes.

Pour rendre l'action de cet électro-aimant plus sûre et plus nette, M. d'Arlincourt a disposé l'armature de celui-ci d'une manière particulière : au lieu d'une simple armature de fer, il en emploie deux, placées l'une derrière l'autre et pouvant se mouvoir indépendamment l'une de l'autre. L'armature intermédiaire, placée devant l'électro-aimant, est composée de deux disques de fer encastrés dans une palette de cuivre, et ces disques, correspondant aux pôles de l'électro-aimant, peuvent, étant attirés, allonger les branches de celui-ci et réagir sur la seconde armature comme pôles prolongés de l'électro-aimant; mais pour avoir lieu cette action exige un certain temps, car non-seulement il faut que le mouvement de l'armature intermédiaire soit accompli intégralement, mais encore que le magnétisme ait eu le temps d'aimanter au maximum, et successivement, les pièces de fer des deux armatures. Avec ce système

on peut régler à volonté la sensibilité de l'inertie magnétique de l'électro-aimant ; il suffit pour cela de serrer plus
ou moins le ressort antagoniste de l'armature intermédiaire,
le ressort de l'autre armature étant réglé une fois pour toutes.

Le manipulateur de l'appareil en question n'a d'autre action
à produire que d'arrêter en divers points de sa course correspondant aux différentes lettres de l'alphabet le doigt O
(*fig.* 126), monté sur l'axe du commutateur, et de faire abaisser
en même temps la bascule de déclanchement. A cet effet les
touches du manipulateur correspondent à des bascules *ll* rangées circulairement autour de l'axe du commutateur, et ces
bascules, étant abaissées individuellement, ont pour effet :
1° de présenter devant le doigt O en mouvement un obstacle
rigide ; 2° de soulever en même temps un anneau *b* qui les
couvre toutes et qui correspond, par un levier articulé, à un
piston appuyant sur la grande bascule de déclanchement N
(*fig.* 127).

Le mérite du système télégraphique de M. d'Arlincourt est
de fournir les avantages des récepteurs intercalés dans le
même circuit, sans en présenter les inconvénients. Fonctionnant en effet avec un circuit dérivé relativement faible, le
récepteur du poste expéditeur peut marcher avec une intensité électrique égale à celle qui le fait agir quand il fonctionne
pour la réception ; ce qui n'a pas lieu généralement avec les
autres dispositions télégraphiques. Il diminue d'ailleurs la résistance de la ligne de 200 kilomètres, et la décharge après
chaque émission de courant.

Nous avons oublié de dire que cet appareil peut servir en
même temps de télégraphe à cadran, car une aiguille S, adaptée
à l'axe du commutateur, se meut en même temps que lui autour d'un cadran placé au centre du clavier circulaire.

Il est encore un détail de construction dans le télégraphe
de M. d'Arlincourt qui ne laisse pas que d'avoir une certaine
importance au point de vue du bon fonctionnement de l'appareil : c'est l'introduction d'une pièce F (*fig.* 127) comme
organe de transmission de mouvement entre l'axe vertical du
commutateur et l'axe horizontal de la roue d'échappement.
Cette pièce est un bras d'acier à l'extrémité duquel se trouve
percée une petite rainure qui laisse passer une cheville adap-

tée à la roue de transmission. Un ressort, appuyant sur cette cheville, la maintient, en temps ordinaire, à une extrémité de cette petite rainure; mais l'axe vertical, en tournant, peut forcer ce ressort et reporter la cheville du côté opposé de la rainure. Il résulte de cette disposition qu'avant chaque échappement la cheville est repoussée contrairement au ressort, mais que, pendant le dégagement de la roue à rochet J, elle se trouve reportée du côté opposé, ce qui retarde l'échappement par rapport au mouvement du commutateur. De cette manière, le contact des ressorts E et G avec les dents de ce commutateur se trouve parfaitement assuré et toujours effectué en temps opportun.

TÉLÉGRAPHES IMPRIMANT SUR PLUSIEURS LIGNES SUPERPOSÉES.

Dans le but de placer les dépêches imprimées par les télégraphes dans les mêmes conditions que si elles sortaient d'une imprimerie ordinaire, plusieurs inventeurs, entre autres M. Freitel, ont cherché à couper les longues lignes que fournissent les appareils précédents et à les faire se succéder les unes au-dessous des autres sur une feuille de papier ordinaire. Il est facile de comprendre que de pareils systèmes, qui compliquent inutilement les appareils sans présenter aucun avantage en compensation, ne peuvent être pratiques. Ce ne sont donc que des tours de force de mécanique qui ne peuvent séduire que les amateurs de difficultés vaincues. A ce point de vue, le télégraphe de M. Freitel est réellement intéressant. On en trouvera la description dans notre *Exposé*, t. II, p. 138.

CHAPITRE V.

TÉLÉGRAPHES AUTOGRAPHIQUES.

Dans les descriptions qui ont été faites jusqu'ici des télégraphes électriques, nous avons vu le télégraphe indiquer, écrire et même imprimer des lettres ou des signaux de convention sous une influence toujours la même et avec des formes invariables pour chaque désignation. Avec les télégraphes autographiques, cette forme fixe des signaux n'est plus indispensable : une ligne quelconque, un contour, un dessin, l'écriture même de telle ou telle personne peuvent être minutieusement reproduits, et cela avec une vitesse relativement considérable.

Quel est le premier inventeur de ces sortes d'appareils télégraphiques? La question est assez difficile à éclaircir ; car l'idée de ce système d'appareils se trouve spécifiée dans les brevets de M. Wheatstone et de M. Bain. Ce dernier même aurait, dit-on, appliqué dans ce but le système électro-chimique qu'il avait imaginé pour la reproduction des signaux Morse, et qui est la base de tous les télégraphes autographiques construits dans ces derniers temps. Quoi qu'il en soit, s'il est difficile d'être fixé sur la date de la découverte du principe sur lequel sont fondés les télégraphes autographiques, on sait toujours que c'est M. Backwell qui a le premier exécuté un appareil de ce genre, et qui le premier a montré des spécimens de la reproduction électrique de l'écriture. Une dépêche ainsi transmise figurait à l'Exposition de Londres de 1851, et bien que l'appareil n'eût pas été exposé, elle suffisait pour rendre compte du système propre à réaliser ce résultat. C'est, en effet, à la suite de ma visite à l'Exposition de Londres que je publiai, dans la première édition de mon *Exposé des applications de l'électricité*, la première description qui ait été faite des télégraphes autographiques. Cette description n'est pas, il est vrai, exactement celle de l'appareil de **M. Backwell**; mais, comme elle expose nettement le principe des appareils de ce genre, nous croyons devoir la rappeler ici.

« Un mouvement de va-et-vient d'une pointe métallique mobile peut être facilement obtenu de la part d'un appareil d'horlogerie, et ce mouvement imprimé à la pointe peut, par l'intermédiaire d'une vis sans fin, être combiné avec un mouvement de translation dans un sens qui lui soit perpendiculaire; si cette pointe était un crayon, elle dessinerait des hachures plus ou moins serrées, suivant le pas de vis, et la surface qu'elle devrait couvrir serait d'autant plus vite remplie que le mécanisme d'horlogerie tournerait plus vite aussi. Supposez donc à chaque station un mécanisme ainsi établi et admettez qu'au-dessous des pointes métalliques soient placées, d'un côté, à la station A, une feuille de papier préparée au cyanure de potassium, comme nous l'avons indiqué page 195, et appliquée sur une plaque métallique en rapport avec la branche négative du courant; d'un autre côté, à la station B, la dépêche qu'on aura eu soin d'écrire sur du papier métallique, du papier d'étain, je suppose. Il arrivera que, si le courant passe de la pile à la feuille d'étain, et qu'un fil unisse métalliquement d'une station à l'autre les deux pointes qui seront animées d'un mouvement synchronique par l'effet d'un déclanchement simultané de leur mécanisme d'horlogerie, il arrivera, dis-je, que le courant ne sera interrompu à la station qui transmet que quand le style de la station B passera sur le corps même de l'écriture. Le style de la station A qui reçoit dessinera donc constamment des hachures bleues (par suite de la décomposition du cyanure) qui ne seront interrompues qu'aux différents points où le style transmetteur aura rencontré l'écriture. Or, comme le mouvement des deux styles est synchronique, la série d'interruptions produites par l'écriture sur la feuille d'étain composera, au milieu des hachures bleues de la feuille recouverte de cyanure, une série de points blancs qui reproduiront en blanc l'écriture même de la dépêche. »

Voici maintenant la véritable description de l'appareil de **M. Backwell**, telle que l'a donnée **M. Muller** :

« On écrit d'avance la dépêche en lettres assez grosses sur

du papier métallique, par exemple sur du papier argenté, avec un crayon isolant ou de l'encre isolante.

» Le papier chimique est enroulé sur un cylindre en métal, auquel un mécanisme d'horlogerie imprime un mouvement de rotation uniforme et très-rapide. L'axe du cylindre porte une roue dentée qui engrène dans une autre, fixée sur l'axe d'une fusée parallèle au cylindre, sur laquelle se meut un écrou portant un bras muni à son extrémité d'un style en acier ou en fer qui repose sur le papier chimique. Tout est disposé de telle sorte, qu'en même temps que le cylindre se meut autour de son axe, le style obéit à un mouvement très-lent parallèlement à cet axe, et décrit une spirale très-serrée sur le papier.

» Par une disposition semblable, un style en métal décrit à la station de départ une spirale très-serrée sur le papier en métal qui porte la dépêche, en même temps que le cylindre sur lequel ce papier est enroulé reçoit un mouvement de rotation synchrone avec celui du récepteur.

» Le pôle négatif de la pile communique avec la terre, le pôle positif avec le rouleau métallique du transmetteur; le style en platine, et mieux en or, qui presse le papier métallique, est réuni au fil de ligne qui est relié au style écrivant.

» Lorsque les appareils aux deux stations sont en mouvement et le courant établi, celui-ci est arrêté toutes les fois qu'il doit traverser une trace faite par la plume isolante, et il passe, s'il rencontre le papier en métal. Il résulte de là que le courant produit sur le papier chimique des traits blancs sur des fonds bleus.

» Les mouvements d'horlogerie sont arrêtés par des détentes qu'on fait partir au même instant aux deux stations, au moyen d'un électro-aimant placé à chacune d'elles, en les faisant traverser par le courant au moment de commencer la transmission. »

D'après l'exposé que nous venons de faire, on pourrait croire que rien n'est plus simple que la construction des télégraphes autographiques; mais l'expérience a montré qu'il était loin d'en être ainsi, et il n'a pas fallu moins de dix années d'études continuelles et d'essais sans nombre pour mettre ces sortes d'appareils en état de fonctionner sur les lignes. C'est à M. l'abbé Caselli qu'on doit ce résultat si important et en même temps si curieux, et quand on considère les difficultés sans nombre qu'il a rencontrées, on se demande ce qu'on doit le plus admirer en lui, de son génie ou de sa patience.

Les grandes difficultés qui se sont d'abord présentées dans la construction des télégraphes autographiques ont été, d'abord l'établissement d'un synchronisme parfait entre les appareils transmetteur et récepteur, et en second lieu l'impression nette et caractérisée des traces électro-chimiques reproduisant l'écriture. Si l'on réfléchit que la moindre différence dans la marche des deux appareils a pour effet d'empêcher les différents points ou traits, dont l'ensemble doit dessiner les différentes lettres, de se superposer, on comprend déjà toute la délicatesse du problème; mais la question devient bien autrement ardue quand on considère les conditions dans lesquelles se présente l'impression des signaux : il est facile de voir, en effet, que la création de traces colorées sur un papier forcément humide devait entraîner dans le système de **M. Backwell**, des bavochures, et un étalage de la couleur suffisant à lui seul pour boucher les points blancs constituant les éléments des différentes lettres. Cette indécision des traces électro-chimiques devait être encore bien autrement manifeste sur les lignes télégraphiques un peu longues, en raison des courants de décharge qui prolongent l'action des émissions électriques, ainsi qu'on l'a vu p. 54. Enfin, en raison de la durée relativement considérable de la période variable de la propagation des courants sur les lignes télégraphiques, il était à craindre que les alternatives d'émission et d'interruption de courants, qui sont si nombreuses et si rapprochées dans les systèmes autographiques (100 environ par seconde), ne pussent être produites dans des conditions avantageuses. M. Caselli a surmonté toutes ces difficultés, et son pantélégraphe n'est plus aujourd'hui un appareil de cabinet, mais bien un instrument qui réunit toutes les conditions voulues pour être pratique, ainsi que l'ont démontré les expériences qui ont été faites pendant huit mois entre Paris et Amiens, et celles qui se poursuivent entre Paris, Lyon et Marseille depuis le mois d'août 1862.

Pantélégraphe de M. Caselli. — Le télégraphe autographique de M. Caselli a subi, depuis son origine, de nombreux perfectionnements et de nombreuses transformations, tant sous le rapport des dimensions et de la disposition des appareils que sous celui des moyens employés pour l'impression des dépêches. Aujourd'hui il se compose de deux instruments distincts : du *télégraphe* proprement dit, que nous représentons *fig.* 1 et 2, *Pl. III*, et qui renferme deux transmetteurs et deux récepteurs pouvant fonctionner alternativement; et, en second lieu, d'un *chronomètre régulateur* destiné à régler d'une manière sûre et facile la marche des deux appareils placés aux deux stations en correspondance. Nous représentons cet appareil *fig.* 3 et 4. Une pile de ligne et une petite pile supplémentaire complètent avec un rhéostat d'une forme particulière, qui est représentée *fig.* 13 et 14, le matériel de chaque station.

Avant de décrire ces différents appareils, il est nécessaire que nous indiquions comment M. Caselli fait réagir les courants pour produire les impressions et les dégager des inconvénients que nous avons signalés précédemment. C'est seulement alors qu'on pourra apprécier l'utilité des divers organes qui entrent dans les appareils que nous avons indiqués.

Pour éviter d'abord que l'étalage de la matière colorée produite sous l'influence du courant déforme ou dissimule les traces dessinant les lettres, M. Caselli emploie un système diamétralement opposé à celui de M. Backwell : au lieu de déterminer des traces se détachant en blanc sur un fond coloré, M. Caselli produit des lettres colorées se détachant sur un fond blanc, ce qui rentre davantage dans les conditions de l'écriture ordinaire. Mais comment obtenir ce résultat avec des courants interrompus précisément au moment où ces traces doivent être produites? Comment surtout les faire se succéder rapidement sans bavures? Le problème était difficile à résoudre; car, indépendamment des moyens à trouver pour obtenir, par l'absence du courant, des effets qui sont ordinairement la conséquence de sa présence, il fallait arriver à cet autre résultat qu'on pourrait qualifier au premier abord de paradoxal : *décharger le circuit de ligne sur l'appareil récepteur, tout en le maintenant constamment chargé sur tout le parcours de la ligne.* M. Caselli, à force de recherches et d'études, y est pourtant parvenu, et cela de la manière la plus simple, comme on va pouvoir en juger.

Supposons, à la station qui transmet, une pile de ligne **P** et une petite pile supplémentaire **I**, disposées, par rapport au circuit de ligne **L**, comme on le voit dans la *fig.* 128, c'est-

Fig. 128.

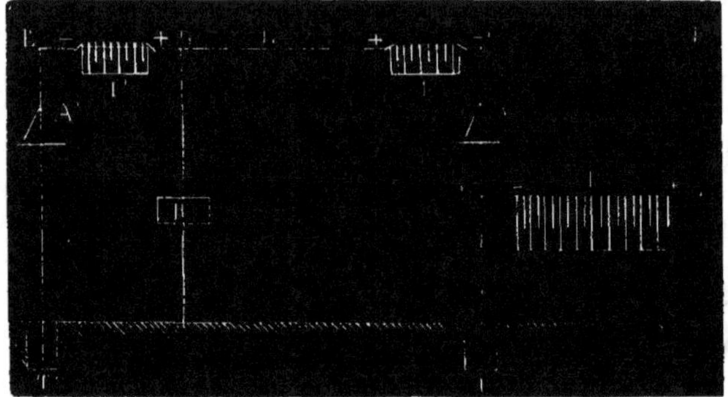

a-dire d'une manière telle, que la pile **I** soit interposée sur la ligne **L**, et que les deux pôles de la pile **P**, tout en communiquant aussi avec cette ligne, fournissent en **D** une communication avec la terre. Admettons encore que le transmetteur télégraphique, placé en **A** et consistant dans une feuille d'argent écrite sur laquelle appuie une aiguille de platine, soit interposé sur le fil réunissant le pôle négatif de la pile **P** à la ligne. Enfin supposons qu'une pile **I′**, exactement semblable à **I**, soit placée à la station qui reçoit, dans une position symétrique par rapport à cette dernière.

Si les pôles de ces trois piles sont disposés comme l'indique la figure, les effets suivants se manifesteront infailliblement :

1° Quand l'aiguille de platine touchera l'encre de la feuille écrite, c'est-à dire quand la communication **CD** sera interrompue, le courant de la pile **P** s'ajoutera au courant de la pile **I** pour traverser la ligne et réagir sur l'appareil télégraphique placé en **A′**, sur lequel il déterminera une trace bleue. Il est vrai qu'il rencontrera le courant de la pile **I′** qui lui est opposé, mais ce dernier courant ne diminuera que faiblement l'action du premier, car la pile **I′** est beaucoup plus faible que la pile **P** et à plus forte raison que **P + I**. Une trace colorée se trouvera donc ainsi produite sous l'influence d'une rupture de courant opérée par le transmetteur situé en **A**.

2° Quand l'aiguille de platine de ce transmetteur touchera

la feuille d'argent, le courant de la pile P ne passera que très-peu à travers la ligne, car le circuit DCBP ne présentant pas de résistance appréciable lui offrira une issue immédiate. On aura donc sur le récepteur en A′ un effet équivalent à une rupture de circuit, et les courants des deux piles I et I′ ne devraient pas changer ce résultat si le circuit était parfaitement isolé. Toutefois, comme les lignes télégraphiques sont loin de constituer ce circuit isolé, il s'agit de voir ce que deviennent les courants de ces deux piles par suite des dérivations établies tout le long de la ligne. Pour peu qu'on y réfléchisse, on ne tardera pas à reconnaître que, par suite de ces dérivations, le courant de la pile I sera prédominant dans la moitié de droite de la ligne L, tandis que le courant de la pile I′ sera prédominant dans la moitié de gauche. Or, cette prédominance de deux courants opposés aux deux extrémités de la ligne résout complétement le problème paradoxal dont nous avons parlé.

En effet, de la prédominance du courant de la pile I′ résulte un contre-courant dirigé précisément en sens contraire de celui de la pile P dans la partie du circuit occupée en A′ par le récepteur, et ce contre-courant a nécessairement pour effet de neutraliser sur ce récepteur le courant de décharge qui continue l'action électro-chimique, et qui, ainsi que nous l'avons dit, empêche la netteté des traces électro-chimiques en les prolongeant. D'un autre côté, le courant prédominant de la pile I, joint au petit courant dérivé de la pile P et au courant même de décharge, maintient la ligne chargée sur la plus grande partie de son parcours, et rend ainsi les temps de charge, au moment des émissions de courant, beaucoup moins longs.

Il résulte, comme on le voit, de cette disposition, que les dérivations du courant par la ligne, au lieu d'être défavorables à la marche de l'appareil, sont au contraire utiles, et même tellement utiles, que, par les temps très-secs, on est obligé de les reproduire artificiellement en établissant en G une dérivation très-résistante R dans le voisinage du récepteur. Cette dérivation permet d'ailleurs de maintenir sur une plus grande étendue la prédominance de la pile I et, par suite, la charge de la ligne. Comme cette dérivation doit nécessairement varier suivant l'état plus ou moins humide de l'atmosphère, M. Caselli la produit à l'aide du rhéostat dont nous avons parlé, et qui peut fournir des résistances de plusieurs milliers de kilomètres.

Cela étant posé, nous allons étudier maintenant la construction des appareils représentés *fig.* 1, 2, 3 et 4, *Pl. III.*

Appareil télégraphique. — Cet appareil consiste essentiellement dans un pendule très-lourd (pesant 8 kilogrammes) de 2 mètres de longueur, qui réagit alternativement au moyen de deux bras B, B' sur deux systèmes basculants identiques M, M', constituant l'un M le transmetteur, le second M' le récepteur. Une sonnerie S sert d'avertisseur télégraphique pour les signaux nécessaires à la mise en action des appareils.

D'après cette disposition, on voit que c'est le pendule lui-même qui constitue le mécanisme moteur de ces sortes d'appareils, et c'est pour obtenir de sa part une force suffisante, aussi bien que pour le faire osciller dans un petit angle, condition nécessaire pour l'isochronisme de ses mouvements, qu'on lui a donné les dimensions et le poids considérables dont nous avons parlé. Maintenant, il est facile de comprendre que, pour que deux appareils télégraphiques de cette nature puissent marcher synchroniquement, il ne s'agit que de régler les oscillations des pendules de telle manière qu'elles se correspondent exactement. C'est à cet effet qu'ont été adaptés les électro-aimants E, E' sur lesquels réagissent les chronomètres régulateurs, et qui, grâce à eux, mettent en action l'armature de fer A, constituant la boule des pendules eux-mêmes. Nous verrons plus tard le jeu de ces électro-aimants; quant à présent, nous dirons seulement que le pendule réagit sur deux commutateurs F, F' au moyen d'une tige I articulée à frottement dur en *a*, et porte en C deux crochets destinés à arrêter le pendule aux deux extrémités de son oscillation, par l'intermédiaire de deux butoirs *c*, *c'* portés par un levier U.

Les mécanismes transmetteur et récepteur M, M', qui sont d'ailleurs exactement les mêmes, sauf la grandeur de l'arc d'oscillation des pièces basculantes, se composent d'un châssis MM (*fig.* 1 et 2) soutenu par une pièce de bronze KJ, laquelle est montée sur un axe d'oscillation GG, et se termine inférieurement par une tige L sur laquelle est articulé le bras B. Un contre-poids en plomb HH sert à équilibrer le poids de ce châssis, afin de favoriser son mouvement d'oscillation, et à le rappeler suivant la verticale. C'est sur ce châssis MM que sont adaptés les mécanismes destinés à faire marcher les pointes métalliques qui doivent transmettre ou imprimer la dépêche; et naturellement, en raison du mouvement circulaire dont celles-ci sont animées, les feuilles argentées ou recouvertes de cyanure de potassium, qui doivent transmettre ou recevoir la dépêche, se trouvent disposées en N, N, au-dessous de ces pointes, sur une surface cylindrique. Comme les impressions ne peuvent être faites régulièrement que pour un même sens de l'oscillation des pointes traçantes (*), M. Caselli a cherché à utiliser le sens contraire de ces oscillations pour une deuxième expédition, et c'est pourquoi les mécanismes sont doubles, comme on peut le remarquer *fig.* 1; il en résulte donc que le même transmetteur ou le même récepteur peut envoyer ou recevoir simultanément deux dépêches différentes.

Le mécanisme destiné à faire mouvoir la pointe métallique qui doit transmettre ou écrire se compose, pour chaque moitié du transmetteur et du récepteur, d'abord d'une vis sans fin v, sur laquelle se meut un écrou mobile i, guidé par une tige rectangulaire nn, au moyen d'un curseur adapté à cette tige. Ce curseur, comme l'indiquent les *fig.* 9 et 10, est muni d'une rainure verticale dans laquelle s'engage une petite tige fixée sur un second curseur j, qui porte la pointe métallique et qui est mobile lui-même sur une seconde tige rectangulaire r. Cette seconde tige, par exemple, au lieu d'être fixe comme la première, est susceptible de tourner suivant son axe, et il résulte de cette disposition qu'un mouvement d'oscillation peut être communiqué régulièrement à cette tige, sans entraver la marche du curseur j dans le sens longitudinal. Par conséquent, si un mouvement saccadé de rotation est communiqué à la

---

(*) Au moyen de certaines combinaisons dont il sera question plus tard, les conditions de synchronisme à chaque oscillation des pendules se trouvent remplies de la manière la plus exacte; mais les défauts correspondants aux variations de vitesse dans l'étendue de l'oscillation ne se trouvent pas pour cela atténués, et ces défauts, avec un traçage dans les deux sens, pourraient avoir pour résultat de produire des lignes sans concordance, comme ci-dessous,

ce qui donnerait une ligne brisée pour une ligne droite verticale.

vis *v* à chaque mouvement d'oscillation du système basculant **MM**, la pointe portée par le curseur *j* pourra avancer d'une certaine quantité à chaque oscillation du pendule, et de plus, si une impulsion est communiquée à la tige *r* pour un certain sens de l'oscillation du même système, elle pourra rester appuyée sur la surface cylindrique NN pendant une demi-oscillation de ce système et être relevée pendant l'autre demi-oscillation.

Le mécanisme destiné à fournir cette double impulsion, que l'on distingue en *oft* (*fig.* 1) vu de champ, est représenté vu de face *fig.* 7 et 8; il consiste dans une roue à rochet de dix dents *o*, montée sur l'axe même de la double vis sans fin *vv*, et sur laquelle réagit une fourchette d'encliquetage *f*. La tige de cette fourchette, venant à rencontrer deux butoirs fixes *dd* à chaque oscillation du système basculant **ML**, est mise elle-même en mouvement d'oscillation, et provoque la rotation du rochet *o*, en même temps que celle de la vis *vv*. Le jeu de cette fourchette est d'ailleurs assuré au moyen d'un galet porté par un ressort qui appuie, soit d'un côté, soit de l'autre, d'une came angulaire adaptée à la tige de la fourchette *f*, et qu'on aperçoit en *t* (*fig.* 1 et 8). Les boutons *ll* (*fig.* 8), que l'on remarque fixés à la partie supérieure de la tige de la fourchette *f*, sont destinés à faire appuyer en temps convenable les pointes métalliques sur les feuilles de papier. A cet effet, ils réagissent sur un levier *u* adapté aux tiges *rr* dont nous avons parlé, et qui se termine par une tige-butoir *x*, sollicitée en sens contraire de l'action des butoirs *dd* par un ressort antagoniste en caoutchouc. C'est ce levier *u* qui communique à la tige *rr*, à chaque action des butoirs *d* sur la fourchette *f*, le mouvement de bascule destiné à relever la pointe métallique; et c'est le ressort de caoutchouc adapté au levier *x* qui abaisse cette pointe. Comme ce levier *x* bute contre le châssis du système oscillant, le mouvement de la pointe en question se trouve limité et rendu indépendant des petites variations que pourrait entraîner sans cela le jeu de la roue *o*.

Dans la description qui précède, nous n'avons considéré qu'un seul système oscillant ; or, nous avons vu que ce système était double, soit pour la réception, soit pour la transmission; mais l'inspection de la *fig.* 1 fait comprendre facilement que ce que nous avons dit pour l'un peut s'appliquer à l'autre. Nous ferons seulement observer que, comme ces mécanismes doivent fonctionner sous deux effets mécaniques contraires, les dispositions sont toutes renversées : ainsi la vis *v*, pour le mécanisme de droite, a son filet en sens opposé de la même vis dans le mécanisme de gauche ; la pointe métallique est pour celui-ci en avant, tandis qu'elle est en arrière pour celui-là ; enfin les curseurs vont de droite à gauche pour l'un, et de gauche à droite pour l'autre.

Si l'on a bien saisi cette description, on comprend facilement le jeu de l'appareil : quand le pendule marche vers la gauche (*fig.* 1 et 2), le système oscillant ML incline vers la droite ; la pointe métallique de la partie gauche du transmetteur appuie sur la feuille argentée placée sur la surface cylindrique NN, alors que la pointe métallique de la partie droite est soulevée : au moment où le pendule a atteint son écart extrême, le butoir *d* repousse la tige de la fourchette *f*, fait avancer la vis *vv* d'une certaine quantité, et soulève la pointe métallique du transmetteur de gauche en même temps qu'elle fait abaisser la pointe du transmetteur de droite. Il en résulte donc une série de frottements des pointes métalliques qui, si elles pouvaient laisser des empreintes continues, fourniraient une série de lignes éloignées d'une fraction de millimètre les unes des autres et couvrant une feuille de papier sur une largeur de 10 centimètres et sur une hauteur de 12 centimètres. On comprend donc que si, dans cet espace, la feuille argentée du transmetteur est couverte par une dépêche écrite, il résultera du passage successif de la pointe de platine à travers cette écriture une série d'interruptions de courant qui, en raison de la disposition que nous avons décrite précédemment et du mouvement parfaitement synchronique des appareils aux deux stations, seront reproduites électro-chimiquement à la station qui reçoit, par une succession de petites lignes fines et serrées, placées dans le même ordre et dans des positions respectives identiques ; ce qui constituera le *fac-simile* de la dépêche écrite, comme on le voit *fig.* 15.

Nous avons dit que l'arc d'oscillation du système basculant M'L' (*fig.* 2) appliqué à la réception était de moindre étendue que celui du système basculant ML appliqué à la transmission. Cette réduction a été combinée au double point de vue de l'augmentation de la rapidité de la transmission et de l'accroissement de l'effet électrique déterminé. Voici comment : si on admet que, pour rendre l'écriture suffisamment lisible, il faille que les lignes tracées par les pointes de fer soient écartées l'une de l'autre de $\frac{4}{10}$ de millimètre, on comprendra aisément que si, par un moyen quelconque, on parvient à rapprocher ces lignes sur le récepteur, on pourra en diminuer le nombre, et partant on gagnera du temps pour l'expédition de la dépêche. Or, ce résultat est fourni par la disposition que nous avons indiquée. En effet, si on maintient sur le récepteur l'écart de ces lignes à $\frac{3}{10}$ de millimètre, ce que l'on obtiendra, je suppose, avec un rochet o de douze dents (*fig.* 1 et 8), on pourra, en adaptant au mécanisme du transmetteur un rochet de dix dents, obtenir sur celui-ci un plus grand espacement des lignes, et, par conséquent, il en faudra un moins grand nombre pour couvrir la surface occupée par l'écriture. Il est vrai que l'écriture à la station de réception sera un peu raccourcie ; mais comme ce raccourcissement a lieu dans deux sens, en raison de la moindre étendue du rayon d'oscillation de la pointe traçante, elle ne sera pas déformée et pourra être très-lisible ; ce qui n'aurait pas eu lieu si les lignes avaient été aussi espacées que sur le transmetteur. Maintenant, comme l'action du courant, qui ne change pas à la transmission, s'effectue à la réception sur un plus petit espace, elle devient plus énergique et peut fournir un même effet électro-chimique avec une source électrique moins intense.

La *fig.* 11 montre comment les pointes métalliques qui doivent fournir la transmission ou l'impression de la dépêche sont disposées sur le curseur de la tige rr ; c'est tout simplement un fil très-fin de fer ou de platine qui passe à travers un bec métallique et qui se trouve en provision de manière à être poussé au fur et à mesure de son usure ; ce bec est monté sur une lame de ressort r et se trouve soutenu par une palette m ; la grosseur de ce fil métallique n'est pas indifférente, comme on pourrait le croire : il est absolument nécessaire qu'il soit très-fin si on veut avoir des épreuves nettes et sans bavures.

D'un autre côté, la *fig.* 12 montre la disposition des pièces NN sur lesquelles doivent être placées les feuilles destinées à la réception et à la transmission de la dépêche : ce sont des portions de cylindres métalliques qui peuvent s'emboîter par leur partie inférieure entre de petits rails de fonte convenablement adaptés sur la table XX (*fig.* 1 et 2) et qu'il suffit de faire glisser sous le châssis MM. Ces pièces doivent être en certain nombre, afin qu'on puisse préparer d'avance les dépêches et opérer promptement les substitutions. Ceux de ces espèces de tambours qui sont destinés à la transmission sont recouverts en drap et portent deux lames de ressort qui servent à maintenir la feuille de papier argenté sur laquelle la dépêche est écrite : ils sont, bien entendu, plus grands que ceux destinés à la réception. Ceux-ci sont en étain et n'offrent d'ailleurs rien de particulier.

La *fig.* 2 montre comment les bras B sont articulés aux pièces basculantes ML; l'un de ces bras est même détaché, parce que l'appareil est censé en transmission et qu'il est inutile de donner une double besogne au pendule.

Pour terminer avec l'appareil télégraphique, il ne nous reste plus qu'à nous occuper de la sonnerie représentée vue de profil en S (*fig.* 2), et vue de face (*fig.* 6). C'est un simple marteau adapté à une armature d'électro-aimant de Cecchi, qui peut fournir des coups distincts sur un timbre et qui fonctionne, bien entendu, sous l'influence de courants renversés. Cette sonnerie porte un petit bouton transmetteur z qui est relié avec les commutateurs F, F', de telle manière que la sonnerie ne peut fonctionner que quand la pièce m de ces commutateurs est mise en contact avec la pièce n. Cette disposition a été établie pour que les courants destinés aux avertissements ne troublent pas ceux destinés à l'impression des dépêches, et en même temps pour que la sonnerie ne puisse pas fonctionner sous l'influence des courants de charge, comme cela est arrivé souvent à M. Caselli, avec les sonneries ordinaires. Le nombre des signaux nécessaires pour faire fonctionner les appareils étant très-restreint et se bornant à une vingtaine environ, M. Caselli a combiné un petit vocabulaire qu'il est très-facile d'interpréter, et qu'on peut facilement retenir. Maintenant voici comment on fait usage de cette sonnerie : supposons qu'à l'une des stations on veuille demander l'arrêt de la machine et que cette demande soit représentée par trois coups sur le timbre : on appuiera le doigt sur le transmetteur z, et, au bout de trois oscillations du pendule, les trois coups seront envoyés à la station correspondante, ce dont on sera prévenu, car les deux sonneries, étant interposées dans le même circuit, sonneront en même temps. On n'aura donc qu'à retirer le doigt après le troisième coup.

Chronomètre régulateur. — Dans son premier appareil, M. Caselli avait rendu le mécanisme destiné à régler le synchronisme solidaire de son télégraphe. Mais l'expérience n'a pas tardé à lui démontrer qu'il valait beaucoup mieux le rendre indépendant et le placer dans les conditions ordinaires de la chronométrie. Les appareils qu'il emploie aujourd'hui ne sont donc autre chose que de simples mécanismes d'horlogerie réglés par des pendules dont on peut modifier la vitesse au moyen du dispositif que nous avons représenté (*fig.* 3 et 4), et qui est aussi remarquable par sa simplicité que par le double rôle qu'il a à remplir. Ce dispositif, qui doit servir d'interrupteur de courant, consiste dans un levier a articulé en c sur lequel appuie un ressort r, que peut presser plus ou moins une vis de rappel micrométrique v. Une vis e, qui peut être rencontrée à chaque oscillation du pendule par un butoir b, peut être placée à distance convenable pour rendre les mouvements du pendule plus ou moins libres; mais par suite de l'effort exercé par le ressort r, les deux arcs parcourus par le pendule à gauche et à droite de la verticale ne sont plus égaux, et il en résulte une variation dans la durée de l'oscillation totale. En serrant ou en desserrant la vis v à l'une ou à l'autre des stations, on peut donc parvenir à mettre les pendules en accord de mouvement, et ce moyen de réglage est si sensible, qu'on peut régulariser leur marche à un millième de seconde près. Ce résultat si avantageux a engagé M. Caselli à appliquer ce système au réglage des horloges de précision. Voici maintenant comment le réglage des deux appareils peut être fait, et comment il peut établir en même temps le synchronisme du mouvement des pendules télégraphiques.

Le courant de la pile de ligne que nous représentons en A

(*fig.* 3) doit passer par la pièce *d* et la pièce *a* du chronomètre avant d'arriver aux électro-aimants EE' qu'il doit animer. Encore faut-il qu'il passe par l'un ou l'autre des commutateurs F'F (*fig.* 2) et que la pièce mobile *m* ait mis en contact le ressort *o* (*fig.* 2) avec le butoir *y* qui est en rapport, par le fil 3, avec *a* (*fig.* 3). Ce dernier effet est obtenu lorsque le pendule est près d'avoir atteint son écart extrême, soit à droite, soit à gauche, car alors la pièce articulée à frottement dur I (*fig.* 2) vient pousser d'un côté ou de l'autre la pièce *m*. Dans ce cas, si le pendule du chronomètre régulateur ne réagit pas sur les pièces *d* et *a* (*fig.* 3), le courant est fermé dans l'un ou l'autre des électro-aimants E et E', et le pendule du télégraphe se trouve maintenu écarté jusqu'à ce que celui du chronomètre régulateur, ayant accompli sa double oscillation, soit venu couper le courant, en soulevant la pièce *a*; alors le pendule du télégraphe devient libre et peut accomplir son oscillation contraire jusqu'à ce qu'ayant rencontré l'autre électro-aimant il se trouve de nouveau retenu écarté. Mais alors le pendule du chronomètre régulateur, en rompant de nouveau le courant, le rend libre à son tour, et les choses se renouvellent ainsi indéfiniment.

On voit que, par cette disposition, le mouvement du pendule télégraphique, à chaque station, est forcément solidaire de celui du pendule du chronomètre régulateur correspondant, et comme les deux chronomètres régulateurs peuvent avoir leur marche synchronique parfaitement réglée, ainsi qu'on l'a vu précédemment, le problème se trouve ainsi résolu. Dans la pratique, pourtant, plusieurs conditions doivent être remplies. Ainsi il est essentiel que la fermeture du courant à travers les électro-aimants précède l'arrivée du pendule à ses écarts extrêmes, attendu que le même écart ne pourrait être atteint pendant longtemps si l'attraction des électro-aimants ne venait pas restituer continuellement de la force au pendule. C'est à cet effet que M. Caselli a fait opérer la fermeture du circuit sur les commutateurs F et F', au moyen d'une pièce articulée à frottement dur. D'un autre côté, il est nécessaire que l'arrêt du pendule télégraphique, à ses écarts extrêmes, dure un certain temps, d'abord afin que la quantité de mouvement dont il est animé soit complétement perdue avant qu'il reprenne son oscillation inverse ; en second lieu, pour que son départ s'opère toujours dans les mêmes conditions, et enfin pour qu'on puisse prendre sur ces temps de repos l'accélération ou le retard de la marche de l'appareil.

Pour obtenir ce temps d'arrêt des pendules télégraphiques il semblerait, à première vue, que le mouvement des pendules chronométriques devrait être plus lent que celui des pendules télégraphiques ; mais il n'en est pas ainsi, car la force attractive des électro-aimants EE′ accélère considérablement, aux extrémités de leur course, la marche de ces derniers pendules, et il faut au contraire que ceux-ci marchent un peu moins rapidement que les pendules chronométriques.

La bonne réussite des épreuves électro-chimiques dépendant de la stabilité des effets électriques, et ces effets étant différents par suite des variations de la vitesse du pendule pendant son oscillation, M. Caselli avait, dans l'origine, cherché à uniformiser, au moyen d'un système de leviers combinés, sinon le mouvement du pendule, du moins celui des pièces conduites par lui et destinées à la transmission. Mais en y réfléchissant plus sérieusement, M. Caselli n'a pas tardé à s'apercevoir que cette plus grande vitesse du pendule au milieu de son oscillation, loin d'avoir des inconvénients, pouvait avoir, au contraire, des avantages en diminuant le temps des fermetures du circuit de ligne au milieu de chaque trajet des pointes métalliques. A cette époque de la transmission, en effet, la ligne se trouve plus chargée qu'au commencement, et, si les actions électriques avaient toujours la même durée, elles seraient plus fortes au milieu de la dépêche qu'aux extrémités, et, par suite, le *fac-simile* produit n'aurait pas une teinte uniforme ; mais par suite du mouvement plus accéléré des pointes traçantes en ces moments, cet inconvénient disparaît et l'uniformité de l'action électrique se trouve ainsi obtenue sans aucun frais.

Comme c'est la pile de ligne qui anime les électro-aimants EE′, ainsi qu'on l'a vu précédemment, il en résulte que son action sur la ligne, pour la transmission des dépêches, ne peut se manifester pendant le temps entier de l'oscillation du pendule télégraphique. Par conséquent, le travail utile des pointes métalliques ne s'effectue que sur un arc plus petit que celui qu'elles accomplissent réellement ; c'est pourquoi la largeur de la dépêche, au lieu d'avoir 10 centimètres, ainsi que nous l'avons dit précédemment, ne peut avoir, par le fait, que 8 ½ centimètres ; mais cette circonstance n'a rien de défavorable, car elle permet le réglage du synchronisme, comme on le verra à l'instant.

Il nous reste maintenant à examiner comment on peut établir le synchronisme de marche des appareils à des stations éloignées l'une de l'autre. Pour y parvenir, la feuille de papier argenté sur laquelle la dépêche doit être écrite est pourvue de trois raies *ad*, *be*, *cf* (*fig.* 129), tracées à l'encre, comme on

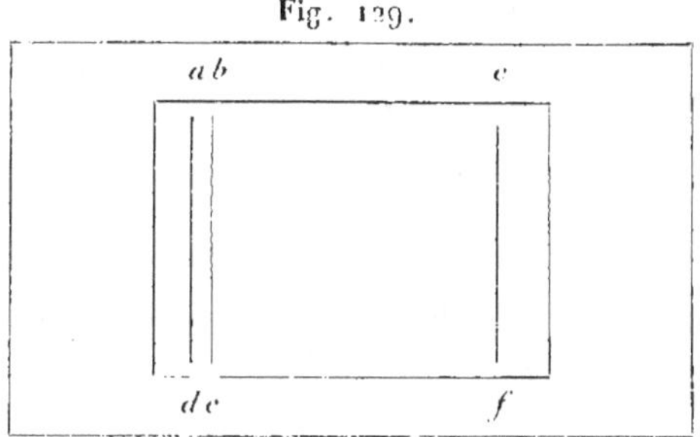

Fig. 129.

le voit ci-dessus. La première raie *ad* sert de ligne de repère pour placer la pointe de platine du transmetteur, mais les raies *be* et *cf* limitent complétement le champ de la dépêche, c'est-à-dire que tout ce qui serait écrit en dehors de la surface *bc fe* ne pourrait être reproduit à la station qui reçoit. On place cette feuille sur le récepteur, et, après les avertissements convenables, on met les appareils en train aux deux stations, ce que l'on fait en déclanchant les pendules télégraphiques qui, en temps de repos, doivent toujours être en contact avec l'un ou l'autre des électro-aimants E, E'. Comme les raies *bc*, *ef* représentent les limites extrêmes du champ électro-chimique, il devra nécessairement arriver, si les appareils ont un mouvement synchronique parfait, que ces lignes ne seront pas reproduites à la station qui reçoit ; mais, par contre, s'il y a discordance dans la marche de ces appareils, l'une ou l'autre devra apparaître, et, suivant que ce sera celle de gauche ou celle de droite qui se montrera, on se trouvera averti si on doit retarder ou accélérer la marche du pendule chronométrique de la station de réception.

Comme il est important, pour ne pas perdre trop de temps au réglage des appareils, que les pendules télégraphiques soient mis en mouvement ou arrêtés en temps opportun, M. Caselli a adapté au levier renclancheur U (*fig.* 2) un interrupteur P et dispose ce levier de manière à produire deux effets différents, suivant qu'il est plus ou moins abaissé. S'il est peu abaissé, le pendule se trouve suffisamment accroché pour rester à la limite extrême de sa course. Mais le circuit ne se trouvant pas coupé, les électro-aimants EE′ continuent à s'animer à chaque fermeture du courant opérée sur le chronomètre régulateur, et il en résulte une série de petits battements qui peuvent avertir du moment où le pendule du chronomètre abandonne le levier *a* (*fig.* 3). C'est, bien entendu, au moment des attractions qu'il faut déclancher le pendule télégraphique quand on veut transmettre une dépêche. Quand maintenant le levier U (*fig.* 2) est complétement abaissé, il produit en P une interruption définitive du courant, et l'appareil est désormais complétement inactif. C'est ce qui doit arriver quand on ne transmet pas.

Avec la disposition actuelle du système télégraphique de M. Caselli, le sens de l'oscillation des pendules, par rapport aux dépêches transmises, est indifférent; car l'écriture se trouvera toujours reproduite, soit sur l'un, soit sur l'autre des cylindres des deux récepteurs.

Disposition générale des appareils. — Les *fig.* 2 et 5 représentent deux stations en correspondance télégraphique; les fils de communication sont indiqués par des lignes pointillées, et c'est l'appareil de la *fig.* 2 qui transmet. A cet effet, la manette Q d'un commutateur fixé sur l'appareil télégraphique établit la communication entre la ligne et le système basculant ML, qui est isolé du bâti en fonte de l'appareil. Or, nous allons voir maintenant ce qui arrive quand l'appareil est mis en marche, et, pour commencer, nous supposerons que la pointe métallique R soit sur une partie encrée de la feuille d'argent.

En ce moment, et avec les dispositions du pendule sur la figure, le courant de la pile A (*fig.* 3) passe à travers la ligne en se réunissant à celui de la pile B, car il passe du pôle + au bouton d'attache n° 2 du chronomètre régulateur; de ce bouton au câble conduisant à l'appareil télégraphique, il arrive à la manette Q (*fig.* 2) par la plaque sur laquelle celle-ci appuie ; de cette manette au contact *p*, puis à la pièce articulée *m*, au contact *p'*, à la pièce *m'*, et il rentre de là dans la ligne L, passe à travers les piles B et B' (*fig.* 3 et 4), et arrive à l'appareil de réception, traverse le bouton L du chronomètre régulateur (*fig.* 4), le câble allant de cet appareil au télégraphe (*fig.* 5), la pièce *m''*, le contact *p''*, la pièce *m'''*, le contact *p'''*, et enfin le système basculant M''L''. Là il produit l'impression sur le papier chimique, puis traverse ce papier, passe par le métal du bâti de fonte de l'appareil qui est en contact métallique avec le tambour du papier chimique, rentre dans le câble de l'appareil télégraphique par le fil T, et va en terre par le bouton T du chronomètre régulateur de cette station. Il revient alors au bouton T du chronomètre régulateur de l'appareil transmetteur (*fig.* 3), retourne par le câble de cet appareil à la sonnerie sans la faire fonctionner, puisque c'est le pendule qui a ce pouvoir, et de là au fil n° 1, qui correspond au pôle négatif de la pile A par l'intermédiaire du bouton 1 du chronomètre régulateur.

Supposons maintenant que la pointe métallique R du transmetteur (*fig.* 2) soit sur la partie métallique de la feuille argentée. Le courant de la pile A ira au bouton 2 du chronomètre régulateur de l'appareil, à la plaque de l'interrupteur Q, et de là dans le système oscillant du transmetteur, traversera le papier argenté, le métal du bâti de l'appareil, rentrera dans le câble par le fil 1 et regagnera la pile A par le bouton 1 du chronomètre régulateur : aucun courant ne passera donc dans la ligne, et les piles B et B' produiront l'effet que nous avons analysé p. 452.

Admettons actuellement que le pendule de l'appareil télégraphique qui transmet soit à l'extrémité de son oscillation de gauche. En ce moment, la pièce *m* sera en contact avec *n* et *o*, communiquera avec *y*. Le courant de la pile A ira du bouton 2 du chronomètre régulateur à la pièce *d* de ce même appareil, puis à la pièce *a*, de là au fil n° 3, reviendra par le câble en *y*, puis en *o*, puis dans l'électro-aimant E, et retournera à la pile par le bâti de l'appareil, le fil de la sonnerie correspondant à T, le fil 1 du câble et le bouton 1 du chronomètre. En même temps le circuit de ligne sera coupé par la disjonction de la pièce *m* et du contact *p*. L'électro-aimant **E** sera donc actif jusqu'à ce que le contact du levier *a* avec *d* (*fig.* 3) soit détruit par l'action du pendule de ce chronomètre sur le levier *a*. Il en serait de même pour l'oscillation de droite du pendule télégraphique, car le fil 3 se bifurque entre les deux commutateurs **F, F'**.

Enfin, admettons qu'on appuie le doigt sur le bouton transmetteur de la sonnerie à la station (*fig.* 5) et que le pendule télégraphique soit comme précédemment à l'extrémité de son oscillation de gauche ; le courant arrivera à l'appareil par le fil **L**, ira de là à la pièce *m'*, puis au contact *p'*, à la pièce *m*, au contact *n*, puis au contact *n'*, au commutateur de la sonnerie, à l'électro-aimant de cette sonnerie, puis au fil de terre **T**. Un coup sera donc frappé sur le timbre, et ce coup se renouvellera à chaque oscillation double du pendule **A**, si l'on maintient le doigt appuyé sur le bouton transmetteur de la sonnerie de l'autre station ; mais le courant sera renversé à chaque coup à travers celle-ci, par la bascule de son commutateur.

Comme c'est le courant de la pile de ligne qui doit animer les électro-aimants **E, E'**, ceux-ci ont dû être recouverts d'un fil fin de grande longueur.

Préparation et disposition des feuilles destinées à la transmission et à la réception des dépêches autographiées. — La préparation électro-chimique du papier destiné à recevoir l'impression des dépêches a occupé longtemps **M. Caselli**. Après bien des essais, il en est revenu cependant à la préparation au cyanure de potassium, mais dans les conditions dont nous avons parlé p. 196.

Les feuilles métallisées propres à transmettre les dépêches doivent, avec le système de **M. Caselli**, être préparées d'une manière particulière ; une simple feuille de papier d'étain, par exemple, ne pourrait convenir ; il faut des feuilles de papier blanc parfaitement argentées à la presse et présentant de larges marges découvertes. L'encre, d'ailleurs, n'a pas besoin d'être parfaitement isolante ; il faut même qu'elle ne le soit pas trop pour maintenir la ligne toujours un peu chargée. Quant aux feuilles elles-mêmes, elles doivent porter, ainsi que nous l'avons déjà dit, trois raies faites à l'encre, et en outre, dans quelques cas particuliers assez rares, une série de raies parallèles très-fines tracées à la gomme laque, perpendiculairement au sens que doit avoir l'écriture. Ces dernières raies peuvent jouer un rôle important dans les transmissions sur de très-longues lignes télégraphiques, et voici à quelle occasion M. Caselli s'est trouvé conduit à imaginer ce moyen. Ce savant avait remarqué que, sur les dépêches transmises à travers des lignes très-longues, la partie supérieure des lettres dépassant le corps de l'écriture ne se reproduisait pas toujours très-bien, alors que le corps de l'écriture était irréprochable. Après avoir étudié avec soin la cause de cette anomalie, il ne tarda pas à reconnaître qu'elle devait être attribuée aux effets de charge de la ligne. On comprend, en effet, que si une émission de courant à travers une ligne un peu longue est faite pendant un temps très-court, la ligne a le temps à peine de se charger, et il peut arriver que l'intensité électrique ne soit pas assez forte pour produire l'action chimique voulue. Mais si plusieurs émissions de courant se succèdent à des intervalles de temps très-rapprochés, la ligne n'a plus le temps de se décharger et la charge primitive produite par une première émission de courant sert à renforcer l'action de celui-ci lors d'une deuxième émission. Or, ces effets doivent nécessairement se produire dans la transmission d'une dépêche écrite, car les traits qui dépassent le corps de l'écriture ne fournissent que des émissions de courant de très-faible durée, qui ne se renouvellent pas à des intervalles rapprochés, tandis que le contraire a lieu pour le corps de l'écriture. C'est pour placer ces traits dépassant l'écriture dans des conditions analogues à celles du corps même de l'écriture que M. Caselli s'est trouvé conduit à faire tracer les lignes à la gomme laque, dont nous avons parlé, et qui peuvent d'ailleurs être écartées de 6 à 8 millimètres. Il est vrai que ces lignes se trouvent reproduites sur le papier électro-chimique ; mais elles sont très-peu apparentes et la dépêche n'en est pas moins lisible.

Avantages du système télégraphique de M. Caselli. — Tout le monde sait que M. Caselli a obtenu avec son télégraphe des épreuves admirables de netteté, et qu'il est même parvenu à reproduire des dessins faits à la plume avec un aspect plus attrayant que les originaux, en raison du moelleux des

traits électro-chimiques qui ont un peu l'apparence des traits
de la gravure à la molette. La vitesse de transmission de ce
système est d'ailleurs relativement grande, puisque les expériences faites entre Paris et Lyon ont donné une moyenne de
quinze mots par minute (soit soixante-quinze lettres par minute). Ainsi, avec des appareils bien servis et en n'admettant
aucune perte de temps, on pourrait transmettre quarante dépêches de vingt mots par heure. C'est déjà, comme on le voit,
un très-beau résultat ; mais l'avantage le plus grand de ce télégraphe sous le rapport de la rapidité de la transmission, c'est
qu'il peut se prêter aux dépêches sténographiées, et tout le
monde sait avec quelle prodigieuse rapidité on peut écrire
avec cette méthode, puisque certains signes suffisent pour
exprimer des phrases. Il est donc présumable qu'avec ce système le télégraphe autographique pourra dépasser de beaucoup en vitesse tous les systèmes connus. Mais ces avantages
ne sont pas les seuls. Par suite de sa disposition, les mélanges
accidentels qui se manifestent sur les lignes, et qui sont si
désastreux pour les transmissions télégraphiques ordinaires,
sont à peu près insignifiants. Il ne peut, en effet, en résulter
que la superposition de quelques traits étrangers à la dépêche
ou l'affaiblissement de quelques parties des lignes qui la composent ; ce qui n'empêche pas la dépêche d'être toujours lisible et un dessin d'être fidèlement reproduit. Un fait de ce
genre s'est produit lors des expériences entre Amiens et Paris,
et alors qu'on transmettait un portrait de S. M. l'Impératrice.
Le mélange s'était produit avec une ligne sur laquelle on
expédiait une dépêche en langage Morse. Le portrait a pu être
néanmoins reproduit fidèlement ; mais on distinguait dans
certaines parties plusieurs signaux Morse qui résultaient du
mélange. Les nouvelles expériences entre Paris et Lyon ont
fourni des résultats encore plus beaux. Ainsi les appareils de
M. Caselli ont pu fonctionner sans trouble sur une ligne sillonnée par des courants atmosphériques très-intenses, et alors
que les appareils Morse ne pouvaient pas fonctionner du tout.

Depuis un an environ, un traité a été conclu entre M. Caselli et l'administration des lignes télégraphiques pour l'introduction de cet appareil dans le service, et on s'occupe depuis
cette époque à le perfectionner au point de vue pratique.

Déjà plusieurs modifications importantes lui ont été apportées : mais il est probable qu'il en surgira encore d'autres qui renverseront celles qu'on regarde aujourd'hui comme les meilleures. Pour n'en citer qu'un exemple, nous rappellerons que lors des essais entre Paris et Marseille, les épreuves chimiques ne paraissant pas assez foncées, on voulut appliquer à ce système des relais ; ces relais, d'ailleurs admirablement combinés, pour cet usage, après avoir donné de très-beaux résultats dans l'origine, firent naître dans la pratique tant de difficultés, qu'on dut les abandonner ; on voulut ensuite, dans le même but, supprimer les contre-courants de décharge ; on obtint effectivement des épreuves plus foncées, mais les lettres de l'écriture devinrent beaucoup moins nettes. Aujourd'hui on semble être dans la disposition de trouver ce défaut moins préjudiciable que celui résultant de la pâleur de l'écriture. La suite montrera si cette appréciation est juste ; dans tous les cas, cette suppression des contre-courants simplifie beaucoup le système, car elle entraîne avec elle celle des deux piles additionnelles et du rhéostat. D'un autre côté, on a voulu simplifier la construction de l'appareil en supprimant un des côtés et en y substituant un commutateur ayant pour effet de changer à volonté le transmetteur en récepteur, et réciproquement. Cette substitution a eu pour résultat de rendre inutile la disposition *réduite* que M. Caselli avait donnée aux cylindres des récepteurs et dont nous avons expliqué, p. 458, la raison d'être ; mais il ne paraît pas que cette modification ait eu des inconvénients sensibles. Enfin, pour éviter les contacts multipliés de la sonnerie que nous avons décrite p. 459, et qui pouvaient nuire aux communications électriques, on l'a remplacée par une sonnerie électrique ordinaire à coups isolés (système Froment).

Au milieu de tous ces perfectionnements que l'on pourrait taxer en quelque sorte de *variables*, il en existe deux cependant qu'on peut certainement regarder comme définitifs, en raison de leur importance pratique, et qui sont dus à M. Lambrigot ; l'un se rapporte à la disposition du style de réception, l'autre à la disposition des feuilles métalliques sur lesquelles on écrit la dépêche pour la transmettre.

En raison de la finesse extrême des fils d'acier qui fournis-

sent la reproduction électro-chimique de la dépêche, les
styles de réception s'usent très-vite et on était obligé de les
changer très-souvent, ce qui était un inconvénient très-grand ;
au moyen du dispositif que nous représentons *fig.* 130, on

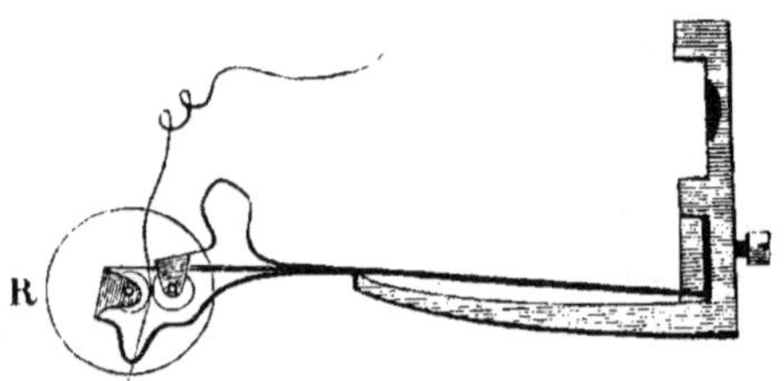

Fig. 130.

n'a plus à s'occuper de ces pointes, car le fil d'acier se trouve
avancé au fur et à mesure de son usure.

Ce dispositif consiste dans une roue à rochet R dentée très-
finement, qui est adaptée au bout du ressort porte-style et
qui porte sur son axe un petit cylindre formant laminoir avec
un autre cylindre porté par un second ressort. Le fil passe
entre ces deux cylindres et à travers un petit trou pratiqué
dans le ressort replié du porte-style, lequel trou lui sert en
quelque sorte de guide pour le maintenir en position convenable sur le papier. Le diamètre de la roue à rochet est calculé de manière que, la pointe appuyant convenablement sur
le tambour du récepteur, elle puisse rencontrer celui-ci en
même temps qu'elle et être sollicitée, par suite des allées et
venues du porte-style, à accomplir un mouvement saccadé de
rotation. Tant que la pointe d'acier n'est pas usée, le mouvement qui tend à être communiqué au rochet se trouve annulé ;
mais quand la pointe est émoussée, ce mouvement, en se produisant, fait tourner le laminoir qui repousse le fil jusqu'à ce
que la roue à rochet se trouve de nouveau arrêtée.

Nous avons vu, dans la description que nous avons faite précédemment du télégraphe Caselli, que le papier sur lequel
devait être écrite la dépêche à transmettre était constitué par
une feuille de papier ordinaire sur laquelle était appliquée une
légère couche d'argent. Un pareil conducteur, dans les circonstances ordinaires des contacts, offre déjà par lui-même
une très-grande résistance ; mais cette résistance devient

énorme quand la communication avec le circuit s'effectue
par l'intermédiaire de pointes très-fines, comme cela a lieu
avec le système électro-chimique, car à la résistance métallique s'ajoutent des effets de désagrégation produits par les
étincelles qui sont alors très-développées et qui brûlent le
papier. Pour éviter cet inconvénient, M. Lambrigot a substitué à ces feuilles des lames minces de cuivre argenté qu'on
a soin de passer au laminoir avant de les employer. Ces
lames, outre qu'elles présentent une excellente conductibilité, ont encore l'avantage de pouvoir servir indéfiniment;
car, les dépêches une fois transmises, on peut effacer l'encre
qui les recouvre et écrire sur elles de nouvelles dépêches.
Cette heureuse innovation a permis de supprimer le support
cylindrique particulier qui était affecté aux feuilles argentées
pour la transmission et d'utiliser dans le même but les cylindres métalliques des récepteurs. À défaut de lames de cuivre,
on a pu se servir encore avec succès de lames d'étain appliquées sur du fort papier. C'est même le moyen le plus économique.

On a aussi substitué avec avantage aux fils de platine des
styles transmetteurs des fils d'acier ou des ressorts terminés
par des galets de platine. Ceux-ci, en raison de leur plus
grande rigidité, ont l'avantage de fournir des transmissions
plus nettes et plus régulières.

Si l'on joint à ces perfectionnements quelques améliora-
tions dans les appareils destinés à la préparation des feuilles
électro-chimiques, entre autres l'introduction d'un séchoir à
boule d'eau chaude chauffée par un réchaud à gaz, et un rouleau de friction en drap disposé comme les rouleaux d'imprimerie pour absorber le gros de l'humidité des feuilles, on
aura à peu près une idée de l'état actuel de l'invention de
de M. Caselli. Toutefois, nous croyons qu'elle n'a pas encore
atteint son dernier mot, et c'est pourquoi nous avons pris
pour type de notre description l'appareil primitif de ce savant,
tel qu'il l'a présenté à l'administration des lignes télégraphiques.

On a fait dernièrement quelques expériences intéressantes,
desquelles il est résulté qu'on pouvait sans inconvénients
augmenter du double l'amplitude de l'arc décrit par les styles.

Ce résultat permet d'espérer une vitesse de transmission double de celle que l'on obtient aujourd'hui, c'est-à-dire une vitesse d'environ 80 dépêches à l'heure. On a aussi remarqué que le lavage, en dissolvant les bavochures autour des traits, rendait les dépêches infiniment plus nettes qu'au sortir de l'appareil.

Typo-télégraphe de M. Bonelli. — Dans le télégraphe précédent, la reproduction d'une dépêche exige un synchronisme parfait de la part des deux appareils en correspondance, et nécessite un certain nombre d'allées et de venues de la pointe traçante avant que la dépêche soit complétement reproduite. Or, ces allées et ces venues demandent, comme on le comprend aisément, un certain temps, et ce temps est d'autant plus long que certaines lettres, dépassant en haut et en bas le corps de l'écriture, nécessitent pour ce simple complément un surcroît d'allées et de venues dont le nombre est environ double de celui nécessaire pour la reproduction du corps même de l'écriture. Dans le système de M. Bonelli cette perte de temps n'existe pas, et de plus les difficultés de l'établissement du synchronisme sont évitées. Pour arriver à ce résultat, M. Bonelli a d'abord remplacé l'écriture par une composition typographique et a substitué à la pointe unique du transmetteur et du récepteur des autres systèmes autographiques un peigne composé de plusieurs dents isolées embrassant toute la largeur de la composition typographique et correspondant à un même nombre de circuits télégraphiques distincts et indépendants. Grâce à cette disposition, il a pu obtenir, dans des expériences de cabinet, il est vrai, une transmission de 500 dépêches par heure.

Dans l'origine, l'appareil de M. Bonelli (qui reproduisait alors l'écriture) exigeait 50 fils pour constituer la ligne télégraphique. Plus tard, et par la substitution à l'écriture de types métalliques régulièrement alignés, ces 50 fils se sont réduits à 11, puis à 7, et aujourd'hui, grâce à l'intervalle inégal séparant les dents des peignes dans le transmetteur et le récepteur, ces fils ont pu être réduits à 5. Les peignes eux-mêmes ont subi également une modification. Dans l'origine les dents étaient en fer et la solution électro-chimique était une solution de cyanoferrure de potassium. Mais comme, avec cette com-

binaison, les marques produites sont le résultat de la destruction du fer, et que l'usure de ce métal devait être forcément
différente pour les diverses pointes du peigne récepteur, il a
fallu avoir recours à des pointes inattaquables et à des composés susceptibles de fournir eux-mêmes des traces par suite
de leur décomposition. L'azotate de manganèse est la substance à laquelle M. Bonelli a eu recours. Sous l'influence
du courant électrique, comme on l'a vu page 197, cette substance fournit sur le papier qui en est imprégné des traces
brunes très-caractérisées qui ne sont autre chose que du peroxyde de manganèse, et l'acide azotique, ne pouvant se combiner avec les dents de platine, se dégage à l'état d'acide nitreux.
Malheureusement ce composé est beaucoup moins sensible
que le cyanure de potassium et exige une force électrique
assez considérable pour fournir des traces très-marquées.

Avec sa disposition actuelle, le télégraphe de M. Bonelli
consiste dans deux peignes métalliques A et B (*fig.* 131), com-

Fig. 131.

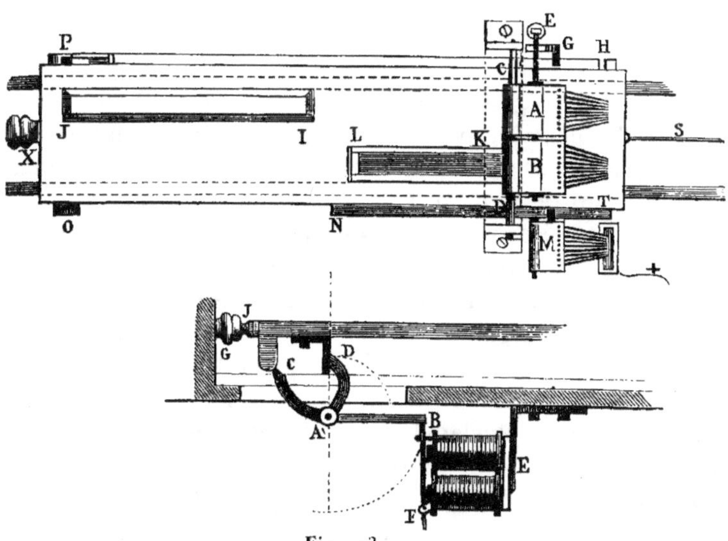

Fig. 132.

posés chacun de 5 aiguilles de platine, et au-dessous desquels
se meut, sous l'influence d'un mouvement d'horlogerie et
d'une corde S, un chariot PT, mobile sur un petit chemin de

fer. Ces peignes sont adaptés à l'extrémité de plaques articulées sur un axe **CD**, qui leur permettent d'être soulevés ou
abaissés sous l'influence d'une tige **E**, sur laquelle réagit une
pièce **G** dont le jeu est commandé par un rebord **PH** adapté
latéralement au chariot **PT**. Le composteur sur lequel sont
assemblés les caractères qui composent la dépêche est fixé
en **IJ**, dans une rainure disposée à cet effet, et les feuilles destinées à recevoir la dépêche sont appliquées en **KL**, sur une
lame d'étain ou de cuivre argenté mise en rapport avec le
circuit. Un commutateur **M**, composé d'un peigne de 5 dents
de platine et placé en dehors du chemin de fer, peut, en plongeant dans une petite auge remplie de mercure, établir la communication entre les fils de ligne et la pile, comme on le verra
plus tard. Son jeu est obtenu par l'intermédiaire d'une bascule
que fait réagir un second rebord **TN** adapté au chariot. Enfin
une détente électro-magnétique, placée en **X**, permet aux chariots des deux stations en correspondance d'être mis en mouvement en même temps ; cette détente, que nous représentons vue de profil dans la *fig.* 132, et qui est placée au-dessous
du chemin de fer, se compose d'une bascule **CAB**, articulée
en **A** et appuyée en **B** sur l'extrémité de l'armature de l'électro-
aimant **E**. Un doigt **AD**, buté contre une pièce **D** adaptée au-
dessous du chariot, maintient celui-ci à l'extrémité de sa
course et appuyé contre un tampon à ressort **G**, en connexion
avec le circuit de ligne et l'électro-aimant **E**. Les communications avec les piles sont établies par le butoir **J**, et sont tellement disposées, que les courants des deux piles aux deux
stations s'additionnent pour passer dans le circuit correspondant aux électro-aimants de détente **E**. Par suite de cette disposition, on comprend aisément qu'il suffit d'une fermeture
de ce circuit pour provoquer une attraction des électro-aimants
en question et le déclanchage de la bascule **CAB**, qui tombe
alors verticalement. Le mouvement d'horlogerie destiné à entraîner le chariot **PT**, par l'intermédiaire de la corde **S**, est
placé, comme le système de déclanchage précédent, au-dessous
du chemin de fer, et consiste dans un simple mécanisme à
deux mobiles modéré par un volant à ailettes. Ce mécanisme
se remonte par le fait même du recul du chariot contre le tampon **G**, recul qui se fait à la main.

Voici maintenant le jeu de cet appareil, qui doit être placé d'une manière inverse pour les deux stations en correspondance.

Au moment où le chariot PT (*fig.* 131) est à l'extrémité de sa course, la partie recourbée de la pièce G est placée, dans les deux appareils, au-dessous du rebord HP, et, n'agissant pas sur la tige E, elle permet à un fort ressort à boudin, placé en E, d'appuyer sur cette tige de manière à abaisser les peignes A et B à distance suffisante de la surface du chariot pour rencontrer les types du composteur et le papier chimique. A l'une des stations, le commutateur M plonge dans le mercure ; à l'autre, il est soulevé, et ce soulèvement et cet abaissement sont maintenus pendant une moitié de la course du chariot par l'action d'une pièce qui, en rencontrant le rebord NT, fait basculer le peigne M.

Avec la disposition représentée *fig.* 131, l'appareil reçoit dans la première moitié de sa course et transmet dans la seconde moitié ; mais l'appareil qui est en correspondance avec lui doit avoir une disposition complétement inverse, c'est-à-dire que le papier chimique doit être placé en IJ et le composteur en KL. Or voici ce qui arrive quand les deux appareils se trouvent déclanchés.

A la station A le peigne A, dans la première moitié de la course du chariot PT, rencontre les différentes parties métalliques des types en relief, et provoque à travers les différents circuits une série de fermetures de courant, qui se traduisent à la station B (celle où est l'appareil représenté *fig.* 131) par une série de traces brunes d'oxyde de manganèse marquées sur le papier chimique et reproduisant exactement les types en question. Le peigne du commutateur M est alors plongé dans le mercure à la station A, et met le pôle positif de la pile de cette station en communication avec les différents circuits. Dans la seconde moitié de la course du chariot PT, c'est le peigne B à la station A qui fonctionne et qui, en appuyant sur KL, reproduit électro-chimiquement la dépêche envoyée de la station B ; le peigne M est alors soulevé et isolé complétement de la pile de la station A.

Pour remettre les appareils en état de fonctionner de nouveau, il suffit de repousser les chariots PT contre les tampons X, car il résulte de ce simple mouvement de recul :

1° que les peignes A et B se trouvent soulevés de manière à ne pas toucher les types ni la dépêche imprimée ; 2° que les chariots se trouvent renclanchés ; 3° que les courants des deux piles se trouvent disposés de manière à circuler dans le même sens à travers les électro-aimants E, E'. Le premier effet est obtenu par l'intermédiaire de la pièce G, qui, après avoir glissé sur le rebord HP tout le temps de la course du chariot, a été forcée de ressortir par l'entaille H et de se placer au-dessus du même rebord HP. Tout le temps du recul du chariot, cette pièce soulève la tige E, et par conséquent les peignes A et B ; ce n'est que quand le chariot arrive à son point de départ que le rebord HP, terminé par un pied-de-biche P, permet à la pièce G d'échapper et de se replacer au-dessous du rebord HP. Le second effet est produit par l'intermédiaire du bras AC (*fig.* 132) de la bascule de la détente qui, étant rencontré par l'appendice C du chariot, se trouve repoussé de côté, et reporte la tige AB sur l'armature de l'électro-aimant E, en même temps que le bras AD vient faire arrêt. Enfin le troisième effet résulte du contact des deux tampons élastiques G et J et de l'appendice O (*fig.* 131), qui, en soulevant la bascule du commutateur M, coupe la communication de la pile avec les fils de ligne, et permet de la réunir en X au circuit des électro-aimants de détente.

Avec le système tel que nous venons de le décrire, et dans l'hypothèse d'une seule pile placée à chaque station, les courants de charge et de retour, qui compromettent si gravement les transmissions sur les lignes un peu longues quand elles sont faites trop rapidement, auraient des inconvénients tellement manifestes, qu'il arriverait le plus souvent que des traits continus seraient reproduits au lieu de lettres. Pour éviter ce résultat, M. Bonelli adapte à son appareil un système déchargeur à contre-courant, analogue à celui de M. Caselli. Or ce système a conduit M. Bonelli à adapter une pile spéciale à chacun de ses circuits, ce qui complique d'autant plus le système que chaque pile doit être très-forte, ainsi que nous l'avons déjà dit (*). La *fig.* 133 représente ce système déchar-

----

(*) M. Bonelli calcule que pour transmettre de Paris à Lyon, il faudrait que chaque pile fût composée de 150 éléments Daniell, d'où il résulte que la pile totale de chaque station devrait se composer de 750 éléments.

geur appliqué à chaque fil. P et P′ sont deux des piles de ligne de chaque station; A, A′ les transmetteurs; B, B′ les

Fig. 133.

récepteurs; C, C′ les commutateurs à mercure; T, T′ les plaques de terre. Les lignes pointillées indiquent les communications qui sont coupées lorsque c'est la station de droite qui transmet.

Les deux piles P, P′ sont, comme on le voit sur la figure, réunies directement par le fil qui leur correspond, de manière que les pôles négatifs soient en communication l'un avec l'autre, et les appareils récepteur et transmetteur sont interposés sur des dérivations allant des piles aux fils de terre.

Les éléments qui composent chaque pile sont d'ailleurs divisés en deux groupes très-différents en nombre, à l'aide d'un fil qui communique aux récepteurs B, B′ correspondants, et les transmetteurs sont disposés de façon qu'au moment où ils doivent fonctionner ils se trouvent interposés sur un fil réunissant directement le fil de ligne à la terre, comme on le voit en A. Voici maintenant comment les effets se produisent.

Au moment où le contact de l'aiguille de platine du transmetteur A touche un type, le commutateur à mercure C a établi la communication de la pile P avec AT. Dès lors le courant de cette pile P traverse le transmetteur, se bifurque au-dessus de A, retourne en très-grande partie à la pile P et parcourt d'un autre côté la ligne en s'ajoutant au courant de la pile P′. Il traverse alors, ainsi renforcé, le récepteur B′ par le fil de communication qui le relie à la pile P′ (la voie par le commutateur C′ étant coupée) et s'écoule en terre en T′. Une marque est donc produite sur ce récepteur. Maintenant, au moment où l'aiguille de platine du même transmetteur A quitte le type, le courant de la pile P, ne trouvant pas d'issue en A, regagne par la terre le récepteur électro-chimique B', lutte victorieusement, en raison du plus grand nombre d'éléments de la pile P, contre le courant partiel de la pile P' qui lui est alors opposé, et revient par le fil de ligne au pôle négatif de P. Or c'est ce courant différentiel qui joue le rôle de contre-courant du système Caselli et qui décharge la ligne à travers le récepteur B'; mais, différant en cela de celui de M. Caselli, ce contre-courant ne profite pas des dérivations le long de la ligne et ne maintient pas celle-ci chargée pendant les interruptions de l'action électro-chimique.

Si l'on considère qu'une dépêche, avec le système précédent, est reproduite du premier coup, et que sa vitesse de transmission n'est limitée que par celle avec laquelle les effets électro-chimiques peuvent se produire, on comprend facilement qu'il devient possible par ce moyen de débiter un très-grand nombre de dépêches. Ce système télégraphique a été établi définitivement entre Liverpool et Manchester, et vient d'être tout dernièrement expérimenté entre Boulogne et Paris. On a pu obtenir, dans les divers essais qui ont été faits, une vitesse de transmission de 100 lettres en 7 secondes. C'est une vitesse environ huit fois plus grande que celle du télégraphe Morse; mais comme le télégraphe Bonelli emploie 5 fils et nécessite au moins autant d'employés qu'il en faudrait pour desservir cinq appareils Morse, les avantages qu'il présenterait sur le système actuel, en admettant son fonctionnement sur une ligne toujours encombrée de dépêches, ne seraient guère qu'un accroissement de vitesse dans le rapport de 5 à 3. Cet avantage est-il assez grand pour compenser les causes de dérangement qui peuvent naître d'un système ayant des organes si multiples? C'est ce que l'expérience prolongée de ce télégraphe pourra démontrer; toujours est-il que sa combinaison est très-ingénieuse et fait le plus grand honneur au zèle persévérant et éclairé de son auteur. Il est certain que si les résultats de la pratique ne justifient pas les craintes qu'ont pu faire naître les effets complexes de la propagation électrique sur les lignes télégraphiques, ce système télégraphique offrira des avantages marqués sur les autres systèmes imprimeurs; car ne comportant aucun mécanisme compliqué, et les différentes lettres s'imprimant indépendamment les unes des autres, on n'aura pas à craindre que l'appareil se détraque et qu'une erreur commise dans la transmission d'un signal entraîne l'annulation des signaux subséquents.

Télégraphes autographiques électro-magnétiques. — Plusieurs inventeurs, et en particulier MM. Lacoine, Bienaimay, Garceau, Leuduger-Fortmorel, se sont efforcés de résoudre mécaniquement le problème des télégraphes autographiques en cherchant à faire reproduire électro-magnétiquement les mouvements qu'accomplit un pentographe dessinant les différentes lettres d'une dépêche, par un autre pentographe dirigé par deux systèmes d'électro-aimants et deux mécanismes d'horlogerie. Ces systèmes ne peuvent évidemment être considérés que comme des appareils purement théoriques; mais quand bien même ils pourraient être exécutés, ils nécessiteraient deux fils à la ligne, et n'auraient pour résultat que la reproduction de lettres tremblées que les moindres défauts dans la transmission déformeraient même complétement. Nous en dirons autant d'un appareil autographique de M. de Lucy, qui, dans un système analogue à ceux dont nous avons parlé précédemment, substitue à l'action chimique l'action électro-magnétique.

CHAPITRE VI.

ACCESSOIRES TÉLÉGRAPHIQUES.

INTERRUPTEURS ET COMMUTATEURS.

Quand le circuit d'une ligne télégraphique doit être fréquemment coupé, soit pour relier la pile à l'un ou l'autre des appareils d'un poste, soit pour la communication à la terre, soit pour mettre les appareils en relais ou en translation, soit pour toute autre cause du même genre, on emploie, de petits appareils connus sous le nom de *commutateurs*, dont la forme a été très-variée, mais qu'on peut ramener à trois types principaux : le *commutateur à manette* ou *à frotteur*, le *commutateur suisse* et le *commutateur inverseur*.

Commutateur à frotteur. — Le commutateur à frotteur que nous représentons *fig.* 134 est formé d'un disque en bois

Fig. 134.

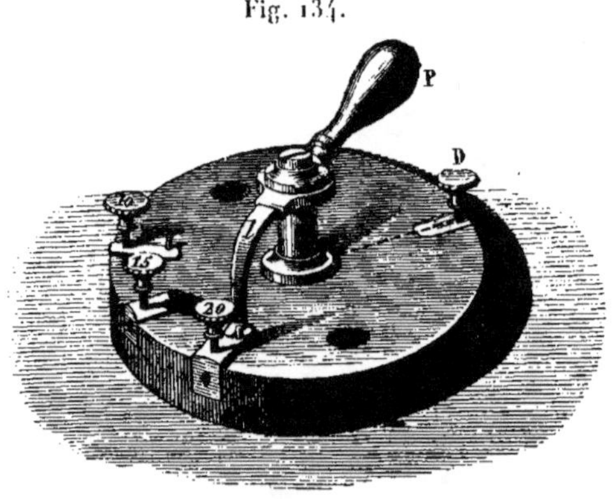

dans lequel sont encastrées des pièces métalliques munies de trous et de vis pour la fixation des fils qui doivent communiquer avec le frotteur, et d'une lame métallique recourbée *l* terminée par un petit manche de bois **P** qui, en tournant autour d'un pivot, peut être mise successivement en rapport avec les différentes lames dont nous avons parlé. Cette lame-ressort sert alors d'intermédiaire au fil qui doit être successivement réuni aux autres, soit par le pied du pivot sur lequel elle tourne, soit par une borne adaptée à la partie supérieure de ce même pivot, soit par un frotteur ou tout autre moyen du même genre. Nous avons représenté dans le manipulateur Bréguet (*fig.* 80) deux commutateurs de ce genre.

Commutateur suisse. — Lorsque les combinaisons des fils entre eux doivent être très-multipliées, on emploie avec avantage ce genre de commutateur, qui se compose d'une planche de bois sur les deux côtés de laquelle sont incrustées à angle droit, les unes par rapport aux autres, plusieurs lames métalliques percées de trous. Ces trous, placés aux points qui correspondent au croisement des lames, sont disposés de manière qu'en traversant la planche, une cheville de cuivre qui s'y trouverait introduite pourrait réunir les lames supérieures et les lames inférieures. Ces lames se terminent d'ailleurs sur les côtés de la planche par des boutons d'attache auxquels on fixe les différents fils qui doivent être réunis. La cheville de cuivre elle-même, appelée à établir ainsi les contacts, a une forme particulière : elle est munie d'une large tête plate, afin qu'on puisse l'appuyer fortement avec le pouce, et se trouve fendue dans une partie de sa longueur, afin de former ressort et d'assurer davantage les contacts. Avec plusieurs chevilles de ce genre, on peut établir de cette manière plusieurs systèmes de communications, ce qui est un grand avantage.

La réunion intime des lames inférieures aux lames supérieures n'étant pas facile à vérifier avec le système précédent, on a cherché à placer sur un même côté de la planche les deux systèmes de lames. La disposition qui a le mieux réussi est celle que nous représentons (*fig.* 135). Dans ce modèle, les lames horizontales sont assez épaisses pour être entaillées et permettre aux lames verticales de s'y incruster en les croisant. Celles-ci se trouvent d'ailleurs isolées par des lames d'ivoire qui les maintiennent d'un côté solidement fixées contre les parties saillantes des premières, et c'est sur le côté opposé que sont pratiqués les trous où l'on adapte les chevilles. Grâce à cet agencement, les lames verticales ne sont pas susceptibles d'être refoulées par les diverses chevilles que l'on enfonce, et l'on n'a pas à craindre que l'une d'elles, étant un peu plus enfoncée que les autres, rende moins sûrs les contacts opérés par ces dernières. Les chevilles elles-mêmes ont

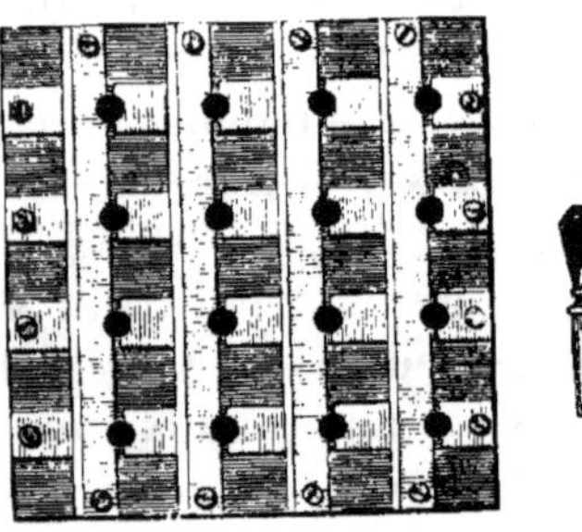

Fig. 135.

subi une amélioration. Au lieu d'être en métal plein, on les construit en tube de cuivre fendu, ce qui leur donne une bien plus grande élasticité; leur diamètre aussi est plus gros, et leur disposition est celle du système bavarois.

Commutateurs inverseurs. — Les commutateurs inverseurs, aujourd'hui fort peu employés dans la télégraphie électrique, ont eu leur forme très-souvent variée : tantôt ils se sont composés d'un double commutateur à frotteur dont les manettes, réunies par une traverse articulée, pouvaient se mouvoir sous l'influence d'une seule impulsion et réagir ainsi sur trois contacts; tantôt le commutateur était composé de deux doubles lames frottantes isolées l'une de l'autre et fixées sur un même axe vertical que faisait tourner une manette. Tous ces commutateurs ont été tour à tour abandonnés, et, du reste, ils n'avaient guère leur raison d'être avec la télégraphie actuelle. Si toutefois un appareil de ce genre devait être employé, c'est encore la disposition que M. Ruhmkorff a donnée au commutateur de ses machines d'induction qui devrait être préférée.

RELAIS ET TRANSLATEURS.

Quand un courant électrique doit traverser un long circuit télégraphique, il peut se trouver affaibli à tel point, soit par la résistance même du circuit, soit par les dérivations ou les mélanges, qu'il ne puisse plus faire marcher les récepteurs télégraphiques. Dans ce cas, l'augmentation d'énergie de la pile, ainsi qu'on l'a vu p. 102, ne pourrait pas toujours être d'un grand secours pour triompher de cet obstacle, et s'il n'existait aucun moyen secondaire de venir en aide à l'action électrique, on se trouverait dans la nécessité de couper le circuit en plusieurs tronçons et de faire passer successivement la dépêche par des postes intermédiaires. Heureusement, l'invention des *relais* par M. Wheatstone est venue résoudre la question de la manière la plus simple.

Le relais, en effet, par la manière même dont il est constitué, a non-seulement pour résultat de faire réagir les appareils télégraphiques sous une influence électrique plus énergique que celle qui leur serait transmise directement par le fil, mais, semblable à un véritable relais de poste, il relaye en quelque sorte le courant transmis pour permettre à l'action physique que celui-ci provoque d'être exercée plus loin. Avec de pareils instruments, il n'est donc plus de limites à l'action électrique.

Nous avons vu (p. 306) comment était constitué le premier relais de M. Wheatstone ; mais cet appareil n'était évidemment pas dans des conditions qui pussent le rendre pratique; car la transmission des signaux devenait, par ce moyen, beaucoup trop longue et trop peu certaine. Aussi, M. Wheatstone le transforma-t-il aussitôt en employant comme organe électrique le multiplicateur qu'il avait déjà appliqué à son télégraphe. Dans ces conditions, la disposition du relais devenait extrêmement simple; l'aiguille aimantée du multiplicateur portait un fil de platine terminé par une fourchette, et les deux branches de cette fourchette étant placées au-dessus de deux petites capsules remplies de mercure, mises en rapport avec le circuit de la pile locale, pouvaient, au moment de la déviation de l'aiguille aimantée, fermer ce circuit et répéter, par conséquent, sur celui-ci la même action qui avait été exercée sur le circuit de ligne.

Quand les lois des électro-aimants furent connues, que les contacts métalliques employés journellement dans les appareils télégraphiques eurent démontré leur parfaite suffisance, on substitua au galvanomètre du relais précédent des électro-aimants, et l'on employa leur armature à fournir directement les contacts destinés à animer les circuits locaux : c'est dans ce système qu'ont été construits la plupart des relais actuellement en usage. Toutefois, comme les relais galvanométriques présentent des avantages eu égard aux effets du magnétisme rémanent, on les emploie encore aujourd'hui dans certains cas, entre autres pour les télégraphes sous-marins et les chronographes électriques.

Dans l'origine, les relais proprement dits n'étaient employés que dans le voisinage des appareils qu'ils devaient faire fonctionner et ne réagissaient, par conséquent, que sur un circuit de petite résistance desservi par une pile d'un petit nombre d'éléments ; mais depuis l'établissement des longues lignes qui existent maintenant dans les divers États, les relais sont devenus de véritables expéditeurs placés aux postes intermédiaires pour porter plus loin l'action du courant primitif, et, pour ne pas avoir recours à de doubles appareils, on a employé à cet usage, dans ces postes, les électro-aimants des récepteurs eux-mêmes et les piles de ligne. Dans ces conditions, le relais constitué par le récepteur prend le nom de *translateur*. M. Steinheil paraît être le premier qui ait eu l'idée de cette disposition, mais elle peut être simplifiée en faisant en sorte que le relais lui-même constitue le translateur. Ce résultat peut être obtenu au moyen d'un second contact adapté à l'armature de l'électro-aimant du relais. Le relais de M. Sambourg, que nous avons décrit dans le V⁰ volume de notre *Exposé*, est établi dans ce système. Toutefois, comme il est difficile d'obtenir de bons doubles contacts, on préfère généralement employer le système primitif ou de doubles relais, dont l'un est affecté à la translation sur la ligne de gauche et l'autre à la même fonction sur la ligne de droite, avec une liaison électrique particulière dont nous parlerons dans le chapitre suivant. Quand les relais translateurs doivent être installés sur des lignes susceptibles de fournir des courants de retour énergiques, comme les lignes sous-marines, ils doivent fournir une disposition qui empêche les effets secondaires de ces courants ; sans quoi des attractions anormales pourraient être produites en raison de la sensibilité très-grande de ces appareils.

Les relais pour les circuits locaux font le plus souvent partie intégrante des récepteurs.

La forme et la disposition des relais ont été variées d'une multitude de manières. Les plus connus sont ceux de MM. Hipp, Siemens, Froment, Boivin, Bourbon, Normann, Lippens, Bradley, Varley, sans parler des relais sans réglage et inverseurs de MM. Ailhaud, Abel Guyot, Glœsener, Reignard, Renoir, etc.

Relais Froment. — Nous donnons comme spécimen, dans la *fig.* 136, une moitié du relais translateur de M. Froment, qui est le plus employé par l'administration des télégraphes français.

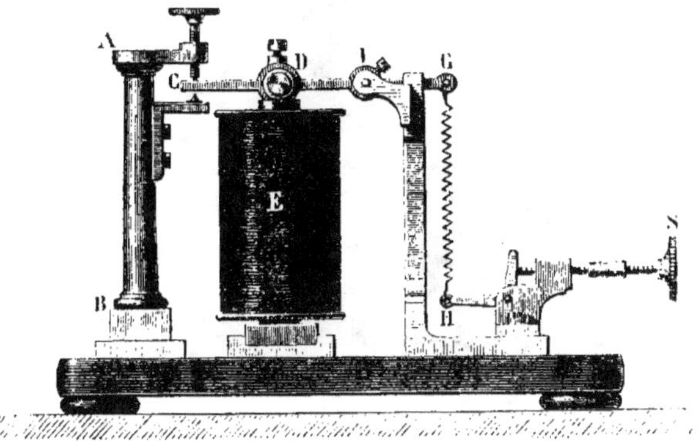

Fig. 136.

AB est une colonne de cuivre coupée en A par un disque d'ivoire, et portant au-dessous du levier CI l'appendice métallique devant fournir les contacts, soit sur le circuit local, soit sur le second circuit de ligne prolongeant le premier ; E est l'électro-aimant, D son armature, et CG le levier qui la porte, lequel oscille en I sur un pivot adapté à une équerre ; GH est le ressort antagoniste dont la tension est réglée par la vis S au moyen d'un compas H ; enfin en A est fixée la vis régulatrice qui règle l'écart de l'armature et qui constitue pour la translation une pièce dite l'*isolé*, laquelle pièce communique par un fil isolé passant à travers la colonne AB avec l'électro-aimant du second relais. Le système électro-magnétique n'offre d'ailleurs aucune disposition particulière, sauf qu'au lieu d'être enroulé sur un canon de cuivre, le fil enveloppe directement le fer. On comprend facilement le jeu de cet appareil. Sous l'influence du courant de ligne qui fait fonc-

tionner l'électro-aimant E, l'armature D est attirée et l'extrémité du levier qui la porte touche la pièce de contact. Le
circuit local se trouve donc fermé, et peut réagir dès lors
comme l'avait fait le circuit de ligne.

Relais Hipp. — Le relais de M. Hipp, que nous représentons *fig.* 137, n'a de particulier que le système de ressort

Fig. 137.

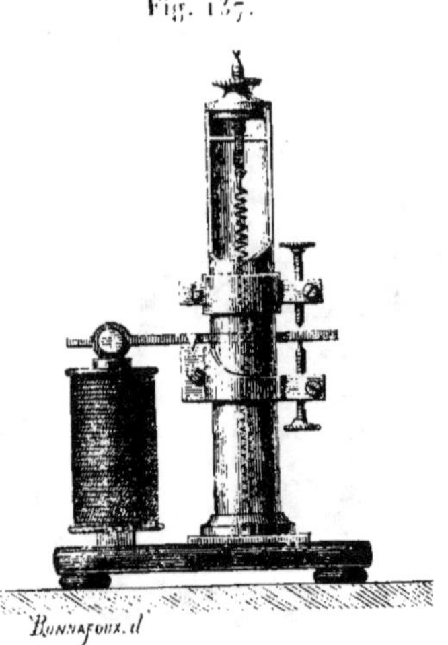

antagoniste qu'il a appliqué au levier portant l'armature de
l'électro-aimant, et qui se compose de deux ressorts à boudin tirant en sens inverse l'un de l'autre. Ce n'est donc que
sous l'influence de la différence de tension de ces deux ressorts que l'armature est ramenée à sa position de départ. Cette
disposition a l'avantage de diminuer considérablement l'inertie de la pièce vibrante et, par conséquent, de lui permettre
d'exécuter des mouvements plus rapides. Ce système est appliqué à la plupart des télégraphes allemands. La disposition
de l'appareil se comprend d'ailleurs aisément : l'électro-aimant
est vertical et l'armature est disposée en croix à l'extrémité
d'un levier qui oscille sur deux couteaux ; l'étendue de cette
oscillation, comme dans le relais précédent, est réglée au
moyen de deux vis dont l'une, l'inférieure, est munie d'une
pointe d'ivoire. Les ressorts antagonistes sont fixés aux deux
extrémités d'une colonne creuse et sont reliés au levier de
l'armature par deux boucles ; une vis permet de tendre à vo-

lonté le ressort supérieur. Enfin la vis de contact, dont la
monture est isolée métalliquement de la colonne, est en rapport avec l'un des pôles de la pile locale, dont l'autre pôle est
en rapport avec le levier de l'armature.

Relais Siemens. — Le relais de M. Siemens, que nous
représentons *fig.* 138, n'est autre chose que la répétition du

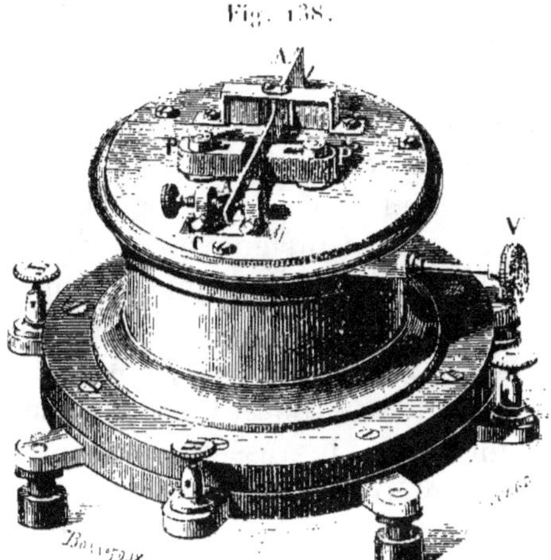

Fig. 138.

système électro-magnétique que nous avons décrit déjà plusieurs fois, et qui est disposé dans une boîte de manière à
ne présenter extérieurement que l'armature AA, les deux pôles
de l'électro-aimant P, P' et le petit chariot C qui limite la
course de l'armature, et dont l'un des points d'arrêt fournit les
contacts. Ce chariot, comme dans le système décrit p. 191,
peut être reculé ou avancé à l'aide d'une vis V, afin de faire
prédominer à volonté l'action du pôle P ou du pôle P'.

Relais Normann. — M. Normann, de Naples, a eu l'ingénieuse idée d'utiliser l'uniformité de polarisation de l'armature des électro-aimants boiteux à la destruction des effets des
courants de retour dans les relais translateurs. Pour cela, il
appuie cette armature sur la branche sans bobine, et la fait
osciller sur deux couteaux en fer en contact avec cette branche. De cette manière, l'armature, la branche sans bobine et
la culasse de l'électro-aimant constituent une prolongation de
l'extrémité polaire inactive de celui-ci, laquelle conserve une
polarité contraire à celle du pôle actif. Or, il résulte de cette

disposition que quand, après une émission de courant à travers l'électro-aimant, un courant de retour vient à succéder, le magnétisme développé au pôle actif se trouve de même nom que celui qui reste développé dans l'armature alors repoussée, et tend à produire une répulsion de celle-ci, au lieu d'une seconde attraction, comme cela arrive quelquefois. L'armature de ce relais est d'ailleurs sollicitée par deux ressorts antagonistes inégalement tendus, comme dans le système de M. Hipp.

Relais Lippens. — Pour éviter les inconvénients de la seconde attraction, due au courant de retour dans la translation, M. Lippens emploie des relais à armatures aimantées ayant néanmoins un ressort antagoniste. C'est tout simplement un électro-aimant dont les pôles sont prolongés et entre lesquels oscille un barreau aimanté, pivotant sur son centre. Quand un courant traverse cet électro-aimant, le barreau est attiré d'un certain côté et produit le contact de la translation; quand ce courant cesse, le ressort antagoniste rappelle le barreau dans sa première position, qui établit la communication directe entre la ligne et le récepteur. Or, on comprend aisément que si un courant de retour vient passer à travers l'électro-aimant du translateur, ce courant, étant de sens inverse au premier envoyé, tendra à maintenir le barreau dans la position que lui a déjà donnée le ressort antagoniste, au lieu de provoquer une seconde attraction.

Relais Varley. — M. Varley emploie pour les lignes aériennes et sous-marines dont il a la direction deux systèmes de relais qui fonctionnent, suivant lui, avec une vitesse beaucoup plus grande que les autres. L'un de ces relais, appliqué spécialement aux lignes sous-marines et qui est représenté *fig.* 139, est un perfectionnement du relais galvanométrique de Wheatstone, et sa perfection gît tout entière dans la position inclinée du barreau aimanté par rapport au fil du multiplicateur et dans le contact qui est produit par une surface sphérique tombant obliquement sur une lame de ressort dont l'écart est limité par deux butoirs d'arrêt.

Le second relais, représenté *fig.* 140, est constitué par un barreau de fer doux introduit dans le canon de deux bobines magnétisantes et qui oscille entre les pôles de deux aimants

permanents placés normalement à son axe à ses deux extrémités. Ce barreau porte d'un côté une potence métallique aux
deux bras de laquelle sont fixées deux lames de ressort qui
sont soudées d'autre part sur le barreau, et ces lames portent

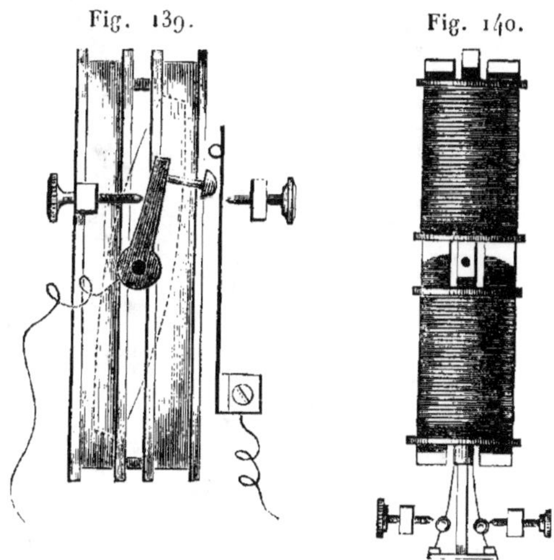

Fig. 139. Fig. 140.

de petites sphères de platine qui constituent les contacts en
venant frapper obliquement deux pointes de vis en rapport
avec le circuit local. Ce relais est disposé pour des appareils
fonctionnant avec des courants renversés.

Relais parleurs. — Quand une ligne est montée en translation et que les stations intermédiaires doivent recevoir des
avis particuliers pour le service, il devient nécessaire, pour que
l'on puisse distinguer ces avis, que le jeu même du relais fasse
assez de bruit pour permettre une réception au son. Plusieurs
systèmes ont été proposés dans ce but. Dans les uns, comme
ceux que construit M. Digney, le levier de l'armature de
l'électro-aimant frappe sur un contact établi dans une caisse
sonore dont le bruit peut être augmenté ou diminué par
l'agrandissement plus ou moins grand d'une large ouverture. Dans d'autres systèmes, comme celui de M. Bradley,
que nous représentons *fig.* 141 et qui est employé en
Amérique, l'armature frappe contre deux cordes métalliques
tendues sur une table d'harmonie. Le plus simple est celui
que l'administration des lignes télégraphiques françaises em-

ploie depuis quelque temps et qui a été construit par M. Bréguet. C'est un électro-aimant boiteux monté sur une boîte

Fig. 141.

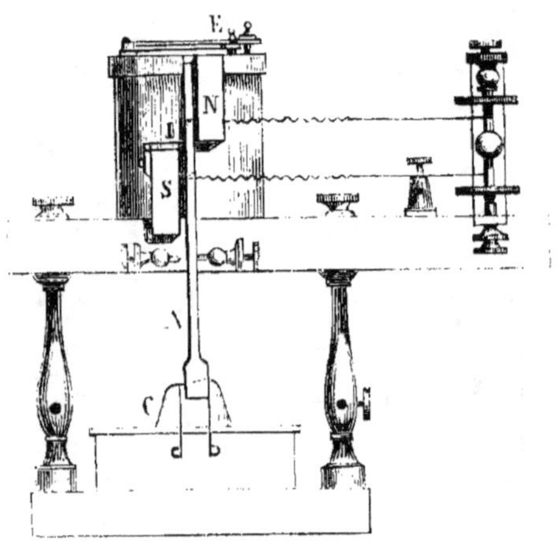

sonore et dont l'armature, fixée à une lame d'acier, vient frapper sur une pièce métallique rigide formant contact et adaptée
sur l'électro-aimant lui-même.

SONNERIES.

Les sonneries ou alarmes ont été la conséquence immédiate de l'invention des télégraphes électriques. Aussi leur
invention remonte-t-elle à la même date que ces intéressants
appareils.

On comprend, en effet, que quel que soit le système télégraphique que l'on emploie, il est indispensable de prévenir
le correspondant que la transmission va commencer, et cet
avertissement ne peut être fourni que par un bruit quelconque. Les systèmes qui ont été imaginés sont excessivement nombreux et ont suivi pour la plupart les mêmes phases
que les télégraphes, quant à la manière dont l'électricité leur
a été appliquée. Toutefois, ce n'est guère qu'à l'époque des
expériences de M. Wheatstone que les sonneries électriques
purent faire assez de bruit pour fournir un avertissement utile,
et nous avons vu (p. 305) comment ce savant était arrivé à

obtenir ce résultat. Depuis ce système de sonnerie, qui était, comme on le sait, à mouvement d'horlogerie et à déclanchement électro-magnétique, les avertisseurs télégraphiques purent être établis beaucoup plus simplement par l'introduction d'un petit mécanisme connu sous le nom de *trembleur* ou *rhéotome de Neef.* Dans ces conditions ils devinrent tellement simples, qu'on put songer sérieusement à les employer dans les usages domestiques. Cette question ayant pris un grand intérêt à cause des nombreux procès qu'elle a soulevés et des nombreuses applications qu'on a faites dans ces derniers temps des sonneries électriques, nous croyons devoir entrer dans quelques détails sur les diverses transformations qu'ont subies ces intéressants appareils. Mais auparavant disons en quelques mots en quoi consiste le trembleur de Neef.

Imaginons un électro-aimant AA (*fig.* 142) dont l'armature CC sera mise en communication métallique avec l'un des bouts du

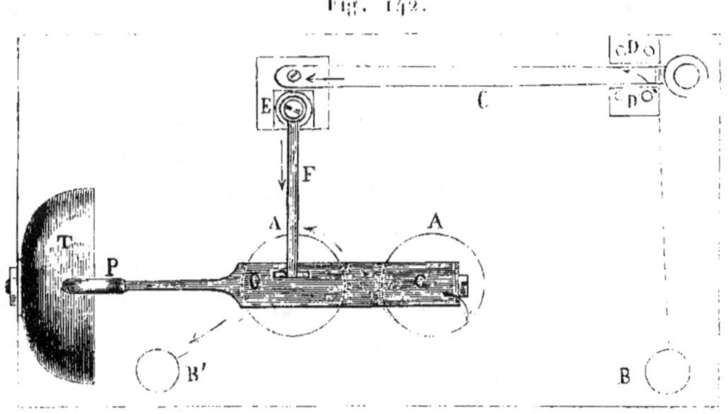

Fig. 142.

fil de l'hélice magnétisante, alors que l'autre bout communiquera avec le pôle positif d'une pile par le bouton B', et concevons que le ressort F, contre lequel est butée l'armature CC, soit en rapport avec le second pôle de la pile précédente, par la tringle ED et le bouton B. On comprendra que quand l'armature CC appuiera contre le ressort F, le circuit sera fermé à travers l'électro-aimant, et par conséquent cette armature se trouvera attirée; mais par suite de cette attraction, le circuit s'interrompra, et de la démagnétisation de l'électro-aimant qui se fera alors, résultera la répulsion de l'armature contre le ressort F, ce qui fermera de nouveau le circuit. Il en résultera alors une nouvelle attraction qui sera suivie d'une nouvelle répulsion, et les choses se passeront ainsi indéfiniment.

On voit donc que l'application du rhéotome de Neef à un mécanisme a pour résultat de fournir une vibration prolongée d'une pièce mobile sans l'intermédiaire d'aucun mécanisme.

L'application du rhéotome de Neef aux sonneries n'est pas nouvelle, comme on le croit généralement; elle remonte à une époque bien antérieure à celle où on a eu l'idée d'employer les sonneries trembleuses pour les usages domestiques; nous voyons en effet M. Siemens, en 1847, les employer pour son télégraphe à mouvements synchroniques (*voir* p. 328 et 439), et plusieurs autres inventeurs avant lui les avaient déjà combinées dans des conditions beaucoup moins bonnes. D'où vient donc que ces inventions ne se sont pas répandues dès cette époque? On le comprendra facilement, pour peu qu'on suive la disposition du mécanisme de ces sortes d'appareils.

Dans l'interrupteur de Neef, la pièce contre laquelle bute l'armature de l'électro-aimant, et qui forme interrupteur en lui communiquant le courant, était rigide dans l'origine. C'était une espèce de vis qui pouvait servir en même temps à régler l'écart de cette armature. Or, cette pièce ne pouvant suivre celle-ci dans une partie de sa course attractive, il en résultait d'abord des vibrations excessivement rapides, et en second lieu une très-petite amplitude dans les écarts de la pièce vibrante. On comprend aisément que dans ces conditions le vibrateur de Neef ne pouvait être appliqué avantageusement aux sonneries, et c'est en cela qu'avaient échoué les sonneries trembleuses qui avaient précédé celle de M. Siemens.

Pour obtenir une plus grande course de l'armature, et par suite une plus grande oscillation du marteau de la sonnerie, M. Siemens eut l'idée d'appliquer au système de Neef un mécanisme intermédiaire auquel il donna le nom de *navette* et qui, se composant d'une pièce rigide munie de ressorts, oscillant entre deux butoirs de contact, permettait d'obtenir le prolongement des fermetures de courant, tout en diminuant le nombre des vibrations. L'appareil, grâce à ce perfectionnement important, put fonctionner d'une manière à peu près satisfaisante.

Mais il est facile de comprendre que l'introduction d'une pièce compliquée comme une navette à ressorts, sur laquelle l'armature de l'électro-aimant devait réagir par l'intermédiaire d'un levier, rendait l'appareil peu pratique, dispendieux, et susceptible de nombreux dérangements. Il exigeait d'ailleurs une certaine force électrique pour fonctionner, et le marteau en frappant le timbre ne produisait pas le coup sec et élastique nécessaire pour produire un bruit sonore. Le système avait donc besoin d'être considérablement perfectionné, pour avoir quelques chances d'être adopté dans les usages domestiques. Or, ce perfectionnement a été imaginé dans les conditions les meilleures et les plus simples, par M. Lippens.

Pour augmenter la durée des contacts de l'interrupteur, et, par suite, pour rendre les vibrations plus longues et moins nombreuses, M. Lippens substitua au butoir rigide du rhéotome de Neef une lame de ressort F (*fig.* 142), qui pouvait suivre l'armature dans une partie de sa course ; et pour fournir au coup de marteau cette élasticité nécessaire au développement du son produit, il constitua l'armature elle-même avec une seconde lame de ressort en fer GG, qu'il fixa sur l'un des pôles de l'électro-aimant. Cette double disposition de ressorts lui donnait en outre l'avantage d'entretenir mécaniquement la vibration, et de fournir de bien meilleurs contacts électriques. Le problème s'est donc trouvé ainsi résolu de la manière la plus simple et la plus complète.

Les sonneries actuellement employées dans la télégraphie sont de trois espèces : 1° les sonneries à mouvement d'horlogerie dont le type le plus parfait, représenté *fig.* 143, est dû à M. Bréguet ; 2° les sonneries à trembleur ; 3° les sonneries-relais à mouvement continu.

Sonneries à mouvement d'horlogerie. — La sonnerie Bréguet se compose d'un fort mécanisme d'horlogerie à déclanchement électro-magnétique et d'un carillon constitué par un marteau oscillant à l'intérieur d'un timbre dont il frappe les bords opposés (*fig.* 143). Ce mécanisme d'horlogerie est composé de trois mobiles, dont le dernier porte extérieurement un disque D muni d'une cheville G qui constitue une sorte d'excentrique destinée à réagir sur le marteau *m*.

A cet effet, cette cheville, qui est munie d'un galet, est

engagée dans une rainure constituée par une fourchette qui
termine la tige du marteau et qui pivote un peu au-dessus du

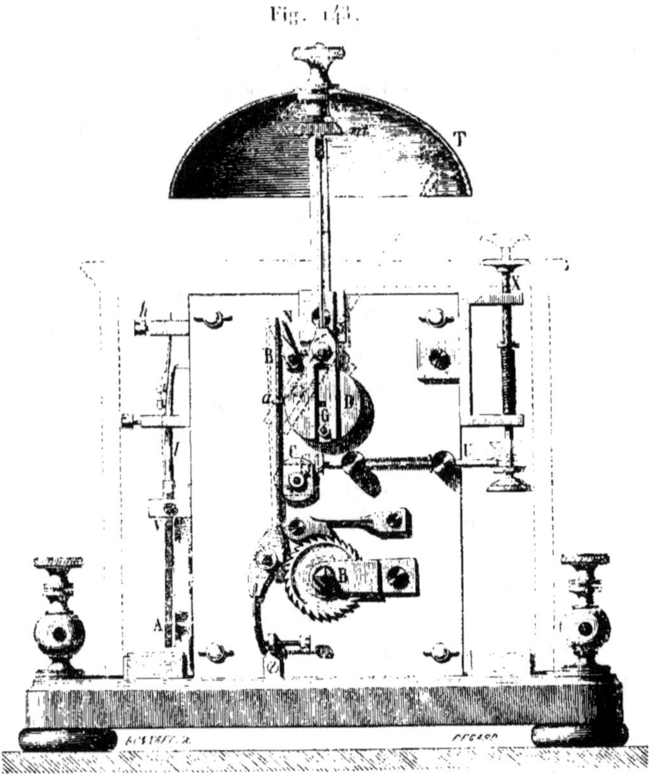

Fig. 143.

disque sur un axe d'acier. Quand le disque D tourne, la cheville G entraîne cette fourchette, la fait incliner de gauche à
droite et de droite à gauche, et détermine par elle l'oscillation
du marteau.

L'enclanchement et le déclanchement du mécanisme d'horlogerie de cette sonnerie s'effectuent par l'intermédiaire d'un
bras articulé horizontal dont on aperçoit l'extrémité pointue
sur le côté gauche de la figure et qui porte sur son axe d'articulation le doigt N. Ce bras horizontal est, en temps ordinaire,
appuyé sur l'extrémité d'une tige t articulée en V, laquelle
porte l'armature AV de l'électro-aimant. Un ressort antagoniste, pressé par une vis h, assure même cette espèce d'en-

clanchement. De son côté, le doigt N appuie contre une tige B adaptée à une bascule à ressort de rappel qui, au moyen d'un petit arrêt *a*, fait obstacle au mouvement du disque D. Tant que l'électro-aimant est inactif, l'appareil reste immobile ; mais aussitôt qu'un courant vient à l'animer, la tige *t*, en s'écartant, laisse tomber le bras horizontal de déclanchement qui se trouve d'ailleurs sollicité par un ressort, et celui-ci, en inclinant le doigt N, écarte la tige B ; le disque D se trouve alors dégagé de l'arrêt *a*, et rien ne s'oppose plus au mouvement du mécanisme d'horlogerie.

Pendant que ce mécanisme défile, une des roues, celle du deuxième mobile, réagit sur le bras horizontal du déclanchement par l'intermédiaire d'une petite tige dont celui-ci est muni, et le replace sur l'extrémité de la tige *t* qu'il avait abandonnée et qui se trouve alors revenue à sa position primitive. Alors la détente se trouve renclanchée de nouveau et le mécanisme est arrêté. Cette réaction est d'ailleurs assurée au moyen d'un disque échancré C fixé également sur l'axe du deuxième mobile et qui, en présentant une partie bombée devant la tige B pendant un demi-tour du deuxième mobile, empêche l'arrêt *a* de revenir en prise avec le disque D avant que l'enclanchement de la tige *t* soit complétement effectué.

Il peut arriver que, la sonnerie ayant fonctionné, la personne qu'elle est destinée à appeler soit absente ou ne l'entende pas ; il convient alors qu'un signe très-apparent se produise et montre à l'employé à son retour qu'il a été appelé.

Pour obtenir ce résultat, M. Bréguet a adapté à l'appareil une espèce de piston à ressort X, muni à sa partie inférieure d'une pièce en forme de tronc de cône qui, en temps ordinaire, est butée contre une traverse horizontale U, dont l'extrémité libre peut être repoussée par le disque C. Ce piston est surmonté d'une plaque sur laquelle est gravé le mot *répondez*. Quand la sonnerie entre en mouvement sous l'influence de l'écartement de la tige B, la traverse U se trouve attirée et dégage le piston X qui, en s'élevant, fait apparaître la plaque ; mais aussitôt que la sonnerie est arrêtée, la traverse U, sollicitée par un ressort à boudin, revient à sa position primitive, sans ramener pour cela le piston X qui a échappé et qui reste soulevé jusqu'à ce qu'on l'ait abaissé et renclanché de nouveau.

Nous avons représenté *fig.* 19, *Pl. I*, la disposition première des sonneries Bréguet. La différence principale est dans la disposition qui fait frapper le marteau sur le timbre. La bielle B est attachée par un bout à la queue O du marteau, de l'autre à une vis placée excentriquement sur le disque E, et celui-ci, dans sa rotation, communique un mouvement de va-et-vient à la bielle et par suite au marteau. La disposition du *répondez* est aussi un peu différente. En temps de repos, le disque portant le mot *répondez* est dans la position représentée sur la figure et la boîte ne permet pas de le voir; mais chaque fois que la sonnerie fonctionne, ce disque tourne autour de son centre et le mot *répondez*, venant prendre la position horizontale, se présente devant un petit trou ovale pratiqué dans la boîte et au travers duquel on le voit.

Sonneries à trembleur. — L'administration des lignes télégraphiques françaises emploie deux modèles de ces sortes de sonneries; l'un, qui est dit *à grande résistance*, et dont la dernière disposition a été combinée par M. Lemoyne, inspecteur des lignes télégraphiques; l'autre, qui est *à moyenne résistance*, et qui rentre dans la disposition des sonneries pour les usages domestiques.

Fig. 144.

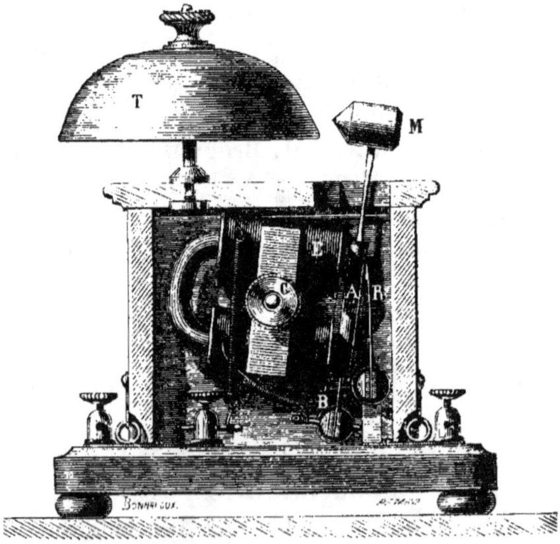

Cette dernière, que nous représentons *fig.* 144, se compose,

comme on le voit, d'un électro-aimant E dont l'armature verticale A, fixée à une lame de ressort B, appuie contre une
seconde lame de ressort R en rapport avec la pile. Cette armature porte la tige du marteau M, et le timbre T est fixé sur la
boîte qui renferme le mécanisme.

La sonnerie à grande résistance étant obligée de fonctionner
sous l'influence d'un courant relativement faible et sur un
circuit très-long, a nécessité une disposition plus délicate et
une plus grande précision dans l'ajustement des pièces qui la
composent. Le modèle de M. Lemoyne, adopté par l'administration, est représenté *fig.* 145. L'électro-aimant, dont la

Fig. 145.

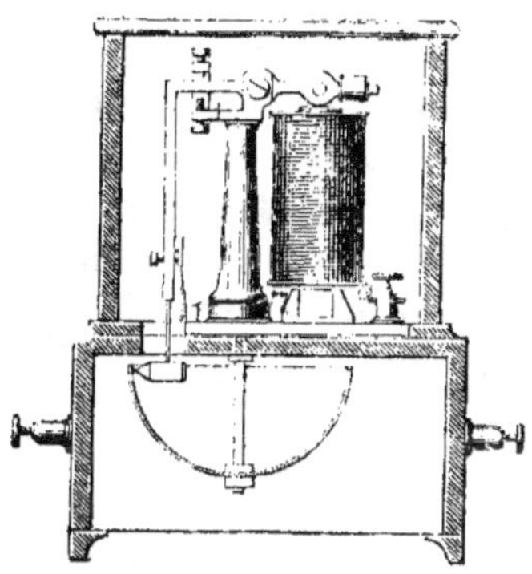

résistance est de 200 kilomètres environ, est monté verticalement d'une manière stable sur une platine métallique, et l'interrupteur, au lieu d'être constitué par l'armature même de cet
électro-aimant, est placé à l'extrémité d'un long levier basculant et recourbé à angle droit, sur lequel est fixée cette armature. Ce levier, d'ailleurs, porte le marteau de la sonnerie et
un contre-poids qui fait fonction de ressort antagoniste. Enfin le
timbre, au lieu d'être monté sur la boîte comme dans les sonneries ordinaires, est fixé au-dessous de la platine métallique
même qui porte l'électro-aimant. De sorte que toutes les
pièces constituant la sonnerie sont maintenues dans une position invariable, quels que soient les mouvements de la boîte
de bois qui la supporte.

Sonneries relais à mouvement continu. — Quand
il s'agit de fournir à grande distance des appels forts et prolon-

gés , par exemple quand on veut faire des appels de nuit, on
a recours à un système de sonnerie trembleuse basé sur le système des sonneries à mouvement d'horlogerie, et dans lequel
le courant de ligne, en opérant un déclanchement, établit un
courant de pile locale à travers la sonnerie, qui tinte dès lors
avec toute la force des sonneries à court circuit.

Quel est celui qui a construit le premier ces sortes de sonneries? Il serait assez difficile de le préciser. Dès l'année 1853
j'en avais imaginé une de cette nature pour mon système de
moniteur électrique des chemins de fer; il est vrai que j'em-
ployais deux électro-aimants, l'un formant en quelque sorte
un relais déclancheur, l'autre qui était appliqué au vibrateur.
Plus tard, M. Faure employa un système analogue, mais spécialement affecté aux sonneries télégraphiques. Enfin, en 1859,
M. Aubine présenta à la Société d'Encouragement le modèle
qui est maintenant adopté, et dont la disposition a du reste été
variée par MM. Cuche, Vincy et autres.

Le progrès réalisé par M. Aubine dans ces sortes de sonneries a été l'attribution à un même électro-aimant des fonctions de relais déclancheur et de vibrateur. (Voir *fig.* 146.)

Fig. 146.

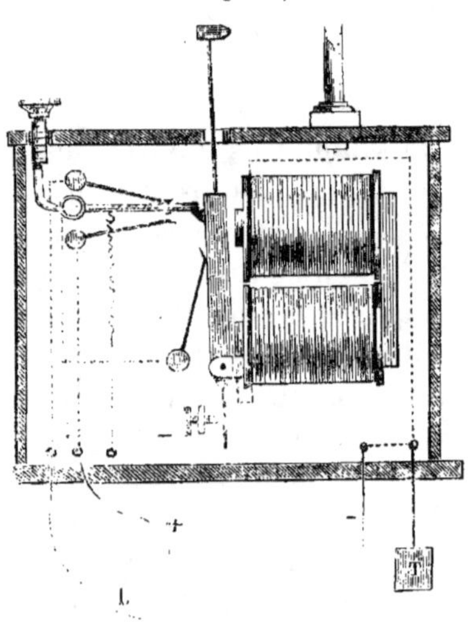

Pour obtenir ce résultat, M. Aubine adapte à l'armature

articulée de l'électro-aimant d'une trembleuse ordinaire une dent sur laquelle vient appuyer un levier articulé, sans cesse sollicité à s'abaisser par l'action d'un ressort. Ce levier articulé est placé entre deux lames métalliques, dont l'une est en communication avec le fil de la ligne, et l'autre avec la pile locale de la station où se trouve la sonnerie; enfin, le levier lui-même communique avec celui des ressorts du trembleur qui appuie contre l'armature de l'électro-aimant, lequel est d'ailleurs en rapport avec la terre.

Quand le levier articulé est soutenu par la dent de l'armature de l'électro-aimant, il touche le ressort supérieur, et par cela même la sonnerie est introduite dans le circuit de ligne. Sous l'influence du courant envoyé de la station correspondante, l'armature se trouve attirée, et le levier articulé, en se dégageant de la dent qui le retenait, tombe sur le ressort inférieur. La sonnerie change alors de circuit, et, au lieu de rester interposée dans le circuit de la ligne, elle se trouve introduite dans le circuit fermé de la pile locale, dont le courant a cette fois l'énergie nécessaire pour la faire vibrer avec force.

L'innovation dans cet appareil n'est donc simplement, par le fait, que l'addition d'un rhéotome permutateur à la sonnerie ordinaire. Pour mettre cet appareil en état de fonctionner, il suffit, après chaque appel, d'armer le levier articulé du rhéotome, ce qui est facile à l'aide d'une pédale placée extérieurement sur la boîte renfermant l'appareil.

APPELS DES STATIONS.

Quand plusieurs postes échelonnés sur une ligne sont desservis par un même fil et qu'on veut appeler un de ces postes pour correspondre avec lui, il faut, avec les systèmes ordinaires, d'abord que l'appel soit répété de station en station jusqu'au poste désigné; en second lieu, que la communication directe soit établie entre ces différents postes jusqu'à la station de départ, et cela pendant un temps convenu d'avance; ou bien, si on ne veut pas avoir recours à la communication directe, on se trouve dans la nécessité de faire répéter la dépêche tout entière de poste en poste, soit par des employés, soit par l'intermédiaire des translateurs. Dans tous

32.

les cas, les bureaux intermédiaires sont dérangés, et ce dérangement pourrait devenir intolérable pour les employés s'il se répétait fréquemment dans la nuit. Pour obvier à cet inconvénient, on a cherché à combiner des appareils qui pussent opérer automatiquement les effets que nous venons d'énumérer, et ce sont ces appareils que nous désignons sous le nom d'*appels des stations*.

Le premier appareil de ce genre a été combiné en 1853, par M. Wartmann; mais, depuis, une foule d'autres systèmes plus ou moins ingénieux, parmi lesquels nous citerons ceux de MM. Bréguet, Martorey, Amiot, Guez, Ailhaud, Quéval, Callaud, Lamothe, Bellanger, Bablon, Moulinot, ont été proposés, et plusieurs d'entre eux étaient bien certainement dans de bonnes conditions de réussite. Il ne paraît pas toutefois que les administrations télégraphiques y aient attaché une grande importance, car aucun d'eux n'a été adopté jusqu'ici sur nos lignes d'une manière définitive. Il est vrai de dire que les cas d'appels pendant la nuit sont très-rares, et qu'il est peut-être plus rationnel de se fier à des moyens sans doute imparfaits, mais certains, qu'à des appareils ingénieusement combinés, mais dans un mauvais état d'entretien par suite du peu d'usage qu'on aurait à en faire. Quoi qu'il en soit, nous croyons devoir donner une idée de ces appareils en décrivant deux des systèmes les plus ingénieux, celui de M. Quéval et celui de M. Callaud. Nous renvoyons le lecteur, pour la description des autres systèmes, à notre *Exposé des applications de l'électricité*, t. III, p. 182; t. IV, p. 298, et t. V, p. 428.

Système de M. Quéval. — Le problème que M. Quéval a voulu résoudre dans son appel des stations a été de faire en sorte que l'appel fait à une station quelconque puisse parvenir directement à cette station, sans que les postes intermédiaires soient dérangés, et d'établir entre les deux stations qui doivent correspondre une communication directe.

Pour arriver à ce résultat, M. Quéval place à chaque station l'appareil représenté *fig.* 147, lequel se compose essentiellement d'un commutateur C, mis en action par un mécanisme commandé par un électro-aimant E, dont une bobine est mise en rapport avec le fil de gauche de la ligne, et dont l'autre bobine communique avec le fil de droite.

Ce mécanisme consiste dans une espèce de fourchette **ALB**, adaptée au levier **L** portant l'armature de l'électro-aimant, et qui, en oscillant avec ce levier au-dessus et au-dessous d'une roue **R** mise en mouvement par un mécanisme d'horlogerie,

Fig. 147.

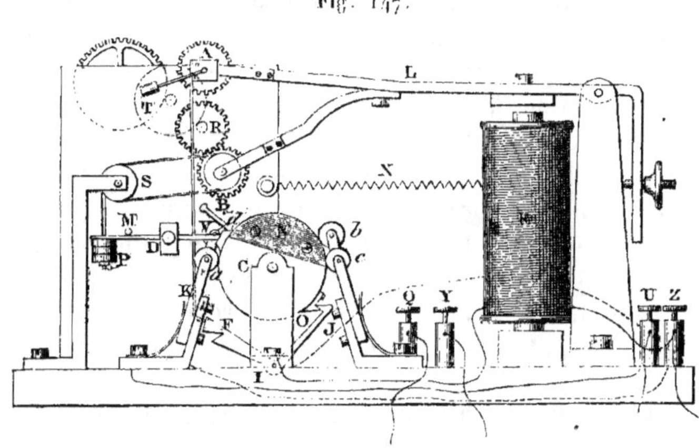

peut faire engrener avec elle l'une ou l'autre des roues **A** et **B**, qui terminent ses deux branches. La roue **B** porte une poulie qui, au moyen d'une courroie, communique son mouvement à une autre poulie **S**, munie d'un contre-poids **P**, et destinée à réagir, par l'intermédiaire de ce contre poids, sur un levier **D** adapté à l'axe du commutateur **C**. L'autre roue **A**, munie également d'un contre-poids **T**, a pour effet de déplacer, en lui faisant décrire un arc de cercle, un long ressort déclancheur **AK**, ayant action sur un levier coudé articulé **FIJ**, destiné à maintenir le commutateur **C** dans une position déterminée.

Le commutateur **C** se compose d'un cylindre d'ivoire **C**, sur les deux bases duquel sont adaptées deux lames métalliques **N**, **N′**, repliées de manière à venir occuper chacune en deux points opposés une partie de la surface du cylindre. Quatre galets *a*, *b*, *c*, *d*, portés par des supports à ressort, appuient aux deux extrémités de ce cylindre, et sont en rapport avec les fils de ligne et les sonneries d'appel, comme on le voit sur la figure, c'est-à-dire par l'intermédiaire du commutateur et de l'électro-aimant **E**. Un contre-poids adapté au levier **D**, et dont on peut augmenter ou diminuer l'action, en le fixant plus ou moins loin de l'axe du commutateur, tend toujours à faire tourner celui-ci vers la gauche, mais une dent O, enclanchée par le levier coudé FIJ, empêche cette action et maintient à l'état normal le commutateur dans la position représentée sur la figure. Les communications électriques sont d'ailleurs établies de la manière suivante : les deux fils de ligne aboutissent aux deux bornes U, Z, qui communiquent, l'une U avec la bobine de droite de l'électro-aimant E et le galet a, l'autre Z avec la bobine de gauche du même électro-aimant et le galet d. Cette dernière bobine est reliée, d'autre part, avec l'un des supports du commutateur C, et par suite avec la plaque N, tandis que l'autre bobine communique de la même manière avec la plaque N'. Enfin les galets b et c, par l'intermédiaire des bornes Q, Y, correspondent aux deux sonneries d'appel. Voici maintenant comment cet appareil fonctionne.

En temps ordinaire, le mécanisme d'horlogerie qui fait mouvoir la roue R est arrêté, car le contre-poids P, étant arrivé à l'extrémité supérieure de sa course, a rencontré un levier de détente M placé devant le volant modérateur de ce mécanisme, et en a déterminé l'arrêt. En ce moment la roue B est engrenée avec la roue R. Maintenant, si on envoie par l'une ou l'autre des deux lignes un courant, la roue B se trouvera désengrenée, le contre-poids P tombera en faisant défiler les deux poulies S et B, et la roue A engrènera avec la roue R. Mais par suite de ce mouvement, la lame AK, qui appuyait contre l'extrémité F du levier coudé FIJ, viendra s'engager dans la coche pratiquée à cette extrémité. Or, dans cette position de l'appareil, il peut se produire deux effets différents, suivant la durée du courant envoyé. Si ce courant est de courte durée, la roue A n'a pas le temps de déplacer le ressort AK, et de le faire sortir de la coche F ; alors le relèvement du levier sous l'influence de son ressort antagoniste X a pour effet de soulever le levier coudé FIJ ; celui-ci, en dégageant la dent O, permet au commutateur C de tourner vers la gauche, et les galets b et c, qui correspondent aux sonneries, au lieu de toucher les lames N, N', se trouvent isolés, alors que les galets a et d se trouvent mis en communication avec ces ames, et établissent la communication directe entre le fil de gauche de la ligne et le fil de droite. Toutefois, dans son mouvement de rotation, le commutateur C, par l'intermédiaire d'un bras V, réagit sur la lame AK, et, après l'avoir dégagée du levier FIJ, rend celui-ci parfaitement libre dans ses mouvements. Il en résulte qu'au moment de l'interruption du courant, la roue B, qui est alors engrenée, remonte le poids P, et ramène le commutateur à sa première position; mais cette action secondaire ne se manifeste qu'après un temps relativement assez long (15 ou 20 secondes), et qui dépend de la longueur de la course du poids P, et de la vitesse de rotation de la roue R.

Quand le courant envoyé est de longue durée, les premiers effets que nous avons décrits précédemment se renouvellent. Mais la lame AK, après avoir été introduite sous le levier FIJ, ne peut y rester, car la roue A en tournant l'écarte de cette position. Dès lors le commutateur C ne peut plus tourner vers la gauche au moment de la rupture du circuit, puisqu'il reste toujours enclanché en O, et le courant prolongé, en passant par les galets b ou c, fait tinter l'une ou l'autre des sonneries d'appel aussi longtemps qu'on le désire.

Ainsi, sous l'influence de deux émissions de courant d'une durée différente, on peut obtenir avec ce système deux effets différents : avec le courant de courte durée, on obtient l'établissement de la communication directe entre le fil de gauche et le fil de droite de la ligne; avec le courant prolongé, l'appel de la station.

S'il y a plus de trois stations, le même appareil peut encore fournir les effets précédents; seulement il faudra, pour établir la communication directe, envoyer autant de courants instantanés qu'il y a de stations sur la ligne, moins deux, et les faire suivre d'une émission prolongée du courant, qui déterminera l'appel de la station avec laquelle on veut définitivement correspondre. On comprend en effet que si la ligne a dix postes, et qu'on veuille, je suppose, parler au sixième poste, la première émission brève du courant aura pour effet d'établir la communication directe entre la troisième et la première station, mais la seconde émission de la même nature fera communiquer directement la quatrième station à la troisième, etc., de sorte que, pour arriver à la sixième, il faudra quatre émissions brèves du courant. Si alors on opère une fermeture prolongée du courant, la sonnerie d'appel du sixième poste sera mise en action.

Dans cet appareil tel qu'on vient de le décrire, le courant nécessaire pour établir la communication directe, si court qu'il soit, passe par la sonnerie, et provoque nécessairement quelques tintements, auxquels l'employé ne devra pas faire attention. Si cependant on voulait éviter ces tintements, ou employer des sonneries qui se déclanchent au moindre passage du courant, il serait nécessaire d'ajouter à l'appareil un rhéotome ayant pour effet de retarder d'une ou de deux secondes l'arrivée du courant dans la sonnerie; mais cette addition, dont il est facile d'imaginer le dispositif, puisqu'on a à son service un mécanisme d'horlogerie, compliquerait inutilement l'appareil, et il est préférable de lui laisser toute sa simplicité.

Avec le système de **M. Quéval**, l'employé du poste destinataire doit, aussitôt l'appel entendu, mettre son récepteur dans le circuit, et répondre qu'il est prêt à recevoir. Mais s'il s'agit d'un service de nuit, sur une ligne où les employés peuvent être couchés ou absents momentanément, l'expéditeur pourrait souvent être obligé d'attendre assez longtemps le réveil ou le retour de celui qui doit recevoir la dépêche. Pour éviter cet inconvénient, M. Quéval a ajouté à son appareil un mécanisme supplémentaire qui a pour effet de permettre à l'expéditeur de faire mouvoir lui-même le commutateur destiné à interposer le récepteur dans la ligne, et par suite d'écrire la dépêche sans aucune perte de temps; une sonnerie à déclanchement, mise en même temps en action, avertit tôt ou tard de l'arrivée de la dépêche. Nous ne décrirons pas cette partie de l'appareil de M. Quéval, que nous croyons à peu près inutile; ceux que cette question pourra intéresser en trouveront une description complète dans le travail de M. Quéval, inséré dans les *Annales Télégraphiques*, t. III, p. 301.

Système de M. Callaud. — Le système de M. Callaud est un des plus simples, sinon des plus complets, qui aient été présentés. Il se compose d'un manipulateur analogue à ceux des télégraphes à cadran, et d'un récepteur composé de deux électro-aimants mis en rapport, l'un avec le fil de ligne de droite, l'autre avec le fil de ligne de gauche.

Le manipulateur porte un cadran divisé en autant de divisions qu'il y a de stations entre les deux postes extrêmes, et devant chacune de ces divisions, où se trouve inscrit le nom de la station correspondante, est pratiqué un trou d'arrêt pour la manivelle du manipulateur; celle-ci ne sert, par le fait, que de butoir à une aiguille indicatrice qui se meut au-dessous d'elle sous l'influence d'un mécanisme d'horlogerie, lequel fait réagir un interrupteur, de telle façon que le courant ne se trouve fermé que quand l'aiguille passe devant l'une ou l'autre des stations désignées. Il en résulte que si l'on veut attaquer la troisième station, par exemple, le courant est fermé et ouvert trois fois. Afin de n'employer qu'un seul manipulateur, les noms des stations de gauche et des stations de droite sont inscrits deux par deux, suivant leur numéro d'ordre, et c'est un commutateur qui envoie le courant, soit à gauche, soit à droite.

Le récepteur se compose, comme nous l'avons dit, de deux électro-aimants qui gouvernent la chute de deux plaques disposées de manière à tomber par deux ressauts successifs. A l'état de repos, ces plaques présentent devant les guichets qui leur correspondent le mot *attente;* mais aussitôt qu'une émission de courant a lieu, soit d'un côté, soit de l'autre, l'une d'elles tombe d'un cran, et, tout en faisant arriver devant le guichet correspondant le mot *répondez*, établit un contact qui fait tinter la sonnerie du poste. Si une seule émission de courant a été fournie, l'effet précédent se maintient, et c'est le poste où il se manifeste qui est appelé; mais, si deux ou plusieurs fermetures de courant se succèdent, la plaque dont nous venons de parler tombe d'un second cran, et cette fois elle établit un contact qui fournit la communication directe avec la station suivante. Ce contact, par l'intermédiaire d'un mécanisme d'horlogerie, peut être maintenu pendant cinq ou dix minutes après la rupture du courant; mais après ce temps, la plaque se trouve relevée et replacée à son point de départ.

On comprend maintenant facilement que si, au moyen du manipulateur, on opère trois fermetures successives du courant, ce sera la troisième station qui sera appelée ; car la première et la deuxième ayant reçu, l'une trois émissions de courant, l'autre deux, auront établi la communication directe, et ce ne sera que la troisième qui recevra l'émission unique de courant propre à faire fonctionner la sonnerie d'appel. Il est vrai qu'au moment de la descente des plaques des deux premières stations, les sonneries d'appel de celles-ci auront fonctionné ; mais ce ne sera que passagèrement, une seconde à peine, tandis que la sonnerie de la troisième station pourra marcher pendant cinq ou dix minutes.

PARAFOUDRES.

Si l'électricité atmosphérique réagit d'une manière continue sur les lignes télégraphiques, en créant des courants accidentels qui paralysent, comme nous l'avons vu page 295, l'action des courants voltaïques, on comprend aisément que ces lignes sont particulièrement exposées à être foudroyées ; alors les appareils peuvent se trouver fondus, ou tout au moins désorganisés, et les employés courent de grands dangers. Plusieurs accidents de ce genre ont déjà eu lieu ; on a donc dû se préoccuper de la question de préserver autant que possible les lignes de ces effets désastreux, et les appareils disposés dans ce but ont été appelés *parafoudres*.

Comme les paratonnerres, les parafoudres ne peuvent avoir d'effet que comme dérivatifs des réactions de l'électricité atmosphérique. En conséquence, le problème à résoudre dans ces appareils était d'ouvrir en dehors de la ligne télégraphique une voie d'écoulement assez directe et assez facile pour être suivie de préférence par l'électricité de tension, mais cependant assez résistante pour ne pas occasionner une déperdition du courant appelé à réagir sur les appareils télégraphiques.

Les appareils qui ont été imaginés dans ce but sont nombreux, et ont été aussi variés dans leur disposition que les appareils télégraphiques. Mais ne pouvant les décrire tous, nous ne parlerons que de ceux qui sont les plus employés dans les différents États de l'Europe.

Parafoudres à plaques. — Le système le plus simple,

qui est du reste mis en pratique dans presque toute l'Allemagne et la Belgique, est le parafoudre à plaques imaginé par M. Steinheil, et perfectionné successivement par MM. Meissner, Lippens, Siemens, etc. Il consiste uniquement dans deux plaques métalliques superposées, appliquées sur une planchette et isolées l'une de l'autre par une feuille de papier. L'une de ces plaques, par un moyen ou par un autre, est mise en rapport avec la ligne tandis que l'autre communique directement à la terre, et une vis, passant sans y toucher à travers un large trou pratiqué au milieu de ces plaques, permet, à l'aide d'un écrou, de les serrer fortement l'une contre l'autre, de manière à faire un tout très-solide. On comprend facilement qu'avec cette disposition la charge électrique atmosphérique conduite par la ligne peut s'écouler dans le sol en perçant le papier, et celui-ci est plus que suffisant pour arrêter le courant voltaïque qui se trouve ainsi forcé de cheminer à travers les appareils. On peut juger de l'efficacité de ce système de parafoudre quand, après un orage, on retire la feuille de papier de l'appareil. En regardant le jour au travers on aperçoit une infinité de petits trous qui se trouvent le plus souvent noircis sur les bords et disposés par groupes. Pour que ce système ait toute la sensibilité désirable, il faut que les surfaces superposées des deux lames soient un peu rugueuses ou rayées très-finement.

Parafoudres à pointes et à fil préservateur. — Les parafoudres des télégraphes français sont fondés sur le principe du pouvoir des pointes et portent en outre un organe préservateur qui doit réagir en cas d'insuffisance du parafoudre proprement dit. Dans sa disposition actuelle ce système comporte deux appareils distincts que nous représentons *fig.* 148 et 150.

Le premier (*fig.* 148), que nous appellerons *déchargeur,* est constitué par deux forts montants en bronze sur lesquels sont adaptées six pointes de cuivre munies d'un pas de vis et d'un contre-écrou. Ces pointes doivent être à très-petite distance des montants de l'appareil, et cette distance peut toujours être maintenue au fur et à mesure de leur usure, grâce au pas de vis qui les termine. Quant aux montants eux-mêmes, ils sont mis en relation, l'un avec le fil de ligne, l'autre avec le fil de terre, au moyen des bornes A et C, et communiquent au second appareil par le bouton d'attache B.

Fig. 148.

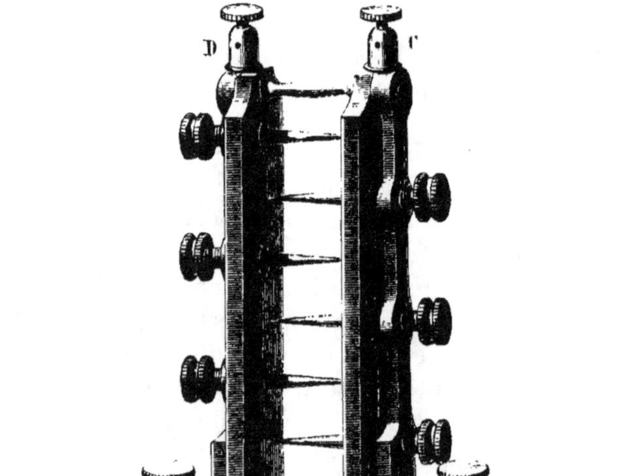

Le second appareil (*fig.* 15o) n'est qu'un commutateur muni de l'organe préservateur dont nous avons parlé. Cet organe, que nous représentons isolément *fig.* 149, est constitué par un petit cylindre de cuivre dont les extrémités sont isolées au moyen de bagues d'ivoire, et sur lequel est enroulé en spirale un petit fil de fer très-fin recouvert de soie qui doit relier la ligne au récepteur télégraphique. Ce petit cylindre porte trois renflements correspondants aux trois vis de pression A, C, B (*fig.* 15o) qui doivent le fixer sur le commutateur, et l'une de ces vis C communique au fil de terre par la lame CT et la borne T; les deux extrémités du petit fil de fer, sont d'ailleurs fixées aux boutons d'attache A et B, lesquels communiquent, l'un A avec le récepteur du poste, l'autre B avec la ligne par l'intermédiaire du frotteur ED. Ce frotteur, de son côté, étant porté sur les bandes métalliques AF et TC, peut mettre la ligne directement en rapport avec le récepteur ou avec la terre. Voici maintenant ce qui résulte de cette disposition en cas de foudroiement de la ligne. Si la bobine préservatrice est interposée dans le circuit de la ligne, ce qui suppose la ma-

Fig. 149.   Fig. 150.

nette D dans la position qu'elle a sur la figure, la décharge passe en plus grande partie à travers les pointes du déchargeur pour s'écouler en terre, et, si cette voie ne suffit pas, elle arrive à la bobine préservatrice **AB** par le commutateur. Alors, de deux choses l'une : ou l'intensité de la décharge est suffisante pour fondre le fil de fer de la bobine, et alors la communication de la ligne à la terre est établie par le contact du fil fondu avec la partie métallique du cylindre qu'il recouvre ; ou cette intensité est insuffisante pour opérer cette fusion, et alors la décharge peut passer à travers les appareils sans les détériorer.

Bien que l'efficacité de ce système de parafoudre ait été plus d'une fois constatée, il est toujours préférable, quand la présence d'un orage se manifeste, d'établir la communication directe à la terre, ce que l'on fait en portant la manette D sur la lame CT.

Comme les effets les plus marqués de l'électricité atmosphérique sur les lignes télégraphiques ne se manifestent pas toujours quand les orages éclatent dans le voisinage des postes, il arrive souvent que les fils des appareils préservateurs se trouvent brûlés sans qu'on s'en aperçoive, et alors la ligne se trouve avoir une communication à la terre en dehors du récepteur; de là une perte telle des courants transmis, qu'il devient impossible de correspondre. Le plus souvent les employés, au lieu d'aller vérifier leur parafoudre, vont rechercher partout ailleurs la cause de ce dérangement, et perdent ainsi un temps considérable avant de rétablir le circuit dans son état normal. Pour éviter cet inconvénient, plusieurs inventeurs, entre autres MM. Mouilleron, Veissières-Lamothe, Tesse et Lartigue, ont imaginé un système d'organe préservateur, au moyen duquel le fil de fer fin, tendu par l'intermédiaire de ressorts, peut établir, par le seul fait de son allongement ou de sa rupture, sous l'influence de la chaleur développée par le fluide électrique, une communication soit avec la terre, soit avec une sonnerie électrique d'alarme qui prévient de l'état de la ligne. Le système de MM. Tesse et

Fig. 151.

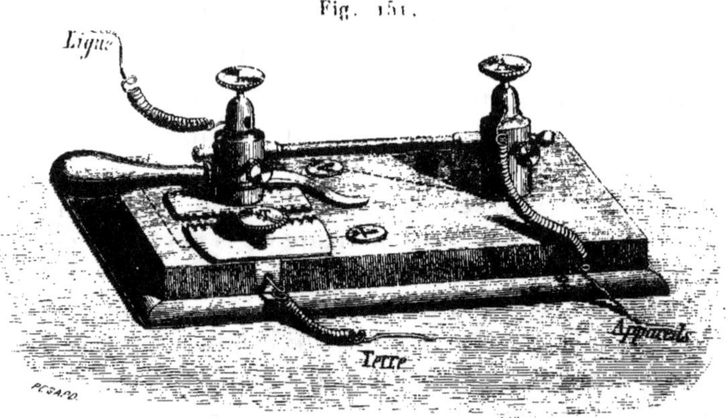

Lartigue est employé sur la ligne du chemin de fer du Nord,

et celui de M. Veissières-Lamothe est en ce moment en expérience à l'Administration des lignes télégraphiques.

Le parafoudre à pointes et à bobine préservatrice, dont la première disposition est due à M. Bréguet, constitue un seul et même appareil dans les paratonnerres employés sur les lignes de chemins de fer, et dont nous représentons le dispositif (*fig.* 151); les pointes du déchargeur se trouvent alors remplacées par des plaques de cuivre dentelées, et la bobine préservatrice est soutenue sur deux colonnes communiquant, l'une avec la ligne, l'autre avec les appareils du poste. Au-dessous de la première se trouve la manette du commutateur qui permet de mettre la ligne en rapport direct avec la terre ou avec les appareils.

Le parafoudre que nous représentons *fig.* 152 et 153, et qui est dû à MM. Viney et Gaussin, est fondé exactement sur

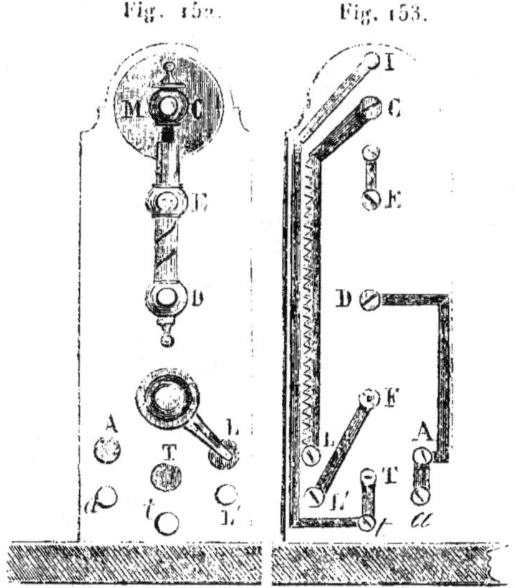

Fig. 152.   Fig. 153.

le même principe que l'appareil précédent; seulement le déchargeur, au lieu de quelques pointes, en possède 800. Les *fig.* 152 et 153 représentent les deux côtés de la planche sur laquelle sont montés les divers organes qui le composent.

Dans ce système, le déchargeur à pointes est constitué par deux disques placés l'un au-dessus de l'autre et ayant leur surface entaillée de manière à présenter un très-grand nombre d'aspérités en forme de pointes de diamant. Ce déchargeur est fixé en M à la partie supérieure de l'appareil et communique directement avec la bobine préservatrice CD, dont la construction est d'ailleurs analogue à celle que nous avons déjà décrite. Celle-ci se compose, en effet, d'une espèce d'étui moitié cuivre (de C en E), moitié ivoire (de E en D), qui se trouve introduit à travers trois bagues C, D, E, et fixé sur l'une d'elles à l'aide d'une vis de pression. L'une de ces bagues D communique à la plaque A du commutateur, c'est-à-dire à celle qui se trouve mise en rapport avec l'appareil télégraphique par le bouton d'attache a; l'autre bague C communique, au moyen d'une tige (isolée du disque supérieur du déchargeur M) avec la plaque L du commutateur. La bande de cuivre appelée à opérer cette communication est dentelée ainsi qu'on le voit *fig.* 153. La troisième bague E communique avec le sol par l'intermédiaire du disque inférieur du déchargeur M auquel elle communique par une plaque. Enfin l'étui lui-même renferme une tige taraudée, moitié cuivre, moitié ivoire, dans les filets de laquelle se trouve enroulé le petit fil de fer préservateur, dont l'un des bouts, en dépassant le bouton E, vient s'entortiller autour de la partie en ivoire ED pour communiquer métalliquement avec le bouton D, et dont l'autre bout communique métalliquement avec le bouton C.

Le déchargeur M communique d'une part par le disque supérieur avec le bouton C, et par le disque inférieur avec la plaque T du commutateur qui est en rapport avec le sol par le bouton d'attache t. La bande de cuivre I t T, appelée à établir cette communication, est dentelée comme la bande CL, dont elle est très-rapprochée.

Quant au commutateur de l'appareil, il se compose, comme presque tous les commutateurs dont nous avons déjà parlé, d'un frotteur tournant, qui se trouve relié par une lame avec le bouton de ligne L′, et qui peut rencontrer tour à tour l'une ou l'autre des trois lames A, T et L. Quand ce frotteur est sur la lame L, le circuit de ligne est établi à travers l'appareil télégraphique, et le courant suit le chemin suivant L′, F, L, C, D, A, a, en passant à travers le fil de fer fin enroulé sur CD. Si la foudre tombe sur le fil de ligne, elle arrive alors de L en C au disque supérieur du déchargeur et s'écoule partie par

les pointes des lames LC et I *t* T qui se trouvent opposées, partie
par les 800 pointes des disques du déchargeur M, qui se trouvent opposées de la même manière que celles des lames précédentes. Si, malgré cet écoulement, elle parvient à fondre le
fil de fer, une communication avec le sol se trouve établie par
le fil en fusion et le bouton E, en même temps qu'une séparation de 4 centimètres ED isole l'appareil du circuit de ligne.
La foudre se trouve donc portée en terre et ne pénètre pas
dans les appareils.

Quand le commutateur est sur la plaque T, le circuit de
ligne aboutit directement à la terre par les communications
métalliques L'FT. Enfin, quand le commutateur est sur la
plaque A, le circuit de ligne est en rapport direct avec l'appareil télégraphique sans l'interposition du parafoudre. En effet,
le courant passe par les communications L', F, A, *a*.

Il existe encore une foule de parafoudres plus ou moins
ingénieusement combinés, tels que ceux de MM. Bianchi,
Masson, Fardely, Walker, etc., dont nous ne parlerons pas
ici, parce qu'ils sont peu employés, mais dont on trouvera la
description dans le tome III de notre *Exposé des applications
de l'électricité*. Nous dirons toutefois, comme renseignement
à l'adresse de ceux qui croient que la multiplicité des pointes
des déchargeurs est inutile, qu'en Amérique ces appareils
sont établis avec des cardes de filatures, et cette fois ce n'est
plus par centaines qu'il faut compter les pointes, mais bien
par milliers.

CRYPTOGRAPHES POUR LA TÉLÉGRAPHIE ÉLECTRIQUE.

Dès l'origine de la télégraphie, on a cherché les moyens
de rendre secrètes certaines dépêches des gouvernements, et
on a employé pour cela divers moyens en rapport avec les
systèmes télégraphiques usités. La plus simple méthode est
de changer l'interprétation des lettres alphabétiques, en les
soumettant à une clef déterminée, variable suivant le caprice de ceux qui en font usage. C'est le moyen qu'on emploie le plus souvent ; mais il est facile de comprendre que si
la même lettre a la même interprétation dans tout le cours
d'une dépêche, il sera possible, avec de l'habitude et de la

perspicacité, de finir par deviner la clef et de lire la dépêche. Plusieurs personnes ont cherché à écarter cet inconvénient par des combinaisons numériques et mécaniques plus ou moins ingénieuses, et parmi elles nous citerons MM. Régnard, Wheatstone, Viney et Gaussin. Nous ne décrirons toutefois que les systèmes de ces deux derniers.

Système de MM. Viney et Gaussin. — Ce système se compose essentiellement : 1° d'un cadran mobile sur lequel sont inscrites les lettres de l'alphabet ; 2° d'un disque en verre dépoli placé au-dessus de ce cadran et mobile avec lui ; 3° d'une roue des types analogue à celle des télégraphes imprimeurs, placée sur le même axe que le cadran mobile et disposée de manière que les types en relief et les lettres du cadran se correspondent ; 4° enfin d'un cadran extérieur enveloppant le cadran mobile, lequel doit rester fixe pour la composition d'une même dépêche, mais qui peut être déplacé quand on veut changer l'ordre des lettres pour plusieurs dépêches consécutives. Un tampon imprimeur, un rouleau encreur et un laminoir entraînant une bande de papier en provision sur un rouleau, complètent le système. Cette dernière partie de l'appareil ressemble, du reste, complétement au mécanisme imprimeur des télégraphes de ce genre, sauf que c'est une pédale ressortant en dehors de l'appareil, et sur laquelle on appuie le doigt, qui est substituée au levier imprimeur de ces derniers appareils. Voici maintenant comment on fait usage de cet appareil.

On prend pour clef un mot quelconque dont le nombre de lettres est d'ailleurs indéterminé, puis on inscrit au crayon sur le disque de verre dépoli, et au-dessus des diverses lettres du cadran mobile, une série de numéros d'après l'ordre dans lequel se présentent les lettres dans le mot de la clef. Supposons, pour fixer les idées, que ce mot soit *Paris*. On inscrira le n° 1 au-dessus du *p*, le n° 2 au-dessus de l'*a*, le n° 3 au-dessus de l'*r*, le n° 4 au-dessus de l'*i*, le numéro 5 au-dessus de l's. Un repère étant marqué au-dessus du cadran fixe, il ne s'agira plus, pour composer la dépêche, que d'amener successivement devant les différentes lettres du cadran fixe qui composent la dépêche, celles du cadran mobile qui sont placées sous les numéros inscrits sur le disque de verre, et cela dans leur ordre numérique. Une fois ces lettres arrivées dans la position qu'elles doivent avoir, on appuiera le doigt sur le mécanisme imprimeur, et les lettres qui composent la dépêche traduite se trouveront ainsi successivement imprimées sur la bande de papier. Prenons pour exemple la phrase : *Venez à mon secours*, et supposons que le mot de la clef est *Paris*. Au moment où l'on commencera à composer la dépêche, le cadran mobile devra être placé devant le repère fixe, c'est-à-dire de manière que le blanc de la roue des types se trouve devant le tampon imprimeur ; mais le cadran, qui doit rester fixe pendant la composition de la dépêche, pourra être placé de telle manière qu'on voudra : par exemple, la lettre P, ou la lettre M, ou la croix, pourront correspondre au repère ; seulement il faudra qu'on en soit averti. Les n°s 1, 2, 3, 4 et 5 de la clef étant inscrits sur le disque de verre dépoli, ainsi qu'on l'a vu plus haut, on fera arriver successivement devant les lettres V, E, N, E, Z du cadran fixe les n°s 1, 2, 3, 4 et 5, et à chaque déplacement du cadran mobile on appuiera sur le mécanisme imprimeur, puis on amènera le cadran mobile au repère pour l'impression du blanc, et on recommencera pour les autres mots de la dépêche de la même manière. Ainsi on amènera le n° 1 devant l'A du cadran fixe, puis on imprimera le blanc, puis on fera arriver le n° 2 devant l'M, puis le n° 3 devant l'O, etc., etc., en recommençant après l'épuisement de chaque série de numéros une nouvelle série. Les croix des deux cadrans étant placées devant le repère, la dépêche précédente donnerait, avec la clef *Paris :*

UWDDT O OCV SKQCOAX.

On comprend combien, avec cette méthode, il est facile de compliquer les combinaisons, puisqu'on peut les faire varier, non-seulement par les mots de la clef, mais par les nombres de lettres qui les composent et par la position du cadran fixe, qui peut à elle seule fournir vingt-huit combinaisons différentes.

Pour traduire une dépêche composée d'après cette méthode, il ne s'agit que d'opérer d'une manière inverse. On inscrit d'abord les numéros de la clef sur le verre dépoli, et on les fait arriver successivement devant les différentes lettres du

33.

cadran fixe correspondantes à celles qui composent la dépêche; puis on imprime chaque fois, comme on l'avait fait pour la composition de cette même dépêche. On obtient alors, imprimée en lettres romaines, la phrase :

VENEZ A MON SECOURS.

Cryptographe de M. Wheatstone. — M. Wheatstone a aussi combiné un cryptographe indéchiffrable qui est surtout remarquable par sa simplicité. Il se compose uniquement d'une petite boîte de la taille d'une tabatière, dans laquelle se trouve adaptée une espèce de minuterie qui a pour effet de faire tourner autour de deux cadrans concentriques, portant les différentes lettres de l'alphabet, deux aiguilles disposées comme dans une pendule. Cette minuterie est combinée de manière qu'à chaque tour du cadran l'une des aiguilles soit en retard sur l'autre d'une division, c'est-à-dire d'une lettre, et de plus les lettres des cadrans, imprimées sur de petits carrés de carton, peuvent être déplacées à volonté. Or, il est facile de comprendre qu'avec cette disposition il suffit, pour obtenir une dépêche indéchiffrable, de pointer successivement l'une des aiguilles sur les différentes lettres (du cadran correspondant) qui entrent dans la dépêche, en ayant soin, après chaque pointage, de faire accomplir un tour complet à l'aiguille et de noter les différentes lettres désignées par l'autre aiguille sur le second cadran. En dérangeant l'ordre des lettres sur ce dernier cadran, et d'après un système convenu d'avance, il devient impossible, sans instrument, de pouvoir déchiffrer des dépêches ainsi composées. Quant à leur traduction, elle s'effectue en faisant précisément l'inverse de ce qui avait été fait primitivement, c'est-à-dire en portant successivement la seconde aiguille sur les différentes lettres (du second cadran) correspondantes à celles de la dépêche transmise, et en lisant les indications fournies par la première aiguille sur l'autre cadran.

QUATRIÈME PARTIE.

ORGANISATION PRATIQUE DE LA TÉLÉGRAPHIE ÉLECTRIQUE.

Jusqu'à présent nous n'avons étudié la télégraphie électrique que dans sa partie technique et dans ses rapports intimes avec la physique ; ce sont, du reste, les bases sur lesquelles il faut s'appuyer quand on veut faire une étude sérieuse de cette science. Nous allons maintenant en examiner le côté pratique, c'est-à-dire la manière dont on a dû disposer les différents éléments qui entrent en jeu dans les transmissions télégraphiques pour en rendre la manœuvre simple et facile et telle qu'il convient à l'exploitation d'une grande branche des services publics. Cette dernière partie de notre ouvrage comprendra donc quatre chapitres, qui seront consacrés : le premier à la disposition et à l'organisation des postes ; le second à la manipulation et au réglage des appareils ; le troisième à la recherche des dérangements qui se manifestent sur les lignes ; le quatrième aux applications de la télégraphie électrique. Nous aurions pu y joindre l'organisation du réseau télégraphique dans les différents pays, mais cette question est si complexe et se rattache à tant de considérations étrangères à la science, que nous ne l'avons pas jugée du ressort d'un simple Traité de télégraphie.

CHAPITRE PREMIER.

DISPOSITION ET INSTALLATION DES POSTES TÉLÉGRAPHIQUES.

La disposition des postes télégraphiques dans les différents pays étant excessivement variée, tant à cause de la construction différente des appareils que par le caprice des ingénieurs chargés de leur installation, nous ne considérerons que celles de ces dispositions qui ont été adoptées en France par l'administration des lignes télégraphiques et par les administrations des chemins de fer. Elles se rapportent exclusivement, comme on le sait, aux télégraphes Morse et à cadran. On a d'ailleurs déjà pu avoir une idée de l'installation des systèmes *Hughes* et *Caselli* par les descriptions détaillées que nous avons faites de ces deux systèmes.

L'installation d'un poste télégraphique n'est pas aussi simple qu'on pourrait le croire à première vue ; on doit avoir égard à une foule de considérations qui se rapportent : 1º *à l'entrée des fils dans les postes ; 2º au trajet des fils de communication à l'intérieur de ces postes et à leur liaison avec les piles, les paratonnerres et le fil de terre ; 3º à l'organisation des tables sur lesquelles doivent être installés les appareils et qu'on appelle tables de manipulation.* Nous allons étudier successivement à ces différents points de vue cette installation.

Entrée des fils dans les postes. — Nous ne pouvons mieux faire, pour donner une idée de la disposition adoptée, que de rapporter ici les instructions qui ont été données par l'administration des lignes télégraphiques aux différents chefs de service chargés de l'installation des postes :

« Les fils simplement recouverts de gutta-percha qu'on employait autrefois pour traverser les murs des postes télégraphiques se détériorant très-promptement lorsqu'ils sont exposés aux variations atmosphériques, l'administration a totalement renoncé à leur emploi, et l'entrée des fils dans les postes s'opérera désormais comme il suit. Si le nombre des fils de ligne est inférieur à dix, les fils aériens seront arrêtés sur des cloches-arrêt, grand modèle, placées dans le voisinage de la station ; de là, ils seront prolongés, au moyen de fils de cuivre non recouverts, de 1^{mm},6 de diamètre, jusqu'à des supports-cloches d'arrêt, petit modèle, établis sur une planchette ou un léger potelet (voir *fig. 8, Pl. II*). On enroulera les fils de cuivre autour de la tête de ces petites cloches, et, les faisant passer par l'ouverture dont celles-ci se trouvent munies, on les dirigera *de bas en haut* vers l'intérieur du poste, à travers une fente pratiquée dans le mur et fermée intérieurement par une planchette en chêne percée de trous ; on pourra même souvent fixer les petites cloches sur le cadre d'une fenêtre, tout à côté de trous percés à la vrille à travers lesquels passeront les fils. Pour éviter que ces fils touchent les parois des trous qu'ils traverseront, on les arrêtera à l'intérieur à des bornes fixées sur un petit potelet en regard des ouvertures ; on les numérotera d'ailleurs avec des jetons.

» En disposant convenablement ces bornes intérieures, on pourra réduire assez le diamètre des trous pour laisser peu d'accès à l'air extérieur. Si le nombre des fils est considérable, leur introduction dans le bureau devra se faire au moyen de câbles en fil de cuivre recouverts de gutta-percha et de rubans ou d'enveloppes goudronnés. Les câbles seront raccordés aux fils de ligne dans un espace clos et abrité de la pluie et du soleil. Les fils aériens, arrêtés, comme dans le cas précédent, sur des cloches-arrêt (grand modèle) placées dans le voisinage de la station, se dirigeront *de bas en haut* vers une boîte appliquée contre la muraille et ne présentant que l'ouverture nécessaire pour l'introduction des fils. A l'extérieur de cette boîte seront fixées les cloches-arrêt (petit modèle) sur lesquelles devra s'opérer le raccordement. Les fils des câbles ne seront mis à nu qu'à l'intérieur de la boîte. Logés à l'extérieur dans une rainure de la maçonnerie qu'on fermera avec du ciment, ils entreront dans la station sous terre ou à travers les murs, et à l'endroit où ils se termineront, les fils intérieurs, mis à nu, seront fixés à des bornes en laiton (grand modèle), et numérotés avec des jetons comme il a été dit plus haut. »

Trajet des fils de communication à l'intérieur

des postes. — Au delà des bornes d'arrivée, les fils de ligne se continuent à l'aide de fils de cuivre non recouverts (de $1^{mm},6$ de diamètre), fixés sur une planchette en chêne poli par des cavaliers (espèces de clous recourbés à deux pointes) en fil de fer étamé, espacés de 6 en 6 centimètres. Ces fils sont ainsi conduits sans croisement, et suivant un tracé géométrique régulier, jusqu'aux paratonnerres dont nous avons indiqué la disposition p. 507, et qui sont vissés à demeure, les uns à côté des autres, sur une planchette de chêne, comme on le voit *fig.* 6, *Pl. II*.

En quittant les paratonnerres, les fils de ligne se continuent au-dessous de la planchette qui les supporte, en suivant un tracé régulier jusqu'au commutateur suisse qui doit les mettre en relation avec les fils qui les relient aux tables de manipulation. Ces fils sont, bien entendu, fixés sur une planche de chêne comme avant leur arrivée aux paratonnerres.

La liaison des paratonnerres avec le sol s'effectue par une série de fils découverts qui partent des bornes A (*fig.* 148). Ces fils, une fois réunis en faisceaux, sont tordus ensemble de manière à former un ou plusieurs câbles qui vont regagner la plaque de terre en se dissimulant le plus possible au bas des plinthes des appartements. Ces câbles sont fixés d'ailleurs de la même manière que les fils, à l'aide de gros cavaliers en fer étamé, et on les prolonge tant que les angles à contourner ou les sinuosités à franchir ne permettent pas l'emploi d'un câble unique et rigide. Mais, à l'extérieur de la station, on les soude fortement au câble de terre principal.

La distribution des fils de ligne aux tables de manipulation est faite d'une manière différente, suivant l'importance des postes. Quand ceux-ci renferment plus de quatre appareils, elle s'effectue à l'aide de câbles à deux conducteurs en fil de cuivre recouvert de gutta-percha, de ruban goudronné et de coton injecté et noirci. Ces deux enveloppes empêchent ou du moins ralentissent considérablement l'altération de la gutta-percha et assurent complétement le bon isolement du fil intérieur. Les câbles sont placés dans des cymaises cannelées en chêne dont les rainures doivent avoir 8 millimètres de largeur, 13 millimètres de profondeur. Ces cymaises sont munies d'un couvercle à charnières, fermé par des crochets, pour préserver les fils des chocs, de l'humidité et de la poussière. Elles sont attachées avec des crampons le long des murs et des tables de manipulation. Il va sans dire que les fils réunis dans le même câble sont choisis de manière à correspondre aux appareils d'une même table de manipulation.

Dans les petites stations les communications dont nous parlons sont établies avec des fils de cuivre nus, de $1^{mm},6$ de diamètre. Ces fils sont, suivant les cas, tendus en l'air au moyen de potelets et de chevilles en bois, ou fixés par des cavaliers sur des planches en chêne appliquées contre les murs et les tables de manipulation ; leur espacement doit être de 2 centimètres au moins.

Les fils de piles sont conduits aux tables de la même manière ; ils aboutissent d'abord sur le même côté d'un commutateur suisse, comme on le voit *fig.* 6, *Pl. II*, et du côté opposé à ce dernier partent des fils se rendant aux divers manipulateurs par les mêmes trajets que les fils de ligne.

Tables de manipulation. — Les tables de manipulation, dans les postes télégraphiques peu importants, sont toutes adossées aux murs de la salle des expéditions, et les communications électriques peuvent de cette manière se disposer très-facilement ; mais dans les postes importants une partie des tables se trouve au milieu des appartements, et, pour économiser la place, on leur donne une largeur double afin de pouvoir servir à deux employés. Alors une cloison de bois verticale d'environ 40 centimètres de hauteur sépare la table en deux, et les conducteurs des piles et des lignes s'y trouvent fixés d'après les moyens ordinaires. Dans tous les cas, un fil de terre, constitué par un petit câble de fils de cuivre, parcourt la table dans sa longueur, et se trouve fixé dans l'angle que celle-ci détermine avec la cloison de bois ou le mur. Chaque table doit être en chêne et avoir en longueur $2^m,20$, en largeur $0^m,80$, et en hauteur $0^m,74$. Pour éviter tout mouvement, on fixe au plancher, au moyen d'équerres en fer et de vis, deux pieds en diagonale de chacune d'elles. De plus on attelle les tables contiguës par des boulons de fer. Pour éviter les taches d'encre, le dessus de ces tables doit être noirci. Comme l'organisation des tables de manipulation dépend de la manière dont les transmissions et les réceptions doivent être produites, ainsi que des appareils qui sont employés, nous devrons étudier séparément cette disposition dans les différentes conditions des postes télégraphiques.

DISPOSITION DES POSTES MONTÉS AVEC DES APPAREILS MORSE.

Il existe sur une ligne télégraphique plusieurs sortes de postes : les postes formant tête de ligne, les postes intermédiaires et les postes de croisement de lignes. Il est vrai qu'avec le système adopté par l'administration des lignes télégraphiques françaises, ces postes, eu égard à leur montage, peuvent être réduits à deux, car chaque ligne a ses appareils distincts. Mais, dans les postes de chemins de fer où l'on veut économiser les appareils, les dispositions varient suivant les cas que nous venons d'énumérer.

Disposition des postes formant tête de ligne. — La disposition de ces postes varie suivant que les appareils employés sont simples ou munis de relais et de translateurs, et surtout suivant les sonneries qui leur sont adjointes. Dans un temps, l'administration des lignes télégraphiques, voulant avoir un modèle uniforme d'installation afin que tout employé changeant de résidence pût facilement se reconnaître, avait rapporté la disposition des postes (tête de ligne) à celle des postes intermédiaires. Mais, par suite de l'introduction dans le service des sonneries trembleuses à grande résistance (celles que nous avons décrites p. 497), et de la suppression de la translation dans les appareils des postes (tête de ligne), cette disposition a été variée, comme nous l'avons dit, et variera probablement encore. En attendant, nous donnons *fig.* 154, le dessin du montage d'une table de manipulation du poste central de Paris, dont les appareils sont précisément dans le cas que nous venons d'exposer.

Dans cette disposition, le fil de terre est toujours placé le long de la table, dans l'angle que celle-ci forme avec le mur ou avec la cloison de séparation dont il a été question, et le fil de ligne, ainsi que les fils de pile, sont appliqués, ou contre cette cloison, ou contre une planche appliquée sur le mur au-dessus de la table.

Une table de manipulation montée pour la réception simple,

comme celle dont nous parlons, ne possède que six appareils :
un commutateur à fil préservateur P du modèle que nous

Fig. 154.

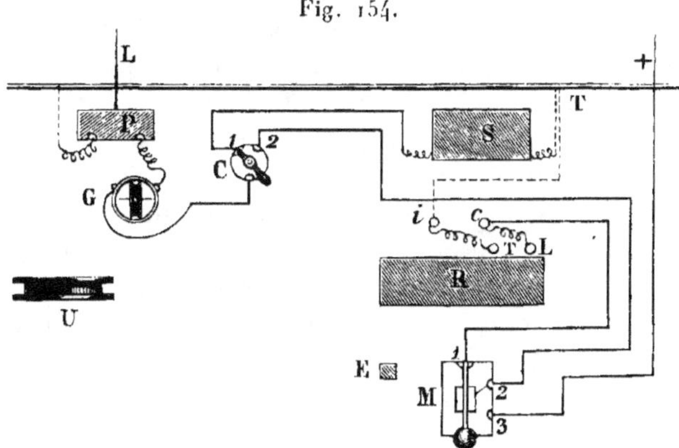

avons décrit p. 507, un galvanomètre G, un commutateur à
frotteur C, une sonnerie S à grande résistance du modèle décrit p. 497, un récepteur Digney sans relais et à deux boutons
d'attache R, et un manipulateur-clef M.

Comme accessoires, elle doit être munie d'un encrier E fixé
à demeure, d'un rouet U sur lequel on enroule la bande de
papier à mesure qu'elle défile et qui est également fixe ;
enfin, d'un casier, pour avoir à portée les imprimés les plus
usuels.

Sur notre dessin le fil de ligne L aboutit au commutateur à
fil préservateur P, et le fil de pile au contact 3 de transmission
du manipulateur M. Les lignes ponctuées indiquent les communications à la terre, et les lignes pleines les liaisons électriques des appareils entre eux. Ces liaisons doivent être faites
avec des fils de cuivre non recouverts, de $1\frac{1}{2}$ millimètre de
diamètre, et assujettis au moyen de cavaliers en fer étamé,
distants les uns des autres de 8 centimètres environ. Ces
fils doivent être, autant que possible, placés à découvert au-
dessus de la table et sans croisement. Enfin les liaisons de ces
fils avec les appareils, quand ceux-ci sont susceptibles d'être
déplacés, doivent être faites avec des fils recouverts de gutta-
percha et tournés en hélice ; alors ils doivent être adaptés à
des boutons d'attache fixés dans la table, comme on le voit
en *i* et en *c*.

Quand le poste est attaqué, ce qui suppose le commutateur C placé sur *sonnerie*, c'est-à-dire dans la position qu'il a sur la figure, le courant envoyé arrivant en P par le fil de ligne regagne d'abord le galvanomètre G, passe par l'interrupteur C, le contact 1 de ce commutateur, et, après avoir pénétré dans la sonnerie S, regagne la terre par le fil T.

Le commutateur C étant reporté sur le contact 2 qui correspond au récepteur, le courant envoyé par la ligne, après avoir traversé les appareils P et G comme dans le cas précédent, est dirigé par le commutateur C au contact 2 du manipulateur et de là au contact 1 de ce dernier par le levier interrupteur; il arrive ensuite au bouton L, auquel correspond l'électro-aimant du récepteur, et, après en avoir parcouru les diverses circonvolutions, en ressort par la borne T pour s'écouler en terre par le fil T.

Dans la transmission, les effets sont aussi simples : le courant transmis par le fil de pile est reporté par le levier interrupteur du manipulateur au commutateur C, qui, étant sur le contact 2 de la réception, le transmet à la ligne à travers le galvanomètre G et le commutateur à fil préservateur P.

Disposition des postes intermédiaires. — Un poste intermédiaire étant obligé de correspondre à gauche et à droite par deux fils différents, doit avoir nécessairement de doubles appareils, à moins que, par une disposition particulière, le transmetteur et le manipulateur puissent être rendus communs aux deux lignes. Dans tous les cas, les appareils d'appel doivent être en double. Dans les postes de l'État on a trouvé plus opportun, comme nous l'avons déjà dit, d'avoir des appareils doubles, et cette disposition devenait même nécessaire dès lors qu'on devait transmettre par translation.

Les fonctions d'un poste intermédiaire étant assez complexes en raison de la nécessité dans laquelle il se trouve de fournir la correspondance simple, la translation et la communication directe, la disposition des appareils et leurs liaisons électriques ont dû être assez compliquées; et pour qu'on puisse s'en faire une idée bien nette, il est nécessaire que nous entrions dans quelques détails sur les communications qui relient les différents organes des récepteurs télégraphiques à translation avec les sept boutons d'attache qui s'y trouvent adaptés et qui sont désignés par les lettres M, I, P, C, Z, T, L (voir *fig.* 1 et 2, *Pl. II*).

Le bouton L communique au commutateur du relais et du récepteur *g*, et par lui soit à l'électro-aimant du relais, soit à l'électro-aimant du récepteur par les contacts *e* et *d*.

Le bouton T est en relation, d'une part, avec l'électro-aimant du relais (par le bout opposé à celui qui communique avec le bouton L); d'une autre part, avec l'armature isolée du relais, et enfin avec l'électro-aimant du récepteur (également par le bout opposé à celui qui communique avec le bouton L).

Le bouton Z communique au support de l'armature du relais.

Le bouton C communique à l'électro-aimant du récepteur et au contact *d* (sans relais) du commutateur de l'appareil.

Le bouton P est relié au contact *e* du translateur, sur lequel le levier imprimeur appuie au moment des attractions.

Le bouton I correspond au second contact *e'* dit l'*isolé* du même translateur.

Enfin le bouton M communique à la masse métallique de l'appareil, à laquelle on a donné le nom de *massif*. Le contact *e* (avec relais) du commutateur de l'appareil communique d'ailleurs avec l'électro-aimant du relais.

Nous verrons à l'instant comment ces différents boutons sont reliés avec les divers appareils que porte la table de manipulation. Mais nous devons dire tout d'abord que le plus souvent les postes en translation sont montés avec des relais et des translateurs distincts du récepteur, de sorte que les communications entre ces divers appareils doivent être faites par des fils; elles ne présentent d'ailleurs aucune difficulté, puisque le mode de liaison reste le même. Nous ferons également observer qu'avec les récepteurs Digney, les relais devenant inutiles, les piles locales ne sont plus nécessaires, de sorte que le relais peut constituer à lui seul le translateur.

Le montage d'un poste intermédiaire en translation, que nous donnons *fig.* 10, *Pl. II*, est celui qui a été ordonnancé en 1860 par l'administration des lignes télégraphiques; il avait été, par conséquent, organisé avant que les sonneries à grande résistance aient été introduites dans le service télégraphique. Les sonneries qu'on employait alors, et auxquelles on semble vouloir revenir aujourd'hui, étaient des sonneries trem-

bleuses ordinaires à moyenne résistance, et pour les mettre
en action il fallait une intensité électrique assez forte. On ne
devra donc pas être étonné si, dans le modèle de montage
dont nous parlons, la sonnerie d'appel est disposée de manière
à fonctionner sous l'influence du courant de la pile du poste,
et à jouer ainsi le rôle d'une sonnerie à déclanchement à
mouvement continu.

Disposition en translation. — Dans la disposition représentée *fig.* 10, *Pl. II,* comme dans celle que nous avons déjà
étudiée, les fils de ligne arrivent à la table de manipulation
par le commutateur à fil préservateur, et les fils de pile de
ligne, car il y en a deux, afin de pouvoir fournir aux deux
côtés de la ligne l'intensité électrique qui convient, sont ramenés en avant de la table (en passant par-dessous), comme
l'indiquent les deux lignes pointillées de la *fig.* 10. Le fil de
terre est, d'ailleurs, toujours fixé au bord de la table opposé
à celui devant lequel se trouve l'employé.

En outre des appareils dont nous avons parlé pour la transmission simple, et qui doivent être en double, un poste en
translation doit avoir encore deux commutateurs à quatre
contacts et deux piles locales, pour le cas où l'on doit faire
marcher les récepteurs avec des relais. Les deux pôles de ces
piles locales aboutissent, en passant par-dessous la table, aux
boutons C et Z des récepteurs, et les fils de pile de ligne sont
eux-mêmes reliés directement aux boutons P des mêmes récepteurs par des fils qui passent également sous la table et
qui sont indiqués sur la figure par des lignes pointillées
obliques. Tous ces appareils étant reliés entre eux, comme
l'indique la figure, voici ce qui arrive au moment de la réception.

Quand le poste est attaqué, soit par la ligne de gauche, soit
par la ligne de droite, les commutateurs des sonneries C et D
sont placés sur contact, et les commutateurs A et B sont sur
les contacts de réception n° 1. La marche du courant à travers
les appareils est alors la suivante.

1° *Pour l'appel fait par le fil de gauche.* — Commutateur
à fil préservateur n° 1. — Galvanomètre n° 1. — Contact n° 2
du manipulateur; levier interrupteur de ce manipulateur. —
Contact n° 1. — Manette du commutateur A. — Contact n° 1

de ce commutateur. — Bouton L du récepteur. — Bouton T. — Fil de terre. Sous l'influence de ce courant, le relais en communication avec les boutons L et T fait fonctionner l'électro-aimant du récepteur, et celui-ci, en faisant réagir le translateur, provoque une fermeture du courant de la pile de ligne du poste qui fait fonctionner la sonnerie n° 1. La marche de ce dernier courant est alors la suivante : bouton P; massif du récepteur (par le translateur); bouton M; commutateur C; sonnerie et fil de terre.

2° *Pour l'appel fait par le fil de droite.* — Même réaction que précédemment; il n'y a que les appareils de changés.

Nous ferons toutefois remarquer que par suite de la liaison directe du bouton I du récepteur de gauche avec le bouton L du récepteur de droite, et, par suite de la même liaison du récepteur de droite avec le récepteur de gauche, il se produit, au moment des appels et à travers les sonneries, des dérivations du courant de ligne qui pourraient avoir des inconvénients sérieux si ces sonneries étaient sensibles, mais qui sont par le fait plutôt à redouter théoriquement que pratiquement. Néanmoins, si on voulait empêcher ces dérivations, il suffirait d'adapter aux commutateurs C et D un second ressort frotteur et un second contact qui seraient interposés dans les fils de liaison de I à L, et qui seraient tellement disposés, que quand ces commutateurs ne seraient pas sur sonnerie les fils en question se trouveraient continus. La manœuvre du système ne s'en trouverait pas plus compliquée.

Quand l'appel a été entendu, la correspondance en transmission simple peut s'effectuer sans rien changer aux commutateurs A et B; il suffit seulement de retirer les commutateurs C ou D du circuit des sonneries, c'est-à-dire de les porter sur l'isolant. La marche du courant transmis s'effectue alors jusqu'aux récepteurs, comme nous l'avons vu précédemment.

S'il s'agit d'établir la translation, les commutateurs C et D devront être tous les deux portés sur l'isolant, et les commutateurs A et B sur les contacts n° 2. Voici alors le trajet que suivent les courants tour à tour reçus et transmis.

1° *Pour le courant venant par le fil de gauche.* — Appareil préservateur n° 1. — Galvanomètre n° 1. — Manipulateur n° 1. — Commutateur n° 1. — Contact n° 2 de ce commutateur. —

Relais ou électro-aimant du récepteur n° 1 par la borne L et retour à la terre par la borne T.

De la circulation de ce courant résulte le fonctionnement du translateur et l'envoi d'un courant de la pile du poste qui chemine de la manière suivante : — Bouton P du récepteur n° 1. — Massif de cet appareil. — Bouton M du même récepteur. — Contact n° 2 du commutateur B. — Contact n° 1 du manipulateur n° 2. — Levier de ce manipulateur. — Galvanomètre n° 2. Appareil préservateur n° 2. — Ligne de droite.

L'émission de ce courant produite sur la ligne de gauche se trouve donc ainsi reportée sur la ligne de droite, sous une influence électrique différente.

2° *Pour le courant venant par le fil de droite.* — Le trajet parcouru est le suivant : — Appareil préservateur n° 2. — Galvanomètre n° 2. — Commutateur B. — Contact n° 2 de ce commutateur. — Massif du récepteur n° 1. — Bouton 1 du même récepteur. — Relais ou électro-aimant du récepteur n° 2 par le bouton L. — Retour à la terre par le bouton T du même récepteur.

Du fonctionnement du translateur de l'appareil n° 2 résulte l'envoi d'un courant de la pile de ligne du poste qui va du bouton P du récepteur n° 2 au bouton M du même récepteur ; — au contact n° 2 du commutateur A ; — au contact n° 1 du manipulateur n° 1 ; — au contact du levier de ce manipulateur ; — au galvanomètre n° 1 et à la ligne de gauche par l'appareil préservateur n° 1.

Pour l'établissement de la communication directe, les commutateurs A et B doivent être placés sur les contacts 4. Dans ce cas en effet le courant, arrivant par la ligne de gauche, par exemple, est transmis au commutateur A, ainsi qu'on l'a vu plus haut, et se trouve conduit par le contact 4 au second commutateur B, qui le transmet à son tour au manipulateur n° 2, pour aller de là à la ligne de droite par le galvanomètre 2 et l'appareil préservateur.

Jusqu'à présent, nous n'avons considéré la marche des courants que pour la réception ; il nous reste à l'examiner au point de vue de la transmission. Dans ce cas, chacun des manipulateurs doit réagir sur la ligne qui lui correspond, comme dans les montages de poste à réception simple ; c'est en effet ce qui résulte de la disposition représentée *fig.* 10, *Pl. II.* Quand on abaisse le levier du manipulateur nº 1, par exemple, le contact 3 de ce manipulateur, qui communique au pôle positif de la pile du poste, est mis en rapport avec le fil de ligne par le contact nº 2 du manipulateur, le galvanomètre nº 1 et l'appareil préservateur nº 1. Il en est de même pour le manipulateur nº 2.

On conçoit maintenant facilement que le montage d'un poste en translation avec des translateurs distincts des appareils récepteurs sera tout aussi facile avec les dispositions que nous avons étudiées précédemment. En effet, il suffira de faire aboutir les fils correspondant aux bornes L et T du récepteur à relais aux deux extrémités du fil de l'électro-aimant du relais translateur, et de faire communiquer aux deux pièces isolées de ce relais les fils aboutissant ordinairement aux boutons P et I, tout en reliant l'armature au fil qui doit aboutir au bouton M. De cette manière, le récepteur est tout à fait étranger à la translation, et s'il peut fonctionner sans relais, la pile locale, ainsi que les deux fils aboutissant aux boutons C et Z, deviennent inutiles.

Disposition en réception simple. — Lorsque les postes intermédiaires ne doivent pas être soumis à la translation, la disposition précédente peut être considérablement simplifiée. Toutefois l'administration des lignes télégraphiques, pour conserver un modèle uniforme, a indiqué pour ce cas une disposition qui ne diffère de celle que nous avons décrite que par la suppression des fils qui relient entre eux les deux récepteurs. Cette disposition, représentée *fig.* 7, *Pl. II,* se devine, du reste, aisément, et de plus grands détails seraient superflus.

Comme le plus souvent les postes intermédiaires n'ont pas besoin de sonneries d'appel, l'administration, dans une récente circulaire, vient d'ordonner une nouvelle disposition qui, du reste, ne diffère de l'ancienne que par la suppression des sonneries 1 et 2, des commutateurs C et D, et des fils reliant ces appareils aux fils de la translation et à la terre. De cette manière, les dérivations dont nous avons parlé, p. 527, ne sont plus à craindre.

Disposition d'un poste intermédiaire à plusieurs fils. — Quand un poste intermédiaire reçoit plus de deux fils et que les appareils qui les desservent sont susceptibles d'être mis en translation tantôt sur une ligne, tantôt sur une autre, les communications électriques, pour ne pas compliquer l'organisation du poste, ni troubler le service des lignes qui doivent rester en transmission simple, doivent aboutir à un commutateur sur lequel on doit pouvoir établir aisément toutes les combinaisons nécessaires. Plusieurs systèmes ont été proposés pour obtenir ce résultat par MM. Blerzy, Noblet, Triger, Doria, etc. (1); mais le plus simple est celui qui a été établi à Constantinople par M. Lacoine, et qui peut s'appliquer à un nombre quelconque de lignes.

Dans ce système, le commutateur dont nous avons parlé n'est autre qu'un commutateur suisse qui doit être muni dans les deux sens de deux fois autant de lames qu'il arrive de lignes à la station. Ces lames portent autant de numéros qu'il y a de fils de ligne aboutissant au commutateur, et ces numéros constituent par conséquent deux séries de numéros qui doivent se succéder dans un ordre inverse. A la première série du côté supérieur du commutateur, aboutissent les fils de ligne; à la dernière, de l'autre côté, correspondent, par leur massif ou les boutons M, les récepteurs correspondant à ces lignes, et qui portent les mêmes numéros qu'elles. Les deux autres séries sont reliées dans le même ordre, l'une (l'avant-dernière) aux leviers interrupteurs des manipulateurs, l'autre (la seconde) aux solés des récepteurs correspondant aux boutons que nous avons désignés par I. Les combinaisons s'effectuent d'ailleurs à l'aide des chevilles du commutateur.

La *fig.* 5, *Pl. II*, représente l'installation, dans ce système, d'un poste à quadruple translation, et, d'après la manière dont sont disposées les chevilles du commutateur, il est aisé de voir que les lignes 1 et 3 sont en translation, tandis que les lignes 2 et 4 sont en communication directe. Il suffit pour s'en rendre compte de suivre les fils indiqués sur le dessin. En effet, le courant arrivant par le fil de ligne 3 se trouve transmis par la cheville *c* au massif du récepteur 1, lequel le conduit, par l'intermédiaire du translateur qui est en repos, au bouton I, d'où il sort pour regagner la cheville *f*, puis le manipulateur nº 3 et enfin le relais du récepteur 3. Après avoir

---

fait fonctionner le translateur de ce récepteur, le courant du poste 3 envoyé à travers le massif du même appareil est dirigé sur le bouton M du récepteur 3, et enfin sur la ligne ₁ par la cheville *a*. La translation se trouve donc ainsi établie entre les fils ₁ et 3. En même temps, le courant envoyé par la ligne ₂ est transmis à la ligne 4 par les deux chevilles *b* et *d* qui établissent ainsi la communication directe.

Quant à la pose des chevilles pour établir une combinaison donnée de translation, elle est on ne peut plus facile : il suffit de les placer aux points d'intersection des lames du commutateur portant les numéros des lignes que l'on veut établir en translation. Ainsi, dans l'exemple que nous avons choisi sur notre figure, les quatre chevilles qui établissent la translation sont placées aux quatre points d'intersection des lames 3 et ₁ qui, comme les autres ₂ et 4, sont en double. Pour l'établissement de la communication directe, il suffit de placer deux chevilles sur une quelconque des lames horizontales du commutateur et aux points d'intersection qu'elle détermine avec les lames verticales correspondant aux fils qu'on veut réunir.

Bien que l'administration des lignes télégraphiques fasse usage des télégraphes à cadran dans ses correspondances avec les gares de chemins de fer, c'est surtout celles-ci qui emploient ce système télégraphique le plus communément, et en conséquence nous prendrons comme type de montage de ces sortes de postes celui qui a été adopté par M. Bréguet et qu'on retrouve à toutes les stations de chemins de fer.

Lorsque le poste est tête de ligne, les appareils qui sont établis sur la table de manipulation sont au nombre de six. Ce sont : un récepteur et un manipulateur du système décrit p. 332, une sonnerie à mouvement d'horlogerie du modèle indiqué p. 493, un parafoudre du système décrit p. 511, un galvanomètre et un commutateur à frotteur.

Dans les postes intermédiaires, aux appareils précédents sont ajoutés une deuxième sonnerie, un deuxième parafoudre et un deuxième galvanomètre. Le manipulateur et le récepteur sont donc communs aux deux côtés de la ligne, et c'est

34.

au moyen des commutateurs du manipulateur que se fait la permutation de ces appareils d'une ligne dans l'autre. La disposition des communications électriques est d'ailleurs exactement semblable dans les deux systèmes de postes.

La *fig.* 155 représente l'installation d'un poste intermédiaire telle qu'elle est actuellement pratiquée sur nos lignes.

Fig. 155.

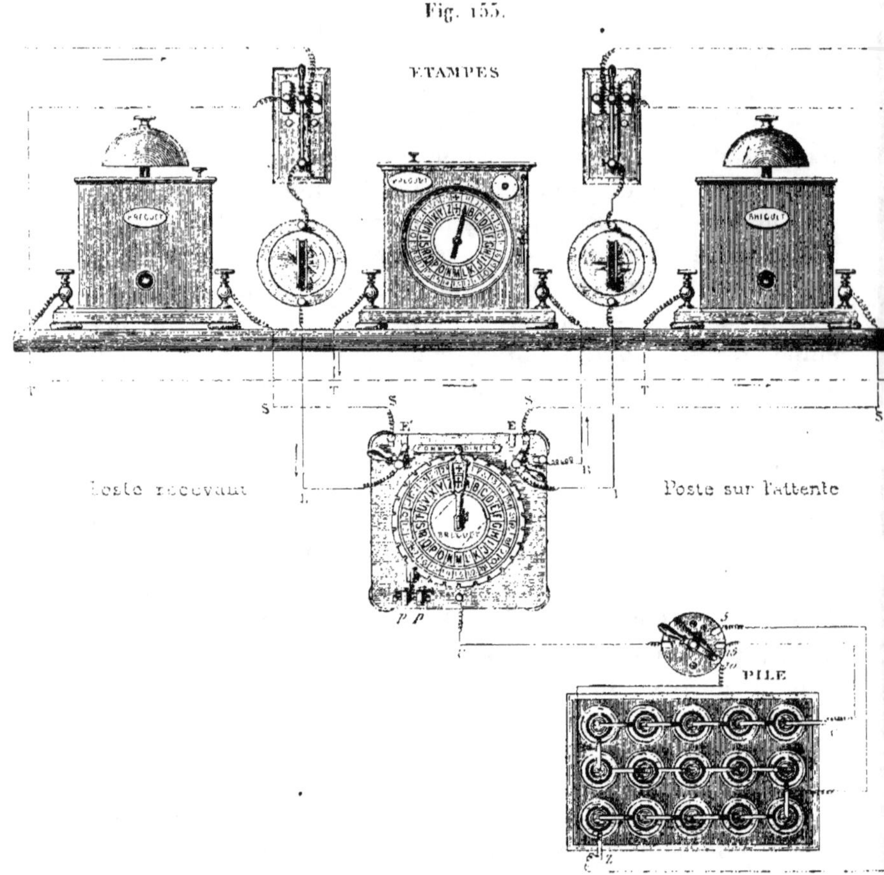

Le récepteur, les sonneries et les galvanomètres sont posés sur une planchette adaptée à un dossier en bois qui garnit le fond de la table de manipulation. Le manipulateur et le commutateur de pile sont fixés à l'aide de vis sur la table, et les parafoudres sont vissés verticalement sur le dossier en bois de la table. Enfin la pile, renfermée dans une boîte à compartiments soutenue par des pieds de verre, est placée elle-même sous la table, et les communications électriques sont faites à l'aide de fils de cuivre dénudés, comme on l'a vu pour les postes de l'administration.

Avec cette disposition, la manœuvre de ce télégraphe se comprend aisément. Quand il s'agit de la réception, les commutateurs du manipulateur sont placés sur les contacts S et S' qui correspondent aux sonneries, et le courant transmis, soit par la ligne de droite, soit par la ligne de gauche, en arrivant à l'un ou l'autre de ces commutateurs après avoir traversé le parafoudre et le galvanomètre correspondants, se trouve dirigé sur l'une ou l'autre des sonneries d'appel, lesquelles sont d'ailleurs en communication directe avec le sol. Cette sonnerie est donc mise en action et indique le poste qui appelle. Sur cet avertissement l'employé place le commutateur de la ligne qui a appelé sur le contact de réception E ou E', et les courants désormais transmis, en arrivant à ce contact, se trouvent dirigés sur le récepteur en passant par le massif du manipulateur (en rapport avec les contacts E, E'), le levier interrupteur du manipulateur, le contact p et le bouton R auquel est relié le récepteur, lequel est lui-même en rapport avec le fil de terre.

Pour la transmission les effets sont aussi simples. Dans ce cas, l'un des commutateurs du manipulateur doit être sur sonnerie, l'autre, celui qui correspond à la ligne que l'on veut attaquer, sur le contact E' du massif du manipulateur, et le commutateur de la pile sur celui de ses contacts qui détache de la pile le nombre d'éléments voulu pour transmettre convenablement par la ligne sur laquelle on doit correspondre.

Si l'on veut transmettre par le fil de gauche, par exemple, et qu'il faille dix éléments pour opérer la transmission, on placera le commutateur dans la position qu'il a sur la figure, et alors, toutes les fois que le manipulateur fera appuyer le levier interrupteur contre le contact p', le courant sera envoyé à travers la ligne en passant par le commutateur de la pile, le fil C, le contact p', le levier interrupteur, le massif du manipulateur, le contact E' du commutateur de gauche, le galvanomètre et le parafoudre correspondants.

L'établissement de la communication directe avec cette disposition de poste est tout aussi facile qu'avec les systèmes dont nous avons parlé précédemment. Il suffit pour cela de placer les deux commutateurs du manipulateur sur la traverse de la communication directe, et alors les deux fils de ligne se trouvent réunis l'un à l'autre par l'intermédiaire des deux parafoudres et des deux galvanomètres.

AUTRES SYSTÈMES DE DISPOSITIONS DE POSTE.

Avec les systèmes précédents à transmission simple, quand plusieurs stations sont échelonnées sur une ligne et qu'on veut parler à l'une d'elles, on est obligé de réclamer aux postes intermédiaires la communication directe pour un certain temps, et la ligne se trouve dès lors paralysée sur un plus ou moins long parcours et pendant un temps plus ou moins long. On a bien cherché à éviter cet inconvénient au moyen des appareils d'appel que nous avons indiqués p. 499 ; mais les inconvénients qui peuvent résulter de l'introduction d'appareils nouveaux, sur l'efficacité desquels le temps n'a pas encore prononcé et qui, dans tous les cas, ne sont appelés qu'à servir rarement, ont fait rechercher si par des combinaisons particulières des appareils déjà existants on ne pourrait pas résoudre plus avantageusement le problème. On a proposé à cet effet plusieurs dispositifs, mais jusqu'à présent les essais qui ont été faits n'ont fourni généralement que d'assez médiocres résultats. Celui de ces systèmes qui a été le plus étudié est fondé sur l'emploi de courants continus partant des stations extrêmes.

Avec ce système, les stations intermédiaires n'ont plus de pile, et les piles des stations extrêmes sont disposées de manière que leurs courants s'ajoutent ou se détruisent complétement. Dans le premier cas, tous les manipulateurs et tous les récepteurs sont, bien entendu, interposés dans le même circuit ; mais les manipulateurs doivent être placés sur contact pour que le circuit puisse passer d'une manière continue à travers la ligne ; alors les transmissions se font par rupture du circuit, mais la manipulation reste toujours la même. Dans le second cas, les manipulateurs et les récepteurs sont encore interposés dans le même circuit, mais la transmission ne peut se faire que par l'établissement de contacts à la terre.

On a encore proposé, pour résoudre le problème de la transmission sur les lignes omnibus, de disposer les communications sur les manipulateurs de manière que les contacts produits, au lieu de mettre la pile du poste en rapport avec la ligne, comme cela a lieu dans les systèmes ordinaires, aient pour effet d'établir la communication de la ligne avec la terre ; alors les récepteurs fonctionnent toujours sous l'influence du courant fourni par la pile de la station où ils sont placés. On aurait l'avantage, en employant ce système : 1º que les dérivations par la ligne, au lieu d'être nuisibles, développeraient dans les appareils une plus grande force électrique ; 2º que toutes les stations pourraient être appelées à la fois sans nécessiter une pile d'une force considérable, puisque chaque récepteur fonctionnerait sous l'influence de sa propre pile ; 3º de fournir toujours des appels énergiques, les courants des diverses piles échelonnées sur la ligne pouvant s'additionner en traversant les sonneries ; 4º de permettre, par la même raison, l'annihilation complète des courants accidentels lors des transmissions.

Quoi qu'il en soit des avantages et des inconvénients de ces systèmes, on a toujours appliqué l'un d'eux sur une de nos lignes de chemins de fer pour mettre les différents points de la ligne en correspondance facile avec les stations. Nous représentons, *fig.* 156, la disposition qui a été adoptée.

Avec cette disposition, les appareils que nous avons décrits doivent être un peu modifiés. Ainsi, les manipulateurs, au lieu d'avoir deux commutateurs de ligne, n'en ont qu'un qui est en rapport avec la pile du poste et avec la terre. Les commutateurs de ligne sont reportés au-dessus du récepteur sur la planche qui porte les parafoudres, et sur laquelle sont également fixées les boussoles qui, cette fois, sont verticales. Ces commutateurs peuvent être placés sur la communication directe, sur sonnerie ou sur réception et transmission, en les appuyant successivement sur les différentes lames que l'on aperçoit sur la figure ; de plus, les manipulateurs ne portent qu'un contact p, et la godille ou levier interrupteur est en contact avec cette touche chaque fois que la manivelle est sur un chiffre pair, à l'inverse de ce qui existe dans les manipulateurs ordinaires.

Au repos, le commutateur de chaque manipulateur doit être sur le contact P et la pile de chaque poste est mise en rapport

Fig. 156.

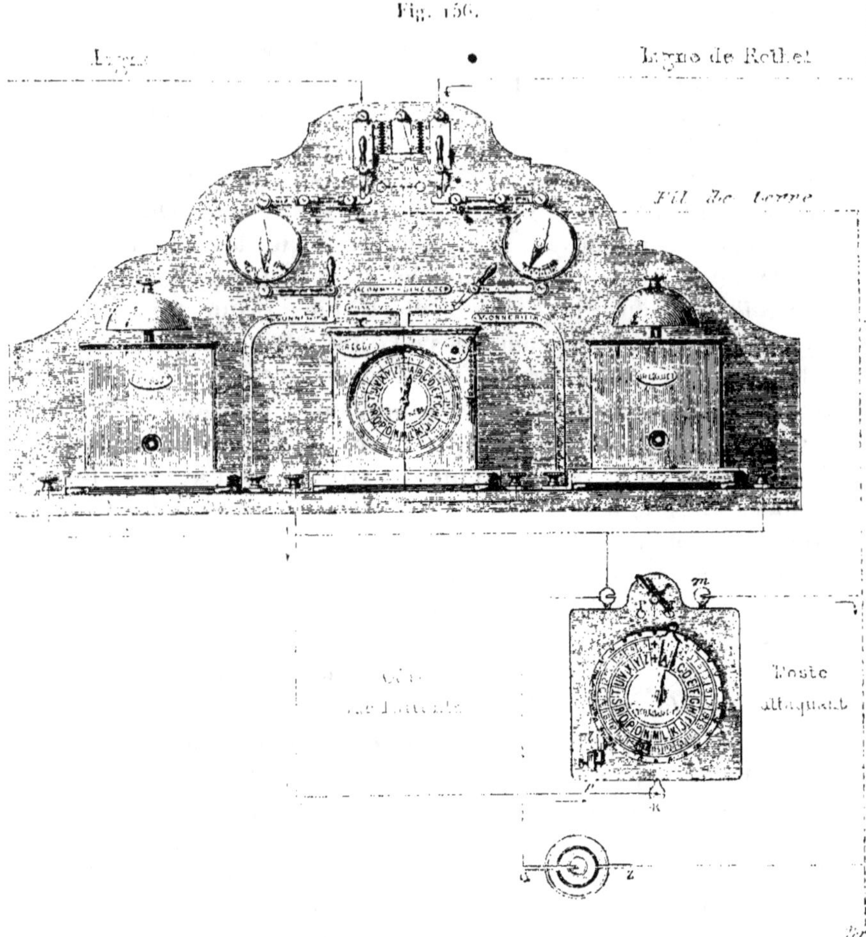

avec les deux fils de ligne par l'intermédiaire des sonneries, des commutateurs de ligne, des galvanomètres et des parafoudres. Ces piles sont disposées de manière que les courants qu'elles envoient à droite et à gauche sur chaque tronçon de ligne compris entre deux stations soient à peu près de même puissance. Il en résulte qu'étant dirigés en sens contraire l'un de l'autre, ces courants se trouvent annihilés, et que la ligne reste par le

fait dans les conditions ordinaires. Dans cet état de choses, il
est facile de comprendre que, pour obtenir l'attaque d'un poste,
il suffira de faire absorber par le sol un des courants, et, pour
cela, on n'aura qu'à placer le commutateur du manipulateur
du poste qui veut transmettre sur le contact **T** qui est en rapport avec sol, à faire avancer la manivelle de ce manipulateur sur la lettre **A**, et à porter le commutateur de celle des
deux lignes sur laquelle on doit réagir, sur la plaque de transmission. Le courant du poste attaqué passera alors à travers la
ligne, pénétrera dans le récepteur du poste d'attaque et s'é-
coulera en terre en passant par le massif du manipulateur du
même poste, le levier interrupteur, le contact p, le commutateur du même manipulateur et le contact **T**. Sous l'influence de
ce courant, la sonnerie du poste attaqué sera mise en branle,
et il suffira que l'employé de ce poste place le commutateur
qui lui correspond sur la plaque de réception pour recevoir la
dépêche, laquelle se transmettra, du reste, comme une dépêche ordinaire, non-seulement au poste attaqué, mais encore
au poste attaquant.

On comprend facilement qu'avec cette disposition il devient facile de correspondre en quelque point de la ligne qu'on
voudra ; car il suffit d'un simple manipulateur et d'une communication à la terre pour réaliser l'effet que nous avons
analysé plus haut. Aussi, sur la ligne de Reims à Rethel, où ce
système est installé, peut-on correspondre avec ces deux
postes des différentes guérites de gardiens échelonnées le
long de la ligne.

DISPOSITION DES POSTES POUR LES TRANSMISSIONS SIMULTANÉES.

Avec la disposition ordinaire des postes télégraphiques,
les transmissions ne peuvent se faire en même temps des
deux extrémités de la ligne, et il est d'absolue nécessité que
la ligne se trouve complétement libre quand on expédie les
dépêches ; or, sur les lignes très-surchargées, ce temps d'arrêt ne laisse pas que d'être souvent assez long. Pour l'abré-
ger, on s'est mis à rechercher s'il n'y aurait pas moyen de
transmettre simultanément de deux stations opposées deux
dépêches différentes, sans augmenter pour cela les frais d'in-

stallation des lignes télégraphiques. Ce problème a été réalisé par MM. Gintl, Edlund, Wartmann, Frischen, Siemens, Duncker, Starke et Rouvier.

Au premier abord, on comprend difficilement que le télégraphe puisse faire ce que la parole serait impuissante à réaliser. Mais si l'on réfléchit aux ressources immenses que mettent entre nos mains les réactions électriques, le merveilleux du problème se réduit à de simples combinaisons de courants. On peut, en effet, résoudre le problème des transmissions simultanées de trois manières : 1° en utilisant les intervalles qui séparent les émissions de courant pendant le passage d'une dépêche, pour employer le fil à une seconde transmission ; 2° en disposant les appareils de manière que plusieurs courants envoyés à la fois des deux stations opposées puissent réagir comme s'ils traversaient la ligne sans se confondre ; 3° en envoyant des courants de diverses intensités, et réglés de manière à correspondre chacun à une station déterminée. Au premier de ces genres de solutions appartient le système de M. Rouvier ; au second, les systèmes de MM. Gintl, Edlund, Wartmann, Frischen et Siemens ; enfin, au troisième, les systèmes de MM. Duncker et Starke. Nous avons longuement décrit tous ces systèmes dans notre *Exposé*, t. III, IV et V ; mais, comme il n'y a eu d'appliqués que ceux appartenant à la seconde catégorie, nous nous bornerons à décrire ici celui de ces systèmes qui a fourni les meilleurs résultats (c'est-à-dire celui de M. Siemens).

C'est à M. Gintl, physicien allemand, compatriote de l'immortel Ohm, que revient l'honneur d'avoir découvert le premier le système des transmissions simultanées, et c'est en 1853 qu'a été faite cette découverte intéressante. A cette époque, elle fit beaucoup de bruit dans le monde savant ; car, outre qu'elle était la solution ingénieuse d'un problème qu'on aurait pu croire insoluble, on pensait qu'elle allait amener une révolution dans l'organisation télégraphique des différents réseaux européens. Mais la pratique démontra bientôt que les avantages qu'elle pouvait procurer étaient trop restreints pour qu'on dût songer à modifier les systèmes télégraphiques en usage ; d'ailleurs, les bases mêmes sur lesquelles repose l'organisation du service télégraphique s'opposaient à l'introduction de ce système. Ainsi, sur une ligne bien organisée, il faut que l'employé du poste de réception puisse toujours couper la dépêche qu'on lui expédie quand besoin en est; or, il faut, pour cela, que la ligne soit libre pendant la transmission, c'est-à-dire que celle-ci ne se fasse que d'un seul côté à la fois. Ce système fut donc à peu près abandonné dès sa naissance, et ce n'est guère que dans ces dernières années que certains pays, notamment la Hollande, l'ont remis en honneur en l'appliquant à leurs lignes.

Pour qu'on puisse se faire une idée du principe sur lequel repose le système des transmissions simultanées, supposons que le fil partant du pôle positif d'une pile placée à une station A s'enroule autour de deux électro-aimants relais E, E', placés l'un à la station A, l'autre à la station B. La communication avec le sol étant établie avec le relais de la station B et le pôle négatif de la station A, le courant circulera à travers les deux électro-aimants, et, partant, ceux-ci deviendront actifs. Mais si des deux pôles d'une seconde pile, placée à la station A, on fait partir deux conducteurs communiquant *avec un second fil dont l'électro-aimant* E *sera entouré,* de manière que le courant issu de cette nouvelle pile traverse l'électro-aimant en sens inverse du premier, il arrivera que les deux courants tendront à développer une action magnétique opposée, et, s'ils sont équilibrés au moyen d'un rhéostat introduit dans le circuit le plus court ou par la diminution de la puissance électrique, l'électro-aimant E deviendra complétement inerte, et il n'y aura que l'aimantation de l'électro-aimant E' qui se maintiendra.

Admettons maintenant qu'à la station B on établisse un second circuit à travers l'électro-aimant E', comme on l'a fait à la station A, et que les pôles positifs des piles de ligne des deux stations soient en rapport avec le fil de ligne; il arrivera que, quand B enverra son courant à la station A, la pile de cette dernière station n'étant pas mise en action, le relais E' de B sera inerte, tandis que le relais E de A sera actif, et l'effet inverse se produira quand, A envoyant son courant à B, B n'enverra aucun courant. Ainsi, par cette combinaison, le courant envoyé par l'une ou l'autre des stations ne réagit que sur le relais de la station opposée. Voyons maintenant ce qui arrive quand les dépêches sont transmises en même temps.

Les manipulateurs sont alors placés avant les relais E, E' et sont pourvus de deux contacts. Quand la station A, dans la transmission de sa dépêche, ferme le courant alors que la station B interrompt le sien, le relais E est inerte, et, par suite, le récepteur de la station A n'enregistre rien; mais le relais E', qui se trouve alors traversé par un seul courant (celui qui parcourt la ligne), devient actif et un signal se trouve transmis sur le récepteur de la station B. Quand, au contraire, les deux stations A et B opèrent ensemble une fermeture de courant, les deux courants contraires qui tendent à traverser la ligne ne peuvent passer, et les deux relais, devenant actifs sous l'influence des courants des piles locales, qui sont alors prépondérants, provoquent un signal sur chaque récepteur.

Comme une correspondance télégraphique se compose de plusieurs séries de fermetures et d'interruptions alternatives de courant, et que le signal correspondant à une fermeture de courant à l'une des stations est toujours sûr d'être transmis, *soit directement, soit indirectement, à l'autre station*, que celle-ci envoie ou n'envoie pas de courant, on comprend facilement que la transmission simultanée des correspondances se trouve complétement indépendante du jeu des manipulateurs opposés, et que les interruptions et fermetures de courant opérées aux deux stations peuvent être en discordance ou en concordance les unes par rapport aux autres, sans qu'il en résulte aucune confusion dans le jeu des récepteurs.

La *fig.* 9, *Pl. II*, représente la disposition adoptée par M. Siemens, qui paraît être la plus complète. A et A' sont les relais à courants équilibrés qui doivent réaliser les effets d'inertie et d'activité dont nous avons parlé. Ils sont constitués chacun par un électro-aimant dont les extrémités polaires sont prolongées et dont l'une, étant mobile, est susceptible d'être attirée énergiquement par l'autre quand le courant passe à travers l'hélice magnétisante. Cette hélice elle-même est à double action, c'est-à-dire constituée par deux bobines *a, b* parfaitement égales, isolées l'une de l'autre et disposées de manière à réagir en sens opposé, comme si le système était composé de deux électro-aimants boiteux accouplés. L'une de ces bobines a, a', à chaque station, est en rapport avec la ligne télégraphique, l'autre b, b', avec un circuit local complété par un rhéostat D, D' et le sol, et les extrémités libres des fils qui les constituent sont en rapport avec le contact de repos des manipulateurs Morse M, M' appelés à fournir la transmission. Les piles de ligne sont d'ailleurs placées en S et S', les récepteurs en C, C' et les piles locales de ceux-ci en H, H'. Les communications électriques étant établies comme on le voit sur la figure, voici ce qui arrive au moment de la transmission :

1° Quand le manipulateur M est abaissé alors que le manipulateur M' est soulevé, le courant de la pile S passe à travers les deux bobines du relais A en se dirigeant d'un côté vers le relais A' par la ligne télégraphique et s'écoulant de l'autre en terre par le rhéostat D et le fil de terre qui correspond à celui-ci. La partie de ce courant dirigée sur A' s'écoule ensuite en terre par le contact de repos du manipulateur M' et le levier interrupteur qui communique directement à la terre. La pile S se trouvant alors mise en communication avec le sol par le levier du manipulateur M, qui est alors abaissé sur le contact de pile (correspondant au pôle négatif de la pile S), les deux circuits se trouvent complétés, et si celui qui correspond au rhéostat D a sa résistance exactement équilibrée avec celle du circuit de ligne, le relais A est inerte alors que le relais A' est actif.

Les mêmes effets se reproduisent, mais en sens inverse, quand la clef M' est abaissée alors que la clef M est soulevée.

2° Quand les deux manipulateurs M, M' sont abaissés en même temps, les deux courants envoyés à travers la ligne ne trouvant pas d'issue pour s'écouler en terre, puisque les leviers des manipulateurs sont alors séparés de leur contact de repos, sont annihilés, et dès lors les courants dérivés à travers les rhéostats D, D', en réagissant seuls sur les relais, peuvent les rendre actifs absolument comme si les deux courants de ligne eussent pu arriver seuls à leur destination.

3° Quand l'un des manipulateurs, M, par exemple, envoie un courant à travers la ligne, alors que le second manipulateur M', étant un peu soulevé, n'a pas encore rencontré le contact de pile qui lui correspond, le relais A' ne s'en trouve pas moins mis en activité, car le courant envoyé à travers la ligne passe alors dans un sens différent à travers les deux bobines de ce relais pour s'écouler de là en terre. Dès lors, au lieu d'un effet contradictoire des deux bobines a', b', il se produit un effet conspirant.

Ce système diffère, comme on le voit, de celui qui nous a servi pour exposer le principe de ce genre de transmissions, et qui est dû à M. Wartmann : 1° en ce que les courants passant à travers les rhéostats, au lieu de provenir d'une pile spéciale sont fournis par une dérivation de la pile de ligne; 2° en ce que l'annihilation des courants de ligne, au lieu d'avoir pour cause leur direction contraire, résulte d'un obstacle matériel opposé à leur marche; 3° en ce que le magnétisme des relais, au lieu d'être détruit par des réactions simultanées exercées sur les noyaux magnétiques par deux courants dirigés en sens contraire, se trouve annihilé par une aimantation contradictoire de ces deux noyaux; 4° en ce que les manipulateurs, au lieu d'avoir deux contacts de transmission et une disposition particulière, restent avec leur forme ordinaire.

Il est aisé de voir par ce simple exposé que l'avantage reste tout entier à la disposition adoptée par M. Siemens. Toutefois, malgré la manière ingénieuse dont il est combiné, ce système n'est pas à l'abri des inconvénients que nous avons signalés en commençant et qui sont inhérents au principe même sur lequel il est basé. Si on joint à ces inconvénients ceux qui résultent du mauvais isolement de la ligne et des conditions physiques différentes dans lesquelles se trouvent forcément les deux circuits, on comprendra aisément pourquoi tous ces systèmes, d'abord accueillis avec tant d'enthousiasme, n'ont eu que très-peu d'application.

Il arrive quelquefois, lorsqu'on a une dépêche à répéter sur plusieurs lignes, qu'on ait avantage à disposer les appareils de manière que le même manipulateur puisse fournir une transmission multiple. Plusieurs systèmes ont été proposés dans ce but; mais le plus simple, suivant nous, est de disposer une clef à contacts multiples, mise en relation avec les différentes lignes. Une semblable clef n'a rien de difficile dans sa construction, puisqu'elle peut consister dans un cylindre de caoutchouc durci, soutenu par deux coussinets, et portant autant de leviers qu'il y a de communications à établir. Les leviers pourraient d'ailleurs être disposés comme les clefs ordinaires, à cette différence près, qu'une lame de ressort servirait d'intermédiaire pour les contacts, et chaque levier correspondrait à une pile et à une ligne différente. Le manche de l'appareil serait établi à l'une des extrémités du cylindre, et par son intermédiaire on ferait fonctionner l'appareil comme une clef ordinaire. Un appareil de ce genre a déjà été établi et essayé par M. Moudurier.

En mettant à contribution les relais des différents récepteurs, et en les faisant fonctionner comme manipulateurs sous l'influence d'un courant local qui les traverserait tous, on pourrait, à l'aide d'une clef ordinaire, arriver au même résultat. Le problème peut, du reste, être résolu d'une foule de manières, et on n'a que l'embarras du choix.

INSTALLATION DES COMMUNICATIONS A LA TERRE.

Les piles, les parafoudres et les récepteurs des appareils télégraphiques devant être reliés au sol ainsi qu'on l'a vu, on ne saurait apporter trop d'attention au bon établissement des communications à la terre, non-seulement en raison des accidents qui pourraient résulter des effets de la foudre, si elle ne trouvait pas une issue facile pour s'écouler, mais encore au point de vue de la sûreté et de la facilité des transmissions.

Nous avons vu dans le chapitre III de la première partie de cet ouvrage les effets qui résultent des communications d'un circuit à la terre, et ce que nous en avons dit nous permet de conclure que ces communications doivent être faites par l'intermédiaire de pièces métalliques de la plus grande surface possible plongeant dans un sol constamment humide. Le meilleur moyen pour réaliser ces conditions serait de souder le fil de terre aux conduits de fonte qui dans les villes distribuent l'eau ou le gaz. Mais comme on n'a pas toujours à sa disposition de pareils conducteurs, on a le plus souvent recours à de larges plaques de zinc ou de cuivre que l'on plonge dans un puits ou dans une rivière. A défaut de réservoirs d'eau, on doit s'arranger de manière que le trou dans lequel on enterre ces plaques puisse être rendu humide par la pluie. On arrive à ce résultat en y faisant aboutir un tuyau de gouttière et en entourant les plaques de poussière de charbon et de sable.

Les fils de terre, ainsi que les plaques auxquelles ils communiquent, doivent être, par mesure de précaution, en double au sortir de chaque station, et le plus grand soin doit être apporté à leur établissement. Voici les règles qui ont été présentées à leur égard par l'administration des lignes télégraphiques :

1° Former ce fil par une tige *ronde* en fer d'au moins 1 centimètre de diamètre, et, en général, le fer étant pris pour base, donner au fil de terre une section inversement proportionnelle aux conductibilités, s'il y a lieu d'adopter un métal autre que le fer;

2° Ajuster les diverses pièces du fil de terre au moyen de *soudures* et non par la simple juxtaposition;

3° Veiller à ce que les surfaces conductrices sur lesquelles on soude les fils de terre soient parfaitement décapées et plongent dans le sol humide en un point de leur prolongement;

4° Prendre toutes les précautions nécessaires pour que ce conducteur communique parfaitement avec les fils de terre des tables de manipulation et avec les boutons de communication à la terre.

DISPOSITIONS TÉLÉGRAPHIQUES SANS PILES ET SANS FILS CONDUCTEURS.

On a parlé souvent de prétendues merveilles télégraphiques qui pouvaient fonctionner sans piles et même sans fils conducteurs. Quoique ces merveilles n'aient jamais fourni de résultats avantageux, nous croyons devoir pourtant en dire quelques mots, ne serait-ce que pour prémunir le public contre un entraînement trop précipité.

L'idée de faire fonctionner les télégraphes sans fils conducteurs, que l'on voit surgir de temps à autre dans les journaux, avec accompagnement de commentaires admiratifs souvent risibles pour les personnes au courant des questions télégra-

phiques, n'est pas nouvelle ; elle remonte à une vingtaine
d'années environ, et elle fut même expérimentée à cette époque entre Portsmouth et Gospord par M. Van Breda. L'expérience était disposée de la manière suivante :

A Portsmouth était disposée une pile assez énergique dont
les deux pôles étaient en communication par des fils et de
larges plaques avec le bras de mer qui sépare cette ville de
Gospord. Un manipulateur était interposé sur l'un de ces fils,
et le récepteur, qui était à Gospord, communiquait avec le bras
de mer de la même manière que la pile. Une distance d'une
demi-lieue sans fils conducteurs séparait donc le manipulateur du récepteur, et pourtant le récepteur fonctionnait parfaitement quand on faisait réagir le manipulateur.

Pour peu qu'on réfléchisse à la disposition de cette expérience, il est aisé de voir que la réaction électrique ne se manifeste dans ce cas sur le récepteur que par l'effet d'une dérivation
du courant. Celui-ci, arrivant en effet aux deux plaques de la
pile immergées, se divise entre deux circuits, l'un complété par
ces deux plaques et le liquide interposé, l'autre par les deux plaques immergées du récepteur, le circuit métallique de celui-ci
et le conducteur liquide séparant la pile du récepteur. En
écartant convenablement l'une de l'autre les plaques de la pile
ainsi que celles du récepteur, et en leur donnant des dimensions en rapport avec les résistances que le courant doit vaincre, on peut avec une pile peu résistante rendre l'intensité du
courant dérivé à travers le récepteur suffisante pour le faire
fonctionner, du moins quand la distance qui le sépare du générateur électrique n'est pas très-considérable. Mais pour de
grandes distances le problème nous paraît à peu près insoluble avec les moyens dont on peut généralement disposer, et
c'est pourquoi nous doutons fort que l'on puisse jamais, par
ce système, établir une communication télégraphique entre
l'Angleterre et l'Amérique, ainsi que l'a avancé M. Lindsay.

M. Gintl, en substituant la terre à l'eau de mer dans l'expérience précédente, a constaté des effets analogues ; mais
n'ayant pas précisé la distance séparant le récepteur de la pile,
il est difficile de savoir si c'est à un effet de dérivation ou à un
effet d'influence que l'on doit rapporter le phénomène ; la dérivation ne pourrait en effet exister que par suite d'une conduc-

tibilité propre de la terre, et nous avons vu que cette conductibilité propre est très-restreinte quand un cours d'eau ou une nappe humide ne se trouvent pas interposés sur le trajet du courant (*).

Nous avons vu dans le chapitre III de notre première partie que les courants telluriques qui naissent au contact avec le sol humide de deux plaques métalliques différemment oxydables, avaient été utilisés par MM. Bain, Palagi et Hogé au fonctionnement d'appareils télégraphiques, et que ces deux derniers surtout étaient parvenus à des résultats assez satisfaisants. Les conclusions auxquelles l'expérience a conduit M. Palagi étant très-curieuses, nous croyons devoir les reproduire ici, bien qu'à vrai dire ces sortes de courants ne puissent être employés avantageusement dans la pratique (**). Ces conclusions peuvent être résumées de la manière suivante :

1º Le charbon en contact avec le sol humide semble développer une force électro-motrice qui, combinée avec celle résultant de l'oxydation du zinc, donne lieu à un courant beaucoup plus énergique que celui qui résulte d'un accouplement de lames zinc et cuivre ou de lames zinc et platine.

2º La force du courant tellurique obtenu avec charbon et zinc plongés dans l'eau aux deux extrémités d'un circuit diminue, il est vrai, d'intensité quelques instants après l'immersion des lames, mais devient bientôt d'une constance très-grande.

3º L'énergie des courants telluriques ne dépend pas de la surface des lames de charbon et de zinc, mais bien du nombre de ces lames lorsqu'elles sont suspendues les unes à la suite des autres (les lames charbon avec les lames charbon, les lames zinc avec les lames zinc), comme les grains d'un chapelet ; alors l'accroissement d'énergie du courant est presque proportionnel au nombre des plaques formant chacune des deux chaînes.

4º Si les plaques charbon et zinc, au lieu d'être suspendues les unes au-dessous des autres, sont réunies aux deux extré-

---

(*) *Voir* mon *Exposé des applications de l'électricité*, t. 1er, p. 48; t. IV, p. 109, et t. V, p. 135.
(**) *Voir* mon *Exposé*, t. IV, p. 34, et t. V, p. 99.

mités du fil formant le circuit, cette augmentation d'énergie n'existe pas.

5° La condition essentielle pour que le développement électrique ait lieu est que la chaîne formée par les plaques de zinc ne touche pas le sol, mais flotte librement au sein de l'eau dans laquelle elle est immergée.

6° La chaîne charbon peut toucher sans inconvénient le fond de l'eau dans laquelle elle est immergée, à la condition que les fils de cuivre formant la suspension des charbons ne se touchent pas. Si cependant ce contact avait lieu, l'intensité du courant diminue, comme si on supprimait les charbons placés à la suite du fil touché.

7° Plus les zincs ou les charbons réunis en chaîne sont éloignés les uns des autres, plus le courant est énergique.

8° Si les lames de zinc se touchent entre elles, le courant cesse complétement. Si, au contraire, les charbons se touchent, le courant n'est que notablement diminué ; il reste cependant plus fort que si les charbons ne formaient qu'une seule pièce.

9° Si les zincs sont relevés de l'eau et plongés de nouveau sans avoir été essuyés, le courant diminue d'énergie et ne reprend sa force première qu'après qu'ils ont été essuyés, puis replongés. Les charbons, au contraire, peuvent être retirés de l'eau, puis replongés sans avoir été essuyés, sans qu'aucun changement ait lieu.

10° L'amalgamation des zincs augmente l'intensité du courant.

11° La chaîne des charbons et celle des zincs peuvent être plongées dans un même puits ou dans des puits plus ou moins éloignés, ou des rivières ; elles peuvent être placées verticalement ou horizontalement, en les soutenant par des flotteurs.

12° La déviation de l'aiguille aimantée n'est pas diminuée quand on sort de l'eau la chaîne des charbons, pourvu qu'ils soient tous humides et que le dernier d'entre eux au moins soit plongé en totalité ou en partie.

35.

CHAPITRE II.

MANIPULATION ET RÉGLAGE DES APPAREILS TÉLÉGRAPHIQUES

ORGANISATION DE LA TRANSMISSION ET DE LA RÉCEPTION AVEC LES APPAREILS MORSE.

La première chose qu'un employé télégraphiste doit faire, quand il arrive dans son poste, est d'examiner l'état d'isolement des lignes. Pour que ce travail fût bien fait et qu'il pût rendre des services, il faudrait qu'on fît usage de la boussole des sinus et que les indications fussent soigneusement notées sur un registre; mais, comme le temps manque la plupart du temps, les employés essayent l'isolement de leurs lignes avec les appareils télégraphiques eux-mêmes. Quand le temps est beau, ils attaquent donc le poste le plus éloigné en répétant deux fois les initiales du nom de ce poste et en les faisant suivre de l'initiale du nom du poste d'attaque, puis ils attendent qu'on leur réponde de la même manière. Après avoir répété plusieurs fois de suite la même manœuvre et examiné si les lettres se trouvent bien imprimées sur la bande de papier, ils envoient, en cas de bon isolement, le signal *bien* représenté par un double zéro, et ils attendent les ordres de transmission.

Quand le temps est mauvais et qu'on soupçonne des pertes ou des mélanges, on commence par attaquer le poste le plus rapproché et on vérifie l'isolement, comme précédemment, de poste en poste jusqu'au dernier : on sait ainsi où se trouve la perte ou le mélange et on s'arrange en conséquence.

Dans les postes à sonneries, l'appel précède bien entendu l'attaque, et celle-ci se fait comme nous l'avons dit par le double envoi de l'initiale du nom du poste attaqué suivi de l'initiale du nom du poste attaquant. Ces attaques, une fois l'état d'isolement de la ligne constaté, sont reçues au son.

Voici maintenant comment se fait l'expédition et la réception des dépêches aux deux postes en correspondance :

Les dépêches, au point de vue de la transmission, se divisent en trois catégories : départ, arrivée, passage (*).

Départ. — Toute dépêche privée est d'abord présentée au guichet de perception. L'employé préposé à la recette la relit en général devant l'expéditeur, fait récrire les mots illisibles et approuver les corrections, compte les mots, perçoit la taxe, immatricule la dépêche sur un registre à souche dont un reçu est détaché pour l'expéditeur. L'employé inscrit sur cet original diverses indications : 1° le numéro du registre à souche, lequel doit accompagner la dépêche dans tout son trajet ; ce numéro rapproché de l'indication des lieux de départ et d'arrivée sert à reconnaître, citer et mentionner la dépêche lorsque cela devient nécessaire ; 2° les date et heure de la présentation au guichet ; 3° le nombre des mots ; 4° la voie, c'est-à-dire, pour les dépêches à destination de l'étranger, la frontière par laquelle elles doivent sortir du territoire français. Des timbres à caractères mobiles permettent de marquer sur le reçu l'indication du bureau qui a perçu et du jour de la perception.

Après ces formalités, qui ne durent pas deux minutes en moyenne, le télégramme, bon à transmettre, est livré au poste proprement dit. Il y est aussitôt immatriculé sur un livre d'enregistrement général où toute transmission doit prendre place. L'objet de ce livre est :

1° De faire qu'on s'aperçoive rapidement de la disparition d'une dépêche : on conçoit, en effet, que dans un bureau où circulent quelquefois 1500 à 2000 feuilles volantes par jour, il faille se tenir en garde contre leur disparition accidentelle ;

2° De présenter un tableau synoptique de l'état des transmissions à chaque instant de la journée, de telle sorte que les chefs du service puissent en régler convenablement la marche ;

3° De faciliter les recherches ultérieures.

Après cet enregistrement qui comporte l'emploi d'une série spéciale et quotidienne de numéros, la dépêche est placée à côté de l'appareil qui correspond médiatement ou immédiate-

---

ment avec le lieu de destination. Aussitôt transmise, elle est inscrite sur un procès-verbal tenu par l'employé manipulateur, lequel procès-verbal contient exclusivement le travail écoulé par *un seul fil;* de telle sorte que chaque poste tient autant de procès-verbaux qu'il a de fils à sa disposition. L'employé inscrit sur l'original l'heure de la transmission effectuée et le bureau qui a reçu. L'original, après avoir subi la vérification quotidienne et avoir servi de nouveau à compléter l'enregistrement général par l'indication de l'heure de la transmission, est enfin colligé pour les archives.

Toutes ces opérations peuvent sembler longues, mais comme les dépêches sont transportées plusieurs à la fois sur les divers points du poste, le retard pour chacune se borne au temps nécessaire pour les inscriptions.

Dans les bureaux où cela est possible, il existe une fonction de *lecteur.* L'employé chargé de ce soin a pour mission de ne livrer à la transmission et à l'expédition que des dépêches régulières au point de vue du service et conformes aux exigences de la loi en ce qui concerne l'ordre public et les bonnes mœurs.

Arrivée. — Les dépêches d'arrivée sont écrites sur un imprimé, et sommairement relatées sur le procès-verbal comme celles de départ. Portées à l'enregistrement général, elles y sont inscrites et livrées, soit à des employés chargés d'en copier une expédition pour le destinataire, soit soumises à l'action d'une presse qui en décalque un double. Dans ce cas, c'est la copie même d'arrivée qui est envoyée au destinataire avec un reçu préparé d'avance et qui doit être rapporté signé.

La dépêche ainsi placée sous enveloppe est livrée au service des facteurs où elle subit encore un enregistrement exclusivement relatif aux opérations de ce service et fort précieux pour le contrôle.

Passage ou transit. — Les dépêches dites de passage subissent comme les autres un double enregistrement. Le livre général indique l'heure de leur arrivée au poste de transit et l'heure à laquelle elles en ont été réexpédiées. Dans certains postes le nombre des transmissions de passage est aussi considérable que celui des dépêches d'arrivée et de départ réunies.

Circulation des dépêches sur le réseau télégraphique. — Une des grandes difficultés qui existaient dans l'ancienne organisation télégraphique de la France était l'incertitude dans laquelle étaient les employés de la voie à faire suivre aux dépêches. Aujourd'hui, grâce à l'établissement des réseaux départementaux, à leur concentration au chef-lieu du département et à la liaison de tous les chefs-lieux avec Paris, cette incertitude n'est plus possible, et les dépêches peuvent arriver sans retard et sans encombre à destination.

Pour rendre l'application de ce système facile pour tous les employés, les différents fils du réseau français ont été classés en cinq catégories numérotées, réparties de la manière suivante :

1° Fils de grande communication réunissant les grands centres, tels que Paris, Londres, Lyon, Marseille, etc. ;

2° Fils de moyenne communication, reliant entre eux ou avec les grands centres les centres de seconde importance, tels que Clermont-Ferrand, Limoges, Nice, etc. ;

3° Fils départementaux (anciens fils omnibus mieux définis), reliant entre eux une série de chefs-lieux de départements, par exemple Paris, Melun, Auxerre, Dijon, Mâcon, Lyon ;

4° Fils départementaux réunissant les localités d'un département à leur chef-lieu ;

5° Fils auxiliaires formant exception au système général, mais fort utiles pour éviter les longs détours que l'application rigoureuse de ce système entraînerait, relativement aux dépêches échangées entre des localités voisines, situées dans des départements ou sur des lignes différentes.

Comme complément de cette grande classification, clairement exposée dans une nomenclature générale des fils, on a établi pour tous les postes des *tableaux de la marche des dépêches*, au moyen desquels chacun de ces postes sait à qui il doit transmettre pour telle ou telle destination. Cela constitue un état normal que les perturbations des lignes font souvent changer, mais auquel on est tenu de revenir dès que l'obstacle a cessé.

Exemples : Une dépêche de Madrid pour Berlin passe successivement, et par une série de communications directes, à Bordeaux, Lyon, Strasbourg, Berlin.

Une dépêche d'Abbeville pour Barcelonnette passe par Amiens, Paris, Lyon, Digne et Barcelonnette.

Outre l'ordre vraiment précieux que cette organisation a introduit dans le mouvement des dépêches, ordre d'où résultent à la fois des accroissements de vitesse et de sécurité, l'installation des fils de grande communication et l'accroissement constant de leur nombre ont dégagé définitivement les grandes lignes jusqu'à ce moment encombrées. Grâce enfin à ce cadre si complet, on peut envisager sans crainte de confusion la perspective de la création du réseau cantonal qui ne saurait tarder de se réaliser, au moins partiellement.

Quant à la partie matérielle des transmissions électriques, elle est extrêmement simple et se fait à l'aide du manipulateur ou *clef* que nous avons décrit p. 380 et des signaux propres à l'alphabet Morse dont nous parlerons plus tard. Si pendant le cours de cette transmission l'employé du poste de réception qui lit la dépêche à mesure qu'elle s'imprime, aperçoit quelque erreur ou bien ne comprend pas les mots qui sont transmis, il coupe la transmission, et, par un certain signal, fait savoir à son correspondant qu'il n'a pas compris.

Pour obtenir cette coupure, il suffit de faire fonctionner le manipulateur du poste de réception par lequel passe le courant avant d'aller au récepteur, et le correspondant s'en aperçoit par la marche insolite de son récepteur. Chaque coupure doit être suivie de la répétition du mot qui a été entaché d'erreur, à moins que sur un signal particulier la répétition ne doive être reprise de plus loin.

Le plus souvent l'employé du poste de réception écrit la dépêche au fur et à mesure qu'elle sort de l'appareil, et pourrait la remettre, aussitôt transmise (les formalités réglementaires étant remplies), au piéton qui doit la porter à destination; mais il doit attendre pour cela une seconde transmission qu'on appelle le *collationnement*, qui consiste à répéter (pour éviter toute erreur importante) les noms propres et les chiffres.

Pour éviter cette opération, on fait, sur certaines lignes, passer la dépêche à travers les récepteurs des deux postes en correspondance, et comme les effets qui sont produits sur l'un sont répétés sur l'autre, on peut reconnaître à la station de départ les erreurs aussitôt qu'elles se produisent et les corriger sans qu'il soit besoin de couper la transmission. Mais ce moyen exige la présence de quatre employés, et comme les courants sont d'inégale intensité aux deux stations, les récepteurs ont besoin d'être réglés à nouveau chaque fois que la station passe de la réception à la transmission. Nous avons vu comment MM. Hughes et d'Arlincourt avaient évité cet inconvénient dans leurs télégraphes imprimeurs.

Les plus grandes difficultés que rencontrent les employés dans la pratique télégraphique résident dans le réglage de leurs appareils, et comme souvent dans le but de les régler ils les détériorent ou les dérèglent complétement, nous croyons devoir donner ici quelques-unes des instructions qui ont été transmises aux employés télégraphistes par l'administration des lignes télégraphiques.

Réglage et entretien des appareils. — Pour procéder avec ordre nous allons étudier successivement le mode de réglage qui doit être employé dans chacun des appareils qui composent un poste télégraphique.

Manipulateur. — Indépendamment de l'écart plus ou moins grand que l'on donne au levier-clef pour en obtenir un jeu approprié à une manipulation prompte et facile, on doit examiner avec soin si les communications électriques sont établies à travers cet appareil dans de bonnes conditions. Il faut pour cela que l'axe du levier-clef ne soit jamais imprégné d'huile ni de crasse métallique, que les contacts soient bien essuyés, et s'il y a lieu de les nettoyer, il faut n'employer pour cela que de l'alcool. Le seul point où l'on puisse sans inconvénient mettre de l'huile est celui où le ressort en acier soulève le levier-clef pour le ramener à l'état de repos.

Récepteur. — Dans la plupart des appareils employés par l'administration des lignes télégraphiques, les organes électriques des récepteurs sont munis d'armatures se mouvant parallèlement à la ligne axiale des électro-aimants et mettent à contribution, comme force antagoniste, l'action des ressorts à boudin. De l'écartement convenable de ces armatures, de la tension raisonnée de ces ressorts antagonistes dépend le bon fonctionnement des récepteurs.

Il faut d'abord, pour éviter les inconvénients du magnétisme rémanent, que l'armature ne touche pas les pôles de l'électro-aimant qui agit sur elle, et l'expérience a démontré que la distance qui doit exister entre ces deux pièces doit être de $\frac{6}{10}$ de millimètre; cet intervalle est représenté assez exactement par huit épaisseurs de papier ordinaire. On pourra donc aisément vérifier si l'intervalle dont il est question a été bien calculé dans chaque appareil, et le modifier s'il y a lieu en manœuvrant l'une des vis d'arrêt. Il faudra toutefois avoir soin de serrer ces vis avec précaution, de manière à ne fausser ni l'armature ni la tige ou le levier qui la porte. Outre l'importance qu'il y a de soustraire les armatures des appareils à l'action du magnétisme rémanent, il est pour certains instruments absolument nécessaire d'empêcher tout contact entre l'électro-aimant et son armature. Par exemple, lorsque deux récepteurs Morse sans relais sont montés en translation, si, en même temps que l'extrémité du levier touche la vis d'arrêt, l'armature est en communication avec le fer de l'électro-aimant, il se produit entre ces deux pièces une attraction permanente qui provient de ce que le courant de la pile du relais passe dans le fer doux de l'électro-aimant par l'intermédiaire du levier, puis dans le fil de celle des bobines qui communique avec la terre, fil dont l'extrémité est enroulée à découvert sur la bobine et communique ainsi avec le fer de l'électro-aimant. Sous l'influence du passage du courant dans cette bobine, le fer qu'elle entoure s'aimante et l'armature reste fixée à l'électro-aimant.

Quand la distance de l'armature à l'électro-aimant au point le plus bas de sa course se trouve ainsi réglée, on doit s'occuper de l'amplitude de l'oscillation que doit accomplir cette armature pour fournir les impressions. En raison de l'affaiblissement rapide de la force électro-magnétique avec la distance à laquelle elle s'exerce, on a tout avantage à rendre cette amplitude la plus petite possible; pourtant, comme il faut une certaine pression pour que les impressions soient bien nettes et un certain jeu pour que le papier passe librement en temps de repos entre les organes imprimeurs, cette amplitude doit être réglée d'après l'expérience, et on a pour ce réglage, non-seulement la vis-butoir du levier portant l'armature, mais encore la vis qui règle la pression plus ou moins grande de l'organe imprimeur. Dans le télégraphe Digney, cette dernière vis est celle qui écarte plus ou moins le couteau de la molette. Dans les télégraphes à pointes sèches, c'est la pointe elle-même qu'on avance ou qu'on recule, et qui est munie à cet effet d'un pas de vis. On commence ordinairement par régler cette vis, et pour cela on place d'abord l'armature dans sa position d'attraction, c'est-à-dire au point le plus bas de sa course; on serre alors ou on desserre la vis en question jusqu'à ce que les impressions soient suffisamment correctes et visibles. Cela fait, on règle la vis-butoir du levier jusqu'à ce que le papier passe librement et sans bavochures entre les deux organes imprimeurs. Ordinairement ce double réglage de l'écart de l'armature est effectué par les constructeurs et ne se renouvelle pas à moins d'un dérangement particulier de l'appareil. En raison de la grande longueur du levier imprimeur par rapport à celle du levier de l'armature, l'amplitude de l'oscillation de celle-ci dépasse rarement $\frac{1}{2}$ millimètre.

Quant au ressort de rappel, il doit être assez tendu pour ramener l'armature de la position de contact ou d'attraction à celle de repos, et pour vaincre les effets du magnétisme rémanent qui, comme nous l'avons vu p. 162, pour n'être pas appréciables, n'en existent pas moins. Comme cette tension doit varier avec l'intensité du courant, et par suite avec l'état des lignes, il est nécessaire d'opérer ce genre de réglage fréquemment, dans tous les cas chaque jour avant de commencer la correspondance.

Il convient de faire observer ici qu'un ressort de rappel ne peut conserver son élasticité qu'à la condition de n'être jamais tendu outre mesure; pour ce motif on prendra comme limite de tension les deux tiers de la tension maximum que le ressort serait susceptible de recevoir. Lorsque l'armature ne fonctionne pas bien dans ces conditions, il faut faire diminuer l'intensité de la pile du poste correspondant. Si cette mesure était insuffisante pour permettre au ressort de ramener l'armature au repos, on devrait conclure que l'action du magnétisme rémanent a acquis accidentellement une énergie exceptionnelle. On parerait à cet inconvénient en invitant le poste correspondant à changer le sens du courant qu'il envoie.

Lorsque, faute d'une habitude suffisante, on éprouve quel

que difficulté à régler le ressort de rappel d'une armature, on peut procéder de la manière suivante : détendre le ressort jusqu'à ce que l'armature cesse de revenir à la position de repos, même après le passage du courant, le tendre ensuite successivement jusqu'à ce que l'armature ne cède plus à l'action magnétique, et prendre la tension moyenne entre les deux tensions observées.

Le point important dans les appareils à molette est d'entretenir toujours propre la molette : on comprend aisément que si faute de soin on laisse l'encre sécher autour de celle-ci, son diamètre augmente et le réglage dont nous avons parlé précédemment est détruit. Alors l'armature non-seulement ne peut plus atteindre le point le plus bas de sa course, mais l'amplitude de l'oscillation se trouve diminuée, et, pour empêcher que la bande de papier ne se salisse, on est obligé de l'augmenter au préjudice de la force attractive. D'un autre côté, le tampon circulaire qui sert à imbiber d'encre la molette durcirait après un certain temps de service si l'on n'avait pas soin de le dégager de l'encre desséchée qui le recouvre. À cet effet on doit le frotter avec une espèce de règle en bois d'une épaisseur égale à celle du tampon et qu'on a dentelée en forme de scie sur la face qu'on applique contre le tampon.

Quand les appareils ne sont pas munis d'un système pour assurer l'attraction complète de l'armature, système dont nous avons indiqué la disposition p. 379, on doit prendre un soin tout particulier pour que le contact du levier sur la vis-butoir qui limite sa course inférieure soit le meilleur possible. C'est de ce contact que dépendent la translation et la réception au son pour les appels; il faut donc réduire à son minimum la pression des organes imprimeurs, et si, malgré ce minimum, le contact en question n'est pas suffisant, il faut immédiatement réclamer du poste correspondant l'augmentation de sa pile.

Il reste à faire connaître comment doit être entretenu le mouvement d'horlogerie du récepteur. Il faut se borner exclusivement à remplacer aux extrémités des axes des roues l'huile qui se serait épaissie. Ces extrémités apparaissent au fond de cavités creusées dans les platines de l'appareil et fermées par de petites portes rondes que l'on écarte en les faisant tourner autour de l'un des pivots de leur circonférence. On aura soin de laisser ces cavités découvertes aussi peu de temps qu'il sera possible. Une seule goutte d'huile portée à l'extrémité d'une pointe très-fine suffit pour chaque cavité. Quant aux rouages intérieurs, ils ne doivent pas recevoir d'huile, si ce n'est la vis sans fin et ses pivots : encore devra-t-on n'en mettre dans cette partie de l'appareil qu'avec une grande modération. Il convient, pour conserver au ressort du mouvement d'horlogerie toute son élasticité, de ne le remonter qu'après qu'il s'est entièrement développé. On le fatigue beaucoup en le remontant incessamment, comme quelques employés ont l'habitude de le faire. Dans les bureaux limités et dans ceux où le service est interrompu pendant la nuit, on doit avant de quitter le travail laisser dérouler les appareils en prenant d'ailleurs les précautions nécessaires pour que le papier ne soit pas entraîné.

Quand les récepteurs possèdent un relais, on procède au règlement de celui-ci comme on l'a fait pour l'électro-aimant du récepteur; on laisse toujours l'intervalle de $\frac{6}{10}$ de millimètre entre l'électro-aimant et l'armature, mais l'amplitude de l'oscillation doit être réduite à son minimum, c'est-à-dire à un point tel, qu'il y ait seulement cessation de contact quand l'armature est au point le plus éloigné de sa course.

Avec des récepteurs disposés en translation, le soin que l'employé doit apporter à leur réglage doit être encore plus grand qu'avec des appareils montés en simple réception. En examinant les combinaisons si complexes des communications électriques qui existent alors, on comprend facilement toute la délicatesse de ce genre de transmission, et pourtant, lorsqu'on étudie les différentes combinaisons qui pourraient réaliser pratiquement la translation, on ne tarde pas à reconnaître qu'elles ne peuvent être plus simples que celles que nous avons indiquées p. 526. Cette complication vient de la nécessité dans laquelle on est d'employer deux électro-aimants et de disposer les communications de manière *que chaque fil ne soit relié à son électro-aimant que par l'intermédiaire de la palette de l'autre électro-aimant.* Si on désigne, en effet, les deux lignes par A et B, il faut que, lorsque l'armature de l'électro-aimant faisant partie de la ligne

A est sur *contact*, c'est-à-dire dans sa position d'oscillation, le courant du poste intermédiaire qui arrive alors dans l'armature de l'électro-aimant A soit envoyé sur la ligne B, pour fournir une attraction au poste B; l'armature de l'électro-aimant A devient donc ainsi une portion de la ligne B. Mais en même temps la communication doit être rompue entre la ligne B et son électro-aimant; autrement, le courant du poste intermédiaire, passant de la palette de l'électro-aimant A dans la ligne B, arriverait à l'électro-aimant B du poste intermédiaire, et, se rendant par lui à la terre, ne passerait qu'en partie à travers la ligne B et le récepteur correspondant. Il est également à remarquer que les fils de pile correspondant à chaque ligne dans le poste intermédiaire, doivent être amenés à l'armature de l'électro-aimant qui correspond à la ligne opposée à celle que chaque pile doit desservir. On a vu effectivement que le courant envoyé sur la ligne B vient de l'armature A, et l'inverse a lieu pour la ligne A.

L'emploi des relais ou des translateurs sur les lignes donne nécessairement lieu à un grave inconvénient, quelle que soit d'ailleurs la régularité avec laquelle fonctionnent les appareils : c'est l'obligation de ralentir notablement la transmission, et de la ralentir d'autant plus que le nombre de ces relais ou de ces translateurs est plus grand. En effet, la durée du courant transmis par un relais ou un translateur est toujours moindre que celle du courant envoyé par le manipulateur du poste de départ, et le temps pendant lequel la palette du relais est en mouvement pour revenir de sa position de repos à celle dite *de contact* est précisément la diminution de durée que subit le courant lorsqu'il est transmis par le relais. Si un courant se trouve soumis à plusieurs réactions de ce genre avant de parvenir au poste destinataire, on conçoit facilement que la durée des émissions de courant se trouvera considérablement diminuée vers l'extrémité de la ligne, et qu'elle pourrait bien ne plus être suffisante pour les effets magnétiques qu'on cherche à obtenir, si on ne l'augmentait pas par un ralentissement notable dans la manipulation. Ce ralentissement est donc une conséquence forcée des lignes disposées en translation ou en relais, et c'est pourquoi l'emploi des relais doit être aussi rare que possible.

Ce que nous venons de dire indique la règle générale à suivre pour fixer l'amplitude des oscillations des armatures d'un relais ou d'un translateur; on doit rendre cette amplitude aussi petite que possible, non-seulement pour rendre ces appareils plus sensibles, mais encore pour réduire la diminution que subit par leur intermédiaire la durée des courants. On comprend également que pour obtenir un bon fonctionnement des translateurs, il faut éviter de détendre le ressort antagoniste outre mesure; car il ne faut pas perdre de vue que c'est le contact déterminé par ce ressort qui établit la communication des deux lignes : or, l'expérience montre que plus la pression des contacts est grande, plus est énergique l'intensité du courant qui les traverse.

Parafoudre. — Les parafoudres à pointes mobiles se composent de deux parties identiques, entièrement isolées l'une de l'autre, et dont l'une est reliée à la ligne, tandis que l'autre l'est à la terre. Chacune porte des pointes extrêmement fines et qui, s'approchant très-près de la face opposée, rendent facile l'écoulement, à la terre, de l'électricité atmosphérique dont les fils se chargent par un temps orageux. La facilité avec laquelle cet écoulement se produit dépendant de la distance à laquelle les pointes se trouvent des surfaces métalliques qui leur sont opposées, il importe que cette distance soit très-petite. Elle est ordinairement réglée par le constructeur, et il est très-rare qu'il soit nécessaire de la modifier dans les postes. Il est également très-rare que l'on ait à remplacer des pointes; généralement, lorsqu'une décharge d'électricité atmosphérique a détruit une ou plusieurs pointes d'un paratonnerre, les autres parties de l'instrument sont endommagées, et il y a lieu de lui faire subir une réparation complète. Dans tous les cas, si l'on est conduit à remplacer des pointes, on doit avoir le soin de ne jamais les dévisser avant d'avoir desserré les contre-vis en acier qui en sont voisines.

L'efficacité des parafoudres à pointes mobiles ne pourrait être considérée comme complète, si les pointes et les surfaces métalliques qui leur sont opposées venaient à s'oxyder. On doit donc éviter, tout en éloignant ces instruments des appareils de transmission, de les installer dans des locaux humides, et lorsqu'on aura dû, par suite des nécessités du service, en placer dans des guérites ou dans des salles mal closes, il sera indispensable de les examiner souvent et de faire remplacer ceux qui se seraient détériorés.

Les paratonnerres à bobine préservatrice sont également munis de pointes métalliques. Il faut les retirer du service dès que ces pointes sont notablement endommagées par suite d'une décharge atmosphérique.

Ces derniers instruments (comme les commutateurs à fil préservateur) contiennent un fil ténu, recouvert de soie, que le courant doit traverser avant de se rendre aux appareils et dont l'enveloppe est brûlée quand le conducteur de la ligne donne passage, dans les moments d'orage, à des quantités considérables d'électricité atmosphérique. Lorsqu'il y a lieu de remplacer le fil ténu, on procède de la manière suivante : on en prend une longueur de cinquante centimètres, dont on arrête l'extrémité à un point fixe; on dénude l'autre extrémité, et on la place sous l'une des vis de la bobine. On serre cette vis en usant des précautions nécessaires pour ne pas rompre le fil, et on introduit celui-ci dans la rainure en hélice pratiquée dans la bobine jusqu'à ce qu'il ait franchi le galet en ivoire sur lequel se termine la rainure dont il s'agit. Puis tournant la bobine sur elle-même, perpendiculairement à la direction du fil que l'on maintient tendu, on l'enroule en formant sur la partie moyenne de la bobine une seule couche de spires bien serrées. Après avoir traversé la rainure hélicoïdale qui occupe le milieu de la bobine, le fil arrive au second galet isolateur qui porte encore, ainsi que l'autre extrémité de la bobine, une rainure hélicoïdale, dans laquelle on engage le fil. Enfin, on dénude le bout de celui-ci que l'on arrête sous une vis d'acier, avec les précautions prises pour en fixer le commencement.

Si, après avoir garni une bobine ainsi qu'il vient d'être indiqué et l'avoir replacée dans l'appareil, on reconnaît que ses extrémités communiquent avec la terre, on doit en conclure que le fil recouvert est mauvais, à moins, toutefois, que l'on n'ait par hasard fait pénétrer la vis, qui donne la communication avec la terre, dans la rainure hélicoïdale du milieu de la bobine ; car il arrive alors que la pointe de cette vis écarte l'enveloppe du fil et en fait communiquer le métal avec la terre. Quand cet accident se produit, on y remédie en tournant légèrement la bobine dans les manchons qui la supportent.

Il n'est pas inutile de signaler ici une erreur commise assez communément par les employés : quand une bobine de parafoudre paraît être mauvaise, on croit s'affranchir de ce dérangement en mettant le commutateur sur la touche qui communique avec la ligne sans l'intermédiaire de la bobine : cette manœuvre n'est efficace qu'à la condition de retirer en même temps la bobine qui se trouve accidentellement en relation avec la terre ; autrement le courant venant de la ligne, au lieu de traverser l'appareil, se perd dans la terre par la bobine au moyen de la communication directe qui lui a été offerte. Le second conducteur est en effet beaucoup plus résistant que le premier.

Galvanomètres. — Les aiguilles aimantées qui font partie des instruments télégraphiques ne conservent leurs propriétés magnétiques qu'autant qu'elles sont orientées et qu'on les éloigne des pièces en fer et en acier. L'aiguille d'un galvanomètre est orientée lorsque, dans sa position de repos, elle s'arrête sur le zéro de la graduation. On tâchera autant que possible de réaliser ces conditions, et on pourra toujours le faire pour les appareils de rechange. Enfin, quand on doit transporter un galvanomètre, il faut enlever l'aiguille du pivot qui la supporte, car l'acuité de la pointe qui termine le pivot, acuité dont dépend le plus souvent la sensibilité de l'instrument, s'altérerait rapidement si on négligeait cette précaution.

Commutateurs. — Les communications que l'on obtient au moyen du commutateur rond ordinaire, à trois ou quatre fils, ne sont assurées que si les surfaces de contact par lesquelles elles ont lieu sont parfaitement nettes. On ne doit huiler ni ces surfaces ni le pivot qui porte la touche mobile du commutateur, puisque ce pivot livre passage au courant. S'il tournait difficilement, on lui ferait subir un nettoyage complet en employant au besoin l'alcool comme il a été dit plus haut.

Les commutateurs suisses doivent toujours, à moins d'absolue nécessité, être placés verticalement ; s'ils étaient installés horizontalement, il faudrait, pour empêcher la poussière de

36

pénétrer dans les ouvertures qui servent à établir les communications, garnir de chevilles en bois toutes celles de ces ouvertures qui resteraient libres. La manœuvre des obturateurs métalliques exige, en outre, certaines précautions. Au lieu de les retirer ou de les enfoncer brusquement, il faut les mouvoir en les tournant légèrement sur eux-mêmes, afin de ne pas diminuer la divergence des deux branches qui en terminent l'extrémité. Si cette divergence, qui est nécessaire pour assurer le contact des bandes par l'intermédiaire des chevilles métalliques, cessait après un temps de service prolongé, il faudrait la rétablir en forçant avec une lame de couteau ou un tourne-vis mince les deux branches à s'écarter l'une de l'autre.

Sonneries. — Le réglage des sonneries à mouvement d'horlogerie est exactement le même que celui des récepteurs que nous avons étudiés précédemment, et les seuls soins d'entretien qu'il y ait lieu de leur donner, consistent à mettre de temps en temps un peu d'huile sur les articulations de la bielle destinée à faire osciller le marteau.

Dans les sonneries trembleuses, le réglage consiste uniquement dans la détermination de la distance à laquelle doit être placé l'électro-aimant par rapport à l'armature portant le marteau. Dans les modèles de l'administration, l'électro-aimant peut être reculé ou avancé au moyen d'une vis. Pour régler l'appareil, on relie ses deux bornes aux pôles d'une pile de 2 à 3 éléments Daniell (pour les sonneries à petite résistance); puis on place l'électro-aimant à une distance de l'armature telle, que celle-ci étant attirée et le marteau frappant sur le timbre, l'armature ne touche ni l'électro-aimant ni le ressort qui, après que le timbre a résonné, doit rétablir la communication de la ligne avec l'électro-aimant.

On sait que pour faire fonctionner une sonnerie à trembleur, on doit opérer d'une manière tout à fait contraire à celle indiquée pour les sonneries à mouvement d'horlogerie. Il ne faut plus envoyer des courants successifs et courts, mais un courant continu et d'une durée égale à celle du temps pendant lequel on veut faire entendre la sonnerie.

Il n'est pas besoin de rappeler ici que les sonneries à petite résistance ne peuvent être utilisées que dans un circuit local, et que celles à moyenne résistance ne peuvent être employées sans relais que sur des lignes de 20 à 30 kilomètres.

Les sonneries à trembleur n'exigent aucun autre entretien que celui qui consiste à nettoyer de temps en temps, avec une feuille de papier à émeri, les surfaces où se produit le contact du ressort avec l'armature.

**ORGANISATION DE LA TRANSMISSION ET DE LA RÉCEPTION
AVEC LES TÉLÉGRAPHES A CADRAN.**

L'organisation de la transmission et de la réception avec les télégraphes à cadran est à peu près la même que celle que nous venons de passer en revue. Les appareils seuls étant différents, c'est sur eux principalement que portent les différences que nous aurons à enregistrer. La description que nous avons donnée, p. 531, de la disposition d'un poste monté avec des appareils à cadran, suffit pour indiquer la manière dont l'attaque des postes doit être effectuée, et comment l'employé doit disposer ses appareils pour la réception suivant que l'appel est fait d'un côté ou de l'autre de la station. Il nous reste donc à parler des conditions du réglage des appareils, et nous procéderons dans cette étude comme nous l'avons fait précédemment, c'est-à-dire en examinant successivement les moyens de régler et d'entretenir en bon état le manipulateur et le récepteur.

Manipulateur. — Cet instrument doit être fréquemment nettoyé, parce qu'il s'use rapidement aux points où se produisent les frottements. Les frottements les plus considérables sont ceux qu'éprouvent l'axe de la manivelle et le galet qui tourne sur la circonférence de la roue à gorge sinueuse placée au-dessous du cadran. L'un ou l'autre doivent être de temps à autre très-légèrement humectés d'huile. Lorsqu'il y a lieu de nettoyer l'axe de la manivelle, on enlève avec une pointe le disque en ivoire qui forme la partie supérieure de cette manivelle, et on met ainsi à découvert l'écrou qui fixe la manivelle à son axe. On peut alors dévisser cet écrou et nettoyer l'axe aisément. Quant au galet, on ne peut l'atteindre qu'en démontant le cadran lui-même.

On s'abstiendra *absolument* de mettre de l'huile sur l'axe du

36.

levier extérieur dont une extrémité touche le bouton de pile et dont l'autre porte le galet engagé dans la gorge sinueuse. Cet axe sert en effet au passage du courant, et il est indispensable qu'il touche métalliquement le levier communiquant avec la pile.

Récepteur. — On ne doit enlever la boîte de cet appareil que fort rarement, lorsque l'on n'a pu obtenir un fonctionnement régulier par la simple manœuvre du ressort de rappel. Le ressort est tendu ou détendu à l'aide d'une clef analogue à celle d'une montre, et qui fait tourner une aiguille devant un cadran en cuivre d'un très-petit diamètre, dont la circonférence est divisée en parties égales. Il a été dit plus haut qu'un ressort de rappel ne devait jamais être tendu outre mesure ; la tension qu'il convient de ne pas dépasser pour le ressort du récepteur à cadran est celle qui correspond à la rencontre de la petite aiguille de la clef avec la trentième division du cadran qu'elle parcourt.

Lorsqu'on a besoin d'enlever la boîte du récepteur, il faut avoir le soin, en la remplaçant, de l'incliner vers soi avec précaution, de manière à faire pénétrer sans effort, dans l'ouverture qui lui a été ménagée, l'axe correspondant au ressort de rappel et qui doit recevoir la clef dont il vient d'être question.

La disposition de l'appareil à cadran permet de reconnaître immédiatement, lorsqu'il est mal réglé et si le ressort de rappel est ou non suffisamment tendu. Si l'aiguille du récepteur s'arrête sur les lettres de rang impair, il faut tendre le ressort, et le détendre si elle s'arrête sur les lettres de rang pair.

Ce réglage est, en général, le seul dont l'appareil ait besoin, car sa marche est ordinairement régulière et sûre. Les principes d'après lesquels les diverses pièces doivent être placées l'une par rapport à l'autre ont toutefois besoin de quelque explication.

La distance de l'armature à l'électro-aimant et l'amplitude des oscillations sont, dans le récepteur à cadran comme dans les récepteurs Morse, réglées par les constructeurs. L'armature est toujours placée à $\frac{6}{10}$ de millimètre de l'électro-aimant. L'amplitude de ces oscillations dépend du montage général de l'appareil, puisque la tige fixée à l'armature sert de balancier ou de régulateur au mouvement d'horlogerie ; cette amplitude ne devra donc jamais être modifiée. Quant à la distance de l'armature à l'électro-aimant, elle ne peut être changée que dans les cas très-rares où l'on n'a pu parvenir à régler l'appareil exclusivement au moyen du ressort de rappel. Pour changer cette distance, on déplace l'électro-aimant en manœuvrant la vis qui le fixe à son support et en laissant invariable la position de l'armature pour les motifs qui viennent d'être indiqués. En opérant ce déplacement, il ne faudra en aucun cas desserrer la plaque qui maintient les bobines dans leurs supports: autrement, les extrémités du fer doux pourraient ne plus se trouver sur un plan parallèle à l'armature. Si ce défaut de parallélisme, qui nuirait beaucoup à la marche régulière de l'appareil, s'était accidentellement produit, il faudrait le faire disparaître et rendre aux bobines la position qu'elles doivent avoir.

Les soins d'entretien à donner au mouvement d'horlogerie sont nuls. Il convient seulement d'en remonter le ressort avec précaution et de le laisser autant que possible se détendre entièrement, comme il a déjà été recommandé pour les récepteurs Morse.

MANIPULATION.

Manipulation avec les appareils Morse. — L'étude de la manipulation du télégraphe Morse est en quelque sorte double, car elle exige, d'une part, une connaissance parfaite des combinaisons de traits et de points représentant les différentes lettres de l'alphabet Morse et les autres signaux réglementaires, et, d'autre part, une grande adresse manuelle pour la transmission régulière et correcte de ces combinaisons à l'aide de la clef. L'une de ces études s'adresse donc à l'intelligence et à la mémoire, l'autre à l'oreille et aux facultés purement manuelles.

Étude des combinaisons alphabétiques. — On a proposé souvent des moyens pour retenir facilement les combinaisons alphabétiques du système Morse (*); mais l'étude de ces moyens est quelquefois plus longue que celle de ces combinaisons elles-mêmes. Avec un peu de mémoire on peut en

---

(*) *Voir* le système de M. Garnier (*Annales télégraphiques.* t. V, p. 539).

quelques jours apprendre par cœur l'alphabet Morse, et pour
que les différents signaux qui le composent puissent être
remémorés instantanément et sans contention d'esprit, il suffit
d'étudier la cadence que produisent à l'oreille ces différentes
combinaisons, et de leur affecter un rhythme musical qu'on
retient dès lors comme un air. Peu importe, d'ailleurs, les
sons qu'on attribue aux divers signaux de ces combinaisons,
si leur valeur en durée est telle, qu'un point corresponde à
une croche et un trait à une noire

Dans les premiers temps, du reste, l'élève télégraphiste rencontre beaucoup plus de facilité à écrire qu'à lire : cela vient
surtout de ce que les signaux écrits ne sont généralement pas
assez détachés les uns des autres pour frapper immédiatement
la vue, et que leur interprétation exige une contention d'esprit qui n'existe pas dans la transmission, quand on a la cadence dans l'esprit.

Nous donnons ci-dessous la représentation des différents
signaux usités dans la télégraphie, tels qu'ils ont été arrêtés
par l'Union télégraphique austro-allemande et acceptés depuis par les diverses administrations :

a	·—	o	———
ä	·—·—	ö	———·
b	—···	p	·——·
c	—·—·	q	——·—
d	—··	r	·—·
e	·	s	···
é	··—··	t	—
f	··—·	u	··—
g	——·	ü	··——
h	····	v	···—
i	··	w	·——
j	·———	x	—··—
k	—·—	y	—·——
l	·—··	z	——··
m	——	ch	————
n	—·		

Ponctuation et signes particuliers.

Point . . . .
Point-virgule . . . .
Virgule . . . .
Deux points . . . .
Point d'interrogation.
Point alinéa . . . .
Point exclamatif . . . .
Trait d'union . . . .
Apostrophe . . . .
Barre de division . . .
Guillemets . . . .
Parenthèses . . . .
Souligné . . . .
Signé . . . .

Chiffres.

1
2
3
4
5
6
7
8
9
0

Signaux réglementaires.

Attaque . . . .
Réception ou compris . . . . . .
(?) Ou répétez . . . .
Correction ou pas compris . .
Final . . . .
Attente . . . .
Dépêche d'État . . . .
Dépêche de service . . . .
Dépêche privée . . . .
Invitation à transmettre . . . . .
Accusé de réception . . . .

L'espace qu'on doit laisser entre les signes simples formant
une lettre doit être d'environ la moitié de la longueur du trait;
celui qui doit rester entre les lettres doit avoir la longueur

entière d'un trait, et les mots doivent être séparés par un intervalle égal à la longueur de deux traits.

Exemple. — Le courant passe-t-il?

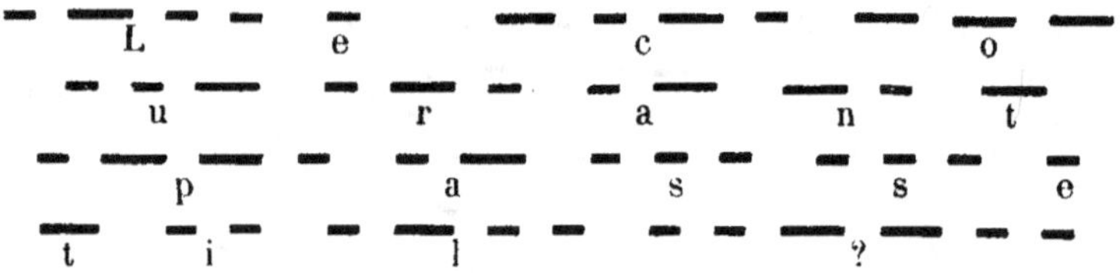

On peut remarquer qu'aucune lettre n'est formée de plus de
quatre signaux; tous les chiffres au contraire en ont cinq, et
leur formation régulière les rend faciles à retenir; les signes
de ponctuation en ont six.

Les quatre signes simples donnant 3o combinaisons et
l'alphabet n'ayant que 26 lettres, il restait quatre combinaisons qu'on a employées pour les lettres *ä*, *ö*, *ü* qui paraissent souvent en allemand et pour le *ch* qui est fréquent en
français, en allemand et en italien. Pour retenir ces combinaisons, il suffit de se rappeler que *ä* est représenté par le double
signe de *a*, *ö* par le signe de *o* auquel on ajoute un point, *ü* par
le signe de *u* auquel on ajoute un trait. Quant au signe de *ch*,
il est composé d'autant de traits que celui de *h* a de points.

On se rappellera facilement les combinaisons des chiffres en
remarquant que tous les chiffres sont représentés par cinq
lignes simples, et que jusqu'à cinq le nombre de points indique le chiffre, les traits étant considérés comme ne signifiant
rien; ensuite, qu'à partir du 6 les traits valent 2 et les points 1
jusqu'à 9, puis à o les traits perdent de nouveau toute valeur
comme de 1 à 4.

Pour la lecture le meilleur exercice est de lire souvent ce que
l'on a écrit soi-même, en lisant d'abord les phrases entières,
puis en prenant des mots au hasard au milieu des phrases.

Manipulation. — Les exercices propres à former les élèves
télégraphistes à la manipulation de la clef Morse ont été combinés de plusieurs manières. Tantôt on leur apprend à reproduire les signaux de l'alphabet en frappant sur une table avec
le doigt, jusqu'à ce qu'ils aient saisi la cadence régulière que
doivent avoir les différents signaux; tantôt on leur met immé-

diatement le manipulateur entre les mains et ils doivent le
faire agir tous ensemble sous la direction du professeur qui
donne lui-même la cadence ; tantôt l'élève étudie seul cette
cadence en convertissant mentalement les points et les traits
de chaque signe en chiffres, et en attribuant à chacun de ces
chiffres une valeur de durée proportionnée à celle des noires
et des croches de la musique ; il lui suffit alors de répéter mentalement chaque signal en le scandant de la manière suivante :

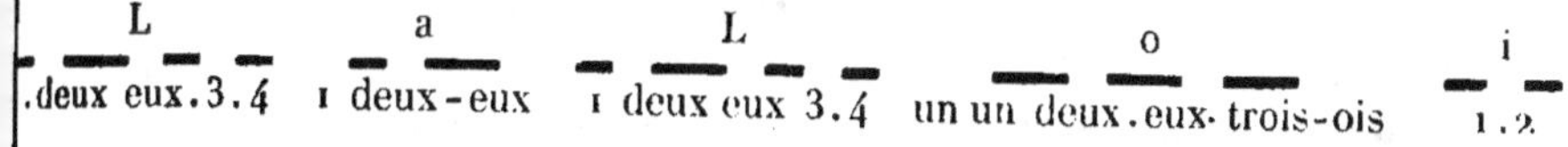

L   a   L   o   i

.deux eux.3.4 ɪ deux-eux   ɪ deux eux 3.4 un un deux.eux. trois-ois 1.2.

et de faire agir la clef au moment où il prononce chaque
chiffre. Un métronome réglé convenablement est souvent d'un
grand secours pour cet exercice, surtout quand l'élève n'a
pas le sentiment du rhythme.

En Suisse, et dans quelques autres pays, on affecte aux
points la syllabe *di* et aux traits la syllabe *do* que l'on prolonge en répétant la dernière lettre pour fournir une durée
d'intonation double de celle de la première syllabe. On mesure alors les durées et les espacements de ces signaux en
battant avec le doigt sur une table une espèce de mesure dans
laquelle l'abaissement du doigt correspond aux divers signaux
et son relèvement aux intervalles de lettres, lesquels doivent
être égaux, ainsi qu'on l'a vu, à la longueur des points. On
accompagne chacun de ces battements des mots *di* ou *do-o* et
le doigt reste abaissé pendant le temps qu'on les prononce.
Après cháque lettre, le doigt, en se relevant, doit fournir une
pause et cette pause est marquée par un second mouvement
du doigt dans le même sens qui se trouve accompagné par l'intonation du nombre *un*. Ce nombre est répété deux fois pour
les intervalles de mots. Exemple :

a   v   e   z
di do — o ɪ di di di do — o ɪ di ɪ do — o do — o di di ɪ ɪ

v   o   u   s
di di do — o ɪ do — o do — o do — o ɪ di di do — o ɪ di di di ː ɪ

e   o   m
do — o di do — o di ɪ do — o do — o do — o ɪ do — o do — o ɪ

p   r   i   s
di do — o do — o di ɪ di do — o di ɪ di di ɪ di di di ɪ.

Pour se rompre à cet exercice, on conseille les moyens suivants :

1º On frappera la table de deux manières : d'abord en retirant le doigt avec rapidité de sorte qu'il n'appuie sur la table qu'un instant, et en ne le relevant que d'un demi-pouce; en second lieu, en laissant le doigt appuyé sur la table pendant le temps qui sépare deux coups de première espèce et en l'élevant pendant un temps égal.

2º On s'exercera ensuite à produire un trait et deux points, puis deux points et un trait, et enfin les diverses combinaisons alphabétiques. Dans le commencement les mouvements devront se suivre lentement, mais à mesure qu'on acquerra de l'habitude on en augmentera la rapidité.

3º On s'exercera aux pauses comme on s'est exercé aux battements prolongés pour la représentation des traits; on les reproduira successivement après chaque lettre de l'alphabet qu'on répétera isolément un grand nombre de fois.

4º Quand on aura bien présentes à l'esprit les diverses combinaisons alphabétiques, on formera des mots en passant des plus courts aux plus compliqués, puis des phrases en appliquant à toutes les combinaisons le rhythme cadencé qu'on avait appliqué à chacune d'elles en particulier.

D'après ce système, on voit qu'il est possible d'apprendre à manipuler sans appareils. Toutefois, il faut encore de nombreux exercices pour que la manœuvre de la clef Morse soit faite d'une manière assez nette et assez précise pour de bonnes transmissions.

Il faut d'abord que le levier-clef n'ait qu'un jeu très-limité pour que ses battements, quand il s'abaisse ou se relève, se suivent à des intervalles égaux. Il faut ensuite que ces battements soient produits sans aucune hésitation afin d'éviter des contacts multiples.

Aussitôt que l'élève télégraphiste en sera arrivé à essayer sur le manipulateur la composition de mots entiers, il fera bien de faire passer le courant à travers son récepteur. Obtenant de la sorte sous ses yeux la reproduction fidèle de sa transmission, il se trouvera à même de corriger ce qu'il y reconnaîtra de défectueux; on ne saurait trop se défier de certains vices de manipulation qui, s'ils ne sont pas corrigés dès le début, deviennent plus tard impossibles à déraciner d'une manière complète.

Du jeu du levier-clef résulte un bruit nettement accentué qui permet, avec un peu d'habitude, non-seulement de reconnaître si la cadence de la manipulation est bonne, mais encore de distinguer à l'oreille les différents signaux transmis. Il est très-essentiel qu'on se familiarise avec ce mode de lecture, car, dans le service télégraphique, il est très-utile de reconnaître par l'ouïe les signaux les plus usuels, comme l'appel de la station et les mots *ouvert, compris, répéter, empêché, dérangé;* signaux qui, le plus souvent, ne doivent être interprétés que d'après le bruit produit par le jeu des armatures des récepteurs. De même on devra s'exercer à reconnaître les différentes lettres transmises à la simple vue des mouvements de ces armatures; ce genre de lecture peut rendre dans bien des cas de grands services, notamment quand, par suite de pertes trop grandes sur la ligne, les dépêches ne peuvent plus être imprimées.

Manipulation avec les appareils à cadran. — Le premier soin de l'employé qui apprend à manœuvrer le télégraphe à cadran doit être de s'exercer à tourner la manivelle d'une manière régulière, sans exagération de vitesse, sans saccades et sans soubresauts.

La manivelle qui, au temps de repos, est placée sur la croix, se meut invariablement de gauche à droite, c'est-à-dire en suivant la série ascendante des chiffres.

Après chaque mot ou chaque nombre transmis, on revient à la croix, sur laquelle on doit faire une pause plus longue d'une ou deux secondes que sur les autres signes.

Les nombres à transmettre s'indiquent préalablement par deux tours complets de manivelle de la croix à la croix. Le correspondant est prévenu, dès lors, qu'il doit lire non pas les lettres devant lesquelles s'arrête son aiguille, mais bien les chiffres qui sont placés vis-à-vis.

Observation très-importante. — Le débutant doit s'habituer dès l'origine, quand il transmet, comme exercice, quelques mots, à bien faire entrer sa manivelle dans chacun des crans correspondant aux lettres qu'il veut indiquer; faute de cette précaution, malheureusement trop négligée par bon nombre d'employés, la transmission ne peut offrir à la lecture rien de net, et souvent rien de lisible.

La lecture des dépêches dans ce système télégraphique, comme dans celui de Morse, est plus difficile que leur transmission. Il faut s'exercer à lire soi-même ce que l'on transmet, en faisant passer le courant dans le récepteur du poste, et en arrêtant sa manivelle sur des lettres prises au hasard ; on commence d'abord par aller lentement, puis on augmente de vitesse à mesure qu'on se familiarise davantage avec ce genre de lecture.

CHAPITRE III.

RECHERCHE DES DÉRANGEMENTS SUR LES LIGNES TÉLÉGRAPHIQUES.

D'après les considérations que nous avons exposées dans les chapitres précédents, et la manière plus ou moins compliquée dont les communications électriques sont disposées dans les circuits télégraphiques, on comprend aisément qu'une ligne télégraphique, quelque bien établie qu'elle puisse être, est sujette à de nombreux dérangements, et le point important est de bien préciser ces derniers, pour qu'on puisse leur apporter remède rapidement.

CARACTÈRES DES DÉRANGEMENTS.

Sans parler des dérivations et des mélanges qui résultent des temps humides et qu'on peut regarder en quelque sorte comme des dérangements chroniques auxquels on ne peut remédier que par l'accroissement de la puissance électrique, on peut répartir les dérangements accidentels qui se manifestent le plus ordinairement sur les lignes télégraphiques entre trois classes : 1° *les dérangements ayant pour cause un défaut de conductibilité*, 2° *ceux qui sont la conséquence d'un mauvais isolement*, 3° *ceux qui résultent de contacts opérés entre les conducteurs.* Pour s'en rendre compte et reconnaître facilement les points du circuit où ils se trouvent, il faut avant tout qu'on connaisse parfaitement leurs *caractères distinctifs*, et c'est par l'étude de ces caractères que nous allons commencer le chapitre si important que nous traitons en ce moment.

Dérangements dus à un défaut de conductibilité. — Tout défaut de conductibilité, en augmentant la résistance du circuit, affaiblit l'intensité du courant et se traduit par une diminution de la déviation de l'aiguille aimantée dans le galvanomètre ou la boussole des sinus. Cette déviation peut même être nulle si la conductibilité du circuit l'est devenue par suite de la rupture d'un fil ou de l'interposition d'une substance non conductrice entre deux pièces métalliques appelées, par un simple contact, à continuer le circuit.

Le caractère général des dérangements de cette nature est donc *l'immobilité ou la faible déviation de l'aiguille aimantée*.

Toutefois, cet effet peut être dénaturé par les circonstances accessoires du dérangement. Ainsi, dans le cas d'une rupture sur la ligne, si l'extrémité du fil la plus rapprochée du poste où l'on observe repose sur un sol humide, le courant continuera à se faire jour, et les indications obtenues à la boussole par l'envoi d'un courant pourront accuser souvent une intensité électrique plus forte qu'avant la rupture du fil. Mais si l'on cherche ensuite *à recevoir* le courant du poste correspondant, cette nouvelle expérience pourra éclairer tout à fait la première, car si on ne reçoit alors aucune trace de courant, on aura lieu de penser qu'il existe réellement une solution de continuité.

La rupture d'un fil offrira de même le caractère d'un mélange, si le fil rompu vient à en toucher un autre ; mais on pourra la reconnaître par l'isolement de ce dernier à ses deux extrémités.

Lorsque la boussole accuse, par l'affaiblissement de ses déviations, un défaut de conductibilité, elle ne fournit par là aucun renseignement sur le lieu du dérangement. Mais si l'on fait établir successivement en divers points du circuit des communications momentanées avec la terre, la boussole déviera fortement tant que cette communication sera en deçà du point défectueux, faiblement dès qu'on l'aura dépassé. On peut de la sorte circonscrire le dérangement entre deux limites aussi rapprochées qu'on le voudra.

Dérangements dus au défaut d'isolement. — Tout défaut d'isolement, toute dérivation du courant, affaiblit la partie utile de ce courant, c'est-à-dire celle qui parvient jusqu'à l'appareil du poste destinataire. Mais en ouvrant un nouveau chemin à l'écoulement électrique, cette dérivation en facilite, comme on l'a vu, p. 99 et 301, le développement, et l'intensité du courant, diminuée dans la branche mère au delà du point de dérivation, est augmentée dans la partie comprise entre la pile et ce point.

Donc, *le caractère général des dérangements de cette nature est une augmentation dans la déviation du galvanomètre ou de la boussole au poste qui envoie son courant.*

Sur une ligne télégraphique, l'isolement n'étant jamais parfait, l'intensité du courant près de la pile du poste expéditeur est toujours plus forte qu'elle ne devrait l'être en ne considérant que la résistance du circuit lui-même; mais connaissant, par les indications ordinaires du galvanomètre, les déviations qui correspondent à l'état d'isolation de la ligne par les temps secs et les temps humides, il devient facile de reconnaître les pertes ou les défauts d'isolation dus à des circonstances anormales.

Dérangements dus au contact des fils entre eux. — Les désordres dus au contact de deux fils sont immédiatement *caractérisés par les phénomènes qui en résultent dans les postes ; le courant envoyé par un fil revient par un autre et on en est averti par la marche simultanée et concordante des deux appareils interposés sur ces deux fils.* Dans ce cas l'intervention de la boussole n'est pas nécessaire pour éclairer sur la nature du dérangement, mais elle peut donner des renseignements utiles (ainsi qu'on l'a vu p. 121) sur le point de la ligne où il se trouve.

Nous allons maintenant étudier la marche à suivre dans la recherche de ces dérangements, et cette marche peut être appliquée indistinctement à tous les systèmes télégraphiques, puisque dans tous, la disposition réciproque des divers appareils qui composent chaque poste et qui doivent être reliés entre eux est effectuée dans l'ordre suivant :

Fil de ligne, — parafoudre, — bobine préservatrice, — galvanomètre, — manipulateur, — bifurcation du circuit pour la réception ou la transmission, — pile ou récepteur, — terre.

MARCHE A SUIVRE DANS LA RECHERCHE DES DÉRANGEMENTS.

Les instructions de l'administration des lignes télégraphiques sur la marche à suivre dans la recherche des dérangements commencent ainsi :

« Une observation générale doit prendre place en tête de ces instructions ; elle est relative à la disposition fâcheuse où sont très-souvent les employés des stations *d'attribuer tout d'abord à l'état des lignes les difficultés qu'ils rencontrent dans leur travail.* Lorsqu'un dérangement se produit, il faut, avant d'envoyer à sa recherche extérieurement, vérifier avec soin si la cause n'en est pas dans l'intérieur des stations, et ne faire partir le surveillant chargé de l'entretien des lignes qu'après avoir acquis la certitude que tout est en ordre dans le poste de la résidence, et s'être assuré qu'il en est de même dans les stations correspondantes. »

Nous ne saurions trop insister sur cette observation, car le plus souvent les dérangements sont produits à l'intérieur des postes, et l'imputation qui est faite à la ligne de ces dérangements n'est quelquefois qu'un prétexte pour déguiser la paresse ou la négligence des employés.

Lorsqu'un poste **A**, correspondant avec un poste **B**, se trouve arrêté dans son travail, il arrive de trois choses l'une : ou **A** reçoit bien sans pouvoir se faire entendre de **B**, ou **A** transmet facilement à **B** sans recevoir de lui, ou enfin ni **A** ni **B** ne peuvent recevoir l'un de l'autre, du moins par le fil en dérangement.

Dans les deux premiers cas on doit présumer généralement que l'état de la ligne n'est pas altéré, car toute cause de dérangement agissant sur le circuit commun aux deux courants, devrait influer sur l'un comme sur l'autre. Toutefois une forte perte, dans le voisinage de l'un ou l'autre des deux postes, pourrait avoir pour résultat d'affaiblir dans une plus grande proportion le courant reçu que le courant envoyé, par la raison que les dérivations ont un effet plus nuisible à l'extrémité d'une ligne qu'au commencement, ainsi qu'on l'a vu p. 99 et 301.

Dans le troisième cas, il est parfaitement démontré que le dérangement est sur la ligne.

Nous allons maintenant examiner successivement ces différents cas.

DÉRANGEMENTS A L'INTÉRIEUR DES POSTES.

1° A recevant bien ne peut se faire entendre de B. — La première opération à faire, dans ce cas, est de placer le manipulateur sur sa position de contact ou d'émission, et de voir si le courant passe, ce dont on peut immédiatement s'assurer par le galvanomètre interposé dans le circuit de ligne.

Si ce galvanomètre ne dévie pas du tout, il est évident qu'il y a une rupture ou un mauvais contact dans les communications électriques à l'intérieur du poste. S'il dévie, on devra rechercher d'abord si l'impossibilité de transmettre tient à un trop grand affaiblissement du courant à travers la ligne, ou à une communication anormale à la terre, en dehors du galvanomètre du poste, et cette indication sera immédiatement fournie par l'amplitude de la déviation de la boussole. Si cette déviation est plus forte que celle qui convient aux transmissions ordinaires, il y a évidemment communication à la terre au delà du galvanomètre ; si au contraire la déviation est plus faible, on peut en conclure qu'il y a ou affaiblissement de la pile ou communication à la terre en deçà du galvanomètre. Dans le premier cas on détachera le fil de ligne, à son entrée dans le poste, et on retirera successivement de leurs bornes d'attache les fils qui le relient au parafoudre, à la bobine préservatrice, au commutateur, etc., jusqu'à ce que le galvanomètre cesse de dévier ; alors la position du défaut se trouve circonscrite entre les deux points pour lesquels l'expérience a donné deux résultats différents, et il devient dès lors facile de le trouver. Ce genre de dérangement, qui se présente d'ailleurs fréquemment, vient le plus souvent de la bobine préservatrice du parafoudre qui, ayant été fondue sans qu'on s'en soit aperçu, établit, comme on l'a vu p. 510, une communication à la terre. Dans le second cas, on examine si le fil de pile, allant au manipulateur, ne touche pas en quelque endroit, soit directement, soit indirectement, le fil de terre, ce dont on peut s'assurer en interposant un galvanomètre d'essai entre le pôle positif de la pile et son fil de communication avec le manipulateur. Ce défaut peut existar, comme on le verra plus tard, quand le manipulateur touche à la fois ses deux contacts. Il va sans dire que si l'on soupçonne que le dérangement peut provenir de la faiblesse de la pile ou d'une mauvaise communication de celle-ci avec le circuit, un examen attentif de la pile, et surtout de ses attaches avec les fils du circuit, doit précéder les recherches dont nous venons de parler.

Pour reconnaître les points de rupture ou de mauvais contact des communications électriques dans le cas où le galvanomètre du poste ne dévie pas, on doit s'y prendre de la manière suivante : on prend un fil d'essai sur le parcours duquel on place un galvanomètre portatif ; on l'attache d'une part au pôle zinc de la pile en ayant soin de détacher préalablement le fil de terre, et avec l'autre bout on touche successivement les différents points du conducteur de pile jusqu'au fil de ligne. Il est évident que si la rupture ou le mauvais contact existe sur les communications électriques qui relient la ligne à la pile, on devra trouver de cette manière le point défectueux qui sera accusé, aussitôt qu'on l'aura franchi, par l'inaction subite du galvanomètre d'essai. Si on ne trouve pas de défaut, c'est que la solution de continuité ou le mauvais contact se trouve dans la pile, et alors on procède de la même manière en touchant successivement les différentes lames de communication qui relient les éléments entre eux.

Si le défaut n'existe ni dans la pile ni dans le fil de communication de la pile à la ligne, ce dont on peut s'apercevoir immédiatement en touchant avec le fil d'essai le fil de ligne à son entrée dans le poste, on peut en conclure que le défaut se trouve sur le fil de terre ou dans une communication anormale du pôle positif de la pile avec ce fil. On prend alors le fil d'essai qui a été attaché par un bout au fil de ligne ou au pôle positif de la pile, et on sonde les différents points du fil de terre de la même manière qu'on l'avait fait pour le fil de ligne. On ne tarde pas, en opérant ainsi, à découvrir le défaut, qui doit se trouver presque toujours soit au bouton d'attache du pôle négatif de la pile avec le fil de terre, soit au point de soudure de ce fil avec la tige ou le câble qui conduit extérieurement aux plaques enterrées, soit encore au point d'affleurement de ces derniers conducteurs avec le sol. Du reste, dans la plupart des cas, il suffit de visiter avec soin ces fils de terre pour reconnaître immédiatement le point défectueux.

Les dérangements qui ont pour cause une rupture ou une mauvaise communication à l'intérieur des postes proviennent le plus souvent du mauvais contact du levier du manipulateur avec le bouton qui correspond à la pile, de la rupture du fil du parafoudre, de l'oxydation ou de l'altération des appendices polaires de la pile, de l'immersion incomplète des lames électro-négatives, ou du desserrement des vis de pression servant à la liaison des différents appareils.

2° A recevant mal peut transmettre cependant à B.—Ce cas, qui est l'inverse du précédent, suppose : ou que le récepteur de A est dérangé, ou que la communication de ce récepteur à la terre est interrompue ou dans un mauvais état de conductibilité, ou qu'une communication à la terre s'est produite à l'entrée ou dans les environs de la station A. Pour reconnaître lequel de ces dérangements on a à combattre, on examine d'abord si l'appareil est convenablement réglé eu égard au degré d'humidité du temps ; puis, si l'on ne découvre rien d'anormal dans ce réglage, on détache, comme dans le premier cas, le fil de ligne et on réunit le parafoudre au pôle positif de la pile par un long fil. Le manipulateur étant dans la position de réception, on constitue ainsi un circuit local qui devrait faire fonctionner le récepteur et le galvanomètre, si aucun dérangement n'était produit, mais qui peut toujours indiquer quand on a mis la main sur le défaut. Il suffit, pour cela, de prendre un second fil d'essai et d'en toucher les différentes parties des conducteurs qui relient d'une part le manipulateur au récepteur, et celui-ci à la terre. Tant que le galvanomètre déviera sous l'influence de ces différents contacts, on sera certain de n'avoir pas encore rencontré le conducteur où se trouve le défaut. Mais aussitôt que le galvanomètre restera immobile, on pourra conclure que le défaut se trouve dans l'intervalle compris entre les deux derniers points explorés.

Ordinairement ces défauts se trouvent au contact du levier du manipulateur avec le fil qui le relie au récepteur, aux points d'attache du fil de l'électro-aimant de ce récepteur, et même dans ce fil lui-même qui peut être altéré à la suite d'un orage, enfin aux points d'attache du fil de terre.

Dans le cas où l'immobilité du récepteur tiendrait à une communication à la terre en dehors de la station, on pourrait reconnaître immédiatement celle-ci par l'envoi d'un courant à travers la ligne et la déviation du galvanomètre qui aurait alors lieu; on se trouverait ainsi ramené à l'un des cas que nous avons examinés précédemment.

Les dérangements que nous venons d'étudier ont pour effet l'inertie du récepteur. Mais si, par suite de cette inertie, un poste est dans de mauvaises conditions de réception, il l'est également quand, par l'effet d'un dérangement d'un autre ordre, le récepteur est parcouru par un courant anormal, qui maintient l'armature de l'électro-aimant attirée d'une manière continue.

Ce courant peut provenir de plusieurs causes, d'abord d'une communication entre le fil de pile et le fil qui relie le récepteur au manipulateur, communication qui le plus souvent se manifeste au manipulateur, même quand le levier interrupteur touche à la fois, soit directement, soit indirectement, le contact de pile et le contact de réception. En second lieu, il peut être produit par les courants accidentels qui parcourent les lignes télégraphiques, ainsi qu'on l'a vu p. 294. Mais alors on ne peut s'en rendre maître qu'en diminuant la sensibilité du récepteur et en augmentant la force de la pile.

Nous ne parlerons pas des dérangements mécaniques des récepteurs, car nous avons indiqué la manière de les éviter dans le chapitre précédent (à l'article du réglage des appareils). Il en est un, toutefois, que nous devons signaler ici, parce qu'il résulte d'effets électriques particuliers : c'est celui qui est la conséquence de l'aimantation des électro-aimants et de leurs armatures, par l'effet d'une décharge électrique atmosphérique. Dans ce cas l'armature reste attirée, comme si un courant permanent passait à travers l'électro-aimant; mais on peut reconnaître cette aimantation par la rupture momentanée de la liaison du récepteur avec la ligne.

DÉRANGEMENTS SUR LES LIGNES.

3° Les deux postes A et B ne peuvent pas recevoir.
— Si, après avoir vérifié la bonté des communications intérieures, un poste ne peut ni recevoir ni transmettre, on peut conclure que le fil de ligne est rompu en quelque endroit ou qu'une dérivation anormale s'est produite sur la ligne; on est alors obligé d'envoyer à la découverte du défaut, ce qui demande toujours un temps plus ou moins long. Toutefois ce temps peut être considérablement abrégé, si par des expériences rhéométriques particulières on peut fournir au surveillant chargé de rétablir la ligne quelques indications sur la position du dérangement; il n'a plus besoin alors de suivre pas à pas la ligne, et il peut se faire transporter au moyen d'un véhicule quelconque.

Fils rompus avec communication à la terre. — Quand les deux postes ne sont reliés ensemble que par un seul fil, les expériences en question ne peuvent donner que des renseignements assez vagues, car les extrémités du fil rompu pouvant traîner à terre sur une plus ou moins grande longueur, la résistance du circuit devient considérablement différente, et comme on suppose la résistance du sol nulle, cette plus ou moins grande résistance se trouve faussement imputée à la résistance du fil. Il peut alors arriver, ainsi que nous l'avons déjà vu p. 120, que la longueur calculée du fil jusqu'à son point de rupture dépasse celle de la ligne entière. Mais si les deux postes possèdent un autre moyen de communiquer entre eux, les expériences peuvent être faites de concert, et l'on obtient des données beaucoup plus certaines; car c'est entre les deux points déterminés de chaque côté que doit se trouver la rupture. Nous avons, du reste, indiqué p. 119 et 120 les calculs et les expériences que l'on peut faire pour arriver à cette détermination. Il existe toutefois un moyen de reconnaître à première vue si la rupture est produite à l'extrémité de la ligne la plus éloignée du poste où l'on fait l'expérience, ou sur le parcours de la ligne : c'est d'examiner la déviation même du galvanomètre. Si cette déviation est bien voisine de celle que l'on observe ordinairement, c'est que la rupture s'est produite vers l'extrémité de la ligne. Si la déviation est supérieure, on doit supposer que le point de rupture est sur le parcours de la ligne en un point d'autant plus rapproché que la déviation est plus grande.

Fils en contact direct ou indirect avec la terre. — Quand le dérangement est produit par une dérivation de faible résistance, on peut également calculer en quel point de la ligne se trouve ce dérangement; mais pour avoir une indication suffisamment exacte, il faut, comme précédemment, que l'on puisse correspondre d'une station à l'autre. Nous avons indiqué, p. 120, les calculs et les expériences qui doivent être faits dans cette circonstance. Les recherches sur place sont toutefois, dans ce cas, plus difficiles à faire que quand il y a eu rupture du fil, car il est toujours facile de distinguer, par les bouts qui pendent, le point où un fil est cassé, tandis que les dérivations sont difficiles souvent à reconnaître, même quand leur position se trouve à peu près indiquée. On est alors obligé de faire des expériences en dehors des postes, et ces expériences ne laissent pas que d'être très-délicates, car il ne s'agit rien moins que de couper la ligne en divers endroits, dans le voisinage du point où on suppose la dérivation, et de la mettre successivement en rapport avec la terre, après chaque coupure, par l'intermédiaire d'une boussole des sinus et d'un fil d'essai. On requiert alors de la station de départ l'envoi d'un courant permanent, et on juge par l'intensité plus ou moins grande de ce courant si le défaut est en deçà ou au delà des points successivement coupés. Quand l'expérience doft être confiée à un simple surveillant, les difficultés expérimentales deviennent encore plus grandes, car c'est aux stations elles-mêmes que doivent être faites les observations rhéométriques. Dans ce cas on donne l'ordre aux surveillants de rompre la communication du fil conducteur en un point déterminé de la ligne, en lui fixant exactement l'heure et le temps pendant lequel il doit laisser la communication interrompue. Il isole alors la ligne du côté du poste où doit se faire l'expérience, et au moment convenu on envoie le courant en le faisant passer à travers une boussole.

Si l'aiguille reste stationnaire, le dérangement est au delà du point où le fil conducteur a été isolé; si au contraire elle dévie, la communication avec la terre existe entre le poste et l'endroit où se trouve le surveillant. En répétant deux ou plusieurs fois cette expérience, on finit par trouver la dérivation.

Les dérivations dont nous venons de parler se manifestent dans plusieurs circonstances, d'abord quand un fil de ligne touche le sol ou le feuillage d'un arbre mouillé par la pluie ou un mur humide, comme cela a souvent lieu à l'entrée des tunnels; en second lieu quand, un ou plusieurs supports étant brisés, le fil glisse le long des poteaux et se trouve à une petite distance du sol; ou bien encore quand un conducteur humide réunit accidentellement le fil à des haubans soutenant un poteau, et dans une foule d'autres cas encore.

Fils rompus sans communication à la terre. — Quand le dérangement est produit par la rupture d'un fil dont l'extrémité brisée reste suspendue en l'air sans toucher terre, cas du reste assez rare, il devient impossible de déterminer la distance exacte à laquelle existe le dérangement, et on ne peut en avoir une idée que par l'intensité du courant résultant des pertes à la terre. Plus cette intensité se rapprochera de celle que l'on constate ordinairement sur la ligne, plus est éloigné le point de rupture du fil. On peut encore mettre à contribution dans le même but les courants de retour, mais il faut remplacer alors le récepteur du poste par un galvanomètre sensible et produire une série d'émissions de courant avec le manipulateur. Plus le courant de retour sera intense, plus le point de rupture sera éloigné. La recherche de ces points de rupture peut d'ailleurs se faire à l'aide d'un galvanomètre et d'un fil d'essai qu'on applique sur la ligne, de distance en distance, et qu'on fait communiquer à la terre par l'intermédiaire d'une plaque qu'on plonge dans un ruisseau ou qu'on appuie sur un rail de chemin de fer si l'on en a à sa portée. Ce genre de dérangement se présente quand le fil est rompu très-près d'un point d'arrêt.

Fils mélangés. — Quand les dérangements sont produits par le mélange des fils, c'est-à-dire par des communications qui s'établissent entre deux ou plusieurs fils, ce dont on est prévenu facilement, ainsi qu'on l'a vu p. 575, on cherche d'abord à déterminer le lieu du mélange, et cela est facile à l'aide des expériences et des calculs que nous avons indiqués

p. 121. On peut reconnaître en même temps, de cette manière, s'il y a un ou plusieurs mélanges. Nous ne faisons, bien entendu, allusion ici qu'aux mélanges accidentels résultant du contact direct des fils entre eux ou de leur réunion par un corps conducteur humide tel qu'un chiffon mouillé, par exemple. Car pour ceux qui résultent de l'humidité des poteaux, ils sont tellement nombreux par les temps humides, qu'il serait aussi difficile de les empêcher que de supprimer les dérivations à la terre. Dans le cas qui nous occupe, les dérangements dus aux mélanges peuvent être, du reste, réparés aussi facilement que ceux qui résultent des fils rompus, car ils ont l'avantage d'être facilement découverts.

Comme les dérangements dus aux mélanges n'ont d'autre inconvénient fâcheux que la répartition du courant entre deux circuits qui devraient être distincts, on peut, en attendant la réparation, utiliser les deux fils à une même transmission en isolant l'un d'eux à ses extrémités. De cette manière on améliore la transmission en diminuant la résistance, et on substitue ainsi un travail rapide par un seul fil à un travail lent et pénible par deux. Si toutefois, indépendamment du mélange, la communication est bonne et facile, on pourra, après avoir isolé le fil qui ne doit pas servir à la transmission, n'employer qu'un seul fil, et ce moyen aura l'avantage de laisser le circuit sur lequel on transmet, dans ses conditions normales ; mais si ce circuit, en outre du mélange, rencontre des difficultés de transmission, il y a évidemment avantage à réunir les fils comme nous l'avons dit précédemment.

Voici maintenant les instructions de l'administration des lignes télégraphiques relativement à la recherche des dérangements sur les lignes.

« Quand, après les expériences nécessaires, aucun vice n'a été reconnu dans le poste où le dérangement de ligne s'est manifesté, il faut, si la station avec laquelle on est en correspondance se trouve séparée par une ou plusieurs autres, prescrire d'abord aux stations intermédiaires de vérifier avec soin leurs communications directes, puis faire rentrer la plus voisine dans le circuit. Si le dérangement subsiste encore avec cette station, il faut lui recommander de faire elle-même dans son poste les recherches réglementaires. Si celles-ci restent infructueuses, chacune de ces deux stations envoie un surveillant sur la section de ligne qui les sépare. Lorsqu'au contraire le travail avec la station voisine a lieu régulièrement, cette station voisine procède de même avec la suivante, et ainsi de suite.

» Quand les postes possèdent des sonneries d'appel, on peut appliquer au courant de celles-ci, en cas de dérangement, les recherches qui ont été indiquées pour le circuit des récepteurs. Il n'y a qu'un élément de plus à vérifier, c'est le commutateur qui introduit dans le circuit de ligne l'un ou l'autre de ces deux appareils. »

CHAPITRE IV.

APPLICATIONS DE LA TÉLÉGRAPHIE.

Considérée au point de vue des relations de peuple à peuple, de gouvernement à gouvernement, de famille à famille, d'individu à individu, la télégraphie électrique, en annulant les distances, comble un vide immense, et devient un bienfait vraiment providentiel et humanitaire d'une portée tellement incommensurable, qu'on peut la considérer maintenant comme une institution inséparable de la civilisation moderne. « Le télégraphe électrique, dit M. Walker, a une existence à part; il ne peut être remplacé par rien, il fait ce que la poste ne peut pas faire, il distance les pigeons voyageurs, il va plus vite que le vent, il arrache le sablier de la main du Temps, et efface les limites de l'espace. Si nous pouvions soulever le voile des secrets que nos rapports avec le public nous obligent de garder sur la correspondance dont on nous fait les dépositaires, il y aurait de quoi remplir plusieurs volumes d'anxiétés domestiques calmées par la télégraphie électrique. C'est surtout dans les circonstances graves et soudaines que le public a recours à nous, comme on a recours au médecin en cas de maladie. Ces anxiétés ont quelquefois un côté comique; d'autres fois, elles sont excessivement pénibles. Nous avons été chargés de commander en même temps un turbot et un cercueil, un dîner et un médecin, une nourrice au mois et une jaquette de course, une machine industrielle et une chaîne-câble, un uniforme d'officier et des glaces du lac de Weham, un ecclésiastique et une perruque d'avocat, un étendard royal et un panier de vins, etc. Que d'objets divers les voyageurs des chemins de fer ont retrouvés au moyen des télégraphes! que de criminels découverts, que de vols prévenus, que de spéculations mauvaises arrêtées à temps, que de marchés conclus, que d'accidents évités!

» La liste dressée par catégories de sujets aux bureaux télégraphiques peut seule donner quelque idée des diverses espèces et de la multiplicité des services rendus par le télégraphe.

» En jetant les yeux sur cette liste, n'est-on pas frappé de la confiance du public dans le télégraphe? Pour adresser à notre ami le plus cher une lettre remplie des plus secrètes pensées de notre cœur, et pour confier un tel document à des mains étrangères, à des hommes que nous n'avons jamais vus, dont nous n'avons aucune idée personnelle, il faut avoir une grande confiance, une grande foi dans les institutions de notre pays. Le facteur de la poste ignore les joies et les douleurs qu'il porte; il en est tout autrement avec le télégraphe; nous sommes dans la confidence du public, nous connaissons la nouvelle que nous portons. La preuve que cette confiance est bien placée, c'est l'augmentation toujours croissante dans le nombre et la valeur des dépêches qui nous sont confiées. »

En dehors de ces services que l'on peut considérer comme individuels, il en est d'autres d'un intérêt général ou collectif dont on peut apprécier tous les jours l'importance; de ce nombre sont ceux qui résultent de l'application qu'on a faite de la télégraphie au service des chemins de fer, aux opérations militaires, à la prévision du temps, au service des sapeurs-pompiers en cas d'incendie, au service nautique dans les grands vaisseaux, au service sémaphorique, à la transmission du midi vrai et du midi moyen dans les ports, au règlement des horloges publiques, aux annonces des inondations sur le parcours des fleuves sujets à des débordements, aux opérations scientifiques pour la détermination des différences de longitude, à la pêche du hareng dans les fiords de la Norvége, à la correspondance des ouvriers occupés aux travaux sous-marins, enfin à une foule de cas particuliers de la vie domestique qu'il serait trop long d'énumérer.

Pour qu'on puisse se faire une idée bien nette et bien précise de ces différentes applications de la télégraphie, nous allons entrer dans quelques détails sur la manière dont les principales d'entre elles ont été combinées.

Application de la télégraphie aux services des chemins de fer. — L'idée d'appliquer la télégraphie électrique au service des chemins de fer a été la conséquence naturelle de l'installation des premières lignes télégraphiques le long des voies ferrées. Ayant été témoins des merveilleux résultats produits par ces moyens de relation, et trouvant une installation toute faite, les administrations des lignes sur lesquelles on avait expérimenté devaient naturellement chercher à établir pour leur propre compte une ligne télégraphique traversant toutes leurs stations, afin que celles-ci pussent correspondre entre elles. Dire quel fut le premier chemin de fer qui fit cette application serait chose presque impossible; toujours est-il qu'on ne se proposait alors, dans cette installation, que de contrôler et d'accélérer le service de la voie, et de signaler, d'une station à l'autre, le départ ou le passage des trains. Plus tard, on put mieux apprécier les avantages de ce système de communication et en reconnaître toute l'importance, au point de vue de la sécurité de la marche des convois eux-mêmes. Avec ces moyens de correspondance, en effet, si les trains sont en retard, la cause en est connue; s'ils sont en détresse, ils peuvent avoir bientôt du secours; s'ils sont pressés et qu'ils ne puissent avancer suffisamment, ils demandent du renfort, qu'on leur envoie ou qu'on leur prépare; s'il y a quelque chose d'extraordinaire sur la ligne, ils en sont prévenus à leur passage devant chaque station; s'ils sont arrêtés pour une cause ou pour une autre, on n'a plus besoin d'envoyer une machine à la découverte : quelques signaux échangés entre les appareils télégraphiques des stations donnent tous les renseignements nécessaires. Les trains spéciaux ne peuvent être réellement spéciaux que sur un chemin de fer ayant une ligne télégraphique; car c'est par ce seul moyen qu'ils peuvent obtenir la voie libre devant eux. Un chemin de fer à simple voie ne peut exister avec des convois à grande vitesse, qu'autant qu'un télégraphe les préviendra qu'ils ne rencontreront pas, chemin faisant, d'autres convois venant à leur rencontre. Dans le cas où une machine se trouve mise en marche sans guide, ce qui est arrivé quelquefois, des avis peuvent être immédiatement transmis aux différentes stations, pour éviter un choc et pour qu'on puisse envoyer une autre machine à la chasse de la machine vagabonde.

Aujourd'hui tous les chemins de fer ont leur ligne télégraphique; mais, malgré cet auxiliaire important, tous les accidents n'ont pu être évités, et nous voyons souvent, par les journaux, qu'il arrive encore bien des catastrophes. On était donc en droit de demander à la science, qui avait déjà tant fait dès l'origine, quelque chose de plus, afin de compléter le système de sécurité des chemins de fer.

Le problème a été résolu dans ces dernières années de plusieurs manières ; ainsi, par des systèmes fondés sur l'emploi des moyens télégraphiques, on a pu parvenir :

1° A établir entre les stations et les trains en mouvement une liaison télégraphique qui permît de prévenir ces derniers des encombrements existant sur la voie ou aux stations, de leur donner des ordres en cas de besoin et de leur fournir la facilité de demander des secours en cas d'accident ;

2° A faire en sorte que l'envoi d'un signal fût suivi d'une réponse faite automatiquement par le convoi afin d'être prévenu de sa réception ;

3° A faire enregistrer à chaque station, sur un compteur à double aiguille et visible à distance, les différents points de la voie successivement parcourus par deux convois consécutifs ;

4° A faire en sorte que deux convois venant à la rencontre l'un de l'autre ou s'entre-suivant de trop près se prévinssent mutuellement et sans la présence d'aucun employé des dangers qui pourraient résulter de leur trop grand rapprochement ;

5° A avertir le conducteur d'un train qui s'approche d'une barrière ou d'un pont tournant, dont la manœuvre n'a pas été faite, qu'il y a danger, et d'informer en même temps le garde-barrière ou le préposé au pont tournant de l'approche du convoi ;

6° A établir une véritable correspondance télégraphique entre les trains en mouvement sur la même voie.

Plusieurs dispositifs différents ont même été proposés pour obtenir ces divers résultats, mais aucun d'eux n'a jusqu'à présent été adopté dans la pratique, et les seuls systèmes avertisseurs qui ont été agréés par les compagnies, en dehors des télégraphes des stations, sont des télégraphes *portatifs* pour les convois, des indicateurs de la marche des trains, des appareils fixes placés de distance en distance dans des guérites de gardes-voie pour les demandes de secours, et des disques répétiteurs à sonnerie électrique, pour prévenir que les disques à signaux ont bien accompli leurs mouvements. Nous avons longuement décrit tous ces appareils dans notre *Exposé des applications de l'électricité*, et comme ils n'intéressent que très-indirectement la télégraphie proprement dite, nous renverrons le lecteur, que cette question intéresse, au tome II de l'ouvrage précédemment cité.

Application de la télégraphie aux opérations militaires. — Des différentes applications de la télégraphie, la plus importante dans un moment donné est bien certainement celle qu'on peut en faire aux opérations militaires. Quand on réfléchit que le télégraphe électrique donne à un général en chef, non-seulement la facilité de transmettre instantanément ses ordres aux différents corps d'armée qu'il commande, mais encore la possibilité d'être renseigné à chaque moment sur les mouvements de l'ennemi ; quand on pense qu'une armée peut se trouver de cette manière reliée directement avec ses bases d'opérations et la mère patrie, on se demande si, avec de pareils moyens, le hasard et l'imprévu joueront encore un rôle dans les guerres futures. Dans tous les cas, la partie pourra être jouée savamment sans que des circonstances accidentelles viennent déranger les combinaisons, et le général pourra déployer alors toute sa tactique et son habileté.

Dans la dernière campagne d'Italie, la télégraphie électrique militaire, bien qu'à son premier essai, a joué un rôle important, non-seulement pour les renseignements qu'elle a transmis continuellement au quartier général, mais surtout pour le ravitaillement de l'armée. Assurer toujours les communications télégraphiques du grand quartier général avec la France et les bases d'opérations, c'est-à-dire Turin, Alexandrie et Gênes, relier entre eux autant que pouvait le permettre la rapidité de leurs mouvements, les différents corps des armées alliées, tel était le problème qu'il s'agissait de résoudre, et on peut dire que la solution fut presque toujours remplie et souvent même dépassée.

Dans l'origine on avait pensé que des supports volants pourraient suffire au soutien des fils dans ce genre de télégraphie, et en conséquence on n'avait songé à employer que des espèces de perches de 4ᵐ,50 fendues par un bout, taillées en pointe par l'autre, que l'on devait ficher en terre comme des échalas. C'est même ainsi qu'avait été installée la télégraphie militaire des Autrichiens et des Piémontais; mais on n'a pas tardé à reconnaître que, pour ces sortes de communications télégraphiques, comme pour la télégraphie permanente, il fallait une organisation solide de poteaux, qui pût non-seulement résister au choc des voitures et des mulets chargés qui encombrent toujours les routes à la suite des armées, mais qui fût dans des conditions telles, que la cavalerie pût passer sous les fils avec armes et bagages, et que les soldats ne pussent pas les enlever facilement pour en faire des supports à leurs tentes ou du combustible pour leurs feux. D'après le rapport de M. Lair, chef du service télégraphique de l'expédition d'Italie, ce seraient des poteaux de 6 mètres ayant pour diamètres extrêmes $0^m,10$ et $0^m,05$ qui devraient être choisis pour cet usage, et ces poteaux devraient porter à leur sommet une petite tige de fer afin qu'on pût y fixer immédiatement après la pose, et sans le secours d'aucun outil, le support isolateur. Celui-ci devrait être en caoutchouc et disposé comme dans le système autrichien. Cette disposition n'est du reste autre que celle du support à champignon que nous avons décrit p. 227, à cette différence près que la tige de fer qui doit le soutenir, au lieu d'être scellée d'une manière fixe dans la tête du champignon, n'y est simplement qu'enfoncée et retenue par la force élastique du caoutchouc. Ce système d'isolateur a l'avantage d'être très-léger, incassable et d'un maniement extrêmement facile.

Les fils de fer les plus convenables pour la télégraphie militaire sont les fils recuits de 2 millimètres de diamètre; on peut les dérouler facilement et les tendre à la main; ils sont de plus d'une pose facile et d'un raccordement qui n'exige pas d'outil spécial; il suffit, pour les fixer, de les enrouler deux fois autour de la tête des supports isolateurs, ce qui dispense des tendeurs, cloches d'arrêt, etc.

Quant aux appareils télégraphiques eux-mêmes, le point important est qu'ils soient solides et facilement transportables. Plusieurs modèles ont été proposés dans ce but par MM. Hipp, Digney, Siemens, etc., les uns fonctionnant avec des courants magnéto-électriques, les autres avec des piles à sulfate de mercure. Ils paraissent tous dans de bonnes conditions et on n'a que l'embarras du choix. Ceux dont on s'est servi à la campagne d'Italie, pour l'armée française, sont des télégraphes Morse, système Digney, fonctionnant avec une pile à sulfate de mercure de 10 éléments. L'appareil avec tous ses accessoires, savoir : le manipulateur, le rouet, l'encre oléique, les rouleaux de papier, les clefs, etc., était disposé à demeure dans une boîte de 38 centimètres de longueur sur 17 centimètres de largeur et de hauteur, et la pile était renfermée dans une boîte à part de mêmes dimensions en longueur et largeur, mais n'ayant pas plus de 14 centimètres en hauteur. Bien entendu, le tout était enveloppé dans une espèce de sac en cuir, analogue aux havre-sacs de nos soldats, et susceptible d'être porté facilement à dos d'homme. M. Lair croit que ces boîtes devraient contenir en plus un parafoudre et des galvanomètres de rechange, car ces instruments ont été les seuls qui se soient dérangés pendant la campagne.

« La plus grande difficulté que nous ayons eu à surmonter pendant toute la campagne, dit M. Lair, a été celle du transport de notre matériel sur des charrettes de toutes formes nullement appropriées à nos besoins et ne pouvant prendre que de très-faibles chargements; il était en outre très-difficile de faire marcher les voituriers, qui, n'étant soumis à aucune discipline, n'obéissaient que contraints par la force et se sauvaient avec leurs voitures quand ils n'étaient pas bien surveillés, laissant sur la route nos poteaux et nos fils. La main-d'œuvre pour la plantation des poteaux a été souvent aussi un obstacle à la prompte exécution des lignes. Il fallait perdre un temps précieux pour recruter directement ou réclamer des municipalités des manœuvres qu'elles étaient elles-mêmes très-embarrassées de nous fournir, et toujours en nombre insuffisant. »

Ces diverses considérations ont engagé M. Lair à demander que le service télégraphique militaire fût organisé de la manière suivante :

1° Un chef de tout le service disposant d'autant de brigades que devra l'exiger l'extension des opérations militaires;

2° Chaque brigade comprendrait un inspecteur expérimenté ayant sous ses ordres un adjoint inspecteur d'une classe inférieure, ou un directeur faisant fonction d'inspecteur, quatre stationnaires qui seraient renouvelés par le chef de service à mesure que le nombre des stations s'accroîtrait, six surveillants pour la distribution du matériel, la surveillance de la plantation, le déroulement du fil, sa pose et celle des supports, un détachement de planteurs (15 hommes) commandés par un sous-officier, un détachement du train des équipages avec 10 chariots dont 8 chargés de poteaux et 2 de fils, supports et outils.

Depuis ce Rapport, l'administration des lignes télégraphiques a établi des fourgons spéciaux pour ce genre de transports qui paraissent être dans d'excellentes conditions. Ce sont des espèces de chariots couverts dont la partie du devant, formant une espèce de coupé, renferme, tout installés, les appareils télégraphiques. C'est en quelque sorte un bureau ambulant qui porte avec lui un matériel suffisant pour une installation volante, c'est-à-dire des câbles solides et légers.

Le gouvernement français paraît, du reste, être disposé à confier beaucoup des manœuvres télégraphiques aux armes spéciales de l'armée. Dans l'armée russe un corps d'électriciens existe déjà depuis longtemps, et c'est à ce corps que sont confiés les transmissions télégraphiques, les mines électriques, l'éclairage électrique, et en temps de paix plusieurs espèces de travaux fondés sur l'emploi des procédés galvanoplastiques.

Application de la télégraphie à la prévision du temps. — Depuis longtemps la télégraphie électrique a été utilisée en Amérique pour prévenir de l'approche des ouragans, et c'est au professeur Espy qu'il faut rapporter cette initiative heureuse; toutefois, ce service était loin d'être organisé d'une manière régulière, et les avertissements n'étaient le plus souvent fournis que par des dépêches privées. En Angleterre, dès l'origine de l'établissement des lignes télégraphiques, certaines localités communales demandaient bien au télégraphe quelques indications sur l'état du temps en différents points du royaume, mais c'était plutôt dans un but spéculatif et commercial que dans un intérêt général et d'utilité publique.

C'est en définitive à la France qu'il faut rapporter la première application de la télégraphie météorologique. Dès l'année 1856, en effet, l'administration des lignes télégraphiques françaises, de concert avec M. Le Verrier, avait posé les bases d'un service météorologique qui devait fournir chaque matin à l'Observatoire de Paris, non-seulement l'état du temps en différents points de la France, mais encore les hauteurs barométriques et les températures de ces points. Ce service, d'abord appliqué à 14 villes choisies en divers endroits du territoire français, fut successivement étendu aux villes étrangères les plus voisines, et aujourd'hui l'Observatoire de Paris concentre journellement les observations météorologiques de 45 villes, savoir : Dunkerque, Mézières, Strasbourg, Paris, le Havre, Cherbourg, Brest, Lorient, Napoléon-Vendée, Rochefort, Limoges, Montauban, Bayonnne, Nice, Avignon, Lyon, Besançon, Alger, Madrid, Bilbao, La Corogne, Porto, Lisbonne, San Fernando, Alicante, Palma, Barcelone, Turin, Livourne, Florence, Rome, Naples, Vienne, Leipzig, Saint-Pétersbourg, Moscou, Nicolaïeff, Varsovie, Helsingfords, Haparanda, Stockholm, Copenhague, Groningue, Le Helder, Bruxelles.

En 1860, l'amiral anglais Fitz Roy, pensant que des observations météorologiques ainsi concentrées simultanément dans un même lieu pourraient permettre à un météorologiste habile de suivre dans leur marche les diverses fluctuations atmosphériques, et par suite de pronostiquer le beau et le mauvais temps, proposa au gouvernement anglais, dans un but d'utilité maritime, l'établissement, sur divers points de l'Angleterre, de vingt stations météorologiques, annonçant qu'il se faisait fort, par l'étude comparative des indications ainsi fournies et de celles venant de Paris, d'annoncer quelque temps à l'avance les coups de vent et les tempêtes sur les différentes côtes du Royaume-Uni. Sa proposition ne fut pas tout d'abord accueillie et souleva beaucoup d'incrédulité. Cependant il finit par triompher, et, après avoir organisé les stations qu'il avait demandées, il put établir son système de prévision du temps. Ce système, nous devons le dire tout d'abord, a réussi au delà de toute espérance et a fourni en peu d'années des renseignements tellement utiles, qu'aujourd'hui tous les ports de l'Angleterre et même les compagnies d'assurances les plus importantes de ce pays les réclament avec avidité.

Devant de pareils résultats l'Observatoire de Paris, qui avait eu l'initiative de la création des stations météorologiques, ne pouvait rester inactif, et dans ces derniers temps il a établi un système de prévision du temps tout à fait analogue. Les journaux nous ont appris que déjà, en plusieurs circonstances, les prédictions qui avaient été annoncées s'étaient réalisées et avaient empêché dans plusieurs de nos ports de grands désastres. Il est probable qu'à mesure qu'on se familiarisera davantage avec l'interprétation des données météorologiques, cette science deviendra de moins en moins obscure, et alors la télégraphie jouera non-seulement le rôle de messager actif de nos pensées et de nos volontés, mais sera encore le gardien de notre sûreté individuelle et de nos intérêts.

Depuis la réussite du système de l'amiral Fitz Roy, il a surgi comme par enchantement une foule de prophètes qui, malheureusement, au lieu d'aider à consolider cette science nouvelle, tendent à la déconsidérer en la faisant confondre, aux yeux du public, avec une espèce de nécromancie, digne tout au plus des Nostradamus et des Mathieu Lansberg. Il y a pourtant tout un monde entre les indications fournies par M. Fitz Roy ou l'Observatoire de Paris et les prophéties que nous voyons tous les jours étalées, avec un aplomb réellement comique, dans nos journaux politiques. Les unes sont basées sur des principes scientifiques incontestables, les autres ne reposent sur rien que le caprice. Pour qu'on puisse en apprécier la différence, il nous suffira d'exposer en quelques mots le système de M. Fitz Roy.

Tous les météorologistes savent que les vents de nos contrées dérivent des deux grands courants venant du nord-est et du sud-ouest qui parcourent notre hémisphère du nord à l'équateur; tantôt ces courants courent côte à côte, tantôt ils se superposent, tantôt ils se croisent, tantôt ils se heurtent et produisent des espèces de grands remous circulaires ou *cyclônes* qui ressemblent assez à ces tourbillons de poussière que l'on observe souvent dans les rafales; or, les mouvements de tous ces courants se révèlent à nous, à quelque hauteur d'ailleurs qu'ils se produisent dans l'atmosphère, par les variations de la colonne barométrique, et, suivant la hauteur plus ou moins grande de celle-ci, suivant la manière plus ou moins prompte dont s'effectuent ces variations, un météorologiste habile peut reconnaître non-seulement la nature du vent qui va prédominer, mais encore la vitesse dont il est animé. D'après les hauteurs relatives du baromètre aux différentes localités où l'on observe, on peut même reconnaître s'il y a formation d'un cyclône, et déterminer les points au-dessus desquels il passe. Il ne s'agit dès lors que de suivre les déplacements de ce cyclône et la marche des courants dans le sens que l'expérience indique, pour savoir les points terrestres qui recevront l'influence des vents dont on a reconnu la présence, et, comme leur vitesse peut être calculée approximativement, ainsi qu'on l'a vu à l'instant, on peut reconnaître ceux de ces points qui auront un vent fort ou un vent faible, surtout si on fait entrer en ligne de compte les influences qui peuvent résulter de l'état du ciel et de la température des localités. En examinant ensuite les effets qui devront résulter de la présence des vents, ainsi prévus, par rapport à l'état météorologique de la contrée où on les suppose arriver, on pourra reconnaître aisément s'il y aura pluie ou beau temps dans cette localité.

« Connaissant l'état météorologique aux extrémités et au centre de nos îles, dit M. Fitz Roy, nous pouvons être avertis de tout grand changement qui doit survenir, car les grandes perturbations atmosphériques se calculent par jours et non par heures. Il n'est pas question, bien entendu, des perturbations locales ; celles-ci, quelque dangereuses qu'elles puissent être, précisément à cause de leur soudaineté, n'exercent leur influence que sur un petit nombre de milles carrés. »

Sans doute les réactions qui résultent des variations physiques de l'atmosphère sont extrêmement nombreuses, et il faut certainement beaucoup de tact et d'habitude pour prévoir celles qui doivent prédominer, mais on peut comprendre que la solution du problème est possible, du moins en ce qui concerne des contrées assez étendues ; aussi l'amiral Fitz Roy n'applique-t-il ses prédictions qu'à six régions qui sont :

1° Le nord du Moray Firth, au milieu du Northumberland, le long de la côte ;

2° L'Irlande tout entière en suivant la côte ;

3° Le centre du pays de Galles jusqu'à la Solway ;

4° L'est du Northumberland jusqu'à la Tamise ;

5° Du sud de la Tamise au pays de Galles ;

6° L'Écosse tout entière.

Le temps probable est publié chaque jour pour le lendemain et le surlendemain ; c'est, suivant M. Fitz Roy, la limite habituelle des prévisions auxquelles on peut se fier, quoique à certains moments une prédiction plus étendue puisse être donnée.

« Comme les instruments météorologiques signalent ordinairement les changements importants plusieurs jours d'avance, dit M. Fitz Roy, nous examinons quel temps et quel vent on doit attendre d'après les observations du matin, comparées à celles des jours précédents, et nous en concluons, pour chaque lieu, le temps probable du lendemain et du surlendemain. Nous prenons une moyenne de ces indications locales pour former celle de la région, et nous calculons alors les effets qui doivent se produire. Nous plaçons sur une carte des fiches mobiles qui indiquent le sens du courant et la position des cyclônes, et nous notons la direction, l'étendue et la marche de ces vents autour de leur centre, suivant qu'ils se rencontrent, se combinent ou se succèdent. »

Quand l'état probable du temps est ainsi établi pour les cinq régions dont nous avons parlé, on envoie par le télégraphe, en cas de coups de vent présumés, un avis aux différents ports qui en sont menacés, et immédiatement le signal d'alarme est hissé au mât des signaux, ce qui veut dire : *faites attention, soyez sur vos gardes, l'atmosphère est troublée.* Les marins se trouvent ainsi avertis et peuvent agir en conséquence.

Les bulletins journaliers publiés par l'amiral Fitz Roy sont disposés comme il suit.

TEMPS PROBABLE.

MERCREDI.	JEUDI.
Écosse.	
O.N.O. à N.N.E. fort.	N.O. à N.E. frais, neigeux.
Irlande.	
Comme le jour précédent : avec un peu de pluie ou de neige.	N.N.O. à E.N.E. modéré.

MERCREDI.   JEUDI.

Pays de Galles.

O. à N. et E. modéré : beau temps. | Comme le jour précédent

Sud-ouest de l'Angleterre.

N.O. à N.E. modéré ; beau temps. | Comme le jour précédent.

Sud-est de l'Angleterre.

N.N.E. à E.N.E modéré ; beau temps. | N. à E. modéré ; beau temps.

Côte orientale.

O. à N. et E. modéré ; beau temps. | N.N.O. à E.N.E. frais ; beau temps.

L'organisation française du service électro-météorologique pour la prévision du temps est tout à fait semblable à celle que nous venons d'exposer, et les rapports quotidiens sont exactement disposés de la même manière.

Dans ces rapports les prédictions du temps se rapportent à cinq grandes régions dans lesquelles on a divisé la France et qui sont désignées sous le nom de région du nord-est, région du nord, région du nord-ouest, région de l'ouest, région du sud. Voici les limites de l'étendue des côtes comprises sous ces diverses désignations.

Nord-est........	de Groningue à Dunkerque.
Nord..........	de Dunkerque à Cherbourg.
Nord-ouest.....	de Cherbourg à Saint-Nazaire.
Ouest..........	de Saint-Nazaire à Bayonne.
Sud...........	de Barcelone à Antibes.

Quant aux observations météorologiques elles-mêmes faites aux diverses stations, elles se trouvent compliquées de quelques signes pour indiquer le degré de force du vent, l'état de la mer et les phénomènes accidentels que présente l'atmosphère ; la force du vent et l'état de la mer sont indiqués comme dans le vocabulaire maritime par des chiffres, depuis o jusqu'à 9, et leur interprétation pour le vent est la suivante :

Chiffres.	Interprétation.	Vitesse du vent en kilomètres à l'heure.
0	Calme	0
1	Presque calme	4
2	Faible brise	7
3	Petite brise	14
4	Jolie brise	25
5	Bonne brise	40
6	Forte brise	60
7	Grand frais	79 à 80
8	Coup de vent	100
9	Tempête	130 à 140

Application de la télégraphie électrique à la détermination des différences de longitude des divers lieux. — Dès l'établissement des nombreux réseaux télégraphiques qui ont successivement relié les principales villes d'Europe et d'Amérique, on eut l'idée de mettre à contribution la télégraphie pour mesurer les différences de longitude de ces villes.

Les premiers essais ont été faits en Amérique, puis en Angleterre et en Belgique et enfin en France ; toutefois, les résultats obtenus ayant laissé quelque chose à désirer, on dut considérer les méthodes employées comme insuffisantes, et ce n'est que l'année dernière que l'Observatoire de Paris s'est trouvé en mesure de fournir des observations suffisamment correctes pour présenter comme exacts les résultats auxquels elles ont conduit. Pour qu'on puisse avoir une idée des difficultés du problème que l'on croit au premier abord très-simple à résoudre, il est essentiel que l'on considère la fonction du télégraphe électrique dans ce genre d'application.

La longitude d'un lieu par rapport à un autre est donnée par la différence de l'heure du passage du soleil ou d'un astre fixe au méridien de ces deux points du globe. Pour l'obtenir on se sert ordinairement d'un chronomètre ou montre marine que l'on règle sur le temps *vrai* du lieu que l'on quitte et que l'on compare ensuite au temps vrai du lieu où l'on observe. Mais on comprend facilement que quelque parfaits que soient ces chronomètres, ils ne le sont jamais assez pour donner une indication *rigoureusement exacte*. Il n'en est plus de même si une liaison électrique réunit les deux points dont on veut estimer la longitude réciproque. En effet, la transmission du fluide électrique étant supposée instantanée, le moment du passage du soleil ou d'une étoile déterminée au méridien de l'un de ces deux points peut être indiqué instantanément à l'autre point, et l'observateur de ce dernier point peut alors calculer, par le temps écoulé entre le passage signalé et celui qu'il va observer, la longitude cherchée.

Si les moments précis auxquels ont lieu les deux observations étaient exactement marqués sur des instruments chronographiques parfaitement établis, comme ceux qu'ont construits, dans ces derniers temps, certains physiciens, entre autres MM. Schultz et Lissajous, il est certain que le problème serait excessivement simple à résoudre, et les résultats ne pourraient être entachés que des erreurs personnelles d'observation qui, alors, ne dépasseraient pas celles commises ordinairement dans les observations astronomiques. Mais comme la transmission électrique est loin d'être instantanée (ainsi qu'on l'a vu dans le chapitre II de la première partie de cet ouvrage), soit par suite du retard occasionné par l'établissement de la période variable, soit par l'effet des dérivations du circuit de ligne et des résistances introduites aux deux extrémités de ce circuit, il arrive que le moment de l'observation au lieu où est installé le chronographe est enregistré plus vite que celui de l'observation faite au point opposé du circuit, en faisant abstraction, bien entendu, du temps correspondant à la différence de longitude; et si l'on considère que sur un circuit de 500 kilomètres ce retard peut être de 25 millièmes de seconde, on peut déjà comprendre toutes les perturbations qui peuvent en résulter dans les calculs. Pour éviter cet inconvénient, il faudrait qu'on plaçât les deux circuits en rapport avec les deux observateurs exactement dans les mêmes conditions; mais c'est là précisément la difficulté, car il ne suffit pas pour cela de les équilibrer avec le rhéostat et le galvanomètre différentiel; on aurait toujours un circuit isolé et un autre qui ne le serait pas, et par conséquent la période variable croîtrait plus vite dans un cas que dans l'autre; d'un autre côté, en prenant deux lignes télégraphiques différentes, on se trouverait encore dans des conditions d'isolation qui seraient loin d'être identiques. Le problème, on le voit, est excessivement délicat à résoudre, et nous ignorons si toutes ces difficultés ont été levées dans les nouvelles dispositions qui ont été prises à l'Observatoire de Paris.

Application de la télégraphie aux services sémaphoriques. — Dans un but militaire comme dans un but d'intérêt maritime, on a créé dernièrement, en France, un service électro-sémaphorique qui relie télégraphiquement (par des lignes latérales issues de nos grands réseaux départementaux) les différents points de nos côtes aux chefs-lieux de nos cinq arrondissements maritimes et qui est sous la dépendance du ministère de la marine.

Ce service a pour but, en temps de guerre, de signaler la présence des navires ennemis sur nos côtes et de transmettre aux navires de nos escadres en mer les ordres et les avis nécessaires. En temps de paix, il a pour mission de signaler les dangers que peuvent courir les navires sur nos côtes, de prévenir des sinistres qui peuvent survenir, d'échanger avec les navires qui passent ou reviennent d'un long cours certaines correspondances destinées à être transmises télégraphiquement en divers points, et de faciliter les services des divisions navales sur le littoral, entre autres, la surveillance de la pêche. En outre, les postes électro-sémaphoriques reçoivent chaque matin de l'Observatoire impérial le bulletin du temps probable et doivent fournir les renseignements qui s'y trouvent consignés aux marins des diverses localités où ils sont établis; plusieurs de ces postes sont même appelés à transmettre directement, deux fois par jour, les observations météorologiques intéressant la navigation au ministère de la marine qui les transmet, à son tour, aux diverses stations qui peuvent en faire le plus utile usage. Le nombre des postes qui transmettent ainsi ces bulletins météorologiques a été jusqu'à présent limité à 9, et celui des stations qui les reçoivent à 14. Mais il est probable que ces nombres seront augmentés à mesure qu'on appréciera davantage les effets heureux qui peuvent résulter pour la marine de cette organisation.

On a pensé encore à utiliser le service électro-sémaphorique à la transmission des dépêches privées qui, quelque rares qu'elles puissent être, pourraient avoir néanmoins une certaine importance au point de vue commercial. Mais les difficultés résultant de l'immixtion de deux administrations différentes dans un même service ont fait ajourner jusqu'ici la réalisation de ce projet.

Les postes électro-sémaphoriques sont sous la direction immédiate du major général de la marine de l'arrondissement maritime auquel ils appartiennent; toutefois, ils tiennent à l'administration des lignes télégraphiques au point de vue du matériel et des questions d'entretien et d'établissement des lignes; en conséquence, ils relèvent aussi d'un inspecteur des lignes télégraphiques accrédité, à cet effet, dans chacun des cinq ports militaires auprès du préfet maritime.

Les employés préposés au service de chaque poste électro-sémaphorique sont au nombre de deux et sont désignés sous le nom de *guetteurs*. L'un a le pas sur l'autre et porte en conséquence le nom de *guetteur chef*. Le service d'inspection est d'ailleurs confié à des capitaines de frégate qui relèvent du major général de la marine et qui prennent, dans cette circonstance, le nom d'*inspecteurs des électro-sémaphores*.

Les emplois de guetteurs ne sont accordés qu'à la suite d'examens auxquels sont admis seulement les capitaines au long cours, les officiers mariniers, les maîtres au cabotage, les quartiers-maîtres et marins de toute profession, soit de la marine impériale, soit de la marine marchande.

L'installation d'un poste électro-sémaphorique se compose de deux parties : du bureau télégraphique proprement dit, qui n'est autre qu'un poste ordinaire desservi par des appareils à cadran, et du sémaphore, qui consiste dans une espèce de télégraphe aérien constitué par un mât muni de trois bras mobiles. Ces bras, pouvant prendre six positions différentes, sont susceptibles de fournir un assez grand nombre de combinaisons pour les besoins du service; toutefois, comme ces signaux ne correspondent pas exactement à ceux du code Reynolds, aujourd'hui adopté par les marines des différents pays, on n'a pu encore utiliser les électro-sémaphores aux correspondances nautiques. Mais on espère qu'en modifiant quelque peu le code Reynolds on pourra obtenir, d'ici à peu de temps, ce résultat.

Ce sont les électro-sémaphores de Belle-Isle qui signalent, 24 heures avant leur arrivée à Saint-Nazaire, les navires qui viennent du Mexique.

Application de la télégraphie aux annonces d'incendie. — Si l'on considère que dans la plupart des villes de province le service des sapeurs-pompiers est fait par des hommes appartenant aux divers métiers, et qui ne sont pas enrégimentés comme à Paris, on comprendra facilement que le plus souvent on ne peut réunir ces hommes que long-temps après l'annonce des incendies, et alors, non-seulement les dégâts sont aggravés, mais encore le feu devient plus difficile à éteindre. Pour remédier à cet inconvénient on a songé à diverses reprises à mettre à contribution la télégraphie pour l'avertissement des sapeurs-pompiers, et on a proposé dans ce but plusieurs projets de communications télégraphiques que nous allons passer successivement en revue.

Dans l'un de ces projets, combiné en 1855 par M. Antonio Paysant, chef des sapeurs-pompiers de la ville de Caen, et moi, l'hôtel de ville, où l'annonce des incendies doit toujours être faite, est relié par un fil au domicile du capitaine des sapeurs-pompiers, et celui-ci est en communication télégraphique avec les chefs qu'il a sous ses ordres et qui doivent demeurer en différents quartiers de la ville, au centre des sapeurs-pompiers qu'ils commandent. Le système télégraphique n'est autre qu'une sonnerie trembleuse, sur laquelle on peut obtenir différents signaux télégraphiques par la combinaison de coups isolés et de roulements. Comme ces signaux peuvent se réduire à huit, ils sont faciles à retenir. Voici maintenant comment on procède :

Au moment de l'annonce d'un sinistre à l'hôtel de ville, le gardien de cet établissement prévient le chef des sapeurs-pompiers par un coup de sonnette; celui-ci, en répondant qu'il a entendu, demande, par un signal de convention, de quelle nature est le sinistre et dans quelle direction de la ville il s'est manifesté : sur la réponse du gardien de l'hôtel de ville, réponse qui n'exige que deux sortes de signaux, le capitaine juge immédiatement la quantité d'hommes qui lui sont nécessaires, et par sa communication électrique avec les chefs les plus voisins du lieu du sinistre, il les avertit de faire mettre tant d'hommes sur pied et de les diriger dans telle direction qu'il indique; il suffit encore de deux sortes de signaux pour la transmission de cet ordre. Voici comment sont combinés les signaux, en représentant les roulements de la sonnerie par le signe ▬ et les coups isolés par le signe ●.

▬	Avertissement; réponse.
▬ ●	Incendie de peu d'importance; petit nombre d'hommes.
▬ ▬	Incendie de grande importance; tout le monde sur pied.
● ●	Nord.
● ● ▬	Nord-est.
● ▬ ●	Est.
▬ ● ●	Sud-est.
● ● ●	Sud.
● ● ● ▬	Sud-ouest.
● ▬ ● ●	Nord-ouest.

Dans le projet de **MM. Marqfoy** et de **Boissac**, combiné en 1860, en vue de son application à la ville de Bordeaux, la disposition générale du système est la suivante :

1° On divise la ville en un certain nombre d'arrondissements, et dans chacun d'eux on choisit un centre.

2° Chaque arrondissement est relié à l'hôtel de ville par un fil télégraphique.

3° Chaque domicile de sapeur-pompier est également relié par un fil au centre de l'arrondissement le plus voisin.

4° Un dépôt de secours d'incendie est créé dans chaque centre d'arrondissement.

5° Un homme est présent nuit et jour au dépôt de secours.

6° Chaque dépôt contient des pompes et un tonneau plein d'eau toujours prêts; les divers instruments de sauvetage sont en permanence disposés pour le départ.

7° L'avertissement électrique se fait par coups de sonnerie : un coup frappé périodiquement désigne le premier arrondissement; deux coups frappés périodiquement, le deuxième arrondissement, et ainsi de suite.

L'application de la télégraphie aux annonces des incendies est depuis longtemps organisée à Berlin pour protéger la Bibliothèque si importante de cette ville. A cet effet, des fils souterrains partant des divers points de la Bibliothèque et des logements des principaux conservateurs aboutissent au poste des sapeurs-pompiers, où 200 hommes, pourvus du matériel nécessaire, se tiennent prêts à marcher au premier signal. De plus, une ligne télégraphique relie cette Bibliothèque au ministère de la guerre, dans le voisinage duquel existe un poste nombreux d'infanterie que le ministre a mis à la disposition de la direction de la Bibliothèque pour le cas d'incendie.

Application de la télégraphie électrique aux annonces des inondations. — Si la télégraphie électrique a pu être utilisée avantageusement pour prévenir les ports maritimes de l'approche des tempêtes, elle peut l'être d'une manière peut-être encore plus utile pour avertir les contrées en aval des fleuves sujets aux inondations des crues d'eau anormales qui se manifestent en amont et qui pourraient causer des désastres incalculables si on ne prenait pas les précautions nécessaires. On a pu en avoir la preuve lors des dernières grandes inondations qui ont eu lieu.

Le gouvernement ayant été prévenu, en octobre 1857, que l'on prévoyait à Blois, Tours et Angers des crues de la Loire qui pouvaient amener de grands désastres, attendu que des dépêches du haut Allier et de la haute Loire annonçaient une élévation tout à fait anormale du niveau de ces deux rivières, le ministre de la guerre a aussitôt envoyé à Tours et à Blois deux compagnies du génie et deux bataillons d'infanterie pour diriger les travaux en cas de danger et pour maintenir l'ordre. On expédiait en même temps plusieurs milliers d'outils de terrassiers pour augmenter les ressources des localités. Les troupes et les outils sont arrivés à destination longtemps avant que la crue d'eau se produisît, et celle-ci eut lieu précisément au moment indiqué quatre jours auparavant par les dépêches télégraphiques. L'arrivée de ces renforts en bras et en outils eut les conséquences les plus heureuses.

Application de la télégraphie à la pêche du hareng. — Pendant la saison de la pêche, les bancs de harengs entrent dans les fiords de Norvége à des intervalles tout à fait inattendus, et dans des endroits où il ne se trouve souvent pas plus d'un ou deux bateaux pêcheurs. Avant que les bateaux des baies et des fiords environnants aient pu être appelés à prendre part au butin, les harengs ont déjà presque tous déposé leur frai et ont regagné la pleine mer. Pour pré-

venir ces désappointements souvent répétés et les pertes qui
en résultent pour les pêcheurs, le gouvernement norvégien
a établi, sur une étendue de 200 kilomètres, le long de la côte
fréquentée par les bancs de harengs, un câble sous-marin,
avec des stations à terre, à des intervalles suffisamment rapprochés et communiquant avec les villages habités par les pêcheurs. Dès que le banc de harengs est aperçu au large, et on
peut toujours le reconnaître à une certaine distance par le
flot qu'il soulève, une dépêche télégraphique, expédiée le
long de la côte, annonce à chaque village le fiord ou la baie
dans laquelle le hareng a pénétré.

**Application de la télégraphie aux affaires pri-
vées et aux usages domestiques.** — Tous ceux qui ont
parcouru dans ces dernières années les rues de Londres ont
pu apercevoir au-dessus des maisons et sillonnant les différents quartiers de cette ville, un petit câble, soutenu de distance en distance par deux fils métalliques, lesquels sont supportés eux-mêmes par des espèces de poteaux en trépied
placés sur les toits des maisons. Ce câble, que nous avons
décrit p. 247, et qui contient en ce moment 50 fils, est la ligne
de la compagnie qui exploite la télégraphie au point de vue
des affaires privées. Chacun des fils est loué pour une somme
annuelle assez modique aux particuliers qui veulent être en
communication télégraphique dans les divers quartiers de
Londres. C'est ainsi que les offices des grands industriels de
la capitale anglaise se trouvent reliés soit avec les demeures
particulières de ces derniers, soit avec les docks, soit avec les
grandes usines des faubourgs de Londres. C'est encore par
leur intermédiaire que les bureaux des grands journaux anglais sont reliés aux agences télégraphiques et au Parlement.
Cette heureuse application, due à l'initiative de **M. Wheatstone**, est devenue aujourdhui une excellente affaire pour la
compagnie qui s'est chargée de son exploitation, et les avantages qu'elle procure sont de jour en jour appréciés davantage. Espérons que le peuple français sera un jour assez sage
pour jouir de cette prérogative qui lui est aujourd'hui refusée.
Nous devons ajouter que ce sont les télégraphes magnéto-
électriques de M. Wheatstone, que nous avons décrits p. 347,
qui desservent les différents fils de cette organisation télégra-

phique : ils ont l'avantage de ne pas nécessiter l'entretien d'une pile et d'être, par conséquent, dans les meilleures conditions pour être confiés à des personnes étrangères au métier du télégraphiste.

L'emploi de la télégraphie s'est du reste répandu depuis quelque temps pour le service intérieur des grands établissements commerciaux et industriels, et il est probable qu'il se répandra encore davantage à mesure qu'on se familiarisera davantage avec les manœuvres télégraphiques.

Autres applications de la télégraphie. — Il est encore une foule d'autres applications électriques, telles que la transmission électrique de l'heure, les applications aujourd'hui si nombreuses des sonneries électriques, l'enregistrement électrique des observations astronomiques et météorologiques, etc., etc., que l'on pourrait rapporter à la télégraphie électrique ; mais comme elles emploient des appareils spéciaux et que leur étude, à elle seule, est au moins aussi considérable que celle de la télégraphie proprement dite, nous ne ferons que les rappeler ici pour mémoire, renvoyant le lecteur que ces questions intéressent à notre *Exposé des applications de l'électricité*.

Qu'on considère maintenant avec attention tous les avantages qui sont fournis par la télégraphie électrique, et qu'on dise s'il est beaucoup d'inventions qui aient plus profité au bien-être de l'humanité !

NOTES.

NOTE SUR L'INFLUENCE ET LA CONDENSATION.

Nous avons dit, dans le premier chapitre de notre première partie (p. 9) et dans le deuxième de notre deuxième partie (p. 266), que les phénomènes de condensation se compliquaient le plus souvent de certains phénomènes de conductibilité, qui avaient fait modifier notablement la théorie des condensateurs et qui permettaient d'expliquer beaucoup de phénomènes anormaux qui se sont présentés sur les câbles sous-marins. Bien que cette question soit un peu théorique, nous croyons devoir lui consacrer quelques pages en dehors de notre Traité, en raison de l'importance qu'elle peut avoir au point de vue des transmissions sur les lignes sous-marines.

Suivant Faraday, il n'y aurait pas, à proprement parler, d'électrisation par influence, c'est-à-dire d'électrisation à distance, et ce serait par l'intermédiaire même du milieu interposé entre le conducteur électrisé et celui qui en subit la réaction que se produiraient les phénomènes de condensation. M. Faraday admet, en effet, qu'il se produit alors dans ce milieu, de molécule à molécule, une série de décompositions du fluide neutre telle, que chaque molécule prend deux pôles électriques contraires, et c'est cet état qu'il désigne sous le nom de *polarisation* de ce milieu. Ce serait donc, dans la nouvelle théorie, à la polarisation des molécules d'air ou d'un autre milieu (dit isolant) que serait due l'action que paraissent exercer à distance les corps électrisés sur les corps à l'état neutre, tandis que, dans la théorie admise jusqu'ici, l'air ne joue qu'un rôle passif et ne fait, par sa non-conductibilité, que s'opposer à la recomposition des électricités contraires. En un mot, la théorie nouvelle tend à supprimer l'action à distance pour la remplacer par une action continue et constante d'un milieu, d'une matière intermédiaire, propre à transmettre l'action d'un corps à un autre. En nommant *pouvoir inducteur* la propriété qu'ont les corps de transmettre au travers de leur masse l'influence électrique, M. Faraday trouve que tous les corps isolants n'ont pas le même pouvoir inducteur, et suivant lui, en exprimant par 1 le pouvoir inducteur de l'air, ceux des autres substances seraient représentés ainsi qu'il suit :

$$
\begin{array}{ll}
\text{Air} & 1 \\
\text{Flint} & 1,76 \\
\text{Résine} & 1,77 \\
\text{Poix} & 1,80 \\
\text{Cire jaune} & 1,86 \\
\text{Verre} & 1,90 \\
\text{Gomme laque} & 2 \\
\text{Soufre} & 2,24
\end{array}
$$

Quant aux gaz, M. Faraday a trouvé qu'ils ont tous sensiblement le même pouvoir inducteur, et que ce pouvoir n'est modifié ni par la température ni par la pression du gaz.

D'après la capacité inductrice propre que possèdent les corps isolants, Faraday a donné à ces corps le nom de *diélectriques*, par opposition aux corps conducteurs qui ne jouissent pas de la même propriété.

Les calculs de MM. Siemens et Thomson, dont nous avons parlé p. 266, sont précisément basés sur cette théorie.

De l'hypothèse que nous venons d'exposer, il résulte que la même théorie mathématique doit embrasser les phénomènes d'*induction* et de *conduction*, et cette conclusion avait été formulée par M. Faraday lui-même dès l'année 1838 (*Experimental Researches*, n° 1320); toutefois elle n'avait point fixé l'attention des physiciens. Dans ces derniers temps, comme nous l'avons vu, M. Gaugain a repris la question et a fait voir par des expériences nombreuses exécutées sur des condensateurs sphériques, plans et cylindriques, que tous les problèmes qui se rattachent à la théorie de l'influence peuvent être résolus au moyen des formules déduites de la théorie de la propagation (*Annales de Chimie et de Physique*, 3ᵉ série, février 1862). M. Gaugain ne croit pas cependant qu'il faille voir dans ce résultat une preuve décisive de l'exactitude des vues de M. Faraday; il regarde comme démontré que les phénomènes d'influence et de conduction sont soumis à une loi commune (ce qui est le point important pour les applications pratiques); mais il ne croit pas pouvoir se prononcer sur la nature intime de ces phénomènes; il est porté à penser que l'électricité, comme la chaleur, a deux modes de propagation distincts, que le mouvement appelé *conduction* est transmis par les molécules de la matière pesante, et que *l'induction* ou *influence* s'effectue par l'intermédiaire seulement de l'éther

Dans le travail que nous avons cité tout à l'heure, M. Gaugain suppose que le diélectrique est complétement dépourvu de conductibilité; mais il n'y a guère en réalité que les gaz qui soient dans ce cas : tous les corps solides, dits *isolants*, sont plus ou moins conducteurs, et lorsqu'ils jouent le rôle de diélectriques, cette conductibilité peut augmenter considérablement la grandeur de la charge développée par influence. Voici quel est, suivant M. Gaugain, son mode d'action.

Si nous supposons, pour fixer le langage, que l'armure *influençante* soit positive, le fluide naturel du diélectrique est décomposé lentement, l'électricité négative vient s'accumuler sur la face qui touche l'armure *influençante*, l'électricité positive est repoussée sur la face opposée et neutralise l'électricité négative de l'armure *influencée*. On a donc ainsi un condensateur double, une batterie par cascade dont la charge dépend tout à la fois du temps écoulé, de la conductibilité *intérieure* ou ordinaire du diélectrique, et aussi d'une autre propriété que M. Gaugain appelle conductibilité *extérieure*. Cette dernière conductibilité consiste dans la facilité plus ou moins grande avec laquelle l'électricité se transmet du diélectrique aux armures ou réciproquement.

Lorsqu'elle peut être considérée comme nulle, la valeur maxima de la charge est généralement la même que si l'on substituait au diélectrique un conducteur parfait tel qu'un métal; seulement, il faut des heures, des journées quelquefois pour atteindre cette limite dans le cas d'un diélectrique isolant, tandis qu'un instant suffit pour l'obtenir dans le cas d'un métal. La charge maxima fournie par un diélectrique isolant peut être huit ou dix fois plus grande que la charge minima obtenue avec le même diélectrique lorsque la durée de l'action de la source est limitée à un instant très-court.

D'après ce qui vient d'être dit, il est aisé de se rendre compte des mouvements électriques qui doivent se produire dans le conducteur destiné à mettre l'armure *influencée* en communication avec le sol. D'abord, au moment précis où la source (que nous supposons toujours positive) est mise en rapport avec l'armure *influençante*, l'armure *influencée* se charge instantanément d'une certaine quantité d'électricité négative, et une quantité égale d'électricité positive est repoussée dans le sol. De cette première action exclusivement attribuée à la *capacité* inductive, résulte un courant dont la durée est instantanée. Plus tard la conductibilité du diélectrique étant mise en jeu, de la manière indiquée plus haut, de nouvelles quantités d'électricité négative viennent s'accumuler sur l'armure *influencée*, et des quantités égales d'électricité positive sont repoussées dans le sol. De cette seconde action résulte un courant dont l'intensité décroît à mesure que la charge du condensateur approche de sa limite, et qui finit par disparaître lorsque la *conductibilité* extérieure, dont nous avons parlé plus haut, est tout à fait nulle.

Lorsque cette *conductibilité extérieure* n'est pas nulle, il s'établit un état d'équilibre quand la quantité de fluide neutre décomposée dans l'intérieur du diélectrique est précisément égale aux quantités qui se reconstituent dans les petits intervalles qui séparent le diélectrique de ses armures. Alors un courant uniforme parcourt le conducteur qui met l'armure influencée en communication avec le sol. M. Gaugain, qui vient tout récemment d'étudier les propriétés de ce courant, a trouvé que son intensité n'est pas proportionnelle à la tension de la source. Lorsque cette tension s'abaisse au-dessous d'une certaine limite θ, le flux dont il s'agit disparaît complétement. Lorsque la tension T est supérieure à θ, l'intensité F du courant est exprimée par la formule $F = \dfrac{T - \theta}{R}$, en désignant par R la somme des résistances du circuit.

M. Gaugain fait remarquer que cette formule est précisément la même qui représente l'intensité du courant, dans le cas où le circuit renferme un liquide *électrolysé;* mais il ne suppose pas que la quantité θ ait la même signification dans les deux classes de circuits que la formule embrasse. Dans le cas de *l'électrolysation*, la quantité θ représente la force électromotrice qui résulte de la polarisation des électrodes. Dans le cas des condensateurs dont nous nous occupons, l'abaissement de tension désigné par θ ne paraît dû qu'à la discontinuité du circuit. M. Gaugain suppose que l'électricité se propage alors par voie de *décharge disruptive* de l'armure au diélectrique et réciproquement; il a constaté par des expériences directes que la formule citée plus haut est applicable à un circuit qui ne renferme pas de condensateur, lorsqu'il existe quelque part une solution de continuité que l'électricité franchit par voie de *décharge disruptive*.

NOTE SUR UNE NOUVELLE MÉTHODE DE MESURE DES RÉSISTANCES DES COUPLES VOLTAIQUES.

La méthode la plus généralement employée pour la mesure de la résistance des couples voltaïques est, comme on l'a vu p. 103, celle d'Ohm, qui consiste à mesurer l'intensité du couple avec deux résistances connues r, r' introduites successivement dans le circuit, et à déduire la valeur de la résistance cherchée au moyen de la formule $\dfrac{I'r' - Ir}{I - I'}$.

Cette méthode très-simple a toutefois un inconvénient qui a souvent embarrassé les physiciens qui l'ont employée, à cause des variations énormes que peut subir cette valeur dans deux expériences successives, soit par suite des erreurs d'observation, soit par suite des effets de la polarisation du couple. Ces erreurs viennent de ce qu'en employant des résistances r, r' très-considérables, telles que celles qui sont nécessaires pour éviter les inconvénients de la polarisation et pour placer l'expérience dans les conditions ordinaires de l'application, la résistance du couple se trouve presque effacée. Dès lors, il faut une exactitude d'observation des plus rigoureuses pour arriver à obtenir des chiffres un peu concordants. Il nous suffira, pour donner une idée de la délicatesse de ce genre d'expériences, de dire qu'une différence d'observation de deux ou trois minutes avec une boussole des sinus galvanométrique de 50 tours et des résistances r et r' de 12 et 15 kilomètres de fil télégraphique de 4 millimètres peut donner lieu à une erreur en plus ou en moins de près d'une centaine de mètres. J'ai cherché à faire disparaître cet inconvénient en prenant une méthode telle que, tout en conservant les résistances considérables dont j'ai parlé, je pusse amplifier suffisamment les effets dus à l'intervention de la résistance du couple pour que celle-ci pût en être déduite facilement. J'ai eu pour cela recours aux dérivations dont l'effet, comme on le sait, est de frapper principalement la résistance des couples. En effet, dans la formule des courants dérivés $\dfrac{Ea}{R\,(a+b)+ab}$, la somme des résistances des dérivations a et b figure comme multiplicateur de la résistance R du couple, et, en amplifiant considérablement l'effet produit par l'intervention de cette quantité, elle en rend la détermination beaucoup plus facile et plus exacte. En un mot, avec la méthode dont je parle, on remonte à la cause en partant d'un grand effet, tandis qu'avec la méthode ordinaire, cette cause ne se révèle que par des différences de résistance, lesquelles se trouvent entachées de toutes les erreurs d'observation et de tous les caprices des instruments mesureurs. Voici maintenant comment j'opère :

Je commence à déterminer, au moyen d'une boussole des sinus, l'intensité I de la source électrique dont je veux mesurer la résistance, en introduisant dans le circuit une résistance r de 12 ou 15 kilomètres de fil télégraphique de 4 millimètres. Je dérive ensuite le courant en réunissant les deux pôles de la pile par un fil de résistance connue b que je garde comme résistance type, et qui doit être d'autant plus résistant que la pile est plus résistante (2 ou 3 kilomètres environ). Enfin, je déroule de dessus le rhéostat une quantité de fil suffisante pour que l'intensité du courant à travers cet instrument reste la même, ou en d'autres termes pour que la boussole des sinus donne la même indication que quand, le circuit étant simple, la résistance du rhéostat était r. Calculant alors la résistance a du rhéostat après cette opération, je me trouve en possession de tous les éléments nécessaires à la détermination de la résistance R du couple.

En effet, d'après les lois d'Ohm, l'intensité du courant dans le circuit simple de résistance r est représentée par

$$I = \frac{E}{R + r},$$

et dans le même circuit, de résistance a après la dérivation, par

$$I' = \frac{Eb}{R\,(a+b)+ab}.$$

Comme les deux intensités sont égales, on peut poser

$$\frac{E}{R + r} = \frac{E b}{R (a + b) + ab},$$

d'où

$$R = \frac{b (r - a)}{a}.$$

On va voir par l'exemple suivant les avantages de cette méthode.

En expérimentant d'après la méthode ordinaire une pile de Daniell à vases poreux très-perméables, j'ai trouvé, pour des circuits r et r' ayant une résistance de 11 829 et 14 759 mètres de fil télégraphique de 4 millimètres, des intensités représentées à ma boussole des sinus par 29°50' et 23°45'. Avec ces données, la valeur de R était 586 mètres, la force électromotrice 6175, et la valeur de I' en sinus 0,40275. En établissant une dérivation entre les deux pôles de la pile par un fil de 417 mètres de résistance, il m'a fallu réduire la résistance r' de 14749 mètres à 7505 mètres pour obtenir la même intensité 0,40275. Si les valeurs de E et de R déterminées précédemment étaient exactes, il faudrait qu'appliquées à la formule

$$\frac{E b}{R (a + b) + ab},$$

elles pussent fournir la valeur 0,40275. Or, on trouve une valeur notablement moindre, c'est-à-dire 0,33865. Partons maintenant de la nouvelle formule $R = \dfrac{b (r - a)}{a}$, nous trouvons

$$R = \frac{417 (14749 - 7505)}{7505} = 402.$$

Or, cette valeur, en nous fournissant cette fois (au moyen de la formule des courants dérivés) l'intensité 0,40780, quantité bien voisine de celle reconnue par l'expérience, nous donne avec la formule du circuit simple 0,40756 pour la même valeur de I'.

On voit donc que les valeurs de R, déterminées par la méthode précédente, sont forcément plus exactes que les autres, puisqu'elles peuvent satisfaire à toutes les expériences, ce qui n'a pas lieu avec les valeurs fournies par la méthode ordinaire.

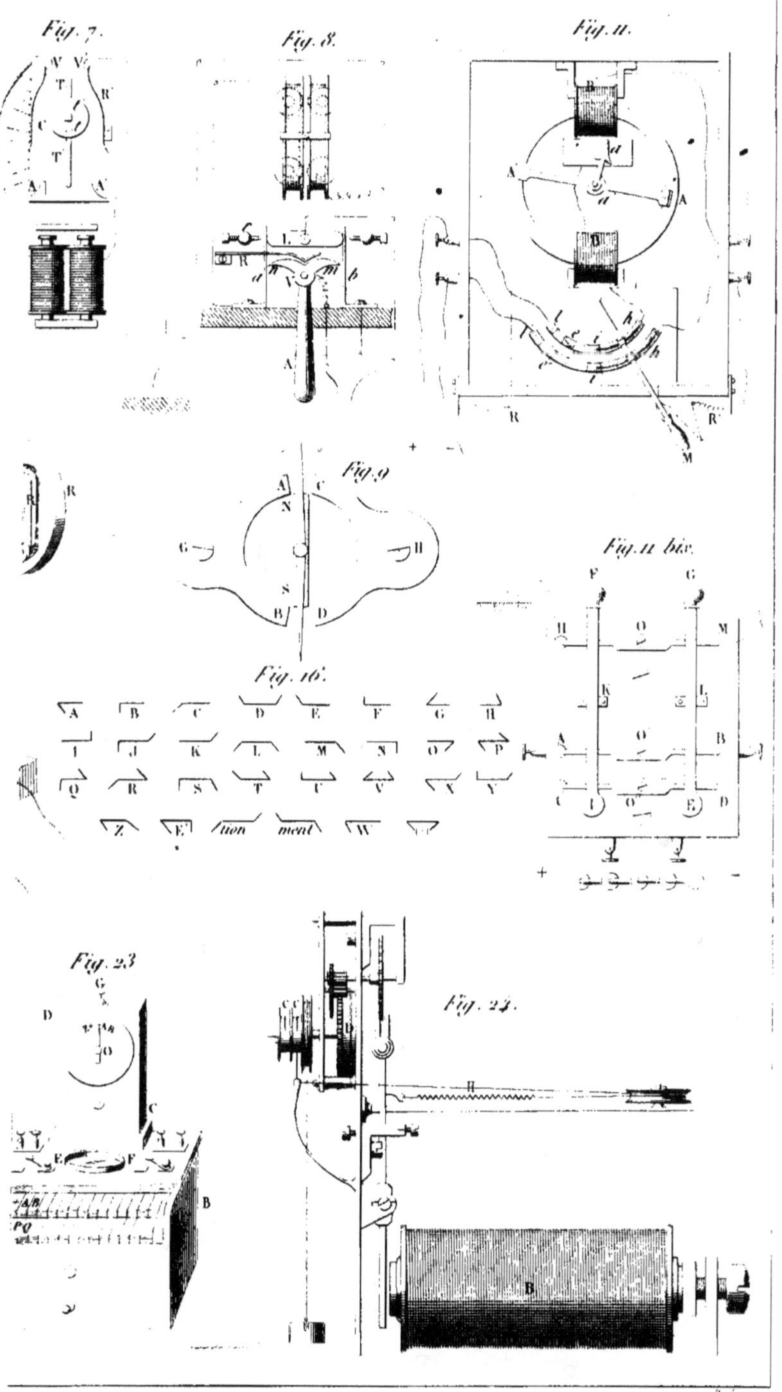

Fig. 7.
Fig. 8.
Fig. 11.
Fig. 9.
Fig. 11 bis.
Fig. 16.
Fig. 23.
Fig. 24.

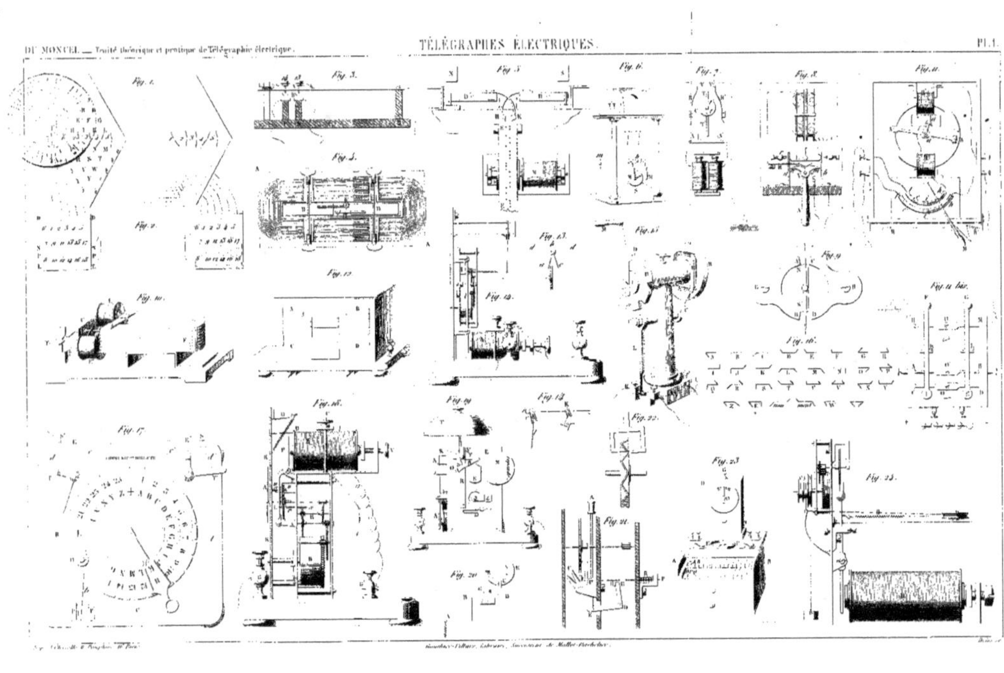
Fig. 1.
Fig. 2.
Fig. 3.
Fig. 4.
Fig. 5.
Fig. 6.
Fig. 7.
Fig. 8.
Fig. 9.
Fig. 10.
Fig. 11.
Fig. 12.
Fig. 13.
Fig. 14.
Fig. 15.
Fig. 16.
Fig. 17.
Fig. 18.
Fig. 19.
Fig. 20.
Fig. 21.
Fig. 22.
Fig. 23.
Fig. 24.
Fig. 25.

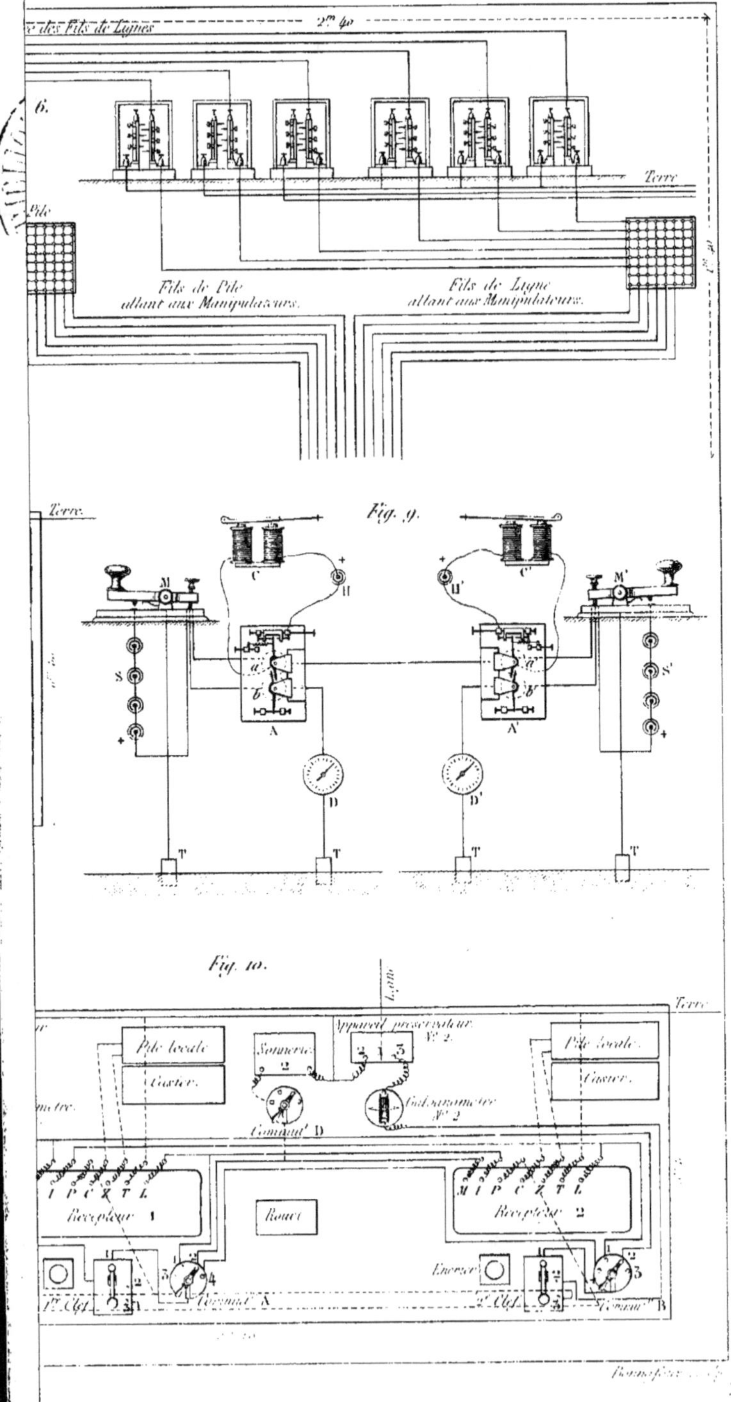
Fig. 9.
Fig. 10.
Terre
Pile
Terre
Fils de Pile
allant aux Manipulateurs.
Fils de Ligne
allant aux Manipulateurs.
Pile locale
Pile locale
Sonnerie
Appareil préservateur
Galvanomètre
Galvanomètre
Commut. D
Récepteur 1
Roue
Récepteur 2
Commut. X
Commut. B
Effacer
Effacer

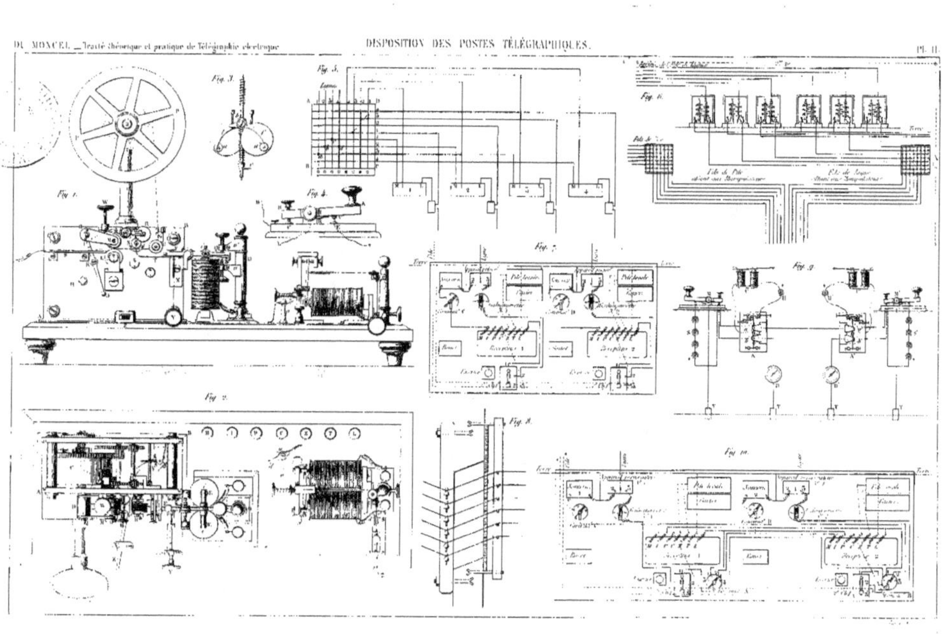

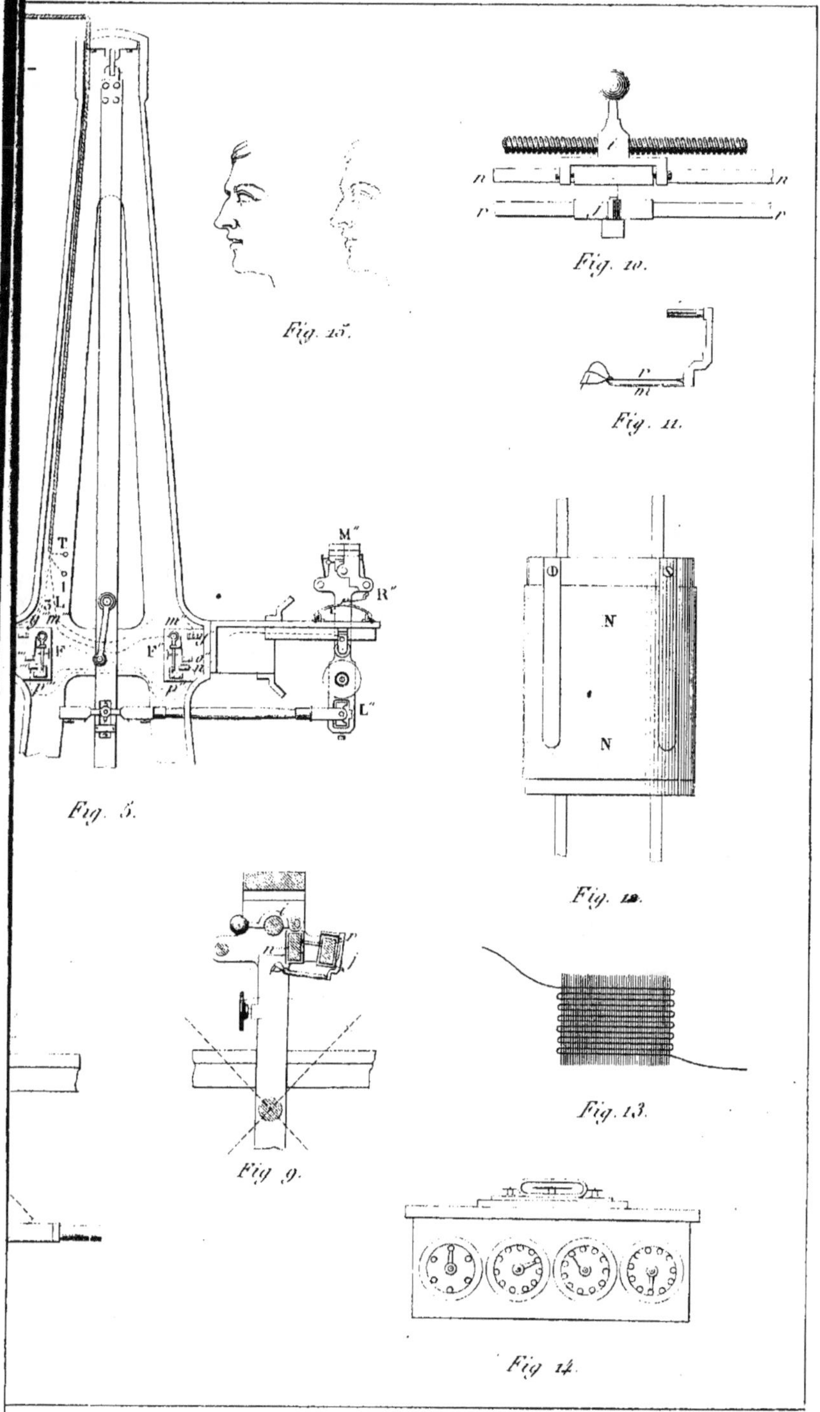

Fig. 15.

Fig. 10.

Fig. 11.

Fig. 5.

Fig. 12.

Fig. 9.

Fig. 13.

Fig. 14.

Delas. Sc.

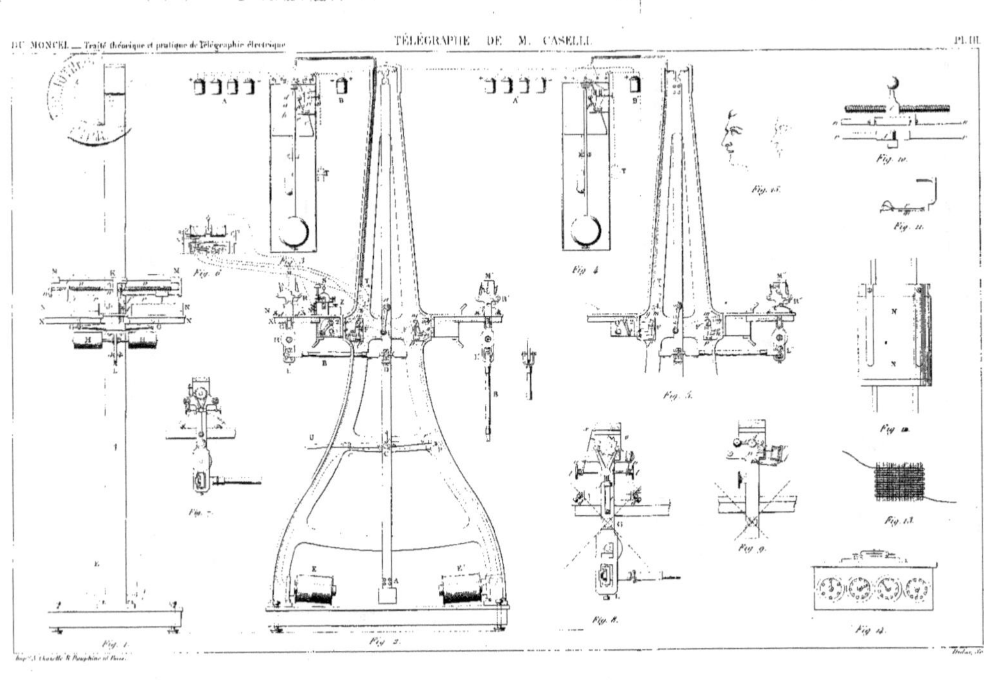

Fig. 1.
Fig. 2.
Fig. 3.
Fig. 4.
Fig. 5.
Fig. 6.
Fig. 7.
Fig. 8.
Fig. 9.
Fig. 10.
Fig. 11.
Fig. 12.
Fig. 13.
Fig. 14.
Fig. 15.

9 782329 591230